北京高等教育精品教材
BEIJING GAODENG JIAOYU JINGPIN JIAOCAI

# 固体废物资源化

## 第二版

GUTI FEIWU
ZIYUANHUA

杨慧芬　张　强　编著

U0359649

化学工业出版社

·北京·

随着科学技术的发展，固体废物处理及资源化的技术和途径也发生了全面改进。本书在第一版的基础上更新完善了各章内容。介绍了固体废物资源化的一般原理、方法和技术，具体包括固体废物资源化的预处理技术、固体废物资源化技术、矿业固体废物的资源化、煤系固体废物的资源化、钢铁冶金渣的资源化、有色金属冶炼渣的资源化、化工固体废物的资源化、城市垃圾的资源化、废旧物资的资源化。

本书可供从事环境工程及其相关专业的有关人士阅读，也可作为高等院校相关专业学生的教材。

## 图书在版编目（CIP）数据

固体废物资源化/杨慧芬，张强编著. —2 版. —北京：
化学工业出版社，2013.4（2025.2 重印）
北京高等教育精品教材
ISBN 978-7-122-16642-5

Ⅰ.①固… Ⅱ.①杨…②张… Ⅲ.①固体废物利用-高等学校-教材 Ⅳ.①X705

中国版本图书馆 CIP 数据核字（2013）第 042162 号

责任编辑：刘俊之　　　　　　　　　　　文字编辑：颜克俭
责任校对：顾淑云　　　　　　　　　　　装帧设计：韩　飞

出版发行：化学工业出版社（北京市东城区青年湖南街 13 号　邮政编码 100011）
印　　装：北京虎彩文化传播有限公司
787mm×1092mm　1/16　印张 20¾　字数 535 千字　2025 年 2 月北京第 2 版第 7 次印刷

购书咨询：010-64518888　　　　　　　　售后服务：010-64518899
网　　址：http://www.cip.com.cn
凡购买本书，如有缺损质量问题，本社销售中心负责调换。

定　　价：68.00 元

# 前言

《固体废物资源化》于 2004 年由化学工业出版社出版，2005 年北京市教育委员会将该书评为北京高等教育精品教材（京教高 [2005] 4 号）。本书出版后，一直作为北京科技大学及其他相关院校环境工程、矿物加工工程以及资源开发工程等专业的本科教学用书，同时，也深受广大从事固体废物资源化工程技术人员和管理人员的欢迎，现在已处于脱销状态，许多从事这一学科的有识之士纷纷来函、来电希望再次印刷。

考虑到近年来随着经济的快速发展和对环保的日益重视，从事固体废物资源化教学、研究以及工程应用更加广泛和深入，新的研究成果不断涌现，同时，编者基于多年的教学经历也觉得原书中的某些内容需要调整、补充。故此，决定进行再版修订。

本次再版，虽然仍基本保持了第一版的章节和内容安排，但已将近年来最新研究成果融入其中，以反映固体废物资源化国内外最新研究动向和发展趋势，对其中一些现在看来与这一学科关系并不十分密切的内容和一些相对陈旧的内容作了删除，使本书第二版既反映学科前沿，又更加具有可读性和实用性，使之更能满足不同读者群的需求。

再版过程中，参阅了大量最新相关论文及著作，在此谨向各位作者表示衷心的感谢。作为北京科技大学"十二五"规划立项教材，本书的出版得到了教育部"本科教学工程"专业综合改革和北京科技大学教材出版基金的资助。

由于编者水平有限，时间仓促，书中难免还有不妥之处，敬请读者批评指正。

编者
2013 年 1 月于北京

# 第一版前言

固体废物是指人类生产、生活过程中丢弃的固体和泥状物质，它是人类物质文明的产物。大量的固体废物排入环境，不仅占用大量土地，而且严重污染周围环境，破坏生态平衡。

固体废物资源化就是将固体废物视为二次资源，使它作为原材料再利用。目前，已有不少国家通过经济杠杆和强制性行政手段鼓励和支持固体废物资源化技术的开发和应用。我国1996年4月1日起施行《中华人民共和国固体废物污染环境防治法》，其中首先确立了固体废物污染防治的"减量化、资源化、无害化"原则，同时确立了对固体废物进行全过程管理的原则，并根据这些原则确立了我国固体废物管理体系的基本框架。

固体废物资源化，需要一系列行之有效的技术和手段，并有与之配套的设施。我国在这一领域与发达国家存在较大的差距，不少地方或工矿企业，不是找不到适合的开发技术，就是技术或设施过不了关，或者还停留于乱排乱堆的盲目状态。因此，加强对固体废物资源化技术的开发研究和工程化应用，交流固体废物资源化信息，具有重要的理论价值和现实意义。

本书在全面研究和总结国内外固体废物资源化最新成果的基础上，结合笔者多年来的教学、研究实践，首先阐述了固体废物资源化的一般原理、方法和技术，在此基础上从不同行业固体废物的组成、性质入手，详细介绍了不同行业固体废物资源化的具体方法和技术。全书内容的取舍力求做到系统性、科学性和先进性的统一，文字表达和编写体例强调可读性，适合从事环境工程及其相关专业的有关人士阅读，也可供高等院校相关专业师生参考。

本书的编写得到了许多有识之士的指导，特别是北京科技大学博士生导师张强教授从本书思路的形成、内容的取舍以及具体的编写过程都给予了重要的指导，北京科技大学博士生导师宋存义教授、倪文教授、孙体昌教授、王云琪博士等对本书的编写给予了许多的帮助，化工出版社刘俊之副编审对本书的编写和出版给予了大力的支持。

由于编者水平有限，时间仓促，书中难免有不妥或错误之处，敬请读者批评指正。

编者

2004 年 3 月 12 日于北京

# 目 录

# 6 钢铁冶金渣的资源化　　　　　　154

# 7 有色金属冶炼渣的资源化　　　　　　183

# 8　化工固体废物的资源化　　　　　　　　　223

# 1 绪论

根据《中华人民共和国固体废物污染环境防治法（2004 年修订）》，固体废物是指在生产、生活和其他活动中产生的丧失原有利用价值或者虽未丧失利用价值但被抛弃或者放弃的固态、半固态和置于容器中的气态的物品、物质以及法律、行政法规规定纳入固体废物管理的物品、物质。

## 1.1 固体废物的来源与污染

固体废物来源于人类生产过程和生活过程的各个方面。一般，人类在生产过程中产生的固体废物俗称废渣（residue），在生活活动过程中产生的固体废物则称为垃圾（refuse）。由于固体废物排放量的不断增加，对环境造成的污染日益加重。

### 1.1.1 固体废物的来源和分类

无论是生产还是生活过程产生的废物种类均多种多样、组成复杂。为了管理和利用的方便，通常从不同的角度对固体废物进行不同的分类。按其组成，可分为有机废物和无机废物两类。按其来源可分为工业固体废物、农业固体废物、矿业固体废物、城市生活垃圾等。按其危害性可分为危险废物和一般废物，如图 1-1 所示。

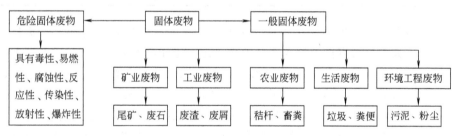

图 1-1　固体废物分类示意

根据《中华人民共和国固体废物污染环境防治法》，固体废物分为工业固体废物、生活垃圾和危险废物三大类。

（1）工业固体废物　是指在工业生产活动中产生的固体废物。表 1-1 所示为主要工业固体废物的来源与分类。可见不同工业类型所产生的固体废物种类是迥然相异的，因此，所产生的固体废物组分、含量、性质也不同。

表 1-1　主要工业固体废物的来源和分类

| 来源 | 产生过程 | 分　类 |
| --- | --- | --- |
| 矿业 | 矿石开采和加工 | 废石、尾矿 |
| 冶金 | 金属冶炼和加工 | 高炉渣、钢渣、铁合金渣、赤泥、铜渣、铅锌渣、镍钴渣、汞渣等 |
| 能源 | 煤炭开采和使用 | 煤矸石、粉煤灰、炉渣等 |
| 石化 | 石油开采与加工 | 油泥、焦油页岩渣、废催化剂、硫酸渣、酸渣、碱渣、盐泥、釜底泥等 |
| 轻工 | 食品、造纸等加工 | 废果壳、废烟草、动物残骸、污泥、废纸、废织物等 |
| 其他 | | 金属碎屑、电镀污泥、建筑废料等 |

目前，我国工业固体废弃物的年产生量已经达到 20 亿吨左右，累计堆存量超过 200 亿吨。年产量最大的是矿山开采和以矿石为原料的冶炼工业产生的固体废物，超过工业固体废弃物产生量的 80% 以上。产生量大的几种工业固体废弃物包括尾矿、废石、煤矸石、粉煤灰、炉渣、冶炼废渣等。

虽然我国工业结构淘汰了一些能耗高、品质低、污染重的落后（低效）产品，关闭了一些生产能力低、运行费用高、效益差的企业，高新技术的采用和管理水平的提高将逐步减少单位产值工业固体废物的产生量，但由于我国仍处于经济高速发展的阶段，经济增长率仍将保持在 8% 左右，工业固体废物的年产生量仍将不断增长。

（2）生活垃圾　是指在日常生活中或者为日常生活提供服务的活动中产生的固体废物以及法律、行政法规规定视为生活垃圾的固体废物。城市是产生生活垃圾最为集中的地方，城市生活垃圾已成为世界各国面临的共同问题。城市垃圾的产生途径很多，如表 1-2 所示。

**表 1-2　城市生活垃圾的产生和分类**

| 来源 | 产生过程 | 城市垃圾种类 |
| --- | --- | --- |
| 居民 | 城镇居民生活过程 | 食品废物、生活垃圾、炉灰及某些特殊废物 |
| 商业 | 仓库、餐馆、商场、办公楼、旅馆、饭店及各类商业与维修业活动 | 食品废物垃圾、炉灰，某些特殊废物，偶尔产生危险的废物 |
| 公共地区 | 街道、小巷、公路、公园、游乐场、海滩及娱乐场所 | 垃圾及特殊废物 |
| 城市建设 | 居民楼、公用事业、工厂企业、建筑、旧建筑物拆迁修缮等 | 建筑渣土、废木料、碎砖瓦及其他建筑材料 |
| 水处理厂 | 给水与污水、废水处理厂 | 水处理厂污泥 |

据统计，我国每年产生的城市生活垃圾约 1.5 亿吨，并还在以每年 4% 以上的速度增加。这些垃圾绝大部分被直接倾倒或简易填埋，无害化处置水平很低。目前我国的城市生活垃圾中有机成分占总量的 60%，无机物约占 40%，其中废纸和塑料、玻璃、金属、织物等可回收物约占总量的 20%。我国的城市生活垃圾呈现两个比较突出的特点：一是由于城市燃气化率不断提高，生活垃圾中的灰分大大减少，有机物含量及垃圾的热值增加，有利于垃圾堆肥和垃圾焚烧发电，但垃圾中厨余垃圾比重还较大，致使垃圾中水分含量过高，影响了垃圾的热值，也不利于垃圾的分类回收处置；二是我国城市生活垃圾中包装废物的数量增长快速，废纸、金属、玻璃、塑料等绝大部分是使用后废弃的包装物。随着经济的发展，商品包装形式越来越繁多，包装物的种类和数量增加很快，采用复合材料包装以及进行过度包装和豪华包装的产品比比皆是，这在大城市尤为突出。目前我国包装品废弃物约占城市家庭生活垃圾的 10% 以上，而其体积要构成家庭垃圾的 30% 以上。

（3）危险废物　是指列入国家危险废物名录或者根据国家规定的危险废物鉴别标准和鉴别方法认定的具有危险特性的固体废物。

危险废物约占工业固体废物总量的 5%～10%。按种类分，主要有碱溶液和固态碱、无机氟化物、含铜废物、废酸或固态酸、无机氰化物、含砷废物、含锌废物、含铬废物等；按行业分，工业危险废物主要产生于 99 个行业，重点有 20 个行业，其中化学原料及化学制造业产生的危险废物占总量的 40%。表 1-3 所示为几种化学工业危险废物的组成及危害。

**表 1-3    几种化学工业危险废物的组成及危害**

| 名称 | 主要危险成分及含量 | 对人体或环境的危害 |
|---|---|---|
| 铬渣 | 含 $Cr^{6+}$ 0.3%～2.9% | 对人体消化道和皮肤具有强烈的刺激和腐蚀作用,对呼吸道造成损害,有致癌作用。铬蓄积在鱼类组织中对水体中动物和植物区系均有致死作用,含铬废水影响小麦、玉米等作物生长 |
| 氰渣 | 含 $CN^-$ 1%～4% | 引起头痛、头晕、心悸、甲状腺肿大、急性中毒时呼吸衰竭致死,对人体、鱼类危害很大 |
| 含汞盐泥 | Hg 含量 0.2%～0.3% | 无机汞对消化道黏膜有强烈地腐蚀作用,吸入较高浓度的汞蒸气可引起急性中毒和神经功能障碍;烷基汞在人体内能长期滞留,甲基汞会引起水俣病;汞对鸟类、水生脊椎动物会造成有害作用 |
| 无机盐渣 | 含 $Zn^{2+}$ 7%～25%, $Pb^{2+}$ 0.3%～2%, $Cd^{2+}$ 100～500mg/kg, $As^{3+}$ 40～400mg/kg | 铅、镉对人体神经系统、造血系统、消化系统及肝、肾、骨骼等都会引起中毒伤害;含砷化合物有致癌作用;锌盐对皮肤和黏膜有刺激腐蚀作用;重金属对动植物、微生物有明显的危害作用 |
| 蒸馏釜液 | 苯、苯酚、腈类、硝基苯、芳香胺类、有机磷农药等 | 对人体中枢神经及肝、肾、胃、皮肤等造成障碍与损害;芳香胺类和亚硝胺类有致癌作用,对水生生物和鱼类等也有致毒作用 |
| 酸、碱渣 | 各种无机酸碱 10%～30%,含有大量金属离子和盐类 | 对人体皮肤、眼睛和黏膜有强烈的刺激作用,导致皮肤和内部器官损伤和腐蚀,对水生生物、鱼类有严重的有害影响 |

　　社会生活中也产生大量废弃的含有镉、汞、铅、镍等的废电池和日光灯管等危险废物。危险废物对人体健康和环境有着严重的危害。因此,通过立法对危险废物污染环境防治作出严格规定,是各国控制危险废物污染环境的基本措施和固体废物污染防治立法的共同经验和通行惯例,也是有关国际公约的主要内容。不少国家根据其积累的经验,将危险废物列成名目表,并以立法形式公布,使产生单位、操作人员、环境管理者以及各有关部门便于掌握。如美国已列表确定 96 种加工工业废物和近 400 种化学品,德国确定 570 种,丹麦确定 51 种;根据科学技术的发展,还不断加以修正补充。对有条件进行实际监测鉴别或必需的判定,均应按技术标准规定的方法作适当的处理。我国 1998 年颁布的《国家危险废物名录》包括废物 47 种,并明确废物的来源和常见危害组分或废物名称,凡"名录"中所列废物类别高于鉴别标准的属于危险废物,列入国家危险废物管理范围;低于鉴别标准的,不列入国家危险废物管理范围。对需要制定危险废物鉴别标准的废物类别,在其鉴别标准颁布以前,仅作为危险废物登记使用。

　　凡已判定属于危险废物者,应将其数量、性质、去向等登记入档,分别留存在产生点、处置单位和有关的环保部门,保存的年限为 20～30 年,各国不等。

　　危险废物由于对环境的污染严重,危害显著。因此,对它的严格管理,有特殊意义。20 世纪 70 年代末美国纽约州尼亚加拉县废物填埋场渗漏造成严重公害事故的"拉福运河案"曾经震惊了世界。由于对危险废物管理不当造成的严重教训,国内外均有不少。因而,1984 年联合国环境规划署把有毒废物的污染危害列为全球性环境问题之一。

### 1.1.2　固体废物的污染

　　固体废物对环境的污染与固体废物的数量和性质有关。只有当固体废物的数量达到一定程度时才会对环境造成污染,如城市垃圾、粉煤灰等。但有些危险固体废物,如废电池、废日光灯等即使数量不大,也会对环境造成严重污染。

　　(1) 污染途径　固体废物露天存放或置于处置场,其中的有害成分可通过环境介质——大气、土壤、地表或地下水体等直接或间接传至人体,对人体健康造成极大的危害。图 1-2 所示为固体废物污染途径。

　　可见,固体废物的污染与废水、废气污染相比具有显著的特点。首先,它是各种污染物

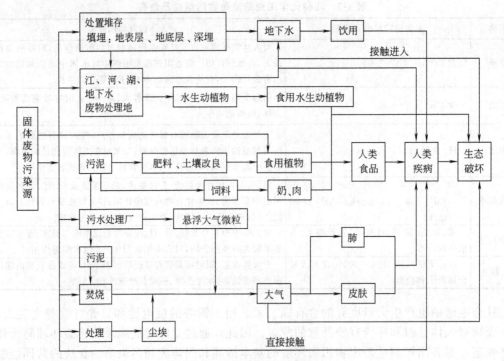

图 1-2　固体废物的污染途径

的终态，特别是从环境工程设施排出的固体废物，浓集了许多污染物成分。人们却往往对这类污染物产生一种稳定、污染慢的错觉。其次，除直接占用土地外，在自然条件下，固体废物中的一些有害成分会通过土壤、水、气等途径参与生态系统的物质循环，因此，它是土壤、水、气污染的"源头"，对生态系统具有潜在的、长期的危害。

（2）污染危害　固体废物污染造成的危害主要包括如下几个方面。

①占用土地　固体废物任意露天堆放，必将占用大量的土地，破坏地貌和植被。据估算，每堆积 $1 \times 10^4$ t 渣约占地 1 亩。土地是十分宝贵的资源，尤其是耕地，我国虽幅员辽阔，耕地却十分紧张，人均不到 $1 km^2$。固体废物大量露天堆存，侵占大量土地（往往是良田），且有增无减，势必使我国本来就紧缺的土地更加紧缺。

②对土壤环境的影响　固体废物露天堆存，长期受风吹、日晒、雨淋，其中的有害成分不断渗出，进入地下并向周围扩散，污染土壤（污染面积常达占地面积的 2～3 倍），并对土壤中微生物的活动产生影响，进一步影响土壤中微生物参与自然循环的作用，这将导致受污染土壤草木不生。如我国内蒙古包头市的某尾矿堆积使得尾矿坝下游一个乡的大片土地被污染，居民被迫搬迁。

另外，土壤中有害成分的存在，不仅有碍植物根系的发育和生长，而且还会在植物有机体内积蓄，通过食物链危及人体健康。人如果与污染的土壤直接接触，或生吃此类土壤中种植的蔬菜、瓜果，就会致病。

③对水环境的影响　不少企事业单位将固体废物直接倾倒于河流、湖泊或海洋，使水质受到直接的污染，严重危害水生生物的生存条件，并影响水资源的充分利用。此外，堆积的固体废物经过雨水的浸渍和废物本身的分解，其渗滤液和有害化学物质的转化和迁移，将对附近地区的河流及地下水系和资源造成污染。固体废物露天堆存，也会随天然降水和地表径流直接进入水体或随风飘迁落入水体，增加水的浊度和有害成分含量。如我国一家铁合金

厂的铬渣堆场，由于缺乏防渗措施，$Cr^{6+}$ 污染了 20 多平方公里的地下水，致使 7 个自然村的 1800 多眼水井无法饮用。我国某锡矿山的含砷废渣长期堆放，随雨水渗透进入地下水，污染水井，曾一次造成 308 人中毒、6 人死亡。

④ 对大气环境的影响 固体废物中原有的粉尘及其他颗粒物，或在堆存过程中产生的颗粒物，受日晒、风吹而进入大气，造成大气污染。如堆存的粉煤灰遇 4 级以上风力，一次可被剥离掉厚度为 1～1.5cm 的一层粉煤灰，粉煤灰飞扬高度可达 20～50m。在风大季节，平均视程降低 30%～70%。贮灰场常使附近出现所谓"黑风口"，使车辆行人难以通行。垃圾场附近，遇 4～5 级风，大气能见度剧烈下降，垃圾装卸时尤甚。

有的固体废物在堆存中产生和散发异臭或有害气体，则危害更甚。由于向大气中散发的颗粒物常是病原微生物的载体，所以，它是疾病传播的媒介。

某些固体废弃物，如煤矸石，因其中含硫而能在空气中自燃（含硫量>1.5%时），散发大量 $SO_2$ 和煤烟，恶化大气环境。20 世纪 80 年代初，辽宁、山东、江苏三省的 100 余座矸石山中，自燃发火的有 40 座以上。陕西铜川市矸石堆自燃产生的 $SO_2$ 每天达 20t 以上。

## 1.2 固体废物污染防治原则

### 1.2.1 固体废物污染防治的基本原则

固体废物污染环境的防治实行"减量化、资源化和无害化"原则，促进清洁生产和循环经济发展。这既是防治固体废物污染环境的基本原则，又是《固体法》的综合管理措施和要求实现的目标。

（1）减量化 是指采用适宜的手段减少固体废物数量、体积，并尽可能地减少固体废物的种类、降低危险废物的有害成分浓度、减轻或清除其危险特性等，从"源头"上直接减少或减轻固体废物对环境和人体健康的危害，最大限度地合理开发和利用资源和能源。减量化是防治固体废物污染环境的优先措施。它可通过以下 4 个途径实现。

① 合理选择和利用原材料、能源和其他资源 原料品位低、质量差，是造成固体废物大量产生的主要原因之一。如高炉炼铁时，如果入炉铁精矿品位越高，则所加造渣溶剂矿物可以越少，产生的高炉渣量越少。一些工业先进的国家采用精料炼铁，高炉渣产生量可减少一半。采用清洁能源、利用二次资源也是固体废物减量化的重要手段。

② 采用无废或低废工艺 工艺落后是固体废物产生量大的重要原因，首先应当结合技术改造，从工艺入手，采用无废或少废技术，从发生源消除或减少废物的产生。如工业固体废物的减量要从企业开展清洁生产、降低消耗、提高资源利用率着手。从深层次来说，要加大结构调整的力度，包括调整产业结构、企业结构、产品结构和原料燃料结构，关闭那些污染环境、浪费资源的企业。

③ 提高产品质量和使用寿命 任何产品都有其使用寿命，寿命的长短取决于产品的质量。质量越高的产品，使用寿命越长，废弃的废物量越少。也可通过提高物品重复利用次数减少固体废物数量，如城市居民生活中商品包装物的重复使用以及尽量减少一次性用品。

④ 废物综合利用 有些固体废物中含有很大一部分未起变化的原料或副产物，可以回收利用。仅城市垃圾中就有许多成分可以回收与再利用，如废纸类、金属类与废玻璃等都具有重要的回收价值。硫铁矿烧渣含 $Fe_2O_3$ 33%～57%、$SiO_2$ 10%～18%、$Al_2O_3$ 26.6% 及 Au、Ag、Pt 等贵金属，只要采取适当的物理、化学熔炼等加工方法，就可以将其中有价值的物质回收利用。因此，应从资源开发利用的起点，综合运用一切有关的现代科技成就，进行资源综合开发和利用的全面规划和设计，从而进行系统的资源联合开发和全面利用，以创

建和实现资源的低废或无废利用生产线，这是最根本、最彻底、也是最理想的减量化过程。当前，在条件许可的情况下，力争为实现这一目标积极创造条件。

（2）资源化 是指通过回收、加工、循环利用、交换等方式，对固体废物进行综合利用，使之转化为可利用的二次原料或再生资源。自然界中，并不存在绝对的废物。所谓废物是失去原有使用价值而被弃置的物质，并不是永远没有使用价值。现在不能利用的，也许将来可以利用。这一生产过程的废物，可能是另一生产过程的原料，所以固体废物有"放错地方的原料"之称。

一切废物，都是尚未被利用的资源，是人类拥有的有限资源的一部分，不能随意抛弃，更不能使之危害环境和生态，必须确立废物资源化的方针，寻求废物开发利用途径，使其充分发挥经济效益，达到化害为利、变废为宝，既消除其对环境的污染，又实现物尽其用。这是两全其美的环境和经济政策。

工业固体废物的综合利用，是资源化的重要环节。目前，工业发达国家出于资源危机和治理环境的考虑，已把固体废物资源化纳入资源和能源开发利用之中，逐步形成了一个新兴的工业体系：资源再生工程。如欧洲各国把固体废物资源化作为解决固体废物污染和能源紧张的方式之一，并将其列入国民经济政策的一部分，投入巨资进行开发。日本由于资源贫乏，将固体废物资源化列为国家的重要政策，当作紧迫课题进行研究。美国把固体废物列入资源范畴，将固体废物资源化作为固体废物处理的替代方案。我国固体废物资源化虽然起步较晚，但 20 世纪 90 年代已把八大固体废物资源化列为国家的重大技术经济政策之中。

固体废物资源化具有以下优势。①环境效益高。固体废物资源化可以从环境中除去某些潜在的有毒性废物，减少废物堆置场地和废物贮放量。②生产成本低。有人计算过，用废铝炼铝比用铝钒土炼铝能减少能源消耗 90%～97%，减少空气污染 95%，减少水质污染 97%。用废钢炼钢可减少资源消耗 47%～70%，减少空气污染 85%，减少矿山垃圾 97%。③生产效率高。如用铁矿石炼 1t 钢材需 8 个工时，而用废铁炼 1t 电炉钢仅需 2～3 个工时。④能耗低。用废钢炼钢比用铁矿石炼钢可节约能耗 74%，用铁矿石炼钢的能耗为 $2200 \times 10^4 kJ/t$，用废钢炼钢只需 6000kJ/t。

我国是一个发展中国家，面对经济建设的巨大需求与资源、能源供应严重不足的严峻局面，推行固体废物资源化，不但可为国家节约投资、降低能耗和生产成本，并可减少自然资源的开采，还可治理环境，维持生态系统良性循环，是一项强国富民的有效措施。

（3）无害化 是指对固体废物进行无害化处置。固体废物中虽有些可以综合利用，但最终也有相当部分废物需要进行处置，将固体废物焚烧和用其他改变固体废物的物理、化学、生物特性的方法，达到减少已产生的固体废物数量、缩小固体废物体积、减少或者消除其危险成分的活动，或者将固体废物最终置于符合环境保护规定要求的填埋场。固体废物处置不当，会造成严重的环境污染。如，填埋固体废物特别是危害废物，不符合安全填埋标准和要求，其产生的渗滤液就会污染土壤和地下水、地表水水源；焚烧处置固体废物如不符合焚烧标准和要求，会造成大气污染。有些固体废物在利用前，也需要先进行无害化处置，否则将会造成环境污染。如生活垃圾中的粪便如不经无害化处置就用于蔬菜施肥，会滋生蔬菜的寄生虫卵及大肠杆菌。因此，应当逐步提高垃圾无害化处理水平。在废物处置过程中，必须符合标准和技术要求，防止发生二次污染。特别是对危险废物及其医疗废物必须进行集中处置，确保无害化要求，确保人民群众的身体健康。

### 1.2.2 固体废物污染防治的全过程管理原则

所谓全过程管理是指对固体废物的产生、收集、运输、利用、贮存、处理、处置的全过程及各个环节都实施控制管理和开展污染防治。

(1) 管理体系　我国固体废物管理体系是以环境保护主管部门为主，结合有关的工业主管部门以及城市建设主管部门，共同对固体废物实行全过程管理。为实现固体废物的"三化"，各主管部门在所辖的职权范围内，应建立相应的管理体系和管理制度。

《固体法》对各个主管部门的分工有着明确的规定。各级环境保护主管部门对固体废物污染环境的防治工作实施统一监督管理。

国务院有关部门、地方人民政府有关部门在各自的职责范围内负责固体废物污染环境防治的监督管理工作。

各级人民政府环境卫生行政主管部门负责城市生活垃圾的清扫、贮存、运输和处置的监督管理工作。

(2) 管理制度　根据我国国情并借鉴国外的经验和教训，《固体法》制定了一些行之有效的管理制度。

① 分类管理制度　固体废物具有量多面广、成分复杂的特点，因此《固体法》确立了对城市生活垃圾、工业固体废物和危险废物分别管理的原则，明确规定了主管部门和处置原则。在《固体法》第50条中明确规定"禁止混合收集、贮存、运输、处置性质不相容的未经安全性处理的危险废物，禁止将危险废物混入非危险废物中贮存。"

② 工业固体废物申报登记制度　为了使环境保护主管部门掌握工业固体废物和危险废物的种类、产生量、流向以及对环境的影响等情况，进而有效地防治工业固体废物和危险废物对环境的污染，《固体法》要求实施工业固体废物和危险废物申报登记制度。

③ 固体废物污染环境影响评价制度及其防治设施的"三同时"制度　环境影响评价和"三同时"制度是我国环境保护的基本制度，《固体法》进一步重申了这一制度。

④ 排污收费制度　排污收费制度是我国环境保护的基本制度。《固体法》规定，"企事业单位对其产生的不能利用或者暂时不能利用的工业固体废物，必须按照国务院环境保护主管部门的规定建设贮存或者处置的设施、场所"，任何单位均被禁止向环境排放固体废物。而固体废物排污费的交纳，则是对那些在按照规定和环境保护标准建成工业固体废物贮存或者处置的设施、场所，或者经改造这些设施、场所达到环境保护标准之前产生的工业固体废物而言的。

⑤ 限期治理制度　《固体法》规定，没有建设工业固体废物贮存或者处置设施、场所，或者已建设但不符合环境保护规定的单位，必须限期建成或者改造。实行限期治理制度是为了解决重点污染源污染环境问题。对于排放或处理不当的固体废物造成环境污染的企业和责任者，实行限期治理，是有效的防治固体废物污染环境的措施。限期治理就是抓住重点污染源，集中有限的人力、财力和物力，解决最突出的问题。如果限期内不能达到标准，就要采取经济手段乃至停产。

⑥ 进口废物审批制度　《固体法》明确规定，"禁止中国境外的固体废物进境倾倒、堆放、处置"、"禁止经中华人民共和国过境转移危险废物"、"国家禁止进口不能用作原料的固体废物、限制进口可以用作原料的固体废物"。为贯彻《固体法》的这些规定，国家环保局与外经贸部、国家工商局、海关总署、国家商检局于1996年4月1日联合颁布了《废物进口环境保护管理暂行规定》以及《国家限制进口的可用作原料的废物名录》。在《暂行规定》中，规定了废物进口的三级审批制度、风险评价制度和加工利用单位定点制度；在这一规定的补充规定中，又规定了废物进口的装运前检验制度。通过这些制度的实施，有效地遏止了曾受到国内外瞩目的"洋垃圾入境"的势头，维护了国家尊严和国家主权，防止了境外固体废物对我国的污染。

⑦ 危险废物行政代执行制度　《固体法》规定，"产生危险废物的单位，必须按照国家有关规定处置，不处置的，由所在地县以上地方人民政府环境保护行政主管部门责令限期改正。逾期不处置或者处置不符合国家有关规定的，由所在地县以上地方人民政府环境保护行政主管部门指定单位按照国家有关规定代为处置，处置费由产生危险废物的单位承担"。行政代执行制度是一种行政强制执行措施，这一措施保证了危险废物能得到妥善、适当的处置。而处置费用由危险废物产生者承担，也符合我国"谁污染谁治理"的原则。

⑧ 危险废物经营单位许可证制度　从事危险废物的收集、贮存、处理、处置活动，必须既具备达到一定要求的设施、设备，又要有相应的专业技术能力等条件。必须对从事这方面工作的企业和个人进行审批和技术培训，建立专门的管理机制和配套的管理程序。《固体法》规定，"从事收集、贮存、处置危险废物经营活动的单位，必须向县级以上人民政府环境保护行政主管部门申请领取经营许可证"。许可证制度将有助于我国危险废物管理和技术水平的提高，保证危险废物的严格控制，防止危险废物污染环境的事故发生。

⑨ 危险废物转移报告单制度　危险废物转移报告单制度的建立，是为了保证危险废物的运输安全，以及防止危险废物的非法转移和非法处置，保证危险废物的安全监控，防止危险废物污染事故的发生。

(3) 国家标准　我国固体废物的标准主要有：固体废物分类标准、固体废物监测标准、固体废物污染控制标准和固体废物综合利用标准四类。

① 分类标准　主要包括《国家危险废物名录》、《危险废物鉴别标准》、建设部颁布的《城市垃圾产生源分类及垃圾排放》以及《进口废物环境保护控制标准（试行）》等。

② 监测标准　主要包括固体废物的样品采集、样品处理以及样品分析方法的标准。如《固体废物浸出毒性测定方法》、《固体废物浸出毒性浸出方法》、《工业固体废物采样制样技术规范》、《固体废物检测技术规范》、《生活垃圾分拣技术规范》、《城市生活垃圾采样和物理分析方法》、《生活垃圾填埋场环境检测技术标准》等。

③ 污染控制标准　固体废物管理标准中最重要的标准，是环境影响评价、三同时、限期治理、排污收费等一系列管理制度的基础。它分为两大类，一类是废物处置控制标准，如《含多氯联苯废物污染控制标准》、城市垃圾产生源分类及垃圾排放》等；另一类是设施控制标准，如《一般工业固体废物贮存、处置场污染控制标准》、《生活垃圾填埋污染控制标准》、《城镇生活垃圾焚烧污染控制标准》、《危险废物安全填埋污染控制标准》等。

④ 综合利用标准　为大力推行固体废物的综合利用技术并避免在综合利用过程中产生二次污染，国家环保总局将制定一系列有关固体废物综合利用的规范和标准。如电镀污泥、含铬废渣、磷石膏等废物综合利用的规范和技术规定。

# 1.3　固体废物资源化方法与途径

固体废物资源化方法和途径很多，主要根据固体废物的组成和性质选择决定。

## 1.3.1　固体废物资源化方法

固体废物的资源化方法包括物理、化学、热处理、生物等方法，且各种方法往往联合使用才能最大限度地使固体废物得到资源化利用。通常，物理方法是基础，其他方法常常结合物理方法使用。

(1) 物理法　通过浓缩或相变改变固体废物的结构，但不破坏固体废物组成的处理方法，称为物理法，包括压实、破碎、筛分、粉磨、分选、脱水等，主要作为一种资源化的预处理技术。

① 压实  减少固体废物容积以便于装卸和运输或制取高密度惰性块料以便于贮存、填埋或作建筑材料的操作过程称为压实。无论可燃废物、不可燃废物或是放射性废物都可进行压实处理。压实处理的关键是压缩机。固体废物压缩机的类型很多。以城市垃圾压缩机为例，小型的家用压缩机可装在橱柜下面，大型的可以压缩整辆汽车，每日可压缩成千吨垃圾。但无论何种用途的压缩机，大致可分为竖式压缩机和卧式压缩机两种。

② 破碎和粉磨  将固体废物破碎成小块或粉状小颗粒以利于分选有用或有害的物质的过程。固体废物的破碎方式有机械破碎和物理破碎两种。机械破碎是借助于各种破碎机械对固体废物进行破碎。不能用破碎机械破碎的固体废物，可用物理法破碎，如低温冷冻破碎和超声波破碎等。目前，低温冷冻破碎已用于废塑料及其制品、废橡胶及其制品、废电线（塑料或橡胶被覆）等的破碎。超声波破碎还处于实验室阶段。

为了获得粒度更细的固体废物颗粒，以利于后续资源化过程加快反应速度、均匀物料或为了获得物料大的比表面积，必须进行粉磨。粉磨在固体废物处理和利用中占有重要的地位。粉磨机的种类很多，常用的有球磨机、棒磨机、砾磨机、自磨机（无介质磨）等。

③ 筛分  利用筛子将粒度范围较宽的混合物料按粒度大小分成若干不同级别的过程。它主要与物料的粒度或体积有关，密度和形状的影响很小。筛分时，通过筛孔的物料称为筛下产品，留在筛上的物料称为筛上产品。常用的筛分设备有棒条筛、振动筛、圆筒筛等。

在固体废物破碎车间，筛分主要作为辅助手段，其中在破碎前进行的筛分称为预先筛分，对破碎作业后所得产物进行的筛分称为检查筛分。

④ 分选  利用固体废物中不同组分的物理和物理化学性质差异，从中分选或分离有用或有害物质的过程。依据的物理性质通常有密度、磁性、电性、光电性、弹性、摩擦性、粒度特性等，依据的物理化学性质有表面润湿性等。根据固体废物的这些特性，可分别采用重力分选、磁力分选、电力分选、光电分选、摩擦和弹跳分选、浮选等分选方法。

⑤ 脱水  凡含水率较高的固体废物，如污泥等必须先进行脱水减容，才便于包装、运输和资源化利用。脱水包括浓缩和干燥，视后续固体废物的资源化目的的不同而选用。

（2）化学法  采用化学法使固体废物发生化学转换从而回收物质和能源的一种资源化方法。化学处理方法包括煅烧、焙烧、烧结、溶剂浸出、热分解、焚烧、电力辐射等。由于化学反应条件复杂，影响因素较多，故化学处理方法通常只用在所含成分单一或所含几种化学成分特性相似的废物资源化方面。对于混合废物，化学处理可能达不到预期的目的。

① 煅烧  在适宜的高温条件下，脱除固体废物中二氧化碳、结合水的过程。煅烧过程中发生脱水、分解和化合等物理化学变化。如碳酸钙渣经煅烧再生石灰，其反应如下：

$$CaCO_3 \stackrel{}{=\!=\!=} CaO + CO_2 \uparrow$$

② 焙烧  在适宜气氛条件下将物料加热到一定的温度（低于其熔点），使其发生物理化学变化的过程。根据焙烧过程中的主要化学反应和焙烧后的物理状态，可分为烧结焙烧、磁化焙烧、氧化焙烧、氯化焙烧等。焙烧在各种废渣的资源化过程中有较成熟的生产实践。

③ 烧结  将粉末或粒状物质加热到低于主成分熔点的某一温度，使颗粒黏结成块或球团，提高致密度和机械强度的过程。为了更好地烧结，一般需在物料中配入一定量的熔剂，如石灰石、纯碱等。物料在烧结过程中发生物理化学变化，化学性质改变，并有局部熔化，生成液相。烧结产物既可为可熔性化合物，也可为不熔性化合物，应根据下一工序要求制定烧结条件。烧结往往是焙烧的目的，如烧结焙烧，但焙烧不一定都要烧结。

④ 溶剂浸出  将固体废物加入到液体溶剂中，让固体废物中的一种或几种有用金属溶解于液体溶剂中，再从过滤溶液中提取有用金属的过程，称为溶剂浸出法。溶剂浸出在固体废物回收有用元素中已得到广泛应用，如可用盐酸浸出废物中的铬、铜、镍、锰等金属。从

煤矸石中浸出结晶三氯化铝、二氧化钛等。

在生产中，应根据物料组成、化学组成及结构等因素，选用浸出剂。浸出过程一般是在常温常压下进行的，但为了使浸出过程得到强化，也常常使用高温高压浸出。

⑤ 热分解 也称热裂解，是一种利用热能使大分子有机物（碳氢化合物）转变为低分子物质的过程。通过热分解，从有机废物中直接回收燃料油、燃料气等，但并非所有有机废物都适于热分解，适于热分解的有机废物主要有废塑料（含氯者除外）、废橡胶、废轮胎、废油及油泥、废有机污泥等。

固体废物热分解一般采用竖炉、回转炉、高温熔化炉和流化床炉等。

⑥ 焚烧 是对固体废物进行有控制的燃烧以获得能源、减少固体废物体积的一种资源化方法。焚烧可使固体废物中的病原体及各种有毒、有害物质转化为无害物质。因此，焚烧是一种有效的除害灭菌的废物处理方法。

焚烧和燃烧不完全相同，焚烧侧重于固体废物的减量化和残灰的安全稳定化，而燃烧主要是为了使燃料燃烧获得热能。但焚烧以良好的燃烧为基础，否则将产生大量黑烟以及未燃物，达不到减量与安全、稳定化的目的。不论固体废物的种类和成分如何复杂，其燃烧机理和一般固体燃料相似。

固体废物焚烧在焚烧炉内进行。焚烧炉种类很多，大体上有炉排式焚烧炉、流化床焚烧炉、回转窑焚烧炉等。

(3) 生物法 是利用微生物分解固体废物中可降解的有机物而达到固体废物无害化或综合利用的方法。固体废物经过生物处理，在容积、形态、组成等方面均发生重大变化，因而便于运输、贮存、利用和处置。与化学处理方法相比，生物处理成本低、应用普遍，但处理时间较长、处理效率不够稳定。生物处理包括沼气发酵、堆肥和细菌冶金等。

① 沼气发酵 是有机物质在隔绝空气和保持一定的水分、温度、酸度和碱度等条件下，利用微生物分解有机物产生沼气的过程。城市有机垃圾、污水处理厂的污泥、农村的人畜粪便、植物秸秆等均可作为产沼原料。为了使沼气发酵持续进行，必须提供和保持沼气发酵中各种微生物所需的条件。由于产沼气（甲烷）细菌是一种厌氧细菌，因此沼气发酵需在一个能隔绝氧的密闭消化池内进行。

② 堆肥 是利用微生物的作用分解人畜粪便、垃圾、青草、作物秸秆等有机物获得农用有机肥料的过程。堆肥分为普通堆肥和高温堆肥，前者主要是厌氧分解过程，后者则主要是好氧分解过程。堆肥的全程一般约需一个月。

③ 细菌冶金 是利用某些微生物的生物催化作用，溶解固体废物中的有价金属，在从溶液中提取这些有价金属的过程。与普通的"采矿-选矿-火法冶炼"相比，具有设备简单、操作方便；适宜处理废矿、尾矿和炉渣；可综合浸出，分别回收多种金属等特点。

## 1.3.2 固体废物资源化途径

固体废物具有两重性，虽占用大量土地，污染环境，本身却含有多种有用成分，是一种重要的二次资源。20世纪70年代以后，由于能源和资源的短缺以及对环境问题认识的逐渐加深，人们对固体废物已由消极的处理转向资源化利用。资源化途径很多，但归纳起来有5个方面。

(1) 提取各种有价组分 提取固体废物中的有价组分是固体废物资源化的一个重要途径。如有色金属冶炼渣中往往含有可提取的金、银、钴、锑、硒、碲、铊、钯、铂等金属，有的含量甚至达到或超过工业矿床品位，有些矿渣回收的稀有贵重金属的价值甚至超过主金属的价值；一些化工渣中也含有多种金属，如硫铁矿渣，除含有大量的铁外，还含有许多稀有贵重金属；粉煤灰和煤矸石中含有铁、钼、钪、锗、钒、铀、铝等金属，也有回收的价值。因此，为避免资源的浪费，提取固体废物中的各种有价组分是固体废物资源化的优先考虑途径。

（2）生产建筑材料  生产建筑材料，是一条固体废物消耗量最大的利用途径，且一般不会产生二次污染问题，既消除了污染，又实现了物尽其用。可生产的建筑材料主要包括以下几种。

① 生产碎石  矿业固体废物、自然冷却结晶的冶炼渣，其强度和硬度类似于天然岩石，是生产碎石的良好材料，可用作混凝土骨料、道路材料、铁路道渣等。

利用固体废物生产碎石可大大减少天然砂石的开采量，有利于保护自然景观、保持水土和农林业生产。因此从合理利用资源、保护环境的角度，应大力提倡固体废物生产碎石。

② 生产水泥  许多固体废物的化学成分与水泥相似，具有水硬性。如粉煤灰、经水淬的高炉渣和钢渣、赤泥等，可作为硅酸盐水泥的混合材料。一些氧化钙含量较高的工业废渣，如钢渣、高炉渣等还可用来生产无熟料水泥。此外，煤矸石、粉煤灰等还可代替黏土作为生产水泥的原料。

③ 生产硅酸盐建筑制品  利用固体废物可生产硅酸盐制品。如在粉煤灰中掺入适量炉渣、矿渣等骨料，再加石灰、石膏和水拌和，可制成蒸汽养护砖、砌块、大型墙体材料等。也可用尾矿、电石渣、赤泥、锌渣等制成砖瓦。煤矸石的成分与黏土相近，并含有一定的可燃成分，用以烧制砖瓦，不仅可以代替黏土，而且可以节约能源。

④ 生产铸石和微晶玻璃  铸石有耐磨、耐酸和碱腐蚀的特性，是钢材和某些有色金属的良好代用材料。某些固体废物的化学成分能够满足铸石生产的工艺要求，可以不重新加热而直接浇铸铸石制品，因此比用天然岩石生产铸石节省能源。

微晶玻璃是国外近年来发展起来的新型材料，具有耐磨、耐酸和碱腐蚀的特性，而且其密度比铝小，在工业和建筑中具有广泛的用途。许多固体废物的组成适合作为微晶玻璃的生产原料，如矿业固体废物、高炉矿渣或铁合金渣等。

⑤ 生产矿渣棉和轻质骨料  生产矿渣棉和轻骨料也是固体废物的利用途径之一。如用高炉矿渣或煤矸石生产矿棉，用粉煤灰或煤矸石生产陶粒，用高炉渣生产膨珠或膨胀矿渣等。这些轻质骨料和矿渣棉在工业和民用建筑中具有越来越广泛的用途。

固体废物还可以用来生产陶瓷、玻璃、耐火材料等材料。

（3）生产农肥  利用固体废物生产或代替农肥有着广阔的前景。许多工业废渣含有较高的硅、钙以及各种微量元素，有些废渣还含有磷，因此可以作为农业肥料使用。城市垃圾、粪便、农业有机废物等经过堆肥可处理制成有机肥料。

工业废渣在农业上的利用主要有两种方式：直接施用于农田或制成化学肥料。如粉煤灰、高炉渣、钢渣和铁合金渣等可作为硅钙肥直接施用于农田，不但可提供农作物所需的营养元素，而且有改良土壤的作用。含磷较高的钢渣可作为生产钙镁磷肥的原料。但工业废渣作为农肥使用时，必须严格检验这些废渣的毒性。有毒废渣，一般不能用于农业生产，但若有可靠的去毒方法，又有较大的利用价值，可经过严格去毒以后，再进行综合利用，如铬渣生产肥料。

（4）回收能源  固体废物资源化是节约能源的主要渠道。很多固体废物热值高，具有潜在的能量，可以充分地回收利用。回收方法包括焚烧、热解等热处理法和甲烷发酵方法。固体废物作为能源利用的形式可分为：产生蒸汽、沼气、回收油、发电和直接作为燃料。

粉煤灰中含碳量达 10% 以上（甚至 30% 以上），可以回收后加以利用。煤矸石发热量为 0.8~8MJ/kg，可利用煤矸石发展坑口电站。日本科技人员从含油量为 2% 的下水道污泥中回收油。德国拜尔公司每年焚烧 2.5 万吨工业固体废物生产蒸汽。利用有机垃圾、植物秸秆、人畜粪便中的碳化物、蛋白质、脂肪等，经过沼气发酵可生成可燃性的沼气，其原料广泛、工艺简单，是从固体废物中回收生物能源、保护环境的重要途径。

（5）取代某种工业原料　固体废物经一定加工处理可取代某种工业原料，以节省资源。煤矸石代焦生产磷肥，不仅能降低磷肥的生产成本，且因煤矸石具有特有成分，还可提高磷肥的质量。电石渣或合金冶炼中的硅钙渣，含有大量的氧化钙成分，可代替石灰直接用于工业和民用建筑中或作为硅酸盐建筑制品的原料使用。赤泥和粉煤灰经加工后可作为塑料制品的填充剂使用。

有的废渣可以代替砂、石、活性炭、磺化煤作为过滤介质，净化污水。高炉矿渣可代替砂、石作滤料处理废水，还可作吸收剂从水面回收石油制品。粉煤灰在改善已污染的湖面水水质方面效果显著，能使无机磷、悬浮物和有机磷的浓度下降，大大改善水的色度。粉煤灰用作过滤介质，过滤造纸废水，不仅效果好，还可从纸浆废液中回收木质素。

近年来，高附加值的固体废物产品不断涌现，如德国一家缆绳制造厂利用废磁带制造出了一种强度与钢丝绳差不多的缆绳；日本电源开发公司利用粉煤灰制造出了吸音材料，等等。

我国是个发展中国家，经济建设对资源有巨大的需求，而资源、能源供应不足。因此，推行固体废物资源化，不但可为国家节约投资、降低能耗和生产成本、减少自然资源的开采，还可治理环境，维持生态系统的良性循环，是实现经济可持续发展战略的有效措施。

### 1.3.3　固体废物的综合处理

废物的种类很多，且产量很大，对其整个处理过程应有系统的整体观念，也就是对固体废物应进行综合处理。所谓综合处理就是将各中小企业产生的各种废物集中到一个地点，根据废物的特征，把各种废物处理过程结合成一个系统，以便把各过程得到的物质和能量进行合理的集中利用。通过综合处理可对废物进行有效的处理，减少最终废物排放量，减轻对地区的污染，防止二次公害的分散化，同时还能做到总处理费用低、资源利用效率高。

要进行废物的综合处理，必须弄清废物产量随时间的变化状况，以便设计的处理方案适应废物负荷的变化幅度。通常，将各工厂排放的同样或类似的废物进行混合处理，并从收集方式上进行适当的改变。

废物综合处理系统类似于一般的工业生产系统，由一些基本过程组成。由这些基本过程组成的总系统称为废物综合处理系统，如图 1-3 所示。

整个系统可包括固体废物的收集运输、破碎、分选等预处理技术，焚烧、热解和微生物分解等转化技术和"三废"处理等后处理技术。预处理过程中，废物的性质不发生改变，主要利用物理处理方法，对废物中的有用组分进行分离提取型回收。如对空瓶、空罐、设备的零部件以及金属、玻璃、废纸、塑料等有用原材料提取回收。

转化技术是把预处理回收后的残余废物用化学的或生物学的方法，使废物的物理性质发生改变而加以回收利用。这一过程显然比预处理过程复杂，成本也较高。焚烧和热解以回收能源为目的，焚烧主要回收水蒸气、热水或电力等不能贮存或随即使用型的能源，而热解主要回收燃料气、油、微粒状燃料等可贮存或迁移型的能源。微生物分解主要使废物原料化、产品化而再生利用。

预处理过程和转化过程产生的废渣可用于制备建筑材料、道路材料或进行填埋等处置。

综上所述，固体废物处理系统由若干个过程所组成，每个过程有每个过程的作用。综合

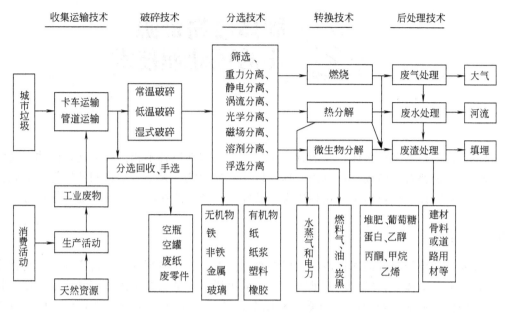

图 1-3 废物综合处理系统

处理固体废物时，务必从整体出发，选择合适的处理技术及处理过程。

## 参考文献

[1] 中华人民共和国主席令［2004］第三十一号，中华人民共和国固体废物污染环境防治法（2004 修订），2004，12，29.
[2] 王琪. 我国固体废物处理处置产业发展现状及趋势. 环境保护，2012（15）：23-26.
[3] 章骅，姚其生，朱钰敏等. 固体废物重金属污染源解析技术研究进展. 科学通报，2012，57（33）：3132-3138.
[4] 周晓明，邝萍. 工业固体废物处理方法的探讨. 中国新技术新产品，2012（10）：222.
[5] 徐西安，徐金花，姜立岩等. 低碳经济是发展循环经济的必然选择——浅谈我国工业固体废物资源化. 再生资源与循环经济，2012，5（3）：13-16.
[6] 赵由才，刘洪. 我国固体废物处理与资源化展望. 苏州城建环保学院学报，2002，15（1）：1-9.
[7] 祝学礼，徐文龙. 我国固体废物污染与无害化处理技术. 卫生研究，2002，3（4）：331-332.
[8] 王国贞，刘贵明，何亚利. 固体废物资源化处理与人类发展的关系. 中国资源综合利用，2002，（5）：35-37.

## 习题

(1) 简述固体废物、危险固体废物、有机固体废物、无机固体废物额区别与联系。
(2) 简述固体废物污染控制特点、我国固体废物污染控制的技术政策和管理制度。
(3) 简述固体废物减量化及其途径、资源化及其途径。
(4) 简述固体废物综合处理的意义。
(5) 简述固体废物污染防治政策及其意义。
(6) 简述固体废物全过程管理的原则与意义。

# 2 固体废物资源化的预处理技术

固体废物的种类多种多样，其形状、大小、结构和性质各不相同，因此，固体废物资源化之前，往往需要对固体废物进行预处理，以使它的形状、大小、结构和性质符合资源化要求。固体废物的预处理技术主要包括压实、破碎、筛分、浓缩、脱水及热处理等过程。

## 2.1 压实

通过外力加压于松散的固体废物，以缩小其体积，使固体废物变得密实的操作简称为压实，又称压缩。固体废物经过压实处理，一方面可增大容重、减少固体废物体积以便于装卸和运输，确保运输安全与卫生，降低运输成本；另一方面可制取高密度惰性块料，便于贮存、填埋或作为建筑材料使用。

### 2.1.1 压实原理

大多数固体废物是由不同颗粒与颗粒间的孔隙组成的集合体。一堆自然堆放的固体废物，其表观体积是废物颗粒有效体积与孔隙占有的体积之和，即：

$$V_m = V_s + V_v$$

式中，$V_m$ 为固体废物的表观体积；$V_s$ 为固体废物的体积（包括水分）；$V_v$ 为孔隙体积。

当对固体废物实施压实操作时，随着压力强度的增大，孔隙体积减小，表观体积也随之减小，而容重增大。所谓容重就是固体废物的干密度，用 $\rho$ 表示。容重的计算可用如下公式：

$$\rho = \frac{W_s}{V_m} = \frac{W_m - W_{H_2O}}{V_m}$$

式中，$W_s$ 为固体废物的总重，包括水分重量，$W_{H_2O}$ 为固体废物中的水分重量。因此，固体废物压实的实质，可以看作是消耗一定的压力能，提高废物容重的过程。当固体废物受到外界压力时，各颗粒间相互挤压、变形或破碎，从而达到重新组合的效果。

在压实过程中，某些可塑性废物当解除压力后不能恢复原状，而有些弹性废物在解除压力后的几秒钟内，体积膨胀 20%，几分钟后达到 50%。因此，固体废物中适合压实处理的主要是压缩性能大而复原性小的物质，如冰箱、洗衣机、纸箱、纸袋、纤维、废金属细丝等，有些固体废物如木头、玻璃、金属、塑料块等本身已经很密实的固体或是焦油、污泥等半固体废物不宜作压实处理。

固体废物经过压实处理后体积减小的程度叫压缩比，可用如下公式计算：

$$R = \frac{V_i}{V_f}$$

式中，$R$ 为固体废物体积压缩比；$V_i$ 为废物压缩前的原始体积；$V_f$ 为废物压缩后的体积。固体废物的压缩比取决于废物的种类及施加的压力。一般，施加的压力可在几

kg/cm² ~ 几百 kg/cm²（1kg/cm² = 98066.5Pa）。当固体废物为均匀松散物料时，其压缩比可达到 3 ~ 10。

### 2.1.2 压实设备

根据操作情况，固体废物的压实设备可分为固定式压实器和移动式压实器两大类。

（1）固定式压实器　凡用人工或机械方法（液压方式为主）把废物送进压实机械中进行压实的设备称为固定式压实器。各种家用小型压实器、废物收集车上配备的压实器及中转站配置的专用压实机等均属固定式压实设备。

固定式压实器只能定点使用，通常由一个容器单元和一个压实单元组成。容器单元通过料箱或料斗接受固体废物，并把废物送入压实单元。压实单元通常装有液压或气压操作的压头，利用一定的挤压力把固体废物压成致密的块体。常用的固定式压实器主要包括水平压实器、三向联合压实器、回转式压实器等。

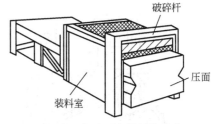

图 2-1 所示为水平压实器结构示意。水平压实器一般是一个矩形或方形的钢制容器，它有一个可沿水平方向移动的压头。将废物置入装料室，启动具有压面的水平压头，使废物致密化和定型化，然后将坯块推出。推出过程中，坯块表面的杂乱废物

图 2-1　水平压实器结构示意

受破碎杆作用而被破碎，不致妨碍坯块移出。但当它作为生活垃圾压实器时，为了防止垃圾中有机物腐败对它的腐蚀，要求在压实器的四周涂覆沥青予以保护。水平压实器常作为转运站固定型压实操作使用。

图 2-2、图 2-3 所示分别为三向联合压实器、回转式压实器结构示意。三向联合压实器具有 3 个互相垂直的压头。废物被置于容器单元后，依次启动压头 1、2、3，逐渐缩小废物体积，最终将废物压实成一个致密的块体，块体尺寸一般在 200 ~ 1000mm 之间。三向联合压实器适合于压实松散的金属废物和松散的垃圾。

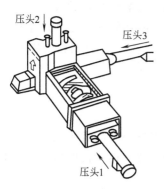

图 2-2　三向联合压实器

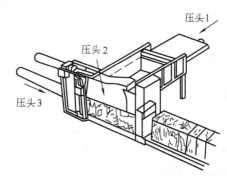

图 2-3　回转式压实器

回转式压实器具有一个平板型压头，铰链在容器的一端，借助液压罐驱动。废物装入容器单元后，先按水平压头 1 的方向压缩废物，然后按箭头的运动方向驱动旋动压头 2，最后按水平压头 3 的运动方向将废物压至一定尺寸排出。回转式压实器适用于压实体积小、重量轻的固体废物。

除了以上形式的压实器外，还有袋式压实器。这类压实器中装填一个袋子，当废物压满时必须移走，并换上另一个空的袋子。它们适合于工厂中某些均匀类型废物的收集和压缩。

（2）移动式压实设备　带有行驶轮或可在轨道上行驶的压实器称为移动式压实器。移动式压实器主要用于填埋场压实所填埋的废物，也安装在垃圾车上压实垃圾车所接受的废物。

为压实固体废物，增加填埋容量，填埋现场可采用多种方式和各种类型的压实机具。最简单的办法是将废物布料平整后，以装载废物的运输车辆来回行驶将废物压实。废物达到的密度由废物性质、运输车辆来回次数、车辆型号和载重量而定，平均可达到 $500\sim600kg/m^3$。如果用压实机具来压实填埋废物，大约可将这个数值提高 $10\%\sim30\%$（适当喷水可改善废物的压紧状态，易于提高其密度）。

移动式压实器按压实过程工作原理不同，可分为碾（滚）压、夯实、振动三种，相应的压实器分为碾（滚）压实机、夯实压实机、振动压实机三大类，固体废物压实处理主要采用碾（滚）压方式。图 2-4 所示为填埋场常用的压实机种类。

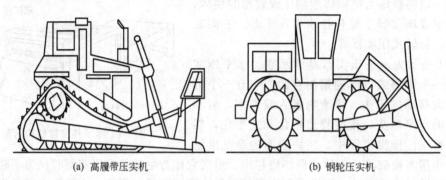

(a) 高履带压实机　　　　　　　　　　　　(b) 钢轮压实机

图 2-4　填埋场常用的压实机

现场常用的压实机主要包括胶轮式压土机、履带式压土机和钢轮式布料压实机等。传统的压实机用胶轮及履带式较多。20 世纪 70 年代以来开发制造了钢轮挤压布料机，它具有布施和挤压物料双重功能，在填埋作业时，钢轮挤压布料机一边将垃圾均匀铺撒成几个 $30\sim50cm$ 薄层，一边借助于机械自身的静压力和齿状钢轮对垃圾层撕碎、挤压，达到压实的目的。许多制造厂家认为，在压碎和压实固体废物方面，钢轮式比胶轮式、履带式效果好。有资料显示，填埋时经过 2t 以上的钢轮式压实机压实后的干燥固体废物的密度，比在同等条件下经过胶轮式压土机或 3t 重履带式压实的废物密度大 $13\%$。且钢轮式压实机不会有轮胎漏气现象，在工作面上可处理大量废物，压实工作性能更加可靠。

## 2.2　筛分

筛分通常与固体废物的破碎联合使用，也可单独对固体废物进行粒度分级。无论是城市生活垃圾还是工业废物均有应用，包括湿式筛分和干式筛分两种操作类型。其中，干式筛分在固体废物分选中的应用更加广泛。

### 2.2.1　筛分原理

（1）筛分过程　利用一个或一个以上的筛面，将不同粒径颗粒的混合废物分成两组或两组以上颗粒组的过程成为筛分过程。该过程可看作由物料分层和细粒透筛两个阶段组成。物料分层是完成筛分的条件，细粒透筛是筛分的目的。

一个具有均匀筛孔的筛面只允许小于筛孔的颗粒通过，较大颗粒留在筛面上而被排除。一个颗粒至少有两个方向上的尺寸小于筛孔才能通过。要实现粗细物料通过筛面分离，必须使物料和筛面之间具有适当的相对运动，使筛面上的物料层处于松散状态，即按颗粒大小分层，形成粗粒位于上层，细粒位于下层的规则排列，细粒到达筛面并透过筛孔。同时物料和筛面之间的相对运动还可以使堵在筛孔上的颗粒脱离筛孔，以利于细粒透过筛孔。细粒透筛时，尽管粒度都小于筛孔，但它们透筛的难易程度却不同。粒度小于筛孔 3/4 的颗粒，很容易通过粗粒形成的间隙到达筛面而透筛，这类颗粒称为"易筛粒"；粒度大于筛孔 3/4 的颗粒，则很难通过粗粒形成的间隙到达筛面而透筛，而且粒度越接近筛孔尺寸的颗粒就越难透筛，这类颗粒称为"难筛粒"。

(2) 筛分效率　理论上，凡固体废物中粒度小于筛孔尺寸的细粒都应该透过筛孔成为筛下产品，而大于筛孔尺寸的粗粒应全部留在筛上成为筛上产品排出。但实际上筛分过程受很多因素的影响，总会有一些小于筛孔的细粒留在筛上随粗粒一起排出成为筛上产品。筛上产品中未透过筛孔的细粒越多，说明筛分效果越差。通常用筛分效率来描述筛分效果的优劣。

筛分效率是筛分时实际得到的筛下产物的重量与原料中所含粒度小于筛孔尺寸的物料的重量比，用百分数表示，其简易表达式为：

$$E = \frac{Q_1}{Q\alpha} \times 100\% \qquad (2\text{-}1)$$

式中，$E$ 为筛分效率，%；$Q_1$ 为筛下产物重量，kg；$Q$ 为入筛固体废物重量，kg；$\alpha$ 为入筛固体废物中小于筛孔尺寸的细粒含量，%。但实际筛选过程中要测定 $Q$、$Q_1$ 比较困难，因此，必须变换成便于应用的计算式。

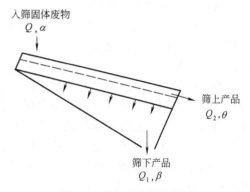

图 2-5　筛分效率的计算图

根据图 2-5 可列出两个方程式：

$$Q = Q_1 + Q_2 \qquad (2\text{-}2)$$
$$Q\alpha = Q_1\beta + Q_2\theta \qquad (2\text{-}3)$$

式中，$Q_2$ 为筛上产物重量；$\theta$、$\beta$ 分别为筛上、筛下产品中小于筛孔尺寸的细粒含量，%。

将式 (2-2) 代入式 (2-3)，得：

$$Q_1 = \frac{(\alpha - \theta)Q}{\beta - \theta}$$

将 $Q_1$ 代入式 (2-1)，得：

$$E = \frac{\beta(\alpha - \theta)}{\alpha(\beta - \theta)} \times 100\%$$

如果筛下产品中没有大于筛孔尺寸的粗粒（即 $\beta = 100\%$），则 $E = \dfrac{\alpha - \theta}{\alpha(1 - \theta)} \times 100\%$

## 2.2.2　筛分设备

适用于固体废物筛选的设备很多，但用得较多的主要有固定筛、滚筒筛和振动筛。

(1) 固定筛　筛分物料时，筛面固定不动的筛分设备称为固定筛。筛面由许多平行排列的筛条组成，可以水平安装或倾斜安装，构造简单、无运动部件（不耗用动力）、设备制造费用低、维修方便，因此，在固体废物资源化过程中被广泛应用。缺点是易于堵塞。

固定筛分为棒条筛和格筛两类。棒条筛由平行排列的棒条组成，筛孔尺寸要求为筛下粒度的 1.1～1.2 倍（一般不小于 50mm），棒条宽度应大于固体废物中最大块度的 2.5 倍，适用于筛分粒度大于 50mm 的粗粒废物，主要用在粗碎和中碎之前或安装在城市生活污水处理厂的进水端，安装倾角应大于废物对筛面的摩擦角（一般为 30°～35°），以保证废物沿筛面下滑。格筛由纵横排列的格条组成，一般安装在粗碎机之前，以保证物料具有适宜的块度。图 2-6 所示为固定筛结构示意。

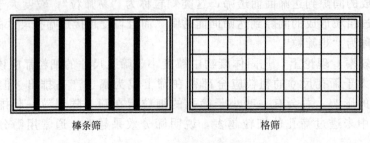

棒条筛　　　　　　　　　　　格筛

图 2-6　固定筛结构示意

（2）滚筒筛　滚筒筛亦称转筒筛，具有带孔的圆柱形筛面或截头的圆锥体筛面，如图 2-7 所示。滚筒筛筛面可用各种结构材料制成编织筛网，但最常用的筛网是冲击筛板。

滚筒筛在传动装置带动下，以一定的转速缓缓旋转。为使废物在筒内沿轴线方向前进，筛筒的轴线应倾斜 3°～5°安装。

筛分时，废物由稍高一端给入，随即被旋转的筒体带起，当达到一定高度后因重力作用自行落下。如此不断地做起落运动，使小于筛孔尺寸的细粒透筛，而筛上产品则逐渐移到筛的另一端排出。

物料在滚筒筛中的运动有 3 种状态：①沉落状态，物料颗粒由于筛子的圆周运动而被带起，然后滚落到向上运动的颗粒层表面；②抛落状态，当筛筒转速足够高时，颗粒克服重力作用沿筒壁上升，然后沿抛物线轨迹落回筛底；③离心状态，滚筒筛转速进一步提高，颗粒附着在筒壁上不在落下，这时的转速称为临界转速。无疑，物料处于抛落状态时，筛分效率最高。因此，滚筒筛操作运行时，应尽可能控制好转速，使物料处于抛落状态。一般，物料在筒内滞留 25～30s，滚筒筛转速 5～6r/min 时筛分效率最佳。

（3）振动筛　振动筛在筑路、建筑、冶金、化工、谷物加工中得到广泛应用，也是固体废物筛选的常用设备。振动筛的振动方向与筛面垂直或近似垂直，振动次数 600～3600r/min，振幅 0.5～1.5mm。物料在筛面上发生离析现象，密度大而粒度小的颗粒穿过密度小而粒度大的颗粒间隙，进入下层到达筛面，大大有利于筛分的进行。振动筛的安装倾角一般控制在 8°～40°之间。

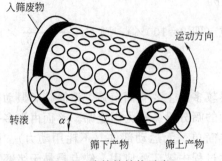

图 2-7　滚筒筛结构示意

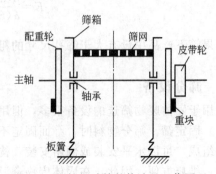

图 2-8　惯性振动筛的构造及工作原理

固体废物筛分中常用的振动筛为惯性振动筛，是通过不平衡物体（重块）的旋转所产生的离心惯性力使筛箱产生振动的一种筛子，其构造及工作原理如图 2-8 所示。当电动机带动皮带轮作高速旋转时，配重轮上的重块即产生惯性离心力，其水平分力使弹簧作横向变形，由于弹簧横向刚度大，所以水平分力被横向刚度所吸收。而垂直分力则垂直于筛面，通过筛箱作用于弹簧，强迫弹簧作拉伸及压缩运动。因此，筛箱的运动轨迹为椭圆或近似于圆。由于该种筛子的激振力是离心惯性力，故称为惯性振动筛。惯性振动筛由于筛面作强烈地振动，消除了堵塞筛孔的现象，有利于湿物料的筛分，可适用于粗、中、细粒废物（0.1～0.15mm）的筛分，还可用于脱水振动和脱泥筛分。

## 2.3 破碎

固体废物的破碎就是利用外力克服固体废物质点间的内聚力而使固体废物粒度减少的过程。固体废物经过破碎，不但可减少固体废物的颗粒尺寸，而且可降低其孔隙率、增大废物的容重，使固体废物有利于后续处理与资源化利用。

### 2.3.1 破碎原理

（1）破碎的难易程度　不同种类的固体废物种，其破碎的难易程度通常用固体废物的机械强度或硬度来衡量。

① 机械强度　固体废物的机械强度是指固体废物抗破碎的阻力，通常用静载下测定的抗压强度为标准来衡量。一般，抗压强度大于250MPa者称为坚硬固体废物；40～250MPa者称为中硬固体废物；小于40MPa者称为软固体废物。机械强度越大的固体废物，破碎越困难。

② 硬度　固体废物的硬度是指固体废物抵抗外力机械侵入的能力。一般，硬度越大的固体废物，其破碎难度越大。固体废物的硬度有两种表示方法。一种是对照矿物硬度确定。矿物的硬度按莫氏硬度分为10级，其软硬排列顺序如下：滑石、石膏、方解石、萤石、磷灰石、长石、石英、黄玉石、刚玉和金刚石。各种固体废物的硬度可通过与这些矿物相比较来确定；另一种是按废物破碎时的性状确定。按废物在破碎时的性状，固体废物可分为最坚硬物料、坚硬物料、中硬物料和软质物料4种。

需要破碎的固体废物，大多数机械强度较低，硬度较小，较容易破碎。但也有些固体废物在常温下呈现较高的韧性和塑性（外力作用变形，除去外力后由恢复原状的性质），难以破碎，如橡胶、塑料等，对这部分固体废物需采用特殊的破碎方法才能有效破碎。

（2）破碎方法　破碎方法分为干式、湿式和半湿式破碎3种。其中，湿式破碎和半湿式破碎是在破碎的同时兼有分级分选的处理，干式破碎即通常所说的破碎。

① 干式破碎　按破碎时所用的外力不同，分为机械能破碎和非机械能破碎两种方法。机械能破碎是利用破碎工具如破碎机的齿板、锤子、球磨机的钢球等对固体废物施力而将其破碎的方法。非机械能破碎是利用电能、热能等对固体废物进行破碎的新方法，如低温破碎、热力破碎、减压破碎及超声波破碎等。目前广泛应用的是机械能破碎，图2-9所示为常用破碎机所具有的机械破碎方法。

挤压破碎是指将废物置于破碎机的两块坚硬破碎板之间进行的破碎，两块破碎板可以都是移动的或是一块静止一块移动；剪切破碎是指利用破碎机的齿板切开或割裂废物，这种破碎方法特别适合于二氧化硅含量低的松软物料的破碎；磨剥破碎是指将废物置于两个坚硬的破碎板表面的中间进行碾磨；冲击破碎包括重力冲击破碎和动冲击破碎两种形式。前者是指废物在钢球作用下被破碎、废物落到一块坚硬的破碎板上或废物在自重作用下被撞碎。后者则是指废物碰到一个比它硬的快速旋转的破碎锤而被锤碎，废物无支撑，冲击力使破碎的颗粒向破碎板以及向另外的锤头和机器的出口加速。一般，破碎机破碎固体废物时，常常受两

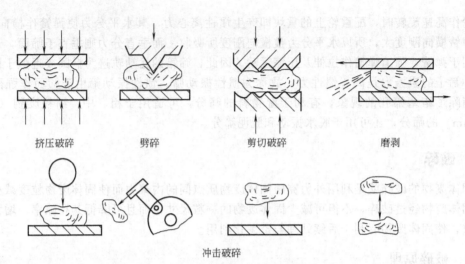

挤压破碎　　　　劈碎　　　　剪切破碎　　　　磨剥

冲击破碎

图 2-9　常用破碎机所具有的破碎方法

种或两种以上的破碎力的同时作用，如挤压和劈碎、冲击破碎和磨剥等。

选择破碎方法时，需视固体废物的机械强度特别是废物的硬度而定。对于脆硬性废物，宜采用劈碎、冲击、挤压破碎方法。对于柔硬性废物，如废钢铁、废汽车、废器材和废塑料等，宜采用剪切、冲击破碎方法，或利用其低温变脆的性质而实施有效的破碎。当废物体积较大，不能直接将其供入破碎机时，需先将其切割到可以装入破碎机进料口的尺寸，再送入破碎机内破碎。对于含有大量废纸的城市垃圾，近几年来国外已采用半湿式和湿式破碎。

② 湿式破碎　湿式破碎是利用特制的破碎机将投入机内的含纸垃圾和大量水流一起剧烈搅拌和破碎成为浆液的过程，基于回收城市垃圾中的大量纸类为目的而发展起来的一种破碎方法。图 2-10 所示为湿式破碎机的构造原理。

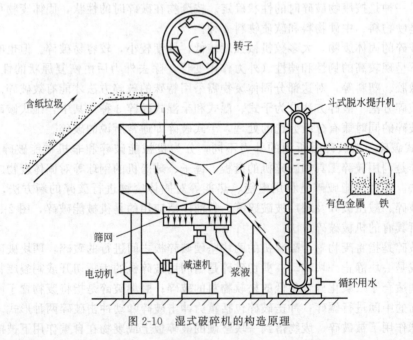

图 2-10　湿式破碎机的构造原理

垃圾用传送带送入湿式破碎机。该破碎机的圆形槽底上安装有多孔筛，筛上安装有旋转破碎辊，辊上装有 6 把破碎刀。破碎辊的旋转使投入的垃圾和水一起激烈回旋，废纸被破碎成浆状通过筛孔流入筛下由底部排出，难以破碎的筛上物如金属等则从破碎机侧口排出，再用斗式提升机送至装有磁选器的皮带运输机，以分离铁和非铁金属物质。

湿式破碎适用于处理化学物质、纸和纸浆、矿物等，可以回收纸纤维、玻璃、铁和有色金属，剩余泥土等可作堆肥。

③ 半湿式破碎　破碎和分选同时进行。利用不同物质在一定均匀湿度下其强度、脆性（耐冲击性、耐压缩性、耐剪切力）不同而破碎成不同粒度。图 2-11 所示为半湿式破碎机的构造原理。

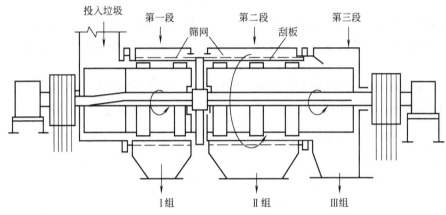

图 2-11　半湿式破碎机构造原理

半湿式破碎机由两段具有不同尺寸筛孔的外旋转圆筒筛和筛内与之反方向旋转的破碎板组成。垃圾给入圆筒筛首端，并随筛壁上升而后又在重力作用下抛落，同时被反向旋转的破碎板撞击，垃圾中易脆物质（如玻璃、陶瓷等）首先破碎，通过第一段筛网分离排出。剩余垃圾进入第二段筛筒，此段喷射水分，中等强度的纸类在水喷射下被破碎板破碎，由第二段筛网排出。最后剩余的垃圾（主要有金属、塑料、橡胶、木材、皮革等）由不设筛网的第三段排出。

半湿式选择性破碎能在同一设备中同时实现破碎、分选两个作业，也能充分有效地回收垃圾中的有用物质，如从分选出的第一段物料中可分别去除玻璃、塑料等，有望得到以厨余垃圾为主（含量可达到 80%）的堆肥沼气发酵原料。第二段物料中可回收含量为 85%～95% 的纸类，难以分选的塑料类废物可在三段后经分选可达到 95% 的纯度，废铁可达 98%。此外，半湿式破碎对进料适应性好，易破碎物能及时排出，不会出现过破碎现象，且动力消耗低，磨损小，易维修。

（3）破碎比和破碎段

① 破碎比　破碎比表示废物在破碎过程中粒度减少的倍数，也表征废物被破碎的程度。破碎机的能量消耗和处理能力都与破碎比有关。

在破碎过程中，原废物粒度与破碎产物粒度的比值称为破碎比。在工程设计中，破碎比常采用废物破碎前的最大粒度（$D_{max}$）与破碎后的最大粒度（$d_{max}$）之比来计算，即：破碎比 $i = \dfrac{\text{废物破碎前最大粒度 } D_{max}}{\text{破碎产物最大粒度 } d_{max}}$，这一破碎比称为极限破碎比。通常，根据最大废物直径来选择破碎机给料口的宽度。

在科研和理论研究中常采用废物破碎前的平均粒度（$D_{cp}$）与破碎后的平均粒度（$d_{cp}$）之比来计算，即：破碎比 $i = \dfrac{\text{废物破碎前的平均粒度 } D_{cp}}{\text{破碎产物的平均粒度 } d_{cp}}$，这一破碎比称为真实破碎比，能较真实地反映废物的破碎程度。

一般破碎机的平均破碎比在 3～30 之间。磨碎机破碎比可达 40～400 以上。

② 破碎段　固体废物每经过一次破碎机或磨碎机称为一个破碎段。如若要求的破碎比不大，则一段破碎即可。但对有些固体废物，如矿业固体废物的分选工艺，如浮选、磁选等，要求入料的粒度很细，破碎比很大，所以往往根据实际需要将几台破碎机或磨碎机依次串联起来组成破碎流程。对固体废物进行多次（段）破碎，其总破碎比等于各段破碎比（$i_1$，$i_2$，…，$i_n$）的乘积，即：

$$i = i_1 \times i_2 \times i_3 \times \cdots \times i_n$$

破碎段数是决定破碎工艺流程的基本指标，主要决定破碎废物的原始粒度和最终粒度。破碎段数越多，破碎流程越复杂，工程投资相应增加。因此，条件允许的话，应尽量减少破碎段数。

（4）破碎流程　根据固体废物的性质、颗粒大小、要求达到的破碎比和选用的破碎机类型，每段破碎流程可以有不同的组合方式，其基本的工艺流程如图 2-12 所示。

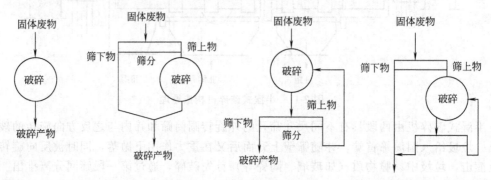

(a) 单纯破碎工艺　　(b) 带预先筛分的破碎工艺　　(c) 带检查筛分破碎工艺　　(d) 带预先和检查筛分破碎工艺

图 2-12　破碎的基本工艺流程

## 2.3.2　破碎设备

固体废物破碎常用的破碎设备包括锤式、冲击式、剪切、颚式、辊式破碎机和粉磨机。每种类型还包括多种不同的结构形式，各种形式的破碎机的应用范围不尽相同。

（1）锤式破碎机　锤式破碎机是最普通的一种工业破碎设备，按破碎轴安装方式不同可分为卧轴和立轴两种，常见的是卧轴锤式破碎机，即水平轴式破碎机。图 2-13 所示为单转子卧轴锤式破碎机结构示意。水平轴由两端的轴承支持，原料借助重力或用输送机送入。转子下方装有算条筛，算条缝隙的大小决定破碎后的颗粒的大小。

该机主体破碎部件包括多排重锤和破碎板。锤头以铰链方式装在各圆盘之间的销轴上，可以在销轴上摆动。电动机带动主轴、圆盘、销轴及锤头高速旋转，包括主轴、圆盘、销轴及锤头的部件称为转子。破碎板固定在机架上，可通过推力板调整它与转子之间的空隙大小。需破碎的固体废物从上部进料口给入机内，立刻遭受高速旋转的重锤冲击与破碎板间的磨切作用，完成破碎过程，并通过下面的筛板排除粒度小于筛孔的破碎物料，大于筛孔的物料被阻留在筛板上继续受到锤头的冲击和研磨，最后通过筛板排出。

图 2-14 所示为 Hammer Mills 式锤式破碎机，它的机体由压缩机和锤碎机两部分组成。

Hammer Mills 锤碎机主要用于破碎废汽车等粗大固体废物。大型固体废物先经压缩机压缩，再给入锤式破碎机，转子由大小两种锤子组成，大锤子磨损后，改作小锤用，锤子铰

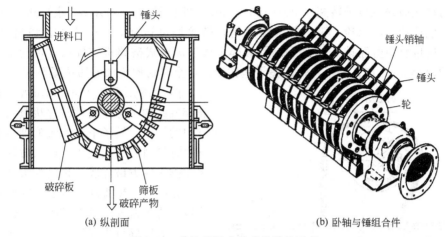

(a) 纵剖面　　　　　　　　　(b) 卧轴与锤组合件

图 2-13　单转子锤式破碎机结构示意

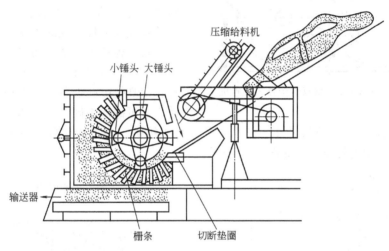

图 2-14　Hammer Mills 式锤式破碎机

接悬挂在绕中心旋转的转子上做高速旋转。转子下方半周安装有箅子筛板，筛板两端安装有固定反击板，起二次破碎和剪切作用。

图 2-15 所示为 BJD 型锤式破碎机，它包括两种类型，分别用于破碎不同的固体废物。

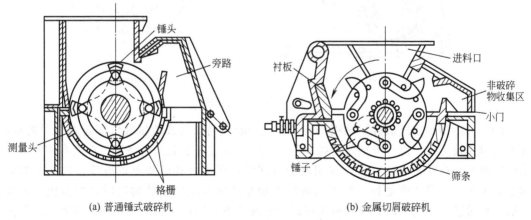

(a) 普通锤式破碎机　　　　　　　(b) 金属切屑破碎机

图 2-15　BJD 型锤式破碎机的两种类型

BJD 普通锤式破碎机转子转速 1500～4500r/min，处理量为 7～55t/h，主要用于破碎家具、电视机、电冰箱、洗衣粉、厨房等大型废物，破碎块可达到 50mm 左右。该机设有旁路，不能破碎的废物由旁路排出。经 BJD 型破碎金属切屑锤式破碎机破碎后，可使金属切屑的松散体积减小 3～8 倍，便于运输。锤子呈钩形，对金属切屑施加剪切拉撕等作用而破碎。

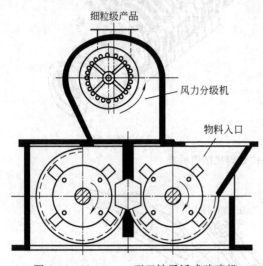

图 2-16 Novorotor 型双转子锤式破碎机

图 2-16 所示为 Novorotor 型双转子锤式破碎机结构示意。这种破碎机具有两个旋转方向的转子，转子下方均装有研磨板。废物自右方给料口送入机内，经右方转子破碎后颗粒排至左方破碎腔，再沿左方研磨板运动 3/4 圆周后，借风力排至上部的旋转式风力分级板排出机外。该机破碎比可达 30。

锤式破碎机主要用于破碎中等硬度且腐蚀性弱、体积较大的固体废物，还可用于破碎含水分及含油质的有机物、纤维结构物质、弹性和韧性较强的木块、石棉水泥废料及回收石棉纤维和金属切屑等。

（2）冲击式破碎机 冲击式破碎机是一种新型高效破碎设备，具有破碎比大、适应性广，可破碎中硬、软、脆、韧性、纤维性废物，且构造简单、外形尺寸小、安全方便、易于维护。冲击式破碎机主要包括 Universa 型和 Hazemag 型两种类型，如图 2-17 所示。

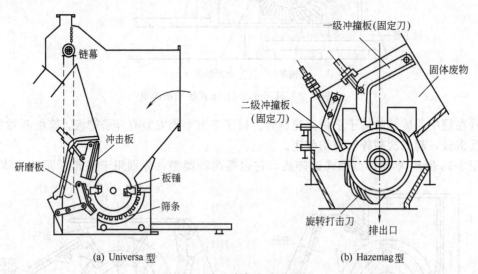

(a) Universa 型

(b) Hazemag 型

图 2-17 冲击式破碎机

Universa 型冲击式破碎机的板锤有两个，一般利用楔块或液压装置固定在转子的槽内。冲击板用弹簧支撑，由一组钢条组成（约 10 个）。冲击板下面是研磨板，后面有筛条。当要求的破碎产品粒度为 40mm 时，仅用冲击板即可，研磨板和筛条可以拆除。当要求的粒度为 20mm 时，需装上研磨板。当要求的粒度较小或破碎较轻的软物料时，冲击板、研磨板和筛条都需装上。由于研磨板和筛条可以装上或拆下，因而对固体废物的破碎适应性较强。

Hazemag 型冲击式破碎机装有两块反击板，形成两个破碎腔。转子上安装有两个坚硬的板锤。机体内表面装有特殊钢衬板，用以保护机体不受损坏。这种破碎机主要用于破碎家具、电视机、杂器等生活废物。对于破布、金属丝等废物可通过月牙形、齿状打击刀和冲击板间隙进行挤压和剪切破碎。

（3）剪切破碎机　剪切式破碎机是以剪切作用为主的破碎机，靠一组固定刀与一组（或两组）活动刀之间的剪切作用将固体废物破碎成适宜的形状和尺寸的破碎机。剪切式破碎机属于低速破碎机，转速一般为 20～60r/min。根据活动刀的运动方式，剪切式破碎机可分为往复式与回转式两种。目前广泛使用的剪切式破碎机主要有 Linclemann 型剪切式破碎机、Von Roll 型往复剪切式破碎机、旋转剪切式破碎机等。图 2-18 所示为 Linclemann 型剪切式破碎机结构示意。

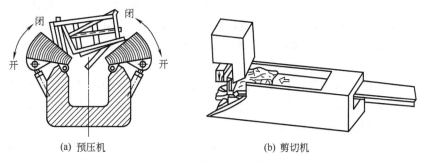

(a) 预压机　　　　(b) 剪切机

图 2-18　Linclemann 型剪切式破碎机结构示意

这是一种最简单的剪切式破碎机。它借助于预压机压缩盖的闭合将废物压碎，然后再经剪切机剪断，剪切长度可由推杆控制。

图 2-19 所示为 Von Roll 型往复式剪切机结构示意。固定刀和活动刀交错排列，通过下端活动铰轴连接，尤似一把无柄剪刀。当呈开口状态时，从侧面看固定刀和活动刀呈 V 字形。固体废物由上端给入，通过液压装置缓缓将活动刀推向固定刀，当 V 字形闭合时，废物被挤压破碎，破碎物大小约 30cm。虽然驱动速度慢，但驱动力很大。当破碎阻力超过最大值时，破碎机自然开启，避免损坏刀具。这种破碎机适合松散的片、条状废物的破碎。

图 2-20 所示为旋转剪切式破碎机结构示意。它由固定刀（1～2 片）和旋转刀（3～5

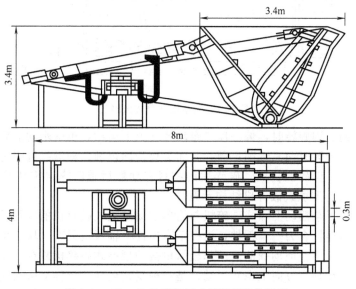

图 2-19　Von Roll 型往复式剪切机结构示意

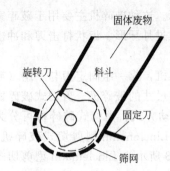

图 2-20 旋转剪刀机结构示意

片）组成。固体废物给入料斗，依靠高速转动的旋转刀和固定刀之间的间隙挤压和剪切破碎，破碎产品经筛缝排出机外。但该机破碎废物中混入硬度较大的杂物时，易发生操作事故。它适合家庭生活垃圾的破碎。

对于剪切式破碎机，不论需破碎的废物硬度如何，也不论废物是否有弹性，破碎总是发生在切割边之间。刀片宽度或旋转剪切破碎机的齿面宽度（约为 0.1mm）决定了废物尺寸减小的程度。

若废物黏附于刀片上时，破碎不能充分进行。为了确保纺织品类或城市固体废物中体积庞大的废物能快速地供料，可以使用水压等方法，将其强制供向切割区域。实践证明，在剪切破碎机运行前，最好预先人工去除坚硬的大块物体如金属块、轮胎及其他的不可破碎废物，以确保系统正常有效地运行。

（4）颚式破碎机　颚式破碎机属于挤压形破碎机械，是一种古老的破碎设备，但由于构造简单、工作可靠、制造容易、维修方便，因而至今仍广泛应用于冶金、建材和化学工业部门。它适用于坚硬和中硬废物的破碎。

颚式破碎机的主要部件为固定颚板、可动颚板、连接于传动轴的偏心转动轮。固定颚板、可动颚板构成破碎腔。根据可动颚板的运动特性分为简单摆动型与复式摆动型两种。图 2-21 所示为简单摆动型颚式破碎机结构示意。

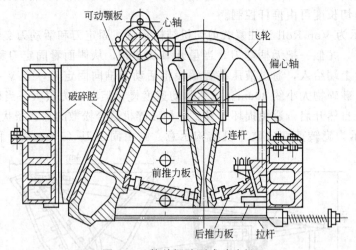

图 2-21　简单摆动颚式破碎机

皮带轮带动偏心轴旋转时，偏心顶点牵动连杆上下运动，也就牵动前后推力板作舒张及收缩运动，从而使动颚时而靠近固定颚，时而又离开固定颚。动颚靠近固定颚时就对破碎腔内的物料进行压碎、劈碎及折断。破碎后的物料在动颚后退时靠自重从破碎腔内落下。图 2-22 所示为复杂摆动型颚式破碎机结构示意。

从构造上看，复杂摆动型颚式破碎机与简单摆动型颚式破碎机的区别是少了一根动颚悬挂的心轴，动颚与连杆合为一个部件，没有垂直连杆，轴板也只有一块。可见，复杂摆动型颚式破碎机构造更简单。但动颚的运动却较简单摆动型颚式破碎机复杂。动颚不仅在水平方向上有摆动，同时在垂直方向上也有运动，是一种复杂运动，故称复杂摆动型颚式破碎机。

复杂摆动型颚式破碎机的破碎产品粒度较细，破碎比大（一般可达 4～8，而简摆型只

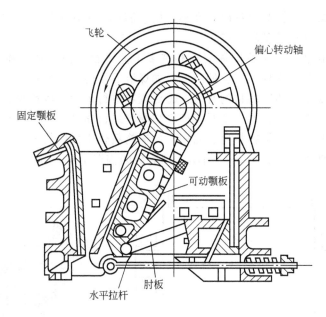

图 2-22 复杂摆动颚式破碎机

能达 3~6）。复杂摆动型动颚上部行程较大，可以满足废物破碎时所需的破碎量，动颚向下运动时有促进排料的作用，因而规格相同时，复摆型比简摆型破碎机的生产率高 20%~30%。但是动颚垂直行程大，使颚板磨损加快。

（5）辊式破碎机 辊式破碎机主要靠剪切和挤压作用破碎废物。根据辊子的特点，可将辊式破碎机分为光辊破碎机和齿辊破碎机。光辊破碎机的辊子表面光滑，主要破碎作用为挤压与研磨，可用于硬度较大的固体废物的中碎或细碎。齿辊破碎机辊子表面设有破碎齿牙，其主要破碎作用为劈裂，可用于脆性或黏性较大的废物、也可用于堆肥物料的破碎。

齿辊破碎机，按齿辊数目的多少可分为单齿辊和双齿辊两种，如图 2-23 所示。

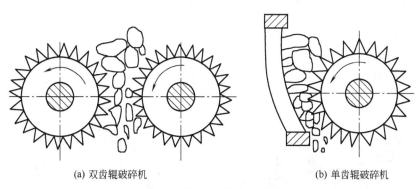

(a) 双齿辊破碎机　　　　　　　(b) 单齿辊破碎机

图 2-23 两种类型的齿辊破碎机

双齿辊破碎机由两个相对运动的齿辊组成。固体废物由破碎机上方给入两齿辊中间，当两齿辊相对运动时，辊面上的齿牙将废物咬住并加以劈碎，破碎后产品随齿辊转动由下部排出。破碎产品粒度由两齿辊的间隙大小决定。

单齿辊破碎机由一个旋转的齿辊和一个固定的弧形破碎板组成。破碎板和齿辊之间形成上宽下窄的破碎腔。固体废物由破碎机上方给入破碎腔，大块废物在破碎腔上部被长齿劈碎，随后继续落在破碎腔下部进一步被齿辊轧碎，合格破碎产品从下部缝隙排出。

辊式破碎机能耗低、产品过粉碎程度小，构造简单，工作可靠。但其破碎效果不如锤式破碎机运行时间长，使得设备较为庞大。

（6）粉磨机　粉磨对于矿业固体废物和许多工业废物来说，是一种非常重要的破碎方式，在固体废物资源化中得到了广泛的应用，如煤矸石制砖、生产水泥，硫酸渣炼铁制造球团、回收金属等。通常，粉磨的目的有三：①对废物进行最后一段粉碎，使其中各种成分单体分离，为下一步分选创造条件；②对多种废物原料进行粉磨，同时起到把它们混合均匀的作用；③制造废物粉末，增加物料比表面积，加速物料化学反应的速度。常用的粉磨机主要有球磨机和自磨机两种类型。图 2-24 所示为球磨机的构造示意。

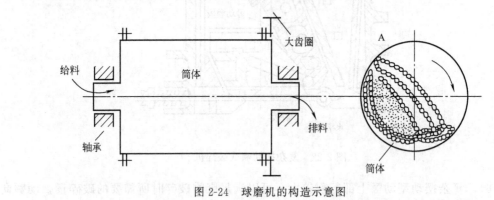

图 2-24　球磨机的构造示意图

球磨机由圆柱形筒体、端盖、中空轴颈、轴承和传动大齿圈组成。筒体内装有直径25～150mm钢球，其装入量为整个筒体有效容积的 25%～50%。筒体内壁设有衬板，除防止筒体磨损外，兼有提升钢球的作用。筒体两端的中空轴颈，一是起轴颈的支撑作用使球磨机全部重量经中空轴颈传给轴承和机座，二是起给料和排料的漏斗作用。电动机通过联轴器和小齿轮带动大齿圈和筒体缓缓转动。当筒体转动时，在摩擦力、离心力和衬板共同作用下，钢球和废物被衬板提升。当提升到一定高度后，在钢球和废物本身重力作用下，产生自由泻落和抛落，从而对筒体内底角区废物产生冲击和研磨作用，使废物粉碎。废物达到磨碎细度要求后，由风机抽出。

自磨机又称无介质磨机，分干磨和湿磨两种。图 2-25 所示为干式自磨机的工作原理。干式自磨机由给料斗、短筒体、传动部分和排料斗等组成。给料粒度一般为 300～400mm，可一次磨细到 0.1mm 以下，粉碎比可达 3000～4000，比球磨机等有介质磨机大数十倍。

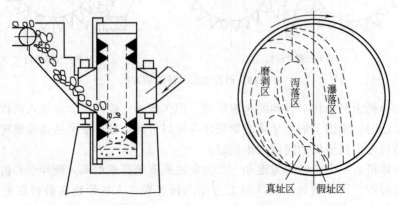

图 2-25　干式自磨机的工作原理

## 2.4 热处理

热处理是利用热物理方法改变固体废物状态的过程,广泛用于固体废物的预处理中。热处理包括干燥脱水、热分解、烧成、焙烧等。

### 2.4.1 干燥脱水

干燥脱水是排除固体废物中的自由水和吸附水(去湿)的过程,主要用于城市垃圾经破碎、分选后的轻物料或是经脱水处理后的污泥。当这些废物后续资源化对废物含水要求较高时,通常需要进行干燥脱水。如垃圾焚烧回收能源,常通过干燥脱水以提高焚烧效率。

干燥脱水的关键是干燥方法和设备。固体废物干燥常用的干燥器有转筒干燥器、循环履带干燥器、流化床干燥器、喷撒干燥器等。

(1)转筒干燥器 转筒干燥器的主要部件是与水平线稍有倾角安装的旋转金属圆筒,物料由高端给入,由上向下;高温烟气由下向上成逆流操作。随着圆筒的旋转,物料在筒内壁的螺旋板推动与分散作用下,连续地从上端向下端传输,并由出口排出,其总体结构示意如图 2-26 所示。

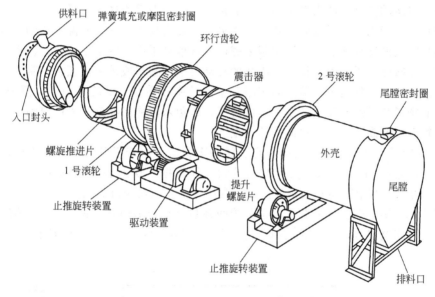

图 2-26 转筒干燥器结构示意

一般,物料在干燥器内停留时间为 30~40min,通过调节物料排出量控制物料或干燥烟气的停留时间。干燥器尾端装有带排气口的外壳,尾气由排气口进入除尘器,净化后排放。已干燥的物料从底部排出。

(2)流化床干燥器 待干燥的废物连续地布撒在网孔水平传送带上,使之通过逆向高温气流的水平干燥器。图 2-27 所示为带式流化床干燥示意。

在金属网或多孔板上铺上厚度 3~15cm 的透气性材料,热风以 0.5~1.3m/s 的速度(按容器单位截面计算)通过料层进行干燥。被干燥物料自入口到出口移动过程中得到干燥,其水分降低而变轻。热风由上而下通过料层,或由下而上通过料层,用风机使大部分热风循环,只排出一部分废气。

(3)隧道干燥器 隧道干燥器是一种循环履带干燥器。隧道干燥器实际是一种废物在窑

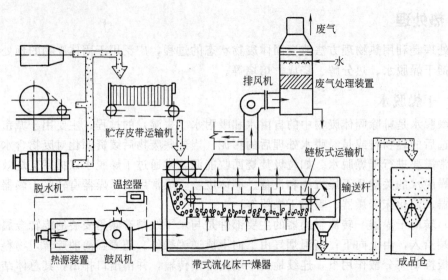

图 2-27 带式流化床干燥示意

内可以流动（运动前进）的大型干燥室。隧道式干燥一般采用逆流干燥，热气流方向与废物移动方向相反，废物先与低温高湿热空气接触，可使废物平稳均匀升温。废物前进过程中与之相遇的热空气温度越来越高，湿度越来越低，逐渐被干燥。在窑尾，含水已很低的废物与高温低湿气流接触，干燥速度很快。废物的移动可采用窑车或采用链板或网带等，可连续工作，也可间歇作业。隧道干燥器热利用率和生产效率较高，干燥质量稳定，便于调节控制。但操作中必须避免干燥介质气体出口温度过低，以免水汽冷凝在已干燥的废物上，而且要求进口的湿料温度要高于气体出口的气体温度。

图 2-28 所示为隧道干燥器结构示意。隧道干燥器常由若干条隧道并联而成，一般，高 1.4～1.7m，宽 0.85～1.0m，长度波动较大，须根据干燥对象及厂房条件而定，一般为 15～36m。可采用两个窑体并列排列。窑车常用顶推机或卷扬机驱动。

采用热风干燥，热空气来源可以是窑炉的余热（如有煅烧作业时），也可用燃烧炉产生的热风，或采用过热水蒸气、导热油，通过空气加热器将冷空气加热而得到。

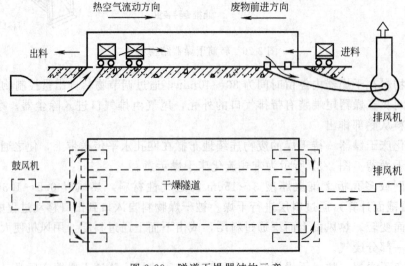

图 2-28 隧道干燥器结构示意

实际干燥过程，选择干燥器时须考虑下列因素。

① 物料干燥过程的基本工艺参数，包括初始含水率、含水类型（结合水、非结合水或两者兼有）、最高干燥温度、干燥时间、干燥后的含水率。

② 操作特性，包括操作方式、能源与维修要求、噪声输出及水、空气污染控制要求等。

③ 场地、空间、高度与通道等环境因素的要求。

### 2.4.2 无机固体废物的热分解

无机固体废物的热分解是指晶体状的无机固体废物在较高温度下脱除其中吸附水及结合水或同时脱除其他易挥发物质的过程，它是无机固体废物资源化的重要技术。

（1）**热分解脱水** 热分解脱水是指在热状态下使废物分子内部的结合水分解排出的过程，排出结合水后的废物资源化利用档次可得到提高。但不同固体废物，其结合水脱除失重存在很大差异。

① **含高岭石废物** 广泛存在的煤系固体废物——煤矸石，其重要组分高岭石在温度400～600℃失去大量结构水与结晶水，剩下2%～3%的水分直到750～800℃时才完全脱除：

$$Al_2O_3 \cdot 2SiO_2 \cdot 2H_2O \xrightarrow{400\sim600℃} Al_2O_3 \cdot 2SiO_2 + 2H_2O \uparrow$$
$$\text{（高岭石）} \qquad\qquad\qquad \text{（偏高岭石）}$$

结晶不良的高岭石在温度350℃下，经长时间加热也能脱水，但强烈脱水仍须在400～525℃。高岭土经煅烧脱水，可明显增强其白度和硬度，并使其具有良好的光学性质、油吸收性能，也使堆积效果得到增强，因此，煅烧高岭土可作为不同的材料使用。如低温煅烧高岭土是一种良好的电性改良剂，高温煅烧高岭土可代替昂贵的钛白粉，用于塑料、油漆和涂料、橡胶工业。

② **废石膏** 一种广泛存在的化工废渣。石膏脱除结构水的温度较低，并被用来制取烧石膏。不同的煅烧条件，可制取不同性能的熟石膏，反应如下：

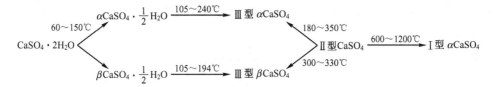

半水石膏有 $\alpha$ 型与 $\beta$ 型两种，$\alpha$ 型的凝结、硬化比 $\beta$ 型快，得到同样稠度所需的拌和用水少，强度高。半水石膏再进一步加热，可得到 Ⅱ 型无水石膏（$CaSO_4$）。这种石膏加水不会硬化。在其中加入明矾、硼砂、硅砂、黏土等作促硬剂，在较高温度（800～1200℃）煅烧，则可得到具有硬化性的烧石膏。

（2）**氧化分解脱除挥发组分**

一些固体废物，如碳酸盐、硫酸盐、氧化物等在高温煅烧时易发生分解，脱除其中的易挥发分组分，这些固体废物常可采用煅烧的方法提高性能，使其得到更有效的利用。

① **碳酸盐的热分解** 碳酸盐废物在煅烧时发生分解，一般从温度650～900℃开始发生热分解，放出二氧化碳，变为氧化物，直到温度1000℃时基本分解完毕。矿物结晶完整程度以及升温速度、气氛都会影响碳酸盐的分解温度。其反应式如下：

$$\text{碳酸盐矿物 } MeCO_3 \xrightarrow{\text{煅烧}} \text{金属氧化物 } MeO + CO_2 \uparrow$$

不同的碳酸盐煅烧后生成的金属氧化物利用途径不同，可作为胶凝材料使用或提高资源化利用的可能性。

石灰石煅烧：$CaCO_3 \xrightarrow{550\sim1000^\circ C} CaO + CO_2 \uparrow$

菱镁矿煅烧：$MgCO_3 \xrightarrow{500\sim750^\circ C} MgO + CO_2 \uparrow$

白云石煅烧：$CaMg(CO_3)_2 \xrightarrow{600\sim1050^\circ C} CaO + MgO + 2CO_2 \uparrow$

煅烧生成的 CaO、MgO 水化能力很强，容易消化，可作为胶凝材料使用。如果将煅烧生成的 CaO、$CO_2$ 反应，则生成沉淀碳酸钙（轻质碳酸钙），反应如下：

$$CaO + H_2O \longrightarrow Ca(OH)_2$$
$$Ca(OH)_2 + CO_2 \longrightarrow CaCO_3 + H_2O$$

轻质碳酸钙的粒度极细，白度很高，是优良的填料、涂料，广泛作为化工原料使用。用同样方法也可制备轻质碳酸镁，而 $CO_2$ 副产品是生产碳酸钠、干冰和饮料的重要原料。

② 硫酸盐的热分解　硫酸盐矿物在 300℃ 以下为低温脱水阶段，在氧化气氛中直至温度 1300℃ 才急剧分解：$CaSO_4 \xrightarrow{氧化气氛} CaO + SO_3 \uparrow$

如在还原气氛中，则在温度 910℃ 开始被还原成亚硫酸钙，继而在较高温度下再分解：

$$CaSO_4 + CO \xrightarrow{还原气氛} CaSO_3 + CO_2 \uparrow \qquad CaSO_3 \longrightarrow CaO + SO_2 \uparrow$$

③ 碳素、硫化物及有机物的氧化　在一些固体废物中常含有一定量的碳素、硫化物及有机物。在煅烧低温阶段，矿物气孔率较高，表面易吸附烟气中一氧化碳的分解产物（碳素），当有氧化亚铁存在时，一氧化碳的低温沉碳反应加剧，一直进行到 800～900℃ 为止，即 $2CO \longrightarrow 2C$（沉碳）$+ O_2 \uparrow$。

碳素及有机物在 600℃ 以上才开始氧化，一直进行到高温阶段，即 $C + O_2 \longrightarrow CO_2 \uparrow$。

含有硫化物的废物，硫化物的氧化反应一般在 800℃ 左右才基本结束：

$$FeS_2 + O_2 \xrightarrow{350\sim450^\circ C} FeS + SO_2 \uparrow \qquad 4FeS + 7O_2 \xrightarrow{500\sim800^\circ C} 2Fe_2O_3 + 4SO_2 \uparrow$$

④ 氧化铁的热分解　许多固体废物常含氧化铁。氧化铁在室温下是稳定的，其煅烧温度随煅烧的气氛不同而不同。在氧化气氛中，氧化铁在温度 1250℃ 开始分解，温度 1370℃ 下发生如下急剧反应：

$$2Fe_2O_3 \xrightarrow{氧化气氛} 4FeO + O_2 \uparrow$$

在还原气氛中，在温度 1100℃ 即开始大量分解：$Fe_2O_3 + CO \xrightarrow{还原气氛} 2FeO + CO_2 \uparrow$。

在用以上固体废物生产烧结制品时，其氧化分解所生成的产品（$CO_2$、$SO_2$ 及有机物气体）必须在氧化分解期得到充分逸散，否则在高温烧成期易产生气泡等对烧结制品产生破坏。

(3) 分解熔融　某些硅酸盐矿物，如尾矿，在高温下热解，易转变成新的结晶矿物，同时产生具有补充组分的液相，这类矿物在相律上称作异元熔融化合物，如：

锆英石（$ZrO_2 \cdot SiO_2$）$\longrightarrow$ 斜锆石（$ZrO_2$）$+ SiO_2$（液相）

莫来石（$3Al_2O_3 \cdot 2SiO_2$）$\longrightarrow$ 刚玉（$Al_2O_3$）$+ SiO_2$（液相）

堇青石（$2MgO \cdot 2Al_2O_3 \cdot 5SiO_2$）$\longrightarrow$ 莫来石（$3Al_2O_3 \cdot 2SiO_2$）$+ SiO_2$（液相）

失透石（$Na_2O \cdot 3CaO \cdot 6SiO_2$）$\longrightarrow$ 硅灰石（$CaO \cdot SiO_2$）$+ SiO_2$（液相）

高岭石（$Al_2O_3 \cdot 2SiO_2$）$\xrightarrow{925\sim950^\circ C}$ 硅尖晶石（$Al_2O_3 \cdot 3SiO_2$）$+ SiO_2$（液相）

这些高温变化、高温液相的生成，对固体废物生产陶瓷、耐火材料、玻璃、铸石等高温材料具有重要作用。

(4) 熔融　熔融是将固体废物在熔点条件下转变为液相高温流体的工艺过程，有单一成分的熔融和复合成分的熔融等。

① 单一成分的熔融　将单一组分的高纯度氧化物用电弧炉或高频电炉熔融，以获得稳定的结晶块。如 $Al_2O_3$、$BeO$、$Ce_2O$、$MgO$、$ThO_2$、$ZrO_2$ 等高级耐火材料等，大多是用熔融方法制成的。熔融氧化镁的显微组织显示为粗粒的多晶集合体，在晶体内部含有微小的气泡。氧化物类中，只有 $SiO_2$ 的熔融体黏性非常高，这是因其不晶化，所以被用于制造石英玻璃。在石墨电阻棒周围装上石英砂，以电加热熔融制取含有无数小气泡的不透明石英玻璃，称为熔融氧化硅。用水晶的晶碎屑为原料，在真空炉内熔融制成的透明制品称为石英玻璃或熔融石英。熔融氧化硅的实心空心微珠是良好的填充增强剂或耐火绝缘材料。熔融 $Al_2O_3$ 和熔融 $TiO_2$ 的单晶，是生产光学仪器玻璃及人造宝石的重要材料。

② 复合成分的熔融　指由两种以上的被熔融物经过相互熔融（在熔融状态下互相混合），使之发生高温反应的工艺过程，其目的是制造各种硅酸盐制品，同时，它也是金属冶炼的一个重要工序。特点是被熔融物要事先按组分进行配料，然后对配料混合物进行高温熔融。熔融方法按目的不同及热源、窑炉型式不同有各种类型，如熔制玻璃、熔制耐火材料、熔制铸石、熔制水泥、熔制磷肥和熔制人造矿物等。复合成分的熔融是固体废物资源化的常用技术。

### 2.4.3　无机固体废物的焙烧

焙烧是在低于熔点的温度下热处理废物的过程，目的是改变废物的化学性质和物理性质，以便于后续的资源化利用。焙烧后的产品称为焙砂。根据焙烧过程主要化学反应的性质，固体废物的焙烧大致有还原焙烧、氯化焙烧、氧化焙烧和硫酸化焙烧、加盐焙烧等。

（1）还原焙烧　还原焙烧是指在还原性气氛中将固体废物中的金属氧化物转变成低价金属氧化物或金属的过程，焙烧反应式为：

$$\text{固体废物中的高价金属氧化物＋还原剂} \xrightarrow{\text{还原焙烧}} \text{低价金属氧化物或金属}$$

还原焙烧目前主要用于含铁、锰、镍、铜、锡、锑等无机废物的资源化处理或预处理中，如含铁尾矿的还原焙烧、粉煤灰的磁化焙烧、含铜尾矿的还原焙烧等。前者使废物中的 $Fe_2O_3$ 还原成 $Fe_3O_4$，后者使废物中的铜还原为游离铜或金属铜。

生产中常用的还原剂有固体碳、气体 $CO$ 和 $H_2$。凡是对氧的化学亲和力比对被还原的金属对氧的化学亲和力大的物质都可以作为该金属氧化物的还原剂使用。

（2）氯化焙烧　废物原料与氯化剂混合，在一定的温度或气氛（氧化或还原性气氛）下进行焙烧，使废物中的有价金属与氯化剂发生化学反应，生成可溶性金属氯化物或挥发性气态金属氯化物的过程称为氯化焙烧。它主要作为硫酸渣、高钛渣等废物的资源化利用的预处理技术。

废物中的有价金属与氯化剂发生化学反应生成金属氯化物，其反应式为：

$$\text{废物中的金属氧化物 } MeO \text{＋氯化剂} \longrightarrow MeCl_2$$
$$\text{废物中的金属硫化物 } MeS \text{＋氯化剂} \longrightarrow MeCl_2$$

氯化焙烧中应用的氯化剂主要有氯气、氯化氢、四氯化碳、氯化钙、氯化钠、氯化铵等，但最常用的是氯气、氯化氢、氯化钙和氯化钠。氯化钙和氯化钠的氯化作用是通过在焙烧体系中其他组分的作用下分解产生氯气、氯化氢参加反应来实现的，如：

$$CaCl_2 ＋ SO_2 ＋ O_2 \longrightarrow CaSO_4 ＋ Cl_2$$
$$2NaCl ＋ SO_2 ＋ O_2 \longrightarrow Na_2SO_4 ＋ Cl_2$$
$$CaCl_2 ＋ SiO_2 ＋ H_2O \longrightarrow CaSiO_3 ＋ 2HCl$$
$$2NaCl ＋ SiO_2 ＋ H_2O \longrightarrow Na_2SiO_3 ＋ 2HCl$$

$NaCl$ 可以从海水、岩盐中获得。$CaCl_2$ 主要从氨碱法制碱与氯酸钾生产的副产溶液蒸发、浓缩、结晶而获得。在氯化焙烧中，氯化钙常以一定浓度的水溶液加入配料。就地取材时，可直接使用上述适当浓缩的副产溶液。

根据焙烧温度的不同，氯化焙烧分为中温氯化焙烧及高温氯化焙烧两类。中温氯化焙烧时，金属氯化物呈固态留于焙砂中，继而用水或其他溶剂浸出焙砂，再从浸出液中提取与分离金属。此法通常称为氯化焙烧-浸出法。高温氯化焙烧时，金属氯化物呈气态挥发而直接与脉石分离，挥发出来的金属氯化物于冷凝系统收集后，再用化学方法提取与分离金属。此法又称为氯化挥发法。

对于难以氯化的金属氧化物，通常通过在焙烧系统中加入还原剂的方法来提高氯化反应的速度和程度，反应式为：废物中的 $MeO + 氯化剂 + 还原剂 \longrightarrow MeCl_2$。还原剂在氯化焙烧气相中与游离氧结合，使体系含氧量降低，从而促使某些难于直接氯化的金属氧化物转变为挥发性的金属氯化物。若在还原氯化焙烧过程中，有价金属氯化挥发的同时，发生金属氯化物在还原剂（碳粒）表面还原析出，则此过程称为氯化离析或称离析法。

（3）氧化焙烧和硫酸化焙烧　氧化焙烧和硫酸化焙烧是利用空气中的氧气与废物中的硫作用，按温度和气氛的不同生成氧化物和硫酸盐的过程。主要是用于处理含硫化矿的尾矿和其他废物，回收其中的有价金属铜、钴、镍等。焙烧反应式如下：

废物中的
$$MeS + O_2 \longrightarrow MeO + SO_2$$
$$SO_2 + \frac{1}{2}O_2 \longrightarrow SO_3 \qquad\qquad p_{SO_3} = K_1 \cdot p_{SO_2} \cdot p_{O_2}^{\frac{1}{2}}$$
$$MeO + SO_3 \longrightarrow MeSO_4 \qquad\qquad p_{SO_3'} = 1/K_2$$

废物中的
$$MeO \cdot Fe_2O_3 + SO_3 \longrightarrow MeSO_4 + Fe_2O_3 \qquad p_{SO_3''} = 1/K_3$$
$$\frac{1}{3}Fe_2O_3 + SO_3 \longrightarrow \frac{1}{3}Fe_2(SO_4)_3 \qquad\qquad P_{SO_3'''} = 1/K_4$$

焙烧过程，通过控制焙烧条件，得到所需的焙烧产物。如果控制焙烧气相中 $p_{SO_3}$ 大于有色金属硫酸盐的分解压 $p_{SO_3'}$，也大于 $Fe_2(SO_4)_3$ 的分解压 $p_{SO_3'''}$，则焙烧反应向生成硫酸盐的方向进行，得到的焙砂中主要含有有色金属和铁的硫酸盐，此时的焙烧称为硫酸化焙烧或完全硫酸化焙烧；如果控制焙烧气相中 $p_{SO_3} < p_{SO_3'} < p_{SO_3''}$，则焙烧反应向生成氧化物和铁酸盐方向进行，此时的焙烧称为氧化焙烧；如果控制焙烧气相中 $p_{SO_3'} > p_{SO_3} > p_{SO_3'''}$，则焙烧反应向有利于生成硫酸盐和铁酸盐方向进行，此时的焙烧一般称为部分硫酸化焙烧；当气相中 $p_{SO_3''} > p_{SO_3} > p_{SO_3'}$ 时，则焙烧反应向生成有色金属硫酸盐和 $Fe_2O_3$ 方向进行，此时的焙烧称为选择性硫酸化焙烧。选择性硫酸化焙烧在提取铜、钴、镍中应用较广泛。

（4）加盐焙烧　在废物原料中加入硫酸钠、氯化钠、碳酸钠等添加剂进行焙烧，使有价金属与添加剂反应生成可溶性钠盐，再用水浸出焙砂，使有价金属转入溶液而与其他组分分离的过程，如钒渣的加盐焙烧提钒、含钨尾矿加盐焙烧提钨等。钒渣加氯化钠焙烧的主要反应式：

钒铁尖晶石 $2[FeO \cdot (Fe，V)_3] + 0.5O_2 \longrightarrow 2(Fe，V)_2O_3$

$(Fe，V)_2O_3 + O_2 \longrightarrow Fe_2O_3 + V_2O_5$

$2(MnO \cdot V_2O_5) \longrightarrow Mn_2V_2O_7 + V_2O_5$

$2NaCl + 0.5O_2 \longrightarrow Na_2O + Cl_2$

$Na_2O + V_2O_5 \longrightarrow$ 偏钒酸钠 $2NaVO_3$

$2Na_2O + V_2O_5 \longrightarrow$ 焦钒酸钠 $Na_4V_2O_7$

$3Na_2O + V_2O_5 \longrightarrow$ 正钒酸钠 $2Na_3VO_4$

## 2.4.4　热处理设备

热处理设备种类较多，但由于原料热处理要求不同，热处理设备的结构也有很大差别。

固体废物主要的热处理设备有回转窑、竖窑、隧道窑和倒焰窑 4 种。

（1）回转窑　图 2-29 所示为 $\Phi 2m \times 30m$ 回转窑系统示意，它由进料端的集尘室、转动很慢的窑体以及出料端的窑头小车、热烟室和冷却筒等组成。

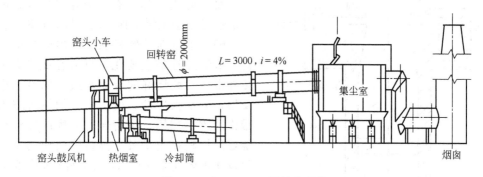

图 2-29　$\Phi 2m \times 30m$ 回转窑系统

回转窑常用于煅烧耐火材料原料及水泥熟料等。窑体与水平线成一定角度，由电机通过减速器及筒体周边大齿轮带动旋转。燃料及助燃用的一次空气通过伸进窑头小车的窑嘴送入窑内，助燃用的二次空气从冷却筒进入并被预热后经热烟室入窑。燃烧产生的热气流经窑体、集尘室、除尘器用排烟机送至烟囱排入大气。被煅烧的原料经窑尾加料管入窑，利用倾斜窑体的转动，使物料向前运动。与此同时，被煅烧的原料与从窑头方向来的燃烧热气相遇而被加热，并达到反应温度，再从窑头落入冷却筒，冷却筒内物料的运动也是借助筒体的倾角和旋转进行的。

（2）隧道窑　最常见的连续式煅烧设备，主体为一条类似隧道的长形通道，如图 2-30 所示。通道两侧用耐火材料及保温材料砌成窑墙，上面是由耐火材料及保温材料砌筑的窑顶，内部是由沿窑内轨道移动的窑车构成的工作室，窑底部及窑两侧下部为热风烟道。

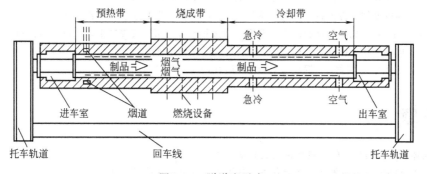

图 2-30　隧道窑示意

隧道窑属于逆流操作的热工设备，窑长分为预热、烧成、冷却三个带，制品与气流依相反方向运动。窑两端有窑门，每隔一定时间将装好的窑车，用顶推机推入一辆，同时已烧成的制品被顶出一辆。窑车进入预热带后，车上制品首先与来自烧成带的燃烧废气接触预热，随后移入烧成带，借助燃料燃烧放出的大量热量达到烧成温度、并经一定保温时间后，制品被烧成，再进入冷却带，与鼓入的大量冷空气相遇，制品被冷却后出窑。

（3）竖窑　图 2-31 所示为竖窑结构示意。窑体呈筒状，物料经提升机械从窑顶加入，煅烧后从窑底排出，因此，竖窑属逆流式热工设备。

废物在竖窑内分别经过预热带、加热带、煅烧带和冷却带。在预热带，废物借助于加热

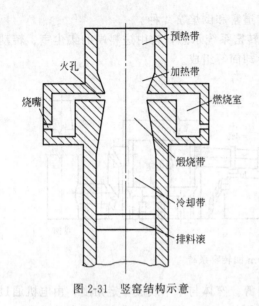

火孔

烧嘴

预热带

加热带

燃烧室

煅烧带

冷却带

排料滚

图 2-31　竖窑结构示意

带上升的烟气流进行预热。在加热带，焙烧废物被加热到焙烧过程所要求的温度。加热带所需热量由设置于炉子两侧对称位置的燃烧室供给，每一燃烧室都装有一排煤气烧嘴，燃烧热气流通过设于燃烧室顶部的一排火孔进入炉内。

煅烧带借助于燃料燃烧放出的热量进行煅烧，煅烧过程的主要化学反应在此带完成。在冷却带，已煅烧好的废物与鼓入的冷风进行热交换，废物被冷却，而空气被加热后进入煅烧带作助燃空气用。最后通过炉底的卸料口将焙烧好的炉料排出炉外。排料滚的作用是松动炉料以使炉内气流分布均匀和破碎被烧结的块料。

窑体形状对废物在窑内的运动和气流在窑内的分布有重要影响。保证窑内废物均匀下降和顺行，并使气流均匀地沿截面分布，是对竖窑窑体形状的基本要求。常见的竖窑型式有直筒形、哑铃形、煅烧带内径收缩的圆筒形和矩形截面形四种。

## 参考文献

[1] 杨慧芬. 固体废物处理技术与工程应用. 北京：机械工业出版社，2003.
[2] 赵由才. 固体废物污染控制与资源化. 北京：化学工业出版社，2002.
[3] 蒋展鹏. 环境工程学. 北京：高等教育出版社，2001.
[4] 聂永丰. 三废处理工程技术手册. 北京：化学工业出版社，2001.
[5] 李满昌. 固体废物处理设备的应用与维护. 黑龙江生态工程职业学院学报，2007，20（4）：50-51.
[6] 张建国，刘维广. 加快废钢破碎设备开发促进废钢产业发展. 资源再生，2012（7）：44-46.
[7] 肖磊. 城市垃圾新型破碎机的研究. 华中科技大学硕士论文，2011.
[8] 洪礼良，赵秋宁，洪龙等. 辊压型对辊机. 砖瓦，2012（11）：33-37.

## 习题

（1）简述固体废物压实程度的衡量指标及其表示方法。
（2）简述固体废物破碎难易程度的衡量方法、常用破碎方法及其选择原则。
（3）低温破碎与常温破碎的选择原则及其适用场合。
（4）破碎比、破碎段的计算，破碎流程的选择原则。破碎比与破碎段间的内在联系。
（5）简述常用破碎设备破碎原理、特点、适用对象，选择原则。
（6）简述干燥脱水的目的及常用的干燥脱水设备、适用对象。
（7）简述无机废物进行热分解处理的目的、工艺，并举例说明。
（8）简述还原焙烧、氧化焙烧、硫酸化焙烧、中温氯化焙烧、高温氯化焙烧、加盐焙烧等焙烧方法原理、适用对象。
（9）筛分效率及其计算，并简述圆筒筛、振动筛的工作原理。
（10）简述影响筛分效率的因素及其调节方法。
（11）简述回转窑的结构和应用特点。

# 3 固体废物资源化技术

众所周知，固体废物属于"二次资源"或"再生资源"，虽然它一般不再具有原使用价值，但通过回收、加工等可获得新的使用价值。目前，固体废物主要用于生产建筑材料、回收能源、回收原材料、提取金属、生产化工产品、生产农用资源、肥料、饲料等多种用途。因此，相应的固体废物资源化技术包括分选技术、浸出技术、生物转化技术、热转化技术、制备建筑材料技术等。

## 3.1 固体废物的物理分选技术

固体废物的分选就是将固体废物中各种可回收利用废物或不利于后续处理工艺要求的废物组分采用适当技术分离出来的过程。

分选技术方法很多，但可简单概括为手工检选和机械分选两类。手工捡选常见在废物产源地、收集站、处理中心、转运站或处置场有价组分的回收，目前大多数集中在转运站或处理中心的废物传送带两旁。

机械分选方法很多，应用范围较广。但机械分选大多要在废物分选前进行预处理，一般至少需经过破碎处理。常见的机械分选方法包括筛选、风选、浮选、光选、磁选、静电分选和摩擦与弹跳分选。

### 3.1.1 风选

风选，又称气流分选，是最常用的一种按固体废物密度分离固体废物中不同组分的重选方法，被许多国家广泛地用在城市垃圾的分选中。

（1）风选原理 风选，以空气为分选介质，实质上包含两个过程：一是分离出具有低密度、空气阻力大的轻质部分（提取物）和具有高密度、空气阻力小的重质部分（排出物）；二是进一步将轻颗粒从气流中分离出来。后一分离过程常由旋流器完成，旋流器工作原理与除尘原理相似。

任何颗粒，一旦与介质作相对运动，就会受到介质阻力的作用。在空气介质中，任何固体废物颗粒在静止空气中都作向下的沉降体废物颗粒的密度均大于空气密度。因此，任何运动，受到的空气阻力与它的运动方向相反，图3-1所示为颗粒在静止介质中的受力分析图。

空气阻力 $R = \psi d^2 v^2 \rho$

有效重力 $G_0 = \dfrac{\pi}{6} d^3 (\rho_s - \rho) g \approx \dfrac{\pi}{6} d^3 \rho_s$

式中，$\psi$ 为阻力系数；$d$ 为颗粒粒度；$v$ 为沉降速度；$\rho$ 为空气密度；$\rho_s$ 为颗粒密度；$g$ 为重力加速度。

根据牛顿定律：$G_0 - R = m \dfrac{\mathrm{d}v}{\mathrm{d}t}$，则有：$\dfrac{\mathrm{d}v}{\mathrm{d}t} = \dfrac{\rho_s}{\rho_s} g -$

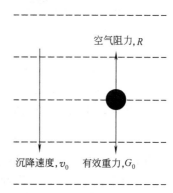

空气阻力,$R$

沉降速度,$v_0$　　有效重力,$G_0$

图 3-1　球形颗粒在静止介质中的受力分析

$\dfrac{6\varphi v^2 \rho}{\pi d \rho_s}$，因此，刚开始沉降时，$v=0$，此时 $\dfrac{dv}{dt}=\dfrac{\rho_s}{\rho_s}g$，为球形颗粒的初加速度，也是最大加速度。随着沉降时间的延长，$v$ 逐渐增大，导致 $\dfrac{dv}{dt}=\dfrac{\rho_s}{\rho_s}g-\dfrac{6\varphi v^2 \rho}{\pi d \rho_s}$ 逐渐减小。当 $\dfrac{dv}{dt}=0$ 时，沉降速度达到最大，固体颗粒在 $G_0$、$R$ 的作用下达到动态平衡而作等速沉降运动。设最大沉降速度为 $v_0$，称为沉降末速，则有 $v_0=\sqrt{\dfrac{\pi d \rho_s g}{6\varphi\rho}}=f\left(d,\rho_s\right)$

可见，当颗粒粒度一定时，密度大的颗粒沉降末速大，因此，可借助于沉降末速的不同分离不同密度的固体颗粒；当颗粒密度相同时，直径大的颗粒沉降末速大，因此，可借助于沉降末速的不同分离不同粒度的固体颗粒，也即风力分级。

由于颗粒的沉降末速同时与颗粒的密度、粒度及形状有关，因而在同一介质中，密度、粒度和形状不同的颗粒在特定的条件下，可以具有相同的沉降速度，这样的颗粒称为等降颗粒。其中，密度小的颗粒粒度（$d_1$）与密度大的颗粒粒度（$d_2$）之比，称为等降比，以 $e_0$ 表示，即 $e_0=\dfrac{d_1}{d_2}>1$。

若两颗粒等降，根据 $v_{01}=v_{02}$，有 $\sqrt{\dfrac{\pi d_1 \rho_{s1} g}{6\varphi_1\rho}}=\sqrt{\dfrac{\pi d_2 \rho_{s2} g}{6\varphi_2\rho}}$，因此有 $e_0=\dfrac{d_1}{d_2}=\dfrac{\psi_1 \rho_{s2}}{\psi_2 \rho_{s1}}$

可见，等降比 $e_0$ 将随两种颗粒的密度差（$\rho_{s2}-\rho_{s1}$）的增大而增大；而且 $e_0$ 还是阻力系数 $\psi$ 的函数。理论与实践都表明，$e_0$ 将随颗粒粒度变细而减小。因此，为了提高分选效率，在风选之前需要将废物进行窄分级，或经破碎使粒度均匀后，使其按密度差异进行分选。

固体颗粒在静止介质中具有不同的沉降末速，可借助于沉降末速的不同分离不同密度的固体颗粒，但由于固体废物中大多数颗粒 $\rho_s$ 的差别不大，因此，它们的沉降末速不会差别很大。为了扩大固体颗粒间沉降末速的差异，提高不同颗粒的分离精度，风选常在运动气流中进行，气流运动方向常向上（称为上升气流）或水平（称为水平气流）。增加了运动气流，固体颗粒的沉降速度大小或方向就会有所改变，从而提高分离精度。

图 3-2 所示为增加了上升气流时，球形颗粒在上升气流中的受力分析。此时，固体颗粒实际沉降速度 $v=v_0-u_a$。

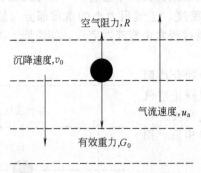

图 3-2 颗粒在上升气流中的受力分析

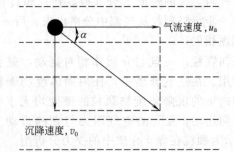

图 3-3 颗粒在水平气流中的受力分析

当 $v_0>u_a$ 时，$v>0$，颗粒向下作沉降运动；

当 $v_0=u_a$ 时，$v=0$，颗粒作悬浮运动；

当 $v_0<u_a$ 时，$v<0$，颗粒向上作漂浮运动。

因此，可通过控制上升气流速度，控制固体废物中不同密度颗粒的运动状态，使有的固体颗粒上浮，有的下沉，从而将这些不同密度的固体颗粒加以分离。

图 3-3 所示为增加了水平气流时，球形颗粒在水平气流中的受力分析。

固体颗粒的实际运动方向：

$\tan\alpha = \dfrac{v_0}{u_a} = \dfrac{\sqrt{\dfrac{\pi d \rho_s}{6\varphi\rho}g}}{u_a}$，在 $u_a$ 一定时，对窄级别固体颗粒，其密度 $\rho_s$ 越大，沉降距离离出发点越近。沿着气流运动方向，获得的固体颗粒的密度逐渐减小。因此，通过控制水平气流速度，就可控制不同密度颗粒的沉降位置，从而有效地分离不同密度的固体颗粒。

综上所述，风选就是利用气流将较轻的物料向上带走或在水平方向带向较远的地方，而重物料则由于向上气流不能支承而沉降，或是由于重物料的足够惯性而不被剧烈改变方向穿过气流沉降。被气流带走的轻物料再进一步从气流中分离出来，常采用旋流器。

（2）风选设备  按气流吹入分选设备内的方向不同，风选设备可分成类型：水平气流风选机（又称卧式风力分选机）和上升气流风选机（又称立式风力分选机）。

图 3-4 所示为卧式风力分选机结构和工作原理示意。气流由侧面送入，固体废物经破碎和筛分后，定量均匀地给入机内。当废物在机内下落时，被鼓风机鼓入的水平气流吹散，固体废物中各种组分沿着不同运动轨迹分别落入重质组分、中重质组分和轻质组分收集槽中。经验表明，水平气流分选机的最佳风速为 20m/s。

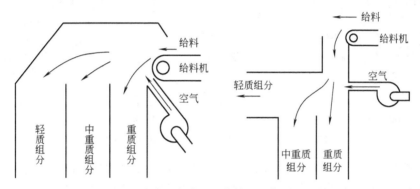

图 3-4  卧式风力分选机结构和工作原理示意

卧式风力分选机构造简单，维修方便，但分选精度不高。一般很少单独使用，常与破碎、筛分、立式风力分选机联合使用。

图 3-5 所示为立式风力分选机结构和工作原理示意。根据风机和旋流器安装位置不同，有 3 种不同的结构形式，但其工作原理大同小异。经破碎后的固体废物从中部给入机内，物料在上升气流作用下，各组分按密度进行分离，重质组分从底部排出，轻质组分从顶部排出，经旋风除尘器进行气固分离。与卧式风力分选机相比，立式风力分选机分离精度较高。

风力分选机有效识别轻、重组分的一个重要条件就是使气流在分选筒中产生湍流和剪切力，借此分散废物团块，以达到较好的分选效果。为强化风选机对废物的分散作用，通常采用锯齿形、振动式或回转式分选筒的气流通道，它是让气流通过一个垂直放置的、具有一系列直角或 60°转折的筒体，如图 3-6 所示。

当通过锯齿形分选筒的气流速度达到一定的数值以后，即可以在整个空间形成完全的湍流状态，废物团块在进入湍流后立即被破碎，轻组分进入气流的上部，重组分则从一个转折落到下一个转折。在沉降过程中，气流对于没有被分散的固体废物团块继续施加破碎作用。重组分沿管壁下滑到转折点后，即受到上升气流的冲击，此时对于不同速度和质量的废物组分将出现不同的后果，质量大和速度大的颗粒将进入下一个转折，而下降速度慢的轻颗粒则

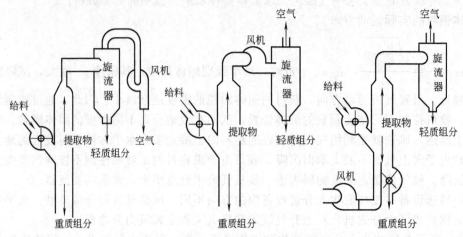

图 3-5　立式风力分选机工作原理示意

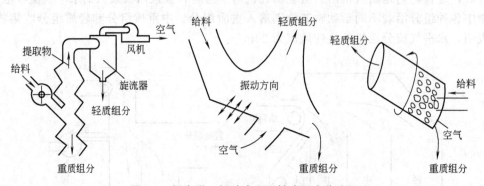

图 3-6　锯齿形、振动式和回转式风力分选机

被上升气流所夹带。因此每个转折实际上起到了单独的一个分选机的作用。美国犹他大学对于锯齿型风力分选机结构作了进一步的改善，他们将每个转折点的下斜面去掉，并将分选筒体改成上大下小的锥形，使气流速度从上到下逐渐降低。逐渐变小的气流速度大大减少了由上升气流所夹带的重组分的数量。

　　振动式风力分选机和回转式风力分选机是将其他的分选手段与风力分选在一个设备中结合起来的分选设备。前者兼有振动和气流分选的作用，它是让给料沿着一个斜面振动，较轻的废物逐渐集中于表面层，随后由气流带走。后者实际上兼有圆筒筛的筛分作用和风力分选的作用，当圆筒旋转时，较轻组分悬浮在气流中而被带往集料斗，小于筛孔的组分则透过圆筒壁上的筛孔落下，较重的大组分颗粒则在圆筒的下端排出。

### 3.1.2　浮选

　　浮选是在水介质中进行的。物质是否可浮或其可浮性的大小主要取决于这种物质被水润湿的程度，也即这种物质的润湿性。易被水润湿的物质，称为亲水性物质；不易被水润湿的物质，称为疏水性物质。浮选就是根据不同物质被水润湿程度的差异而对其进行分离的。

　　(1) 浮选原理　一般，不同物质间的天然可浮性差异较小，仅利用其天然可浮性差异进行分选，分选效率很低。浮选的发展主要靠人为改变不同物质间的可浮性差异，实现不同物质的浮选分离。目前最有效的方法是加浮选药剂处理废物组分，扩大目的组分和非目的组分的可浮性差异。因此，浮选是通过在固体废物与水调成的料浆中加入浮选药剂扩大不同组分可浮性的差异，再通入空气形成无数细小气泡，使目的颗粒黏附在气泡上，并随气泡上浮于料浆表面成为泡沫层刮出，成为泡沫产品；不浮的颗粒则仍留在料浆内，通过适当处理后废弃。

根据在浮选过程中的作用，浮选药剂分为捕收剂、起泡剂和调整剂三大类。在浮选工艺中正确选择、使用浮选药剂是调整物质可浮性的主要外因条件。

① 捕收剂　主要作用是使目的颗粒表面疏水，增加可浮性，使其易于向气泡附着。常用的捕收剂主要有异极性捕收剂和非极性油类捕收剂两类。典型的异极性捕收剂分子由极性基（亲固基）和非极性基（疏水基）两部分组成。非极性油类捕收剂没有极性基。极性基活泼，能与废物表面发生作用而吸附于废物表面，饱和废物表面未饱和的键能。非极性基起疏水作用，具有石蜡或烃类那样的疏水性，朝外排水而造成废物表面的"人为可浮性"，这就是捕收剂与废物表面作用的基本原理。

典型的异极性捕收剂有黄药、油酸等。黄药的学名为烃基二硫代碳酸盐，也称黄原酸盐，其通式为 $ROCSSMe$，式中，R 为烃基，Me 为碱金属离子。常用的黄药烃链中含碳数为 2～5 个。烃链越长，捕收能力越强，但烃链过长时，其选择性和溶解性均下降，反而降低其捕收效果。黄药与碱土金属（$Ca^{2+}$、$Mg^{2+}$、$Ba^{2+}$ 等）生成的黄原酸盐易溶于水，因此，它对含碱土金属的废物（如 $CaF_2$、$CaCO_3$、$BaSO_4$ 等）没有捕收作用。但黄药能与许多含重金属和贵金属离子的废物生成表面难溶盐化合物，如含 Hg、Au、Bi、Cu、Pb、Co、Ni 等的废物，它们与黄药生成的表面化合物的溶度积小于 $10^{-10}$。因此，可用黄药捕收这类废物颗粒，如黄药捕收含铜废物的反应式为：

废物表面的 $Cu^{2+} + 4ROCSS^- \longrightarrow$ 表面离子化合物 $Cu_2(SSCOR)_2 + (ROSCSS)_2$

油酸又名十八烯(9)酸，通式为 $C_{17}H_{33}COOH$，它在水中不易溶解和分散，实践中常需加溶剂乳化或制成油酸钠使用。油酸主要用于浮选含碱土金属的碳酸盐、金属氧化物、萤石（$CaF_2$）和重晶石（$BaSO_4$）等。如油酸捕收萤石废物的反应式为：

萤石表面的 $Ca^{2+} + 2C_{17}H_{33}COO^- \longrightarrow$ 表面离子化合物 $Ca(OOCH_{33}C_{17})_2$

非极性油类捕收剂主要包括脂肪烷烃 $C_nH_{2n+2}$ 和脂环烃 $C_nH_{2n}$ 和芳香烃三类。这类捕收剂因难溶于水，不能解离为离子而得名。常用的非极性油类捕收剂有煤油、柴油、燃料油、重油、变压器油等。目前，单独使用非极性油类捕收剂的，只是一些天然可浮性很好的非极性废物颗粒，如粉煤灰中未燃尽碳的回收、废石墨的回收等。

② 起泡剂　主要作用是促进泡沫形成，增加分选界面，它与捕收剂有联合作用。起泡剂的共同结构特征是：a. 它是一种异极性的有机物质，极性基亲水，非极性基亲气，使起泡剂分子在空气和水的界面上产生定向排列；b. 大部分起泡剂是表面活性物质，能够强烈地降低水的表面张力；c. 起泡剂应有适当的溶解度。溶解度过大，则药耗大或迅速产生大量泡沫，但不耐久。溶解度过小，来不及溶解即随泡沫流失或起泡速度缓慢，延续时间较长，难以控制。

常用的起泡剂有松醇油、脂肪醇等。松醇油的主要成分为 α-萜烯醇（$C_{10}H_{17}OH$），其结构式为：

图 3-7 所示为起泡剂在气泡表面的吸附作用。起泡剂分子的极性端朝外，对水偶极有引力作用，使水膜稳定而不易流失。有些离子型表面活性起泡剂，带有电荷，于是各个气泡因

为同名电荷而相互排斥阻止兼并，增加了气泡的稳定性。

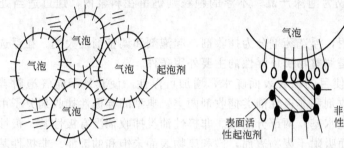

图 3-7　起泡剂在气泡表面的吸附

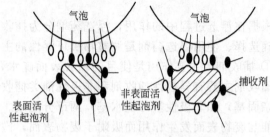

图 3-8　起泡剂与捕收剂的相互作用

图 3-8 所示为起泡剂与捕收剂的相互作用方式。起泡剂与捕收剂不仅在气泡表面有联合作用，在废物表面也有联合作用，这种联合作用名为"共吸附"现象。由于废物表面和气泡表面都有起泡剂与捕收剂的共吸附，因而产生共吸附的界面"互相穿插"，这是颗粒向气泡附着的机理之一。

③ 调整剂　主要用于调整捕收剂的作用及介质条件。其中促进目的颗粒与捕收剂作用的称为活化剂；抑制非目的颗粒可浮性的称为抑制剂；调整介质 pH 的称为 pH 调整剂；促使料浆中目的细粒联合变成较大团粒的称为絮凝剂；促使料浆中非目的细粒成分散状态的药剂称为分散剂。表 3-1 所示为常用的调整剂种类。

表 3-1　常用的调整剂种类

| 调整剂系列 | pH 调整剂 | 活化剂 | 抑制剂 | 絮凝剂 | 分散剂 |
|---|---|---|---|---|---|
| 典型代表 | 酸、碱 | 金属阳离子、阴离子 $HS^-$、$HSiO_3^-$ 等 | $O_2$、$SO_2$ 和淀粉、单宁等 | 腐殖酸、聚丙烯酰胺 | 水玻璃、磷酸盐 |

调整剂在矿浆中的调节作用是多种多样的。a. 排除矿浆中影响浮选选择性的离子。如用油酸浮选含 $Ca^{2+}$ 废物时，矿浆中 $Mg^{2+}$、$Ba^{2+}$ 等碱土金属离子的存在会破坏油酸对含 $Ca^{2+}$ 废物的选择性。为了消除它们的影响，常加能与 $Mg^{2+}$、$Ba^{2+}$ 强烈作用的物质为调整剂。b. 调整矿浆中的离子组成。常用酸、碱来调整矿浆的 pH 值，从而控制矿浆中各组分的离子分子组成。许多捕收剂的解离与矿浆 pH 相关，调整 pH，实际上就是调整了捕收剂的解离程度。c. 形成难溶化合物。这是消除某些有害离子的重要调整方法。如加入 $OH^-$，可使许多金属阳离子形成难溶的氢氧化物沉淀，消除它们对浮选的影响。d. 形成易溶但稳定的络合物。如磷酸盐先与 $Ca^{2+}$ 形成难溶性 $Ca_3(PO_4)_2$，然后形成可溶性的络合物 $(CaNaP_3O_9)_m$。

（2）浮选设备　浮选机是实现浮选过程的重要设备。浮选时，废物与浮选药剂调和后，送入浮选机，在其中经搅拌和充气，使欲浮的目的废物附着于气泡，形成矿化气泡，浮到矿浆表面，便形成矿化泡沫层。泡沫用刮板（或以自溢的方式）刮出，即得泡沫产品，而非泡沫产品自槽底排出。浮选技术经济指标的好坏，与所用浮选机的性能密切相关。

① 对浮选机的要求　理论和实践表明，浮选机必须满足 3 个基本要求。a. 良好的充气作用。在泡沫浮选过程中，气泡是疏水性废物颗粒的一种运载工具。为了增加颗粒与气泡接触碰撞的机会，造成有利于附着的条件，并能将疏水性颗粒及时运载到矿浆表面，在浮选机内必须具有足够大的气泡表面积，气泡亦应有适宜的浮升速度。为此，浮选机必须保证能向矿浆中吸入（或压入）足量的空气，并使这些空气在矿浆中充分地弥散，以便形成大量大小

适中的气泡，同时这些弥散的气泡，又能均匀地在浮选槽内分布。充气量越大，空气弥散越好，气泡分布越均匀，则废物颗粒与气泡接触碰撞的机会越多，这种浮选机的工艺性能就越好。b. 搅拌作用。废物颗粒在浮选机内的悬浮效率，是影响颗粒向气泡附着的另一个重要方面。为使颗粒能与气泡充分接触，应该使全部颗粒都处于悬浮状态。搅拌作用除了造成颗粒的悬浮外，并能使颗粒在浮选槽内均匀分布，从而创造颗粒和气泡充分接触和碰撞的良好条件。此外，搅拌作用还可以促进某些难溶性药剂的溶解和分散。c. 能形成比较平稳的泡沫区。在矿浆表面应保证能够形成比较平稳的泡沫区，以使矿化气泡形成一定厚度的矿化泡沫层。在泡沫区中，矿化泡沫层既能滞留目的矿物，又能使一部分夹杂的脉石从泡沫中脱落。d. 能连续工作及便于调节。因此，浮选机上应有相应的受矿、刮泡和排矿的机构。为了调节矿浆水平面，泡沫层厚度以及矿浆流动的速度，亦应有相应的调节机构。

浮选机的处理能力、充气性能、动力消耗、操作、运转、制造和维修等性能以及选别技术经济指标等，是评价浮选机性能好坏的技术经济标准。

② 浮选机分类　浮选机种类很多，按充气和搅拌方式的不同，目前生产中使用的浮选机主要有机械搅拌式浮选机、充气搅拌式浮选机、充气式浮选机和气体析出式浮选机 4 类，其中机械搅拌式浮选机的使用最为广泛。图 3-9 所示为机械搅拌式浮选机的结构示意。

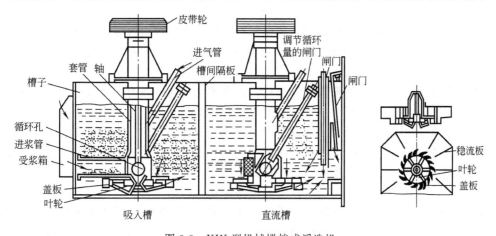

图 3-9　XJK 型机械搅拌式浮选机

机械搅拌式浮选机的关键部件是机械搅拌器，它直接影响到浮选机中矿浆的充气和搅拌程度，直接关系到浮选的效果。根据搅拌器结构不同，它分为 XJK 型浮选机、维姆科（Wemco）大型浮选机、棒型浮选机等，其中 XJK 型浮选机是我国使用最广的浮选机。这种浮选机由两个槽子构成一个机组，第一槽（带有进浆管）为抽吸槽或称吸入槽，第二槽（没有进浆管）为自流槽或称直流槽。在第一槽与第二槽之间设有中间室。叶轮安装在主轴的下端，主轴上端有皮带轮，通过电机带动旋转。空气由进气管吸入。每一组槽子的料浆水平面用闸门进行调节。叶轮上方装有盖板和空气筒（或称竖管），此空气筒上开有孔，用以安装进浆管、中矿返回管或作料浆循环之用，其孔的大小，可通过拉杆进行调节。

叶轮是由生铁铸成的圆盘，上面有六个辐射状叶片。在叶轮上方 5~6mm 处装有盖板。盖板上装有 18~20 个导向叶片（也称定子）。叶片倾斜排列，其倾斜方向与叶轮旋转方向一致，并且与半径成 55°~65° 倾角。

浮选机工作时，料浆由进浆管给到盖板的中心处，叶轮旋转产生的离心力将料浆甩出，在叶轮与盖板间形成一定的负压，外界的空气便自动地经由进气管而被吸入，与料浆混合后一起被叶轮甩出。在叶轮的强烈搅拌作用下，料浆与空气得到充分的混合，同时气流被分割成细小的气泡,欲选废物颗粒与气泡碰撞黏附在气泡上而浮升至料浆表面形成泡沫层,经刮泡机刮出成为泡沫产品,再经消泡脱水后即可回收。

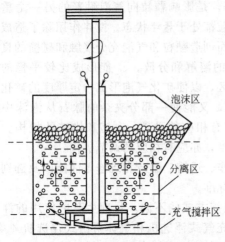

图 3-10　气泡在浮选机内的运动示意

图 3-10 所示为气泡在机械搅拌式浮选机内的运动状况示意。气泡在机械搅拌式浮选机内的运动,大体可分为三区:充气搅拌区、分离区和泡沫区。

第一区是充气搅拌区。此区的主要作用是:对矿浆空气混合物进行激烈搅拌,粉碎气流,使气泡弥散;避免颗粒沉淀;增加颗粒和气泡的接触机会等。在搅拌区气泡跟随叶轮甩出的矿浆流作紊乱运动,所以,气泡升浮运动的速度较慢。

第二区是分离区。在此区间内气泡随矿浆流一起上浮,并且颗粒向气泡附着,成为矿化气泡上浮。随着静水压力的减小,矿化气泡升浮速度也逐渐加大。

第三区是泡沫区。带有废物颗粒的矿化气泡上升至此区形成泡沫层。在泡沫层中,由于大量气泡的聚集,气泡升浮速度减慢。泡沫层上层的气泡会不断自发兼并,具有"二次富集"的作用。

矿化气泡的升浮,还受负载颗粒的影响,如果矿化气泡升浮力大于气泡所负载颗粒的重量,矿化气泡就可能升浮;当细小气泡高度矿化时,由于浮力等于或小于重力,因而气泡升浮变慢,甚至不能浮起,或随矿流再度被吸入叶轮区,使矿化气泡遭到破坏。所以在矿浆中,当矿粒很粗而气泡很细时,浮选过程常不能顺利进行。粗粒物料浮选时,由多个细小气泡与颗粒形成聚合体,其升浮速度则主要取决于聚合体在矿浆中的比重。

(3) 浮选工艺过程　浮选工艺过程主要包括调浆、调药、调泡三个程序。调浆即浮选前料浆浓度的调节,它是浮选过程的一个重要作业。所谓料浆浓度就是指料浆中固体废物与液体(水)的重量之比,常用液固比或固体含量百分数来表示。一般,浮选密度较大、粒度较粗的废物颗粒,往往用较浓的料浆;反之浮选密度较小的废物颗粒,可用较稀的料浆。浮选的料浆浓度必须适合浮选工艺的要求。

调药为浮选过程药剂的调整,包括提高药效、合理添加、混合用药、料浆中药剂浓度调节与控制等。对一些水溶性小或不溶的药剂,提高药效可采用配成悬浮液或乳浊液、皂化、乳化等措施。药剂合理添加主要是为了保证料浆中药剂的最佳浓度,一般先加调整剂,再加捕收剂,最后加气泡剂。所加药剂的种类和数量,应根据欲选废物颗粒的性质通过试验确定。

调泡为浮选气泡的调节。气泡主要是供疏水颗粒附着,并在料浆表面三相泡沫层。不与气泡附着的亲水颗粒,则留在料浆中。因此,气泡的大小、数量和稳定性对浮选具有重要影响。气泡越小,数量越多,气泡在料浆中分布越均匀,料浆的充气程度越好,为欲浮颗粒提供的气液界面越充分,浮选效果越好。对机械搅拌式浮选机,当料浆中有适量起泡剂存在时,大多数气泡直径介于 0.4~0.8mm,最小 0.05mm,最大 1.5mm,平均 0.9mm 左右。

一般浮选法大多是将有用物质浮入泡沫产品,而无用或回收经济价值不大的物质仍留在料浆内,这种浮选法称为正浮选。但也有将无用物质浮入泡沫产品中,将有用物质留在料浆中的,这种浮选法称为反浮选。

当固体废物中含有两种或两种以上的有用物质需要浮选时，通常可采用优先浮选或混合浮选方法。优先浮选是将固体废物中有用物质依次一种一种地浮出，成为单一物质产品的浮选方法。混合浮选是将固体废物中有用物质共同浮出为混合物，然后再把混合物中有用物质一种一种地分离的方法。

浮选是固体废物资源化的一种重要技术，我国已应用于从粉煤灰中回收炭、从煤矸石中回收硫铁矿、从焚烧炉灰渣中回收金属等。但浮选法要求废物在浮选前需破碎和磨碎到一定的细度。浮选时要消耗一定数量的浮选药剂，且易造成环境污染或增加相配套的净化设施。另外，还需要一些辅助工序，如浓缩、过滤、脱水、干燥等。因此，在生产实践中究竟采用哪一种分选方法，应根据固体废物的性质，经技术经济综合比较后确定。

### 3.1.3 磁选

磁选是利用固体废物中各种物质的磁性差异在不均匀磁场中进行分选的一种处理方法。废物颗粒在磁选机中磁选分离示意如图 3-11 所示。

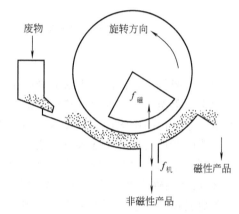

固体废物进入磁选机后，磁性颗粒在不均匀磁场作用下被磁化，从而受磁场吸引力的作用，使磁性颗粒吸在圆筒上，并随圆筒进入排料端排出。非磁性颗粒由于所受的磁场作用力很小，仍留在废物中而被排出。

(1) 磁选原理　固体废物颗粒通过磁选机的磁场时，同时受到磁力和机械力（包括重力、离心力、介质阻力、摩擦力等）的作用。磁性强的颗粒所受的磁力大于其所受的机械力，而磁性弱的或非磁性颗粒所受的磁力很小，其机械力大于

图 3-11　颗粒在磁选机中的分离示意

磁力。由于作用在各种颗粒上的磁力和机械力的合力不同，因而它们的运动轨迹不同。因此，磁选分离的必要条件是磁性颗粒所受的磁力 $f_磁$ 必须大于它所受的机械力 $\sum f_机$，而非磁性颗粒或磁性较小的磁性颗粒所受的磁力 $f_{非磁}$ 必须小于它所受的机械力 $\sum f_机$，即满足以下条件：

$$f_磁 > \sum f_机 > f_{非磁}$$

可见，磁选分离的关键是确定合适的 $f_磁$，而 $f_磁 = m x_0 \cdot H \mathrm{grad} H$。式中，$m$ 为废物颗粒的质量，g；$x_0$ 为废物颗粒的比磁化系数，$\mathrm{cm}^3/\mathrm{g}$；$H$ 为磁选机的磁场强度，Os；$\mathrm{grad} H$ 为磁选机的磁场梯度，$\mathrm{Os/cm}$。

$m x_0$ 反映废物颗粒本身的性质。根据 $x_0$ 的大小，废物可分成 3 类：①强磁性物质，$x_0 > 38 \times 10^{-6}\ \mathrm{cm}^3/\mathrm{g}$；②弱磁性物质，$x_0 = (0.19 \sim 7.5) \times 10^{-6}\ \mathrm{cm}^3/\mathrm{g}$；③非磁性物质，$x_0 < 0.19 \times 10^{-6}\ \mathrm{cm}^3/\mathrm{g}$。此外，$m$ 大的颗粒，其磁性也大。

$H \mathrm{grad} H$ 反映磁选设备特性。根据 $H$ 的大小，磁选设备可分为 3 类：①弱磁场磁选设备，磁极表面 $H \geqslant 1700\ \mathrm{Os}$，用于选别 $x_0$ 大的颗粒；②强磁场磁选设备，磁极表面 $H = 6000 \sim 26000\ \mathrm{Os}$，用于选别 $x_0$ 小的颗粒；③中等磁场磁选设备，磁极表面 $H = 2000 \sim 6000\ \mathrm{Os}$，用于选别 $x_0$ 居中的颗粒。此外，$\mathrm{grad} H \neq 0$，也就是说磁选必须在非均匀磁场中进行。

(2) 常用磁选机　磁选是在磁选设备中进行的，磁选工艺流程是由磁选设备组成的，选别指标的好坏设备起着重要作用。磁选设备种类很多，固体废物磁选时常用的磁选设备主要有以下几种类型。

① 吸持型磁选机　吸持型磁选机有两种类型，如图 3-12 所示，废物颗粒通过输送带直接送至收集面上。

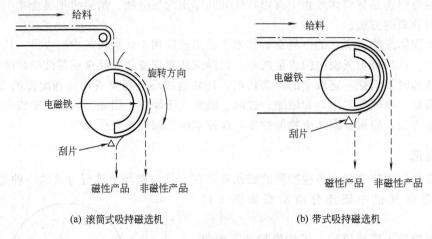

(a) 滚筒式吸持磁选机　　　　　　　(b) 带式吸持磁选机

图 3-12　吸持型磁选机

滚筒式吸持磁选机的水平滚筒外壳由黄铜或不锈钢制造，内包有半环形磁铁。废物颗粒由传送带上落至滚筒表面时，铁磁产品被吸引，至下部刮板处，被刮脱至收集斗，非铁金属与其他非磁性产品由滚筒面直接落入另一集料斗。

带式吸持磁选机的磁性滚筒与废物传送带合为一体，当传送带随滚筒旋转而移动时，带上废物颗粒至磁性面时，即发生如 (a) 型的分选作用。

② 悬吸型磁选机　悬吸型磁选机主要用于除去城市垃圾中的铁器，保护破碎设备及其他设备免受损坏。它有两种类型，如图 3-13 所示。

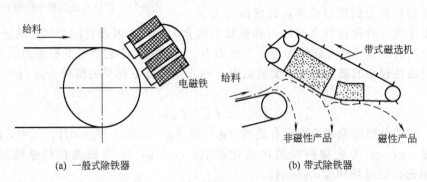

(a) 一般式除铁器　　　　　　　　(b) 带式除铁器

图 3-13　悬吸型磁选机

当含铁物质数量少时采用一般式除铁器，当含铁物质数量多时采用带式除铁器。这类磁选机的给料是通过传送带将废物颗粒输送穿过有较大梯度的磁场，其中铁器等黑色金属被磁选器悬吸引，而弱磁性产品不被吸引。一般式除铁器为间断式工作，通过切断电磁铁的电流排除铁物。而带式除铁器为连续工作式，磁性材料产品被悬吸至弱磁场处收集，非磁性产品则直接由传送带端部落入集料斗。

③ 磁力滚筒　磁力滚筒又称磁滑轮。这类磁选机主要由磁滚筒和输送皮带组成。磁滚筒有永磁滚筒和电磁滚筒两种。应用较多的是永磁滚筒，如图 3-14 所示。

这种设备的主要组成部分是一个回转的多极磁系和套在磁系外面的用不锈钢或铜、铝等非导磁材料制成的圆筒。一般磁系包角为 360°。磁系与圆筒固定在同一个轴上，安装在皮

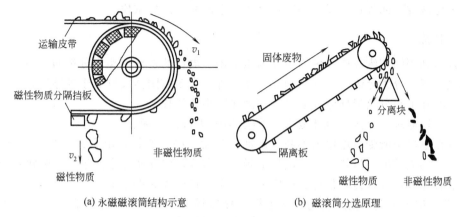

|(a) 永磁磁滚筒结构示意|(b) 磁滚筒分选原理|

图 3-14　永磁滚筒磁选机结构与工作原理

带运输机头部（代替传动滚筒）。

电磁辊筒的磁力可通过调节激磁线圈电流的大小来加以控制，这是电磁辊筒的主要优点，但电磁辊筒的价格高出永磁辊筒许多。两种辊筒的工作过程相似，都是用磁辊筒作为皮带输送机的驱动滚筒。将固体废物均匀地给在皮带运输机上，当废物经过磁力滚筒时，非磁性物料在重力及惯性力的作用下，被抛落到辊筒的前方，而铁磁物质则在磁力作用下被吸附到皮带上，并随皮带一起继续向前运动。当铁磁物质转到辊筒下方逐渐远离辊筒时，磁力也将逐渐减小，这时可能出现这样一些情况：若铁块较大，在重力和惯性力的作用下就可能脱开皮带而落下，但若铁磁物质颗粒较小，且平皮带上无阻滞条或隔板，则铁颗粒就可能又被磁辊筒吸回。这样，颗粒就可能在辊筒下面相对于皮带作来回的往复运动，以至在辊筒的下部集存大量的铁磁物质而不下落。此时可切断激磁线圈电流，去磁后而使磁铁物质下落，或在平皮带上加上阻滞条或隔离板，使铁磁物质能顺利地落入预定的收集区。

这种设备主要用于工业固体废物或城市垃圾的破碎设备或焚烧炉前，除去废物中的铁器，防止损坏破碎设备或焚烧炉。

④ 湿式永磁圆筒式磁选机　湿式永磁圆筒式磁选机分顺流型和逆流型两种型式，常用的为逆流型。顺流型磁选机的给料方向和圆筒的旋转方向或磁性产品的移动方向一致，逆流型则正好相反。图 3-15 所示为湿式逆流型永磁圆筒式磁选机的结构示意。料浆由给料箱直接进入圆筒的磁系下方，非磁性物质和磁性很弱的物质由磁系左边下方的底板上排料口排出。磁性物质则随圆筒逆着给料方向移到磁性物质排出端，排入磁性物质收集槽中。

这种磁选机主要适用于粒度小于 0.6mm 的强磁性颗粒的回收及从钢铁冶炼排出的含铁

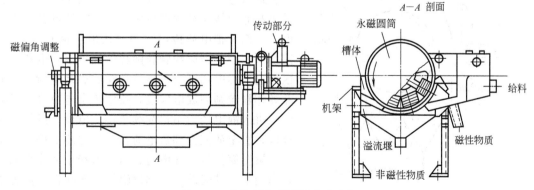

图 3-15　逆流型永磁圆筒式磁选机

尘泥和氧化铁皮中回收铁，以及回收重介质分选产品中的加重质。

### 3.1.4 电选

电选是利用固体废物中各种组分在高压电场中电性的差异而实现分选的一种方法。物质根据其电导率，分为导体、半导体和非导体三种。大多数固体废物属于半导体和非导体，因此，电选实际上是分离半导体和非导体的固体废物的过程。

(1) 电选原理 电选是在电选设备的电场中进行的。废物颗粒电导率不同，荷电量不同，则其在电场中所受的作用力不同，运动行为就不同。废物带电方式很多，如摩擦带电、传导带电、感应带电、压热带电、电晕电场中带电等，但在实际电选过程中废物颗粒的带电方式主要有4种：直接传导带电、感应带电、电晕带电和摩擦带电。

① 直接传导带电 指废物与传导电极直接接触，导电性好的废物颗粒将获得和电极极性相同的电荷而被电极排斥，而导电性很差或极差的废物颗粒只能被极化，在其表面上产生束缚电荷，靠近电极一端电荷的极性和电极的极性相反，另一端电荷的极性和电极极性相同，此时颗粒则被电极吸引。所以，利用颗粒的导电性差异及其在电极上表现的行为不同，就可以把它们分开。

② 感应带电 指废物颗粒不和带电电极或带电体直接接触，而仅在电场中受到电场的感应，导电性好的颗粒在靠近电极的一端产生和电极极性相反的电荷，另一端产生相同的电荷，且颗粒的这种电荷是可以移走的，如果移走的电荷和电极极性相同，则剩下的电荷便和电极极性相反，此时颗粒被吸向电极一边。反之，导电性差的颗粒虽然处在同样条件，但只能被电场极化，此时在颗粒两端也表现出正、负电荷，但电荷不能移走，因此不能被吸向电极一边，这就产生了差异，利用这种差异分选导电性不同废物颗粒。

③ 电晕带电 指废物颗粒在电晕电场中的带电情况。电晕电场是不均匀电场，在电场中有两个电极：电晕电极（带负电）和辊筒电极（带正电），其中电晕电极的直径比辊筒电极小得多。当两电极间的电位差达到某一数值时，负极发出大量电子，并在电场中以很高的速度运动。当它们与空气分子碰撞时，便使空气分子电离。空气的负离子飞向正极，形成体电荷。导电性不同的废物颗粒进入电场后，都获得负电荷，但它们在电场中的表现行为不同。导电性好的物质将负电荷迅速传给正极而不受正极作用。导电性差的物质传递电荷速度很慢，而受到正极的吸引作用，利用这一差异分离导电性不同的物质。目前生产实践中的大多数电选机都是利用这种原理分选导电性不同的物质。图3-16所示为废物颗粒在电晕电场中的分离过程。

废物由给料斗均匀地给入辊筒上，随着辊筒的旋转进入电晕电场区。由于电场区空间带有电荷，导体和非导体颗粒都获得负电荷，导体颗粒一面荷电，一面又把电荷传给辊筒（接地电极），其放电速度快。因此当废物颗粒随辊筒旋转离开电晕电场区而进入静电场区时，导体颗粒的剩余电荷少，而非导体颗粒则因放电较慢，致使剩余电荷多。导体颗粒进入静电场后不再继续获得负电荷，但仍继续放电，直至放完全部负电荷，并从辊筒上得到正电荷而被辊筒排斥，在电力、离心力和重力分力的综合作用下，其运动轨迹偏离辊筒，而在辊筒前方落下。非导体颗粒由于有较多的剩余负电荷，将与辊

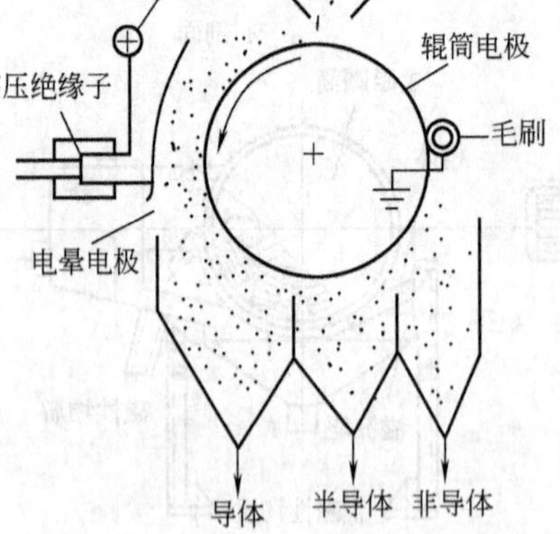

图3-16 废物颗粒在电晕电场中的分离过程

筒相吸，被吸附在辊筒下，带到辊筒后方，被毛刷强制刷下。半导体颗粒的运动轨迹则介于导体与非导体颗粒之间，成为半导体产品落下，从而完成电选分离过程。

　　④ 摩擦带电　指由于废物颗粒相互之间和颗粒同给料运输设备的表面发生摩擦而使废物颗粒带电的带电方式。如果不同的废物颗粒在摩擦时能获得不同符号的足够的摩擦电荷，则进入电场中也可把它们分开。

　　（2）电选设备　目前使用的电选机，按电场特征主要分为：静电分选机和复合电场分选机两种。

　　① 静电分选机　图 3-17 所示为静电分选机的结构与工作原理示意。静电分选机中废物的带电方式为直接传导带电。废物通过电振给料机均匀地给到带电辊筒（传导电极）上，导电性好的废物将获得和带电辊筒相同的电荷而被辊筒排斥落入导体产品收集槽内。导电性差的废物或非导体与带电滚筒接触被极化，在靠近滚筒一端产生相反的束缚电荷而被滚筒吸住，随辊筒带至后面被毛刷强制刷落进入非导体产品收集槽，从而实现不同电性的废物分离。

　　静电分选机既可以从导体与绝缘体的混合物中分离出导体，也可以对含不同介电常数的绝缘体进行分离。对于导体（如金属类）和绝缘体（如玻璃、砖瓦、塑料与纸类等）混合颗粒静电分选装置的主要部件是由一个带负电的绝缘滚筒与靠近滚

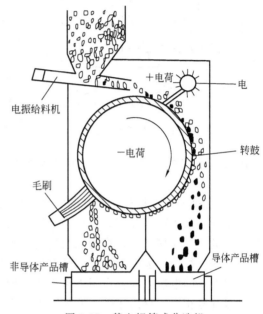

图 3-17　静电辊筒式分选机

筒和供料器的一组正电极组成，当物料接近滚筒表面时，由于高压电场的感应作用，导体颗粒表面发生极化作用而带正电荷，被滚筒的聚合电场所吸引。而接触后，由于传导作用又使之带负电荷，在库仑力的作用下又被滚筒排斥，脱离滚筒而下落。绝缘体因不产生上述作用，被滚筒迅速甩落，达到导体与绝缘体的分离。

　　对于不同介电常数的绝缘体，静电分选是将待分离的混合颗粒悬浮于其介电常数介于两种绝缘体间的液体中，在悬浮物间建立汇聚电场，介电常数高于液体的绝缘体向电场增强的方向移动，低介电常数的绝缘体则向反向移动，达到分离目的。

　　静电分选可用于各种塑料、橡胶和纤维纸、合成皮革和胶卷等物质的分选，如将两种性能不同的塑料混合物施以电压，使一种塑料荷负电，另一种塑料荷正点，就可以使两种性能不同的塑料得以有效分离。静电分选可使塑料类回收率达到 99% 以上，纸类高达 100%。含水率对静电分选的影响与其他分选方法相反，随含水率升高而回收率增大。一般，电极中心距约 0.15m 左右，电压需用 35～50kV。如辊筒式静电分选机的分选铝和玻璃的过程为：含有铝和玻璃的废物通过电振给料器均匀地给到带电辊筒上，铝为良导体，从辊筒电极获得相同符号的大量电荷，因而被辊筒电极排斥落入铝收集槽内。玻璃为非导体，与带电辊筒接触被极化，在靠近辊筒一端产生相反的束缚电荷，被辊筒吸住，随辊筒带至后面被毛刷强制刷落进入玻璃收集槽，从而实现铝与玻璃的分离。

　　② 复合电场分选机　图 3-18 所示为复合电场分选机的结构和工作原理示意。复合电场分选机的电场为电晕-静电复合电场。

废物由给料斗均匀地给入辊筒上，随着辊筒的旋转进入电晕电场区。由于电场区空间带有电荷，导体和非导体颗粒都获得负电荷，导体颗粒一面荷电，一面又把电荷传给辊筒（接地电极），其放电速度快。因此当废物颗粒随辊筒旋转离开电晕电场区而进入静电场区时，导体颗粒的剩余电荷少，而非导体颗粒则因放电较慢，致使剩余电荷多。导体颗粒进入静电场后不再继续获得负电荷，但仍继续放电，直至放完全部负电荷，并从辊筒上得到正电荷而被辊筒排斥，在电力、离心力和重力分力的综合作用下，其运动轨迹偏离辊筒，而在辊筒前方落下进入导体产品槽。非导体颗粒由于有较多的剩余负电荷，将与辊筒相吸，被吸附在辊筒上带到辊筒后方，被毛刷强制刷下进入非导体产品槽。半导体颗粒的运动轨迹则介于导体与非导体颗粒之间，成为半导体产品落下进入半导体产品槽，从而完成电选分离过程。

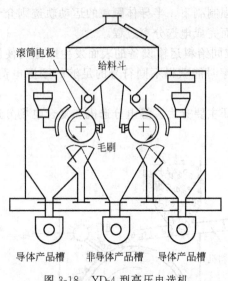

图 3-18 YD-4 型高压电选机

YD-4 型高压电选机具有较宽的电晕电场区、特殊的下料装置和防积灰漏电措施。整机密封性能好。采用双筒并列式，结构合理、紧凑，处理能力大，效率高。可作为粉煤灰专用设备。该机分选粉煤灰时，将粉煤灰均匀给到旋转接地辊筒上，带入电晕电场后，炭粒由于导电性良好，很快失去电荷，进入静电场后从辊筒电极获得相同符号的电荷而被排斥，在离心力、重力及静电斥力综合作用下落入集炭槽成为精煤。而灰粒由于导电性较差，能保持电荷，与带符号相反的辊筒相吸，并牢固地吸附在辊筒上，最后被毛刷强制落入集灰槽，从而实现炭灰分离。粉煤灰经二级电选分离的脱炭灰，其含炭率小于 8%，可作为建材原料。精煤含碳率大于 50%，可作为型煤原料。

### 3.1.5 摩擦与弹跳分选

摩擦与弹跳分选是根据固体废物中各组分摩擦系数和碰撞系数的差异，在斜面上运动或与斜面碰撞弹跳时产生不同的运动速度和弹跳轨迹而实现彼此分离的一种处理方法。

(1) 分选原理 固体废物从斜面顶端给入，并沿着斜面向下运动时，其运动方式随颗粒的形状或密度不同而不同，其中纤维状废物或片状废物几乎全靠滑动，球形颗粒有滑动、滚动和弹跳三种运动方式。

单颗粒单体在斜面上向下运动时，纤维状或片状体的滑动加速度较小，运动速度不快，所以它脱离斜面抛出的初速度较小，而球形颗粒由于是滑动、滚动和弹跳相结合的运动，其加速度较大，运动速度较快，因此它脱离斜面抛出的初速度较大。

当废物离开斜面抛出时，受空气阻力的影响，抛射轨迹并不严格沿着抛物线前进，其中纤维废物由于形状特殊，受空气阻力影响较大，在空气中减速很快，抛射轨迹表现严重的不对称（抛射开始接近抛物线，其后接近垂直落下，故抛射不远）。球形颗粒受空气阻力影响较小，在空气中运动减速较慢，抛射轨迹表现对称，抛射较远。因此，在固体废物中，纤维状废物与颗粒废物、片状废物与颗粒废物，因形状不同在斜面上运动或弹跳时，产生不同的运动速度和运动轨迹，因而可以彼此分离。

(2) 分选设备 摩擦与弹跳设备有带式筛、斜板运输分选机和反弹滚筒分选机 3 种，如

图 3-19 所示。

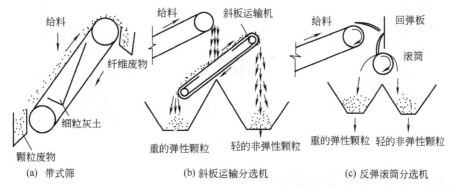

图 3-19 摩擦与弹跳分选设备与分选原理示意

带式筛是一种倾斜安装带有振打装置的运输带,其带面由筛网或刻沟的胶带制成。带面安装倾角大于颗粒废物的摩擦角,小于纤维废物的摩擦角。废物由带面的下半部的上方给入,由于带面的振动,颗粒废物在带面上作弹性碰撞,向带的下部弹跳,又因带面的倾角大于颗粒废物的摩擦角,所以颗粒废物还有下滑的运动,最后由带的下端排出。纤维废物与带面为塑性碰撞,不产生弹跳,并且带面倾角小于纤维废物的摩擦角,所以纤维废物不沿带面下滑,而随带面一起向上运动,从带的上端排出。在向上运动过程中,由于带面的振动使一些细粒灰土透过筛孔从筛下排出,从而使颗粒状废物与纤维状废物分离。

斜板运输分选机分选过程为:废物由给料皮带运输机从斜板运输分选机的下半部的上方给人,其中砖瓦、铁块、玻璃等与斜板板面产生弹性碰撞,向板面下部弹跳,从斜板分选机下端排入重的弹性产物收集仓。而纤维织物、木屑等与斜板板面为塑性碰撞,不产生弹跳,因而随斜板运输板向上运动,从斜板上端排入轻的非弹性产物收集仓,从而实现分离。

反弹滚筒分选机分选系统由抛物皮带运输机、回弹板、滚筒和产品收集仓组成,其分选过程是废物由倾斜抛物皮带运输机抛出,与回弹板碰撞,其中铁块、砖瓦、玻璃等与回弹板、分料滚筒产生弹性碰撞,被抛入重的弹性产品收集仓。而纤维废物、木屑等与回弹板为塑性碰撞,不产生弹跳,被分料滚筒抛入轻的非弹性产品收集仓,从而实现分离。

## 3.1.6 涡电流分选

这是一种在固废中回收有色金属的有效方法,具有广阔的应用前景。当含有非磁导体金属(如铅、铜、锌等物质)的废物流以一定的速度通过一个交变磁场时,这些非磁导体金属内部会产生感应涡流。由于废物流与磁场有一个相对运动的速度,从而对产生涡流的金属片块具有一个推力。排斥力随废物的固有电阻、磁导率等特性及磁场密度的变化速度及大小而异,利用此原理可使一些有色金属从混合废物流中分离出来。分离推力的方向与磁场方向及废物流的方向均呈 90°,图 3-20 所示为按此原理设计的涡流分离器。

图中感应器为直线感应器,在此感应器中由三相交流电在其绕组中产生一个交变的直线移动的磁场,此磁场的方向与输送机皮带的运动方向相垂直。当皮带上的废物从感应器下通过时,废物中的有色金属将产生涡电流,从而产生向带侧运动的排斥力。此分离装置由上下两个直线感应器组成,能保证产生足够大的电磁力将废物中的有色金属推入带侧的集料斗中。当然,此种分选过程带速不宜过高。另外,也有利用旋转变化磁场与有色金属的相互作用原理而设计的涡电流分离器。各种类型的涡电流分离器都具有操作简便、耗电量低的特点。在工业发达国家的试验生产中取得了良好的分选效果。

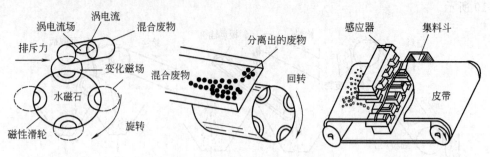

图 3-20 涡流分离器分离原理

## 3.2 固体废物的化学浸出技术

成分复杂、嵌布粒度微细且有价成分含量低的矿业固体废物、化工和冶金过程排出的废渣等，若要提取其中的有价成分或是除去其中的有害成分，采用传统分选技术往往成效甚微，而常常采用化学浸出技术。

### 3.2.1 浸出过程的理论基础

浸出是溶剂选择性地溶解固体废物中某种目的组分，使该组分进入溶液中而达到与废物中其他组分相分离的工艺过程。因此，浸出过程是个提取和分离目的组分的过程。浸出过程所用的药剂称为浸出剂，浸出后含目的组分的溶液称为浸出液，残渣称为浸出渣。依浸出药剂种类的不同，浸出可分为酸浸、碱浸、盐浸、水浸等方法。

（1）酸浸 酸浸是一种常用的浸出方法，常用的酸浸剂包括稀硫酸、浓硫酸、盐酸、硝酸、王水、氢氟酸、亚硫酸等。凡废物中的某种组分可通过酸溶进入溶液的都可采用酸浸的方法。它包括简单酸浸、氧化酸浸和还原酸浸 3 种方法。

① 简单酸浸 适用于浸出某些易被酸分解的简单金属氧化物、金属含氧盐及少数的金属硫化物中的有价金属，酸浸过程反应式如下：

$$MeO + 2H^+ \longrightarrow Me^{2+} + H_2O$$
$$Me_3O_4 + 8H^+ \longrightarrow 2Me^{3+} + Me^{2+} + 4H_2O$$
$$Me_2O_3 + 6H^+ \longrightarrow 2Me^{3+} + 3H_2O$$
$$MeO_2 + 4H^+ \longrightarrow Me^{4+} + 2H_2O$$
$$MeO \cdot Fe_2O_3 + 8H^+ \longrightarrow Me^{2+} + 2Fe^{3+} + 4H_2O$$
$$MeAsO_4 + 3H^+ \longrightarrow Me^{3+} + H_3AsO_4$$
$$MeO \cdot SiO_2 + 2H^+ \longrightarrow Me^{2+} + H_2SiO_3$$
$$MeS + 2H^+ \longrightarrow Me^{2+} + H_2S$$

大部分金属的简单氧化物、金属铁酸盐、砷酸盐和硅酸盐能简单酸溶，大部分金属硫化物不能简单酸溶，只有 FeS、NiS（$\alpha$）、CoS、MnS 和 Ni$_3$S$_2$ 能简单酸溶。但同一金属的铁酸盐、砷酸盐和硅酸盐简单酸溶能力不如其简单金属氧化物。

简单酸浸是含铜废物回收金属铜的重要方法，其浸出反应式为：

孔雀石 $CuCO_3 \cdot Cu(OH)_2 + H^+ \longrightarrow Cu^{2+} + CO_2 + H_2O$

蓝铜矿 $2CuCO_3 \cdot Cu(OH)_2 + H^+ \longrightarrow Cu^{2+} + CO_2 + H_2O$

黑铜矿 $CuO + H^+ \longrightarrow Cu^{2+} + H_2O$

赤铜矿 $Cu_2O + H^+ \longrightarrow Cu^{2+} + Cu + H_2O$

硅孔雀石 $CuSiO_3 \cdot 2H_2O + H^+ \longrightarrow Cu^{2+} + SiO_2 + H_2O$

铜蓝 $CuS + H^+ \longrightarrow Cu^{2+} + H_2S$

辉铜矿 $Cu_2S + H^+ + O_2 \longrightarrow Cu^{2+} + H_2S + H_2O$

黄铜矿 $CuFeS_2 + H^+ + O_2 \longrightarrow Cu^{2+} + Fe^{2+} + SO_4^{2-} + H_2O$

金属铜 $Cu + H^+ + O_2 \longrightarrow Cu^{2+} + H_2O$

一般的含铜矿物均较易稀酸浸出，但赤铜矿和辉铜矿需要氧化剂的参与才能完全浸出，而原生的黄铜矿和自然铜即使有氧化剂存在，其浸出率也相当低，其含量高时宜用氧化酸浸或其他浸出方法。

② 氧化酸浸　多数金属硫化物在酸性溶液中相当稳定，不易简单酸溶。但在有氧化剂存在时，几乎所有的金属硫化物在酸液中或在碱液中均能被氧化分解而浸出，其氧化分解反应为：

$$MeS + H^+ + 氧化剂 \xrightarrow{氧化酸浸} Me^{2+} + S^0 \ 或 \ SO_4^{2-}$$

常压氧化酸浸时常用的氧化剂有 $Fe^{3+}$、$Cl_2$、$O_2$、$HNO_3$、$NaClO$、$MnO_2$、$H_2O_2$ 等。通过控制酸用量和氧化剂用量控制浸出时的 pH 和电位，使金属硫化物中的金属组分呈离子形式转入浸液，使硫化物中的硫氧化为元素硫或硫酸根。

氧化酸浸除用于浸出金属硫化物外，还常用于浸出某些低价金属化合物，使其中的低价金属氧化成高价金属离子转入酸液中。如赤铜矿、辉铜矿中的铜的氧化酸浸：

$$赤铜矿 \ Cu_2O + 2H^+ + \frac{1}{2}O_2 \longrightarrow 2Cu^{2+} + 2H_2O$$

$$辉铜矿 \ Cu_2S + 2H^+ + \frac{1}{2}O_2 \longrightarrow 2Cu^{2+} + H_2S + H_2O$$

热浓硫酸为强氧化酸，可将大部分金属氧化物转变为相应的硫酸盐，反应式为：

$$MeS + 2H_2SO_4 \xrightarrow{\triangle} MeSO_4 + SO_2 + S + 2H_2O$$

③ 还原酸浸　主要用于浸出变价金属的高价金属氧化物和氢氧化物，如有色金属冶炼过程产出的镍渣、锰渣、钴渣等，其还原酸浸反应式如下：

$$变价金属的高价金属氧化物和氢氧化物 + H^+ + 还原剂 \xrightarrow{还原酸浸} Me^{n+} + H_2O$$

工业上常用的还原剂有金属铁、$Fe^{2+}$、$SO_2$ 等，浸出废物钴渣、镍渣、锰渣中的有用组分为 $MnO_2$、$Co(OH)_3$、$Ni(OH)_3$、$Co_2O_3$、$Ni_2S_3$ 等。因此，浸出反应为：

$$MnO_2 + 2Fe^{2+} + 4H^+ =\!=\!= Mn^{2+} + 2Fe^{3+} + 2H_2O$$

$$MnO_2 + \frac{2}{3}Fe + 4H^+ =\!=\!= Mn^{2+} + \frac{2}{3}Fe^{3+} + 2H_2O$$

$$2Co(OH)_3 + SO_2 + 2H^+ =\!=\!= 2Co^{2+} + SO_4^{2-} + 4H_2O$$

$$2Ni(OH)_3 + SO_2 + 2H^+ =\!=\!= 2Ni^{2+} + SO_4^{2-} + 4H_2O$$

（2）碱浸　碱浸药剂的浸出能力一般比酸浸药剂弱，但浸出过程选择性高，可获得较纯净的浸出液，且设备防腐问题较易解决。常用的碱浸药剂包括碳酸铵和氨水、碳酸钠、苛性钠、硫化钠等，相应的浸出方法包括氨浸、碳酸钠溶液浸出、苛性钠溶液浸出和硫化钠溶液浸出等。

① 氨浸　常用于含金属铜、钴、镍及其氧化物的废物的浸出，其浸出机理相似，属于金属电化腐蚀过程。由于铜、钴、镍能与氨形成稳定的可溶络合物，扩大了铜、钴、镍离子在溶液中的稳定区，降低了铜、钴、镍的还原电位，使其较易转入浸液中。因此，对含铁高且脉石以碳酸盐为主的铜镍废物的浸出宜采用氨浸法。氨浸铜及其矿物的主要反应为：

$$黑铜矿 \ CuO + 2NH_4OH + (NH_4)_2CO_3 =\!=\!= Cu(NH_3)_4CO_3 + 3H_2O$$

孔雀石 $CuCO_3 \cdot Cu(OH)_2 + 6NH_4OH + (NH_4)_2CO_3 \rightleftharpoons 2Cu(NH_3)_4CO_3 + 8H_2O$

而金属铜不直接氨浸，而是 $Cu + Cu(NH_3)_4CO_3 \xrightarrow{\text{氧化－还原}} Cu_2(NH_3)_4CO_3$

$Cu_2(NH_3)_4CO_3 + 2NH_4OH + (NH_4)_2CO_3 + \frac{1}{2}O_2 \rightleftharpoons 2Cu(NH_3)_4CO_3 + 3H_2O$

常压氨浸对铜、钴、镍的氧化物选择性高，可获得相当纯净的浸出液。但对铜、钴、镍的硫化物，常压氨浸效果较差，常因溶解不完全而留在浸渣中。如果铜、钴、镍硫化物含量较少，则可用高压氧化氨浸法提高铜、钴、镍硫化物的浸出率，其浸出反应为：

斑铜矿 $Cu_5FeS_4 + NH_3 + CO_2 + O_2 + H_2O \rightarrow [Cu(NH_3)_4]SO_4 + [Cu(NH_4)_2]CO_3 + Fe_2O_3 \cdot nH_2O$

黄铜矿 $CuFeS_2 + NH_3 + O_2 + H_2O \rightarrow [Cu(NH_3)_4]SO_4 + (NH_4)_2SO_4 + Fe_2O_3 \cdot nH_2O$

② 碳酸钠溶液浸出 凡是能与碳酸钠反应生成可溶性钠盐的废物，都可采用碳酸钠溶液浸出的方法来提取其中的有价金属，特别是碳酸盐含量较高的废物更适宜采用这种浸出方法。采用碳酸钠溶液代替酸浸浸出，不但可减少酸浸剂的消耗、提高浸出过程的选择性，而且对设备的腐蚀问题也较易解决。

目前，碳酸钠溶液主要用于浸出某些含钨废料、硫化钼氧化焙烧渣、含磷、含钒等废物，其浸出反应式为：

白钨矿 $CaWO_4 + Na_2CO_3 \rightarrow Na_2WO_4 + CaCO_3$

黑钨矿 $(Fe, Mn)WO_4 + Na_2CO_3 \rightarrow Na_2WO_4 + FeCO_3 + MeCO_3$

废物中 $P_2O_5 + 3Na_2CO_3 \rightleftharpoons 2Na_3PO_4 + 3CO_2$

废物中 $V_2O_5 + Na_2CO_3 \rightleftharpoons 2NaVO_3 + CO_2$

③ 苛性钠溶液浸出 苛性钠是拜耳法生产氧化铝的主要浸出剂。含硅高的固体废物中的有价组分也常用苛性钠溶液浸出，苛性钠浸出某些废物组分的浸出反应为：

方铅矿 $PbS + NaOH \rightarrow Na_2PbO_2 + Na_2S + H_2O$

闪锌矿 $ZnS + NaOH \rightarrow Na_2ZnO_2 + Na_2S + H_2O$

白钨矿 $CaWO_4 + NaOH \rightarrow Na_2WO_4 + Ca(OH)_2$

黑钨矿 $(Fe,Mn)WO_4 + NaOH \rightarrow Na_2WO_4 + Fe(OH)_2 + Mn(OH)_2$

铝土矿 $Al_2O_3 \cdot nH_2O + NaOH \rightarrow NaAlO_2 + H_2O$

④ 硫化钠溶液浸出 硫化钠可分解砷、锑、锡、汞等硫化物，使它们生成可溶性硫代酸盐的形态转入浸液中。因此，凡含这类硫化物的废物都可用硫化钠溶液浸出，浸出反应：

$$As_2S_3 + 3Na_2S \rightleftharpoons 2Na_3AsS_3$$

$$Sb_2S_3 + 3Na_2S \rightleftharpoons 2Na_3SbS_3$$

$$SnS_2 + Na_2S \rightleftharpoons Na_2SnS_3$$

$$HgS + Na_2S \rightleftharpoons Na_2HgS_2$$

为防止硫化钠水解，实践中常用硫化钠和苛性钠的混合液作浸出剂，以提高浸出率。可利用上述反应从相应废物中提取砷、锑、汞、锡等有用组分。

(3) 盐浸 利用某些无机盐的水溶液为浸出剂，浸出废物原料中的某种组分的过程。常用的盐浸剂有氯化钠、高价铁盐、氯化铜和次氯酸钠等溶液。

氯化钠浸出含铅废物的反应为：$PbSO_4 + 2NaCl \rightleftharpoons PbCl_2 + Na_2SO_4$

$$PbCl_2 + 2NaCl \rightleftharpoons Na_2PbCl_4$$

高价铁盐浸出含铋废物的反应为：$Bi + 3FeCl_3 \rightleftharpoons BiCl_3 + 3FeCl_2$

$$Bi_2S_3 + 6FeCl_3 \rightleftharpoons 2BiCl_3 + 6FeCl_2 + 3S^0$$

$$Bi_2O_3 + 6HCl \Longrightarrow 2BiCl_3 + 3H_2O$$

氯化铜与高价铁离子相似，也是浸出含金属硫化矿废物的良好氧化剂。氯化铜溶液浸出金属硫化矿的主要反应为：

$$FeS_2 + 2CuCl_2 \Longrightarrow FeCl_2 + 2CuCl + 2S^0$$
$$CuFeS_2 + 3CuCl_2 \Longrightarrow FeCl_2 + 4CuCl + 2S^0$$
$$PbS + 2CuCl_2 \Longrightarrow PbCl_2 + 2CuCl + S^0$$
$$ZnS + 2CuCl_2 \Longrightarrow ZnCl_2 + 2CuCl + S^0$$
$$Cu_2S + 2CuCl_2 \Longrightarrow 4CuCl + S^0$$

难被高价铁盐及高价铜离子浸出的金属硫化物可用强氧化剂如次氯酸钠等作浸出剂进行浸出，如硫化钼的浸出，其反应式为：

$$MoS_2 + 9NaClO + 6NaOH \Longrightarrow Na_2MoO_4 + 9NaCl + 2Na_2SO_4 + 3H_2O$$

（4）浸出效果衡量 实践中常用目的组分的浸出率、浸出过程的选择性及浸出药剂用量等指标衡量浸出过程。某组分的浸出率是指浸出条件下该组分转入浸出液中的重量与其在废物原料中的总重量之比，常用百分数表示。设废物干重为 $Q(t)$，废物中某组分的含量为 $\alpha$（%），浸出液体积为 $V(m^3)$，该组分在浸出液中的含量为 $C(t/m^3)$，浸出渣干重为 $m(t)$，浸渣中该组分含量为 $\delta$（%），则该组分的浸出率（$\varepsilon_浸$）为：

$$\varepsilon_浸 = \frac{VC}{Q\alpha} \times 100\% = \frac{Q\alpha - m\delta}{Q\alpha} \times 100\%$$

浸出过程的选择性常用选择性系数（$\beta$）表示，它是在相同浸出条件下，某两组分的浸出率之比，即 $\beta = \varepsilon_1/\varepsilon_2$，$\beta$ 值愈接近 1，表示浸出过程中该两组分的浸出选择性愈差。

### 3.2.2 浸出工艺与设备

为充分暴露废物中的目的组分，增大浸出效果，浸出前被浸废物一般须进行破碎处理。破碎后废物可直接浸出，也可焙烧后浸出。

（1）浸出工艺 依浸出过程废物的运动方式，浸出分为渗滤浸出和搅拌浸出。渗滤浸出是浸出剂在重力作用下自上而下或在压力作用下自下而上通过固定废料层的浸出过程，一般仅用于某些特定的废物，常采用间断操作制度。搅拌浸出是将磨细的废物与浸出剂在搅拌槽中进行强烈搅拌的浸出过程，可浸出各种废物。浸出前废物磨细至 0.3mm 以下，采用连续操作制度。

依浸出剂与被浸废料的相对运动方式的不同浸出工艺可分为顺流浸出、错流浸出和逆流浸出 3 种。

① 顺流浸出 浸出时，浸出剂与被浸废料的流动方向相同，此时浸出液中目的组分的含量较高，浸出剂的消耗量较小，但浸出速度较小，浸出时间较长。图 3-21 所示为顺流浸出工艺流程。

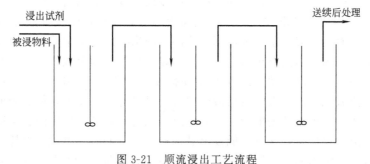

图 3-21 顺流浸出工艺流程

② 错流浸出　浸出时，浸出剂与被浸废料的流动方向相错，每次浸出后的浸渣均与新浸出剂接触，浸出速度高，浸出率高，但浸出液体积大，浸出液中目的组分的含量低，浸出剂消耗量大。图 3-22 所示为错流浸出工艺流程。

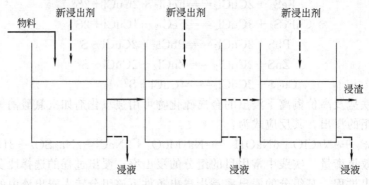

图 3-22　错流浸出工艺流程

③ 逆流浸出　浸出时，浸出剂与被浸废料运动方向相反，即经几次浸出而贫化后的废物与新鲜浸出剂浸出剂接触，而原始被浸废物则与浸出液接触，如图 3-23 所示。

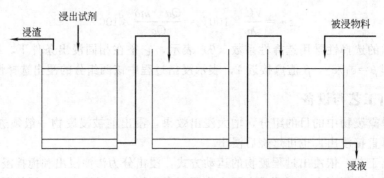

图 3-23　逆流浸出工艺流程

逆流浸出工艺可较充分地利用浸出液中的剩余浸出剂，浸出液中目的组分含量高，浸出剂消耗量较小，但浸出速度较低，浸出时间较长，需较多的浸出段数。

一般，渗滤槽浸可采用顺流、错流或逆流浸出流程，渗滤堆浸和就地浸出一般采用顺流浸出流程。搅拌浸出一般采用顺流浸出流程。搅拌浸出时若采用错流或逆流浸出，则各级间需增加固液分离作业，增加操作难度和成本，故生产上很少使用。

有时为了提高难浸废料的浸出率，降低浸出试剂耗量及为后续作业创造更有利的条件，可采用两段或多段浸出流程。多段浸出流程大致有下列几种类型。a. 将难浸废料和易浸废料分别浸出，第一段浸出难浸废料，利用第一段浸出矿浆中的剩余浸出剂进行第二段易浸废料的浸出；b. 第一段进行低酸浸出，以浸出易溶组分，浸出矿浆经固液分离后得出的浸出液可送后续处理，而浸出渣制浆后进行第二段高酸浸出，以浸出难溶目的组分。高酸浸出矿浆经固液分离后得到的浸出液返至第一段浸出，以充分利用剩余试剂。这样既可降低试剂耗量，又可提高目的组分的浸出率；c. 用高价铁盐浸出硫化物废料时，为了适应后续电积的需要，可将第一段氧化浸出所得的浸出液送去第二段进行还原浸出，使剩余的高价离子被还原为低价离子。还原浸出液送去电积，可降低过程电耗，而还原浸出渣返至第一段进行氧化浸出，这样既可提高浸出率，又可降低浸出试剂耗量和降低后续电积的电耗。

（2）浸出设备　常用的浸出设备主要有渗滤浸出槽（池）、机械搅拌浸出槽、空气搅拌浸出槽、流态化逆流浸出槽和高压釜等五类。

① 渗滤浸出槽（池） 浸出时，被浸废物固定不动，浸出剂渗滤通过固定废物层完成浸出过程，一般仅用于某些特定的固体废物的浸出，常采用间断操作制度。图 3-24 所示为渗滤浸出槽结构示意。

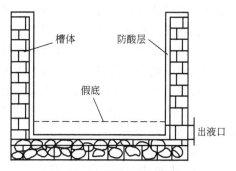

图 3-24 渗滤浸出槽结构示意

处理量大小不同，槽体所采用的材质不同。处理量小时，可用碳钢槽或木桶。处理量大时，可用混凝土结构。内衬一定厚度的防腐层（瓷板、塑料、环氧树脂等）。渗浸槽应能承压、不漏液、耐腐蚀，底部略向出液口方向倾斜并装有假底。当槽面积大时，为保证料层厚度较一致，底部可做成多坡倾斜式。装料前先装假底，关闭浸液出口，然后用人工或机械方法将破碎好的废物（粒度一般小于 10mm）均匀地装入槽内。物料装至规定高度后，表面耙平，加入浸出剂至浸没废料，浸泡数小时或几昼夜后再放液。放液速度一般由试验决定。生产中常采用多个渗浸槽同时作业，以保证浸出液中目的组分的含量较稳定。

渗滤槽浸的主要操作参数为浸出剂浓度、放液速度、浸液中剩余浸出剂浓度和目的组分含量等，当浸液中剩余浸出剂浓度高时，可将其返回进行循环浸出。当浸液中目的组分含量降至某一定值时，可认为浸出已达终点，用清水洗涤后排除浸渣，重新装料进行渗浸。

② 机械搅拌浸出槽 搅拌浸出是最常用的浸出方法，据物料的搅拌方法可分为机械搅拌浸出和压缩空气搅拌浸出。图 3-25 所示为机械搅拌浸出槽结构示意。

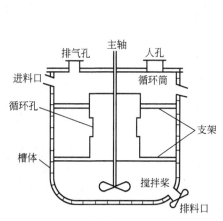

图 3-25 机械搅拌浸出槽结构示意

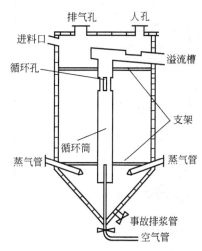

图 3-26 空气搅拌浸出槽结构示意

机械搅拌浸出槽分为单桨和多桨搅拌两种。搅拌器可采用不同的形状，有桨叶式、旋桨式、锚式和涡轮式等，浸出槽一般采用桨叶式和旋桨式。桨叶式搅拌器通常转速较慢，它主要利用径向方向的速度差使物料混和，而在轴向则无法产生满意的搅拌作用。旋桨式搅拌器由于是沿全长逐渐倾斜，高速旋转时可形成轴向液流，还可在桨叶外加装循环筒，以加强轴向液流而增强搅拌作用。旋桨式搅拌器的直径一般为槽体直径的四分之一。锚式和涡轮搅拌器常用于固体含量大、密度差大、黏度大的料浆的搅拌。涡轮式搅拌器旋转时可产生负压，有吸气的作用。

搅拌槽的材质依浸出介质而异。酸浸时，槽体可用碳钢内衬橡胶、耐酸砖或塑料等或采用不锈钢槽或搪瓷槽。碱浸时，可采用普通的碳钢槽。搅拌浆一般为碳钢衬胶、衬玻璃钢或由不锈钢制成。槽体为圆柱形、槽底为圆球形或平底，中央有循环筒。搅拌器装在循环筒下部，可采用电加热、夹套加热或蒸汽直接加热的方式控制浸出过程的温度，但蒸汽直接加热时，蒸汽的冷凝会使料浆浓度和试剂浓度发生变化。搅拌槽的容积依生产规模而异，机械搅拌槽一般用于生产规模较小的固体废物处理厂。

③ 空气搅拌浸出槽　压缩空气搅拌槽常称为泊秋克槽或称布郎空气搅拌浸出槽，其结构示意如图 3-26 所示。

空气搅拌浸出槽，因其高度常大于直径，又称为空气搅拌浸出塔。塔身为一圆柱体，底部为圆锥体，圆柱中间有一内管，底部有一小管直通内管下部。操作时，料浆和浸出试剂由进料口进入浸出塔，压缩空气由底部小管进入中心循环筒。由于压缩空气的冲力和稀释作用，料浆在循环筒内上升，通过循环孔而进入外环室。外环室的料浆下降进入循环筒内，从而使循环筒内外的料浆产生强烈的对流作用，使料浆上下反复循环。调节压缩空气的压力和流量即可控制料浆的搅拌强度。在连续进料的条件下，循环筒内有一部分料浆被空气提升至溢流槽流出。浸出塔容积因生产规模而异，空气搅拌浸出塔一般用于处理量较大废物处理厂。

④ 流态化逆流浸出槽　图 3-27 所示为流态化逆流浸出塔的结构示意。塔的上部为浓密扩大室，中部为圆柱体，底部为圆锥体。塔顶有排气孔及观察孔。

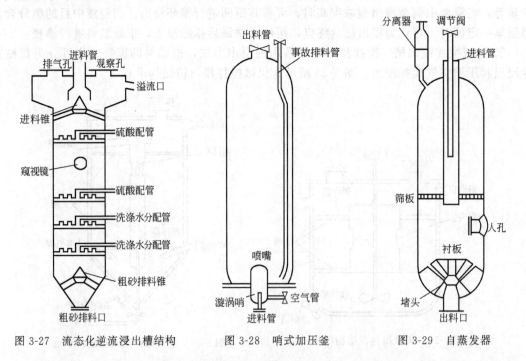

图 3-27　流态化逆流浸出槽结构　　　图 3-28　哨式加压釜　　　图 3-29　自蒸发器

　　　自下而上流动的浸出剂对悬浮于其中并下沉的废物颗粒进行流态化浸出，被浸料浆由上部经给料管进入塔内，浸出剂和洗涤水分别由塔的中下部进入塔内，废物颗粒与浸出剂及洗水在塔内呈逆流运动。操作时，被浸料浆经进料管沿倒锥表面均匀地流向塔内，经浓缩扩大室浓缩后，含微细颗粒的浸出液经溢流堰流出，浓缩后的料浆与上升的浸出剂和洗涤水逆流下沉，经稀相段下沉至固体浓度较高的浓相段。浓相段下部终止于洗涤水的最下部布液装置。操作正常时，进入塔内的浸出剂和洗涤水大部分向上流动，对下沉的颗粒进行浸出和洗涤。在稀相段和浓相段之间有一明显的"界面"。浓相段下部颗粒呈流动床下降，料浆进一步增浓，经浸出和洗涤后的粗砂经排料倒锥均匀地由底部排料口排出。经溢流堰流出的含细粒的浸出料浆不含粗砂,可减少固液分离的处理量。流态化逆流浸出全部流体操作,连续逆向运行,可在同一设备中建立浓度梯度,具有设备体积小、占地面积小、便于自动化等优点。但操作较复杂,须严格控制进料、排料、浸出剂和洗水的流量及界面位置,才能保证浸出时间,获得较理想的浸出率、分级效率及洗涤效率。

⑤ 高压釜 也可称为压煮器,用于热压浸出,其搅拌方法可分为机械搅拌、气流(蒸汽或空气)搅拌和气流-机械混合搅拌 3 种,依外形可分为立式和卧式 2 种。图 3-28 所示为立式高压釜结构示意。

立式高压釜中,常用的为哨式空气搅拌高压釜。被浸料浆由釜的下端进入,与压缩空气混合后经旋涡哨从喷嘴进入釜内,呈紊流状态在塔内上升,然后经出料管排出。采用与料浆呈逆流的蒸汽夹套加热或水冷却的方式使料浆加热或冷却。釜内装有事故排料管。经高压釜浸出后的料浆必须将压力降至常压后才能送后续工序处理。为了维持釜内压力,常采用自蒸发器减压。

自蒸发器的结构如图 3-29 所示。为了防止矿浆对自蒸发器底部的磨损,在自蒸发器排料口处装有堵头和衬板。操作时,浸出料浆和高压空气从进料口进入自蒸发器,在器内高压喷出并膨胀,压力骤然降至常压,由此生成的蒸汽吸收能量,降低料浆温度。气体夹带的液体经筛板进行一次分离,然后再经气水分离器进一步进行气液分离。减压后的料浆自底部排出,与液体分离后的气体经排气管排出,废气可用于预热料浆。

图 3-30 所示为卧式机械搅拌高压釜的结构示意。釜内分 4 个室,室间有隔墙,隔墙上部中心有溢流堰,以保持各室液面有一定位差。料浆依次通过各室,最后通过自动控制气动薄膜调节阀减压后排出釜外,送后续工序处理。各室均有机械搅拌器,空气由位于搅拌器下部的鼓风分配支管送入。

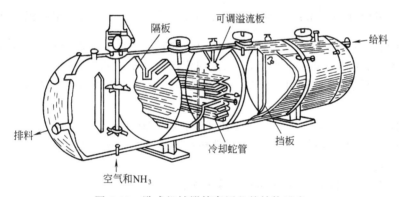

图 3-30 卧式机械搅拌高压釜的结构示意

浸出时一般均由数个浸出槽(塔)组成系列,无论采用何种浸出流程和设备,均须考虑被浸料浆在浸出槽(塔)内的停留时间和料浆短路问题,在计算浸出槽(塔)的容积和槽数时应留有一定的保险系数,以保证预期的浸出率。

### 3.2.3 浸出液中目的组分的提取和分离

固体废物通过浸出,其目的组分进入了浸出液。从浸出液中提取和分离目的组分可采取离子沉淀、置换沉淀、电沉积、离子交换、溶剂萃取等化学方法。

(1) 离子沉淀 利用沉淀剂使浸出液中的某种离子选择性地呈难溶的氢氧化物、硫化物及各种盐类沉淀出来的过程,包括水解沉淀、硫化物沉淀和其他难溶盐沉淀等。

① 水解沉淀 除部分碱金属和个别碱土金属之外,大多数金属在水溶液中会以难溶氢

氢化物沉淀的形式析出，这一过程称为水解沉淀，其反应通式为：

$$Me^{n+} + nOH^- \longrightarrow Me(OH)_n \downarrow$$

当水解反应达平衡时，由溶度积定义有：$K_{sp} = a_{Me^{n+}} \cdot a_{OH^-}{}^n = a_{Me^{n+}} \cdot \left(\dfrac{K_w}{a_{H^+}}\right)^n$

对上式取对数，则有 $\quad pH = \dfrac{1}{n}\lg K_{sp} - \lg K_w - \dfrac{1}{n}\lg a_{Me^{n+}}$

式中，$K_w$ 为水的离子积；$K_{sp}$ 为氢氧化物的溶度积；$n$ 为金属离子价数；$a_{Me^{n+}}$ 为金属离子的活度。因此，在一定的温度下，金属形成氢氧化物的 pH 值与金属本性（$K_{sp}$）、金属离子活度及价数有关。对具体的氢氧化物，其 $\lg K_{sp}$、$\lg K_w$ 均为定值，此时 pH 与 $\lg a_{Me^{n+}}$ 构成线性关系。如果假定 $a_{Me^{n+}} = 1$ 时开始沉淀，$a_{Me^{n+}} = 10^{-5}$ 时沉淀完全，则可根据这一线性关系作图或计算出金属离子开始沉淀或完全沉淀的 pH 值。

② 硫化物沉淀　绝大多数金属硫化物的溶度积均很小，因此也可通过硫化物沉淀来定量回收金属。用作沉淀剂的硫化物有 $Na_2S$ 和气态 $H_2S$，在金属提取中多用 $H_2S$。金属硫化物的溶解反应为：

$$Me_2S_n \longrightarrow 2Me^{n+} + nS^{2-}$$

当水解反应达平衡时，有溶度积 $K_{sp} = [Me^{n+}]^2 [S^{2-}]^n$

常温下气态 $H_2S$ 在水溶液中的溶解度为 $0.1c$，它在溶液中分步电离，其离解反应为：

$$H_2S \longrightarrow H^+ + HS^- \qquad 平衡常数\ K_1 = 1.32 \times 10^{-7}$$

$$HS^- \longrightarrow H^+ + S^{2-} \qquad 平衡常数\ K_2 = 7.10 \times 10^{-15}$$

总电离反应为 $H_2S \longrightarrow 2H^+ + S^{2-}$　　总平衡常数 $K = K_1 K_2 \approx 10^{-21} = \dfrac{a_{H^+}{}^2 \cdot a_{S^{2-}}}{[H_2S]}$

因此有：$pH = 11 + \dfrac{1}{2}\lg a_{S^{2-}} = 11 + \dfrac{1}{2n}\lg K_{sp} - \dfrac{1}{n}\lg a_{Me^{n+}}$。在一定的温度下，金属形成硫化物沉淀的 pH 值与金属硫化物本性（$K_{sp}$）、金属离子活度及价数有关。对具体的硫化物沉淀，其 $\lg K_{sp}$ 为定值，此时 pH 与 $\lg a_{Me^{n+}}$ 构成线性关系。如果假定 $a_{Me^{n+}} = 1$ 时开始沉淀，$a_{Me^{n+}} = 10^{-5}$ 时沉淀完全，则可根据这一线性关系作图或计算出金属离子开始沉淀或完全沉淀的 pH 值。

③ 其他盐类沉淀　除硫化物外，还有许多金属盐类难溶于水，可用来分离和回收金属，如某些金属的磷酸盐、砷酸盐、碳酸盐、草酸盐、氟化物、氯化物等，它们在工业上都有应用，沉淀反应式：

浸出液中 $Li^+ + Na_2CO_3 \longrightarrow Li_2CO_3 \downarrow + Na^+$

浸出液中 $WO_4^{2-} + CaCl_2 \longrightarrow CaWO_4 \downarrow + Cl^-$

浸出液中 $Th^{4+} + C_2O_4^{2-} \longrightarrow Th(C_2O_4)_2 \downarrow$

沉淀过程所用的设备很简单，主要有机械搅拌槽，沉淀物的分离用过滤机。如果沉淀过程需要加温而又要维持沉淀料浆液固比不变，则要设置夹套加热器或蛇管加热器。如无特殊要求，则可用蒸汽直接加热。

（2）置换沉淀　置换沉淀也称置换沉积，是一种金属从浸出液中将另一种金属离子置换出来的氧化还原过程。根据热力学原理，任何较负电性的金属均可从溶液中置换出较正电性的金属，直到两种金属的可逆电位相等时为止。

① 原理　经典的置换理论为电化腐蚀机理。以铁置换铜为例，来说明电化腐蚀机理，置换反应式：

$$Fe + Cu^{2+} \longrightarrow Fe^{2+} + Cu$$

当铜析出后，由铜、铁和浸液组成的微电池的电动势 $E$ 的计算公式为：

$$E = \varepsilon_{Cu^{2+}/Cu} - \varepsilon_{Fe^{2+}/Fe} = \Delta\varepsilon^0 + \frac{RT}{nF}\ln\frac{a_{Cu^{2+}}}{a_{Fe^{2+}}}$$

式中，$\varepsilon_{Cu^{2+}/Cu}$、$\varepsilon_{Fe^{2+}/Fe}$ 分别为铜、铁的电极电位；$\Delta\varepsilon^0$ 为铜、铁的标准电位差；$a_{Cu^{2+}}$、$a_{Fe^{2+}}$ 分别为铜、铁离子的活度；$R$ 为气体常数，$R = 8.314J/K$ 或 $1.987cal/K$；$T$ 为绝对温度，K；$n$ 为电极反应中的得失电子数；$F$ 为法拉第常数，$F = 96500C/mol$。

两种金属的 $E$ 差值越大，置换反应越容易，平衡时（$E = 0$）被置换金属离子的剩余浓度越低。反之，置换越难，平衡时被置换金属离子的剩余浓度越大。

② 设备　置换沉淀设备主要有溜槽、转鼓、置换器等。置换溜槽是最简单的置换装置，实际上是一个曲折的具有一定坡度的水泥地沟。地沟宽约 1m，深 1～1.5m，长数十米到百余米，由处理量大小决定。槽底可搁放木制方格，上置铁屑。溶液从溜槽上端流入，下端流出，在流动中完成置换反应。人工翻动置换材料使已析出的海绵金属剥落下来，沉于槽底，然后随溶液流出，澄清晒干，即得海绵金属产品。该法铁耗较高、劳动强度大，适于从稀液中回收金属。

图 3-31 所示为西德杜伊斯堡利用的梨形置换转鼓结构示意。转鼓直径 1～3m，长 5～9m。铁屑或其他置换材料分批加入鼓内，溶液连续通过转数，随转鼓转动，沉积物不断剥落，并随溶液排出鼓外，澄清、过滤回收金属，由于置换材料不断更新表面，置换速度快，劳动强度较溜槽轻。图 3-32 所示为锥形置换器结构示意。

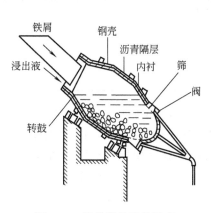

图 3-31　置换转鼓结构示意

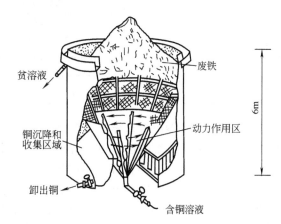

图 3-32　锥形置换器结构示意

倒锥内装满铁屑等置换材料，溶液由下部泵入，沿倒锥斜向喷流，回旋上升通过置换材料层，由于溶液的冲刷，沉积物剥落并被带向锥体中部，当溶液流过时，沉积物得到浓集并通过锥体本身的网格进入外部的木制圆桶内予以收集，贫液从上部排出。这种设备处理量大，置换材料耗量低，多个串联比单个使用可提高金属回收率。

除锥形置换器外，还有脉动置换器和流化床置换器等两种。

（3）气体还原沉淀　利用还原剂 $H_2$、$CO$、$SO_2$ 等，在一定条件下（如高温、加压）直接从浸液中还原析出金属的过程。如以 $H_2$ 为还原剂时，析出金属的反应为：

$$Me^{n+} + \frac{n}{2}H_2 \Longrightarrow Me + nH^+$$

浸液中金属离子被氢还原的必要条件是金属的电位比氢的电位低，即 $\varepsilon_{Me^{n+}/Me} > \varepsilon_{H^+/H_2}$，

而 $\varepsilon_{Me^{n+}/Me} = \varepsilon_{Me^{n+}/Me^0} + \dfrac{0.0591}{n} \lg a_{Me^{n+}}$，$\varepsilon_{H^+/H_2} = -0.0591pH - 0.0295 \lg p_{H_2}$，可通过增大 $H_2$ 的分压和提高溶液的 pH 方法扩大两者之间的电位差，保证反应向右进行。

## 3.3 固体废物的生物处理技术

利用微生物的新陈代谢作用使固体废物分解、矿化或氧化的过程，称为固体废物的生物处理技术。生物处理可将大量固体废物通过各种工艺转换成有用的物质和能源（如提取各种有价金属、生产肥料、产生沼气、生产葡萄糖、微生物蛋白质等），这在废物排放量大且普遍存在的资源和能源短缺情况下，具有深远的意义。

### 3.3.1 生物冶金技术

利用微生物及其代谢产物氧化、溶浸废物中的有价组分，使废物中有价组分得以利用的过程，称为微生物浸出，也称为生物冶金。目前，微生物浸出主要用于回收矿业固体中的有价金属，如铜、金、铀、钴、镍、锰、锌、银、铂、钛等金属，尤其是铜、金等金属。

（1）浸出微生物　生物冶金工业用的微生物种类很多，主要有氧化亚铁硫杆菌、氧化硫硫杆菌、铁氧化钩端螺菌和嗜酸热硫化叶菌等，其中重要的浸出细菌如表 3-2 所示。

表 3-2　浸矿细菌种类及其主要生理特征

| 细菌名称 | 主要生理特征 | 最佳生存 pH |
| --- | --- | --- |
| 氧化铁硫杆菌 | $Fe^{2+} \longrightarrow Fe^{3+}$，$S_2O_3^{2-} \longrightarrow SO_4^{2-}$ | 2.5～5.3 |
| 氧化铁杆菌 | $Fe^{2+} \longrightarrow Fe^{3+}$ | 3.5 |
| 氧化硫铁杆菌 | $S \longrightarrow SO_4^{2-}$，$Fe^{2+} \longrightarrow Fe^{3+}$ | 2.8 |
| 氧化硫杆菌 | $S \longrightarrow SO_4^{2-}$，$S_2O_3^{2-} \longrightarrow SO_4^2$ | 2.0～3.5 |
| 聚生硫杆菌 | $S \longrightarrow SO_4^{2-}$，$H_2S \longrightarrow SO_4^{2-}$ | 2.0～4.0 |

表中浸矿细菌除能源有差异外，其他特性十分相似，均属化能自养菌。它们广泛分布于金属硫化矿及煤矿的矿坑酸性水中，嗜酸好气，习惯生活于酸性（pH=1.6～3.0）及含多种金属离子的溶液中。这类自养微生物能氧化各种硫化矿获得能量，不需外加有机物作能源，它们以铁、硫氧化时释放出来的化学能作为能源，以大气中的 $CO_2$ 作为碳源，并吸收N、P 等无机物养分合成自身的细胞。这些细菌为获得其生命活动所需的能源而起着生物催化剂的作用，在酸性介质中可迅速地将 $Fe^{2+}$ 氧化为 $Fe^{3+}$，其氧化速度比自然氧化速度高112～120 倍，可将低价元素硫及低价硫化物氧化为 $SO_4^{2-}$，产生硫酸和酸性硫酸高铁 $Fe_2(SO_4)_3$ 这两种具有很好浸矿作用的化合物。

此外，目前也发现有将硫酸盐还原为硫化物，将 $H_2S$ 还原为元素硫的还原菌，也发现将氮氧化为硝酸根的氧化菌。因此，许多沉积矿床可以认为是经过微生物作用而形成的。

（2）浸出机理　目前，细菌浸出机理大致有两种看法：细菌的直接作用和细菌的间接催化作用。细菌的直接作用认为附着于矿物表面的细菌能直接催化矿物而使矿物氧化分解，并从中直接得到能源和其他矿物营养元素满足自身生长需要。以氧化铁硫杆菌为例，其直接作用被认为是氧化铁硫杆菌能将废物中的低价铁及低价硫氧化物氧化为高价铁和硫酸根以取得其生命活动所需的能源，在此氧化过程中破坏了相关废物的晶格，使废物中的铜及其他金属组分呈硫酸盐形态转入溶液中。其过程可表示为：

$$2CuFeS_2 + H_2SO_4 + 8\tfrac{1}{2}O_2 \xrightarrow{\text{细菌}} 2CuSO_4 + Fe_2(SO_4)_3 + H_2O$$

$$Cu_2S + H_2SO_4 + 2\frac{1}{2}O_2 \xrightarrow{\text{细菌}} 2CuSO_4 + H_2O$$

细菌的间接作用认为是依靠细菌的代谢产物——硫酸铁的氧化作用，细菌间接地从矿物中获得生长所需的能源和基质。众所周知，金属硫化矿中的黄铁矿在有氧和水存在的条件下，将缓慢氧化为硫酸亚铁和硫酸：

$$2FeS_2 + 7O_2 + 2H_2O \Longrightarrow 2FeSO_4 + 2H_2SO_4$$

在氧和硫酸存在的条件下，溶液中的浸矿细菌可起催化作用，使溶液中的硫酸亚铁氧化为硫酸高铁：

$$4FeSO_4 + 2H_2SO_4 + O_2 \xrightarrow{\text{细菌}} 2Fe_2(SO_4)_3 + 2H_2O$$

生成的硫酸高铁和硫酸溶液可浸出许多金属硫化矿。浸出金属硫化矿时生成的元素硫可在细菌的催化下氧化为硫酸，浸出过程被还原的硫酸亚铁又可被氧化为硫酸高铁，从而实现金属硫化矿的连续不断的浸出。其过程可表示为：

$$FeS_2 + Fe_2(SO_4)_3 \Longrightarrow 3FeSO_4 + 2S^0$$

$$2S^0 + 3O_2 + 2H_2O \xrightarrow{\text{细菌}} 2H_2SO_4$$

$$4FeSO_4 + 2H_2SO_4 + O_2 \xrightarrow{\text{细菌}} 2Fe_2(SO_4)_3 + 2H_2O$$

目前一般认为细菌的直接作用较缓慢，所需浸出时间较长，细菌浸出主要靠细菌的间接催化作用，但两者所占比例随目的矿物而异。

（3）浸出方法　浸出方法大体包括槽浸、堆浸和原位浸出。槽浸一般适用于高品位、贵金属的浸出，是将细菌酸性硫酸高铁浸出剂与废物在反应槽中混合，机械搅拌通气或气升搅拌，然后从浸出液中回收金属。堆浸法是在倾斜的地面上，用水泥、沥青登台砌成不渗漏的基础盘床，把含量低的矿业固体废物堆积在其上，从上部不断喷洒细菌酸性硫酸高铁浸出剂，然后从流出的浸出液中回收金属。原位浸出法是利用自然或人工形成的矿区地面裂缝，将细菌酸性硫酸高铁浸出剂注入矿床中，然后从矿床中抽出浸出液回收金属。三种方法都要注重温度、酸度、通气和营养物质对菌种的影响，促使细菌能最佳的发挥浸矿作用。

微生物冶金还用于：①研究开发菌体直接吸附金等贵重和稀有金属，如曲霉从胶状溶液中吸附金的能力是活性碳的 11～13 倍，有的藻类每克干细胞可吸附 400mg 的金；②微生物对煤脱硫，有的细菌对煤中无机硫的脱除率可达 96%；③非金属矿用微生物脱除金属，如用于生产陶瓷的矿业废物，用黑曲霉脱除其中的铁，等等。

## 3.3.2　生物转化技术

微生物同所有生物一样，在生命活动过程中从周围环境吸取营养物质，并在体内不断进行物质转化和交换作用，这种过程称为新陈代谢，简称代谢。利用微生物的代谢作用分解转化有机固体废物已在工业上得到广泛应用。

（1）生物转化原理　在固体废物中存在的有机物主要有纤维素、碳水化合物、脂肪和蛋白质等，这些复杂有机物在不同的条件下有不同的分解产物。在好氧环境中的完全降解产物是简单的无机化合物，如 $CO_2$、$H_2O$、$NH_3$、$PO_4^{3-}$、$SO_4^{2-}$ 等，在厌氧环境中的降解产物主要包括各种有机酸、醇以及少量 $CO_2$、$NH_3$、$H_2S$ 及 $H_2$ 等。

① 纤维素的生物转化　纤维素是葡萄糖的高分子聚合物，每个纤维素分子约含 1400～10000 个葡萄糖基，分子式为 $(C_6H_{10}O_5)_{1400\sim10000}$。棉纤维中约含 90% 纤维素，木、竹、麦秆、稻草、城市垃圾等均含有大量纤维素。因此，纤维素是有机固体废物中的重要成分。

纤维素是一种分子结构复杂的有机物，它必须在微生物外酶的作用下水解成水溶性的较简单的物质如葡萄糖，才能被菌体吸收。由于水解是在体外进行的，水解产物可被微生物自己吸收，也可被其他微生物利用。这些物质进入微生物菌体后，除一部分转化为菌体的成分外，其余部分则在呼吸作用中进行着不同的转化过程（发酵或氧化），形成不同的产物。

纤维素在微生物作用下的水解过程如下：

$$纤维素 \ 2(C_6H_{10}O_5)_5 + nH_2O \xrightarrow{\text{纤维素酶}} 纤维二糖 \ nC_{12}H_{22}O_{11}$$

$$nC_{12}H_{22}O_{11} + nH_2O \xrightarrow{\text{纤维二糖酶}} 葡萄糖 \ 2nC_6H_{12}O_6$$

在有充分氧气的条件下，葡萄糖的氧化可进行到底，最后生成二氧化碳和水：

$$葡萄糖 \ C_6H_{12}O_6 + 6O_2 \xrightarrow{\text{好氧微生物}} 6CO_2 \uparrow + 6H_2O + 2872kJ$$

如果缺乏氧气，葡萄糖就在各种厌氧菌的作用下，生成多种有机酸和醇类物质：

$$C_6H_{12}O_6 \longrightarrow 乙醇 \ 2CH_3CH_2OH + 2CO_2 + 109kJ$$

$$C_6H_{12}O_6 \longrightarrow 乳酸 \ 2CH_3CHOHCOOH + 94kJ$$

$$C_6H_{12}O_6 \longrightarrow 丁酸 \ CH_3CH_2CH_2COOH + 2CO_2 + 2H_2 + 75kJ$$

醇类和有机酸在缺氧环境中可进一步被分解为甲烷，这一过程称为甲烷发酵。如：

$$2CH_3CH_2OH + CO_2 \longrightarrow 2CH_3COOH + CH_4$$

$$CH_3COOH \longrightarrow CH_4 + CO_2$$

$$2CH_3CH_2CH_2COOH + 2H_2O \longrightarrow 5CH_4 + 3CO_2$$

在有氧环境中，醇类和乙酸可进一步被好氧微生物分解为二氧化碳和水：

$$CH_3CH_2OH + O_2 \longrightarrow CH_3COOH + H_2O + 490kJ$$

$$2CH_3COOH + 4O_2 \longrightarrow 4H_2O + 4CO_2 + 174kJ$$

在自然界中，大部分微生物（主要是细菌和酵母菌）能分解葡萄糖，而只有一些特殊的微生物才能分解纤维素，如霉菌。

② 半纤维素的降解 半纤维素存在植物细胞壁中，其在植物组织中的含量很高，仅次于纤维素，约占一年生草本植物残体重量的 25%～40%，占木材的 25%～35%。半纤维素是由聚戊糖（木糖和阿拉伯糖）、聚己糖（半乳糖、甘露糖）及聚糖醛酸（葡萄糖醛酸和半乳糖醛酸）等组成。但有的半纤维素仅由一种单糖组成，如木聚糖、半乳糖，有的由一种以上的单糖或糖醛酸组成。

半纤维素被微生物分解的速度比纤维素快。能分解纤维素的微生物大多能分解半纤维素。半纤维素的分解过程大致如下：

③ 果胶质的生物降解 果胶质是天然的水不溶性物质，它是高等植物细胞间质的主要成分。主要由 D-半乳糖醛酸通过 α-1,4-糖苷键连接而成的直链高分子化合物，其羧基与甲基脂形成甲基酯。果胶质的降解产物是甲醇和糖醛酸。果胶质的降解过程如下：

$$原果胶 + H_2O \xrightarrow{\text{原果胶酶}} 可溶性果胶 + 聚戊糖$$

$$可溶性果胶 + H_2O \xrightarrow{\text{果胶甲脂酶}} 果胶酸 + 甲醇$$

$$果胶酸 + H_2O \xrightarrow{\text{聚半乳糖醛酶}} 半乳糖醛酸$$

果胶、聚戊糖、半乳糖醛酸等在好氧条件下被分解为 $CO_2$ 和 $H_2O$，在厌氧条件下进行丁酸发酵，生成丁酸、乙酸、醇类、$CO_2$ 和 $H_2$。

分解果胶质的微生物有枯草杆菌、多黏芽孢杆菌等好氧菌，蚀果胶梭菌和费新尼亚浸麻梭菌等厌氧菌和青霉、曲霉、木霉等真菌，还有少量放线菌。

④ 淀粉的生物降解　淀粉广泛存在于植物种子（稻、麦、玉米）和果实中，凡是以上述物质作原料所得的固体废物均含有淀粉。淀粉是多糖，分子式为 $(C_6H_{10}O_5)_{1200}$，是许多异养微生物的重要能源和碳源，是一种易被生物降解的有机污染物。淀粉的降解过程如下：

$$\text{淀粉} \xrightarrow{\text{糊精酶}} \text{糊精} \xrightarrow{\text{麦芽糖苷酶}} \text{麦芽糖} \xrightarrow{\text{葡萄糖苷酶}} \text{葡萄糖} \begin{cases} \xrightarrow{\text{好氧分解}} CO_2 + H_2 \\ \xrightarrow{\text{厌氧分解}} \text{乙醇} + CO_2 \end{cases}$$

在好氧条件下，淀粉被糖化菌（枯草杆菌、根菌、霉菌和曲霉）依次转化为糊精、麦芽糖和葡萄糖，若继续好氧分解生成 $CO_2$ 和 $H_2O$。若葡萄糖在酵母菌的作用下进行厌氧分解，最终转变为乙醇和 $CO_2$。在专性厌氧菌作用下，淀粉发酵生成不同的产品，如经丙酮-丁醇发酵生成丙酮、丁醇、乙酸、$CO_2$、$H_2$，经丁酸发酵生成丁酸、乙酸、$CO_2$ 和 $H_2$。

⑤ 脂肪类物质的生物降解　脂肪类物质是易降解的有机物。动、植物体内的脂类物主要有脂肪、类脂质和蜡质等。在微生物胞外酶、脂肪酶的作用下，脂肪类物质首先被水解为甘油（丙三醇）和脂肪酸：

$$\text{脂肪} \xrightarrow[\text{脂肪酯}]{+H_2O} \text{甘油} + \text{高级脂肪酸}$$

$$\text{类脂质} \xrightarrow[\text{磷脂酶类}]{+H_2O} \text{甘油或其他醇类} + \text{高级脂肪酸}$$

$$\text{蜡质} \xrightarrow[\text{酯酶类}]{+H_2O} \text{高级醇} + \text{高级脂肪酸}$$

甘油能被环境中绝大多数微生物利用作为碳源和能源，它在微生物细胞内，除被微生物吸收利用转化为细胞物质外，主要被分解为丙酮酸。丙酮酸在厌氧条件下，进一步分解为丙酸、丁酸、琥珀酸、乙醇和乳酸等，在好氧环境中被分解成二氧化碳和水。

脂肪酸在微生物细胞内通过 $\beta$-氧化，使碳原子两个、两个地从脂肪酸链上不断地断裂下来，形成乙酰辅酶 A。在厌氧条件下，乙酰辅酶 A 再转化为乙酸等低分子有机物。

⑥ 蛋白质的生物降解　蛋白质是一种含氮有机物，由多种氨基酸组合而成，是生物体的一种主要组成物质及营养物质。蛋白质及其分解产物广泛存在于肉类加工厂、屠宰场、制革厂、食品加工厂等排出固体废物及城市生活垃圾中。

蛋白质的降解分胞外和胞内两个大的阶段，第一阶段为胞外水解阶段，第二阶段为胞内分解阶段。在胞外水解阶段，蛋白质在蛋白酶的催化下逐步分解成氨基酸，其步骤如下：

$$\text{蛋白质} \xrightarrow{\text{蛋白酶（内肽酶）}} \text{蛋白胨} \xrightarrow{\text{蛋白酶（内肽酶）}} \text{多肽} \xrightarrow{\text{肽酶（外肽酶）}} \text{氨基酸}$$

在此水解过程中，首先由内肽酶作用于蛋白质大分子内部的肽键（—CO—NH—）上，使其逐步水解断裂，直至形成小片段的多肽。然后由外肽酶作用于多肽的外端肽键，每次断裂出一个氨基酸。蛋白质必须水解至氨基酸，才能渗入细菌的细胞内。在细胞内，氨基酸可再合成菌体的蛋白质，也可能转变成另一种氨基酸或者进行脱氨基作用。

氨基酸脱氨方式很多，但可简单归为两类：氧化性脱氨和非氧化性脱氨。氧化性脱氨只能在有氧的条件下进行。氨基酸脱氨反应式：

氧化性脱氨　$RCHNH_2COOH + O_2 \longrightarrow RCOOH + CO_2 + NH_3$

非氧化性脱氨　$RCHNH_2COOH + H_2 \longrightarrow RCH_2COOH + NH_3$

分解蛋白质的微生物种类很多，有好氧细菌，如枯草芽孢杆菌、巨大芽孢杆菌、蜡状芽孢杆菌和马铃薯芽孢杆菌等。兼性厌氧菌，如变形杆菌、假单胞菌等。厌氧菌，如腐败梭状芽孢杆菌、生孢梭状芽孢杆菌等。另外，还有曲霉、毛霉和木霉等真菌、链霉菌等放线菌。

⑦ 木质素的生物降解　木质素是一种高分子的芳香族聚合物，大量存在于植物木质化组织的细胞壁中，填充在纤维素的间隙内，有增强机械强度的功能。木质素的结构十分复杂，它是由以苯环为核心，带有丙烷支链组成的一种或多种芳香族化合物（如苯丙烷、松柏醇等）缩合而成，并常与多糖类结合在一起。苯丙烷、松柏醇的化学分子式为：

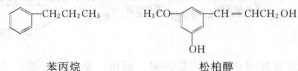

苯丙烷　　　　　　松柏醇

木质素是植物残体中最难分解的组分，一般先由木质素降解菌把它降解成芳香族化合物，然后再由多种微生物继续进行分解。但木质素的分解速度极其缓慢，并有一部分组分难以降解。研究表明，腐殖质中含有类似木质素的结构成分，被认为是由木质素降解产生的芳香族化合物再聚合而成。

一般，固体废物在好氧环境中不需要有机物的彻底氧化，获得完全降解的简单无机化合物，而只需要固体废物中易降解的有机物基本上被降解，达到腐熟即可，因此得到的产物是一些中间降解产物。固体废物在厌氧环境中的降解产物可根据需要，获得不同的产品，如$CH_4$、各种有机酸、醇等。

（2）生物转化设备　根据微生物对有机物降解过程中对氧气要求的不同，固体废物的生物转化分为好氧生物处理和厌氧生物处理两类。前者称为好氧发酵，也称为堆肥化，后者称为厌氧发酵。生物转化技术不同，生物转化设备也不同。

① 好氧发酵装置　类型很多，但主要的有立式发酵塔、卧式发酵仓、筒仓式发酵仓等。图 3-33 所示为几种常见的立式多层发酵塔结构示意。

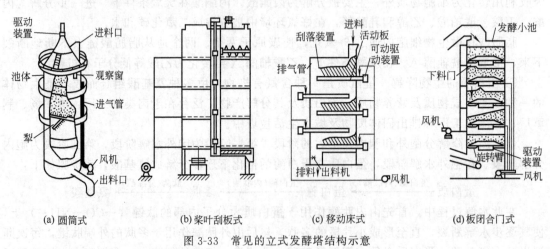

图 3-33　常见的立式发酵塔结构示意

立式堆肥发酵塔通常由 5~8 层组成。固体废物由塔顶进入塔内，在塔内堆肥物通过不同形式的机械运动，由塔顶一层层地向塔底移动。一般经过 5~8d 的好氧发酵，固体废物即由塔顶移动至塔底完成一次发酵。立式发酵塔通常为密闭结构，塔内温度分布为从上层至下层逐渐升高，即最下层温度最高。

图 3-34 所示卧式发酵仓结构示意。根据废物搅拌和输送方式的不同分为卧式旋转和卧

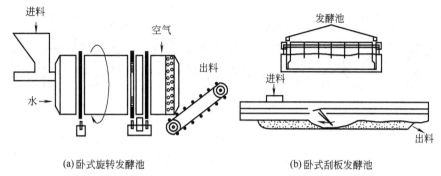

(a)卧式旋转发酵池　　　　　　　　　　(b)卧式刮板发酵池

图 3-34　常见的卧式发酵仓结构示意

式刮板两种类型的发酵池。

卧式旋转发酵池又称丹诺（Dano）发酵器。给入发酵器的废物靠与筒体表面的摩擦沿旋转方向提升，同时借助自重落下。通过如此反复升落，废物被均匀地翻动而与供入的空气接触，并借微生物作用进行发酵。筒体倾斜斜安置，当沿旋转方向提升的废物靠自重下落时，逐渐向筒体出口一端移动，因此，可自动实现堆肥物料的进出和输送。

卧式刮板发酵池中装有能横向行走的刮板。刮板锯齿形运行，使原料的不断得到搅拌和输送。这种装置也能自动实现堆肥物料的进出和输送。

图 3-35 所示为筒仓式发酵仓结构示意。根据堆肥在发酵仓内的运动形式，分为静态和动态两种类型的发酵仓。静态发酵仓结构简单，在我国得到广泛应用。

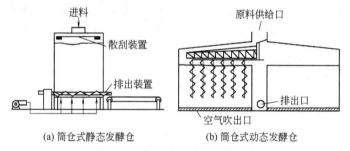

(a) 筒仓式静态发酵仓　　　　　　(b) 筒仓式动态发酵仓

图 3-35　筒仓式发酵仓结构示意

筒仓式静态发酵仓为单层圆筒形或矩形，发酵仓高度一般 4～5m，大多采用钢筋混凝土筑成。废物由仓顶经布料机进入仓内，顺序向下移动，空气采用高压离心机强制由仓底进入发酵仓。经过 6～12d 的好氧发酵，得到初步腐熟的堆肥由仓底的螺杆出料机出料。

动态发酵仓为单层圆筒型，堆积高度为 1.5～2m。经破碎分选的废物由输料机送至池顶中部，通过布料机均匀地向池内布料，位于旋转层的螺旋钻以公转和自转来搅拌池内废物，以防止形成沟槽，且螺旋钻的形状和排列能经常保持空气的均匀分布。废物在池内依靠重力自上而下跌落，产品从池底中心排出口排出，空气从池底布气板强制通入。

② 厌氧发酵装置　厌氧发酵池亦称厌氧消化器，种类很多。目前常用的发酵池有立式圆形水压式沼气池、立式圆形浮罩式沼气池、长方形（或方形）发酵池、现代大型工业化沼气发酵设备。图 3-36 所示为立式圆形水压式沼气池的结构示意。

立式圆形水压式沼气池多用用于我国农村，且大多采用地下埋设和水压式贮气，发酵间为圆形，两侧带有进出料口，容积为 6m³、8m³、10m³、12m³ 等，池顶有活动盖板，便于出池检修以防中毒。池顶和池底是具有一定曲率半径的壳体，主要结构包括加料管、发酵间、出料管、水压间、导气管几个部分。其结构简单，造价低，施工方便。但气压不稳定，

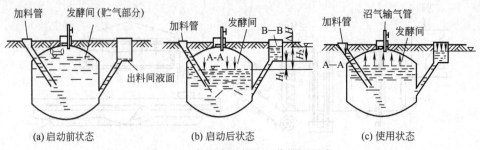

(a) 启动前状态　　　　　　(b) 启动后状态　　　　　　(c) 使用状态

图 3-36　水压式沼气池工作原理示意

池温低，原料利用率低（仅10%～20%），产气率低 [平均0.1～0.15m³/(m³·d)]，而且这种沼气池对防渗措施的要求较高，给燃烧器的设计带来一定困难。

图 3-37 所示为浮罩式沼气池结构示意，大多也采用地下埋设方式。发酵间和贮气间分开，因而具有压力低、发酵好、产气多等优点。产生的沼气由浮沉式的气罩贮存起来。气罩可直接安装在沼气发酵池顶，也可安装在沼气发酵池侧。浮沉式气罩由水封池和气罩两部分组成。当沼气压力大于气罩重量时，气罩便沿水池内壁的导向轨道上升，直至平衡为止。当用气时，罩内气压下降，气罩也随下沉。

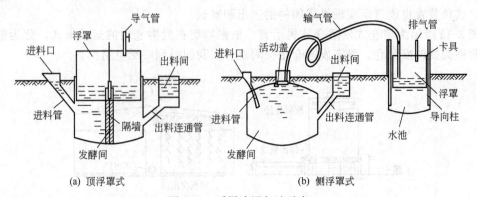

(a) 顶浮罩式　　　　　　　　　　(b) 侧浮罩式

图 3-37　浮罩式沼气池示意

图 3-38 所示长方形（或方形）发酵池结构示意。这种发酵池的结构由发酵室、气体贮藏室、贮水库、进料口和出料口、搅拌器、导气喇叭口等部分组成。

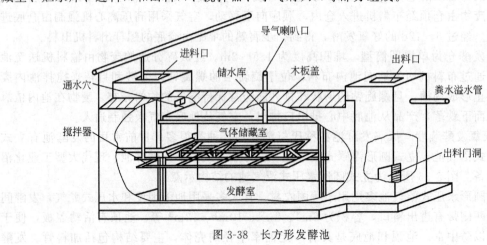

图 3-38　长方形发酵池

发酵室主要是贮藏供发酵的废料。气体贮藏室与发酵室相通，位于发酵室的上部空间，用于贮藏产生的气体。物料从进料口进入，废物由出料口排出。贮水库的主要作用是调节气体贮藏室的压力。若室内气压很高时，就可将发酵室内经发酵的废液通过进料间的通水穴，压入贮水库内。相反，若气体贮藏室内压力不足时，贮水库中的水由于自重便流入发酵室，就这样通过水量调节气体贮藏的空间，使气压相对稳定，保证供气。通过搅拌器使发酵物不至沉到底部加速发酵。产生的气体通过导气喇叭口输送到外面导气管。

若需产气量较大，可将数个发酵池串联在一起，组成联合发酵池组使用。如我国城市粪便沼气发酵多采用发酵池组。

以上介绍的都是传统厌氧发酵设备。由于混凝土施工技术水平的局限性，传统发酵设备结构比较简单、效率非常低。为了能够大规模地处理固体废物，提高固体废物发酵效率，实现沼气发酵的系统化、自动化管理，密闭加热式发酵罐于 20 世纪 20 年代开始流行。图 3-39 所示为目前常用的几种大型的发酵罐结构示意。

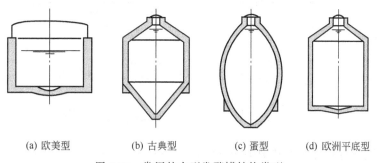

|(a) 欧美型|(b) 古典型|(c) 蛋型|(d) 欧洲平底型|

图 3-39　常用的大型发酵罐结构类型

欧美型（Anglo-American Shape）发酵罐，其直径与高度的比一般大于 1，顶部具有浮罩，顶部和底部都有一小的坡度，由四周向中心凹陷，形成一个小锥体。在运行过程中，发酵罐底部沉积以及表面形成浮渣层的问题可以通过向罐中加气形成强烈的循环对流来消除。

古典型（Classical Shape）发酵罐在结构上主要分三部分，中间是一个直径与高度比为 1 的圆桶，上下两头分别有一个圆锥体。底部锥体的倾斜度为 1.0～1.7，顶部为 0.6～1.0。古典型的这种结构有助于发酵污泥处于均匀的、完全循环的状态。

蛋型（Egg Shape Digester）发酵罐是在古典型发酵罐的基础上加以改进而形成的。由于混凝土施工技术的进步，使得这种类型的发酵罐的建造得以实现并迅速发展起来。蛋型发酵罐有两个特点：一是发酵罐两端的锥体与中部罐体结合时，不像古典型发酵罐那样形成一个角度，而是光滑的、逐步过渡的，这样有利于发酵污泥完全彻底的循环，不会形成循环死角；二是底部锥体比较陡峭，反应污泥与罐壁的接触面积比较小。这两者为发酵罐内污泥形成循环及均一的反应工况提供了最佳条件。

欧洲平底型（European Plain Shape）发酵罐介于欧美型与古典型之间。同古典型相比，它的施工费用较低，同欧美型相比它的直径与高度的比值更为合理。但是这种结构的发酵罐在其内部安装的污泥循环设备种类方面，选择的余地比较小。

## 3.4　固体废物的热转化技术

固体废物热转化就是在高温条件下使固体废物中可回收利用的物质转化为能源的过程，主要包括热解、焚烧等技术，特别适合有机固体废物的资源化。

### 3.4.1　固体废物的热解技术

热解是一种古老的工业化生产技术，该技术最早应用于煤的干馏。随着现代化工业的发展，该技术的应用范围逐渐得到扩大，被用于重油和煤炭的气化。20 世纪 70 年代初期，世界性石油危机对工业化国家经济的冲击，使得人们逐渐意识到开发再生能源的重要性，热解技术开始用于固体废物的资源化处理。

(1) 热解原理　热解在工业上也称为干馏，是利用有机物的热不稳定性，在无氧或缺氧条件下使有机物受热分解成分子量较小的气态、液态和固态物质的过程。可简单表示如下：

$$有机固体废物 + 热量 \xrightarrow{\text{无 } O_2 \text{ 或缺 } O_2} 可燃气 + 液态油 + 固体燃料 + 炉渣$$

① 热解过程　固体废物的热解过程是一个复杂的化学反应过程，包含大分子的键的断裂、异构化等化学反应。在热解过程中，其中间产物存在两种变化趋势，它们一方面从大分子变成小分子甚至气体的裂解过程，一方面又有小分子聚合成较大分子的聚合过程。可以认为，分解是从脱水开始的：

$$\text{苯酚} - OH + HO - \text{苯酚} \xrightarrow{\triangle} \text{二苯醚} + H_2O$$

其次是脱甲基：

$$\xrightarrow{\triangle} + CH_4$$

$$\xrightarrow{\triangle} + H_2$$

生成水与架桥部分的分解次甲基键进行反应：

$$-CH_2- + H_2O \xrightarrow{\triangle} CO + 2H_2$$

$$-CH_2- + -O- \xrightarrow{\triangle} CO + H_2$$

温度再高时，前述生成的芳香化合物再进行裂解、脱氢、缩合、氢化等反应：

$$C_2H_6 \xrightarrow{\triangle} C_2H_4 + H_2$$

$$C_2H_4 \xrightarrow{\triangle} CH_4 + C$$

$$2\,\text{苯} \xrightarrow{\triangle} \text{联苯} + H_2$$

$$\text{环己烷} \xrightarrow{\triangle} \text{苯} + 3H_2$$

$$\text{苯} + H_2C=CH-CH=CH_2 \xrightarrow{\triangle} + 2H_2$$

$$H_3C-\text{苯} + H_2 \longrightarrow \text{苯} + CH_4$$

$$H_2N-\text{苯} + H_2 \longrightarrow \text{苯} + NH_3$$

$$HO-\text{苯} + H_2 \longrightarrow \text{苯} + H_2O$$

上述反应没有十分明显的阶段性，许多反应是交叉进行的，其总反应式可表示为：

$$有机固体废物 \xrightarrow{\text{加热}} 高中分子有机液体(焦油和芳香烃) + 低分子有机液体 + 多种有机酸和$$

芳香烃＋碳渣＋$CH_4$＋$H_2$＋$H_2O$＋$CO$＋$CO_2$＋$NH_3$＋$H_2S$＋$HCN$

② 热解产物　可燃气主要包括 $C_{1\sim5}$ 的烃类、氢和 $CO$ 气体。液态油主要包括 $C_{25}$ 的烃类、乙酸、丙酮、甲醇等液态燃料。固体燃料主要含纯碳和聚合高分子的含碳物。

不同的废物类型，不同的热解反应条件，热解产物都有差异。含塑料和橡胶成分比例大的废物其热解产物中含液态油较多，包括轻石脑油、焦油以及芳香烃油的混合物。生活垃圾、污泥热解产物则较少。焦油是一种褐黑色的油状混合物，从苯、萘、葱等芳香族化合物到沥青为主，另外含有游离碳、焦油酸、焦油碱及石蜡、环烷、烯类的化合物。

热解过程产生可燃气量大，特别是温度较高情况下，废物有机成分的 50% 以上都转化成气态产物。这些产品以 $H_2$、$CO$、$CH_4$、$C_2H_6$ 为主，其热值高达 $6.37\times10^3\sim1.021\times10^4 kJ/kg$。除少部分供给热解过程所需的自用热量外，大部分气体成为有价值的可燃气产品。

固体废物热解后，减容量大，残余炭渣较少。这些炭渣化学性质稳定，含 C 量高，有一定热值，一般可用作燃料添加剂或道路路基材料、混凝土骨料、制砖材料。纤维类废物（木屑、纸）热解后的渣，还可经简单活化制成中低级活化炭，用于污水处理等。如纤维素 $(C_6H_{10}O_5)_n$ 经热解处理的产物为：

$$(C_6H_{10}O_5)_n \xrightarrow{热解} H_2O+C_6H_8O(焦油)+CO+CH_4+H_2+C$$

通过热解能得到可以贮存和运输的有用燃料，燃烧尾气排放量少。

且含有大量的 $N_2$，更稀释了可燃气，使热解气的热值大大降低。因此，采用的氧化剂是纯氧、富氧或空气，其热解可燃气的热值是不同的。直接供热的设备简单，可采用高温，其处理量和产气率也较高，但所产气的热值不高，作为单一燃料还不能直接利用。由于采用高温热解，在 $NO_x$ 产生的控制上，还需认真考虑。

(2) 热解反应器　热解反应器是整个热解的核心，热解过程就在反应器中发生。反应器种类很多，主要根据燃烧床条件及内部物流方向进行分类。根据燃烧床条件有固定床、流化床、旋转炉、分段炉等。物料运动方向是指反应器内物料与气体相向流向，有同向流、逆向流、交叉流。

① 固定床反应器　图 3-40 所示为一固定燃烧床反应器。经选择和破碎的固体废物从反应器顶部加入，反应器中物料与气体界面温度为 93～315℃。物料通过燃烧床向下移动。燃烧床由炉算支持。在反应器的底部引入预热的空气或氧。此外，温度通常为 980～1650℃。这种反应器的产物包括从底部排出的熔渣或灰渣和从顶部排出的气体。排出的气体中含一定的焦油、木醋等成分，经冷却洗涤后可作燃气使用。

在固定燃烧床反应器中，维持反应进行的热量是由废物燃烧部分燃烧所提供的。由于采用逆流式物流方向，物料在反应器中滞留时间长，保证了废物最大程度地转换成燃料。同时，由于反应器中气体流速相应较低，在产生的气体中夹带的颗粒物质也比较少。

固体物质损失少，加上高的燃料转换率，则将未气化的燃料损失减到最小，并且减少了对空气污染的潜在影响。但固定床反应器也存在一些技术难题，如有黏性的燃料诸如污泥和湿的固体废物需要进行预处理，才能直接加入反应器。这

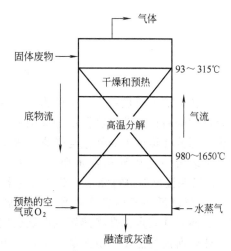

图 3-40　典型的固定燃烧床热解反应器

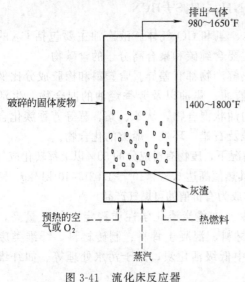

图 3-41　流化床反应器

种情况一般包括将炉料进行预烘干和进一步粉碎，从而保证不结成饼状。未粉碎的燃料在反应器也会使气流成为槽流，使气化效果变差，并使气体带走较大的固体物质。另外，由于反应器内气流为上行式，温度低，含焦油等成分多，易堵塞气化部分管道。

② 流化床反应器　图 3-41 所示为一流化床反应器。在流化床中，气体与燃料同流向相接触。由于反应器中气体流速高到可以使颗粒悬浮，使得固体废物颗粒不再像在固定床反应器中那样连续地靠在一起，反应性能更好，速度快。在流化床的工艺控制中，要求废物颗粒本身可燃性好。还在未适当气化之前就随气流溢出，另外，温度应控制在避免灰渣熔化的范围内，以防灰渣熔融结块。

　　流化床适应于含水量高或含水量波动大的废物燃料，且设备尺寸比固定床的小，但流化床反应器热损失大，气体中不仅带走大量的热量而且也带走较多的未反应的固体燃料粉末。所以在固体废料本身热值不高的情况下，尚须提供辅助燃料以保持设备正常运转。

　　③ 回转炉　回转炉是一种间接加热的高温分解反应器，如图 3-42 所示。

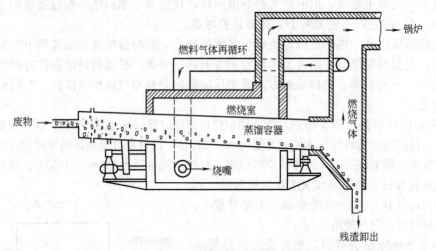

图 3-42　回转炉反应器

　　回转炉的主要设备为一个稍为倾斜的圆筒，它慢慢地旋转，因此可以使废料移动通过蒸馏容器到卸料口。蒸馏容器由金属制成，而燃烧室则是由耐火材料砌成。分解反应所产生的气体一部分在蒸馏容器外壁与燃烧室内壁之间的空间燃烧，这部分热量用来加热废料。因为在这类装置中热传导非常重要，所以分解反应要求废物必须破碎较细，尺寸一般要小于 5cm，以保证反应进行完全。此类反应器生产的可燃气热值较高，可燃性好。

　　④ 双塔循环式热解反应器　双塔循环式热解反应器包括固体废物热分解塔和固形炭燃烧塔。两者共同点都是将热解及燃烧反应分开在两个塔中进行，流程如图 3-43 所示。

　　热解所需的热量，由热解生成的固体炭或燃料气在燃烧塔内燃烧供给。惰性的热媒体（砂）在燃烧炉内吸收热量并被流化气鼓动成流态化，经连络管返回燃烧炉内，再被加热返

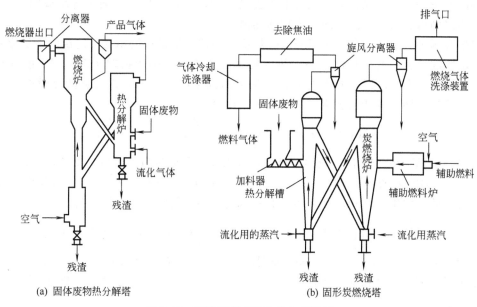

(a) 固体废物热分解塔　　　　　(b) 固形炭燃烧塔

图 3-43　双塔循环式流化床热解装置

回热解炉。受热的废物在热分解炉内分解，生成的气体一部分作为热分解炉的流动化气体循环使用，一部分为产品。而生成的炭及油品，在燃烧炉内作为燃料使用，加热热媒体。在两个塔中使用特殊的气体分散板，伴有旋回作用，形成浅层流动层。废物中的无机物、残渣随流化的热媒体砂的旋回作用从两塔的下部边与流化的砂分级、边有效地选择排出。双塔热解装置具有如下优点：①燃烧的废气不进入产品气体中，因此可得高热值燃料气（$1.67 \times 10^4 \sim 1.88 \times 10^4 \mathrm{kJ/m^3}$）；②在燃烧炉内热媒体向上流动，可防止热媒体结块；③因炭燃烧需要的空气量少，向外排出废气少；④在流化床内温度均一，可以避免局部过热；⑤由于燃烧温度低，产生的 $NO_x$ 少，特别适合于处理热塑性塑料含量高的垃圾的热解；⑥可以防止结块。

### 3.4.2　固体废物的焚烧处理技术

焚烧适宜处理有机成分多、热值高的废物。被处理的废物在焚烧炉内与过量空气进行氧化燃烧反应，废物中的有害有毒物质在 $800 \sim 1200℃$ 的高温下氧化、热解而被破坏，燃烧产生的废热用于供热或发电，产生的废渣做建材使用，因此，是一种可同时实现废物无害化、减量化、资源化的处理技术。

（1）焚烧原理　固体废物能否进行焚烧处理，主要取决于其可燃性及热值。几乎所有的有机固体废物和可燃性无机废物，只要其热值达到一定的数值，均可直接用焚烧法处理。

① 热值的计算　单位质量的固体废物完全燃烧释放出来的热量称为热值，以 kJ/kg 或 kcal/kg 计。不同废物，其热值不同，如表 3-3 所示。

表 3-3　几种典型可燃固体废物的热值　　　　　　　　单位：kJ/kg

| 废物 | 煤矸石 | 芜湖垃圾 1997 年 | 常州垃圾 1997 年 | 杭州垃圾 1997 年 | 聚乙烯 | 上海污水厂污泥 |
|---|---|---|---|---|---|---|
| 热值 | 800～8000 | 2863 | 3007 | 4452 | 11000 | 14600 |

要使废物维持燃烧，就要求其燃烧释放出来的热量足以提供加热废物到达燃烧温度所需要的热量和发生燃烧反应所必须的活化能。否则，便要添加辅助燃料才能维持燃烧。

废物的热值可通过标准实验测定，即通过氧弹测热仪测量或通过元素组成作近似计算。

最常用的方法是，求出混合固体废物中的各组成物百分比，再通过测定各组成物质的热值，最后采用比例求和法得到混合固体废物的热值。

热值有两种表示法，高位热值和低位热值。高位热值是指废物在一定温度下反应到达最终产物的焓的变化。低位热值与高位热值的意义相同，只是产物的状态不同，前者水是液态，后者水是气态。所以，两者之差，就是水的汽化潜热。用氧弹量热计测量的是高位热值。将高位热值转变成低位热值可以通过下式计算：

$$NHV = HHV - 2420\left[H_2O + 9\left(H - \frac{Cl}{35.5} - \frac{F}{19}\right)\right]$$

式中，NHV 为低位热值，或称净热值，kJ/kg；HHV 为高位热值，或称粗热值，kJ/kg；$H_2O$ 为焚烧产物中水的质量分数，%；H、Cl、F 分别为废物中氢、氯、氟含量的质量分数，%。

若废物的元素组成已知，则可利用 Dulong 方程式近似计算出低位热值：

$$NHV = 2.32\left[14000m_C + 45000\left(m_H - \frac{1}{3}m_O\right) - 760m_{Cl} + 4500m_S\right]$$

式中，$m_C$、$m_H$、$m_O$、$m_{Cl}$、$m_S$ 分别代表碳、氢、氧、氯和硫的摩尔质量。

如果混合固体废物总重已知，废物中各组成物的重量和热值已测定，则混合固体废物的热值可用下式计算：

$$固体废物总热值 = \frac{\sum(各组成物热值 \times 各组成物重量)}{固体废物总重}$$

不同组分废物，其热值不同，表 3-4 所示为城市垃圾各组分热值及其元素组成。

实际上，焚烧过程是在焚烧装置中进行的。由于空气的对流辐射、可燃部分的未完全燃烧、残渣中的显热以及烟气的显热等原因都会造成热能的损失。因此，焚烧后可以利用的热量应从焚烧反应产生的总热量中减去各种热损失，计算公式为：

$$焚烧后实际可利用的热量 = 焚烧获得的总热量 - \sum 各种热损失$$

**表 3-4　城市垃圾典型组成及热值**

| 成分 | 惰性残余物（燃烧后） | | 热值 /(kJ/kg) | 质量分数/% | | | | |
| --- | --- | --- | --- | --- | --- | --- | --- | --- |
| | 范围/% | 典型值/% | | C | H | O | N | S |
| 食品垃圾 | 2～8 | 5 | 4650 | 48.0 | 6.4 | 37.6 | 2.6 | 0.4 |
| 废纸 | 4～8 | 6 | 16750 | 43.5 | 6.0 | 44.0 | 0.3 | 0.2 |
| 废纸板 | 3～6 | 5 | 16300 | 44.0 | 5.9 | 44.6 | 0.3 | 0.2 |
| 废塑料 | 6～20 | 10 | 32570 | 60.0 | 7.2 | 22.8 | | |
| 破布 | 2～4 | 25 | 7450 | 55.0 | 6.6 | 31.2 | 4.6 | 0.15 |
| 废橡胶 | 8～20 | 10 | 3260 | 78.0 | 10.0 | | 2.0 | |
| 破皮革 | 8～20 | 10 | 7450 | 60.0 | 8.0 | 11.6 | 10.0 | 0.4 |
| 园林废物 | 2～6 | 4.5 | 6510 | 47.0 | 6.0 | 38.0 | 3.4 | 0.3 |
| 废木料 | 0.6～2 | 1.5 | 18610 | 49.5 | 6.0 | 42.7 | 0.2 | 0.1 |
| 碎玻璃 | 6～99 | 98 | 140 | | | | | |
| 罐头盒 | 90～99 | 98 | 700 | | | | | |
| 非铁金属 | 90～99 | 96 | | | | | | |
| 铁金属 | 94～99 | 98 | 700 | | | | | |
| 土、灰、砖 | 60～80 | 70 | 6980 | 26.3 | 3.0 | 2.0 | 0.5 | 0.3 |

【例1】　某固体废物含可燃物 60%，水分 20%、惰性物 20%。固体废物的元素组成为碳 28%、氢 4%、氧 23%、氮 4%、硫 1%、水分 20%、灰分 20%。假设①固体废物的热值为 11630kJ/kg；②炉栅残渣含碳量 5%；③空气进入炉膛的温度为 65℃，离开炉栅残渣的温度为 650℃；④残渣的比热容为 0.323kJ/(kg·℃)；⑤水的汽化潜热 2420kJ/kg；⑥辐射

损失为总炉膛输入热量的 0.5%；⑦碳的热值为 32564kJ/kg，试计算这种废物燃烧后可利用的热值。

**解** 以固体废物 1kg 为计算基准，

（1）残渣中未燃烧的碳含热量 $Q_1$

根据物料平衡，可得：总残渣量 $=\dfrac{1\times 20\%}{1-0.05}=0.2105$（kg）

因此，$Q_1=(0.2105-0.2)\times 32564=342$（kJ）

（2）水的汽化潜热 $Q_2$

$$总水量=废物原料含水量+原料中\ H、O\ 结合生成水量$$
$$=1\times 20\%+1\times 4\%\times 9=0.56（kg）$$

因此，$Q_2=0.56\times 2420=1355$（kJ）

（3）空气辐射损失 $Q_3$

$$Q_3=11630\times 0.5\%=58（kJ）$$

（4）残渣带出的显热 $Q_4$

$$Q_4=0.2105\times 0.323\times(650-65)=39.8（kJ）$$

则废物燃烧后可利用热值=总热值$-Q_1-Q_2-Q_3-Q_4$
$$=1\times 11630-342-1355-58-39.8=9835.2（kJ）$$

废物焚烧后产生的焚烧热的利用方式：包括供热、发电和热电联供。具体利用方式视废物产生热量的多少而定。如一般日处理量 100t 以上的垃圾焚烧厂的废热利用方式是发电，日处理量 100t 以下的垃圾焚烧厂的废热利用方式是供热。由热能转变为机械功再转变为电能的过程，能量损失很大。若有条件的地方采用热电联供，将发电-区域性供热和发电-工业供热等结合起来，则焚烧厂的热利用率会得到大大提高。

② 燃烧所需空气量计算 一般，可燃废物可用 $C_xH_yO_zN_uS_vCl_w$ 表示，其完全燃烧的氧化反应可表示如下：

$$C_xH_yO_zN_uS_vCl_w+O_2\longrightarrow CO_2+H_2O+NO_2+SO_2+HCl+废热+灰渣$$

废物燃烧时，空气量供应是否足够，将直接影响焚烧的完善程度。根据废物组分的氧化反应方程式计算求得的空气量称为理论空气量，它是废物完全燃烧时所需的最低空气量，一般以 $V_a$ 表示。

假设 1kg 固体废物中的碳、氢、氧、硫、氮、灰分、水分的质量分别以 C、H、O、S、N 来表示，则完全燃烧所需的理论需氧量（用 $V_o$ 表示）可用下列主要反应式进行描述：

碳燃烧   $C+O_2\longrightarrow CO_2$   $C/12\times 22.4$   $m^3$

氢燃烧   $H_2+1/2O_2\longrightarrow H_2O$   $H/2\times(22.4/2)$   $m^3$

硫燃烧   $S+O_2\longrightarrow SO_2$   $S/32\times 22.4$   $m^3$

燃料中的氧   $O\longrightarrow 1/2O_2$   $O/16\times(22.4/2)$   $m^3$

以体积表示的理论需氧量：

$$V_o=22.4\left(\frac{C}{12}+\frac{H}{4}+\frac{S}{32}-\frac{O}{32}\right)=\frac{22.4}{12}C+\frac{22.4}{4}\left(H-\frac{O}{8}\right)=\frac{22.4}{32}S（m^3/kg）$$

以质量表示的理论需氧量：

$$V_o=32\left(\frac{C}{12}+\frac{H}{4}+\frac{S}{32}-\frac{O}{32}\right)=\frac{32}{12}C+8H+S-O（kg/kg）$$

空气中的氧含量若以体积计算为 21%，若以质量计算为 23%，焚烧的理论需空气量为：

以体积表示的理论需氧量：

$$V_a = \frac{1}{0.21}\left[1.867C + 5.6\left(H - \frac{O}{8}\right) + 0.7S\right] \ (m^3/kg)$$

以质量体积表示的理论需氧量：

$$V_a = \frac{1}{0.23}(2.67C + 8H - O + S)(kg/kg)$$

其中，$(H - O/8)$ 称为有效氢。因为燃料中的氧是以结合水的状态存在，在燃料中无法利用这些与氧结合成水的氢，故需将其从全氢中减去。

在实际的燃烧系统中，氧气与可燃物质无法完全达到理想程度的混合及反应。为使燃烧完全，仅供给理论空气量很难使其完全燃烧，需要加上比理论空气量更多的助燃空气量，这部分空气量也称为过剩空气量。因此，实际燃烧所需的空气量（$A$）可按下式计算：

$$V = mV_a$$

式中，$m$ 为过剩空气系数，根据经验或实验选取。根据经验选取时，应视所焚烧废物种类选取不同数据。焚烧固体废物时通常 $m = 1.5 \sim 1.9$，有时甚至要在 2 以上，才能达到较完全的焚烧。

③ 理论焚烧温度推估　焚烧温度是指废物中有害组分在高温下氧化、分解直至破坏所需达到的温度。当燃烧系统处于绝热状态时，反应物在经化学反应生成产物的过程中所释放的热量全部用来提高系统的温度，系统最终所达到的温度称为理论燃烧温度，也称为绝热火焰温度。理论上，对单一燃料的燃烧，可以根据化学反应式及各物种的定压比热容，借助精细的化学反应平衡方程组推求各生成物在平衡时的温度（绝热火焰温度）及浓度。但是，焚烧处理的废物组成复杂，计算过程十分繁琐，故在实际工作中常常可根据实践经验，运用近似法加以估算。

在温度为 25℃，许多烃类化合物燃烧产生净热值为 4.18kJ 时，约需理论空气量（用 $m_{st}$ 表示）$1.5 \times 10^{-3}$ kg，故：

$$m_{st} = 1.5 \times 10^{-3}\frac{NHV}{4.18} = 3.59 \times 10^{-4}NHV$$

以上指纯碳氢化合物，若含氯，求得数值偏低，但可以满足工程要求。为了进一步简化，常以废物及辅助燃料混合物 1kg 作为基准，因此 $m_w + m_f = 1.0$（$m_w$ 为废物的摩尔质量；$m_f$ 为辅助燃料的摩尔质量）。产生的主要产物是 $CO_2$、$H_2O$、$O_2$ 及 $N_2$ 气，它们的近似热容在 $16 \sim 1100$℃ 范围内为 1.254kJ/(kg·℃)。因此，可用下式计算绝热火焰温度：

$$NHV = m_p C_p(T - 298) + M_e C_p(T - 298)$$

式中，$m_p$ 为废气摩尔质量；$C_p$ 为近似热容；$m_e$ 为废气中过量空气摩尔质量；$T$ 为绝热火焰温度，K。

因　　$m_p = 1 + m_{st}$

故有 $NHV = C_p(1 + m_{st})(T - 298) + C_p m_e(T - 298)$

$$= C_p(1 + m_{st} + m_e)(T - 298)$$

设空气过量率 $EA = \dfrac{m_e}{m_{st}}$，则有 $m_e = EA \times m_{st}$

因此，　　$NHV = C_p[1 + (1 + EA)m_{st}](T - 298)$

$$= C_p[1 + 3.59 \times 10^{-4}(1 + EA)NHV](T - 298)$$

由上式可得：$T = \dfrac{NHV}{1.254[1 + 3.59 \times 10^{-4}(1 + EA)NHV]} + 298$

④ 废物在焚烧炉中停留时间计算　焚烧停留时间指固体废物从进炉开始到焚烧结束炉渣

从炉中排出所需的时间，它可按照化学动力学理论计算。停留时间的长短直接影响焚烧效果。

为简化起见，常假设焚烧反应为一级反应，按照化学动力学理论，其反应动力学方程可用下式表示：

$$\frac{dC}{dt} = -kC$$

在时间 $0 \to t$，浓度从 $C_{A0} \to C_A$ 变化范围内积分，则上式变为：

$$\ln \frac{C_A}{C_{A0}} = -kt$$

式中，$C_{A0}$、$C_A$ 分别表示 A 组分的初始浓度和经时间 t 后的浓度，g/mol；$t$ 为反应时间；$k$ 为反应速度常数，是温度的函数，可用 Arrhenius 方程式表示它与温度的关系：

$$k = Ae^{-\frac{E}{RT}}$$

式中，$A$ 为 Arrhenius 常数；$E$ 为活化能，kcal/(g·mol)；$R$ 为通用气体常数，$R = 1.987$；$T$ 为绝对温度，K。$A$ 和 $E$ 由实验测得，并可通过 $A$ 和 $E$ 计算得到 $k$，由此可计算任一焚烧时间 t 的 $C_A$ 值或任一 $C_A$ 值时所需的反应时间 $t$。不同成分的固体废物，$A$、$E$ 数值不同，表 3-5 所示为某些有毒固体废物的 $A$、$E$ 值及自燃温度。

**表 3-5　某些有毒固体废物的 $A$、$E$ 值及自燃温度**

| 项目 | 丙烯醛 | 丙烯腈 | 氯苯 | 乙硫醇 | 氯甲烷 | 氯乙烯 | 甲苯 |
|---|---|---|---|---|---|---|---|
| $A$ | $3.30 \times 10^{10}$ | $2.13 \times 10^{12}$ | $1.34 \times 10^{17}$ | $5.20 \times 10^5$ | $7.34 \times 10^8$ | $3.57 \times 10^{14}$ | $2.28 \times 10^{13}$ |
| $E$ | 35900 | 52100 | 76600 | 14700 | 40900 | 63300 | 56500 |
| 自燃温度/℃ | 234 | 481 | 638 | 299 | 632 | 472 | 536 |

（2）焚烧设备　焚烧设备包括焚烧炉及其附属的供料斗、推料器、炉体、助燃器和出渣机等。焚烧炉是整个焚烧过程的核心，焚烧炉类型不同，往往整个焚烧反应的焚烧效果不同。目前世界上焚烧炉的型号已达 200 多种，其中较广泛应用炉型按燃烧方式可分为机械炉排焚烧炉、多段焚烧炉、回转窑式焚烧炉和流化床焚烧炉等。

① 机械炉排焚烧炉　常用于垃圾的焚烧处理，图 3-44 所示是典型的机械炉排焚烧炉。

机械炉排焚烧炉的心脏部分是活动式炉排，其主要作用是运送固体废物和炉渣通过炉体，还可以不断地搅动固体废物，并在搅动的同时使从炉排下方吹入的空气穿过固体燃烧层，使燃烧反应进行地更加充分。图 3-45 所示为各种活动式炉排的示意。

并列摇动式炉排由一系列扇形炉排有规律地横排在炉体中（和物料运动方向呈垂直排列）。操作时，炉排有次序地上下摇动，使物料向前运动。台阶往复式炉排分固定和活动两种。固定和活动炉排交替放置。

活动炉排的往复运动使固体废物沿着炉排表面移动，并将料层翻动扒松。这种炉排对固体废物适应性较强，可用于含水量较高的垃圾和以表面燃烧和分解燃烧形态为主的

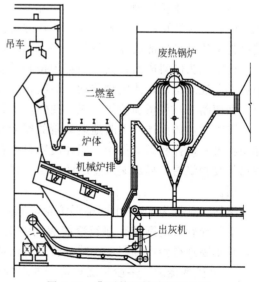

图 3-44　典型的机械炉排焚烧炉

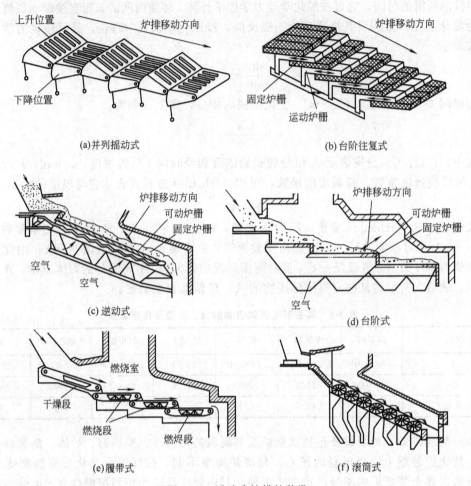

(a)并列摇动式      (b)台阶往复式

(c)逆动式      (d)台阶式

(e)履带式      (f)滚筒式

图 3-45　活动式炉排的种类

固体废物的燃烧。

逆动式炉排长度固定，宽度则可依炉床所需面积进行调整，可由数个炉床横向组合而成。固定炉条和可动炉条采用横向交错配置。可动炉条逆向移动，使得废物因重力而滑落，使废物层达到良好的搅拌。目前，多数大型垃圾焚烧厂采用这种炉排。

台阶式为倾斜床面，其中固定炉排和可动炉排纵向交错配置，有阶段落差。可动炉排在前后方向反复运动，使废物移动、剪断，经由阶段落差达到搅动混合的目的。固定炉排上装有一列切断刀，可增加搅拌功能，使燃烧更完全。

履带式炉排由连续不断地运动着的履带所组成。通过履带的移动来推送固体废物，对固体废物没有搅拌和翻动作用，固体废物只有在从上一炉排落到下一炉排时有所扰动，故易出现局部废物烧透、局部又未燃尽的现象。目前，仅在我国中小型垃圾焚烧炉使用，国外已很少使用。

滚筒式炉排为 5~7 个圆桶形滚轮，呈倾斜排列，相邻圆桶间旋转方向相反，有独立的一次空气导管，由圆桶底部经滚筒表面的送气孔达到废物层。废物因圆桶的滚动而往下移动，并不断地得到搅拌混合。圆桶转速可依物料性质调整。

② 多段焚烧炉　多段焚烧炉适于处理颗粒小或粉末状固体废物以及泥浆状废物。图 3-46 所示为一种常用的固定炉床的多段焚烧炉。

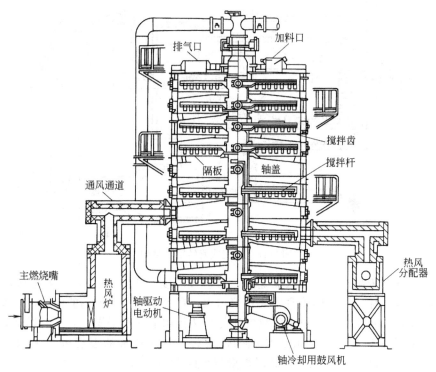

图 3-46　多段炉的结构

多段炉的炉体是一个垂直的内衬耐火材料的钢制圆筒，内部分成许多段（层），每段是一个炉膛。按照各段的功能，可以把炉体分成 3 个操作区：最上部是干燥区、温度在 310～540℃之间，中部为焚烧区，温度在 760～980℃之间，固体废物在此区燃烧，最下部为焚烧后灰渣的冷却区。炉中心有一个顺时针旋转的中心轴，各段的中心轴上又带有多个搅拌杆（一般燃烧区有 2 个搅拌杆，干燥区有 4 个）。上部干燥区的中心轴是由单筒构成，燃烧区的中心轴是由双层套筒构成，两者均在筒内通入空气，作冷却介质。

在操作时，固体废物连续不断地供给到最上段的外围处，并在搅拌杆的作用下，迅速在炉床上分散，然后从中间孔落到下一段。第二段上，固体废物又在搅拌杆的作用下，边分散，边向外移动，最后从外围落下。这样，固体废物在 1、3、5 奇数段从外向里，在 2、4、6 偶数段从里向外运动，并在各段的移动与落下过程中，进行搅拌、破碎，同时也受到干燥和焚烧处理。热空气从炉体下部通入，燃烧尾气从上部排出。

这种装置构造不太复杂，操作弹性大，适应性强，是一种可以长期连续运行、可靠性相当高的焚烧装置，特别适于处理污泥和泥渣。现代几乎 70% 以上的焚烧污泥设备是使用多段焚烧炉的。但多段焚烧炉机械设备较多，需要较多的维修与保养。搅拌杆、搅拌齿、炉床、耐火材料均易受损伤。另外，通常需设二次炉烧设备，以消除恶臭污染。

③ 回转窑式焚烧炉　回转窑式焚烧炉是一种炉床可动的焚烧设备，可使废物在炉床上松散和移动，以改善焚烧条件，进行自动加料和出灰操作。这种炉型的焚烧炉有转盘式炉床、隧道回转式炉床和回转式炉床三种。图 3-47 所示为应用最多的旋转窑焚烧炉。

旋转窑是一个略为倾斜而内衬耐火砖的钢制空心圆筒，窑体通常很长，通过炉体整体转动达到固体废物均匀混合并沿倾斜角度向出料端移动。根据燃烧气体和固体废物前进方向是否一致，旋转窑焚烧炉分为顺流和逆流两种。焚烧处理高水分固体废物时选用逆流炉，助燃器设置在回转窑前方（出渣口方），而处理高挥发性固体废物时常用顺流炉。

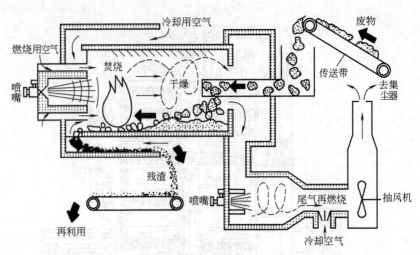

图 3-47　逆流式旋转窑焚烧炉

燃烧用空气和废物从两边加入焚烧炉，窑炉倾斜度 $1/100 \sim 3/100$，转速 $0.5 \sim 3r/min$，炉体内设有提升搅拌挡板。固体废物从右端加入，在缓慢地向左流动的同时，靠搅拌挡板作用被破碎、搅拌以及在燃烧区过来的热气流的加热作用下逐渐干燥、着火、燃烧，有时还可以把焚烧后的残渣熔融，最后形成粒状的熔块排出。回转窑的温度分布大致为：干燥区 $200 \sim 400℃$，燃烧区 $700 \sim 900℃$，高温熔融烧结区 $1100 \sim 1300℃$。

旋转焚烧炉比其他炉型操作弹性大，可以耐废物性状（黏度、水分）、发热量，加料量等条件变化的冲击，是处理多种混合固体废料的较好设备，可处理污泥、各类塑料、废树脂、硫酸沥青渣、城市垃圾等多种物料。旋转窑焚烧炉需配备二次燃烧室，废物在回转窑炉内分解气化产生可燃气体，其中未燃烧的可燃气体在二次燃烧室内达到完全燃烧。

④ 流化床焚烧炉　这是一种近年发展起来的高效焚烧炉，利用炉底分布板吹出的热风将废物悬浮起呈沸腾状进行燃烧。一般常采用中间媒体即载体（沙子）进行流化，再将废物加入到流化床中与高温的沙子接触、传热进行燃烧。目前工业应用的流化床有气泡床和循环床两种类型，如图 3-48 所示。

气泡床多用于处理城市垃圾及污泥，循环床多用于处理有害工业废物。气泡床是将不起反应的惰性介质（如石英砂）放入反应槽底部，借着风箱的送风（助燃空气）及燃烧器的点火，可以将介质逐渐膨胀加温，由于传热均匀，燃烧温度可以维持在较低的温度，因此氮氧化物产量较低。同时若在进料时掺入石灰粉末，则可以在焚烧过程中直接将酸性气体去除，所以焚烧过程可同时完成酸性气体洗涤的工作。一般焚烧的温度范围多保持在 $400 \sim 980℃$，气泡床的表象气体流速约在 $1 \sim 3m/s$，因此有些介质颗粒会被吹出干舷区。

为了减少介质补充的数量，可外装一旋风集尘器，将大颗粒的介质捕集回来。介质可能在操作过程中逐渐磨损而由底灰处排出，或被带入飞灰内，进入空气污染控制系统。由于流化床中的介质是悬浮状态，气、固间充分混合、接触，整个炉床燃烧段的温度相当均匀。有些热交换管可安装于气泡区，有些则在干舷区。有些气泡式和循环式流化床，在底部排放区有砂筛送机及砂循环输送带，可以排送较大颗粒的砂，经由一斜向的升管返送回炉膛内。在气泡区亦可设置热交换管以预热助燃空气。

流化床和旋转窑一样，炉膛内部并无移动式零件，因此摩擦较低。格栅区、气泡区、床表面区提供了干燥及燃烧的环境，有机性挥发物质进入废气后，可在干舷区燃烧，所以干舷区的作用有如二次燃烧室。

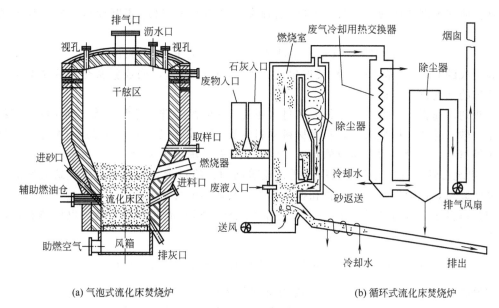

(a) 气泡式流化床焚烧炉　　　　　　　　(b) 循环式流化床焚烧炉

图 3-48　目前工业应用的两种流化床

## 3.5　固体废物制备建筑材料技术

建筑材料是经济建设、人民生活等方面应用最广、用量最多的材料。许多固体废物的组成类似于建筑材料生产原料，可直接用作或转变成可用的建筑材料。利用固体废物代替传统建筑材料生产原料制备建筑材料，对建材工业的可持续发展和环境保护具有重要意义。

### 3.5.1　胶凝材料生产技术

胶凝材料是指在一定条件下经过自身的一系列物理化学作用，能将砂、石、砖、石块、砌块或块状材料粘结成为具有一定强度的整体的材料。胶凝材料品种繁多，按硬化条件的不同，分为气硬性和水硬性两种胶凝材料。气硬性胶凝材料只能在空气中硬化、发展，并保持其强度，在水中不能硬化。而水硬性胶凝材料既能在空气中硬化，又能更好地在水中硬化，保持并继续发展其强度。

（1）常用的气硬性胶凝材料　常用的气硬性胶凝材料包括石灰、石膏、水玻璃、镁质胶凝材料等。

① 石灰　在建筑中使用较早的一种矿物胶凝材料，其生产原料包括天然石灰岩和化工副产品。将石灰岩在适当温度下煅烧尽可能地分解除去 $CO_2$ 后即可得到生石灰 $CaO$，反应式如下：

$$CaCO_3 \xrightarrow{900\sim1000℃} CaO + CO_2 \uparrow$$

$$MgCO_3 \xrightarrow{700℃} MgO + CO_2 \uparrow$$

生石灰具有强烈的水化能力，遇水发生熟化反应（也称消解反应）生成熟石灰，并放出大量的热，同时体积膨胀 $1\sim2.5$ 倍，反应式如下：

$$CaO + H_2O \Longrightarrow Ca(OH)_2 + 64.8kJ$$

熟石灰在空气中硬化与其他组分形成具有一定强度的整体，这一过程包括干燥、结晶和碳化 3 个交错进行的过程。干燥时，石灰浆体中多余水分蒸发或被砌体吸收使石灰粒子紧密，获得一定强度。随着游离水的减少，$Ca(OH)_2$ 逐渐从饱和溶液中结晶出来，形成结晶结构网，使强度继续增加。空气中 $CO_2$ 的存在，又使 $Ca(OH)_2$ 不断地与之发生如下碳化反应：

$$Ca(OH)_2 + CO_2 + nH_2O \Longrightarrow CaCO_3 + (n+1)H_2O$$

新生成的 $CaCO_3$ 晶体相互交叉连生或与 $Ca(OH)_2$ 共生，构成紧密交织的结晶网，使硬化浆体的强度进一步提高。

石灰的用途很广，可制造各种无熟料水泥及碳化制品、硅酸盐制品等。利用熟石灰粉与黏性土、砂、碎砖、粉煤灰、碎石等材料可制成灰土、碎砖三合土、粉煤灰石灰土、粉煤灰碎石土等材料，大量应用于建筑的基础、地面、道路及堤坝等工程。

② 建筑石膏 石膏的生产原料包括含硫酸钙的天然石膏（生石膏）或含硫酸钙的化工副产品和废渣，如磷石膏、氟石膏和硼石膏等，其化学成分为 $CaSO_4 \cdot 2H_2O$，也称二水石膏。建筑石膏是二水石膏经 $107 \sim 170℃$ 温度下煅烧分解而成的半水石膏，也称熟石膏，反应如下：

$$CaSO_4 \cdot 2H_2O \Longrightarrow CaSO_4 \cdot \frac{1}{2}H_2O + \frac{3}{2}H_2O$$

建筑石膏与适量的水混合，最初成为可塑的浆体，但很快失去塑性，这个过程称为凝结。以后迅速产生强度，并发展成为坚硬的固体，这个过程称为硬化。建筑石膏的凝结和硬化主要是由于半水石膏与水反应还原成二水石膏所致，反应式为：

$$CaSO_4 \cdot \frac{1}{2}H_2O + \frac{3}{2}H_2O \Longrightarrow CaSO_4 \cdot 2H_2O$$

石膏的凝结硬化是一个连续的溶解、水化、胶化、结晶过程。半水石膏极易溶于水（溶解度达 $8.5g/L$），加水后，溶液很快达到饱和状态而分解出溶解度低的二水石膏（溶解度 $2.05g/L$）。二水石膏呈细颗粒胶质状态，由于二水石膏的析出，溶液中的半水石膏下降为非饱和状态，新的一批半水石膏又被溶解，溶液又达到饱和而分解出第二批二水石膏，如此循环进行，直到半水石膏全部溶解为止。同时，二水石膏迅速结晶，结晶体彼此联结，使石膏具有了强度，随着干燥而排出内部的游离水分，结晶体之间的摩擦力及黏结力逐渐增大，石膏强度也随之增加，最后成为坚硬的固体。

建筑石膏主要用来调制石膏砂浆，制造建筑艺术配件及建筑装饰、彩色石膏制品、石膏墙板、石膏砖、石膏空心砖、建筑构件及生产人造大理石等。

③ 水玻璃 俗称泡花碱，是一种溶解于水、由碱金属氧化物和二氧化硅结合而成的硅酸盐材料。其通式为 $R_2O \cdot nSiO_2$（R 为碱金属 K 或 Na，$n$ 称为水玻璃模数）。建筑上常用钠水玻璃（$Na_2O \cdot nSiO_2$）。生产水玻璃的原料包括石英砂、纯碱或含硫酸钠的原料及有类似成分的固体废物。将原料磨细，按比例配合，在玻璃熔炉内加热至 $1300 \sim 1400℃$，熔融而生成硅酸钠，冷却后即成固态水玻璃，反应式如下：

$$Na_2CO_3 + nSiO_2 \Longrightarrow Na_2O \cdot nSiO_2 + CO_2 \uparrow$$

固态水玻璃在 $0.3 \sim 0.8MPa$ 的蒸压锅内加热，溶解为无色、淡黄或青灰色透明或半透明黏稠液体，即成液态水玻璃。

水玻璃能溶解于水中，并能在空气中凝结、硬化。水玻璃模数与浓度是水玻璃主要化学性质，在水中溶解的难易程度随水玻璃模数 $n$（二氧化硅与氧化钠摩尔数之比，称为水玻璃模数）的大小而异。$n$ 值大，水玻璃黏度大，较难溶于水，但较易分解、硬化。建筑上常用的水玻璃一般 $n$ 为 $2.5 \sim 2.8$。

水玻璃的浓度，（即水玻璃在其水溶液中的含量）用密度（D）或波美度（°Bé）表示。建筑中常用的液体水玻璃的密度为 $1.36 \sim 1.50g/cm^3$（波美度为 $38.4 \sim 48.3°Bé$）。一般，密度大表明溶液中水玻璃含量高，其黏度大，水玻璃的模数也大。

水玻璃在空气中吸收二氧化碳，析出二氧化硅凝胶，凝胶因干燥而逐渐硬化，反应式为：

$$Na_2O \cdot nSiO_2 + CO_2 + mH_2O = Na_2CO_3 + nSiO_2 \cdot mH_2O$$

上述硬化过程很慢，为加速硬化，可掺入适量的固化剂，如氟硅酸钠（$Na_2SiF_6$），以加速二氧化硅凝胶的析出和硬化。氟硅酸钠的适宜掺量为水玻璃质量的 12%～15%。

水玻璃的黏结强度，抗拉和抗压强度较高。耐热性好，耐酸性强，能经受大多数无机酸与有机酸的作用，在建筑中常用于配制耐热砂浆、耐热混凝土；涂刷于混凝土结构表面，可提高混凝土的不透水性和抗风化性；可用来加固地基土，提高基础承载力和增强不透水性。

（2）常用的水硬性胶凝材料——水泥　水泥是最重要的建筑材料之一，它和钢材、木材是基本建设的三大材料。水泥的品种很多，一般可分为硅酸盐类、铝酸盐类、硫酸盐类、磷酸盐类、硫铝酸盐类、铁铝酸盐类、氟铝酸盐类等。在建筑工程中应用最多的是硅酸盐类水泥。

① 硅酸盐水泥生产工艺　硅酸盐水泥是指以硅酸钙为主要成分的各种水泥的总称，国外通称为波特兰水泥。生产水泥的原料是石灰石、黏土和铁粉。加入铁粉是为了降低水泥窑的烧成温度，使液相提前出现，降低液相黏度，使石灰石和黏土彻底反应，减少水泥料中游离氧化钙含量，从而提高水泥质量。图 3-49 所示为硅酸盐水泥生产工艺流程。

图 3-49　硅酸盐系列水泥生产工艺流程

其生产过程可简单地概括为"两磨一烧"，即生料的配制和磨细、生料煅烧、熟料加石膏磨细。将原料按比例配合、磨细，得到称为生料的混合物。生料在回转窑或立窑内经 1350～1450℃高温煅烧、冷却后得到粒状或块状的熟料。熟料与适量石膏共同磨细，得到成品水泥。

煅烧炉分预热带、分解带、反应带和烧成带。在分解带（温度＜1000℃）进行的主要反应：

石灰石 $\qquad\qquad CaCO_3 \longrightarrow CaO + CO_2 \uparrow$

$\qquad\qquad\qquad\quad MgCO_3 \longrightarrow MgO + CO_2 \uparrow$

黏土 $Al_2O_3 \cdot 2SiO_2 \cdot 2H_2O \longrightarrow Al_2O_3 \cdot 2SiO_2 + 2H_2O$

在反应带（1000～1300℃）发生的主要反应：

$$CaO + 2Al_2O_3 \longrightarrow CaO \cdot 2Al_2O_3$$
$$2CaO + Fe_2O_3 \longrightarrow 2CaO \cdot Fe_2O_3$$

烧成带在 1300℃高温下，铁铝酸四钙、铝酸三钙及碱质氧化钙烧成液相，当温度达到 1450℃时，$2CaO \cdot SiO_2 + CaO \longrightarrow 3CaO \cdot SiO_2$。铁矿粉的作用是使物料生成最低共熔物，大大降低熔点。

② 水泥的组成　生料通过煅烧分解成 CaO 和 $SiO_2$、$Al_2O_3$ 和 $Fe_2O_3$。其中，石灰质原料主要提供 CaO 成分，黏土质原料主要提供 $SiO_2$、$Al_2O_3$ 及少量 $Fe_2O_3$ 成分。硅质原料及铁质原料称为校正性原料，是为调节上述原料中某些氧化物的不足而加入的辅助性原料，以补充 $SiO_2$、$Al_2O_3$、$Fe_2O_3$ 的不足。烧制水泥熟料时，一般都是采用以上几种原料进行调配，使其化学成分符合表 3-6 所示要求。

表 3-6　烧制水泥熟料的生料化学成分范围　　　　单位：%

| 成分 | CaO | $SiO_2$ | $Al_2O_3$ | $Fe_2O_3$ | MgO |
|------|-----|---------|-----------|-----------|-----|
| 含量 | 64～68 | 21～23 | 5～7 | 3～5 | <5 |

随着煅烧温度的升高，CaO 和 $SiO_2$、$Al_2O_3$、$Fe_2O_3$ 相结合，主要形成熟料中的硅酸三钙、硅酸二钙、铝酸三钙及铁铝酸四钙四种化合物，其成分及含量变化范围如表 3-7 所示。

表 3-7　硅酸盐水泥熟料主要矿物及其含量

| 矿物名称 | 化学成分 | 缩写符号 | 含量/% |
|----------|----------|----------|--------|
| 硅酸三钙 | $3CaO \cdot SiO_2$ | $C_3S$ | 44～62 |
| 硅酸二钙 | $2CaO \cdot SiO_2$ | $C_2S$ | 18～30 |
| 铝酸三钙 | $3CaO \cdot Al_2O_3$ | $C_3A$ | 5～12 |
| 铁铝酸四钙 | $4CaO \cdot Al_2O_3 \cdot Fe_2O_3$ | $C_4AF$ | 10～18 |

水泥是上述几种熟料矿物（另加石膏）的混合物，改变熟料之间的比例，水泥的性质将会发生相应的变化。如提高 $C_3S$、$C_3A$ 的含量，可制成快硬高强水泥；降低 $C_3S$、$C_3A$ 的含量，适当提高 $C_2S$ 含量，则可制得水化热小的大坝水泥。

③ 硅酸盐水泥的凝结与硬化　水泥加水拌和后成为可塑性水泥浆，水泥颗粒表面的矿物开始在水中溶解与水发生水化反应，生成一系列新的化合物，并放出一定的热量，其反应如下：

$$2(3CaO \cdot SiO_2) + 6H_2O \xrightarrow{\hspace{1cm}} 3CaO \cdot 2SiO_2 \cdot 3H_2O + 3Ca(OH)_2$$

$$2(2CaO \cdot SiO_2) + 4H_2O \xrightarrow{\hspace{1cm}} 3CaO \cdot 2SiO_2 \cdot 3H_2O + Ca(OH)_2$$

$$3CaO \cdot Al_2O_3 + 6H_2O \xrightarrow{\hspace{1cm}} 3CaO \cdot Al_2O_3 \cdot 6H_2O$$

$$4CaO \cdot Al_2O_3 \cdot Fe_2O_3 + 7H_2O \xrightarrow{\hspace{1cm}} 3CaO \cdot Al_2O_3 \cdot 6H_2O + CaO \cdot Fe_2O_3 \cdot H_2O$$

$$3CaO \cdot Al_2O_3 \cdot 6H_2O + 3(CaSO_4 \cdot 2H_2O) + 19H_2O \xrightarrow{\hspace{1cm}} 3CaO \cdot Al_2O_3 \cdot 3CaSO_4 \cdot 31H_2O$$

硅酸三钙水化反应速度快、水化放热量大，所生成的水化硅酸钙几乎不溶于水，呈胶体微粒析出，逐渐成为凝胶具有较高的强度。生成的 $Ca(OH)_2$ 初始阶段溶于水，很快达到饱和并结晶析出，以后的水化反应是在 $Ca(OH)_2$ 的饱和溶液中进行的。硅酸二钙与水的反应与硅酸三钙相似，只是反应速率较低、水化放热量小，生成物中 $Ca(OH)_2$ 较少。铝酸三钙与水的应速度极快，水化放热量很大，所生成水化铝酸三钙溶于水，其中一部分会与石膏发生反应，生成不溶于水的水化硫铝酸钙晶体，其余部分会吸收溶液中的 $Ca(OH)_2$ 最终成为水化铝酸四钙晶体，强度很低。铁铝酸四钙与水反应，水化速度较高，水化热和强度较低，除生成水化铝酸钙外，还生成水化铁酸一钙，它也将在溶液中吸收 $Ca(OH)_2$ 而提高碱度。水化铁酸钙溶解度很小，呈胶体微粒析出，最后形成凝胶。水化硫铝酸钙（$3CaO \cdot Al_2O_3 \cdot 3CaSO_4 \cdot 31H_2O$）不溶于水，叶针状晶体沉积在水泥颗粒表面，抑制了水化速度极快的铝酸三钙与水的反应，使水泥凝结速度减慢，起可靠的缓凝作用。水化硫铝酸钙晶体也称为钙矾石晶体，水泥完全硬化后，钙矾石晶体约占有 7%，它不仅在水泥化初期起缓凝作用，而且会提高水泥的早期强度。因此，硅酸盐水泥水化后的主要产物为水化硅酸钙和水化铁酸钙凝胶、氢氧化钙、水化铝酸钙和水化硫铝酸钙晶体。在完全水化的水泥石中，凝胶体约占 70%，氢氧化钙占 20%。

水泥水化反应生成的水化产物决定了水泥石的一系列特性，正是这一特性能把其他材料（砖、砂石、钢筋等）黏结在一起，凝结硬化后成为岩石状坚硬的整体，也正是这一特性使它可用来浇注各种形状的构件和构筑物，成为使用最广泛的建筑材料之一。

### 3.5.2 墙体材料生产技术

墙体材料是用来砌筑、拼装或用其他方法构成承重墙、非承重墙的材料。如砌墙用的砖、石、砌块，拼墙用的各种墙板，浇筑墙体用的混凝土等。在一般房屋建筑中，墙体占整个建筑物质量的1/2，用工量、造价约各占1/3。因此，墙体材料是建筑工程中的重要建筑材料。

(1) 普通砖 孔洞率不大于15％或没有孔洞的砖，称为普通砖。根据原料和工艺的不同，普通砖又分为烧结砖和蒸养（压）砖两大类。

① 烧结砖 经焙烧而成的砖称为烧结砖。以黏土、页岩、煤矸石或粉煤灰为主要原料，经焙烧而成的普通实心砖，一般为矩形体，标准尺寸是240mm×115mm×53mm。根据所用原料不同，可分烧结黏土砖（符号为N）、烧结页岩砖（Y）、烧结煤矸石砖（M）和烧结粉煤灰砖（F）。图3-50所示为烧结普通砖的生产工艺流程。

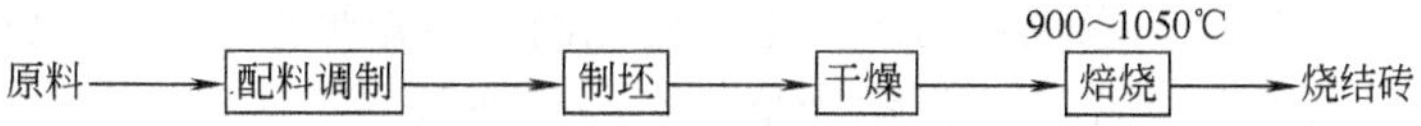

原料 $\longrightarrow$ 配料调制 $\longrightarrow$ 制坯 $\longrightarrow$ 干燥 $\longrightarrow$ 焙烧（900~1050℃）$\longrightarrow$ 烧结砖

图 3-50 烧结砖的生产工艺流程

焙烧是制砖的主要环节。若砖坯在氧化气氛中焙烧出窑，则制得红砖。若砖坯在氧化气氛中烧成后，再经浇水闷窑，使窑内形成还原气氛，可促使砖内的红色高价氧化铁（$Fe_2O_3$）还原成青灰色的低价氧化铁（$FeO$），然后冷却至300℃以下出窑，即制得青砖。青砖一般比红砖结实、耐碱、耐久，但价格较红砖贵，且只能在土窑中烧成。

近年来，我国普遍采用内燃烧砖法。它是将煤渣、粉煤灰等可燃工业废渣以适量比例掺入制坯黏土原料中作为内燃料，当砖焙烧到一定温度时，内燃料在坯体内也进行燃烧，这样烧成的砖称为内燃砖。内燃砖比外燃砖可以节省大量外投煤，节约黏土原料5％～10％，且强度可提高20％左右，表观密度减小，热导率降低，同时还处理了大量工业废渣。

烧结普通砖既具有一定的强度和耐久性，又有良好的保温隔热性能，是传统的墙体材料。可用来砌筑建筑物的内、外墙体、柱、拱及烟囱等。

② 蒸养（压）砖 经常压或高压蒸汽养护硬化而成的砖称为蒸养（压）砖，如灰砂砖、粉煤灰砖、炉渣砖等。蒸养（压）砖包括灰砂砖等。蒸压灰砂砖是以石灰、砂为主要原料，经成坯、养护而成的墙体材料。以砂80％～90％，石灰10％～20％，水3％～10％，经混合搅拌、压制成型（成型压力为15～20MPa），放入蒸压釜内，通入饱和蒸汽，经5～8h的蒸压养护，使砖坯中的砂子与石灰反应生成含水硅酸钙与砂料牢固黏结，形成具在相当高强度的灰砂砖。

(2) 空心砖 凡是孔洞率大于15％的砖称为空心砖。普通黏土砖容重较大，使建筑物的自重增大。黏土空心砖的出现，克服了这一缺点，同时改善了砖的绝热和隔声的性能，节省制坯黏土20％～30％，节省燃料10％～20％，干燥和焙烧的时间短，易于焙烧均匀，烧成率高，同时可减轻自重1/4～1/3，提高工效40％，降低造价20％。因此，空心砖发展十分迅速。

① 烧结多孔砖 烧结多孔砖是以黏土、页岩、煤矸石为主要原料，经焙烧而成的孔洞率（孔洞面积占所在面积的百分数）大于或等于15％、用于砌筑墙体的承重用砖。多孔砖为大面有孔洞的砖，孔多而小，使用时孔洞垂直于承压面。多孔砖为直角六面体，尺寸有190mm（长）×190mm（宽）×90mm（厚）（代号为M）和240mm（长）×115mm（宽）×90mm（厚）（代号为P）两种规格，如图3-51所示。

我国目前生产承重多孔砖的孔洞率一般为18％～28％，其表观密度为1350～1450kg/

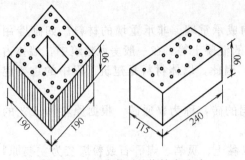

图 3-51 两种类型的烧结多孔砖

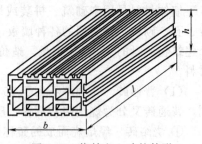

图 3-52 烧结空心砖的外形

m³。烧结多孔砖具有较高的强度，故可用于砌筑六层以下建筑物的承重墙。

② 烧结空心砖 烧结空心砖是以黏土、页岩、煤矸石为主要原料，经焙烧而成的孔洞率大于或等于 35% 作填充非承重用的砖。空心砖孔洞采用矩形条孔或其他孔形，孔大而少，使用时孔洞平行于承压面。图 3-52 所示为烧结空心砖外形。

烧结空心砖亦为直角六面体，其长度 ($l$) 不超过 365mm，宽度 ($b$) 不超过 240mm，高度 ($h$) 不超过 115mm，超过以上尺寸者则称空心砌块。

烧结空心砖具有良好的热绝缘性能，在多层建筑中用于隔断或框架结构的填充墙。

(3) 建筑砌块 砌块是一种新型墙体材料，具有生产工艺简单、可充分利用地方资源和工业废渣，砌筑方便、灵活等优点，因此得到广泛的应用。

砌块，按用途不同可分为承重砌块和非承重砌块，按有无孔洞可分为实心砌块（无孔洞或空心率小于 25%）和空心砌块（空心率≥25%），按材质又可分为硅酸盐砌块、轻骨料混凝土砌块、加气混凝土砌块、混凝土砌块等。

① 粉煤灰硅酸盐砌块 简称粉煤灰砌块，以粉煤灰、石灰、石膏和骨料等为原料，加水搅拌、振动成型、蒸汽养护而成。它是一种密实块状的砌筑材料，其几何尺寸规格有 880mm×380mm×240mm 和 880mm×430mm×240mm 两种，适用于民用及一般工业建筑的墙体和基础。

② 蒸压加气混凝土砌块 简称加气混凝土砌块，以钙质材料和硅质材料（如水泥、水渣、粉煤灰、石灰、石膏等）为基本原料，经过磨细，并以铝粉为发气剂，按一定比例配合，再经过料浆浇注、发气成型、坯体切割、蒸压养护等工艺制成的一种轻质、多孔的块状墙体材料。以粉煤灰、石灰、石膏和水泥等为基本原料制成的砌块，称为蒸压粉煤灰加气混凝土砌块。以磨细砂、矿渣粉和水泥为基本原料制成的砌块，称为蒸压矿渣砂加气混凝土砌块。加气混凝土砌块一般规格尺寸为：长度 600mm、高度 200mm、250mm、300mm、厚度 100mm、150mm、200mm、250mm。其他规格可由购货单位与生产厂协商解决。

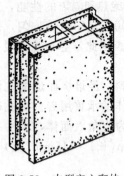

图 3-53 中型空心砌块

蒸压加气混凝土砌块主要用于民用及工业建筑物的墙体。在缺乏安全可靠的防护措施时，不得用于建筑物基础和有侵蚀作用的环境。

③ 中型空心砌块 以水泥或煤矸石无熟料水泥，配以一定比例的集料制成的空心率大于或等于 25% 的砌块。中型空心砌块可分为水泥混凝土中型空心砌块和煤矸石硅酸盐中型空心砌块。其规格长度为：500mm、600mm、800mm、1000mm；宽度：200mm、240mm；高度：400mm、450mm、800mm、900mm。砌块的构造形式如图

3-53 所示。

中型空心砌块具有表观密度小、强度较高、后期强度增长快、抗冻性好，施工方便等特点，适用于民用与一般工业建筑物的墙体。

④ 混凝土小型空心砌块　以水泥为胶凝材料、砂、碎石或卵石、煤矸石、炉渣为集料、加水搅拌，经振动、振动加压或冲压成型，再经养护而制成的小型（主规格为 390mm×190mm×90mm）并有一定空心率的墙体材料。

根据承重要求分，有承重砌块和非承重砌块两类。根据集料分，有碎石、卵石、煤矸石、炉渣及其他轻集料等若干种砌块。几种混凝土砌块外形如图 3-54 所示。

混凝土空心小型砌块适用于地震设计烈度为 8 度和 8 度以下地区的一般民用与工业建筑物的墙体。

$K_1$
$K_4$
$K_1$
$K_2$
$K_5$
$K_3$
$K_2$
$K_6$
$K_1$

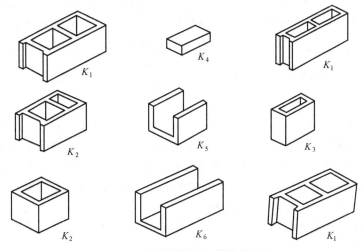

图 3-54　几种混凝土砌块外形示意

### 3.5.3　玻璃生产技术

玻璃是一种由熔融物过冷而获得的无定形非结晶体的均质同向的固体材料，具有良好力学性能和化学稳定性，在建筑物上得到广泛的应用。固体废物可用于生产黑色玻璃、泡沫玻璃和玻璃棉等。

(1) 普通玻璃　普通玻璃的主要化学成分是 $SiO_2$ 及 $Al_2O_3$、CaO、MgO、$Na_2O$、$K_2O$，前四项的大致含量分别为 70%～73%、1%～2.5%、8%～10%、1.5%～4.5%，后两项之和为 13%～15%。玻璃生产的原料包括硅质原料（如石英砂岩、石英砂、石英岩、脉石英等）及其配料（如白云岩、石灰岩等）。目前工业上大量采用的玻璃生产工艺如图 3-55 所示。

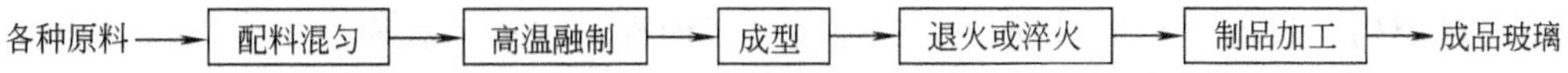

各种原料
配料混匀
高温融制
成型
退火或淬火
制品加工
成品玻璃

图 3-55　玻璃生产工艺

根据玻璃成分和所用原料的化学成分进行配料计算，然后混合均匀，在 1550～1600℃ 高温下熔制。熔制是玻璃生产中很重要的环节，玻璃的许多缺陷（如气泡、结石、条纹等）都是在熔制过程中造成的。玻璃的产量、质量、合格率、生产成本、燃料消耗和池窑寿命等都与玻璃的熔制有密切关系。

玻璃的成型，是熔融的玻璃液转变为具有固定几何形状制品的过程。玻璃必须在一定的温度范围内才能成型。由于冷却和硬化，玻璃首先由黏性液态转变为可塑态，再转变成脆性固态。因此，玻璃的成型过程是极其复杂的综合作用过程。

含 $SiO_2$、$Al_2O_3$ 高的工业固体废物经过适当配方可作为生产玻璃的原料，但由于工业固体废物含铁高，往往比较适合生产黑色玻璃。黑色玻璃外观黑色纯正、均一，高贵典雅，庄重大方，优于天然大理石、花岗石性能，可作为建筑幕墙、家用台面等高档材料代替天然大理石、花岗石使用。

（2）泡沫玻璃　泡沫玻璃是一种新型的环保建筑节能材料，它是以碎玻璃、粉煤灰等废物为主要原料，在加入发泡剂、改性剂、促进剂、稳泡剂之后经过细碎粉磨，形成配合料，再经过低温预热、高温溶融、发泡、稳泡、退火等工序而制成的一种无机非金属特种玻璃材料。其内部充满了无数和微小均匀的连通或封闭气孔，是一种性能良好的保温隔热和吸音材料，被誉为"不用更换的永久性隔热材料"，被广泛应用于石化、轻工、造船、冷藏、建筑、环保、地下工程、国防军工等领域。图 3-56 所示为泡沫玻璃的具体生产流程。

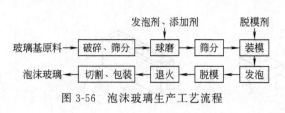

图 3-56　泡沫玻璃生产工艺流程

泡沫玻璃形成的关键在于发泡剂的加入，当混合均匀的玻璃粉料加热至熔融状态，发泡剂与玻璃发生热分解等一系列化学反应，产生足量的气体，溢出气体不断聚集形成无数连通或封闭的气孔。随着反应的持续，气孔越变越大，熔融态玻璃的体积也在不断胀大，直到泡沫玻璃的体积达到一定值时，降低温度增加玻璃黏度，玻璃的孔状结构随即固定下来，可形成气孔率在 $80\%\sim90\%$ 范围内的轻质材料。

表 3-8 所示为用驻波管法测量的不同厚度泡沫玻璃板的吸声系数。随着我国节能环保意识的增强，泡沫玻璃材料面临巨大的发展空间。

表 3-8　泡沫玻璃板的吸声系数

| 频率/Hz | 玻璃板厚/mm | | | |
| --- | --- | --- | --- | --- |
| | 30 | 60 | 80 | 120 |
| 100 | 0.07 | 0.16 | 0.24 | 0.40 |
| 200 | 0.16 | 0.58 | 0.57 | 0.54 |
| 250 | 0.22 | 0.58 | 0.52 | 0.46 |
| 400 | 0.50 | 0.50 | 0.50 | 0.48 |
| 500 | 0.58 | 0.46 | 0.51 | 0.50 |
| 800 | 0.59 | 0.48 | 0.42 | 0.52 |
| 1000 | 0.66 | 0.50 | 0.51 | 0.60 |
| 1600 | 0.55 | 0.60 | 0.56 | 0.57 |

（3）玻璃棉　目前生产的玻璃棉主要是离心玻璃棉，根据体积密度不同，可分为玻璃棉毡和玻璃棉板两种。密度等于和低于 $24kg/m^3$ 为玻璃棉毡、密度等于和高于 $32kg/m^3$ 为玻璃棉板。

玻璃棉的生产工艺主要有 3 种：火焰喷吹法（简称火焰法）、离心喷吹法以及蒸汽（或压缩空气）立吹法。其中，离心喷吹工艺能耗低、效率高、渣球含量少、技术经济效果好，世界上绝大多数的玻璃棉生产厂家采用该法。图 3-57 所示为玻璃棉装饰吸声板的生产工艺。

离心喷吹法生产玻璃棉的原料主要包括石英砂、石灰右、长石、纯碱、硼酸等。为使玻

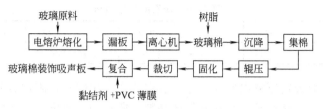

图 3-57 玻璃棉装饰吸声板的生产工艺流程

璃获得某些必要的性质和加速熔制过程，有时还需加入一些辅助原料，按其作用可分为澄清剂、着色剂、脱色剂、乳浊剂、助熔剂等。表 3-9 所示为某些国家离心玻璃棉的化学成分。

表 3-9　离心玻璃棉的化学成分　　　　　　单位：%（质量）

| 生产国 | SiO₂ | Al₂O₃ | Fe₂O₃ | CaO | MgO | Na₂O | K₂O | B₂O₃ | BaO |
|---|---|---|---|---|---|---|---|---|---|
| 日本 | 62~63 | 3.7~4 | 0.1~0.2 | 7.5~7.7 | 2.7 | 16.8~17.8 | | 6 | |
| 英国 | 61~63 | 4~5 | <0.3 | 7~8 | 3~4 | 14~15 | | 9~0 | |
| 美国 | 60~61 | 3.7~4 | 0.25 | 8.1 | 3.1 | 15.3 | | 6 | 2.5 |
| 捷克 | 64 | 2 | | 9.8 | 2.5 | 17 | | 4 | |
| 意大利 | 63.2 | 3.4 | 0.2 | 7.1 | 3.1 | 15.2 | 2.8 | 5 | |

（上表中 SiO₂、Al₂O₃、Fe₂O₃、CaO、MgO、Na₂O、K₂O、B₂O₃、BaO）

玻璃棉用原料对铁元素的含量要求非常高。因此在配料前，各种天然矿石原料都必须采取严格的除铁措施。天然矿石原料先经颚式破碎机破碎成 15~30mm 的中块，再用粉碎机粉碎到一定细度。粉碎后的各种原料，经筛分除去杂质及较粗部分，使其达到熔融所需的颗粒组成，以保证配合料能均匀混合并避免分层。一般要求硅砂粒度 0.42~0.125mm，其他原材料粒度 0.84~0.074mm。根据配比对过筛后的粉料进行称量、混匀，混匀后的物料送入玻璃熔窑融化。融化后的玻璃液，经过通道从装在熔窑成型部的单孔白金漏板的孔洞流入离心器内成型。离心器由耐高温合金材料制成，周壁上有许多小孔。离心器高速旋转，借助离心力迫使玻璃液通过这些小孔甩出成棉，形成一次纤维。尚处于高温软化状态的一次纤维，在从离心器中被甩出的同时，还受到与离心器同心布置的环形燃烧喷嘴喷出的气流作用，被进一步牵伸成平均直径为 5~7μm 的二次纤维，即玻璃棉。玻璃棉经冷却后成型，随即通过黏结剂喷嘴喷黏结剂，进入集棉室收集。棉纤维在成型的同时，被喷附上酚醛树脂黏结剂，沉积在集棉室的输送网带上，调节网带下部的抽风负压，可使棉纤维在网带上均匀沉降铺成厚度一致的棉胎。棉胎由输送带送至固化室，喷有黏结剂的玻璃棉在固化室受热受压，形成具有所要求的厚度及密度的玻璃棉板。

玻璃棉装饰吸声板主要作为吸声和装饰材料用于宾馆、大厅、电影院、剧场、音乐厅、体育馆、会场、船舶及住宅建筑的吊顶装饰。

### 3.5.4　铸石生产技术

铸石是硅酸盐结晶材料之一，其耐磨性比锰钢高 5~10 倍，比一般碳素钢高 10 倍多。耐腐蚀性比不锈钢、铝和橡胶高得多，除氢氟酸和过热磷酸外，其耐酸碱度几乎接近百分之百。此外，铸石还具有良好绝缘性和力学性能。因此，它是钢铁、有色金属、合金材料、橡胶等理想材料的代用材料，广泛用于工业生产设备中作为耐磨材料及耐酸耐碱材料使用。

（1）铸石生产原料　铸石是利用天然原料或工业废渣经配料、熔融、浇铸、结晶、退火等工序制成，表 3-10 所示为铸石的化学成分。

**表 3-10 铸石的化学成分** 单位：%

| 成分 | SiO$_2$ | Al$_2$O$_3$ | CaO | MgO | Fe$_2$O$_3$＋FeO | K$_2$O＋Na$_2$O | Cr$_2$O$_3$ |
|------|---------|-------------|-----|-----|-----------------|----------------|-------------|
| 组成 | 47～49 | 15～21 | 8～11 | 6～8 | 14～17 | 2～4 | 1± |

铸石生产所用的天然原料主要为辉绿岩、玄武岩、角闪石，附加石灰石、白云石、蛇纹石、菱镁矿、萤石等，铬铁矿或铬铁渣作结晶剂。所用的工业废渣主要包括组成类似于辉绿岩、玄武岩等天然原理的尾矿、粉煤灰、冶金渣和铬渣等。表 3-11 所示为玄武岩或辉绿岩的化学成分。

**表 3-11 生产铸石制品的两种原料的化学成分** 单位：%

| 原料矿石 | SiO$_2$ | Al$_2$O$_3$ | CaO | MgO | Fe$_2$O$_3$＋FeO |
|---------|---------|-------------|-----|-----|-----------------|
| 玄武岩 | 45 | 14 | 11 | 12 | 10 |
| 辉绿岩 | 48～49 | 16～18 | 9.6～12 | 10 | 10～12 |

在铸石生产中，应尽量采用化学组成接近于铸石成分的原料作主料，争取不加或少加辅助原料。当需要加辅助原料时，需预先将它们破碎成粉状，通过 3mm 筛网，而作为结晶促进剂的铬铁矿或铬渣应预先粉磨通过 140 筛网。

（2）铸石生产工艺 图 3-58 所示为铸石生产的一般工艺流程，与熔铸耐火材料相同，为原料的制备、配料、混合加工、熔融、浇注成型、结晶、退火处理和后加工，比普通玻璃生产多了一个结晶工序。

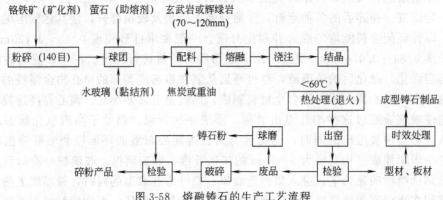

图 3-58 熔融铸石的生产工艺流程

原料熔融常采用水冷式冲天炉（反射炉）或池窑，为了使溶体充分熔融，保持适当的流动性，一般将冲天炉或池窑的炉温控制在 1350～1500℃。浇注温度一般控制在 1300℃左右，采用重力浇注，岩浆从浇注口直接铸入金属模具内。模具是由硅铝系耐热合金铸铁制成。注后连同模具一起送入结晶窑内结晶。采用多孔式结晶窑和箱式退火窑，依次完成结晶与退火。如采用隧道式结晶退火窑，则结晶与退火可一次完成。结晶工序是晶体的析晶生长过程，决定铸石晶体的发育和内部结构，是决定铸石质量的关键。

冲天炉以焦炭为燃料，结构简单，易操作，有 $\Phi$700mm、$\Phi$800mm、$\Phi$950mm 三种规格，有效高度 $H$1400mm。池窑比冲天炉效率高，寿命长，能满足大型规格铸石制品的生产要求。图 3-59 所示为池窑结构。

冲天炉由熔化池、前炉、加料燃烧部、风冷等设备组成，以重油、煤气或天然气为燃料。熔化池为 $8 \times 3m^2$ 的池窑，生产能力为 8t/班，两个油嘴，重油耗量 350kg/t 铸石，熔化率 1.03t/(m$^2$·24h)。

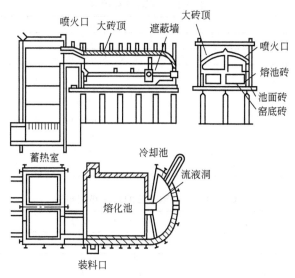

图 3-59　铸石生产池窑结构图（端口燃烧式窑）

### 3.5.5　骨料生产技术

工程上使用的骨料包括细骨料、粗骨料和轻骨料。它们常用于配置混凝土，用量约占混凝土总体积的 80%。

（1）细骨料

① 来源和分类　细骨料为粒径小于 5mm 的骨料，也称为砂，包括天然砂和人工砂两类，其粒径一般规定为 0.15~5mm。天然砂由岩石风化等自然条件的作用形成。按产源不同，天然砂分为河砂、海砂和山砂。山砂富有棱角，表面粗糙，与水泥浆黏结力好，但含泥量和有机杂质较多。海砂颗粒表面圆滑，比较洁净，但常混有贝壳碎片，而且含盐分较多。河砂比较洁净，而且分布较广，所以工程上配制混凝土大多采用河砂。人工砂可由天然岩石破碎筛分而来，也可由矿业固体废物破碎或筛分得到。人工砂富有棱角，比较洁净，但成本高。在天然砂缺乏时，采用人工砂代替。

根据砂的细度模数（$M_X$）不同，可分为粗砂（$M_X$ 为 3.7~3.1）、中砂（$M_X$ 为 3.0~2.3）、细砂（$M_X$ 为 2.2~1.6）和特细砂（$M_X$ 为 1.5~0.7）。

② 颗粒级配　作为混凝土的细骨料，其颗粒级配、含泥量、坚固性、有害物质含量等必须满足一定的标准。如对 $M_X$ 3.7~1.6 的砂，按 0.630mm 筛孔的累计筛余量（以重量百分率计）分成三个级配区，如表 3-12 所示。砂的颗粒级配，应处于表中任何一个级配区以内。

砂的实际颗粒级配与表中所列的累计筛余百分率相比，除 5mm 和 0.630mm 筛号外，允许稍有超出分界线，但其总量不应大于 5%。

（2）粗骨料　粒径大于 5mm 的骨料，包括碎石和卵石。由天然岩石或矿业固体废物经破碎、筛分而得到的粒径大于 5mm 的颗粒，称为碎石。由自然条件作用形成的粒径大于 5mm 的颗粒，称为卵石。作为混凝土的粗骨料，其颗粒级配、含泥量、坚固性、有害物质含量等也必须满足一定的标准。表 3-13 所示为粗骨料的颗粒级配范围。

（3）轻骨料　轻骨料是松散容重小于 1200kg/m³ 的多孔轻质骨料的总称，分轻粗骨料和轻细骨料（又称轻砂）两大类。凡骨料的粒径在 5mm 以上、松散容重小于 1000kg/m³ 者，称为轻粗骨料。粒径小于 5mm、松散容重小于 1200kg/m³ 者，称为轻细骨料。轻骨料，

表 3-12　砂颗粒级配区

| 筛孔尺寸/mm | 级配区 | | |
|---|---|---|---|
| | 1 区 | 2 区 | 3 区 |
| | 累计筛余/% | | |
| 10.0 | 1 | 0 | 0 |
| 5.00 | 10～0 | 10～0 | 10～0 |
| 2.50 | 35～5 | 25～0 | 15～0 |
| 1.25 | 65～35 | 50～10 | 25～0 |
| 0.630 | 85～71 | 70～41 | 40～16 |
| 0.315 | 95～80 | 92～70 | 85～55 |
| 0.160 | 100～90 | 100～90 | 100～90 |

表 3-13　碎石和卵石的颗粒级配范围

| 级配 | 公称粒径/mm | 累计筛余/%（质量） | | | | | | | | |
|---|---|---|---|---|---|---|---|---|---|---|
| | | 筛孔尺寸（圆孔筛）/mm | | | | | | | | |
| | | 2.5 | 5 | 10 | 15 | 20 | 25 | 30 | 40 | 50 |
| 延续粒级 | 5～10 | 95～100 | 80～100 | 0～15 | 0 | | | | | |
| | 5～15 | 95～100 | 90～100 | 30～60 | 0～10 | 0 | | | | |
| | 5～20 | 95～100 | 90～100 | 40～70 | | 0～10 | 0 | 0～5 | | |
| | 5～30 | 95～100 | 90～100 | 70～90 | | 15～45 | | | 0 | |
| | 5～40 | | 95～100 | 75～90 | | 30～65 | | | 0～5 | 0 |

按来源分为三大类，如表 3-14 所示。表 3-15、表 3-16 所示分别为轻粗骨料和轻细骨料粒级和级配。

表 3-14　轻骨料按来源分类

| 类别 | 轻骨料来源 | 主要品种 |
|---|---|---|
| 工业废料轻骨料 | 以工业废料为原料加工而成的多孔材料 | 粉煤灰陶粒、煤矸石陶粒、膨胀矿渣珠、自燃煤矸石、煤渣等 |
| 人造轻骨料 | 以页岩、黏土等为原料加工而成的多孔材料 | 页岩陶粒、黏土陶粒、膨胀珍珠岩等 |
| 天然轻骨料 | 以天然形成的多孔岩石加工而成的多孔材料 | 浮石、火山渣、多孔凝灰岩等 |

表 3-15　轻粗骨料粒级和级配要求

| 品种名称 | 粒级划分/mm | 粒型 | 不同筛孔的累计筛余量/%（质量） | | | | 空隙率/% |
|---|---|---|---|---|---|---|---|
| | | | $D_{min}$ | $1/2D_{max}$ | $D_{max}$ | $2D_{max}$ | |
| 粉煤灰陶粒 | 5～10<br>10～15<br>15～20 | 圆球形 | ≥90 | 30～70<br>（特级品） | ≤10 | 0 | <47 |
| 黏土陶粒 | 5～10<br>10～20<br>20～30 | 普通型<br>单一或混合级配 | ≥90 | — | ≤10 | 0 | <50 |
| 页岩陶粒 | 5～10<br>10～20<br>20～30 | 普通型混合级配 | ≥90 | 30～70 | ≤10 | 0 | <50 |
| | | 圆球形单一级配 | ≥90 | 0 | ≤10 | 0 | |
| 天然轻骨料 | 5～10<br>10～20<br>20～30<br>30～40 | 混合级配 | ≥90 | 40～60 | ≤10 | 0 | — |
| | | 单一级配 | ≥90 | 0 | ≤10 | 0 | |

表 3-16　轻细骨料粒级和级配

| 品种名称 | 等级划分 | 细度模数 | 不同筛孔的累计筛余量/%（质量） | | | |
|---|---|---|---|---|---|---|
| | | | 10.0 | 5.00 | 0.630 | 0.160 |
| 粉煤灰陶粒 | 不划分 | ≤3.7 | 0 | ≤10 | 25～65 | ≥75 |
| 黏土陶粒 | 不划分 | ≤4.0 | 0 | ≤10 | 40～80 | ≥90 |
| 页岩陶粒 | 不划分 | ≤4.0 | 0 | ≤10 | 20～30 | ≥90 |
| 天然轻细骨料 | 粗砂 | 4.0～3.1 | 0 | 0～10 | 50～80 | ＞90 |
| | 中砂 | 3.0～2.3 | 0 | 0～10 | 30～70 | ＞80 |
| | 细砂 | 2.2～1.5 | 0 | 0～5 | 15～60 | ＞70 |

陶粒是一种质量较轻而强度较高的球状轻集料，其作用与浮石、火山凝灰岩、火山熔岩、冶金炉渣、燃料炉渣等相似，可掺合于水泥中制成轻质混凝土。

陶粒分轻、重两种，轻陶粒容重为 $400～600kg/cm^3$，块状抗压强度极限 $25～100kg/cm^2$。重陶粒容重为 $700～800kg/cm^3$，块状抗压强度极限 $50～200kg/cm^2$。陶粒用回转窑生产，产品分普通型及圆球型两种。圆球型陶粒系陶粒原料经破碎、筛分，成型、焙烧而成，其外部具有坚硬的外壳，内部具有封闭式的微孔结构，具有体轻、高强、隔热、耐火、耐水、耐化学及细菌腐蚀以及抗冻、抗震等优良性能，广泛用于建筑上作轻质骨料，此外在化学、冶金、农业、园艺等方面也有应用。

陶粒原料的化学成分按其作用可分为 3 部分。①$SiO_2$ 和 $Al_2O_3$ 在原料中约占 3/4，是成陶的主要成分，含量过高，膨胀性能变低，含量过低，影响陶粒强度。②$Na_2O$、$K_2O$、$CaO$、$MgO$ 等，是熔剂氧化物，起助熔作用。含量过多料球易发生黏结，甚至熔融，含量过低，膨胀性能变低。③$FeS_2$（黄铁矿）、$Fe_2O_3$（赤铁矿）、$FeO(OH)$（褐铁矿）、$CaMg(CO_3)_2$（白云石）、$CaCO_3$（方解石）、$CaSO_4$（石膏）、$C$（碳）等是发气物质，能使主体物质发泡。

矿山大量尾矿可利用于烧制陶粒。天然原料，包括沉积形成的粉砂岩至泥质岩石，火山岩至火山沉积岩类岩石（如珍珠岩、凝灰岩、凝灰质砂页岩等）以及它们经变质而成的千枚岩、板岩等。

## ◉ 参考文献

[1]　杨慧芬. 固体废物处理技术与工程应用. 北京：机械工业出版社，2003.
[2]　王洪忠. 化学选矿. 北京：清华大学出版社，2012.
[3]　白良成. 生活垃圾焚烧处理工程技术. 北京：中国建筑出版社，2009.
[4]　郭军. 固体废物处理与处置. 北京：中国劳动社会保障出版社，2010.
[5]　李定龙. 城市生活垃圾堆肥处理处置技术及应用. 北京：中国石化出版社，2010.
[6]　赵由才. 固体废物污染控制与资源化. 北京：化学工业出版社，2002.
[7]　傅凌云，郑睿，李新猷. 建筑材料. 北京：中国水利水电出版社，2005.

## ◉ 习题

(1) 简述风选原理及其强化措施，如何提高风选精度。
(2) 简述常用浮选药剂种类及其各自的作用，浮选工艺特点。

（3）简述磁选原理及其磁选设备的选择原则。

（4）简述电选原理及其废物颗粒在电晕电场中的带电方式。

（5）简述摩擦与弹跳分选原理及其适用对象。

（6）简述涡电流分选原理及其适用对象。

（7）简述酸浸、碱浸、盐浸特点及其选择原则，浸出工艺类型及其选择原则。

（8）简述浸出效果的衡量指标及其计算方法。

（9）简述水解沉淀、硫化物沉淀、置换沉淀、气体还原沉淀原理及其选择原则。

（10）简述生物冶炼微生物、冶炼机理及其应用。

（11）分析固体废物中主要有机物的生物转化过程及其特点。

（12）分析常见的固体废物好氧、厌氧生物处理设备及其特点。

（13）简述固体废物的热解原理及其热解产物控制手段。

（14）如你所在居民区拟利用生活垃圾热解制燃料气，你选择什么热解工艺？说明理由。

（15）焚烧原理、热值概念及其表示方法、计算，危险固体废物破坏去除率、焚烧停留时间。

（16）简述固体废物生产建筑材料的品质和类别。

（17）简述硅酸盐水泥的组成及其生产工艺特点。

 **矿业固体废物的资源化**

现代科技革命的兴起，使人类大规模地开发和利用矿产资源成为可能。目前，我国有95％以上的能源、80％以上的工业原料、70％以上的农业生产资料等都来自矿产资源。矿产资源的日益开采，使得排放的矿业固体废物量逐年增多。据不完全统计，全世界每年排出的矿业固体废物在100亿吨以上。大量矿业固体废物的排放和堆存，不仅占用大量的土地，破坏生态平衡，而且造成严重的环境污染。

## 4.1 矿业固体废物的组成和性质

矿业固体废物主要是指废石和尾矿。废石为矿山开采过程中剥离及掘进时产生的无工业价值的矿床围岩和岩石，尾矿为矿石选出精矿后剩余的废渣。因此，矿业固体废物中的矿物组分与原矿中非目的矿物组分大致相同。

### 4.1.1 矿业固体废物的组成

原矿通常由多种矿物组成，主要的有自然元素矿物、硫化物及其类似化合物矿物、含氧盐矿物、氧化物和氢氧化物矿物、卤化物矿物等，而对矿业固体废物而言量大面广的组成矿物为含氧盐矿物、氧化物和氢氧化物矿物等。认识和掌握矿业固体废物中的各种矿物及其特性，对于制定合理的资源化工艺具有重要的指导意义。

（1）含氧盐矿物　含氧盐矿物占已知矿物总数的2/3左右，在地壳里的分布极为广泛。含氧盐矿物分为硅酸盐矿物、碳酸盐矿物、硫酸盐矿物和其他含氧盐矿物4类。

① 硅酸盐矿物　硅酸盐是组成岩石的最主要成分，已知硅酸盐矿物约800种之多，约占矿物总数的1/4，占地壳总重量的80％。它们是许多非金属矿产和稀有金属矿产的来源，如云母、石棉、长石、滑石、高岭石以及Be、Li、Zr、Rb、Cs等。

根据硅酸盐骨架构造类型（络阴离子类型）的不同，可将硅酸盐矿物分为岛状构造硅酸盐矿物、链状构造硅酸盐矿物、层状构造硅酸盐矿物和架状构造硅酸盐矿物四类。图4-1所示为岛状构造硅酸盐矿物四面体群构造。

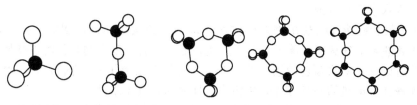

孤立$[SiO_4]^{4-}$型　　孤立双$[Si_2O_7]^{6-}$型　　　　孤立环状$[Si_2O_7]^{6-}$型

图4-1　岛状构造硅酸盐矿物四面体群构造

岛状硅酸盐矿物一般具有离子键和共价键，因此，具有矿物表面极性较强、硬度较高、物理性质和化学性质均较稳定等特性。

图 4-2 为链状构造硅酸盐矿物四面体群，硅氧四面体彼此以角顶相连，沿一度空间作无限链状延伸。其中又可分为单链 $[Si_2O_6]^{4-}$ 型和双链 $[Si_4O_{11}]^{6-}$ 型两种。

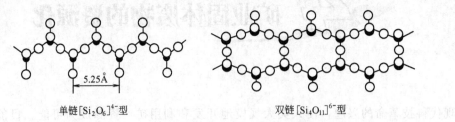

单链 $[Si_2O_6]^{4-}$ 型　　　　　　双链 $[Si_4O_{11}]^{6-}$ 型

图 4-2　链状构造硅酸盐矿物四面体群

无论单链和双链，链间均由阳离子来联系。辉石族矿物为单链构造，角闪石族矿物为双链构造，它们是组成火成岩和变质岩的主要暗色矿物，其络阴离子均为 $[SiO_4]^{4-}$，有时为 $[AlO_4]^{5-}$。辉石族和角闪石族矿物颜色较深，玻璃光泽，晶形为一向伸长的柱状或针状，易产生柱面解理，硬度 5～6，相对密度 3.3 左右，含 Fe 者具弱磁性，为非导体，绝缘性和矿物表面亲水性均较相似。

图 4-3 为层状构造硅酸盐矿物四面体群，各个 $[SiO_4]^{4-}$ 之间以 3 个公共角顶的 $O^{2-}$ 相连，组成向二度空间延展的层状结构。层状构造硅酸盐矿物的层内为离子键，层间为分子键或较弱的离子键联结。

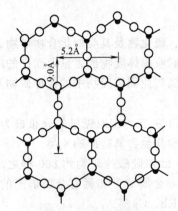

图 4-3　层状构造硅酸盐矿物四面体群

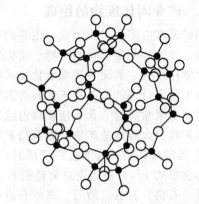

图 4-4　架状构造硅酸盐矿物四面体群

层状构造硅酸盐矿物一般硬度较低，相对密度较小，非电热导体，不具磁性或磁性微弱，矿物表面极性较差，故有的矿物疏水性较好。而黏土类矿物因硬度很低，晶粒极微细和吸水性强，在水中极易分散。

图 4-4 为架状构造硅酸盐矿物四面体群，每一个硅氧四面体或铝氧四面体四个角顶的 $O^{2-}$ 均与相邻的 4 个硅氧四面体公用并相连接，形成沿着三度空间延伸的连续架状构造。

架状构造硅酸盐矿物颜色较浅（没有 Fe、Mn 等色素离子），玻璃光泽，硬度较高，密度较轻，无磁性，电热的不良导体，矿物为极性表面，具亲水性。

② 碳酸盐矿物　碳酸盐矿物在自然界中分布较广，已知矿物约 80 种之多，占地壳总重量的 1.7%。其中以 Ca、Mg 碳酸盐矿物最多，其次为 Fe、Mn 等碳酸盐矿物。

碳酸盐矿物有的是非金属矿产的原料，如白云石、菱镁矿等，有的是金属矿产的重要原料，如菱铁矿、菱锰矿等。在金属矿石中，碳酸盐矿物（如方解石）是常见的脉石矿物。

碳酸盐矿物是由络阴离子 $[CO_3]^{2-}$ 与有关金属阳离子结合生成的化合物，如方解石

$CaCO_3$、菱铁矿 $FeCO_3$ 等。阳离子主要是 $Ca^{2+}$、$Mg^{2+}$、$Fe^{2+}$、$Mn^{2+}$、$Cu^{2+}$；$Pb^{2+}$、$Zn^{2+}$、$Ba^{2+}$ 等。其中 Cu 型离子可形成含附加阴离子 $OH^-$、$Cl^-$ 的无水碳酸盐，如孔雀石 $Cu_2[CO_3][OH]_2$。其他在碳酸盐矿物中性质相近的阳离子可形成类质同象现象，如 $FeCO_3$-$MnCO_3$，形成完全类质同象系列，因为 $Mn^{2+}$ 和 $Fe^{2+}$ 的半径和极化性能均相近；$ZnCO_3$-$MgCO_3$ 则形成不完全类质同象系列，因为 $Zn^{2+}$、$Mg^{2+}$ 的半径虽然相近，但极化性能不同。由于矿物的形成条件不同，还存在同质多象现象。

在碳酸盐矿物中 $[CO_3]^{2-}$ 呈平面三角形排列，碳原子居中央，3 个氧离子位于三角形的角顶，内部呈共价键至离子键性质。络阴离子 $[CO_3]^{2-}$ 与阳离子间则呈较弱的离子键结合。

碳酸盐矿物多为无色或浅色（其中含色素离子 Fe、Mn 者颜色较深），玻璃光泽，透明至半透明，硬度多为中等（3～4），相对密度随阳离子变化而异（2.7～5），无磁性，电和热的不良导体。矿物表面亲水，化学稳定性较差，溶解度较大。

③ 硫酸盐矿物　硫酸盐矿物在自然界中产出约有 260 种之多，但仅占地壳总重量的 0.1%。其中常见和具工业意义的矿物不多，主要是作为非金属矿物原料（如石膏）。

硫酸盐矿物是络阴离子 $[SO_4]^{2-}$ 与某些金属阳离子结合而成的化合物，如重晶石 $BaSO_4$ 等。由于络阴离子 $[SO_4]^{2-}$ 的半径很大（2.95Å），因此只有与半径大的两价金属阳离子 $Ba^{2+}$、$Sr^{2+}$、$Pb^{2+}$ 结合才能形成稳定的结晶构造。当与半径较小的两价阳离子 $Mg^{2+}$、$Fe^{2+}$、$Cu^{2+}$、$Ni^{2+}$ 结合时则形成含水硫酸盐，如胆矾 $Cu[SO_4]\cdot5H_2O$。因此半径中等的 $Ca^{2+}$ 与 $[SO_4]^{2-}$ 既可形成无水硫酸盐硬石膏 $CaSO_4$，也可形成更稳定的含水硫酸盐石膏 $CaSO_4\cdot2H_2O$。某些半径较小的三价阳离子 $Fe^{3+}$、$Al^{3+}$，则只有与一价的碱金属 $K^+$、$Na^+$ 同时参加晶格构造，形成含附加阴离子 $OH^-$ 的盐类，如明矾石 $KAl_3[SO_4]_2(OH)_6$。

硫酸盐矿物一般颜色较浅，透明至半透明，多数玻璃光泽，硬度较低（3.5～1.5），除 Pb、Ba 的硫酸盐外比重均较小，不具磁性，电热的非导体，含水硫酸盐溶液具导电性。硫酸盐的化学性质不稳定和易溶于水。

（2）氧化物和氢氧化物矿物　氧化物和氢氧化物是地壳的重要组成矿物，是由金属和非金属的阳离子与阴离子 $O^{2-}$ 和 $OH^-$ 相结合的化合物，如石英 $SiO_2$、氢氧镁石 $Mg(OH)_2$ 等。它们的化合物有 200 种左右，约为地壳总重量的 17%，其中 $SiO_2$（石英、石髓、蛋白石）分布最广，约占 12.6%，Fe 的氧化物和氢氧化物占 3.9%，其次是 Al、Mn、Ti、Cr 的氧化物或氢氧化物。

氧化物和氢氧化物是许多金属（Fe、Mn、Cr、Al、Sn 等）、稀有金属和放射性金属（Ti、Nb、Ta、TR、U、Th 等）矿石的重要来源。此外，还是非金属原料（如耐火材料）和许多宝石（如玛瑙、宝石）的矿物来源。

氧化物和氢氧化物根据组成它们的阴离子和阳离子的特点可分为简单氧化物、复杂氧化物和氢氧化物三类。

① 简单氧化物　化学成分简单，常由一种金属阳离子和氧结合而成的化合物。它有 $A_2X$ 型（赤铜矿 $Cu_2O$）、AX 型（黑铜矿 CuO）、$A_2X_3$ 型（赤铁矿 $Fe_2O_3$）和 $AX_2$ 型（金红石 $TiO_2$）。

② 复杂氧化物　由两种或两种以上的阳离子和氧结合而成的化合物。有 $ABX_3$ 型（钛铁矿 $FeTiO_3$）、$AB_2X_4$ 型（尖晶石 $MgAl_2O_4$）和 $AB_2X_6$ 型[铌铁矿(Fe,Mn)$Nb_2O_6$]。

③ 氢氧化物　氢氧化物包括含 $H_2O$、$OH^-$、$H^+$ 和金属的化合物。主要阳离子为

$Fe^{3+}$、$Al^{3+}$、$Mn^{4+}$、$Mn^{2+}$、$Fe^{2+}$ 等。其中以 $Al^{3+}$、$Fe^{3+}$ 的氢氧化物分布最广，其次为 $Mn^{4+}$ 或 $Mn^{2+}$ 的氢氧化物。至于 $Mg^{2+}$、$Fe^{2+}$ 的氢氧化物则数量有限。

由于 $OH^-$ 的半径较大，1.36Å，矿物的结晶构造主要取决于 $OH^-$ 的分布。$OH^-$ 呈六方最紧密堆积，构成层状格架，层内为离子键，层间为分子键。因此，这类矿物晶体多呈板状、片状和鳞片状，且硬度低。少数呈针状、柱状的氢氧化物（针铁矿），因内部具有链状构造，链内铝-氧为离子键，链间则以弱的氢键连接。因此，硬度比层状构造的稍大些。

氢氧化物主要形成于外生风化和沉积作用中，常呈土状、鲕状或隐晶质块状产出。

（3）硫化物及其类似化合物矿物　硫化物及其类似化合物矿物主要为金属硫化物，亦包括金属与硒、碲、砷、锑等的化合物。总数约 350 种左右，按重量约占地壳总重量的 0.15%，其中以铁的硫化物为主，有色金属铜、铅、锌、锑、汞、镍、钴等也以硫化物为主要来源，故工业上具有重大意义。

按阴离子特点，硫化物及其类似化合物矿物分为简单硫化物、复硫化物、含硫盐 3 类。

① 简单硫化物　简单硫化物指阴离子为简单的 $S^{2-}$、$Se^{2-}$、$Te^{2-}$、$As^{3-}$ 与金属阳离子结合而成的化合物，如方铅矿 $PbS$、黄铜矿 $CuFeS_2$、雌黄 $As_2S_3$ 等。

② 复硫化物　复硫化物又称对硫化物或二硫化物，属 $AX_2$ 型化合物。它是对阴离子 $[S_2]^{2-}$、$[Se_2]^{2-}$、$[As_2]^{2-}$、$[AsS]^{2-}$ 等与金属阳离子结合而成的化合物。它与简单硫化物的主要区别，在于阴离子不是简单的 $S^{2-}$、$As^{2-}$ 等，而是由两个原子以共价键结合组成的阴离子团，即所谓"偶阴离子团"——$[X_2]^{2-}$。

阳离子 A 的元素种类比简单硫化物少，为过渡型离子 $Fe^{2+}$、$Co^{2+}$、$Ni^{2+}$ 及铂族元素，而不是铜型离子。A-X 之间的作用力主要呈离子键向金属键过渡。因此，本类矿物具有硬度大（>5.5）、不透明、强金属光泽、性脆、加热易分解等特性。典型矿物有如黄铁矿 $FeS_2$、毒砂 $FeAsS$ 等。

③ 含硫盐类　含硫盐类矿物是指 S 与半金属元素 As、Sb、Bi 结合形成较复杂的络阴离子团，如 $[SbS_3]^{3-}$、$[AsS_3]^{3-}$，再与金属阳离子结合形成的化合物，如黝铜矿 $Cu_{12}[Sb_4S_{13}]$。它们可用化学通式 $A_m[B_xX_p]$ 表示。其中阳离子 A 为 Cu、Ag、Pb、Hg 等，B 为 As、Sb、Bi，X 为 S 或 Se。

由于硫化物及其类似化合物矿物阳离子和络阴离子中元素的种类和相互比例的不同，所以含硫盐矿物的种类较多，结晶构造复杂，且具有金属光泽较弱、硬度较低（<5.5）、熔点较低以及在酸中易分解等性质。

含硫盐矿物虽然种类较多，但在自然界中的含量比简单硫化物和复硫化物少得多，在矿床中多以次要矿物形式出现。

## 4.1.2　矿业固体废物的性质

由于废石是围绕在矿体周围的无价值的岩石，尾矿是与有用矿物伴生的脉石矿物，因此，矿业固体废物除粒度不同于天然矿产资源之外，其他性质与天然矿产资源类似。

（1）物理性质　物理性质包括光学性质、力学性质、磁学性质、电学性质和表面性质等，主要取决于矿物的化学成分和内部构造，但与生成环境也有一定的关系。

① 光学性质　矿物的光学性质是矿物对光线的吸收、折射和反射所表现的各种性质，包括颜色、光泽、透明度等。这些性质是相互关联的。

某些矿物具有鲜明的颜色，极易引人注目，往往成为很好的装饰材料矿物、颜料矿物等。提取矿业固体废物中的有价矿物，可借助于它与脉石矿物光泽、颜色的差异进行光电分选。

矿物透光的能力，称为矿物的透明度。矿物透明与不透明的区分界限，是指矿物磨至 0.03mm 标准厚度时的透光程度而言。一般将矿物分为以下几种。a. 透明矿物，绝大部分光线能通过，能完全或基本上透见另一物体。如无色水晶、冰洲石、云母等。b. 半透明矿物，能透过小部分光线，只能模糊透过另一物体，如辰砂、闪锌矿等。c. 不透明矿物，光几乎完全不能通过，如石墨、磁铁矿等。透明度是鉴定矿业固体废物能否作为光学材料使用的特征之一，也是能否作为填料使用的特征之一。如石英、$CaCO_3$ 常作为无色透明的填料使用。

② 力学性质　废物在外力作用下所表现的物理机械性能，称为废物的力学性能，包括废物的硬度、韧性、密度等性能。废物的硬度是指废物抵抗某种外来机械作用的能力，可借助测定矿物硬度的方法来测定。废物硬度与废物粉碎关系密切。废物硬度不同，粉碎的难易程度、粉碎所需时间和设备不同。硬度越大，越难粉碎，粉碎时消耗的能量也越大。另外，硬度不同的废物，其应用价值不同。硬度大的废物可作为磨料使用，硬度小的废物可作为填料使用。

废物受压轧、锤击、弯曲或拉引等力作用时所呈现的抵抗能力，叫韧性。韧性在矿业固体废物资源化中虽然没有普遍意义，但对某些废物原料进行加工具有重要意义。韧性不同的矿业废物，所采用的粉碎流程不同，所选用的粉碎设备也不同。

矿物的密度在选择资源化方法时具有重要指导意义。大多数天然轻金属（周期表的左上部）的氧化物和盐类，其相对密度在 1～3.5 的范围内，如石英、方解石等。标准重金属（周期表的右下部）的化合物，其相对密度在 3.6～9 之间，如磁铁矿为 4.5～5.2，黑钨矿为 6.7～7.5，方铅矿为 7.4～7.6。天然重金属的相对密度，一般大于 9，如自然铋为 9.6、自然银为 10～11、自然金为 15.6～19.3，暗锇铱矿为 17.8～22.5。但绝大多数矿物在 2.5～4 之间。

一般将矿物按密度分为三级：轻密度矿物，相对密度在 2.5 以下的矿物；中等密度矿物，相对密度在 2.5～4 之间的矿物；重密度矿物，相对密度在 4 以上的矿物。

③ 电学性质　矿物的电学性质是指矿物导电的能力及在外界能量作用下矿物发生带电现象这两个方面的性质，即导电性及荷电性。

矿物对电流的传导能力称为矿物的导电性。导电性和矿物内部构造中的化学键有关。以金属键相结合的矿物，因有自由电子，故具导电性。除了金属键及带有与金属键相似化学键的矿物能导电以外，其余典型的化学键，尤其是离子键的矿物，导电性是不大的。因为它们没有自由电子存在。矿物的导电性可用矿物的电导率来表示。将电导率 $\gamma = 10^2 \Omega^{-1} \cdot cm^{-1}$ 以上的矿物称为导体，如自然金属矿物、大部分硫化物矿物。$\gamma \leqslant 10^{-12} \Omega^{-1} \cdot cm^{-1}$ 的矿物称为非导体，如硅酸盐、碳酸盐类矿物。$\gamma$ 值介于前两者之间的矿物属于半导体矿物，如部分硫化物及金属氧化物类矿物。某些矿物的导电性有重要的实用意义，如金属和石墨是电的良导体可作电极材料，云母是不良导体可作绝缘材料，而半导体则广泛地被应用在无线电工业中。在固体废物资源化利用中，可根据废物中矿物电导率的不同采用静电分离法来分离提纯有用矿物。

矿物在受外力作用，如摩擦、加热、加压影响下，发生带电现象的性能，称为荷电性。实质是矿物中的热能或机械能转化为电能的形式。凡具有荷电性的矿物，其导电性均极为低弱或者根本不具导电性。

荷电性按所施外力不同，有以下几种。a. 摩擦电性，某些矿物当与丝绢或毛皮摩擦时，呈现电荷现象。如自然硫、金刚石、琥珀等具有这种性质。b. 焦电性，某些矿物受热时，在晶体的某些部位产生电荷的现象，即热能转化为电能，如电气石即具有这种性质。c. 压电性，某些矿物在机械作用的压力或张力影响下，因变形而呈现出电荷的性质。在压缩时发生正电荷的部位，在伸张时就发生负电荷，因此在机械的一压一张的相互不断作用下，就产生了一个交变电场，这种效应称为电压效应。反过来，具有压电性的矿物晶体，又能借电能产生机械能。即把它放在一个变电场中，会产生一伸一缩的机械振动，这种效应称为电致伸缩。当交变电场的频率和压电性矿物本身机械振动的频率一定时，发生振动特别强烈的共振现象。因此，压电材料在电子工业中用作各种换能器，如超声波发生器等。石英由于振动频率稳定，质地坚硬和化学性稳定，是最优良的天然压电材料。

④ 磁性　矿物的磁性是指矿物能被永久磁铁或电磁铁吸引或矿物本身能够吸引铁物体的性质。自然界具有磁性的矿物极为普遍，但磁性显著的矿物则不多。矿物磁性的强弱，可用比磁化系数表示，它表示 $1cm^3$ 的矿物在磁场强度为 $1Oe$ 的外磁场中所产生的磁力。比磁化系数越大，表示矿物被磁化的能力越强。在矿业固体废物资源化中，常根据废物中不同矿物的磁性差异进行磁选分离磁性不同的矿物。按比磁化系数的不同，矿物分成四类。

比磁化系数大于 $3000 \times 10^{-6} cm^3/g$ 矿物称强磁性矿物，在弱磁场（$900 \sim 1200Oe$）就能与其他矿物分离，如磁铁矿、磁黄铁矿等。

比磁化系数在（$600 \sim 3000$）$\times 10^{-6} cm^3/g$ 之间的矿物称为中磁性矿物，在场强 $2000 \sim 8000Oe$ 才能与其他矿物分离，如钛铁矿、铬铁矿及含磁铁矿的赤铁矿等。

比磁化系数在（$15 \sim 600$）$\times 10^{-6} cm^3/g$ 之间的矿物称为弱磁性矿物，在场强 $10000Oe$ 以上才能与其他矿物分离，如赤铁矿、褐铁矿、黑钨矿、辉铜矿、菱铁矿、黄铁矿等。

比磁化系数小于 $15 \times 10^{-6} cm^3/g$ 的矿物称为非磁性矿物，无法采用磁选分离法分离回收，如石英、方解石、长石等。

对于某些磁性弱的矿物，可通过适当的人工焙烧增强其磁性，这就是所谓的还原焙烧-磁选法。如赤铁矿、褐铁矿的还原焙烧，反应式为：

$$3Fe_2O_3 + CO \longrightarrow 2Fe_3O_4 + CO_2$$

对于黄铁矿或白铁矿可通过氧化焙烧形成强磁性矿物 $Fe_7S_8$，再进行磁选：

$$7FeS_2 + 6O_2 \xrightarrow{400℃} Fe_7S_8 + 6SO_2$$

⑤ 矿物的润湿性　矿物的润湿性主要由矿物内部构造所决定。分子键矿物为疏水性，即难润湿的矿物。原子键矿物为亲水性，即润湿性强的矿物。

各种矿物由于润湿性的不同，在水介质中可能上浮或下沉。一般，难润湿的矿物（疏水性）易浮，如方铅矿颗粒（相对密度 7.4）在水中与气泡相遇，矿粒表层的水层迅速破裂，矿粒与汽泡紧密结合而上升。润湿性强的矿物（亲水性）难浮，如相对密度为 2.65 的石英颗粒，在水介质中，石英表面与水紧密结合，空气不能排除石英表面的水层，则石英颗粒不易附着在气泡上，仍留于水中。因此，矿物在水介质中是上浮还是下沉，其主导作用的是其润湿性，而不是相对密度。

矿物的润湿性是浮选的理论基础，是浮选上常用来判别矿物可浮性好坏的标志。

（2）化学性质　矿物中的原子、离子、分子，借助于不同的化学键的作用，处于暂时的相对平衡状态。当矿物与空气、水等接触时，将引起不同的物理、化学变化，如氧化、水解及水化等。因此，组成矿物中的质点相互排斥和吸引、化合与分解，必然产生一系列的化学性质，与固体废物资源化有关的性质主要包括矿物的可溶性、氧化性。

① 矿物的可溶性　当固体矿物（溶质）放到一定的溶剂（水溶液、酸溶液及各种有机盐溶液）中，在矿物表面的粒子（分子或离子），由于本身的振动及溶剂分子的吸引作用，离开矿物表面，进入或扩散到溶液中，这个过程称为溶解。其实质是溶质和溶剂的质点相互吸引或排斥的过程。矿物的可溶性是矿物中有价成分浸出的重要依据。

在常温常压下，硫酸盐、碳酸盐以及含有氢氧根和水的矿物易溶，大部分硫化物、氧化物及硅酸盐类矿物难溶。生物冶金就是利用矿石中有用矿物的可溶性，利用细菌浸出有用组分，再经适当处理回收金属的方法。

② 矿物的氧化性　物质的氧化作用在自然界是普遍存在的。废物中的矿物，在暴露或处于地表条件下，由于空气中氧和水的长期作用，促使其中矿物发生变化，形成一系列金属氧化物、氢氧化物以及含氧盐等次生矿物。矿物被氧化后，其成分、结构及矿物表面性质均发生变化，对废物的资源化利用具有较大影响。

矿物氧化主要与环境中氧化剂的作用、矿物本身的性质、矿物的氧化与矿物的共生组合特征等有关

氧是矿物氧化中最强的氧化剂之一。氧的作用可使露天堆存的废矿物中的低价离子变成高价离子，氧化后废矿物的性质也随之改变，如硫化物氧化后，其中的硫首先被氧化成硫酸根，形成硫酸盐类矿物：

$$2FeS_2 + 7O_2 + 2H_2O \longrightarrow 2FeSO_4 + 2H_2SO_4$$

$$CuFeS_2 + 4O_2 \longrightarrow CuSO_4 + FeSO_4$$

不溶的硫化物（黄铁矿、黄铜矿），经过氧化以后变成了易溶的硫酸盐（$CuSO_4$ 等）。这类现象在硫化矿的浮选中极为普遍，当硫化物在磨矿和浮选过程中与矿浆中的水、氧等接触一定时间后，矿物表面即发生化学反应，形成一层硫酸盐的薄膜，覆盖于矿物表面。因此，氧化剂的存在是矿物遭受氧化的重要因素。

通常在金属矿物中，那些缺氧的矿物（硫化物等）最易受氧化，而多数金属氧化物则很少受到影响。石英则有抵抗氧化的能力。一般，含有低价离子的矿物比较容易受到氧化，如含低价铁 $Fe^{2+}$ 的磁铁矿 $Fe_3O_4$ 易氧化成含高价铁离子 $Fe^{3+}$ 的赤铁矿 $Fe_2O_3$，菱锰矿 $MnCO_3$ 氧化成硬锰矿 $mMnO \cdot MnO_2 \cdot nH_2O$ 等。硫化物是最容易氧化的矿物，但不同金属硫化物的氧化速度并不相同，其氧化的快慢次序为：毒砂 $FeAsS >$ 黄铁矿 $FeS_2 >$ 黄铜矿 $CuFeS_2 >$ 闪锌矿 $ZnS >$ 方铅矿 $PbS >$ 辉铜矿 $Cu_2S$。

一般，凡是种类复杂的矿物共生或伴生，其氧化速度较快，反之则较慢。研究表明，当方铅矿、闪锌矿、蓝铜矿在有黄铁矿存在时，其氧化速度要快 8～20 倍。若是单一的硫化物，则比较难氧化。当溶液中（尤其是在碱性溶液中）存在着某些金属阳离子时，可以大大加快金属硫化物的氧化速度。因此，在提取金属硫化物时，必须注意这些矿物的共生、伴生特点以及某些金属阳离子的存在对矿石氧化的影响。

## 4.2　尾矿的资源化

尾矿是一种具有很大开发利用价值的二次资源，尾矿的资源化是矿业发展的必由之路，也是保持矿业可持续发展的基础。从人类社会发展所面临的非再生资源的枯竭和环境逐步恶化的大趋势看，尾矿的资源化具有战略性的重要意义。

### 4.2.1　尾矿中有价组分的提取

许多矿山尾矿中具有回收利用价值的有价组分，其品位常常大于相应的原生矿品位，充分利用分选技术回收这些有价金属对充分利用资源、延缓矿产资源的枯竭具有重要意义。

(1) 铜尾矿中有价组分的提取　铜尾矿中含有大量的有价组分，如铜、硫、钨、铁、铅、锌等，都有回收利用价值。利用各种不同方法综合回收铜尾矿中的有价组分已开展了广泛的研究，各种新的组合方法综合回收铜尾矿中有价组分也在不断出现。

① 回收铜　美国奥盖奥选矿厂尾矿平均含 Cu 0.42%，其中 31% 的铜溶于水，主要有

用矿物为黄铜矿、辉铜矿和黄铁矿。图 4-5 所示为该厂回收铜的工艺流程。

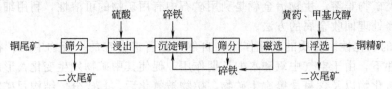

图 4-5　铜尾矿回收铜的工艺流程

为防止设备堵塞，铜尾矿预先筛去＋1mm 粗粒，其含铜品位 1%，产率约 10%。筛下细粒用硫酸浸出 25～30min，硫酸用量 2.3～2.7kg/t 尾矿。浸出后矿浆含铜 0.45g/L，用碎铁置换，用量 4.5kg/kg 沉淀铜。矿浆通过筛分和磁选回收碎铁后进行浮选。浮选 pH 为 4.6，矿浆浓度 25%，沉淀铜进行浮选成为铜精矿。

② 回收铁　石碌铜矿尾矿是原矿经焙烧处理提取铜精矿后获得的残渣，其中主要矿物为磁性铁和硅酸盐，含铁高达 25% 以上，具有明显的回收价值。图 4-6 所示为其尾矿回收金属铁的工艺流程。

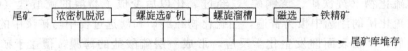

图 4-6　石碌铜矿尾矿回收金属铁的工艺流程

③ 回收白钨　永平铜矿铜硫浮选尾矿中含有的主要有价矿物为白钨矿、黄铁矿、黄铜矿，主要脉石矿物为石英（含量 36%）、石榴子石（含量 32%）、长石、云母，其次为透辉石、萤石、重晶石、磷灰石等。表 4-1 所示为永平铜矿铜硫浮选尾矿主要元素含量。

表 4-1　铜硫浮选尾矿多元素分析　　　　　　　　　　　　单位：%

| 元素 | $WO_3$ | Cu | TFe | Ca | $SiO_2$ | $Al_2O_3$ | Mg | $K_2O$ | 烧失量 |
|------|------|------|------|------|------|------|------|------|------|
| 含量 | 0.061 | 0.15 | 7.71 | 6.99 | 56.88 | 8.60 | 0.62 | 2.02 | 3.14 |

钨主要以白钨矿形式存在，其次为钨褐铁矿和钨华，它们分别占总钨的 82.05%、15.39% 和 2.56%。白钨矿嵌布粒度很细，0.074～0.04mm 粒级单体解离率只有 69.33%，而连生体中有 80% 以上是贫连生体，属低品位难回收物料。图 4-7 所示为永平铜矿铜硫浮选尾矿回收白钨工艺流程。

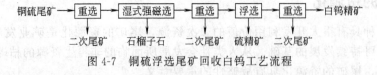

图 4-7　铜硫浮选尾矿回收白钨工艺流程

采用处理量大兼有分级脱泥效果的螺旋溜槽重选预富集，抛弃 91% 以上的脉石和微泥。经 SQC 湿式强磁机选出中密度磁性物石榴子石，采用摇床进一步富集白钨得到粗精矿。粗精矿浮选脱硫，再摇床精选获得最终白钨精矿。白钨精矿含 $WO_3$ 66.83%。

④ 回收硫精矿　白银有色金属公司选矿厂选铜尾矿中含硫大于 9%，主要含硫矿物为黄铁矿。为了综合利用含硫尾矿，采用了如图 4-8 所示的硫精矿回收工艺。

造浆作业是第一道非常重要的工序，它包括水枪冲砂、浓密脱泥脱水。造浆作业要保持连续均衡的，合乎要求而稳定的矿浆量和浓度，才能保证浮选作业获得满意的选别指标。按设计要求，水枪冲砂冲稀的浓度为 20%，每日需造浆水量为 17063t，水枪水压保持 6kg/

图 4-8 含硫尾矿中回收硫精矿工艺

cm$^2$ 以上，浓密机作为脱泥、脱水和贮存缓冲用，脱泥粒度 $-10pm$，产出率为 15%，浓密底流浓度控制在 50%，经充分擦洗后调节矿浆浓度为 22% 时进入浮选作业。浮选作业添加捕收剂为丁基黄药，起泡剂为 2 号浮选油，其用量分别控制在 150g/t 和 50g/t。

（2）铅锌尾矿中有价组分的提取　单一铅矿和锌矿极为少见，常见的为硫化铅锌混合矿。硫化铅锌混合矿浮选分离铅、锌后剩余的铅锌尾矿含有多种可回收利用的组分，如金、银、铜、铁、钼、锑、铋砷、硫等，可采用不同的分选方法分离回收。

① 生物-化学浸出法回收金、银　图 4-9 所示为新墨西哥圣马苟尔地区佩克斯选厂铅锌硫化矿浮选尾矿回收 Au、Ag 工艺流程。

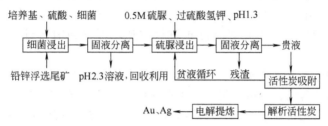

图 4-9　铅锌尾矿生物-硫脲联合浸出回收 Au、Ag 工艺流程

尾矿主要元素的组成为：Au 1.75g/t、Ag 22.5g/t、Cu 0.44%、Pb 0.54%、Zn 0.68%、Fe 12.6%、S 10.2%。将尾矿、9K 营养基、嗜硫杆菌在 pH2.3、温度 35℃、转速 250r/min 条件下搅拌浸出一定时间，使难浸硫化矿预先氧化，以改善后续硫脲浸出 Au、Ag 的效果。细菌间接浸出的主要反应为：

$$2FeS_2 + 7.5O_2 + H_2O \xrightarrow{\text{细菌}} Fe_2(SO_4)_3 + H_2SO_4$$

$$2FeAsS + Fe_2(SO_4)_3 + 5O_2 + 2H_2O \xrightarrow{\text{细菌}} 2H_2AsO_4 + 4FeSO_4 + S$$

$$2FeSO_4 + 0.5O_2 + H_2SO_4 \xrightarrow{\text{细菌}} Fe_2(SO_4)_3 + H_2O$$

$$S + 1.5O_2 + H_2O \xrightarrow{\text{细菌}} H_2SO_4$$

细菌直接浸出的主要反应为：

$$4FeAsS + 14O_2 + 2H_2SO_4 + 4H_2O \xrightarrow{\text{细菌}} 4H_3AsO_4 + 2Fe_2(SO_4)_3$$

$$2CuFeS_2 + 8.5O_2 + H_2SO_4 \xrightarrow{\text{细菌}} 2CuSO_4 + Fe_2(SO_4)_3 + H_2O$$

细菌浸出残留物进行硫脲搅拌浸出。浸出时控制浸出温度 35℃、pH 为 $1.3 \sim 2.3$、矿浆浓度 25%、硫脲浓度 0.5mol/L，并加入适量过硫酸氢钾氧化剂。在酸性溶液中，Au、Ag 与硫脲生成络合物，主要浸出反应为：

$$Au + Fe^{3+} + 2CS(NH_2)_2 \longrightarrow Au[CS(NH_2)_2]_2^+ + Fe^{2+}$$

$$Au + Fe^{3+} + 3CS(NH_2)_2 \longrightarrow Au[CS(NH_2)_2]_3^+ + Fe^{2+}$$

浮选尾矿用细菌直接浸出仅能获得 Au 23%、Ag 45% 的回收率，而先用细菌预浸，细菌浸出残余物再经硫脲浸出，则可获得 Au 92%、Ag 78% 的回收率。

② 浮选回收绢云母　绢云母用途很广，可作橡胶补强剂、填充剂和颜料、涂料的配合原料等，其化学分子式为：$KAl_2[AlSi_3O_{10}(OH)_2]$。采用浮选工艺可从铅锌尾矿中提取绢

云母，图 4-10 所示为银山铅锌尾矿浮选提取绢云母工艺流程。

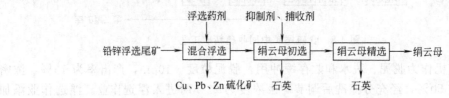

图 4-10　铅锌尾矿浮选提取绢云母工艺流程

银山铅锌尾矿主要化学成分为 $SiO_2$、$Al_2O_3$、$K_2O$，占总成分的 80% 以上。主要矿物组成为石英和绢云母，其中石英含量为 51%～54%、绢云母含量为 29%～34%。且大部分绢云母呈单体形状，粒度较细。

浮选过程先进行硫化矿的混合浮选，以回收尾矿中易浮的 Cu、Pb、Zn 金属，降低后续工序的金属含量，有利于绢云母的浮选。由于尾矿中石英含量较高，且石英的可浮性与绢云母接近，因此，浮选绢云母采用初选、精选两段浮选工艺。初选加抑制剂抑制石英，加捕收剂浮选绢云母，得到的绢云母初级产品再进行精选，可得到绢云母含量大于 96% 的最终产品。

（3）蛇纹石尾矿提取氧化镁　氧化镁是一种重要的化工原料，在工业上有广泛的应用。普通氧化镁可以用于陶瓷、造纸、玻璃、耐火材料及白色颜料等行业，高纯氧化镁砂可用于电子工业。目前，氧化镁的来源，一是从海水中提取，二是从菱镁矿中提取。蛇纹石尾矿提取氧化镁工艺具有变废为宝的功效，有较好的环境效益和经济效益。图 4-11 所示为蛇纹石尾矿制备 MgO 工艺流程。

图 4-11　蛇纹石尾矿制备 MgO 工艺流程

蛇纹石尾矿组成复杂，主要含有 MgO、$SiO_2$、CaO 等成分，还含有 Fe、Al、Ni、Cr、Co 等氧化物，其中含 MgO 33% 以上。蛇纹石尾矿磨细至 150 目，加入工业盐酸在温度 110℃浸出，发生如下反应：

$$3MgO \cdot 2SiO_2 \cdot 2H_2O + 6HCl \longrightarrow 3MgCl_2 + 2SiO_2 \downarrow + 5H_2O$$
$$Fe_2O_3 + 6HCl \longrightarrow 2FeCl_3 + 3H_2O$$
$$FeO + 2HCl \longrightarrow FeCl_2 + H_2O$$
$$Al_2O_3 + 6HCl \longrightarrow 2AlCl_3 + 3H_2O$$

过滤、洗涤除去 $SiO_2$，并在滤液中加入 15% 的工业碳酸钠溶液，使 $FeCl_3$、$FeCl_2$、$Al_2O_3$ 生成难溶的氢氧化物沉淀：

$$FeCl_3 + 3OH^- \longrightarrow Fe(OH)_3 \downarrow + 3Cl^-$$
$$FeCl_2 + 3OH^- + 氧化剂 \longrightarrow Fe(OH)_3 \downarrow + 2Cl^-$$
$$AlCl_3 + 3OH^- \longrightarrow Al(OH)_3 \downarrow + 3Cl^-$$

过滤得到 $MgCl_2$ 溶液，向 $MgCl_2$ 溶液中加入 15% 的纯碱溶液，搅拌、加热到 90℃，产

生大量 $CO_2$，同时生成白色絮状碱式碳酸镁沉淀：

$$5MgCl_2 + 5Na_2CO_3 + 6H_2O \xrightarrow{\triangle} 4MgCO_3 \cdot Mg(OH)_2 \cdot 5H_2O \downarrow + 10NaCl + CO_2 \uparrow$$

抽滤，滤液回收，滤饼先在烘箱中烘干，再在马弗炉中控制 $700 \sim 800℃$ 灼烧 1.5h，冷却即得到 MgO 产品，反应式为：

$$MgCO_3 \cdot Mg(OH)_2 \cdot 5H_2O \xrightarrow{烘干、煅烧} 2MgO + CO_2 \uparrow + 6H_2O$$

所得氧化镁纯度可达到 90％以上，回收率 80％以上。

（4）浮选镍尾矿浸出-沉淀回收镍　某镍矿矿石中除含可选性较好的硫化镍矿，还含有一定量的氧化镍、硫酸镍及硅酸镍等。这些非硫化镍矿物可选性差，致使选矿厂尾矿含镍较高。表 4-2 所示为镍尾矿的化学组成。

表 4-2　镍尾矿的化学组成　　　　　　　单位：％

| 组成 | Ni | Cu | S | TFe | $SiO_2$ | $Al_2O_3$ | CaO | MgO |
|---|---|---|---|---|---|---|---|---|
| 含量 | 0.76 | 0.084 | 1.33 | 12.65 | 27.10 | 4.83 | 1.78 | 5.02 |

含镍矿物主要包括硫化镍 18.57％、氧化镍 18.57％、硫酸镍 31.43％、硅酸镍 31.43％。硫酸镍在矿浆中易溶解而使矿浆呈酸性，氧化镍在稀酸溶液中易溶解，硅酸镍在较高酸度下也能部分溶解，而硫化镍能在稀酸溶液中部分溶出，在氧化环境中能较好的溶出。根据镍矿物的这些特性，可应用浸出-沉淀法从难选镍尾矿回收镍，工艺流程如图 4-12 所示。

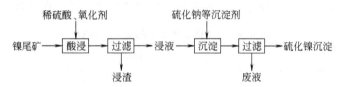

图 4-12　镍尾矿浸出-沉淀回收镍工艺流程

在常温常压下，用 0.5％质量浓度的稀硫酸溶液搅拌浸出尾矿 2h，液固比 2:1。硫化镍在无氧化剂的条件下只能部分溶出，而在氧化环境中则溶解较好。常用的氧化剂有氧、空气、氯酸钠、双氧水、二氧化锰、高铁和铜离子以及过硫酸盐等。酸浸反应式为：

$$NiSO_4 \longrightarrow Ni^{2+} + SO_4^{2-}$$

$$NiO + 2H^+ \longrightarrow Ni^{2+} + H_2O$$

$$NiSiO_3 + 2H^+ \longrightarrow Ni^{2+} + SiO_2 + H_2O$$

$$NiS + 2H^+ \longrightarrow Ni^{2+} + H_2S$$

$$NiS + 2H^+ + 0.5O_2 \longrightarrow Ni^{2+} + S^0 + H_2O$$

$$NiS + 2O_2 \longrightarrow Ni^{2+} + SO_4^{2-}$$

过滤得到含镍的浸液，再加硫化钠等沉淀剂使浸液中的 $Ni^{2+}$ 生成 NiS 沉淀：

$$Ni^{2+} + S^{2-} \longrightarrow NiS \downarrow$$

过滤得到镍品位 20％～33％的 NiS 沉淀，镍回收率达 60％～74％。浸出-沉淀法是镍尾矿回收镍的一条重要途径。

（5）钛尾矿提钪　攀枝花钒钛磁铁矿中含有丰富的钪，在电选过程中有相当一部分富集在电选尾矿中。尾矿中的主要含钪矿物为辉石，其分子式为：$(Ca, Mg, Al, Ti)Si_2O_6$，在辉石中含钪高达 128g/t，具有显著的回收价值。图 4-13 所示为钛尾矿提取钪工艺流程。

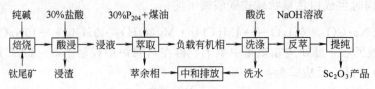

图 4-13 钛尾矿提取钪工艺流程

钛尾矿磨细至 $2\sim3\mu m$，按纯碱：尾矿＝45：100 混合制粒，在 $900\sim1000℃$ 焙烧 1h，冷却后洗涤至 pH 为 7，再用 30％盐酸溶液在温度 80℃搅拌浸出 1h，浸出液固比为 2，过滤得到含钪 10mg/L 的浸液。用 30％$P_{204}$ 和煤油作为萃取剂使钪萃取进入有机相，但同时有部分杂质也被萃取进入了有机相，如杂质 Fe：Sc 最高可达 95。因此，反萃前必须进行酸洗除杂，酸的浓度为 5mg/L。洗涤后杂质脱除率 99％以上，Fe：Sc 下降至 0.43，而钪的洗脱率很低，仅 4.2％。

洗涤后有机相用 2mol/L NaOH 溶液进行反萃，得到絮状乳白色 $Sc(OH)_3$ 沉淀，过滤得到粗产品。再用 3mol/L HCl 溶液溶解，用 5％氨水中和，调节 pH 为 $4.0\sim4.5$，加热煮沸至沉淀完全，过滤，滤液在 70℃加入 10％草酸沉淀钪。沉淀物在 800℃灼烧 2h，得到纯度为 99.05％的氧化钪产品。

（6）高砷高硫锡尾矿中有价元素的回收　高砷高硫锡尾矿中主要的矿物为锡石、黄铜矿、磁黄铁矿、黄铁矿等，约占矿石总量的 92％左右。主要的脉石矿物有方解石、白云石、长石、透闪石、阳起石、辉石、绿泥石、硅酸盐风化物等，约占矿石总量的 7％左右。砷主要以毒砂的形式存在。表 4-3 所示为云锡个旧地区精选厂排出的尾矿的多元素分析结果。

表 4-3　高砷高硫锡尾矿的多元素分析　　　　　　　　　　　单位：％

| 元素 | Sn | Cu | Fe | S | As | MgO | Pb | SiO$_2$ | CaO | Al$_2$O$_3$ |
|---|---|---|---|---|---|---|---|---|---|---|
| 含量 | 0.525 | 0.37 | 49.20 | 31.50 | 11.20 | 0.21 | 0.022 | 0.51 | 0.26 | 0.11 |

可见，尾矿中可供回收的主要元素为 Sn、S、As、Fe，其他元素不具回收价值。图 4-14 所示为回收尾矿中的这些元素的工艺流程。

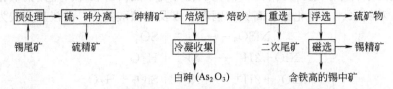

图 4-14　锡尾矿中有价元素的回收工艺流程

锡尾矿加调整剂（PN、PCN、PET）进行预处理，扩大其中有价矿物的表面性质差异，再用浮选法进行硫砷分离。得到的硫精矿含硫 34.67％，产率为 65％，可直接作为硫酸生产原料出售。砷精矿含硫 26.18％、砷 31.34％、锡 1.20％，砷的回收率达到 97.10％，可作为火法生产白砷的原料。

砷精矿中主要含砷矿物为毒砂，毒砂在温度 $450\sim500℃$ 的氧化气氛焙烧，发生强烈的氧化反应，砷呈 $As_2O_3$ 形态挥发：

$$2FeAsS+5O_2 \longrightarrow Fe_2O_3+As_2O_3\uparrow+2SO_2\uparrow$$

而砷精矿中的 $FeS_2$ 和 FeS 一般在温度 $700\sim850℃$ 才能进行氧化反应，$FeS_2$ 大规模氧化离解硫的温度 $900\sim1000℃$。因此，只要控制好温度，就可使砷氧化成 $As_2O_3$ 脱出，而黄铁矿不致大量氧化生成 $SO_2$。焙烧生成的气体经冷凝器冷凝，当温度降到 $150\sim300℃$ 时，$As_2O_3$ 气体结晶成白砷，在收集瓶内沉降收集。

焙砂重选富集锡，并抛弃大量杂质，再进一步浮选脱除硫化物、磁选分离出合格锡精矿和含铁较高的锡中矿。

目前，我国从尾矿中提取有价组分已在铁、铜、铅、锌、锡、钨、金、铌钽、铀及许多非金属的选矿尾矿方面取得一些进展，但其规模和数量有限。选矿技术及设备的完善和进步，为尾矿综合利用开辟了更广阔的前景。

### 4.2.2 尾矿生产建筑材料

尾矿生产建筑材料是尾矿利用量最大、最容易利用、环境保护效益最显著的利用途径。许多尾矿中含多种非金属矿物，如硅石或石英、长石及各类黏土或高岭土、白云石或石灰石、蛇纹石等，这些都是较有价值的非金属矿物资源，可代替天然原料作为生产建筑材料的原料。

(1) 生产硅酸盐水泥 尾矿生产水泥有两种方法，一是利用尾矿含铁量高的特点用尾矿代替通常水泥配方使用中的铁粉；二是用尾矿代替水泥原料的主要成分，黏土和铁粉。前者用量少，一般配用量小于 $5\%$，消耗的尾矿量不大。后者用量大，但一般尾矿成分不会完全符合水泥配方要求，往往需要另外配入一些成分才能符合水泥配方的要求，如表 4-4 所示。

**表 4-4　尾矿成分与水泥熟料成分对比**　　　　　　　　　　　单位：%

| 成分 | $SiO_2$ | $Al_2O_3$ | $Fe_2O_3$ | $TiO_2$ | MgO | CaO | $SO_3$ |
|---|---|---|---|---|---|---|---|
| 水泥熟料 | $23.20\pm1$ | $6.35\pm1$ | $4.58\pm1$ | | | $63.14\pm1$ | |
| 尾矿 | 45.92 | 7.63 | 12.61 | 0.29 | 3.42 | 28.79 | 1.34 |

显然，与熟料相比，尾矿的 $SiO_2$ 和 $Fe_2O_3$ 偏高，而 CaO 偏低，$Al_2O_3$ 基本接近。因此，需补充含 CaO 高的原料。表 4-5 所示为含少量 $Al_2O_3$ 的石灰岩的化学成分。

**表 4-5　石灰岩的化学成分**　　　　　　　　　　　单位：%

| 成分 | $SiO_2$ | $TiO_2$ | $Al_2O_3$ | $Fe_2O_3$ | MgO | CaO |
|---|---|---|---|---|---|---|
| 含量 | 6.21 | 0.71 | 4.69 | 0.69 | 3.60 | 84.10 |

石灰岩补充量的多少采用试凑试配法计算确定。以 100kg 熟料计算，假设用石灰石补足全部 CaO，则：需补 CaO＝63.14(熟料)－28.79(尾矿中)＝34.35，即：尾矿：石灰石＝28.79/34.35＝45.60/54.40。表 4-6 所示为补充石灰岩后所得生料的化学成分。

**表 4-6　生料的化学成分**　　　　　　　　　　　单位：%

| 项目 | | $SiO_2$ | $Al_2O_3$ | $Fe_2O_3$ | CaO | 其他 |
|---|---|---|---|---|---|---|
| 熟料成分 | | 23.20 | 6.35 | 4.58 | 63.14 | 2.73 |
| 生料成分 | 45.6%尾矿 | 20.94 | 3.48 | 5.75 | 13.13 | 2.30 |
| | 54.4%石灰石 | 3.38 | 2.55 | 0.38 | 45.77 | 2.34 |
| | 合　计 | 24.32 | 6.03 | 6.13 | 58.90 | 4.64 |
| 偏差 | | +1.12 | -0.32 | +1.55 | -4.24 | +1.91 |

显然，补充石灰岩后所得生料的成分与熟料相比，尾矿的 $SiO_2$ 和 $Fe_2O_3$ 含量仍然偏高，CaO 仍然偏低，$Al_2O_3$ 含量基本接近。因此，需进一步增大石灰岩的配比，降低尾矿

的配比。如将尾矿配比降低到 42%，石灰岩配比增大到 58% 后，则生料成分可调整为表 4-7 所示。

**表 4-7　调整后生料的化学成分**　　　　　　　　单位：%

| 项目 | $SiO_2$ | $Al_2O_3$ | $Fe_2O_3$ | CaO | 其他 |
|---|---|---|---|---|---|
| 熟料成分 | 23.20 | 6.35 | 4.58 | 63.14 | 2.73 |
| 生料成分 | 22.89 | 5.92 | 5.70 | 60.89 | 4.62 |
| 偏差 | -0.31 | -0.43 | +1.12 | -2.25 | +1.89 |

CaO 含量仍然偏低，$Fe_2O_3$ 含量仍然偏高，但 $SiO_2$、$Al_2O_3$ 含量已显现不足。若进一步增大石灰岩的配比，降低尾矿的配比，虽能进一步提高生料中的 CaO 含量，但生料中的 $SiO_2$ 和 $Al_2O_3$ 含量也会因此变得更加不足。此时，可先根据上述计算结果进行生料的烧制，最后再根据水泥熟料性能要求进行生料配方的调整。

尾矿生产水泥关键是配料，其生产工艺与一般水泥的生产工艺基本相同。利用尾矿可烧制硅酸盐水泥和井下胶结充填用的低标号水泥。图 4-15 所示为尾矿烧制硅酸盐水泥工艺流程。

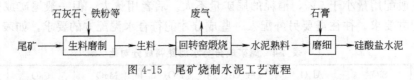

图 4-15　尾矿烧制水泥工艺流程

烧制过程的主要反应式为：

$$石灰石\ CaCO_3 \longrightarrow CaO + CO_2 \uparrow$$
$$MgCO_3 \longrightarrow MgO + CO_2 \uparrow$$
$$尾矿中\ Al_2O_3 \cdot 2SiO_2 \cdot 2H_2O \longrightarrow Al_2O_3 \cdot 2SiO_2 + 2H_2O$$
$$CaO + SiO_2 \longrightarrow CaO \cdot SiO_2$$
$$CaO \cdot SiO_2 + CaO \longrightarrow 2CaO \cdot SiO_2$$
$$2CaO \cdot SiO_2 + CaO \longrightarrow 3CaO \cdot SiO_2$$
$$CaO + 2Al_2O_3 \longrightarrow CaO \cdot 2Al_2O_3$$
$$2CaO + Fe_2O_3 \longrightarrow 2CaO \cdot Fe_2O_3$$

烧制所得熟料加 3%～5% 的石膏磨细至 0.08mm 方孔筛筛余小于 10%，即得到硅酸盐水泥。

（2）生产玻璃　玻璃的化学成分主要是 $SiO_2$，其次是 $Na_2O$、$K_2O$、CaO、MgO 和 $Al_2O_3$ 等，许多尾矿含有这些成分，经过适当配料完全可满足玻璃生产要求。

① 生产微晶玻璃　微晶玻璃具有一系列优良的性能，除具有一般陶瓷材料的高强度、高耐磨性及良好的抗化学腐蚀性外，还具有透明、膨胀系数可调、可切削及良好的电学性能等。因此，在航天、电子、装饰以及光学精密仪器等领域得到广泛的应用。

生产工艺包括烧结工艺和熔融工艺。烧结工艺所得微晶玻璃是以 $CaO\text{-}Al_2O_3\text{-}SiO_2$ 玻璃生产系统为基础，不用加入晶核剂，利用微粒间表面积大、界面能低的特点，在其晶面诱发晶体，并由里向表形成针状或柱状晶体，从而达到整体析晶。$CaO\text{-}Al_2O_3\text{-}SiO_2$ 微晶玻璃的主晶相为 β-硅灰石，其表面具有与天然大理石、花岗石十分相似的花纹。图 4-16 所示为峨眉钾长石尾矿烧结法生产微晶玻璃工艺流程。

采用烧结工艺生产大块微晶玻璃，是将配合料高温熔融制成玻璃液，经过水淬后形成容

尾矿 → 粉碎 → 配料 → 熔融 → 水淬 → 晶化 → 磨光 → 切割 → 微晶玻璃

图 4-16 钾长石尾矿烧结法生产微晶玻璃工艺流程

易破碎的细小玻璃颗粒（0.5～1mm），再装入模具中，在一定温度下烧结、核化、晶化、磨光等过程形成微晶玻璃。

生产微晶玻璃，合适的配料组成极为重要。如果玻璃的基本组成限定为：$SiO_2$ 45%～60%、$CaO$ 12%～30%、$Al_2O_3$ 5%～12%，则表 4-8 所示的钾长石尾矿组成基本能满足要求。

表 4-8 钾长石尾矿的组成  单位：%

| 组成 | $SiO_2$ | $Al_2O_3$ | $CaO$ | $MgO$ | $Fe_2O_3$ | $FeO$ | $K_2O$ | $Na_2O$ | $TiO_2$ |
|---|---|---|---|---|---|---|---|---|---|
| 含量 | 65.70 | 18.56 | 0.60 | 0.12 | 0.66 | 0.27 | 9.02 | 3.52 | 0.55 |

钾长石尾矿的主要成分是 $SiO_2$ 和 $Al_2O_3$，两者之和达 84.26%。因此利用钾长石生产的微晶玻璃属 $CaO$-$Al_2O_3$-$SiO_2$ 系统。钾长石尾矿中还含有 $K_2O$、$Na_2O$ 等是制造硅酸盐玻璃的必需元素，只要引入一些其他氧化物（如 $CaO$ 等）就可形成规定组成的玻璃。

钾长石尾矿经破碎，与配料混合均匀后，装入由高铝耐火材料制成的坩埚中熔融。加料温度为 1250℃ 左右，熔制温度 1500℃，熔融 1.5h 后。取出坩埚，将玻璃熔体水淬，获得易碎的玻璃团粒，该玻璃团粒略经压挤就获得所需粒度（1～7mm）的玻璃颗粒。将已制得的玻璃粒装入瓷盘，置于电炉中，在温度 650℃ 核化，再在温度 1145～1165℃ 晶化。晶化完毕，冷却出炉、打磨、抛光，可获得规格为 80mm×80mm、110mm×110mm 的微晶玻璃装饰板。微晶玻璃中晶体所占的比例一般为 40%～95%。

采用熔融工艺生产大块微晶玻璃，是配合料在高温下熔融成玻璃液后直接成型，用压延、压制、吹制、拉制、浇注等方法制得所需的形状，经过退火再在一定温度下进行核化和晶化的工艺。熔融工艺需加入成核剂，比较理想的成核剂有 $TiO_2$、$Cr_2O_3$、$P_2O_5$、$ZrO_2$ 等。图 4-17 所示为利用钨尾矿生产微晶玻璃工艺流程。

尾矿 → 配料 → 熔融 → 成型 → 退火 → 晶化 → 磨光 → 切割 → 微晶玻璃

图 4-17 钨尾矿生产微晶玻璃工艺流程

按钨尾矿：长石：石灰石：芒硝：纯碱=（50～60）：（5～10）：（35～45）：（1～2）：（3～5）配料，其中芒硝为澄清剂，纯碱为助熔剂，采用熔融方法在温度 1450～1520℃ 熔化，再成型、退火可生产主晶相为硅灰石和磷灰石的乳白色钨尾矿微晶玻璃，所用成核剂为萤石和磷矿石，萤石可单独使用，也可与磷矿石配合使用。单独使用时，萤石用量为配合料的 6%～9%。核化温度为 680～700℃，晶化温度为 900～950℃。

目前，国内已成功地利用铜尾矿、铁尾矿、钼尾矿、石棉尾矿、高岭土尾矿、钾长石尾矿、钽铌尾矿等等生产出了质量合乎要求的微晶玻璃。

② 生产黑色玻璃  铜尾矿、铁尾矿等含铁较高的尾矿颜色灰暗，粒度 55 目筛余小于 10% 的尾矿，利用合适的工艺可生产黑色玻璃装饰材料。表 4-9 所示为南京九华山铜尾矿和镇江韦岗铁尾矿化学组成。

生产尾矿黑色玻璃，尾矿的掺量高达 90% 以上。图 4-18 所示为利用南京九华山铜尾矿和镇江韦岗铁尾矿生产黑色玻璃工艺流程。

表 4-9　铜尾矿、铁尾矿的主要化学组成　　　　　　单位：%

| 组成 | $SiO_2$ | CaO | $Al_2O_3$ | TFe | MgO |
|------|---------|-----|-----------|-----|-----|
| 铜尾矿 | 37.03 | 15.97 | 5.95 | 12.8 | 0.96 |
| 铁尾矿 | 52.00 | 2.66 | 30.85 | 5.68 | 1.11 |

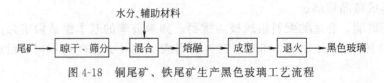

图 4-18　铜尾矿、铁尾矿生产黑色玻璃工艺流程

原料混合均匀后，在温度 1600℃下熔融 0.5～1h。尾矿中的 $SiO_2$、$Fe_2O_3$、CaO、微量元素及其氧化物可明显降低熔融温度。熔融物在温度 1250～1050℃下压延或浇注成型，可得到厚度 5～20mm，面积 70mm×70mm～200mm×200mm 的各种规格黑色玻璃板。成型产品在温度 1000℃马弗炉中退火处理，即可得到黑色玻璃。

研究表明，尾矿玻璃熔融温度比普通窗玻璃低，熔融时间较短，因此，成本较窗玻璃低。另外，尾矿玻璃外观黑色纯正、均一、高贵典雅、庄重大方，优于天然大理石、花岗石性能，可作为建筑幕墙、家用台面等高档材料代替天然大理石、花岗石使用。

（3）生产免烧砖　免烧砖是一种新型建筑材料，是由胶凝材料与含硅、铝原料按一定颗粒级配均匀掺合，压制成型，并进行蒸压或蒸养而成的一种以水化硅酸钙、水化铝酸钙、水化硅铝酸钙等多种水化产物为一体的建筑制品。胶凝材料采用生石灰或电石渣，有时采用少量水泥。含硅、含铝的原料种类很多，尾矿是一种取之不尽的含硅、含铝原料。免烧砖在某些技术性能上超过普通粘土砖。

图 4-19 所示为北京铁矿蒸压硅酸盐尾矿免烧砖生产工艺流程。北京铁矿砖厂年产尾矿砖数千万块，采用 88% 干尾矿与 12% 生石灰掺合，外加总干重 5% 的成型水分，用 8atm、温度 150～200℃的饱和蒸汽养护，生产出的硅酸盐尾矿砖强度达 200 标号以上。

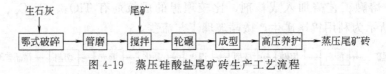

图 4-19　蒸压硅酸盐尾矿砖生产工艺流程

图 4-20 所示为南芬铁矿蒸养硅酸盐尾矿砖生产工艺流程。按尾矿粉：粉煤灰：生石灰：石膏=（65%～67%）：（15%～20%）：（8%～12%）：3%混合搅拌，先干拌 1min，再加水湿拌 2min，然后在轮碾机中碾磨 7～9min。取出静置 0～60min，用制砖机成型为砖坯。砖坯进行蒸汽养护，在温度小于 60℃预热 4～6h，再升温 2h 至温度 90～100℃，恒温养护 6～8h 后，降温 2h 取出。合格品即为蒸养硅酸盐尾矿砖成品。

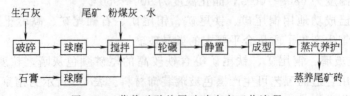

图 4-20　蒸养硅酸盐尾矿砖生产工艺流程

图 4-21 所示为石棉尾矿生产蒸压尾矿砖生产工艺流程。石棉尾矿在砖中起骨料作用，其掺量达到 40%～60%。粉煤灰作活性胶结料，其粒度为 20～30μm。黏土在砖中起黏聚作

用，用量不宜超过 10%。外加剂为氯化物盐类化学试剂、化纤工业废渣、硅酸铝类天然矿物和自来水等，水用量一般控制在 18%～20%。成型压力为 16～18MPa，蒸养压力 1.0～1.2MPa，蒸养时间为 10～11h。

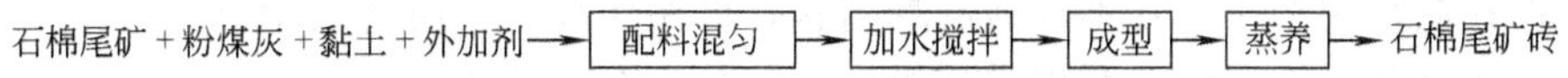
石棉尾矿+粉煤灰+黏土+外加剂
配料混匀
加水搅拌
成型
蒸养
石棉尾矿砖
图 4-21　石棉尾矿生产蒸压尾矿砖生产工艺流程

(4) 生产加气混凝土　加气混凝土是一种轻质多孔建筑材料，具有容重轻、保温效能高、吸音好和可加工等优点。图 4-22 所示为鞍山矿渣砖厂利用大孤山铁矿尾矿生产蒸压加气混凝土工艺流程，包括原料加工制备、浇注、切割、蒸压养护、拆模、等工序。

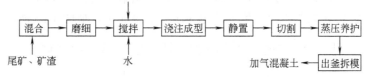

水泥、菱苦土、铝粉、水玻璃、可溶油、碱液、废料浆
混合
磨细
搅拌
浇注成型
静置
切割
蒸压养护
尾矿、矿渣
水
加气混凝土
出釜拆模
图 4-22　利用铁矿尾矿生产蒸压加气混凝土工艺流程

加气混凝土主要原料为尾矿、矿渣和水泥。铝粉为发气剂，可溶油为气泡稳定剂，碱液（碳酸钠）、菱苦土、水玻璃为调节剂，废料浆（石油沥青、苯酚、甲醛等）、碱液、水泥为钢筋及钢筋防腐涂料。

利用铁矿尾矿生产的蒸压加气混凝土砌块与板材，经测定：产品出釜强度达 25～30kg/cm$^2$，绝对干容重为 550～650kg/m$^3$，抗冻性合格。加气混凝土制品重量轻，可大大减轻建筑物自重，显著降低工程造价。

(5) 生产耐火材料　耐火材料主要用于热工设备中抵抗高温作用，用作高温容器或部件的无机非金属固体材料。利用尾矿可制造硅砖（含 $SiO_2$ 93%以上的耐火材料）和半硅砖（含 $Al_2O_3+TiO_2<30\%$而含 $SiO_2>65\%$耐火材料）。图 4-23 所示为江苏某瓷土矿利用尾矿生产耐火材料工艺流程。

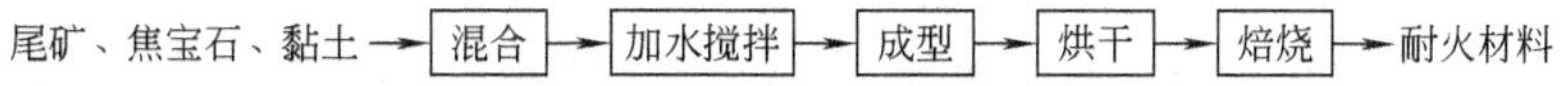
尾矿、焦宝石、黏土
混合
加水搅拌
成型
烘干
焙烧
耐火材料
图 4-23　利用尾矿生产耐火材料工艺流程

所用尾矿最大粒度 0.5mm，以 65 目孔筛（0.25mm）过筛、筛上量占 37%，筛下量 63%。尾矿耐火度 1696～1710℃，软化温度 1469℃，体积缩小率 20%。尾矿所含主要化学成分为 $SiO_2$ 69%～71%、$Al_2O_3$ 19%～21%、$Fe_2O_3$ 1.5%～2%。尾矿用量 15%～30%。

原料按比例混合，并加水 6%～10%搅拌，再在夹板打砖机中成型，并利用烟道余热烘干。

(6) 生产陶粒　尾矿可用于生产陶粒，图 4-24 所示为沈阳有关单位利用铁尾矿生产陶粒工艺流程。

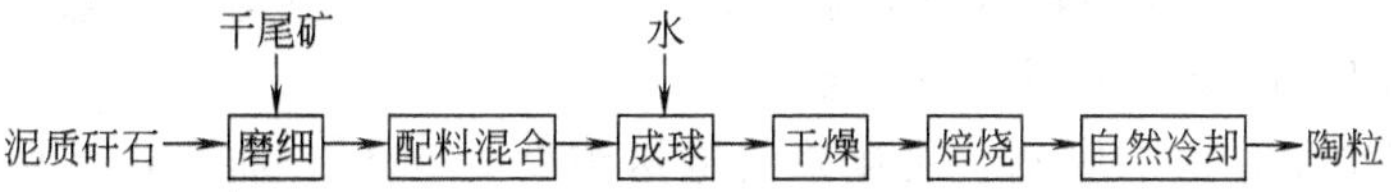
干尾矿
水
泥质矸石
磨细
配料混合
成球
干燥
焙烧
自然冷却
陶粒
图 4-24　利用尾矿生产陶粒工艺流程

尾矿粉粒度−0.075mm 占 98.95%、含 $SiO_2$ 76.83%，与磨细至−0.25mm 的煤矸石按

尾矿：煤矸石＝（4～6）∶（6～4）重量比配料混合，再加水成球，料球球径控制在 $\Phi$5～20mm。料球先在温度 200～400℃ 干燥 20～40min，再在温度 1050～1250℃ 焙烧 8～12min。自然冷却后可得到容重 640～1000kg/cm³、松散容重为 420～700kg/cm³ 的陶粒。陶粒外壳坚硬，内部孔洞均匀细小呈互不连通的蜂窝状，可用作配制轻质料混凝土。

用珍珠岩尾矿、铁尾矿、石棉尾矿等生产陶粒也有成功的经验。

### 4.2.3 尾矿用作井下充填材料

采用充填法采矿的矿山每采 1t 矿石，需回填 0.25～0.4m³ 或更多的填充材料。尾矿具有就地取材、来源丰富、输送方便等特点，其成分与细砂相似，可代替细砂、碎石等作为井下充填材料使用。尾矿充填工艺包括尾矿水力充填和尾矿胶结充填两种。

（1）尾矿水力充填　尾矿浆通过分级脱泥，用管道输送到井下充填工作面，脱水后形成松散的，但相当密实的充填体的充填工艺称为尾矿水力充填，如图 4-25 所示。

图 4-25　尾矿的水力充填工艺流程

① 对尾矿理化性质的要求　选矿厂排出的尾矿是一种含多种脉石矿物的工业废料，除脉石矿物外，还有选矿药剂、有机质、酸或碱及油脂等。用作井下充填时，尾矿的化学成分和物理性质要求：有用矿物含量很低，预计几十年或更长时期内选矿技术难以经济地回收；尾矿中多数矿物的性质稳定、不易风化或水解，不易氧化自燃，不释放大量有毒、有害或剧烈臭味的气体；尾矿的粒级组成有利于迅速脱水并形成密实的充填体。

② 水力分级　为满足脱水迅速和充填体较密实的要求，用于充填的尾矿粒度应 95% 以上大于 0.030～0.037mm。而选厂所排尾矿的粒度：重选为 −0.074mm 占 10%～60%、磁选为 −0.074mm 占 50%～70%、浮选为 −0.074mm 占 40%～80%，都不能直接满足充填要求，必须进行分级处理。常用的尾矿分级设备为 $\Phi$200～500mm 的水力旋流器，在给料压力 1.5～2.0kg/cm²，给料浓度 10%～25% 下操作运行。

尾矿分级段数通常有一段和两段两种。一段分级多用于尾矿粒级较粗，而且分级后的粗尾矿产量大于充填量的情况。两段分级用于尾矿较细而又要尽量利用尾矿充填的情况。两段分级除使用设备较多外还要增加用水量，因旋流器的沉砂浓度一般为 60%～70%，给入第二段砂泵和旋流器前要加水冲淡到合理的给料浓度。

③ 尾矿的贮存和输送　选矿和充填的作业制度不同。选矿厂连续不断排出尾矿，而充填作业在许多情况下是间断进行的，一次充填时间最长达几十小时。中小型矿山尾矿分级后的粗粒尾矿小时产量常常小于填充设施的小时充填能力。为了弥补尾矿供给与尾矿充填之间在时间上和数量上的不平衡，常在充填设施范围内修建粗粒尾矿贮存场。

当充填设施与选矿厂相距较远时，还有尾矿地面运输问题。新建矿山多用砂泵，管道输送尾矿浆。向井下充填工作面输送尾矿浆多为重力自流输送。充填管在输送尾矿时不断受到严重磨损，多采用重量轻，来源广的焊接钢管。

④ 尾矿在充填工作面的脱水　尾矿浆的输送浓度为 50%，而水在其中所占的体积为三分之二，充填后可供人员和设备在其上进行采矿作业的"干尾矿"含水约为 10%～15%，为加速采矿-充填循环，提高采场产量应将那些多余的水从充填体的上部迅速排除。

尾矿水力充填料的脱水有溢流和过滤两种，而以过滤为主。溢流是指澄清的充填水从脱水天井上部漫出或用管道将澄清水引出。过滤则在脱水天井外面包裹滤水材料。一般每个采场应架设脱水天井两个，外面包一层 14 号铅丝编织的 2cm×2cm 孔眼的金属网，一层亚麻布或麻袋片，一层或两层稻草帘。

尾矿充填成本很低，每 $1m^3$ 尾矿充填体的成本一般为 1.00～2.00 元，波动范围是由于从选矿厂到充填设施的尾矿扬送距离和高度，分级段数以及充填水扬出地面的高度等条件不同而产生的。

（2）尾矿胶结充填　尾矿水力充填具有工艺和设备简单、输送范围广、充填成本低，基建投资省等特点，但建成的充填体是松散的，为了使松散的尾矿凝聚成具有一定强度的整体，常在尾矿水力充填料中加入适量的水泥或其他胶凝材料，进行尾矿的胶结充填。图 4-26 所示为尾矿的胶结充填工艺流程。

图 4-26　尾矿的胶结充填工艺流程

① 对尾矿理化性质的要求　用于胶结充填的尾矿，其理化性质除要求满足尾矿水力充填的要求外，还应注意尾矿和尾矿水中不得含有破坏水泥安定性、降低充填体强度的过量有害成分。如尾矿中的金属硫化矿含量不能超标，因金属硫化矿在空气和水的作用下会发生氧化而在水中生成硫酸根离子（$SO_4^{2-}$）。当 $SO_4^{2-}$ 的浓度达到 250～1500mg/L 时会与水泥结构中的铝酸盐生成硫铝酸盐的晶体（$3CaO \cdot Al_2O_3 \cdot 3CaSO_4 \cdot 31H_2O$）并使体积增加至原来 2.5 倍，当 $SO_4^{2-}$ 的浓度增加到 5000～10000mg/L 时会与水泥水化物中的氢氧化钙 $Ca(OH)_2$ 作用生成二水石膏 $CaSO_4 \cdot 2H_2O$ 并使体积增加 2.2 倍以上，从而对胶结充填体产生破坏作用。因此，高硫尾矿用于胶结充填时必须检验其中硫的危害程度。

② 尾矿胶结充填料的制备和输送　粒级合格尾矿按配比与水泥拌和成均匀的料浆。所用水泥通常为标号 400 号以上普通硅酸盐水泥。水泥与尾矿配比为 （1∶5）～（1∶30），具体配比根据胶结充填体强度、尾矿粒度和水泥标号而定，目前一般按试验和生产实践经验来选取。水泥的计量多用调速电机驱动的叶轮式给料机，单管或双管的螺旋喂料机等，用改变设备的转速来调节水泥量。尾矿胶结充填的输送与尾矿水力充填相似。

尾矿胶结充填料的成本主要决定于水泥的用量和水泥价格，一般约为 15～25 元/$m^3$。

近年来，国内外已成功地使用全尾砂充填。如前苏联的一个矿山，选矿尾矿中 0.074mm 含量占 70%～100%，每立方米充填料中含水泥 100～140kg，全尾矿 1550～1600 kg，水 400～420L，混合后充入井下。我国沂南金矿也已成功的采用了全尾砂充填。

## 4.2.4　尾矿生产化工产品

川南硫铁矿床在选出黄铁矿后的尾矿中，主要矿物为高岭石，其次为迪开石及多水高岭石，其中含有大量的铁和铝，可作为制备铁铝混合净水剂的原料。图 4-27 所示为黄铁矿尾矿生产铁铝混合净水剂工艺流程。

硫铁矿粉碎至 200 目以下，烘干，置于马弗炉在温度 700～850℃煅烧 2h，脱除其中的水分和有机杂质，破坏高岭土结构，使其活化：

$$Al_2O_3 \cdot 2SiO_2 \cdot 2H_2O \xrightarrow{\triangle} Al_2O_3 \cdot 2SiO_2 + 2H_2O$$

活化高岭土与浓度为 20%～30% 的盐酸反应，生成氯化铝，同时尾矿中的铁也与盐酸

图 4-27　黄铁矿尾矿生产铁铝混合净水剂工艺流程

反应生成氯化铁：

$$Al_2O_3 \cdot 2SiO_2 + 6HCl \longrightarrow 2AlCl_3 + 2SiO_2 + 3H_2O$$

$$Fe_2O_3 + 6HCl \longrightarrow 2FeCl_3 + 3H_2O$$

过滤，滤液结晶浓缩，再经热解、聚合、烘干得到铁铝混合净水剂。

## 4.3　废石的资源化

废石的组成最接近原岩，具有许多非金属矿产的性质，可代替非金属矿产资源使用。但废石的资源化利用远没有得到开展，目前所见的资源化利用主要局限在矿山采空区的充填及少量的堆浸提取其中的有价成分方面。

### 4.3.1　废石中有价金属的提取

废石中有价金属很多，目前，提取的主要有价金属包括铜、金等较昂贵的金属。

（1）提取铜　江西德兴铜矿是我国最大的露采斑岩铜矿，剥采的含铜 0.3% 以下的废石和表土堆存在废石场中。由于废石中含有硫化铜、黄铁矿和多种金属硫化物，在氧、雨水和铁硫杆菌作用下，产生出 Cu、Fe、S、Al 等离子的酸性水，造成水体的污染。为了保护环境和综合利用矿山资源，德兴铜矿利用酸性废水浸出废石中的铜，图 4-28 所示为其工艺流程。

图 4-28　含铜废石堆浸回收铜工艺流程

酸性废水扬至高位水池内，再经过总管、支管和喷淋头喷淋的废石堆上，在废水自上而下渗透过程中，借助细菌作用使铜金属浸出。浸出液从堆底流出，并循环 2～3 次。当含铜浓度达到 1g/L 以上时，送萃取回收其中的铜。

（2）提取金　在黄金矿山生产过程中，大量的围岩（含金 1g/t 左右）以及达不到最低工业要求品位（3g/t）的矿石被视为废石而排弃在废石场。为充分利用资源，张家口金矿利用堆浸技术从废石中提取金。表 4-10 所示为该金矿废石多元素分析结果。

**表 4-10　张家口金矿废石多元素分析**　　　　　　　　　单位：%

| 组成 | Au/(g/t) | Ag/(g/t) | Cu | Te | Pb | Zn | S | SiO_2 | CaO |
|------|----------|----------|------|------|-------|-------|------|-------|------|
| 含量 | 1.84 | 1.88 | 0.013 | 1.6 | 0.061 | 0.049 | 0.2 | 83.83 | 2.01 |

含金矿物主要为自然金（占 99% 以上），其次为碲化金（含量<1%）。自然金嵌布粒度以细粒为主，一般为 0.01～0.02mm，以不规则分布于褐铁矿、黄铁矿等矿物中。其堆浸提金工艺为破碎-磨细-堆浸-炭吸附-解吸-电解，得到金。其中，含金 2～3g/t 的废石破碎后浸

出，含金 1g/t 的废石直接进入浸出系统。浸出采用机械化作业，分段分层喷淋氰化钠药剂（pH 为 10～11），贵液中金浓度达到一定浓度时送炭吸附。金的浸出率达 59％以上。

### 4.3.2 废石生产建筑材料

目前，废石主要用作井下充填骨料或用于生产水泥，有的单位还用废石生产微晶玻璃和水处理混凝剂等。但总的来说，废石建筑材料较尾矿少。

（1）废石作为井下胶结充填骨料 利用废石加工成人造砂石，作为井下胶结充填骨料，加工工艺简单。图 4-29 所示为凡口铅锌矿劳动服务公司磨砂厂利用废石加工成井下胶结充填骨料工艺流程。

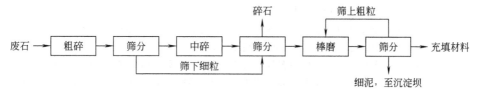

图 4-29 利用废石加工成井下胶结充填骨料工艺流程

废石由 600mm×900mm 颚式破碎机粗碎，再经 1250mm×2500mm 惯性振动筛分级。大于 25mm 筛上粗粒经 Φ1200mm 型标准圆锥破碎机中碎，中碎产品再经 1250mm×2500mm 惯性振动筛分级。粒度 25～50mm 的筛上粗粒可直接作为混凝土胶结骨料或水砂充填材料使用，小于 25mm 的筛下细粒经棒磨机细磨，进一步分成三级：大于 3mm 部分返回棒磨，0.037～3mm 部分可作为成品砂直接供胶结充填细骨料使用，小于 0.037mm 部分细泥，直接排至沉淀坝丢弃。

图 4-30 所示为红透山铜矿建立的井下废石破碎充填系统。

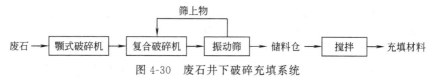

图 4-30 废石井下破碎充填系统

选用 PEF500×750 颚式破碎机、PFL-1500 复合破碎机、GZ7 振动给料机、SZZ1250×2500 振动筛、B650 胶带输送机等设备，其中 PFL-1500 复合破碎机具有破碎比大、最大入料粒度 80～180mm、出料粒度 3～5mm 占 60％～90％、小时处理能力 60～110t、噪声低、能耗低等优点。充填料粒径在 6mm 以下，其中 4.75～6.0mm 占 15.1％、3.35～4.75mm 占 8.9％、2.00～3.35mm 占 12.0％、1.40～2.00mm 占 7.8％、1.40mm 以下占 56.2％，完全达到设计要求。

（2）废石生产硅酸盐水泥 利用废石代替黏土可生产硅酸盐水泥和低碱水泥。图 4-31 所示为利用废石完全代替黏土生产硅酸盐水泥工艺流程，所用废石为低品位石灰石和煤矸石等。

图 4-31 废石生产工艺水泥工艺流程

低品位石灰石是高硅低钙的黄长石类，煤矸石为高硅高铝高岭石类。因此，这两类废石的硅含量均较高，铁含量较低，可用铁矿石调节生料成分，重晶石尾矿为矿化剂。

用废石烧制的水泥熟料，$C_3S$ 含量达 50% 以上，游离氧化钙含量在 3% 以下。所生产的硅酸盐水泥各项指标都达到 GB 175—92 标准。

另外，用电厂高硅粉煤灰、高硅废石代替黏土和部分铁粉已成功生产出了低碱水泥，其产品质量符合 GB 175—1999 的规定。

## ● 参考文献

[1] 周乐光. 矿石学基础. 北京：冶金工业出版社，2007.

[2] 陈甲斌，朱欣然，张福生. 尾矿资源综合利用现状与模式研究. 化工矿物与加工，2011 (12)：23-25.

[3] 常前发. 我国矿山尾矿综合利用和减排的新进展. 金属矿山，2010 (3)：1-5.

[4] 郑华. 蛇纹石尾矿提取氧化镁工艺研究. 洛阳师范学院学报，2001, (5)：52-54.

[5] 王云. 用浸出-沉淀法从浮选尾矿中回收镍. 有色金属，2001, 5 (4)：26-28.

[6] 戈保梁，杨波等. 云锡高砷高硫尾矿中有价元素的综合回. 金属矿山，2003, (4)：51-53.

[7] 刘述平，吴萍. 以钾长石尾矿为原料制备微晶玻璃饰面材料. 矿产综合利用，2003, (4)：44-47.

[8] 彭琴秀. 德兴铜矿含铜废石细菌浸出试验研究. 湿法冶金，2002, (6)：83-87.

[9] 吕波. 红透山铜矿井下废石破碎充填系统评述. 有色矿冶，2001, 17 (5)：5-7.

[10] 张金青，孙小卫，牛艳宁. 我国矿山尾矿生产新型建材系列产品. 矿产保护与利用，2012 (2)：56-58.

## ● 习题

(1) 简述尾矿、废石的组成、性质及其应用特点。

(2) 查询统计我国矿山尾矿的排放总量及尾矿中金属资源量。

(3) 攀钢选矿厂所产钒钛磁铁矿尾矿的矿物成分为：钛磁铁矿 15%、钛铁矿 9%、钛辉石 45%、斜长石 30%、磁黄铁矿 1%。试设计合理的工艺实现其整体利用。

(4) 唐山石人沟铁尾矿为高硅、低硫，其中硅以石英和硅酸盐形式存在，为非活性硅，各成分含量分别为：$SiO_2$ 34.54%、$TiO_2$ 7.17%、$Al_2O_3$ 12.67%、$Fe_2O_3$ 14.64%、FeO 8.62%、MgO 10.99%、CaO 0.22%、MnO 0.08%，试设计合理的工艺实现其整体利用。

(5) 简述尾矿井下充填技术分类、原理及应用特点。

(6) 举例说明尾矿生产絮凝剂的原理和应用。

(7) 简述废石生产水泥的工艺及其特点。

(8) 简述细菌堆浸法从低品位铜矿中回收铜的主要工艺流程。

(9) 简述国内铅锌尾矿中主要可回收的矿物种类及回收工艺特点。

(10) 论述从尾矿中回收非金属矿物的可能性及其回收工艺。

# 5 煤系固体废物的资源化

煤系固体废物来自煤的开采、加工和利用过程，包括煤矸石、粉煤灰和锅炉渣等，它们在工业固体废物中占有很大的比重，引起严重的环境问题。但它们的组成和性质决定了它们有很高的利用价值，可再资源化利用。

## 5.1 煤矸石的资源化

煤矸石的产生量很大，约占我国工业废渣年排放总量的 1/4，它是采煤过程和洗煤过程中排出的固体废物，是一种在成煤过程中与煤层伴生的含碳量较低、比煤坚硬的黑灰色岩石。一般每采 1t 原煤排矸石 0.2t。据统计，煤矸石每年以 $0.8 \times 10^8 \sim 1.0 \times 10^8$ t 的速度增加。因此，煤矸石是一类数量较大的固体废物。

### 5.1.1 煤矸石的组成和性质

（1）煤矸石的组成

① 化学组成　煤矸石的化学成分比较复杂，所包含的元素可多达数十种，$SiO_2$、$Al_2O_3$ 是主要成分，另含有数量不等的 $Fe_2O_3$、$CaO$、$MgO$、$K_2O$、$Na_2O$ 以及磷、硫的氧化物（$P_2O_5$、$SO_3$）和微量的稀有金属元素，如 $Ga$、$Be$、$Co$、$Cu$、$Mn$、$Mo$、$Ti$、$Pb$、$V$、$Zn$、$In$、$Bi$、$Ge$ 等，有的还含有放射性元素，表 5-1 所示为煤矸石的化学组成。

表 5-1　煤矸石的化学组成　　　　　　　　　　单位：%

| $SiO_2$ | $Al_2O_3$ | $CaO$ | $MgO$ | $Fe_2O_3$ | $TiO_2$ | $P_2O_5$ | $V_2O_5$ | $Na_2O+K_2O$ | 烧失量 |
|---------|-----------|-------|-------|-----------|---------|----------|----------|--------------|--------|
| 51~65 | 16~36 | 1~7 | 1~4 | 2~9 | 0.9~4 | 0.078~0.24 | 0.008~0.01 | 1~2.5 | 2~17 |

② 矿物组成　煤矸石与煤系地层共生，是多种矿岩组成的混合物，属沉积岩。其岩石种类主要有黏土岩类、砂岩类、碳酸盐类、铝质岩类。黏土岩中主要矿物组分为黏土矿物，其次为石英、长石、云母和黄铁矿、碳酸盐等自生矿物，此外还含有丰富的植物化石、有机质、碳质等。黏土矿物是非常细小的，常常不超过 $1 \sim 2 \mu m$，多是板状、层状或纤维状结构。黏土岩类在煤矸石中占有相当大的比例。

砂岩类矿物多为石英、长石、云母、植物化石和菱铁矿结核等，并含有碳酸盐的黏土矿物或其他化学沉积物。采煤掘进巷道选出的煤矸石，大多以砂岩为主。

碳酸盐类的矿物组成为方解石、白云石、菱铁矿，并混有较多的黏土矿物、陆源碎屑矿物、有机物、黄铁矿等。

铝质岩类均含有三水铝矿、一水软铝石、一水硬铝石等高铝矿物，此外还常常含有石英、玉髓、褐铁矿、白云母、方解石等矿物。

在自然条件下，煤矸石会发生自燃。经过自燃的煤矸石，矿物组分会发生变化。如果自燃温度较高，燃烧比较充分，矿物中便不再有高岭土、水云母等矿物存在，而主要是一些性质稳定的晶体，如石英、赤铁矿、莫来石等矿物。但一般自燃温度都偏低，部分矸石完全不燃烧，矿物中还残留有高岭土、水云母等，并有少量赤铁矿。但此时高岭土、水云母等已大部分失去结晶水而使晶格遭到了破坏，形成了玻璃体类物质。

自燃后的煤矸石中可燃物大大减少，$SiO_2$、$Al_2O_3$ 等含量相对增加，与火山灰比，化学成分相似。

（2）煤矸石的活性　黏土岩类煤矸石主要由黏土矿物组成，加热到一定温度时（一般为 700～900℃），原来的结晶相分解破坏，变成无定型的非晶体，使煤矸石具有活性。活性的大小和煤矸石的矿物组成和煅烧温度有关。

① 高岭石的变化　高岭石在 500～600℃ 脱水，晶格破坏，形成无定形偏高岭土，具有火山灰活性，其脱水反应式为：

$$Al_2O_3 \cdot 2SiO_2 \cdot 2H_2O（高岭石）\xrightarrow{>450℃} Al_2O_3 \cdot 2SiO_2（偏高岭土）+2H_2O$$

在 900～1000℃，偏高岭土发生重结晶，形成非活性物质，其重结晶反应式为：

$$2(Al_2O_3 \cdot 2SiO_2)\xrightarrow{900～1000℃} 2Al_2O_3 \cdot 3SiO_2（硅尖晶石）+SiO_2（无定形）$$

② 水云母矿的变化　水云母矿（$K_2O \cdot 5Al_2O_3 \cdot 14SiO_2 \cdot 4H_2O$）在 100～200℃ 脱去层间水，450～600℃ 失去分子结晶水，但仍保持原晶格结构。在 600℃ 以上才逐渐分解，晶体逐渐破坏，开始出现具有活性的无定形物质，达到 900～1000℃ 时，分解完毕，具有较高的活性。而在 1000～1200℃ 时，又出现重结晶，向晶质转变，活性降低。

③ 石英的变化　一般石英矿物在升温和降温过程，其结晶态呈可逆反应，反应式为：

$$\beta\text{-石英}\xleftrightarrow{573℃}\alpha\text{-石英}\xrightarrow{870℃}\alpha\text{-鳞石英}\xrightarrow{1470℃}\alpha\text{-方石英}$$

而在成分复杂的煤矸石中，石英的含量随温度升高而降低。这种变化，可能产生这样一些效应：生成无定形 $SiO_2$，提高煤矸石烧渣的火山灰活性；生成石英变体，仍属非活性物质；生成莫来石晶体，活性降低。

④ 莫来石的生成　煤矸石煅烧过程中，一般在 1000℃ 左右便有莫来石（$3Al_2O_3 \cdot 2SiO_2$）生成，到 1200℃ 以上，生成量显著增加。莫来石的大量生成，降低了煤矸石的活性。

⑤ 黄铁矿的变化　黄铁矿是可燃物质，随煤矸石一起燃烧，晶体相应地发生变化，生成 $\alpha$-赤铁矿，对煤矸石活性无补，反应式为：

$$4FeS_2+11O_2\xrightarrow{600℃} 2Fe_2O_3+8SO_2$$

因此，作为煤矸石主要矿物组分的黏土类矿物和云母类矿物的受热分解与玻璃化是煤矸石活性的主要来源。而煤矸石的活性依赖于其煅烧温度，当其受热到某一温度时，晶体就会破坏，变成非晶质而具有活性。但是，物质往往在非晶质化的同时，伴随着重结晶的开始，随着新结晶相的增多，非晶质相应减少，活性又逐渐降低。因此，煅烧温度过高或过低，受热时间过长或过短，都不能得到最佳活性。理论上，这个温度应该是使煤矸石中的黏土类矿物尽可能多地分解成为无定形物质，而新生成的结晶相又最少。人们根据黏土类矿物受热过程的物相变化，一般认为产生活性有两个温度区域：一个在 600～950℃，为中温活性区，一个在 1200～1700℃，为高温活性区。对于煤矸石来说，一般只煅烧到 1100～1200℃，尚未出现高温活性区，故通常利用中温活性区。在实际生产中，由于矸石受所含矿物组分、燃料粒径、炉膛温度等因素的影响，实际煅烧温度比理论值略高。对于以高岭石为主的煤矸石，最佳煅烧温度为 600～950℃，对于以云母矿为主的煤矸石，最佳煅烧温度为 1000～1050℃。

（3）煤矸石的资源化途径　不同地区煤矸石，其组成和性质存在很大差异，必须根据当地条件因地制宜地选择煤矸石资源化技术。我国各地煤矸石的含碳量差别很大，其热值波动范围一般为837～12600kJ/kg。为了合理利用煤矸石资源，我国煤炭和建材工业按热值划分煤矸石的合理用途，如表5-2所示。就目前而言，技术成熟、利用量较大的途径是生产建筑材料，主要是制水泥和烧结（内燃）砖。

表5-2　煤矸石的合理利用途径

| 热值/(kJ/kg) | 合理利用途径 | 说明 |
|---|---|---|
| ＜2090 | 回填、修路、造地、制骨料 | 制骨料以砂岩类未燃矸石为宜。 |
| 2090～4180 | 烧内燃砖 | CaO含量低于5％ |
| 4180～6270 | 烧石灰 | 渣可作混合材、骨料 |
| 6270～8360 | 烧混合材、制骨料、代土节煤烧水泥 | 用于小型沸腾炉供热产气 |
| ＞8360 | 烧混合材、制骨料、代土节煤烧水泥 | 用于大型沸腾炉供热发电 |

一般，含碳量高于20％的矸石，应进行洗选回收煤炭。含硫量高于5％的矸石应回收硫铁矿。高硫矸石堆应用石灰浆、土浆等灌注其孔隙，以隔绝空气，抑制自燃。自燃后的矸石成为一种多孔、质轻并有较高的胶凝活性材料，破碎筛分后，可作为轻质骨料使用，其保温、隔热、耐热性能都较好，自燃矸石磨细后即可作为水泥、混凝土、砂浆等的掺合料。

此外，煤矸石还可以用来生产化工产品（聚合铝、分子筛、氨水等）和农用肥料（硫酸铵、直接用作农肥）等。

### 5.1.2　煤矸石中能源物质的回收

煤矸石中含有一定数量的固定炭和挥发分，可以用来代替燃料。目前，采用煤矸石作燃料回收其中能源的工业主要有化铁、烧锅炉、烧石灰和回收煤炭。

（1）化铁　铸造生产中一般都是采用焦炭化铁。实践证明，用焦炭和煤矸石的混合物作燃料化铁也可获得良好的效果，如有的生产厂用发热量为7.54～11.30MJ/kg的煤矸石代替1/3左右的焦炭。当用直径800mm的冲天炉化铁时，需加底炭为300～350kg，每批料加石灰石80～85kg、生铁800kg、焦炭75kg。如果在底炭中加入400kg煤矸石，每批料中加入120kg煤矸石，则底炭加焦炭200～250kg，每批料加焦炭50kg即可。煤矸石的块度要求80～200mm，铸铁的化学成分和铸件质量都符合要求。但由于煤矸石灰分较高，要求做到勤通风眼、勤出渣、勤出铁水。

（2）烧锅炉　使用沸腾锅炉燃烧，是近年来发展的新的燃烧技术之一。沸腾锅炉的工作原理，是将破碎到一定粒度的煤末，用风吹起，在炉膛的一定高度上成沸腾状燃烧。煤在沸腾炉中的燃烧，既不是在炉排上进行，也不是像煤粉炉那样悬浮在空间燃烧，而是在沸腾炉料床上进行，如图5-1所示。

沸腾炉的突出优点是对煤种适应性广，可燃烧烟煤、无烟煤、褐煤和煤矸石。沸腾炉料层的平均温度一般在850～1050℃，料层很厚，相当于一个大蓄热池，其中燃料仅占5％左右，新加入的煤粒进入料层后就和几十倍的灼热颗粒混合。因此，能很快燃烧，故可应用煤矸石代替。实践证明，利用含灰分高达70％，发热量仅7.50MJ/kg的煤矸石烧锅炉，锅炉运行正常，40％～50％的热可直接从床层接收。

煤矸石应用于沸腾锅炉，为煤矸石的利用找到了一条新途径，可大大地节约燃料和降低成本。但由于沸腾锅炉要求将煤矸石破碎至8mm以下，故燃料的破碎量大，此外煤灰渣量大，沸腾层埋管磨损较严重，耗电量亦较大。

（3）烧石灰　通常，烧石灰都是利用煤炭作为燃料，大约每产1t石灰需煤370kg。同时，煤炭还需破碎至25～40mm，因此，生产成本比较高。

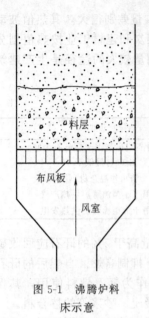

图 5-1　沸腾炉料
床示意

国内一些厂用煤矸石作为燃料烧石灰获得成功。用煤矸石烧石灰时，除特别大块的煤矸石需要破碎外，100mm 以下的一般不需破碎，大约生产 1t 白灰需煤矸石 600～700kg。虽然煤矸石用量较高，但用煤矸石代替煤炭，可保持炉窑的生产操作正常稳定，且可提高炉窑的生产能力。所得石灰质量较好，生产成本亦有了显著降低。

（4）回收煤炭　煤矸石中混有一定数量的煤炭，可利用现有的选煤技术回收，同时这也是综合利用煤矸石时必需进行的预处理工作。尤其用煤矸石生产水泥、陶瓷、砖瓦和轻骨料等建筑材料时，预先洗选煤矸石中的煤炭，对保证煤矸石建筑材料的产品质量，稳定生产操作十分有益。

一般，回收煤炭的煤矸石含煤炭量应大于 20%。国外一些国家建立了专门从煤矸石中回收煤炭的选煤厂。洗选工艺主要有两种，即水力旋流器分选和重介质分选。

① 水力旋流器分选工艺　美国雷考煤炭公司利用图 5-2 所示工艺回收其中的煤炭，流程中主要由五台伦科尔型水力旋流器（直径 508mm）、定压水箱、脱水筛、离心脱水机等设备组成。

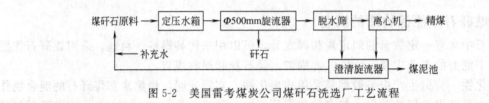

图 5-2　美国雷考煤炭公司煤矸石洗选厂工艺流程

原料粒度小于 32mm，其中，煤矸石含量 65%，煤炭含量 35%，处理能力 230t/h，得到的精煤热值达到 13146kJ/kg，获得能力 70t/h。

伦科尔型水力旋流器是一种新型高效率的旋流器，其旋流方向与普通旋流器采用的顺时针方向不同，而是采用反时针方向旋转。煤粒由旋流器中心向上旋出，煤矸石从底流排出。这种旋流器易于调整，可在几分钟内调到最佳工况。另外，旋流器不需要永久性基础，便于移动，可以根据煤矸石山和铁道的位置把全套设备用低架拖车搬运到适当地点，这比固定厂址的分选设备机动灵活。全套设备只需 2 人操作。

② 重介质分选工艺　英国苏格兰矿区加肖尔选煤厂采用重介质分选法从煤矸石中回收煤，日处理煤矸石 2000t。设有两个分选系统，分别处理粒度 9.5mm 以上的大块煤矸石和 9.5mm 以下的细粒煤矸石。大块煤矸石用两台斜轮重介质分选机分选，选出精煤、中煤和废矸石 3 种产品。精煤经脱水后筛分成四种粒径的颗粒供应市场。小块煤矸石用一台沃赛尔型重介质旋流器洗选，选出的煤与斜轮分选机选出的中煤混合，作为末煤销售。沃赛尔型重介质旋流器洗选效率达 98.5%，可以处理非常细的末煤和煤矸石，每小时处理能力为 90t。

（5）利用煤矸石造气　国内有些厂利用煤矸石做燃料，采用回转式自动排渣混合煤气发生炉造煤气。这是一种混合煤气，也叫半水煤气，气化主要过程如下：

① 碳与氧的反应　空气通过高温燃料层，生成一氧化碳和二氧化碳，反应式为：

$$C+O_2 \longequal CO_2+0.4MJ$$
$$2C+O_2 \longequal 2CO+0.24MJ$$
$$2CO+O_2 \longequal 2CO_2+0.57MJ$$

$$CO_2 + C === 2CO - 0.16MJ$$

② 碳与蒸汽的反应　灼热的碳使水蒸气中的氢还原，反应式为：

$$C + 2H_2O(汽) === CO_2 + 2H_2 - 0.08MJ$$

$$C + H_2O(汽) === CO + H_2 - 0.12MJ$$

图 5-3 所示为回转式自动排渣混合煤气生产工艺流程。煤矸石由给料口加到煤气发生炉。一次鼓风机的风流沿管道经炉底的塔形炉算进入炉内，同时，适量水蒸气通过管道同一次风混合送入发生炉，制成混合煤气。混合煤气经管道进入油水分离器，净化并分出杂质后，煤气进入燃烧器。

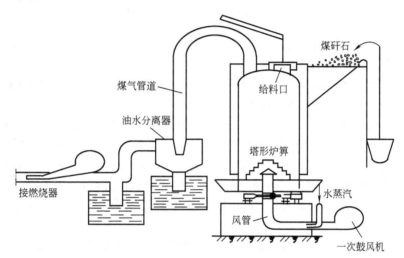

图 5-3　回转式自动排渣混合煤气生产工艺

（6）利用煤矸石发电　利用煤矸石发电是 20 世纪 60 年代初开发流化床（沸腾床）燃烧技术以来的新成果。1975 年在四川永荣矿务局建立了中国第一座流化床煤矸石电厂，燃烧选煤厂的洗矸和劣质煤，流化床锅炉为 35 蒸 t/h，1983 年通过了技术鉴定。

江西萍乡矿务局高坑矿在此基础上建立了煤矸石发电厂，采用 3 台 35 蒸 t/h 的流化床锅炉，采用的是高坑矿选煤厂的洗矸和部分中煤，灰分在 50% 以上，粒度为 −8mm。装机容量为 $1.8 \times 10^4$ kW。经过长期并网运行，蒸汽参数稳定，燃烧情况正常，锅炉效率达 71%以上，发电成本低，获得良好的经济效益和环境效益。

我国第一座以燃烧选煤厂浮选尾煤的试验热电厂——山东兖州矿务局兴隆庄煤泥电厂已正常运行多年。该厂采用 3 台 35 蒸 t/h 和 2 台 $0.6 \times 10^4$ kW 的凝汽式汽轮发电机组。其中一期工程建成为 $1 \times 35$ 蒸 t/h 煤泥流化床锅炉配 $1 \times 0.6$ kW 凝汽式汽轮发电机组，年发电能力 $3.6 \times 10^7$ kW·h，年供电量 $3.168 \times 10^7$ kW·h，年供热量为 $4.5866 \times 10^{10}$ kJ。一期总投资 2995 万元，单位投资为 4992.77 元/kW，单位发电成本为 0.107 元/(kW·h)。它的建成为我国利用选煤厂高灰浮选尾煤开辟了极有前景的途径。

### 5.1.3　煤矸石生产建筑材料

目前，煤矸石主要用于生产建筑材料和筑路回填等。煤矸石建材主要包括煤矸石砖、煤矸石骨料、煤矸石水泥、煤矸石砌块等。

（1）煤矸石砖　利用煤矸石制砖包括用煤矸石生产烧结砖和作烧砖内燃料。泥质和碳质煤矸石，质软、易粉碎，是生产煤矸石砖的理想原料。用作矸石砖的煤矸石，要求发热量在 2100~4200kJ/kg 范围。当发热量过低时需加煤以免砖欠烧，发热量过高时易造成砖过火。

还要求含 $SiO_2$ 50%～70%，含氧化铝15%～20%，含氧化铁3%～8%。

煤矸石砖以煤矸石为主要原料，一般占坯料重量的80%以上，有的全部以煤矸石为原料，有的外掺少量黏土。图5-4所示为煤矸石烧结砖生产工艺流程。

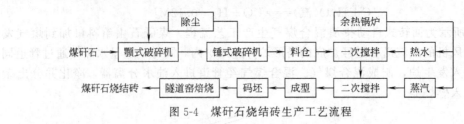

图5-4　煤矸石烧结砖生产工艺流程

煤矸石制砖工艺与黏土制砖工艺相似，主要包括原料的破碎、成型、砖坯干燥和焙烧等工序。焙烧时基本不要再外加燃料。

① 破碎　煤矸石的破碎通常采用颚式破碎机、反击式破碎机、风选锤式破碎机、风选球磨机等。破碎一般采用二段或三段破碎工艺。当采用二段破碎工艺时，第一段破碎（粗破碎）可选用颚式破碎机，第二段破碎（细破碎）可选用锤式风选式破碎机。当采用三段破碎工艺时，可在第一级与第二级破碎之间增加一台反击式破碎机作中破碎。当煤矸石中含有一定量石灰石、黄铁矿或泥料的塑性较差时，为了保证产品的质量和成型工艺对泥料塑性的要求，细破碎可选用球磨或球磨与锤碎相结合的工艺，将锤碎与球磨加工的物料掺和使用。一般，破碎后煤矸石粒度应控制在＞3mm的颗粒不超过5%，＜1mm细粉在65%以上的范围。

② 成型　由于煤矸石粉料的浸水性差，一般均采用二次搅拌或蒸汽搅拌使成型水分在泥料中均匀分布，以改善泥料塑性，成型水分一般要求15%～20%。成型方法有湿塑法和半干压法两种，湿塑法采用各种型号的螺旋机挤出砖坯，半干压法可采用夹板锤成型或压砖坯成型。煤矸石砖的成型一般采用塑性挤出成型，使无定型的松散泥料压成紧密的且具有一定断面形状的泥条，再经切坯机将泥条切成一定尺寸的砖坯。

③ 干燥　塑性挤出成型的砖坯，由于含水率较高，因此砖坯必须经过干燥后才能入窑焙烧。目前除个别厂仍采用自然干燥外，一般均利用余热进行人工干燥。由于煤矸石坯料中含有一定数量的颗粒料，加上砖坯含水量比黏土砖坯低，因此干燥周期短。干燥收缩一般在2%～3%范围内。

④ 焙烧　焙烧是煤矸石烧结砖生产中的一个既复杂而又关键的工序。焙烧过程与黏土砖基本相同，只是煤矸石砖内的可燃物多，发热量高，要相应延长恒温时间。煤矸石的烧结温度范围一般为900～1100℃。焙烧窑用轮窑、隧道窑比较适宜。由于煤矸石含10%左右的炭及部分挥发物，故焙烧过程不需加热。

煤矸石砖质量较好，颜色均匀，抗压强度一般为9.8～14.7MPa，抗折强度为2.5～5MPa，抗冻、耐火、耐酸、耐碱等性能均较好，其强度和耐磨蚀性均优于黏土砖，成本较低。因此，是一种极有发展前途的墙体材料。

(2) 煤矸石生产轻骨料　适宜烧制轻骨料的煤矸石主要是碳质页岩和选煤厂排出的洗矸，矸石中碳含量不能过高，以低于13%为宜。用煤矸石烧制轻骨料有成球与非成球两种方法。

① 成球法　将煤矸石破碎和粉磨后制成球状颗粒，然后送入窑炉中焙烧。图5-5所示为国内回转窑法生产煤矸石陶粒工艺流程。

煤矸石陶粒所用原料为煤矸石和绿页岩。绿页岩是露天矿剥离排出的废石，磨细后塑性

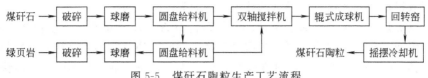

图 5-5　煤矸石陶粒生产工艺流程

较大，煤矸石陶粒主要用它作为成球胶结料。其原料配比是绿页岩：煤矸石＝2：1，或者绿页岩：沸腾炉渣＝（1～2）：1。生料球在回转窑内焙烧，焙烧温度为 1200～1300℃。

煤矸石能否煅烧成轻骨料，取决于其在 1150～1320℃ 高温塑性阶段能否膨胀，在适当温度下，取决于煤矸石中是否有足够的矿物分解或氧化还原而产生 $CO$、$CO_2$、$SO_2$、$SO_3$ 等气体，同时取决于在此温度下能否同时产生适当黏度的玻璃相，以形成适当的孔隙结构。煤矸石中的有机物和铁氧化物之间的氧化还原是导致"膨胀"的主要原因。前苏联学者认为煤矸石的岩石组成和矿物组成是决定能否生产轻骨料的条件，含泥板岩和黏土质物质多的煤矸石比较适合生产轻骨料，而含砂岩、含碳杂质多的煤矸石就不适合生产轻骨料。

煤矸石陶粒是大有发展前途的轻骨料，不仅为处理煤炭工业废料，减少环境污染，找到了新途径，还为发展优质、轻质建筑材料提供了新资源，是煤矸石综合利用的一条重要途径。

② 非成球法　把煤矸石破碎到一定粒度直接焙烧的方法。将煤矸石破碎到 5～10mm，由皮带机输送到料仓，并铺设在炉篦子烧结机上，烧结机向前移动。当矸石点燃后，火由料层表面向内部燃烧，料层中部温度约 1200℃，底层温度小于 350℃，未燃的矸石经筛分分离，再返回下料端重新烧结，烧结好的轻骨料经喷水冷却、破碎、筛分分级出厂。

除烧制法外，有些地方直接将经过自燃的煤矸石破碎，筛分生产煤矸石轻骨料，这种烧制法生产工艺简单，产品成本低，阜新等地区已生产多年。

（3）煤矸石作原燃料生产水泥　煤矸石能作原燃料生产水泥，是由于煤矸石和黏土的化学成分相近，代替黏土提供硅质和铝质成分。煤矸石还能释放一定热量，可代替部分燃料。煤矸石作原燃料生产水泥的工艺过程与生产普通水泥基本相同。图 5-6 所示为水城水泥厂利用煤矸石生产水泥工艺流程。

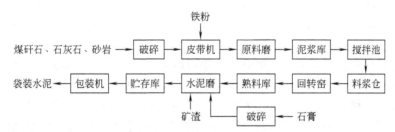

图 5-6　水城水泥厂利用煤矸石生产水泥工艺流程

将原燃料按一定比例配合，磨细成生料，烧至部分熔融，得到以硅酸钙为主要成分的熟料，再加入适量的石膏和混合材料（矿渣），磨成细粉而制成煤矸石水泥，即采用所谓的"二磨一烧"工艺，煅烧设备可用回转窑或立窑。

利用煤矸石生产水泥时，主要应根据煤矸石中 $Al_2O_3$ 含量的高低以及石灰质等原料的质量选择合理的配料方案。为便于使用，一般按照对配料影响较大的 $Al_2O_3$ 含量多少，将煤矸石大致分为低铝（20％±5％）、中铝（30％±5％）和高铝（40％±5％）三大类。

第一类可代替黏土生产普通水泥，在配料上和黏土配料几乎相同，生产上除了煤矸石需要破碎和预均化外，并无其他要求。用煤矸石代替黏土物料易烧性好，化学反应完全，烧成温度低，可取得增产、节煤、质量好的技术经济效果。

第二、三类煤矸石生产普通水泥时，由于熟料中 $Al_2O_3$ 含量高，形成铝酸三钙（$C_3A$）矿物较多，因而会导致水泥快速凝结和质量下降。因此，通常需加入高硅质配料提高水泥熟料中硅酸三钙（$C_3S$）矿物含量后制造普通水泥。由于硅酸三钙（$C_3S$）水解很快，它在水化时形成高浓度的氢氧化钙 $Ca(OH)_2$。在高浓度的氢氧化钙存在的条件下，水泥水化时生成的铝酸四钙（$C_4A$）水化物就会在铝酸三钙（$C_3A$）颗粒上沉积成一层薄膜，从而可使铝酸三钙引起快凝的水化作用减慢。此外，为了改善水泥生料的烧结性能往往还加入一定量的铁粉和矿化剂。用中铝和高铝煤矸石生产水泥时的水泥配料及熟料化学成分如表 5-3 所示。

表 5-3　几种煤矸石水泥配料及熟料化学成分　　　　　　　　单位：%

| 生料配合比 | | | | | 熟料化学成分 | | | | | |
|---|---|---|---|---|---|---|---|---|---|---|
| 石灰石 | 煤矸石 | 铁粉 | 煤 | 萤石 | $SiO_2$ | $Al_2O_3$ | $Fe_2O_3$ | CaO | MgO | 游离 CaO |
| 71.2 | 17.0 | 4.8 | 6.0 | | 20.83 | 7.15 | 4.67 | 63.68 | 1.96 | 0.82 |
| 85.58 | 15.48 | 1.94 | | 1.0 | 21.05 | 6.67 | 4.75 | 61.17 | 3.65 | 0.92 |
| 80.0 | 20.0 | | | | 18.20 | 10.11 | 5.31 | 63.22 | 0.96 | 0.92 |
| 72.5 | 12.2 | 3.1 | 12.2 | | 17.48 | 6.76 | 7.02 | 65.65 | 3.39 | 6.59 |

（4）煤矸石作水泥混合材料　由于煤矸石经自燃或人工煅烧后具有一定活性，可掺入水泥中做活性混合材，与熟料和石膏按比例配合后入水泥磨磨细，然后入水泥库包装或散装出厂。图 5-7 所示为广西隆安水泥厂利用煤矸石作水泥混合材工艺流程。

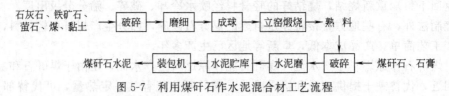

图 5-7　利用煤矸石作水泥混合材工艺流程

该厂所用煤矸石为自燃矸石。自燃矸石具有一定的活性，其成分主要是活性 $Al_2O_3$ 和活性 $SiO_2$。利用自燃矸石作水泥混合材生产水泥，其活性的 $Al_2O_3$ 和 $SiO_2$ 能与水泥的水化物 $Ca(OH)_2$ 起化合作用，生成稳定的不溶于水的水化产物 $x\,CaO \cdot SiO_2 \cdot nH_2O$ 和 $y\,CaO \cdot Al_2O_3 \cdot nH_2O$，从而起到改善水泥安定性和提高水泥强度的作用。

利用煤矸石作水泥混合材生产水泥，不需增加设备，完全是利用原有工艺设备进行。煤矸石含水率应控制在 6% 左右，粒度小于 20mm。

煤矸石作混合材料时，应控制烧失量≤5%，$SO_3$≤3%，火山灰性试验必须合格，水泥胶砂 28 天抗压强度比≥62%。煤矸石掺入量的多少取决于熟料质量与水泥品种和标号。一些大中型水泥厂在水泥熟料中掺入 15% 的煤矸石，可制得 325～425 号普通硅酸盐水泥。掺量超过 20% 时，按国家规定，就成了火山灰硅酸盐水泥。火山灰质硅酸盐水泥可掺混合材 20%～50%。

（5）煤矸石生产特种水泥　利用煤矸石含 $Al_2O_3$ 高的特点，应用中、高铝煤矸石代替黏土和部分矾土，可以为水泥熟料提供足够的 $Al_2O_3$，制造出具有不同凝结时间、快硬、早强的特种水泥以及普通水泥的早强掺和料和膨胀剂。根据其成分特点可分为含有硫铝酸钙、氟铝酸钙或者两者兼有以及含有较多铝酸盐矿物（$C_3A$、$C_{12}A_7$）的硅酸盐水泥熟料。我国某厂生产的煤矸石速凝早强水泥原料配料如表 5-4 所示，其熟料化学成分控制范围如表 5-5 所示。

表 5-4 煤矸石速凝早强水泥原料配料　　　　　　　　　　单位：%

| 原　料 | 石灰石 | 煤矸石 | 褐煤 | 白煤 | 萤石 | 石膏 |
|---|---|---|---|---|---|---|
| 配比 | 67 | 16.7 | 5.4 | 5.4 | 2.0 | 3.5 |

表 5-5 煤矸石速凝早强水泥熟料化学成分　　　　　　　　　单位：%

| CaO | $SiO_2$ | $Al_2O_3$ | $Fe_2O_3$ | $SO_3$ | $CaF_2$ | MgO |
|---|---|---|---|---|---|---|
| 62~64 | 18~21 | 6.5~8 | 1.5~2.5 | 2~4 | 1.5~2.5 | <4.5 |

　　这种速凝早强水泥 28 天抗压强度可达 49~69MPa，并具有微膨胀特性和良好的抗渗性能，在土建工程上应用能够缩短施工周期，提高水泥制品生产效率，尤其可以有效地用于地下铁道、隧道、井巷工程，作为墙面喷复材料及抢修工程等。

　　(6) 煤矸石生产岩棉　煤矸石棉是利用煤矸石和石灰石等为原料，经高温熔化、喷吹而成的一种建筑材料。图 5-8 所示为煤矸石生产岩棉工艺流程。

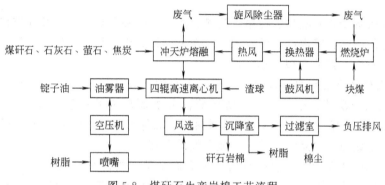

图 5-8　煤矸石生产岩棉工艺流程

　　煤矸石棉生产原料配比为：煤矸石 60%、石灰石 40% 或煤矸石 60%、石灰石 30%、萤石 6%~10%，再加适量焦炭。煤矸石是煤层中或周围有可燃物质的岩石，它与生产岩棉普遍使用的玄武岩、白云石、矿渣等原料不同，除了有可燃物外，主要含有 $SiO_2$、$Al_2O_3$、CaO、MgO 等多种化学物质。其矿物组成主要是黏土矿物，以高岭石、水云母为主，还含有石英、长石和黄铁矿等。当在炉内煅烧到 600~1100℃ 时，高岭石、水云母和石英分别分解成无定形物质并开始熔化，当煅烧到 1100℃ 以上时，玻璃黏滞体形成，在加入碱性助熔离子的作用下，这种黏滞体又促进了黏土矿物的玻璃化作用，使细小而能起反应的颗粒结合到玻璃体中去。由于碱性助熔离子能够有效地降低系统的熔点和黏度，且高岭石熔融前又有一个玻璃化阶段，所以某些矿物便可在低于其共熔点数百度的温度下玻璃化，促使熔融物全部变成具有一定流动性的玻璃熔液。利用高速离心方法，可将高温的玻璃熔液制成细长柔软的矿物纤维——煤矸石岩棉。

　　熔化设备可采用冲天炉，以焦炭为燃料。焦炭与原料的配比为 1：(2.3~5)。先将炉底部的流出口关好，用焦炭末和锯木屑的混合物锤紧，直到喷嘴的高度为止，然后在上面铺一层木柴作引火燃料。最后铺一层焦炭、一层煤矸石和石灰石的混合料，每次装料 150kg 左右。料装好后，将木柴点燃以引着焦炭。炉内燃烧温度可达 1200~1400℃，煤矸石全部熔融后，将熔融状态的液体从喷嘴流出，并用风机以 10° 仰角将熔浆吹入密封室中，即为煤矸石棉。

　　煤矸石岩棉，可作为保温、隔热材料。抚顺市砖瓦厂用煤矸石制成的岩棉，棉质细、纤维长，含渣球少，保温和耐火性能达 750℃。平顶山矿务局用 60% 的煤矸石和 40% 的石灰石作原料，用焦炭将它加热至 1200～1400℃ 熔化，再用风机喷吹成棉，其质量也很好。现在用煤矸石生产岩棉的还有河南方庄煤矿等多处。

（7）煤矸石生产微孔吸音砖　用煤矸石可以生产微孔吸音砖，其工艺流程如图 5-9 所示。首先将粉碎了的各种干料同白云石、半水石膏混合，然后将混合物料与硫酸溶液混合，约 15s 后，将配制好的泥浆注入模。在泥浆中由于白云石和硫酸发生化学反应而产生气泡，使泥浆膨胀，并充满模具。最后，将浇注料经干燥、焙烧而制成成品。

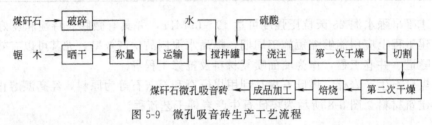

图 5-9　微孔吸音砖生产工艺流程

这种微孔吸音砖具有隔热、保温、防潮、防火、防冻及耐化学腐蚀性等特点，其吸声系数及其他性能均能达到吸声材料的要求。它取材容易，生产简单，施工方便，价格便宜。

（8）煤矸石生产其他类型的建筑材料

① 煤矸石生产空心砌块　以煤矸石无熟料水泥为胶结料，自燃或人工煅烧煤矸石为骨料，按一定配比经搅拌、振动成型、常压蒸汽养护而制成的中型（长 285～1170mm、高 280～880mm）并具有一定空隙率的墙体材料，产品标号可达 200 号。煤矸石空心砌块生产工艺简单，技术成熟，产品性能稳定，使用效果良好。

用低标号水泥加煤矸石混合搅拌后做成表面平整、构件密实的空心砌块，经自然养护 28d 或蒸汽养护达到标号后即可作墙体材料。矸石水泥空心砌块重量较轻，隔音、保温性能较好，可代替黏土砖。空心砌砖生产成本低，能耗省，既利用了煤矸石，又节省了黏土资源。

② 煤矸石生产建筑陶瓷　利用黏土性质的煤矸石或浮选尾矿可制成地板砖、釉面砖和下水道管。四川永荣矿务局和重庆煤研所利用永荣矿务局的煤矸石生产了质量很好的彩色釉面砖，荣获原煤炭部重大科技成果二等奖。1986 年已形成年产 100 万片釉面砖的生产能力，产品合格率高达 80% 以上，质地优良。

③ 煤矸石用作充填材料　煤矸石可用于煤矿塌陷区的充填、复土造田和矿井下采空区的充填。作充填材料时，粗细颗粒级配要适当，以提高其密实性，同时含碳量应较低。自燃矸石也可代替河砂、碎石作井巷喷射混凝土的骨料。

自燃矸石、粉煤灰加入少量水泥和速凝剂或少量高铝水泥可用作井巷工程的防护材料。

煤矸石或沸腾炉渣可作为路基、房地基和堤坝的建筑基础材料。用作基础材料的矸石必须是砂岩、粉砂岩类矸石，不能用碳酸盐类矸石或黏土类矸石。

自燃矸石、沸腾炉渣加入 5% 的水泥作路基具有很高的稳定性。成渝高速公路的路基就采用了大量的沸腾炉渣。另外，用 85% 的矸石，13%～14% 粉煤灰，再加 1%～2% 石灰混合而成的混合料也是很好的筑路材料。

### 5.1.4　煤矸石生产化工产品

从煤矸石中可生产化学肥料及多种化工产品，如结晶三氯化铝、固体聚合铝以及化学肥料氨水和硫酸铵、高岭土等。

（1）生产结晶三氯化铝和固体聚合铝　结晶氯化铝分子式为 $AlCl_3 \cdot 6H_2O$，外观为浅黄色结晶颗粒，易溶于水，是一种新型净水剂。聚合氯化铝是一种优质的高分子混凝剂，具有优良的凝结性能，广泛应用于造纸、制革、原水及废水处理等许多领域。在废水处理中应用，具有比目前常用的无机混凝剂 $Al_2(SO_4)_3$、$FeSO_4$、$FeCl_3$ 更优越的性能。结晶氯化铝是聚合氯化铝生产的中间产品。

聚合铝生产可供选择的矿物原料有铝钒土、硅藻土、高岭土、粉煤灰和煤矸石等。我国煤矸石资源丰富，是制取聚合铝最有前途的矿物原料，但要求所用煤矸石的含铝量较高，含铁量较低。聚合氯化铝制取方法很多，大致可分为热解法、酸溶法、电解法、电渗法等，图5-10 所示为煤矸石酸溶法制取聚合氯化铝的工艺流程。

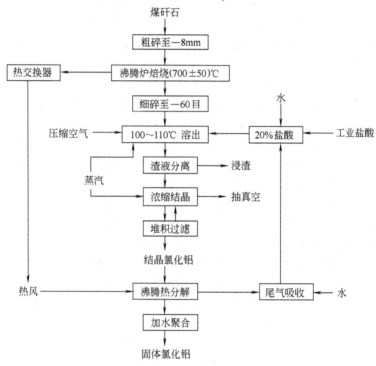

图 5-10　煤矸石酸溶法制取聚合氯化铝的工艺流程

煤矸石酸溶法制取聚合氯化铝工艺可分为粉碎、焙烧、连续酸溶、浓缩结晶、沸腾分解、配水聚合五道工序。

① 粉碎、焙烧　煤矸石经破碎使粒度<8mm后送至沸腾炉，在（700±50）℃温度下焙烧 0.5～1h，以脱除煤矸石中附着水和结晶水，改变晶体结构以利后续的酸浸作业。粗碎后的煤矸石在焙烧过程中，随着温度的升高，其中的高岭石成为非晶质或半晶质物质，进一步升温使高岭石逐渐转化为 $\gamma\text{-}Al_2O_3$ 和 $SiO_2$，其化学反应式如下：

$$Al_2O_3 \cdot 2SiO_2 \cdot 2H_2O \xrightarrow{550\sim700℃} Al_2O_3 \cdot 2SiO_2 + 2H_2O$$

$$Al_2O_3 \cdot 2SiO_2 \xrightarrow{700\sim800℃} \gamma\text{-}Al_2O_3 + 2SiO_2$$

在这一过程中温度不能过高，当温度超过 850℃时，$\gamma\text{-}Al_2O_3$ 逐渐转化为 $\alpha\text{-}Al_2O_3$，使反应失去活性，煤矸石中 $Al_2O_3$ 一般最高溶出率的焙烧温度控制范围为 600～800℃。

② 连续酸溶　焙烧后的煤矸石送到凉渣场自然冷却，送入球磨机磨细到小于 0.246mm（60 目），再与盐酸反应生成三氯化铝进入溶液中。浸出工艺条件如下。a. 选用在恒沸点附

近浓度为 20% 盐酸溶液较佳，这时氧化铝的溶出率较高。b. 酸溶设备采用四釜，用蒸汽直接加热，在常压温度为 100~110℃ 的条件下连续酸溶并压风搅拌。c. 溶出液采用混凝沉淀法进行分离。从反应釜连续流出的溶出液进入沉淀池，待沉淀池充满后加混凝剂聚丙烯酰胺或动物胶进行混合，静止 4h，得到含三氯化铝的清液。清液转入存贮池，滤渣排入渣坑，作生产水泥的混合材，以提高水泥标号的安定性。

③ 浓缩结晶　经渣液分离后的氯化铝清夜，即母液，送入浓缩罐内进行浓缩结晶。浓缩罐为搪瓷罐。将氯化铝母液加到罐内，罐体夹套通入蒸汽加热，蒸汽温度一般是 120~130℃，夹套内蒸汽压力一般保持在 0.3~0.4MPa。为加快浓缩和结晶的速度，采用负压浓缩，真空度一般在 0.067MPa（500mm 汞柱）以上。在加热和负压条件下，浓缩液内有大量结晶生成，当蒸出液为母液体积的 45%~50% 时，即停止加热浓缩，浓缩周期为 10h。打开底阀，将浓缩好的浓缩液放入缓冲冷却罐，使浓缩液冷却到 50~60℃，晶粒进一步增长。冷却后的浓缩液经脱水，即得到成品结晶氯化铝。蒸发出的水蒸气和部分盐酸气经文丘里管吸收，可循环使用。

浓缩液脱水采用真空吸滤的方法。真空吸滤所用的设备为真空吸滤池。真空吸滤池采用普通砖砌结构，内壁及池底衬三层玻璃钢及两层瓷板防腐。池底向滤出液出口方向倾斜。池底上用小瓷砖砌成支撑柱，支撑上部的玻璃钢穿孔滤板（开孔率 15%，孔径 13mm）。滤板上铺耐酸尼龙筛网。浓缩液放入池内，并启动真空泵。真空度一般达 0.053MPa（400mm 汞柱）。滤出液通过尼龙筛网和穿孔滤板流入池底，经滤出液放出口流入滤出液贮存池。尼龙筛网上部剩余黄色结晶体，便是结晶氯化铝成品。

④ 沸腾热解　浓缩结晶的 $AlCl_3$ 用热网加热到 170~180℃ 进行热分解，使产品碱化度控制在 70%~75%。热分解的 HCl 气体在吸收塔内循环吸收，用以配制稀盐酸，可在连续酸溶工序中重复利用。每分解 1t 结晶 $AlCl_3$ 可得 300kg HCl 气体，有明显的经济效益。

⑤ 配水聚合　从沸腾热解工序中得到的 $AlCl_3$，加水溶解混合并加以搅拌，产品由稀变稠，到一定浓度，从容器中倒出，经风干龟裂后即得固体聚合氯化铝混凝剂。

因此，固体聚合铝的生产方法是用煤矸石与盐酸为原料，生产出结晶氯化铝，再用结晶氯化铝生产固体聚合铝。结晶氯化铝在一定温度下加热，分解析出一定量的氯化氢和水分，而变成粉末状的产品，即碱式氯化铝（为便于与聚合物区别，叫聚合物单体）。这些单体能溶于水，但溶解时间较长，又不易完全溶解，混凝效果较差。如将单体聚合，即可得到溶解于水、混凝效果好的固体聚合铝。

(2) 煤矸石制备氢氧化铝、氧化铝　世界上绝大多数氢氧化铝、氧化铝均采用铝土矿碱法生产，要求有较高的铝硅比。以煤系硬质高岭岩为主要成分的煤矸石，在我国煤系地层中储量巨大，近 100 亿吨。煤矸石中高岭石含量为 90%~95%，主要成分为 $Al_2O_3$ 和 $SiO_2$，其中 $Al_2O_3$ 含量为 34%~39%。有些地区如内蒙古、山东、河北、山西等地煤矸石 $Al_2O_3$ 高达 40% 以上。因此，煤矸石可作为我国一种潜在的提铝、提硅资源。

图 5-11 所示为煤矸石制备氧化铝、水合氧化铝工艺流程。它分成两个阶段制备：铝盐制备阶段和制备水合氧化铝及氧化铝阶段。

① 铝盐制备阶段　煤矸石粉碎至 150 目以下后，放入反应釜中，加入浓度为 55%~60% 的硫酸进行硫酸浸出反应，反应压力为 0.3MPa（表压），反应时间 6~8h，反应式为：

$$Al_2O_3 \cdot 2SiO_2 \cdot 2H_2O + 3H_2SO_4 \longrightarrow Al_2(SO_4)_3 + 2SiO_2 + 5H_2O$$

为避免过量的游离酸与矿粉中的铁、钛等金属氧化物反应生成硫酸盐，反应时矿粉应过量，使反应终期生成部分碱式硫酸铝。碱式硫酸铝分子结构为 $Al(OH)SO_4$ 有缓冲和中和 $H_2SO_4$（反应体系）的作用。反应式为：

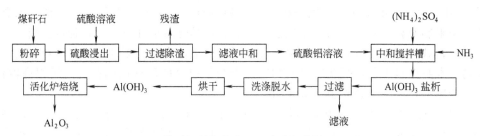

图 5-11 煤矸石制备氧化铝、水合氧化铝工艺流程

$$2Al(OH)SO_4 + H_2SO_4 \longrightarrow Al_2(SO_4)_3 + 2H_2O$$

待酸浸反应完全后，反应产物经过滤除去 $SiO_2$ 残渣，滤液放入中和池加酸进行中和至微碱性，待用。

② 氢氧化铝及氧化铝的制备　硫酸铝溶液含有不同程度的杂质，为确保 $Al_2O_3$、$Al(OH)_3$ 的纯度，进行了盐析提纯。将硫酸铝溶液用水配成 6% 的溶液，放入中和搅拌槽中，加入定量硫酸铵溶液。将液氨配成 15%～20% 的氨水，计算好用量将氨水快速加入中和槽，在强烈搅拌条件下，进行盐析反应。温度为室温、反应时间 40～60min。pH 为 4～6 时，有大量的白色氢氧化铝晶体析出，待 pH 为 8～9 左右时，盐析反应基本完成。反应式：

$$NH_3 + H_2O \longrightarrow NH_4OH$$
$$Al_2(SO_4)_3 + (NH_4)_2SO_4 \longrightarrow 2NH_4Al(SO_4)_2$$
$$NH_4Al(SO_4)_2 + 3NH_4OH \longrightarrow Al(OH)_3 + 2(NH_4)_2SO_4$$

盐析反应所得 $Al(OH)_3$ 沉淀物，经过滤、去离子水洗涤后，$Al(OH)_3$ 滤饼的纯度较高，烘干后可得 $Al(OH)_3$ 产品。去离子水洗涤主要除去 $Al(OH)_3$ 上吸附的杂质离子，洗涤水中加入氨水 pH 为 8～9，防止洗涤过程中 $Al(OH)_3$ 发生胶溶过程而流失。反应过程中生成 $Al(OH)_3$ 后产生的硫酸铵母液及洗涤等工序中的含硫酸铵及氨水等均可回收再用。如果要制备 $Al_2O_3$，则将制备的 $Al(OH)_3$ 产物在活化焙烧炉中进行活化焙烧，温度为 550℃、焙烧时间为 1～2h，脱水后即成 $Al_2O_3$。

水合氧化铝加热至 260℃ 以上时脱水吸热，具有良好的消烟阻燃性能，可广泛用于环氧聚氯乙烯、合成橡胶制品的无烟阻燃剂。

(3) 用煤矸石生产硫酸铵　硫酸铵简称硫铵。工业上主要用合成氨与硫酸直接作用或将氨和二氧化碳通入石膏粉的悬浮液制得。硫酸铵含氮约 20%～21%，是一种速效氮肥，适用于一般作物（但对强酸性土壤须同石灰配合施用）。

用煤矸石生产硫酸铵的原理是利用煤矸石内部的硫化铁在高温下易氧化形成二氧化硫，再氧化而成三氧化硫，三氧化硫遇水而形成硫酸，并与氨的化合物生成硫酸铵。实践证明，这种硫酸铵的肥效较好。图 5-12 所示为煤矸石生产硫酸铵的生产工艺流程。

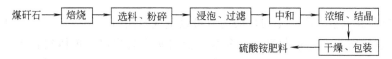

图 5-12　煤矸石生产硫酸铵工艺流程

① 焙烧　将煤矸石堆成 5～10t 一堆，堆中放入木柴和煤，点燃后闷烧 10～20 天，每天喷水两次，保持堆面有一定潮湿层，使氨被吸收固定下来。等不冒烟并在表面出现白色结晶时，焙烧完成即可取料应用。

② 选料、粉碎　由于煤矸石燃烧程度不一和岩石种类不同，必须进行选别。未燃的煤矸石不能用来制肥料，必须选出。已烧透的煤矸石，燃烧后呈红白色，这种红白料中一般见不到硫酸铵，如果有硫酸铵结晶的，仍可选作原料。最适宜的是刚开始燃烧的煤矸石，由于温度不高，本身多呈黑色，其烧结层间和表面凝结了白色的硫酸铵结晶。为了提高浸泡率，需将选取的原料在浸泡前破碎至 25m 以下。

③ 浸泡、过滤　将粉碎物料在水泥池或陶瓷缸内进行浸泡，料水比为 2∶1。浸泡时间约 4～8h，冬天时间可较长，夏季时间可较短。为了充分利用原料中的有用成分，可采取多次循环浸泡法。为了减少浸泡液中的杂质，必须经过过滤，浸泡液还要在沉淀池中经 5～10h 澄清。

④ 中和　产品中往往含有一定量的酸（约 2%～4%），不但对农作物有害，而且破坏土壤结构和腐蚀工具，必须进行中和处理。一般在浓缩前的浸泡液中加入氨水进行中和，或者在浓缩后的溶液中加入磷矿物进行中和，直到使溶液的 pH 值达到 6～7 为止。

⑤ 浓缩、结晶　为了运输、贮存方便，必须将浸泡后的澄清液进行蒸发、浓缩。将浓缩后的溶液倒入结晶池或结晶缸内，任其自然冷却结晶，结晶后未凝固的母液，可滤出再进行浓缩。

⑥ 干燥、包装　将结晶后的硫酸铵进行干燥，可在水泥地面自然晾干，也可在水泥晒场上晒干，亦可用人工的方法烘干。干燥后的硫酸铵即为成品硫酸铵。

（4）从煤矸石中回收高岭土　在煤矸石中存在大量的高岭土，它大多呈煤层夹矸、顶板、底板或单独成层等方式存在，储量极其丰富。图 5-13 所示为煤矸石制取高岭土工艺流程。

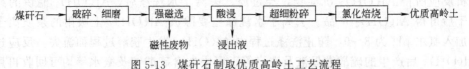

图 5-13　煤矸石制取优质高岭土工艺流程

煤矸石中的高岭土以硬质高岭土为主。硬质高岭土也称高岭岩。高岭土的主要质量指标有粒度、硬度、白度、耐火性、黏结性、含碳量、离子吸附性及交换性等。工业部门要求粒度比较细，一般要求小于 $43\mu m$ 或 $2\mu m$ 粒级占相当大的比例。颜色越白越好。从煤矸石中回收高岭土，主要障碍是显色物质 $Fe_2O_3$、$TiO_2$。由于 $Fe_2O_3$、$TiO_2$ 呈微细粒嵌布，常需采用浮选、高梯度磁选、化学分选等方法才能除去。图中的强磁选、酸浸和氯化焙烧都是为了去除 $Fe_2O_3$、$TiO_2$ 而设的作业。煤矸石只有经过以上处理，得到的高岭土产品才能获得高档次的应用。

高岭土是一种重要的非金属矿产，广泛应用于造纸、陶瓷、航天、橡胶、化工、耐火材料、塑料、油漆等行业。高岭土经过深加工可以制取聚合氯化铝、人工沸石、生产硫酸铝等化工产品。

① 制取聚合氯化铝　高岭土与盐酸反应可以生成结晶氯化铝（$AlCl_3 \cdot 6H_2O$）。结晶氯化铝经加热分解则析出一定氯化氢气体和水，变成碱式氯化铝（单体聚合铝）。将碱式氯化铝再加水聚合便形成聚合氯化铝。它是一种很好的无机凝聚剂，广泛用于水的净化及冶金、医药、煤炭、纺织、印染的工业污水处理。

② 合成人工沸石　高岭土煅烧后，与铝化合物、碱水在一定条件下可合成人工沸石。目前洗涤用的沸石，主要是 $4 \times 10^{-10}$ m 沸石（分子筛），用以代替三聚磷酸钠以防止水的营养化。人工沸石在洗衣粉生产中需要量很大。

③ 生产硫酸铝（明矾）　高岭土与硫酸反应可以生产结晶硫酸铝 $[Al_2(SO_4)_3 \cdot H_2O]$。硫酸铝用于造纸、净水的絮凝剂、媒染剂、鞣革剂、医药、木材防腐剂等。

此外，高岭土还可制高级陶瓷，提取硅酸铝、金属铝和生产水泥等。

## 5.2　粉煤灰的资源化

电力工业是我国国民经济的重要支柱行业之一，电力生产 80% 以上靠燃煤进行热电转换，目前我国煤炭产量的 30% 用于发电。

燃煤电厂将煤磨细至 $100\mu m$ 以下用预热空气喷入炉膛悬浮燃烧，燃烧后产生大量煤灰渣。其中从烟道排出、经除尘设备收集的煤灰渣称为粉煤灰，又称飘灰或飞灰；由炉底排出的煤灰渣称为炉渣或底灰。一般，一座装机容量为 $10^5 kW$ 的电厂一年要排出 $10^5 t$ 煤灰渣。我国电厂每 $10^5 kW$ 装机容量每年约排放 $1.4\times10^5\sim1.5\times10^5 t$ 的煤灰渣，其中，粉煤灰约占整个煤灰渣的 70%。

### 5.2.1　粉煤灰的组成和性质

（1）粉煤灰的组成

① 化学组成　粉煤灰的化学组成与黏土质相似，其中以 $SiO_2$ 和 $Al_2O_3$ 的含量占大多数，其余为少量 $Fe_2O_3$、$CaO$、$MgO$、$Na_2O$、$K_2O$ 及 $SO_3$ 等。表 5-6 所示为我国部分发电厂粉煤灰的化学成分。

表 5-6　粉煤灰的化学成分　　　　　　　　　　单位：%

| 产地 | 烧失量 | $SiO_2$ | $Al_2O_3$ | $Fe_2O_3$ | $TiO_2$ | $CaO$ | $MgO$ | $K_2O$ | $Na_2O$ | $SO_3$ |
|---|---|---|---|---|---|---|---|---|---|---|
| 西安 | 3.35 | 48.91 | 29.75 | 10.13 | 1.05 | 3.12 | 1.02 | 1.11 | 0.18 | 0.37 |
| 苏州 | 6.25 | 51.87 | 28.52 | 4.56 | 1.30 | 3.70 | 0.98 | 1.4 | 0.42 | 0.69 |
| 杨浦 | 8.35 | 46.51 | 30.31 | 10.45 | 1.05 | 2.65 | 0.76 | 0.87 | 0.42 | 0.41 |
| 抚顺 | 1.33 | 62.26 | 19.80 | 7.80 | | 2.42 | 2.95 | | | 2.46 |
| 石家庄 | 2.81 | 50.22 | 25.97 | 4.58 | | 4.33 | 0.11 | | | 1.78 |
| 石景山 | 4.97 | 52.40 | 26.37 | 6.95 | | 5.28 | 1.13 | | | 0.51 |
| 鹤壁 | 1.99 | 50.98 | 28.09 | 9.14 | 1.05 | 4.22 | 1.54 | | | 0.53 |
| 坝桥 | 5.18 | 48.70 | 27.68 | 9.45 | 1.15 | 3.05 | 0.96 | | | 1.10 |
| 郑州 | 3.53 | 57.59 | 21.12 | 7.56 | 1.90 | 2.42 | 1.82 | | | 4.22 |
| 青岛 | 7.24 | 45.08 | 27.15 | 12.16 | 1.05 | 61.59 | 2.33 | 1.06 | 0.25 | |
| 开远 | 3.14 | 12.54 | 8.82 | 5.45 | 0.58 | 27.21 | 3.34 | 0.26 | 0.06 | 4.68 |
| 铜陵 | 6.02 | 37.25 | 21.87 | 3.27 | 1.21 | 1.28 | 1.00 | 1.08 | 0.37 | 1.06 |

此外，粉煤灰中还含有少量镓、铟、钪、铌、钇等微量元素及镉、铅、汞、砷等有害元素。一般，粉煤灰中的有害元素含量低于允许值。

粉煤灰的化学组成是评价粉煤灰质量的重要技术参数。如常根据粉煤灰中 $CaO$ 含量的多少，将粉煤灰分成高钙灰和低钙灰两类。一般，$CaO$ 含量在 20% 以上的称为高钙灰，其质量优于低钙灰。我国燃煤电厂大多燃用烟煤，粉煤灰中 $CaO$ 含量偏低，属低钙灰，但 $Al_2O_3$ 含量一般较高，烧失量也较高。有些燃煤电厂为脱除燃煤过程产生的硫氧化物，常喷烧石灰石、白云石，导致其粉煤灰的 $CaO$ 含量在 30% 以上。

粉煤灰的烧失量可以反映锅炉燃烧状况。烧失量越高，粉煤灰质量越差。表 5-7 所示《粉煤灰混凝土应用技术规范》（GB 146—90）规定的粉煤灰质量指标，其中一个就是烧失量指标。

表 5-7　粉煤灰质量指标分级　　　　　　　　　　　单位：%

| 粉煤灰等级 | 细度（45μm 方孔筛筛余） | 烧失量 | 需水量 | $SO_3$ 含量 |
|---|---|---|---|---|
| Ⅰ | ≤12 | ≤5 | ≤95 | ≤3 |
| Ⅱ | ≤20 | ≤8 | ≤105 | ≤3 |
| Ⅲ | ≤45 | ≤15 | ≤115 | ≤3 |

粉煤灰中 $SiO_2$、$Al_2O_3$、$Fe_2O_3$ 的含量直接关系到它作为建材原料使用的好坏。美国粉煤灰标准 ［ASTM（618）］ 规定，用于水泥和混凝土的低钙灰（F 级灰）中，$SiO_2 + Al_2O_3 + Fe_2O_3$ 的含量必须占总量的 70% 以上。高钙灰（C 级灰）中，$SiO_2 + Al_2O_3 + Fe_2O_3$ 的含量必须占总量的 50% 以上。此外，粉煤灰中的 $MgO$、$SO_3$ 对水泥和混凝土来说是有害成分，对其含量要有一定的限制。我国要求 $SO_3$ 含量小于 3%。

② 矿物组成　粉煤灰是一种高分散度的固体集合体，是人工火山灰质材料，其矿物组成十分复杂，主要包括无定形相和结晶相两大类。

无定形相主要为玻璃体，约占粉煤灰总量的 50%～80%，大多是 $SiO_2$ 和 $Al_2O_3$ 形成的固熔体，且大多数形成空心微珠。此外，未燃尽的细小炭粒也属于无定形相。

粉煤灰的结晶相主要有石英砂粒、莫来石、$\beta$-硅酸二钙、钙长石、云母、长石、磁铁矿、赤铁矿和少量石灰、残留煤矸石、黄铁矿等。在粉煤灰中，单独存在的结晶相极为少见，往往被玻璃相包裹。石英有的呈单体小石英碎屑，也有附在炭粒和煤矸石上成集合体的，多为白色。莫来石多分布于空心微珠的壳壁上，极少单颗粒存在，相当于天然矿物富铝红柱石，呈针状体或毛黏状多晶集合体，分布在微珠壁壳上。从粉煤灰中单独提纯结晶相十分困难。

粉煤灰的矿物组分对其性质和应用具有很大影响。低钙粉煤灰的活性主要取决于玻璃相矿物，而不取决于结晶相矿物。这一点与水泥不同，水泥的化学活性主要取决于结晶的熟料矿物。低钙灰的玻璃体矿物中夹裹的结晶矿物，常温下呈惰性。因此，从矿物组分判断，低钙灰的玻璃体含量越高，其化学活性越好。

高钙粉煤灰中富钙玻璃体含量多，且又有较多的 $CaO$ 和水泥熟料的一些矿物矿物结晶组分，因此，高钙灰的化学活性高于低钙灰。这表明，高钙灰的性质既与玻璃相有关，又与其结晶相有关。

③ 颗粒组成　粉煤灰是一种微细的分散物料。在其形成过程中，由于表面张力的作用，大部分呈球状，表面光滑，微孔较小，小部分因在熔融状态下互相碰撞而粘连，成为表面粗糙、棱角较多的集合颗粒。因而，粉煤灰颗粒大小不一、形貌各异，主要的为球形颗粒和不规则多孔颗粒，且其中 90% 的颗粒粒度为 $-40\mu m$ 或 $-60\mu m$。

球形颗粒表面光滑，含量多者达 25%，少的仅 3%～4%，粒径一般从数微米到数千微米，密度和容重均大，在水中下沉，也叫"沉珠"。"沉珠"依化学成分可分为富钙和富铁玻璃微珠。前者富集了 $CaO$，化学活性好；后者富集了 $FeO$ 和 $Fe_2O_3$，成赤铁矿和磁铁矿的铝硅酸盐包裹体，其具有磁性，又叫"磁珠"。

不规则多孔颗粒包括多孔炭粒和多孔铝硅玻璃体。其中，多孔炭粒属惰性组分，呈球粒状或碎屑，密度与容重均小，粒径和比表面积均大，有一定的吸附性，可直接作吸附剂，也可用于煤质颗粒活性炭。当粉煤灰用作建材时，其对粉煤灰的性能有不良影响。粉煤灰制品的强度和性能均随含炭量的增加而下降。

多孔铝硅玻璃体颗粒富含 $SiO_2$、$Al_2O_3$，是我国粉煤灰中数量最多的颗粒，有的多达 70% 以上。该颗粒具有较大的比表面积，粒径从数十微米到数百微米，其中有一种密度很小

（<1）、具有封闭性孔穴的颗粒、能浮于水面上，称为"漂珠"。漂珠含量可达粉煤灰总体积的 15%～20%，但重量仅为总重量的 4%～5%，是一种多功能材料。

粉煤灰中颗粒，根据其结构粗略可分为密实微珠、空心微珠、海绵玻璃、铁质微珠、多孔碳粒及单颗粒石英、长石等，如表 5-8 所示。

**表 5-8　粉煤灰中颗粒的分类**

| 化学组成 | 按矿物共生组合分类 | 结构类型 | 颗粒名称 |
|---|---|---|---|
| 硅铝质 | 玻璃和莫来石 | 显微圆球状 | 密实玻璃微珠 |
| | 玻璃和莫来石 | 石榴状、微孔环壳状、空心球壳状 | 空心玻璃微珠 |
| | 玻璃和莫来石 | 海绵多孔状 | 海绵状玻璃 |
| | 石英、长石 | 碎屑状 | 石英、长石 |
| 铁质 | 赤铁矿和磁铁矿 | 显微圆球状 | 铁质微珠 |
| 碳质 | 非晶质碳粘连玻璃非晶质碳 | 多孔球粒状碎屑状 | 多孔碳粒 |

**（2）粉煤灰的性质**

① 物理性质　粉煤灰是灰色或灰白色的粉状物，含水量大的粉煤灰呈灰黑色。它是一种具有较大内表面积的多孔结构，多半呈玻璃状。其主要物理性质有密度、堆密度、孔隙率及细度等。表 5-9 所示为我国部分电厂粉煤灰的主要物理性质。

**表 5-9　我国部分电厂粉煤灰的主要物理性质**

| 来源 | 密度/(g/cm³) | 容重/(kg/m³) | 细度 | | 标准稠度用水量/% |
|---|---|---|---|---|---|
| | | | 4900 孔/cm² 筛余量/% | 比表面积/(cm²/g) | |
| 淮南 | 2.15 | 562 | 3.0 | 3980 | 53.5 |
| 唐山 | 2.32 | 770 | | 3183 | |
| 兰州 | 2.36 | 720 | | 3908 | |
| 洛阳 | 2.22 | | 16.5 | | 65.5 |
| 重庆 | 2.31 | 629 | | 3637 | |
| 郑州 | 2.25 | 795 | 8.8 | | 46.2 |
| 石景山 | 2.28 | 947 | 7.9 | | 39.7 |

② 粉煤灰的活性　指粉煤灰在和石灰、水混合后所显示出来的凝结硬化性能。粉煤灰的活性是潜在的，需要激发剂的激发才能发挥出来。常用激发剂有石灰、石膏、水泥熟料等。如石灰对粉煤灰的激发机理为：

$$m\text{CaO（激发剂）}+n\text{H}_2\text{O}+\text{SiO}_2\text{（粉煤灰）}\longrightarrow m\text{CaO}\cdot\text{SiO}_2\cdot n\text{H}_2\text{O（水化硅酸钙凝胶）}$$

$$m\text{CaO（激发剂）}+n\text{H}_2\text{O}+\text{Al}_2\text{O}_3\text{（粉煤灰）}\longrightarrow m\text{CaO}\cdot\text{Al}_2\text{O}_3\cdot n\text{H}_2\text{O（水化铝酸钙凝胶）}$$

粉煤灰中含有较多的活性氧化物 $\text{SiO}_2$、$\text{Al}_2\text{O}_3$，能与氢氧化钙在常温下起化学反应，生成较稳定的水化硅酸钙和水化铝酸钙。因此粉煤灰和其他火山灰质材料一样，当与石灰、水泥熟料等碱性物质混合加水拌合成胶泥状态后，能凝结、硬化并具有一定强度。

粉煤灰的活性不仅决定于它的化学组成，而且与它的物相组成和结构特征有着密切的关系。高温熔融并经过骤冷的粉煤灰，含大量的表面光滑的玻璃微珠。这些玻璃微珠含有较高的化学内能，是粉煤灰具有活性的主要矿物相。玻璃体中含的活性 $\text{SiO}_2$ 和活性 $\text{Al}_2\text{O}_3$ 含量愈多，活性愈高。

除玻璃体外，粉煤灰中的某些晶体矿物，如莫来石、石英等，只有在蒸汽养护条件下才能与碱性物质发生水化反应，常温下一般不具有明显的活性。少数含氧化钙很高的粉煤灰，

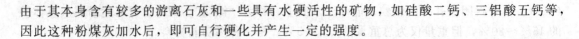

由于其本身含有较多的游离石灰和一些具有水硬活性的矿物，如硅酸二钙、三铝酸五钙等，因此这种粉煤灰加水后，即可自行硬化并产生一定的强度。

### 5.2.2 粉煤灰中有价组分的提取

粉煤灰中含有未燃尽炭、铁、铝以及空心微珠等有用组分，并且含有多种稀有金属元素（如 Ge、Mo、V、U 等），因此，从粉煤灰中提取这些有用组分具有重要经济价值。

（1）提取未燃尽煤炭　电厂锅炉在燃用无烟煤和劣质烟煤时，由于经济燃烧还存在一些技术上的困难，因此，煤粉不能完全燃烧，造成粉煤灰中含碳量增高，一般波动于 8%～20%，其中含碳大于 10% 的电厂占 30%。为了降低粉煤灰中的含炭量和充分利用煤炭资源，常对粉煤灰进行提炭处理。提炭可用浮选法，也可用电选法。

① 浮选提炭　适用于湿法排放的粉煤灰。利用粉煤灰和煤粒表面亲水性能的差异而将其分离的一种方法。在灰浆中加入捕收剂（采用柴油等烃类油），疏水的煤粒被其浸润而吸附在由于搅拌所产生的空气泡上，上升至液面形成矿化泡沫层即为精煤。亲水的粉煤灰颗粒则被作为尾渣排除。起泡剂可使用杂醇油、松尾油、X 油等。

通过浮选，粉煤灰中煤炭的回收率可达 90% 以上，选出的精煤发热量可达 2093kJ/kg 以上，处理成本约为一吨精煤 10 元。如株洲、湘潭等电厂选用柴油作捕收剂，用松油为起泡剂，回收煤炭资源，回收率达 85%～94%，灰渣含炭量小于 5%，回收精煤热值 > 20950kJ/kg，每吨精煤成本约 10 元。

② 电选提炭　适用于干法排放的粉煤灰，电选时要求水分小于 1%，温度保持在 80℃ 以上。它是一种基于炭与灰的导电性能不同而在高压电场下进行炭、灰分离的过程。粉煤灰是非导体物料，其比电阻一般在 $10^{10}$～$10^{12}$ $\Omega \cdot cm$，而炭粒是良导体物料，其比电阻一般为 $10^4$～$10^5$ $\Omega \cdot cm$。在圆形电晕电场中，当粉煤灰获得电荷后，炭粒因导电性能良好，很快地将所获电荷通过圆筒带走，便在重力惯性离心力作用下，脱离圆筒表面，被抛入导体产品槽中，而非导体的粉煤灰所获电荷在表面释放速度较慢，故在电场力作用下，吸附在圆筒表面上，被旋转圆筒带到后部，由卸料毛刷排入非导体产品槽中，从而达到灰炭分离。

电选后的精煤含炭 86%，回收率一般在 85%～90%，发热量在 2093kJ/kg 以上，灰渣含炭量在 5.5% 左右，吨回收成本约为 1.65 元。粉煤灰经过电选和浮选得到的精煤具有一定的吸附性，可直接用作吸附剂，也可用于制作粒状活性炭或作为燃料用于锅炉燃烧。灰渣则是建筑材料工业的优质原料，作为生产建筑材料使用。

（2）提取铁金属　煤炭中除了可燃物炭外，还共生有许多含铁矿物，如黄铁矿（$FeS_2$）、赤铁矿（$Fe_2O_3$）、褐铁矿（$2Fe_2O_3 \cdot 3H_2O$）、菱铁矿（$FeCO_3$）等。当煤粉燃烧时，其中的氧化铁经高温焚烧后，部分被还原为尖晶石结构的 $Fe_3O_4$（即磁铁矿）和粒铁，因此，可直接使用磁选机分离提取这种磁性氧化铁。

粉煤灰中含铁量（以 $Fe_2O_3$ 表示）一般为 8%～29%，最高可达 43%，当 $Fe_2O_3$ 含量大于 5% 时，即有回收价值。可采用干式磁选和湿式磁选两种工艺，目前电厂大多采用湿式磁选工艺。湿式磁选所需的设施主要有半逆流永磁式磁选机、冲洗泵和沉淀池，适用于湿法排放的粉煤灰。粉煤灰从湿式水膜除尘器下排出后，直接进入磁选机的给矿箱，铁粉选出后流入沉淀池沉淀，尾灰仍通过排灰沟排出。通常，电厂采用两级磁选，且在一、二级磁选机之间加一台冲洗水泵，以提高磁选效率。经过两级磁选，可获得品位 50%～56% 的铁精矿。

湿法排放的粉煤灰提铁常用干式磁选。干燥的粉煤灰磁选效果比湿灰磁选效果好。粉煤灰通过干选，可获得品位 55% 的铁精矿。

辽宁电厂在 1000Oe 磁场中分选粉煤灰，得到含铁 50% 以上的铁精矿，铁回收率达

40%以上。山东省曾作过比较，当粉煤灰含 $Fe_2O_3 > 10\%$ 时，磁选一年可回收 $15 \times 10^4 t$ 铁精粉。其经济价值和社会价值远优于开矿，环境效益不可估量。

（3）提取 $Al_2O_3$  $Al_2O_3$ 是粉煤灰的主要成分，一般含 $17\% \sim 35\%$，可作为宝贵的铝资源。一般认为，粉煤灰中 $Al_2O_3$ 高于 $25\%$ 才有回收价值。目前提取铝有石灰石烧结法、热酸淋洗法、直接熔解法等多种工艺。图 5-14 所示为石灰石烧结法从粉煤灰中提取氧化铝的工艺流程。

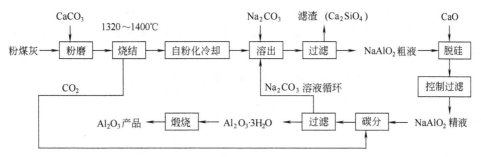

图 5-14　石灰石烧结法提取粉煤灰中氧化铝的工艺流程

该工艺主要包括烧结、熟料自粉化、溶出、碳分和煅烧五个工序。粉煤灰加石灰石经粉磨后在 $1320 \sim 1400℃$ 温度下进行烧结，使粉煤灰中的 $Al_2O_3$ 和 $SiO_2$ 分别与石灰石中 $CaO$ 生成易溶于碳酸钠溶液的 $5CaO \cdot 3Al_2O_3$ 和不溶性的 $2CaO \cdot SiO_2$，为 $Al_2O_3$ 的溶出创造条件。

当熟料冷却时，约在 $650℃$ 的温度下，$2CaO \cdot SiO_2$ 由 $\beta$ 相转变为 $\gamma$ 相，因体积膨胀发生熟料的自粉碎现象，熟料自粉化后到几乎全部能通过 200 目筛孔。

粉化后的熟料加碳酸钠溶液溶出，其中的铝酸钙与碱反应生成铝酸钠进入溶液，而生成的碳酸钙和硅酸二钙留在渣中，便达到铝和硅、钙的分离。其反应式为：

$$5CaO \cdot 3Al_2O_3 + 5Na_2CO_3 + 2H_2O \longrightarrow 5CaCO_3 \downarrow + 6NaAlO_2 + 4NaOH$$

为保证产品 $Al_2O_3$ 的纯度，需进一步除去溶出粗液中的 $SiO_2$，得到 $NaAlO_2$ 精液。在精液中通入烧结产生的 $CO_2$，与铝酸钠反应生成氢氧化铝，并使生成的 $Na_2CO_3$ 返回使用。氢氧化铝经煅烧转变成氧化铝，氧化铝可作为电解铝的原料、人造宝石原料、陶瓷铀原料和高级耐火材料等使用。提取氧化铝后的残渣（硅酸钙渣）具有反应活性高、烧成温度低、利于节能、水泥标号高且性能稳定、配料简单、吃灰量大等特点而作为生产水泥的优质原料。

粉煤灰中 $Al_2O_3$ 的提取也可用氯化法。将非磁性粉煤灰在固定床上氯化，灰中的铁在 $400 \sim 600℃$ 时与氯反应生成挥发性的三氯化铁而除去，铝和硅在此条件下很少发生氯化反应。当升温到 $850 \sim 950℃$，硅和铝与氯反应分别生成挥发性的四氯化硅、三氯化铝的混合物，收集冷却至 $120 \sim 150℃$，此时三氯化铝冷凝成固体状态，而四氯化硅仍保持蒸汽状态，借此可分离提取三氯化铝，此法 $Al_2O_3$ 回收率可达 $70\% \sim 80\%$。

（4）提取空心玻璃微珠  粉煤灰中“微珠”，按理化特征分为漂珠、沉珠和磁珠。由于玻璃微珠具有颗粒细小、质轻、空心、隔热、隔音、耐高温和低温、耐磨、强度高及电绝缘等优异的多功能特性，已成为一种可用于建筑、塑料、石油、电气及军事等方面的多功能材料。

① 微珠的性质  粉煤灰中含有 $50\% \sim 80\%$ 的空心玻璃微珠，其细度为 $0.3 \sim 200 \mu m$，其中小于 $5 \mu m$ 的占粉煤灰总重的 $20\%$，容重一般只有粉煤灰的 $1/3$。表 5-10 所示为某厂粉煤灰中微珠的化学组成。

表 5-10　某厂粉煤灰中微珠的化学组成　　　　　　　单位：%

| 名称 | SiO$_2$ | Al$_2$O$_3$ | Fe$_2$O$_3$ | CaO | MgO | 烧失量 | 挥发分 |
|---|---|---|---|---|---|---|---|
| 原灰 | 56.50 | 27.42 | 5.26 | 3.03 | 1.21 | 3.44 | 2.75 |
| 漂珠 | 57.20 | 29.52 | 4.86 | 2.31 | 1.28 | 1.11 | |
| 磁珠 | 23.40 | 10.62 | 61.37 | 2.10 | 1.32 | | 0.32 |
| 沉珠 | 53.70 | 28.95 | 4.54 | 2.34 | 1.20 | 3.80 | 3.13 |

漂珠中 SiO$_2$、Al$_2$O$_3$ 的含量均比沉珠高，磁珠中 SiO$_2$、Al$_2$O$_3$ 的含量较漂珠、沉珠低，而 Fe$_2$O$_3$ 含量较漂珠、沉珠高得多。表 5-11 所示为粉煤灰中各种珠体的含量及其主要物理性质。

表 5-11　粉煤灰中各种珠体的含量及其主要物理性质

| 名称 | 漂珠 | 沉珠 | 磁珠 | 合计 | 原灰 |
|---|---|---|---|---|---|
| 珠体含量/% | 0.8~1.0 | 28.0~33.0 | 3.0~4.0 | 31.8~38 | |
| 密度/(g/cm$^3$) | 0.71 | 2.02 | 3.14 | | 1.81 |
| 堆密度/(g/cm$^3$) | 0.43 | 0.80 | 1.79 | | 0.84 |
| 比磁化系数/(m$^3$/kg) | | | 4.52×10$^{-5}$ | | |

漂珠的壁厚为其直径的 5%~8%，壁上有细小针孔，珠壁密度为 480kg/m$^3$。沉珠壁厚为其直径的 30%，珠壁密度为 800kg/m$^3$。沉珠一般可承受 7~14MPa 的压力，最高能承受 70MPa 的压力。

② 微珠的提取　综观国内外提取空心微珠的方法，大致可分为干法机械分选和湿法机械分选两大类。图 5-15 所示为干法机械分选流程。

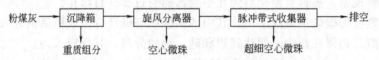

图 5-15　空心微珠的干法机械分选流程

干法分选玻璃微珠的机械装置主要由分选器、分离器和收集器组成。分选器由 3 个大小不等的沉降箱组成。当含有粉煤灰的气流进入沉降箱时，气流通道面积突然增大，流速下降，借重力作用，较重的粗颗粒、石英、实心球粒、铁粒、炭粒等分别沉降在分选器内，而细小的空心玻璃微珠则随气流进入分离器内。分离器是利用气流旋转过程中作用于颗粒上的惯性离心力使颗粒从气流中分离出来的。气流进入分离器，经过数级旋风分离器的分选，大部分细小的空心玻璃微珠可被分选出来，只有极少量的超细玻璃空心微珠随气流进入收集器。收集器采用脉冲袋式收集器，将分离器未选出的超细微珠收集起来。

湿法机械分选空心微珠，国内多用浮选、磁选、重选等多种选法的组合流程。图 5-16 所示为微珠重选-磁选联合分选工艺流程。漂珠的密度为 0.40~0.75g/cm$^3$，小于水的密度，其他珠体与非珠体的密度均大于水的密度，因而可利用漂珠与其他颗粒间密度的差异，以水为介质，依据阿基米德原理，很容易将漂珠与其他颗粒分离。采用此法可得到纯度 95% 左右的漂珠。

粉煤灰中的磁珠是锅炉高温燃烧过程中，煤中含铁矿物在碳及一氧化碳的还原作用下，部分形成铁粒，一部分被还原成四氧化三铁而产生的，因而可根据磁珠与其他颗粒的磁性差别进行分选。湿法分选可采用永磁半逆流式磁选机，分选后得到品位为 60% 左右的磁珠。

当粉煤灰中选出漂珠、磁珠和炭粒后，只剩下沉珠和少量单体石英等，它们在密度、形状、粒度及表面性质上均存在较大差异，因而可采用重选、浮选或分级法加富集分离，得到

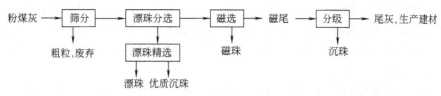

图 5-16 微珠重选-磁选联合分选工艺流程

不同等级的沉珠产品。

根据粉煤灰中各种颗粒的密度、粒度和形状的特性，铁质微珠与密实微珠较易从粉煤灰中分选出来。碳粒与海绵玻璃、空心微珠（沉珠）的密度相近，属难选之列，但碳粒在粒度上（属粗粒级）和形状上区别较大，在运动着的水介质中受阻力大，质轻、流动得快，亦可取得较好的分选效果。空心微珠和海绵玻璃因两者有过渡关系，表面性质接近，分选效果不理想。所用的主要重选分离设备为溜槽和水力分级设备。

目前从粉煤灰中分离漂珠和空心玻璃微珠也可采用电磁分离和空气分离相结合的联合工艺或浮选工艺。

粉煤灰中还含有大量稀有金属和变价元素，如钼、锗、镓、钪、钛、锌等。美国、日本、加拿大等国进行了大量开发，并实现了工业化提取钼、锗、钒、铀。我国也做了很多工作，如用稀硫酸浸取硼，其溶出率在 72％左右，浸出液螯合物富集后再萃取分离，得到纯硼产品。粉煤灰在一定条件下加热分离镓和锗，可回收 80％左右的镓。再用稀硫酸浸提、锌粉置换及酸溶、水解和还原，制得金属锗，所以粉煤灰又被誉为"预先开采的矿藏"。

### 5.2.3 粉煤灰生产建筑材料

粉煤灰在建筑材料中的应用很广，按其特性和质量可分别用于制水泥、制砖、配制普通混凝土、轻质混凝土和加气混凝土、骨料等。质量较差的灰渣可用来铺路，作基础以及作填充料等。

（1）粉煤灰代替黏土原料生产水泥　粉煤灰的化学成分同黏土类似，可用于代替黏土配制水泥生料。水泥工业中采用粉煤灰配料可充分利用粉煤灰中未燃尽的炭。如果粉煤灰中含有 10％的未燃尽炭，则每采用 100 万吨粉煤灰，相当于节约 10 万吨燃料。另外，粉煤灰在熟料烧成窑的预热分解带中不需要消耗大量的热量，却很快就会生成液相，从而加速熟料矿物的形成。经验表明，采用粉煤灰代替黏土作原料，可以增加水泥窑的产量，燃料消耗量也可降低 16％～17％。图 5-17 所示为沈阳市水泥厂利用粉煤灰配料生产水泥的工艺流程。

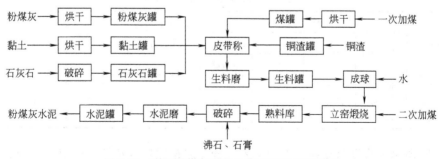

图 5-17 利用粉煤灰配料生产水泥的工艺流程

在制备水泥生料时，应根据所用原料的化学成分，经过计算确定生料的配料方案。由于粉煤灰中氧化铝含量较高，可采用氧化硅和氧化钙含量较高，氧化铁含量较低的配料方案。

用粉煤灰配料烧制的水泥熟料，质轻而且多孔，因而易磨性较好，可提高磨机的产量。

粉煤灰水泥具有水化热小，干缩性小，胶砂流动度大，易于浇灌和密实，成品表面光滑等优点。它在抗硫酸盐腐蚀方面也比普通水泥好，因此，它适用于各种建筑，更适合于大体积混凝土工程、水下工程等。

（2）粉煤灰作水泥混合材　粉煤灰是一种人工火山灰质材料，它本身加水后虽不硬化，但能与石灰、水泥熟料等碱性激发剂发生化学反应，生成具有水硬胶凝性能的化合物，因此可以用作水泥的活性混合材。图 5-18 所示为盐城市水泥厂利用粉煤灰作水泥混合材工艺流程。

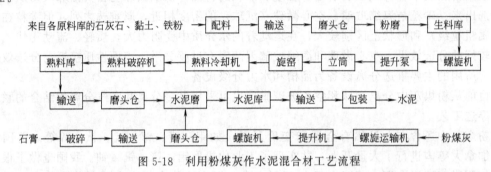

图 5-18　利用粉煤灰作水泥混合材工艺流程

利用粉煤灰作水泥混合材生产粉煤灰硅酸盐水泥与生产普通硅酸盐水泥的生产工艺相同。其主要特点是调整配料方案、控制粉煤灰掺入量、控制水泥细度。配料方案是保证熟料的矿物组成合理，正常地发挥强度的关键。在配制粉煤灰水泥时，对粉煤灰掺量的选择，应根据粉煤灰细度质量情况，以控制在 20%～40% 之间为宜。一般，超过 40% 时，水泥的标准稠度需水量显著增大，凝结时间较长，早期强度过低，不利于粉煤灰水泥的质量与使用效果。用粉煤灰做混合材时，其粉煤灰与水泥熟料的混合方法有两种类型：将粗粉煤灰预先磨细，再与波特兰水泥混合或将粗粉煤灰与熟料、石膏一起粉磨。

（3）粉煤灰生产蒸养砖　粉煤灰蒸养砖是以粉煤灰和生石灰或其他碱性激发剂为主要原料，也可掺入适量的石膏，并加入一定量的煤渣或水淬矿渣等骨料，经原材料加工、搅拌、消化、轮碾、压制成型、常压或高压蒸汽养护后而制成的一种墙体材料。生产蒸养粉煤灰砖能大量地利用粉煤灰。每千块砖需粉煤灰 1.25t，折合每立方米砖需粉煤灰 850kg。

粉煤灰砖的粉煤灰用量可为 60%～80%，石灰（或用电石渣）的掺量一般为 12%～20%，石膏的掺量为 2%～3%。表 5-12 所示为蒸养粉煤灰砖配合比。

表 5-12　蒸制粉煤灰砖配合比实例

| 产品名称 | 原材料配合比/% | | | | 混合料中有效氧化钙含量/% | 成型水分/% | 备注 |
| --- | --- | --- | --- | --- | --- | --- | --- |
| | 粉煤灰 | 煤渣 | 石灰 | | | | |
| | | | 生石灰 | 电石渣 | | | |
| 常压粉煤灰砖 | 60～70 | 13～25 | 13～15 | | 9～11 | 19～27 | |
| 常压粉煤灰砖 | 55～65 | 13～28 | | 15～20 | 9～12 | 19～27 | 16孔圆盘压砖机成型 |
| 高压粉煤灰砖 | 65～75 | 13～20 | 12～15 | | 8～11 | 19～23 | |

图 5-19 所示为粉煤灰蒸养砖生产工艺流程。湿排粉煤灰从渣场捞取、筛分、经过人工或自然脱水将水分降到 18%～20% 后进行配料。

生石灰破碎、磨细。生石灰与粉煤灰接触并起化学反应的速度很大程度上取决于生石灰的分散度。生石灰磨得越细，分散度越大，比表面积越大，与水反应的速度就越大。一般，

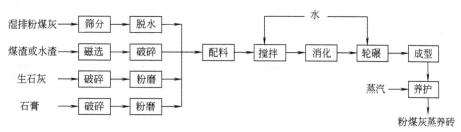

图 5-19 粉煤灰蒸养砖生产工艺流程

生产中规定生石灰的磨细度为 4900 孔/cm² 筛筛余量在 15% 以下，实际生产中为 10%～15%。

配制好的混合料必须经搅拌机搅拌、消化和轮碾后才能成型。搅拌可使混合料结构松散、均匀性增强。消化是为了消除包裹在砖坯中的石灰颗粒，以避免砖坯在养护过程中因石灰消化体积膨胀而使砖炸裂。轮碾是粉煤灰蒸压砖生产过程中不可缺少的重要工序，它主要对混合料起压实和活化作用，提高粉煤灰砖的强度。

成型设备可用夹板锤或各种压砖机。成型后的砖坯进行蒸汽养护，以加速粉煤灰中的活性成分 $SiO_2$ 和 $Al_2O_3$ 与氢氧化钙之间的水化和水热合成反应，生成具有强度的水化产物，缩短硬化时间，使砖坯在较短的时间内达到预期的产品机械强度和其他物理力学性能指标。目前生产中采用的养护方式有两种，即常压蒸汽养护和高压蒸汽养护，其主要区别是采用的饱和蒸汽压力和温度各不相同。常压养护用的饱和蒸汽绝对压力一般为 100kPa，表压为 0，温度为 95～100℃；高压养护用的蒸汽绝对压力 900～1600kPa，表压为 800～1500kPa，温度为 174～200℃。两种养护方式所用的设备也不相同，常压养护通常为砖石或钢筋混凝土构筑的蒸汽养护室，高压养护则为密闭的圆筒形金属高压容器——高压釜。常压蒸汽养护和高压蒸汽养护的养护制度都包括静停、升温、恒温和降温几个阶段。

（4）粉煤灰生产烧结砖　粉煤灰烧结砖是以粉煤灰、黏土及其他工业废料掺合而成的一种墙体材料，其生产工艺、主要设备与普通黏土砖基本相同，不同之处在于增加了粉煤灰的贮运、计量，脱水和搅拌设备。因此，只要在生产黏土砖的基础上，投入少量资金，添置一些必要设备，仍采用挤出成型，在轮窑或是在隧道窑中都能烧制粉煤灰砖。图 5-20 所示为吉林市墙体材料总厂利用粉煤灰生产烧结砖的工艺流程。

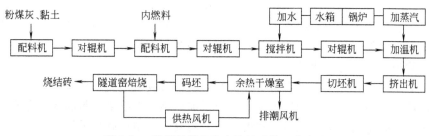

图 5-20 利用粉煤灰生产烧结砖的工艺流程

粉煤灰颗粒较普通黏土粗，塑性指数极低，必须掺配一定数量的黏土作黏结剂才能满足砖坯成型要求。因此，黏土的塑性指数决定了粉煤灰掺入量的多少。黏土塑性指数＞15 时，粉煤灰掺入量可达 60% 以上；黏土塑性指数 8～14 时，粉煤灰掺入量 20%～50% 以上；黏土塑性指数＜7 时，掺入粉煤灰坯体很难成型。因粉煤灰中含有一定的碳分，粉煤灰烧结砖应属于内燃烧砖。

粉煤灰烧结砖具有质轻、抗压强度高等优点，但其半成品早期强度低，在人工运输和入窑阶段易于脱棱断角，影响成品外观。烧结时，应注意其温度波动不能太大。煤灰烧结砖和黏土砖性能比较如表 5-13 所示。

表 5-13　煤灰烧结砖和黏土砖性能比较

| 砖名 | 每块重量/kg | 抗压强度/MPa | 抗折性能/MPa | 吸水率/% |
|---|---|---|---|---|
| 粉煤灰砖 | 2.1 | 21.0 | 4.1 | 13.6 |
| 黏土砖 | 2.75 | 15.0 | 2.1 | 7.0 |

(5) 粉煤灰硅酸盐砌块　粉煤灰硅酸盐砌块，简称粉煤灰砌块，是以粉煤灰、石灰、石膏为胶凝材料，煤渣、高炉渣为骨料，加水搅拌、振动成型、蒸汽养护而成的墙体材料，图 5-21 为其生产工艺流程。

图 5-21　粉煤灰硅酸盐砌块生产工艺流程

粉煤灰砌块的强度主要靠粉煤灰中的活性成分与生石灰、石膏反应生成各种水化物而获得。因此，在生产中各种原料均要求有一定的细度。粉煤灰的细度要求是在 4900 孔/cm$^2$ 筛上筛余量不大于 20%。为了合理利用粉煤灰，在配料时一般将 900 孔/cm$^2$ 筛上的筛余部分作为骨料计算，通过 900 孔/cm$^2$ 筛的部分作为胶凝材料计算。石灰和石膏的细度要求控制在 4900 孔/cm$^2$ 筛上筛余量 20%～25%。炉渣的粒度要求为最大容许粒径小于 40mm，1.2mm 以下颗粒含量小于 2.5%。当生石灰有效 CaO 含量 60%～70% 时，粉煤灰砌块干混合料的配合比如表 5-14 所示。

表 5-14　粉煤灰砌块混合料的配合比　　　　　　　　单位：%

| 粉煤灰 | 炉渣 | 生石灰 | 石膏 | 用水量 |
|---|---|---|---|---|
| 31 | 55 | 12 | 2 | 30～36 |

混合料制备的主要工序是配料和搅拌，搅拌用强制式搅拌机或砂浆搅拌机。搅拌混合料时，不仅要求胶结料与粗集料之间拌和均匀，还要求胶结材料各组分也混合均匀，才能保证水化反应充分。生产中采用分次投入物料的方式进行搅拌。先将粗集料的一半投入，加部分水搅拌润湿，再将粉煤灰、石膏、石灰投入连续搅拌。最后，将剩余的一部分粗集料投入，加水搅拌，均匀后出料进入成型。

混合料属于半干硬性混凝土，为了保证制品的密实度采用振动成型方法。振动成型的设备可选用振动台，所用模具以钢模板为好。为了加速制品中胶凝材料的水热合成反应，使制品在较短时间内凝结硬化达到预期的强度要求，需要对成型后制品进行蒸汽养护。蒸汽养护可用常压蒸汽养护和或高压蒸汽养护。常压蒸汽养护通过静停、慢速生温、恒温、降温等工序进行养护，养护制度为：静停 3h（静停温度 50℃左右）、升温 6～8h（70℃以下时升温速度为 6～8℃/h，70℃以上时升温速度为 8～10℃/h）、恒温 8～10h（90～100℃温度条件下）、降温 3h 左右，降温速度不宜大于 20℃/h，出池时池内和车间温差不超过 40℃。砌块的总养护周期为 1 昼夜。

粉煤灰砌块的密度为 1300～1550kg/m$^3$，抗压强度为 9.80～19.60MPa，其他物理力学性能也均能满足一般墙体材料的要求。

（6）粉煤灰加气混凝土　粉煤灰加气混凝土是以粉煤灰水泥、石灰为基本材料，用铝粉作发气剂，经原料磨细、配料、浇注、发气成型、坯体切割、蒸汽养护等一系列工序制成的一种多孔轻质建筑材料。

按蒸汽养护压力的不同，粉煤灰加气混凝土可分为常压养护和高压养护两种生产方法。我国大多采用高压养护的方式，高压养护粉煤灰加气混凝土生产工艺和其他加气混凝土大体相同，都要经过原材料处理、配料浇注、静停切割、高压养护等几个工序，其生产工艺流程如图5-22所示。

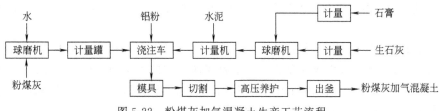

图 5-22　粉煤灰加气混凝土生产工艺流程

粉煤灰加气混凝土的强度主要依靠粉煤灰中的 $SiO_2$、$Al_2O_3$ 和水泥、石灰中的 $CaO$ 在蒸汽养护的条件下进行化学反应，生成水化硅酸盐而得到。发气剂主要是铝粉，双氧水（加漂白粉）等也可作发气剂。

生产粉煤灰加气混凝土的配合比要根据原材料的情况，因地制宜就地取材，经充分试验后选定。生产密度为 $500kg/m^3$ 的高压养护粉煤灰加气混凝土，其配合比为：水泥（525号硅酸盐水泥）10%、生石灰（有效氧化钙以 14.5% 计）20%、二水石膏（占水泥和石灰用量）10%、粉煤灰约 70%、铝粉 6%、气泡稳定剂少量、水料比 0.6～0.7。

北京市加气混凝土三厂利用北京石景山发电总厂高井电站的干排粉煤灰生产加气混凝土制品、上海华东新型建筑材料厂利用粉煤灰生产加气混凝土砌块，都是粉煤灰得到了满意的利用。一个年产 20 万立方米的粉煤灰加气混凝土工厂，每年可利用粉煤灰 10 万吨。

（7）粉煤灰轻骨料　粉煤灰轻骨料包括粉煤灰陶粒、蒸养陶粒和活性粉煤灰陶粒三种。

① 粉煤灰陶粒　用粉煤灰作为主要原料，掺加少量黏结剂和固体燃料，经混合、成球、高温焙烧而制得的一种人造轻骨料。一般呈圆球形，表皮粗糙而坚硬，内部有细微气孔。其主要特点是质量轻、强度高、热导率低、耐火度高、化学稳定性好等。因而比天然石料具有更为优良的物理力学性能。

生产粉煤灰陶粒是粉煤灰综合利用的有效途径之一。据估计，每生产 1t 粉煤灰陶粒需用干粉煤灰 800～850kg（湿粉煤灰 1100～1200kg）。一个年产 10 万立方米的粉煤灰陶粒厂，每年可处理干粉煤灰 6 万吨左右（湿粉煤灰 10 万吨左右）。

粉煤灰陶粒的生产一般包括原材料处理，配料及混合、生料球制备、焙烧、成品分级等工艺过程。图 5-23 所示为粉煤灰陶粒生产工艺流程。

图 5-23　粉煤灰陶粒生产工艺流程

生产粉煤灰陶粒的主要原料是粉煤灰，辅助原料是黏结剂和少量固体燃料。一般，粉煤灰用量占 80%～85%。粉煤灰的细度要求是 4900 孔/$cm^2$ 筛余量小于 40%、残余含炭量一般不宜高于 10%，并希望含炭量稳定。

由于纯粉煤灰成球比较困难，制成的生料球性能很差，掺加少量黏结剂可以改善混合料的塑性，提高生料球的机械强度和热稳定性。黏结剂的选择根据工艺要求，因地制宜地选用。一般可采用黏土、页岩、煤矸石、纸浆废液等。我国多数采用黏土作黏结剂，掺入量一般为10%～17%。固体燃料的选择应根据工艺需要，因地制宜的原则。可采用无烟煤、焦炭下脚料、炭质矸石、炉渣（含炭量大于20%）等。我国多数厂家采用无烟煤作补充燃料。在实际生产中配合料的总含炭量控制在4%～6%。

配好的配合料需搅拌均匀。常用的搅拌设备有混合筒、双轴搅拌机、砂浆搅拌机等。混合料质量一般控制为：细度4900孔/cm² 筛余量小于30%、含炭量4%～6%、水分小于20%。

成球设备比较多，主要有挤压成球机、成球筒、对辊压球机、成球盘等，成球粒径为5～15m。目前国内普遍采用成球盘成球。生料成球后立即可进行焙烧，在1200～1300℃高温下焙烧而成粉煤灰陶粒。国内所用的焙烧设备主要有烧结机、回转窑、机械化立窑和普通立窑，烧结机、回转窑、机械化立窑的机械化程度较高。

粉煤灰陶粒可用于配制各种用途的高强度轻质混凝土，可以应用于工业与民用建筑、桥梁等许多方面。采用粉煤灰陶粒混凝土可以减轻建筑结构及构件的自重，改善建筑物使用功能，节约材料用量，降低建筑造价，特别是在大跨度和高层建筑中，陶粒混凝土的优越性更为显著。

在干燥状态下，粉煤灰陶粒的松散容重为650～700kg/m³，筒压强度为6.5～9.0MPa，颗粒粒径5～15mm。粉煤灰陶粒表面有一层以玻璃体为主的坚硬外壳，内部呈蜂窝多孔结构，从而使陶粒具有较高的颗粒强度和膨胀性。将颗粒较大的陶粒破碎，可制成粒度小于5～8mm、松散容重为700～800kg/m³的轻砂，这是一种优良的轻细骨料。

② 蒸养陶粒  采用的主要原料为粉煤灰、波特兰水泥、石灰。此外，还可以掺加石膏、氯化钙、沥青乳浊液、细砂等。成球后采用蒸压水热处理或常压蒸汽养护和自然保护而成。蒸养陶粒的松散容重从250～500kg/m³到645～740kg/m³，筒压强度从0.69～1.47到15.69～16.67MPa，波动范围较大。

波兰采用如下工艺生产粉煤灰蒸养陶粒：将粉煤灰、石灰、石棉下脚料（后两种的用量分别为粉煤灰的8%～10%，3%～5%）加水混合均匀后，通过辊压机压成板块，再经过蒸压釜水热处理后，用颚式破碎机破碎，筛分机筛分制成轻骨料。这种轻骨料容重轻，强度与烧结粉煤灰陶粒相近。

③ 活性粉煤灰陶粒  为了提高混凝土中轻骨料与水泥面之间的黏结强度而生产的一种表面带活性的粉煤灰陶粒。这种陶粒的结构分两层：膨胀良好的粉煤灰-黏土粒芯和水硬性较高的粉煤灰-石灰石表面层。生产工艺是由两条作业线分别对粉煤灰-黏土和粉煤灰-石灰石配料进行称量、混合，然后用阶梯式成球盘成球。首先在成球盘中心成型粉煤灰-黏土粒芯，再通过成球盘四周边框槽，使粒芯包裹一层1～2mm厚的粉煤灰-石灰石表面层。这种双层料球用烧结机焙烧成陶粒。陶粒粒芯含有莫来石矿物，强度较高，而陶粒表面层形成水泥熟料矿物具有活性。

(8) 粉煤灰轻质耐热保温砖  利用粉煤灰可以生产出质量较好的轻质黏土耐火材料——轻质耐火保温砖。其原料可用粉煤灰、烧石、硬质土、软质土及木屑进行配料，也可用粉煤灰、紫木节、山皮土及木屑进行配料。首先将各种原料分别进行粉碎，按照粒度要求进行筛分并分别存放。粉煤灰要求除去杂质，最好选用分选后的空心微珠。配比和粒度要求如表5-15所示。

表 5-15 粉煤灰轻质耐火保温砖的配比和粒度

| 原料名称 | 配比/% | 粒度/mm | 原料名称 | 配比/% | 粒度/mm |
|---|---|---|---|---|---|
| 粉煤灰 | 36 | 4.699~2.362 | 粉煤灰 | 65 | 4.699~2.362 |
| 烧 石 | 5 | 0.991 | 紫木节 | 24 | 0.701 |
| 软质土 | 43 | 0.701 | 高岭土 | 11 | 0.701 |
| 木 屑 | 16 | 2.362 | 木 屑 | 1.2m³/t(配合料) | 2.362 |

　　粉煤灰轻质耐火保温砖生产过程为：按比例配好的原料先干混均匀，再送入单轴搅拌机中并加入 60℃ 以上的温水开始粗混，然后送到搅拌机中进行捏练，当它具有一定的可塑性时，再送往双轴搅拌机中进行充分捏练，最后成型制坯。混拌捏练好的泥料，从下料口送入拉坯机，拉出的泥条经分型切坯使得出泥毛坯。泥毛坯在干燥窑内经过 18~24h 干燥，毛坯水分降至 8% 以下，这时即可卸车、码垛、待烧。经干燥后的半成品放入倒焰窑或隧道窑中烧成，在倒焰窑中的烧成温度为 1200℃，共需烧成时间 44h，其中恒温时间为 4h，熄火后逐步将温度冷却到 60℃ 以下就可出窑。粉煤灰轻质耐火保温砖化学物理性能如表 5-16 所示。

表 5-16 粉煤灰轻质耐火保温砖化学物理性能

| $SiO_2$/% | $Al_2O_3$/% | 密度/(g/m³) | 耐火度/℃ | 耐压强度/MPa | 气孔率/% | 热导率/[W/(m·K)] |
|---|---|---|---|---|---|---|
| 54.74 | 41.21 | 0.41 | 1670 | 1.27 | 80.69 | 0.247 |

　　粉煤灰轻质耐火保温砖的特点是保温效率高，耐火度高，热导率小，能减轻炉墙厚度，缩短烧成时间，降低燃料消耗，提高热效率，成本低，现已被广泛应用于电力、钢铁、机械、军工、化工、石油、航运等工业方面。

### 5.2.4 粉煤灰生产化工产品

　　粉煤灰中 $SiO_2$ 和 $Al_2O_3$ 含量较高，可用于生产化工产品，如絮凝剂、分子筛、白炭黑（沉淀 $SiO_2$）、水玻璃、无水氯化铝、硫酸铝等。

　　(1) 粉煤灰综合利用工艺

　　① 工艺流程　综合利用粉煤灰生产聚合铝、结晶硫酸铝、白炭黑和复合填料系列化工产品是粉煤灰最有效的利用途径。图 5-24 所示为粉煤灰综合利用工艺流程。

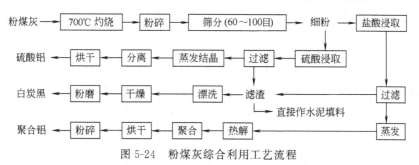

图 5-24　粉煤灰综合利用工艺流程

　　聚合铝为高分子化合物，是高效净水剂，在水处理时有用量少、絮凝速度快、效率高、成本低等优点，比其他无机净水剂具有更大的优越性，水的净化可用于浓度 $4000 \times 10^{-6}$，对微生物、藻类和含 F、$Pb^{2+}$、$Cr^{2+}$、$Cd^{2+}$、$Hg^{2+}$ 等高毒性污水去除率达 90% 以上，并具有一定的脱色、脱臭功能。硫酸铝是一种重要化工原料，具有广泛的用途。白炭黑可作塑料、橡胶填料等。

　　② 反应机理　粉煤灰含 $Al_2O_3$ 高，一般在 25% 左右，但主要以 $3Al_2O_3 \cdot SiO_2$

($\alpha$-$Al_2O_3$)的形式存在，酸溶性差，一般要加入助溶剂或通过煅烧打开 Si-Al 键才能溶出铝生成铝盐。而粉煤灰中的铁主要以氧化物形式存在，可直接溶于酸生成铁盐。本工艺通过马弗炉 700℃灼烧（温度不能超过 1000℃）粉煤灰，使粉煤灰中不溶于酸碱的 $\alpha$-$Al_2O_3$ 转化为 $\gamma$-$Al_2O_3$，再经粉碎、磨细、过筛，得到粒度 60～100 目的细粉进行酸处理。酸处理过程发生一系列物理化学变化，其主要反应为：

粉煤灰中
$$Al_2O_3 \cdot SiO_2 + 3H_2SO_4 \longrightarrow Al_2(SO_4)_3 + SiO_2 + 3H_2O$$
$$Al_2O_3 \cdot SiO_2 + 6HCl + 9H_2O \longrightarrow 2[Al \cdot 6H_2O]Cl_3 + SiO_2$$

粉煤灰中
$$Fe_2O_3 + 3H_2SO_4 \longrightarrow Fe_2(SO_4)_3 + 3H_2O$$
$$Fe_2O_3 + 6HCl + 9H_2O \longrightarrow 2[Fe \cdot 6H_2O]Cl_3$$

粉煤灰中
$$CaO \cdot MgO \cdot 2SiO_2 + 2H_2SO_4 \longrightarrow CaSO_4 + MgSO_4 + 2SiO_2 + 2H_2O$$
$$CaO \cdot MgO \cdot 2SiO_2 + 4HCl \longrightarrow CaCl_2 + MgCl_2 + 2SiO_2 + 2H_2O$$

③ 聚合铝的生成　盐酸浸出液过滤、蒸发、热解，发生如下水解反应：
$$[Al \cdot 6H_2O]Cl_3 \longrightarrow [Al(H_2O)_5(OH)]Cl_2 + HCl$$

热解产物镜分离、烘干得到碱式氯化铝。如果控制碱式氯化铝溶液的浓度和 pH 值，则碱式氯化铝可进一步水解和聚合：
$$[Al(H_2O)_5(OH)]Cl_2 \longrightarrow [(H_2O)_4Al(OH)(OH)Al(H_2O)_4]Cl_2 + H_2O$$

随着聚合物生成浓度的增加，促使水解和聚合反应交替进行，其聚合反应为：
$$m Al_2(OH)_n Cl_{6-n} + mxH_2O \longrightarrow [Al_2(OH)_n Cl_{6-n} \cdot xH_2O]_m$$

将聚合后的晶体烘干，得到棕色或黄褐色的聚合铝产品。

④ 硫酸铝的生成　硫酸浸出液过滤，将滤液蒸发至相对密度 1.40 后冷却，析出硫酸铝晶体，再经过滤、水洗、烘干、晾干，得到外观为白色或微带灰色的粒状结晶硫酸铝产品。

⑤ 白炭黑　制备硫酸铝和聚铝的废渣，含高纯度的 $SiO_2$，经漂洗、热解干燥、粉磨得到白炭黑产品。烘干废渣也可作为水泥添加剂。

（2）粉煤灰絮凝剂　粉煤灰灼烧有利于打开 $3Al_2O_3$-$SiO_2$ 键，增强铝的酸溶性。加助溶剂同样具有打开 Si-Al 键溶出铝的作用。目前，研究过的助溶剂包括牙膏皮、$NH_4F$ 和 $Na_2CO_3$ 等。

① 以牙膏皮为助溶剂制备粉煤灰絮凝剂　牙膏皮的主要成分为铝。牙膏皮先制成偏铝酸钠，再与酸浸粉煤灰复合制得复合混凝剂。主要化学反应方程式为：

牙膏皮中
$$2Al + 2NaOH + 2H_2O \longrightarrow 2NaAlO_2 + 3H_2\uparrow$$
$$2NaAlO_2 + 4H_2SO_4 \longrightarrow Al_2(SO_4)_3 + Na_2SO_4 + 4H_2O$$
$$NaAlO_2 + 4HCl \longrightarrow AlCl_3 + NaCl + 2H_2O$$

粉煤灰中
$$Fe_2O_3 + 3H_2SO_4 \longrightarrow Fe_2(SO_4)_3 + 3H_2O$$
$$Fe_2O_3 + 6HCl \longrightarrow 2FeCl_3 + 3H_2O$$

粉煤灰中
$$Al_2O_3 \cdot SiO_2 + 10HCl \longrightarrow 2AlCl_3 + SiCl_4 + 5H_2O$$
$$Al_2O_3 \cdot SiO_2 + 5H_2SO_4 + 4NaCl \longrightarrow Al_2(SO_4)_3 + SiCl_4 + 2Na_2SO_4 + 5H_2O$$

将切碎、洗净、烘干的牙膏皮，溶于一定量 16% NaOH 溶液中，过滤。将 50g 粉煤灰置于 250mL 玻璃容器中，加入等体积混合酸（1mol/L $H_2SO_4$ 与 1mol/L HCl）150mL，3g NaCl，室温下磁力搅拌 2h。将以上两种溶液按一定比例混合均匀，即得到粉煤灰混凝剂。

牙膏皮由铝皮和漆皮组成，因此，牙膏皮脱漆是制备粉煤灰混凝剂的关键步骤。可用浓 $H_2SO_4$ 作为脱漆剂，因铝不与浓 $H_2SO_4$ 作用，而漆易溶于浓 $H_2SO_4$ 中。烘干的碎牙膏皮浸入浓 $H_2SO_4$ 中，2～3min 后取出，再通过离心分离除去浓 $H_2SO_4$ 后，迅速用水冲洗即可得到较纯净的铝片。但由于浓 $H_2SO_4$ 脱漆成本较高，还涉及废酸的处理与利用问题，因此，也采用一步碱溶法脱漆方法。它是将未脱漆的牙膏皮分批加入热碱中，反应一定时间后过滤除去外漆杂质。碱溶反应速率很快，片刻可完成反应。

② 以 $NH_4F$ 为助溶剂制备粉煤灰絮凝剂 在粉煤灰中加入氟化物可有效提高铝、铁的溶出率，其中铝的溶出率提高近 1 倍，铁的溶出率也提高许多。并且随着氟化物浓度的增加，粉煤灰中铝、铁的溶出率增加，但当氟化物浓度超过 0.4mg/L 时，增势趋缓。

用 $HCl(H_2SO_4)$-$NH_4F$ 浸提粉煤灰，氟离子与复盐铝玻璃体红柱石中的二氧化硅反应，产生氟硅化合物，使玻璃体破坏，加强 $Al_2O_3$ 的溶出效果。溶出的铝盐溶液经净化处理后，用 $NaHCO_3$ 中和生成 $Al(OH)_3$ 沉淀。在温热条件下与 $AlCl_3$ 溶液反应 2～3h，即得到盐基度达 85.3% 的聚合氯化铝。或用粉煤灰与铝土矿、电石泥等高温熔烧，提高 $Al_2O_3$、$Fe_2O_3$ 的活性，再用盐酸浸提，一次可制成液态铝铁复合混凝水处理剂，它的水解产物比单纯聚合铝、聚合铁的水解产物价位高，因而具有较强的凝聚功能和净水效果。

③ 以 $Na_2CO_3$ 为助溶剂制备粉煤灰絮凝剂 粉煤灰中的二氧化硅和氯化铝及少量的氧化铁在高温下可与纯碱发生固相反应打开 Al-Si 键，生成可溶性硅酸盐和铝酸盐，从而提高粉煤灰中 Al、Si 的溶出率。硫铁矿烧渣中的大部分氧化铁和二氧化硅形成复盐，一般条件下溶出率低，但与纯碱焙烧后，不溶性硅酸盐晶体结构破坏，溶出率大大提高。在 950℃ 下，使粉煤灰和硫铁矿烧渣在马弗炉内分别与纯碱反应生成复合固态焙烧产物（初级产品），再将其溶于酸生成活性硅酸、铝盐和铁盐复合物，陈化后即成聚硅酸氯化铝铁（PSARFC）絮凝剂，焙烧产物还可根据不同需要制成其他形式的聚硅酸金属盐絮凝剂。

活性硅酸在自然条件下能自动聚合，聚合速度随浓度升高而加快，在活性硅酸中加入金属盐，金属离子能与活性硅酸络合形成带正电荷的胶粒，可减缓活性硅酸聚合，从而提高产品稳定性。当加入废水中时，金属离子可中和带负电荷的胶粒，使胶体脱稳凝聚，金属离子水解形成絮体，聚硅酸起到捕捉架桥作用，形成大颗粒絮体。

粉煤灰与硫铁矿渣加入纯碱和助熔剂混合后在高温下焙烧，在适当方式冷却下，产物自粉成颗粒粉末（即为初级产品），再按需要配制不同性质的聚硅酸金属盐絮凝剂，焙烧产物用 1:1 盐酸酸浸后分离，液态产物陈化 2h 即为 PSARFC，残渣主要为未反应的粉煤灰，仍可作原料加入反应物中。

所得初级产品（焙烧产物）为黄色粉末，不溶性残渣含量小于 10%。终产品为橙黄色黏稠液体，密度 1.2g/cm³，pH 1～1.5，$SiO_2$＋$Fe_2O_3$＋$Al_2O_3$＞5%。

④ 粉煤灰混凝剂净水机理 粉煤灰混凝剂是一种多组分多相混合物，含有 $Al_2(SO_4)_3$、$AlCl_3$、$Fe_2(SO_4)_3$、$FeCl_3$、$H_2SiO_3$ 和未溶粉煤灰固体等成分。它的净水机理主要有三：吸附作用。粉煤灰本身是多孔物质，具有较大的比表面积（一般为 2500～5000m²/g），同时存在大量 Al、Si 等活性点，可与吸附质发生强烈的物理和化学吸附；凝聚和助凝作用。粉煤灰混凝剂中的铁盐和铝盐在水溶液中能发生金属离子的水解和聚合反应，其水解和聚合的多种产物能被水中胶粒强烈地吸附，被吸附的带正电荷的多核络离子能压缩双电层，降低 ζ 电位，使胶粒间最大排斥势能降低，从而使胶粒脱稳发生凝聚。当一个多核聚合物为两个或两个以上的胶粒所共同吸附时，此聚合物可将两个或多个胶粒黏结架桥发生絮凝作用，絮凝作用扩大就逐渐形成矾花，从而完成整个混凝过程。除此以外，少量硅酸还可促进水的混凝过程，改善矾花的结构，增加矾花的重量，从而加快矾花的形成和沉降，所以，硅酸还具有助凝作用；沉淀作用。在混凝搅拌过程中，由于粉煤灰悬浮于废水中，因此它会被金属离子的水解聚合产物所吸附包裹，从而使颗粒容重增加，沉降迅速，提高混凝沉淀效果。

（3）粉煤灰制取白炭黑 白炭黑是一种无机球型填料，化学式为 $SiO_2 \cdot nH_2O$，密度为 2.05g/cm³，粒径为 0.001～2μm，白色，摩氏硬度 5～6，耐酸性好，耐碱性差，pH 为 6～

8，介电常数 9。白炭黑作为填料，可赋予有机聚合物自身所没有的一些特殊功能，如导电性和电磁波屏蔽性。图 5-25 所示为酸溶法制取白炭黑工艺流程。

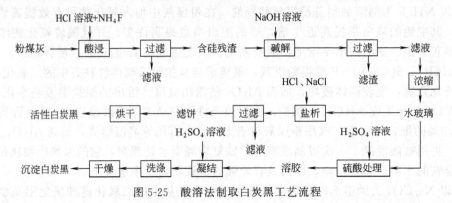

图 5-25　酸溶法制取白炭黑工艺流程

粉煤灰制取白炭黑的工艺分两步进行：酸浸制取水玻璃和水玻璃盐析制备白炭黑。

① 酸浸制取水玻璃　由于粉煤灰中 $Al_2O_3$ 和 $SiO_2$ 主要以富铝玻璃体 $3Al_2O_3 \cdot SiO_2$（红柱石）形式存在，不是以活性 $Al_2O_3$ 形式存在。因此，为了加快铝的酸浸效果，加入 $NH_4F$ 助溶剂。酸浸反应式为：

$$NH_4F + HCl \longrightarrow HF + NH_4Cl$$
$$6HCl + 粉煤灰中 Al_2O_3 \longrightarrow 2AlCl_3 + 3H_2O$$
$$4HF + 粉煤灰中 SiO_2 \longrightarrow SiF_4 \uparrow + 2H_2O$$
$$SiF_4 + 2HF \longrightarrow H_2SiF_6$$
$$H_2SiF_6 \longrightarrow 2H^+ + [SiF_6]^{2-}$$

当 $Al_2O_3$ 被酸浸出后，残渣中残留的主要是没有酸溶的 $SiO_2$。残渣经过滤、水洗后用 NaOH 溶液加热碱解，使残渣中 $SiO_2$ 与 NaOH 反应生成水玻璃：

$$SiO_2 + 2NaOH \xrightarrow{\triangle} Na_2SiO_3 + H_2O$$

② 活性白炭黑制备　有了水玻璃，只要将其进行酸化处理即能得到白炭黑。活性白炭黑是水玻璃经盐酸处理后得到的产物。盐析时，各种原料的配比（质量分数）为：水玻璃（模数 2.1～2.4）：工业盐酸（30%）：食盐（精盐）＝（40～50）：（10～20）：（1.5～2.0）。水玻璃加酸后，在 NaCl 溶液中沉析，得到活性体白炭黑，反应式为：

$$Na_2SiO_3 + 2HCl \longrightarrow H_2SiO_3 \downarrow + 2NaCl$$
$$H_2SiO_3 + (n-1)H_2O \longrightarrow SiO_2 \cdot nH_2O（活性白炭黑）$$

③ 沉淀白炭黑　沉淀白炭黑是水玻璃经硫酸处理后得到的产物。酸加水玻璃会发生凝胶化反应。反应经历两个阶段，先缩合成溶胶，然后溶胶中的胶团进一步以硅氧键或氢键结合在一起成为葡萄状的二次粒子胶粒，这是所谓的胶粒凝结阶段，由溶胶变为凝胶。反应式为：

$$Na_2SiO_3 + H_2SO_4 \longrightarrow Na_2SO_4 + H_2SiO_3 \downarrow$$
$$H_2SiO_3 + (n-1)H_2O \longrightarrow SiO_2 \cdot nH_2O（沉淀白炭黑）$$

将水玻璃用水稀释到含 $SiO_2$ 13%～20%，自然沉降 48h。加 40% 浓硫酸搅拌成胶，直至反应出现白色凝胶，停止加酸。升温至 80℃ 酸化。边搅拌边滴加 40% 硫酸，直到 pH 为 3。酸化后继续搅拌，并升温至 100℃，保持 1h 老化时间。老化完毕，洗涤、过滤，进入胶体磨磨细成均匀的水凝胶悬浮液，其固含量约为 18%～20%。100℃ 喷雾干燥，得到沉淀白炭黑。

④ 活性白炭黑与沉淀白炭黑性能比较　活性白炭黑性能较沉淀白炭黑优越，但制备过程较复杂，价格较高。

沉淀白炭黑，外观白色无定形微细粉末，其相对密度为 2.0～2.6，熔点 1750℃，折射率 1.46。粒径、含水率随制备方法不同而有所不同。其粒径一般为 10～25μm，含水率小于 2%。不溶于水和酸，溶于苛性碱及氢氟酸，高温不分解，吸水性强，在空气中易潮解。广泛应用于橡胶和塑料工业，是一种较理想的补强填充剂。在塑料工业中，沉淀白炭黑能赋予制品以低的吸水性和良好的介电性能。在塑料溶胶中，沉淀白炭黑用作触变剂和增稠剂。

活性白炭黑的化学组成与沉淀白炭黑相同，但物化性质存在差异。活性白炭黑是一种超细、具有高度的表面活性的 $SiO_2$ 微粉，其比表面积为沉淀白炭黑的 4～5 倍，粒径一般在 0.05μm 以下。在橡胶中有透明性和半透明性，广泛用于橡胶、乳胶、塑料薄膜、皮革、涂料、胶黏剂、合成树脂、造纸、农药、炸药、日用化工等领域，是透明和彩色胶制品中不可缺少的材料。

**(4) 粉煤灰用于制备吸附材料**　粉煤灰玻璃体的外观呈蜂窝状，空穴较多，内部具有较为丰富的孔隙，且比表面积大，具有一定的吸附能力。但原状粉煤灰吸附效果不理想，通过改性可提高粉煤灰的吸附性能。目前，主要的改性方法有火法和湿法两种。

① 火法改性　将粉煤灰与碱性熔剂（$Na_2CO_3$）按一定比例混合，在 800～900℃温度下熔融，使粉煤灰生成新的多孔物质，其主要反应为：

$$Na_2CO_3 \longrightarrow Na_2O + CO_2 \uparrow$$
$$Na_2O + SiO_2 \longrightarrow Na_2SiO_3$$
$$3Na_2O + 4SiO_2 + 3Al_2O_3 \cdot 2SiO_2 \longrightarrow 3(Na_2O \cdot Al_2O_3 \cdot 2SiO_2)$$
$$6Na_2O + 4SiO_2 + 3Al_2O_3 \cdot 2SiO_2 \longrightarrow 3(2Na_2O \cdot Al_2O_3 \cdot 2SiO_2)$$

在熔融物中加无机酸（HCl），一方面可使骨架中的铝溶出，一方面可使硅变成几乎具有原晶格骨架的多孔性、易反应性的活性 $SiO_2$，主要反应为：

$$Na_2O \cdot Al_2O_3 \cdot 2SiO_2 + 8HCl + (2n-4)H_2O \longrightarrow 2Al^{3+} + 2Na^+ + 8Cl^- + 2(SiO_2 \cdot nH_2O)$$
$$2Na_2O \cdot Al_2O_3 \cdot 2SiO_2 + 10HCl + (2n-5)H_2O \longrightarrow 2Al^{3+} + 4Na^+ + 10Cl^- + 2(SiO_2 \cdot nH_2O)$$

对熔融物酸解后的溶液和沉淀进行处理可制得混凝剂、沸石等吸附材料。

② 湿法　因浸出剂的不同，湿法又分为酸法和碱法。碱法处理时，为得到较高的硅浸出率，也要对粉煤灰进行高温处理。酸法处理时，不要经高温处理，对硅、铝、铁都有较高的浸出率。图 5-26 所示为粉煤灰碱法生产分子筛工艺流程。

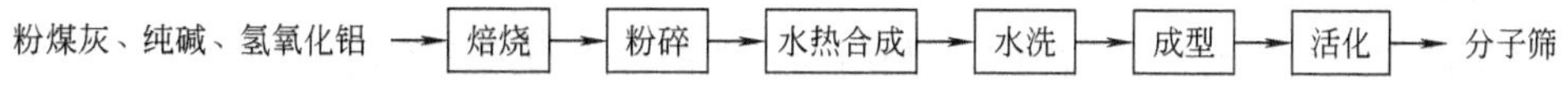

粉煤灰、纯碱、氢氧化铝 ──→ 焙烧 ──→ 粉碎 ──→ 水热合成 ──→ 水洗 ──→ 成型 ──→ 活化 ──→ 分子筛

图 5-26　粉煤灰生产分子筛工艺流程

粉煤灰生产分子筛工艺与常规生产工艺类似，但每生产 1t 分子筛可节约 0.72t $Al(OH)_3$、1.8t 水玻璃和 0.8t 烧碱，且生产工艺中省去了稀释、沉降、浓缩和过滤等工序，所得产品品质达到甚至超过化工合成分子筛。

粉煤灰合成分子筛配料根据分子筛组成决定，一般为粉煤灰：纯碱：氢氧化铝＝1：1.5：0.13，纯碱和氢氧化铝应预先在 120℃下烘干 2～3h。配好料后，在 800～850℃温度下焙烧 1～1.5h，烧出的料呈浅绿色。焙烧后物料粉碎通过 0.147～0.074mm，再在室温下边搅拌边投料。升温至 50～55℃，再恒温 2h，取液分析碱度，补充加碱到浓度为 1000mL/m³。继续升温到 98℃，搅拌下晶化 6h，洗涤得到分子筛晶粉。加黏结剂经成型、活化得到一定粒度的球型分子筛产品。

用粉煤灰生产的分子筛成本低，原料省，产率高，质量稳定。得到的分子筛可用于各种气体和液体的脱水和干燥、气体的分离和净化、液体的分离和净化、选择性的催化脱水等。火法的耗能较高，但粉煤灰的利用率较高。而湿法虽能耗较低，但利用率不高。因粉煤灰中的硅、铝大部分含在莫来石（$3Al_2O \cdot 2SiO_2$）中，而改性粉煤灰制吸附材料主要是利用其中的硅和铝，使其生成硅、铝凝胶、沸石分子筛，同时酸浸粉煤灰还可使其表面微孔内变得粗糙，比表面积增加，打开粉煤灰封闭的孔道，增加孔隙率。

③ 粉煤灰吸附材料的应用　粉煤灰吸附性能好，能有效地去除废水中重金属离子和可溶性有机物、使水溶液中的无机磷沉淀、中和废水中的酸。利用粉煤灰作为吸附材料用于废水的处理已经有许多成功的经验，如造纸、电镀等各行各业工业废水和有害废气的净化、脱色、吸附重金属离子以及航天航空火箭燃料剂的废水处理等。

a. 处理含氟废水　粉煤灰中含有 $Al_2O_3$、$CaO$ 等活性组分，它能与氟生成 $Al(OH)_{3-x} \cdot F_x$、$Al_2O_3 \cdot 2HF \cdot nH_2O$、$Al_2O_3 \cdot 2AlF_3 \cdot nH_2O$ 等络合物或生成 $xCaO \cdot SiO_2 \cdot nH_2O$，$xCaO \cdot Al_2O_3 \cdot nH_2O$ 等对氟有絮凝作用的胶体离子，具有较好的除氟能力。它对电解铝、磷肥、硫酸、冶金、化工、原子能等生产中排放的含氟废水处理具有一定效果，并对 SS 有一定的去除效果。

b. 处理电镀废水与含重金属离子废水　粉煤灰中含沸石、莫来石、炭粒、硅胶等，具有无机离子交换特性和吸附脱色作用。粉煤灰处理电镀废水，其对铬（$Cr^{3+}$）等重金属离子具有很好的去除效果，去除率一般在 90% 以上，若用 $FeSO_4$-粉煤灰法处理含 $Cr^{3+}$ 废水，$Cr^{3+}$ 去除率可达 99% 以上。此外，粉煤灰还可用于处理含汞废水，吸附了汞的饱和粉煤灰经焙烧将汞转化成金属汞回收，回收率高，其吸附性能优于粉末活性炭。

c. 处理含油废水　电厂、化工厂、石化企业废水成分复杂、乳化程度高，甚至还会出现轻焦油、重焦油、原油混合乳化的情况，用一般的处理方法效果不太理想，而利用粉煤灰处理，重焦油被吸附后与粉煤灰一起沉入水底，轻焦油被吸附后形成浮渣，乳化油被吸附、破乳，便于从水中去除，达到较好的效果。

除此之外，粉煤灰具有脱色、除臭功能，能较好地去除 COD、BOD，可广泛用于制药废水、有机废水、造纸废水的处理。粉煤灰用于活性污泥法处理印染废水，不仅能提高脱色率，并能显著改善活性污泥的沉降性能，克服污泥膨胀。其用于处理含磷废水，能有效地使废水中的无机磷沉淀，并中和废水中的酸、降低有机磷的浓度。

### 5.2.5　粉煤灰的农业利用

粉煤灰的农业利用有两条途径：一是用于农业的改土与增产作用，二是生产粉煤灰多元素复合肥施用于农田。

（1）用于农业的改土与增产作用

① 粉煤灰的孔度与土壤性能的关系　粉煤灰中的硅酸盐矿物和炭粒具有多孔性，是土壤本身的硅酸盐类矿物所不具备的。粉煤灰施入土壤，除其粒子中、粒子间的空隙外，同土壤粒子还可以连成无数孔道，构成输送营养物质的交通网络，其粒子内部的空隙则可以作为气体、水分和营养物质的"储存库"。土壤中溶液的含量及其扩散运动，都与土壤内部各个粒子之间或粒子内部空隙的毛细管半径有关。毛细管半径越小，吸引溶液或水分的力越大。若将粉煤灰施入土壤，能进一步改善土壤的毛细血管作用和溶液在土壤内的扩散情况，从而调节土壤的湿度，有利于植物根部加速对营养物质的吸收和分泌物的排出，促进植物生长。

② 粉煤灰对土壤机械组成的影响　粉煤灰掺入黏质土壤，可使土壤疏松，黏粒减少，砂粒增加。掺入盐碱土，除使土壤变得疏松外，还可起抑碱作用。

③ 粉煤灰对土层温度的影响　粉煤灰具有的灰黑色利于吸收热量，一般加入土壤可使土层温度提高 1～2℃。土层温度的提高，有利于生物活动、养分转化和种子萌发。

④ 粉煤灰的增产作用　合理施用符合农用标准的粉煤灰对不同土壤都有增产作用，但不同土质增产效果不同，黏土最为明显，砂质土壤增产则不显著。作物不同，增产效果也不同，蔬菜效果最好，粮食作物次之，其他作物效果不稳定。

（2）粉煤灰生产多元素复合肥　多元素复合肥是一种新型农用必备的元素肥料，含易被植物吸收的枸溶性多元素，以旋风炉炉渣为基本原料，经输送、干燥、研磨成粉状，以硫酸镁溶液为黏结剂和辅助原料，加水拌和、造粒、干燥成颗粒状产品。具有无毒、无味、无腐蚀、不易潮解、不易流失、施用方便、肥效长、价格低、见效快等特点，能改良土壤，促使植物生长，增强抗干旱、病虫和倒伏能力，达到增产和提高产品质量的效果，并广泛适用于各种农作物、蔬菜和果木等。图 5-27 所示为粉煤灰生产多元素复合肥生产工艺流程。

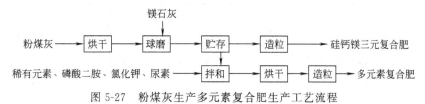

图 5-27　粉煤灰生产多元素复合肥生产工艺流程

粉煤灰湿排渣经烘干后，按比例 100∶6（也可按用户要求）加入 MgO 含量大于 50％的镁石灰，一起进入球磨机研磨成粉状，即成硅钙镁三元素复合肥，再经拌和、造粒、烘干、筛选，最后包装成袋。在制多元素复合肥时，只需在造粒前按所要生产的比例要求再加入尿素、磷酸二胺、氯化钾和其他稀有元素，然后经造粒工序即可。

近年来，我国在装有旋风炉的电厂中，用直接加磷矿石在旋风炉中煅烧钙镁磷肥，可使粉煤灰渣全部变成磷肥，生产成本比高炉钙镁磷肥低一半。

粉煤灰的农业资源化是一个巨大的生态工程，今后应加强这方面的基础性研究，开发更多的环保型产品和处理利用途径，如填加菌类制肥及污泥配合等。

## 5.3　锅炉渣的资源化

炉渣的产生量仅少于尾矿和煤矸石而居第三位。燃煤工业锅炉使用较多的部门有纺织、化工、轻工和食品工业等，另外，企事业单位的食堂、北方冬季采暖均产生炉渣。

### 5.3.1　锅炉渣的组成

炉渣是以煤为燃料的锅炉燃烧过程中产生的疏松状或块状废渣，外观灰黑色。干渣相对密度 2.1～2.5，松散容重 780～850kg/m³。

炉渣的化学组成与粉煤灰相似，但含碳量通常比粉煤灰高，一般在 15％左右，热值一般为 3500～6000kJ/kg，有的高达 8000kJ/kg 以上。随着锅炉热效率的提高，炉渣的热值会有所降低。表 5-17 所示为炉渣的化学组成。

表 5-17　炉渣的化学组成　　　　　　　　　　　　单位：％

| 组成 | $SiO_2$ | $Al_2O_3$ | $Fe_2O_3$ | CaO | MgO | $SO_3$ | 烧失量 |
|---|---|---|---|---|---|---|---|
| 含量 | 60～65 | 17～20 | 2.5～2.8 | 2.4～3.1 | 1.7～2.2 | 0.2～0.3 | 5～10 |

炉渣的矿物组成主要为玻璃相和莫来石，其次是石英、钠长石、赤铁矿。莫来石为针

状，交织分布于玻璃相中。炉渣属火山灰质混合材料，在激发剂作用下会显示一定的水硬性，可作为水泥混合材使用。石灰含量高的炉渣可用于回收石灰。

### 5.3.2　锅炉渣生产建筑材料

炉渣可用作制砖内燃料，作硅酸盐制品的骨架，用于筑路或作屋面保温材料等。

（1）生产烧结空心砖　上海振苏砖瓦厂利用上海杨浦煤气厂、上海焦化厂等厂的炉渣和焦炭屑为内燃料生产的烧结黏土空心砖，曾用于上海希尔顿饭店、宝钢工程等上海市重点工程。所用炉渣性能指标如表 5-18 所示。

表 5-18　炉渣和焦炭屑的性能指标

| 品种 | 含水率/% | 固定碳/% | 发热量/(kJ/kg) | |
| --- | --- | --- | --- | --- |
| | | | 干样 | 湿样 |
| 炉　渣 | 10 | 19.35 | 6646 | 5983 |
| 焦炭屑 | 12 | 66.75 | 22936 | 20183 |

图 5-28 所示为以炉渣为内燃料生产黏土空心砖的工艺流程。主要工序包括物料配比、坯料制备、成型和焙烧等。

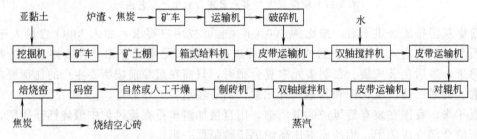

图 5-28　以炉渣为内燃料生产黏土空心砖的工艺流程

① 物料配比　黏土和内燃料的掺配比例根据黏土的塑性指数、工艺要求及烧成所需的热值确定。黏土塑性指数高时可掺较多的发热量低的内燃料；黏土塑性指数低时则要选用发热量高的内燃料。如，黏土塑性指数为 13 时，焦炭屑的发热量为 18810kJ/kg、炉渣的发热量为 6270kJ/kg，焦炭屑和炉渣按 1∶1 混合破碎后作内燃料，KP1 型承重黏土空心砖每块按热值 3762kJ 掺配；非承重黏土空心砖每块按热值 8360kJ 掺配，内燃料仅占黏土质量的 10% 左右。黏土塑性指数为 16 时，焦炭屑与炉渣的比例可调整到 1∶1.5，混合料发热量 7273kJ/kg，承重和非承重空心砖每块掺配量分别提高到 0.7kg 和 1.6kg，占黏土质量的 20% 左右。一般情况下，内燃料粒度应控制在 3mm 以下，其中 ≤2mm 的必须 ≥75%，才能对产品的外观、燃烧、石灰爆裂及强度影响较小。

② 坯料制备　包括破碎和搅拌两道工序。泥土和内燃料按比例分别由箱式给料机和圆盘喂料机送入第一道双轴搅拌机，搅拌后送入对辊机破碎，再经第二道搅拌制成坯料，然后送制砖机成型，制备过程中控制泥土含水率 >21% 时，需在一次搅拌时加入废干坯粉粒，降低泥土含水率。

采用人工干燥坯料时需在二次搅拌时加入蒸汽，使坯体温度与干燥室废气温度接近或高于废气温度 5～10℃，一般控制在 35～40℃。温度太高坯体抗压强度降低，坯体容易裂缝倒塌；温度过低坯体表面会结露，坯体水分排不出去，影响干燥周期。

物料的主要技术参数：泥土塑性指数在 13 左右；干泥粉粒径 <4mm，其中 <2mm 的应 >90%；内燃料粒度 <3mm，其中 <2mm 的应 >75%；砖坯成型水分为 18%～21%。

③ 成型　采用湿塑成型工艺。泥土空心砖成型的关键是芯架的制作,芯架舌部应深入挤泥机喇叭口内 160mm 左右,并和挤泥机绞刀保持 150~200mm 距离。增强坯料的密实度可避免由于坯料塑性指数低造成坯体的开裂。螺旋叶片螺旋线导角在 20°~23° 为佳。螺旋叶片外径与泥缸内面间的间隙最好为 2~3mm。如果旋转叶片末端为双线,则所要求的机头可较单线的短 15%~20%。生产 240mm×115mm×90mm 承重空心砖或 300mm×200mm×115mm 非承重空心砖,制砖机型号以 450 或 500 型较适宜。为减小摩擦阻力并使泥条带有光滑的表面,可在机嘴内壁通入水。此时机嘴内壁必须开有沟槽,槽上面盖有铅皮或薄铁皮作的金属鳞片,以便通过外加水使泥条光滑。

④ 焙烧　成型好的砖坯经干燥后入窑焙烧。入窑的干坯水分应 <8%,焙烧温度为950~1030℃。

(2) 利用炉渣生产小型空心砌块　成都市硅酸盐厂用工业炉渣生产小型空心砌块,标号为 35 号,适用于填充墙和围墙。锅炉渣性能如表 5-19 所示。

表 5-19　炉渣的性能　　　　　　　　　　　　　　　　　单位:%

| 性能 | | 化学成分 | | | | | | |
|---|---|---|---|---|---|---|---|---|
| 粒度 | 安定性 | $SiO_2$ | $Al_2O_3$ | $Fe_2O_3$ | CaO | MgO | $SO_3$ | 烧失量 |
| ≤10mm | 合格 | 44.32 | 15.60 | 7.29 | 2.62 | 0.82 | 3.05 | 20.98 |

图 5-29 所示为炉渣小型空心砌块生产工艺流程。物料配比为:水泥:炉渣=1:(5~5.5)。

图 5-29　炉渣小型空心砌块生产工艺流程

炉渣空心砌块的生产工艺与用炉渣作骨料配制半干性混凝土相同,用水量为混合料质量的 20%~22%,搅拌时间 >5min。所用水泥标号为 325~425 号。对炉渣的质量要求为:烧失量 ≤20%、粒度 ≤10mm,其中 <1.5mm 的占 ≤25%、安全性试验合格、不含泥土和杂质。

成型工序采用杠杆固定式成型机,振动频率 2850 次/min,电机功率 750W,振动时压头加压于砌块表面,振动时间 ≥15s。成型后砌块应不缺角、不缺棱、四面平整,外形尺寸合格且密实度达到要求。

养护工序采用露天自然养护。室外温度在 22℃ 以上时静停时间为 24h;室外温度在22℃ 以下时静停时间为 24h 以上。砌块码堆后淋水养护 2~15d。

制砖内燃料是将炉渣粉碎到 3mm 以下,与黏土掺合制成砖坯,在焙烧过程中,炉渣中的未燃碳会缓慢燃烧并放出热量。由于砖的焙烧时间很长,这些未燃碳可在砖内燃得很完全。采用内燃烧技术可收到显著的节能效果。通常生产万块砖耗煤 1.2~1.6t,而利用炉渣作内燃料后每万块砖仅需煤 0.1~0.2t。据统计辽宁省凌源县几十个砖厂利用炉渣后煤耗降低了 80%。炉渣由于容重较轻,可作屋面保温材料和轻骨料。四川、河南等地用炉渣代替石子生产炉渣小砌块;北京、武汉等地用炉渣作蒸养粉煤灰砖骨料。炉渣作蒸养制品骨料可提高产品强度,降低产品容重。

(3) 生产蒸养煤渣砖　蒸养煤渣砖是以炉渣为主要原料,掺入适量(10%~12%)的碱性激发剂(石灰)及水,经破碎、轮碾、成型、蒸汽养护硬化而成的一种建筑材料。图5-30所示为蒸养煤渣砖生产工艺流程。

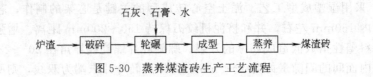

图 5-30　蒸养煤渣砖生产工艺流程

炉渣破碎后，按炉渣、石灰、石膏、水分别为 86%±3%、10%±2%、4%±1%、12%±2%混合轮碾，再在压力 200kg/cm² 下成型。坯料在 95～100℃蒸养，并恒温 8h，取出即为煤渣砖。

（4）利用炉渣制水泥　炉渣可用于制备水泥，也可作为水泥的活性混合材使用。图 5-31 所示为造气炉渣制水泥工艺流程，与普通水泥生产工艺流程相同。

图 5-31　造气炉渣制水泥工艺流程

炉渣、石灰石、铁矿粉、粉煤的配比（质量百分数）为 57:34:1:8。混合料煅烧温度为 1450℃。

（5）炉渣生产冶金用石灰　煤气发生炉炉渣含碳 20%～22%，热值 4184～9623kJ/kg，可用于生产冶金用石灰。图 5-32 所示为煤气发生炉炉渣生产冶金用石灰工艺流程。

图 5-32　煤气发生炉炉渣生产冶金用石灰工艺流程

石灰石和炉渣定期按 1:1 比例装入石灰窑在温度 800～900℃煅烧。烧成的石灰从窑底取出，经去除石灰头渣，得到块状冶金用生石灰。石灰头渣可用于铺路、打地坪等。

## ● 参考文献

[1]　孙刚，刘焕胜．煤矸石资源化利用现状及其进展．煤炭加工与综合利用，2012（3）：53-56.
[2]　吴滨，杨敏英．我国粉煤灰、煤矸石综合利用技术经济政策分析．中国能源，2012，34（11）：8-11.
[3]　韩春晓，马国芳．煤矸石制砖窑余热利用技术的研究与应用．能源与节能，2012（8）：91-92.
[4]　岳林，秦斌．谈煤矸石发电技术的现状及展望．中国科技投资，2012（10）：68.
[5]　马淑忱，徐增光．利用煤矸石和粉煤灰资源发展新型建材产业的实践与思考．环境保护与循环经济，2012（1）：18-20.
[6]　高晓云，陈萍．粉煤灰的基本性质与综合利用现状及发展方向．能源环境保护，2012，26（4）：5-7.
[7]　耿朋飞，高帅，楚风格．粉煤灰的综合利用．洁净煤技术，2012，18（2）：102-104.
[8]　秦晋国．高铝粉煤灰全资源化利用技术的研究开发．轻金属，2012（9）：3-7.
[9]　杨建伟，王强，阎培渝等．利用细粉煤灰改善胶凝材料性能的研究．混凝土与水泥制品，2012（10）：16-19.
[10]　魏明安．利用煤矸石制取优质高岭土的试验研究．有色金属（冶炼部分），2002，（3）：22-27.
[11]　崔杏雨，张徐宁，陈树伟等．利用粉煤灰合成 4A 沸石分子筛的研究．太原理工大学学报，2012，43（5）：539-543.
[12]　边炳鑫．粉煤灰微珠湿法分选工艺．中国矿业，2000，9（4）：22-24.
[13]　李晔，吴飞，胡海等．粉煤灰制备 PAFCS 絮凝剂．有色金属，2002，54（4）：114-116.

[14] 衣守志，石淑兰，贾青竹等．粉煤灰絮凝剂的制备与应用．中国造纸，2003，22（4）：50-52．
[15] 俞尚清，傅天杭，潘志彦．用粉煤灰制取聚硅酸氯化铝铁絮凝剂的研究．粉煤灰综合利用，2003，（5）：9-11．

## ● 习题

（1）简述煤矸石、粉煤灰、锅炉渣的来源区别及性质特点。

（2）简述高钙粉煤灰、低钙粉煤灰成分的区别及活性特点。

（3）简述粉煤灰中包含的颗粒及其性质特点。

（4）简述粉煤灰中玻璃微珠的利用价值及回收方法。

（5）分析粉煤灰的活性及其影响因素，活性激发机理。

（6）举例粉煤灰在建筑工程中的应用及其特点。

（7）简述粉煤灰农业应用的特点及其意义。

（8）简述煤矸石综合利用的主要途径及其特点。

（9）简述煤矸石、粉煤灰生产聚铝混凝剂的工艺及主要控制过程。

（10）调研与总结锅炉渣生产建筑材料的工艺及其应用。

# 6 钢铁冶金渣的资源化

钢铁冶金工业遍及全国各主要城市，所产生的固体废物约占固体废物总量的18%，渣中含有各种有用元素如Fe、Mn、V、Cr、Mo、Ni、Al等金属元素和Ca、Si等非金属元素，是一大类可再利用的二次资源。

钢铁冶金工业所产生的固体废物主要有高炉渣、钢渣、铁合金渣和尘泥等，目前已大部分得到了利用，但缺乏全量和高附加值的利用技术，特别是对共生复合矿炉渣中共生的金属元素的分离和利用以及通过共生元素的分离全面经济地对炉渣进行综合利用缺乏系统研究。

## 6.1 高炉渣的资源化

高炉渣是冶金工业中数量最多的一种渣。目前，我国每年排出量已达 $3000 \times 10^4$ t 左右。80%以上的高炉渣得到了利用，但利用的主要途径是生产水泥和筑路材料。

### 6.1.1 高炉渣的组成与性质

高炉渣是冶炼生铁时从高炉中排出的一种废渣，由铁矿中的脉石、料中的灰分和熔剂（一般是石灰石）中的非挥发组分形成的固体废物。在高炉冶炼过程中，从炉顶加入的铁矿石、熔剂和焦炭，在炉内高温燃烧区（1300~1500℃）变成液相，液相中浮在铁水上的熔渣，通过排渣口排出炉体，经冷却凝固后成为高炉渣，也称高炉矿渣，如图6-1所示。

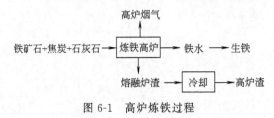

图 6-1　高炉炼铁过程

高炉渣的产生量与铁精矿品位的高低、焦炭中灰分的多少以及石灰石、白云石的质量有关，也和冶炼工艺有关。采用贫铁矿炼铁时，每得到1t生铁产出1.0~1.2t高炉渣；用富铁矿炼铁时，每得到1t生铁产出0.25t高炉渣。

（1）高炉渣的组成

① 化学组成　高炉渣含有15种以上化学成分，但其主要成分是CaO、MgO、$Al_2O_3$、$SiO_2$四种，约占高炉渣总重量的95%，如表6-1所示。

表6-1　我国高炉渣与天然岩石、硅酸盐水泥化学成分比较　　　单位：%（质量）

| 名称 | CaO | $SiO_2$ | $Al_2O_3$ | MgO | MnO | FeO | $TiO_2$ | $V_2O_5$ | S |
|------|-----|------|------|-----|-----|-----|------|------|---|
| 普通渣 | 38~49 | 26~42 | 6~17 | 1~13 | 0.1~1 | 0.07~0.89 | | | 0.2~1.5 |
| 高钛渣 | 23~46 | 20~35 | 9~15 | 2~10 | <1 | | 20~29 | 0.1~0.6 | <1 |
| 锰铁渣 | 28~47 | 21~37 | 11~24 | 2~8 | 5~23 | 0.05~0.31 | | | 0.3~3 |

| 名称 | CaO | SiO$_2$ | Al$_2$O$_3$ | MgO | MnO | FeO | TiO$_2$ | V$_2$O$_5$ | S |
|------|-----|---------|-------------|-----|-----|-----|---------|------------|---|
| 含氟渣 | 35~45 | 22~29 | 6~8 | 3~7.8 | 0.1~0.8 | 0.07~0.08 | | | 含F 7~8 |
| 硅酸盐水泥 | 64.2 | 22 | 5.5 | 1.40 | 1.5 | 1.34 | 0.30 | | |
| 花岗岩 | 2.15 | 69.92 | 14.78 | 0.97 | 0.13 | 1.67 | 0.39 | 含P$_2$O$_5$0.24 | |
| 玄武岩 | 8.91 | 48.78 | 15.85 | 6.05 | 0.29 | 6.34 | 1.39 | 含P$_2$O$_5$0.47 | |

高炉矿渣属于硅酸盐质材料,其化学组成与天然岩石和硅酸盐水泥相似。因此,可代替天然岩石和作为水泥生产原料等使用。

通常,高炉渣化学成分中的主要碱性氧化物之和与酸性氧化物之和的比值,称为高炉渣的碱性率或碱度,用 $M_o$ 表示。即:碱性率 $M_o = (CaO + MgO)/(SiO_2 + Al_2O_3)$。高炉渣,按起碱性率大小分为:碱性矿渣,碱性率 $M_o > 1$ 的矿渣;中性矿渣,碱性率 $M_o = 1$ 的矿渣;酸性矿渣,碱性率 $M_o < 1$ 的矿渣。我国高炉渣大部分接近中性矿渣( $M_o = 0.99 \sim 1.08$ ),高碱性及酸性高炉渣数量较少。按碱性率分类是高炉渣最常用的一种分类方法,可比较直观地反映高炉渣中碱性氧化物和酸性氧化物含量的关系。

② 矿物组成 高炉渣中的各种氧化物成分以各种形式的硅酸钙或铝酸钙矿物形式存在。碱性高炉渣中最主要矿物有黄长石、硅酸二钙、橄榄石、硅钙石、硅辉石和尖晶石。黄长石是由钙铝黄长石( $2CaO \cdot Al_2O_3 \cdot SiO_2$ )和钙镁黄长石( $2CaO \cdot MgO \cdot SiO_2$ )所组成的复杂固熔体。硅酸二钙( $2CaO \cdot SiO_2$ )的含量仅次于黄长石。其次为假硅灰石( $CaO \cdot SiO_2$ )、钙长石( $CaO \cdot Al_2O_3 \cdot 2SiO_2$ )、钙镁橄榄石( $CaO \cdot MgO \cdot SiO_2$ )、镁蔷薇辉石( $3CaO \cdot MgO \cdot 2SiO_2$ )以及镁方柱石( $2CaO \cdot MgO \cdot 2SiO_2$ )等。

酸性高炉矿渣由于其冷却的速度不同,形成的矿物也不一样。当快速冷却时全部凝结成玻璃体。在缓慢冷却时(特别是弱酸性的高炉渣)往往出现结晶的矿物相,如黄长石、假硅灰石、辉石和斜长石等。

高钛高炉渣的矿物成分中几乎都含有钛,其主要矿物有钙钛矿( $CaO \cdot TiO_2$ )、安诺石( $TiO_2 \cdot Ti_2O_3$ )、钛辉石( $7CaO \cdot 7MgO \cdot TiO_2 \cdot 7/2Al_2O_3 \cdot 27/2SiO_2$ )、尖晶石( $MgO \cdot Al_2O_3$ )。锰铁渣中的主要矿物是锰橄榄石( $2MnO \cdot SiO_2$ )。镜铁矿渣中的主要矿物是蔷薇辉石( $MnO \cdot SiO_2$ )。高铝矿渣中的主要矿物是大量的铝酸一钙( $CaO \cdot Al_2O_3$ )、三铝酸五钙( $5CaO \cdot 3Al_2O_3$ )、二铝酸钙( $CaO \cdot 2Al_2O_3$ )等。

(2) 高炉渣的冷却方式与性质

常用的熔融高炉渣冷却方式有急冷(也叫水淬)、半急冷和慢冷(又叫热泼)三种,其对应的成品渣分别称为水渣、膨胀渣和重矿渣。

① 急冷处理 也即水淬处理,是将熔融状态的高炉渣置于水中急速冷却的方法,冷却后高炉渣为粒状矿渣。我国 80% 的高炉渣冲成水渣。

在急冷过程中,熔渣中的绝大部分化合物来不及形成稳定化合物,而以玻璃体状态将热能转化成化学能封存其内,从而构成了潜在的化学活性。水渣的化学活性主要取决于其化学成分和矿物结构,其活性大小通常用水淬渣活性率( $M_c$ )或水淬渣质量系数( $k$ )表示,即

$$M_c = \frac{Al_2O_3}{SiO_2} \quad k = \frac{CaO + MgO + Al_2O_3}{SiO_2 + MnO}$$

$M_c > 0.25$ 为活性矿渣, $M_c < 0.25$ 为低活性矿渣; $k > 1.9$ 为高活性矿渣, $k = 1.6 \sim 1.9$ 是中活性矿渣, $k < 1.6$ 为低活性矿渣。

不同化学成分、不同矿物结构的水渣,其化学活性具有一定差异。碱性水渣含大量的硅

酸二钙因而具有良好的活性。酸性水渣中 $Al_2O_3$ 含量高，其在水淬急冷过程中极利于形成玻璃体，因而酸性水渣也具有良好的活性。MgO 能降低矿渣的黏度，在急冷过程中易进入玻璃体，对水渣活性有利。而 MnO 对玻璃体形成不利，因而对水渣活性有不利影响。

水渣具有潜在的水硬胶凝性能，但只有在水泥熟料、石灰、石膏等激发剂作用才能显现。

② 慢冷处理　高炉熔渣在指定的渣坑或渣场自然冷却或淋水冷却形成重矿渣（也称块渣）的冷却方法，处理后炉渣经挖掘、破碎、磁选和筛分可得到一种碎石材料，也称重矿渣。重矿渣的物理性质与天然碎石相近，其容重大多在 $1900kg/m^3$ 以上，抗压强度、稳定性、耐磨性、抗冻性、抗冲击能力（韧性）均符合工程要求，可以代替碎石用于各种建筑工程中。

重矿渣系缓慢冷却形成的结晶相，绝大多数矿物不具备活性，但重矿渣中的多晶型硅酸二钙、硫化物和石灰，会出现晶型变化和发生化学反应。当其含量较高时，会导致矿渣结构破坏，这种现象称为重矿渣分解。因此，在重矿渣使用时，特别是作混凝土骨料使用时，必须分析重矿渣的矿物组成以防止重矿渣分解现象的出现。

由于硅酸二钙晶型转变、体积膨胀所导致的重矿渣自动碎裂或粉化的现象称为硅酸盐分解。图 6-2 所示为硅酸二钙晶型随温度变化的曲线。可见，硅酸二钙在不同温度下，有 $\alpha$、$\alpha'$、$\beta$、$\gamma$ 四种存在状态。其中，前三种有活性，只有 $\gamma$ 型无活性。当加热温度在 780～830℃之间，$\gamma$ 型缓慢变成 $\alpha'$ 型。当温度在 1447℃ 时，$\alpha'$ 型变成 $\alpha$ 型。冷却时，$\alpha$ 型在 1425℃ 时变为 $\alpha'$ 型。$\alpha'$ 型在 670℃ 时变为 $\beta$ 型。

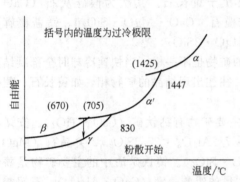

图 6-2　硅酸二钙晶型随温度变化曲线

$\beta$ 型在 525℃ 时变为 $\gamma$ 型。由于 $\beta$ 型硅酸二钙（3.28）与 $\gamma$ 型硅酸二钙（3.87）的密度差别较大，当 $\beta$ 型硅酸二钙转变为 $\gamma$ 型硅酸二钙时，密度变小导致体积增大 10% 左右，致使已凝固的重矿渣中产生内应力，当内应力超过重矿渣本身的结合力时，就会导致重矿渣开裂、酥碎，甚至粉化。因此，重矿渣含有较多的硅酸二钙时不得作为混凝土骨料和道路碎石使用。

重矿渣中的 FeS 与 MnS 等硫化物，则会水解生成相应的氢氧化物，体积相应增大 38% 和 24%，而导致块渣开裂和粉化，这种现象称为铁、锰硫化物分解。我国重矿渣含 Fe 与 Mn 的硫化物较少，但用作混凝土骨料和碎石时，仍应按 YBJ 205—84《混凝土用高炉重矿渣碎石技术条件》中的规定要求进行检验。

若重矿渣中夹有石灰颗粒，则遇水消解产生体积膨胀而导致重矿渣碎裂的现象，称为石灰分解。

③ 半急冷处理　高炉熔渣在适量水冲击和成珠设备的配合作用下，被甩到空气中使水蒸发成蒸汽并在内部形成空间，再经空气冷却形成一种多孔珠状矿渣的处理方法，处理后的高炉渣称为膨胀矿渣或膨珠。膨胀矿渣的生产方法有湿坑法、喷雾器法、堑沟法、流槽法、喷气水击法、水击挡板法、滚筒法和离心机法等。我国常用炉前和炉外滚筒法，其生产工艺图 6-3 所示。

熔渣与高压水接触，并流至滚筒上，被高速转动的滚筒甩出，在空气中冷却，成珠落地，最后由抓斗装车外运。膨珠生产过程用水量少，每吨耗水量仅 0.5～0.7t，水压 0.4～0.8MPa，滚筒转速 280～300r/min，滚筒直径 600～1300mm，滚筒叶片顶端线速度不小于 22m/s。膨珠不用破碎，即可直接作为轻混凝土骨料。

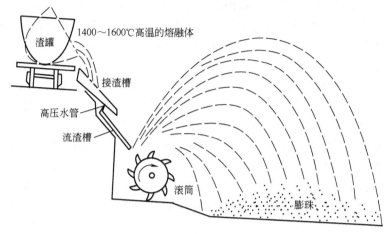

图 6-3 膨珠生产工艺示意

膨珠大多呈球形,粒径与生产工艺和生产设备密切相关。膨珠表面有釉化玻璃质光泽,珠内有微孔,孔径大的 $350\sim400\mu m$,小的 $80\sim100\mu m$,其堆积密度为 $400\sim1200kg/m^3$。膨珠的外观颜色从灰白到黑,颜色越浅,玻璃体含量越高,灰白色膨珠,玻璃体含量达 95%。除孔洞外,膨珠的其余部分为玻璃体。其松散容重大于陶粒、浮石等轻骨料,粒径大小不一,强度随容重增加而增大,自然级配的膨珠强度均在 3.5MPa 以上,其微孔互不连通,吸水率低。表 6-2 所示为膨珠的主要物理力学性质。

表 6-2 膨珠主要物理力学性能

| 品种 | 粒径/mm | 容重/(kg/m³) | | 吸水率/% | | 筒压强度/MPa | | 空隙率/% |
|---|---|---|---|---|---|---|---|---|
| | | 松散 | 颗粒 | 1h | 24h | 压入2cm | 压入4cm | |
| 北台膨珠 | 自然级配 | 1032 | 1689 | 4.05 | 4.75 | 4.8 | 28.2 | 38.7 |
| | 5~10 | 857 | 1667 | 4.00 | 5.27 | 4.1 | 15.3 | 42.7 |
| | 10~20 | 810 | 1481 | 3.44 | 4.10 | 2.1 | 6.1 | 44.9 |
| 首钢膨珠 | 自然级配 | 1400 | 2224 | 3.66 | 4.17 | 7.1 | 29.8 | 37.2 |
| | 5~10 | 1208 | 2224 | 2.55 | 3.45 | 4.1 | 16.9 | 45.8 |
| | 10~20 | 1010 | 2167 | 3.26 | 4.23 | 2.2 | 5.8 | 49.3 |
| 鞍钢膨珠 | 自然级配 | 1410 | 2308 | 1.72 | 1.60 | 6.6 | 40 | 38.8 |
| | 5~10 | 1357 | 2320 | 1.52 | 1.94 | 8.7 | 42.7 | 41.7 |
| | 10~20 | 1176 | 2143 | 2.04 | 2.36 | 4.0 | 13.6 | 45.3 |
| 承德膨珠 | 自然级配 | 984 | | | | 3~3.5 | | |
| | 5~20 | 767 | 1453 | 14.4 | 17.5 | 1.9 | | 47.3 |
| | <5 | 964 | 1695 | 11.66 | 13.7 | 1.4 | | 37.3 |

膨珠由半急冷处理形成,珠内存有气体和化学能,因此除具有水淬渣类似的化学活性外,还具有隔热、保温、质轻、吸水率低、抗压强度和弹性模量高等优点,因而是一种很好的建筑用轻骨料和生产水泥的原料,也可作为防火隔热材料。

## 6.1.2 高炉渣的资源化途径

高炉渣的资源化途径,取决于高炉渣的冷却方式。冷却方式不同,高炉渣的特性不同,资源化途径不同。高炉渣的资源化在我国已有几十年的历史，目前利用率为 80％左右。

(1) 水渣的资源化 水渣具有潜在的水硬胶凝性能，在水泥熟料、石灰、石膏等激发剂作用下可显示出水硬胶凝性能，是生产水泥的优质原料，因而广泛地用于生产水泥和混凝土等。

① 生产水泥 利用粒化高炉渣生产水泥是国内外普遍采用的技术。在前苏联和日本，50％的高炉渣用于水泥生产。我国约有 3/4 的水泥中掺有粒状高炉渣。在水泥生产中，高炉渣已成为改进性能、扩大品种、调节标号、增加产量和保证水泥安定性合格的重要原材料。目前，我国利用高炉渣生产的水泥主要有矿渣硅酸盐水泥、普通硅酸盐水泥、石膏矿渣水泥、石灰矿渣水泥和钢渣矿渣水泥等五种。

矿渣硅酸盐水泥，简称矿渣水泥，是我国水泥产量最大的水泥品种，由硅酸盐水泥熟料和粒化高炉渣加 3％～5％石膏混合、磨细或分别磨细后再加以混合均匀制成的水硬性胶凝材料，其工艺流程如图 6-4 所示。

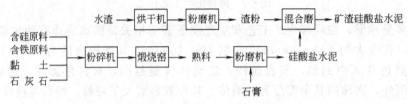

图 6-4 矿渣硅酸盐水泥生产工艺

高炉渣掺入量视所生产的水泥标号而定，一般为 20％～70％（质量）。由于这种水泥用渣量大，因而被广泛采用。目前，我国大多数水泥厂采用 1t 水渣与 1t 水泥熟料加适量石膏来生产 400 号以上矿渣硅酸盐水泥。它只需烘干、磨细，无需再经煅烧。一年可为国家节约资金近亿元，节约煤炭 200 万吨。水泥产量高，生产工艺简单。矿渣硅酸盐水泥与普通水泥相比具有如下特点。a. 具有较强的抗溶出性和抗硫酸盐侵蚀性能，故能适用水上工程、海港及地下工程等，但在酸性水及含镁盐的水中，矿渣水泥的抗侵蚀性较普通水泥差。b. 水化热较低，适合于浇筑大体积混凝土。c. 耐热性较强，使用在高温车间及高炉基础等容易受热的地方比普通水泥好。d. 早期强度低，而后期强度增长率高，所以在施工时应注意早期养护。此外，在循环受干湿或冻融作用条件下，其抗冻性不如硅酸盐水泥，所以不适宜用在水位时常变动的水工混凝土建筑中。

普通硅酸盐水泥是由硅酸盐水泥熟料、少量高炉水渣和 3％～5％的石膏共同磨制而成的一种水硬胶凝材料。高炉水渣的掺量按质量百分比计不超过 15％。符合国标 GB/T 18046—2008 规定的水渣可作为水泥的活性混合材。这种水泥质量好，用途广。

石膏矿渣水泥是一种将干燥的水渣和石膏、硅酸盐水泥熟料或石灰按照一定的比例混合磨细或者分别磨细后再混合均匀所得到的水硬性胶凝材料。在配制石膏矿渣水泥时，高炉水渣是主要的原料，一般配入量可高达 80％左右。石膏在石膏矿渣水泥中是属于硫酸盐激发剂，其作用在于提供水化时所需要的硫酸钙成分，激发矿渣的活性。一般，石膏的加入量以 15％为宜。少量硅酸盐水泥熟料或石灰，系属于碱性激发剂，对矿渣起碱性活化作用，能促进铝酸钙和硅酸钙的水化。一般，单用石灰作碱性激发剂，其掺量应控制在 3％以下，不得超过 5％。如用普通水泥熟料代替石灰，掺量在 5％以下选用，最大不超过 8％。石膏矿渣水泥由 80％左右的高炉渣，加 15％左右的石膏和少量硅酸盐水泥熟料或石灰，经混合磨细制得的水硬性胶凝材料。此种水泥亦称硫酸盐水泥，有较好的抗硫酸盐侵蚀性能，但周期强度低，易风化起砂。这种石膏矿渣水泥成本较低，具有较好的抗硫酸盐侵蚀和抗渗透性，适用于混凝土的水工建筑物和各种预制砌块。

石灰矿渣水泥是一种将干燥的粒化高炉矿渣、生石灰或消石灰以及 5％ 以下的天然石膏，按适当的比例配合磨细而成的水硬性胶凝材料。石灰的掺量一般为 10％～30％，其作用是激发矿渣中的活性成分，生成水化铝酸钙和水化硅酸钙。石灰掺量太少，矿渣中的活性成分难以充分激发。掺量太多，则会使水泥凝结不正常、强度下降和安定性不良。石灰的掺量往往随原料中氧化铝的含量的高低而增减，氧化铝含量高或氧化钙含量低时应多掺石灰，通常先在 12％～20％ 范围内配制。石灰矿渣水泥可用于蒸汽养护的各种混凝土预制品、水中、地下、路面等的无筋混凝土和工业与民用建筑砂浆。

钢渣矿渣水泥由 45％ 左右的转炉或平炉钢渣，加入 40％ 的高炉水渣及适量的石膏磨细制成的水硬性胶凝材料，可适量进入硅酸盐水泥熟料改善性能。该水泥目前有 22.5、27.5、32.5 和 42.5 四种标号，由于以钢铁渣为主要原料，投资少，成本低，但早期强度偏低。

高炉水渣还可代替黏土做水泥原料，只需在配料时掺入适量的石灰石及铁粉（氧化铁），就可符合水泥化学组成的要求。当用作水泥原料再次煅烧时，可以大大缩短熟料的烧成时间，减少燃料消耗，亦能提高熟料质量。

② 生产矿渣砖　主要原料是水渣和激发剂，水渣既是矿渣砖的胶结材料又是骨料，用量占 85％ 以上。一般要求水渣应具有较高的活性和颗粒强度。常用激发剂有碱性激发剂（石灰、水泥）和硫酸盐激发剂（石膏）两种。石灰中的 CaO 和水渣中的具有独立水硬性或低水硬性的矿物 $CaO \cdot SiO_2$ 和 $2CaO \cdot SiO_2$ 等发生水化反应，生成水化产物，凝结硬化后产生强度。所用石灰中的 CaO 含量越高，砖的强度越高，一般要求石灰中 CaO 含量在 60％ 以上，MgO 含量应小于 10％。图 6-5 所示为矿渣砖生产工艺流程。

图 6-5　矿渣砖生产工艺流程

水渣中加入一定量的水泥等胶凝材料，经过搅拌、轮碾、成型和蒸汽养护而制成矿渣砖。所用水渣粒度一般不超过 8mm，入模蒸汽温度约 80～100℃，养护时间 12h，出模后，即可使用。用 87％～92％ 粒化高炉矿渣，5％～8％ 水泥，加入 3％～5％ 的水混合，所生产的砖强度可达到 10MPa 左右，能用于普通房屋建筑和地下建筑。

如果将高炉矿渣磨成矿渣粉，按重量比加入 40％ 矿渣粉和 60％ 的粒化高炉矿渣，再加水混合成型，然后再在 100 万～110 万帕的蒸汽压力下蒸压 6h，可得到抗压强度较高的砖。矿渣砖具有良好的物理力学性能，但容重较大，一般为 2120～2160kg/m³。适用于上下水或水中建筑，不适用于高于 250℃ 的环境中使用。

③ 湿碾矿渣混凝土　一种以水渣为主要原料配入激发剂（水泥、石灰、石膏），在轮碾机中加水碾磨制成砂浆，再与粗骨料拌和而成的一种混凝土。原料配合比不同，得到的湿碾矿渣混凝土的强度不同。

湿碾矿渣混凝土的各种物理力学性能，如抗拉强度、弹性模量、耐疲劳性能和钢筋的黏结力均与普通混凝土相似，但其具有良好的抗水渗透性能，可制成不透水性能很好的防水混凝土，也具有很好的耐热性能，可用于工作温度在 600℃ 以下的热工工程中，能制成强度达 50MPa 的混凝土。此种混凝土适宜在小型混凝土预制厂生产混凝土构件，不适宜在施工现场浇筑使用。

（2）重矿渣的资源化　重矿渣的用途很广，用量很大，主要用于代替天然石料用于公路、机场、地基工程、铁路道渣、混凝土骨料和沥青路面等。

① 配制矿渣碎石混凝土  矿渣碎石配制的混凝土具有与普通混凝土相近的物理力学性能，且还有良好的保温、隔热、耐热、抗渗和耐久性能。矿渣碎石混凝土的应用范围较为广泛，可以作预制、现浇和泵送混凝土的骨料。

配制矿渣混凝土的方法与普通混凝土相似，但用水量稍高，其增加的用水量，一般按重矿渣重量的 1%～2% 计算。用矿渣碎石配制的混凝土与天然骨料配制的混凝土强度相同时，其混凝土容重减轻 20%。

矿渣碎石混凝土的抗压强度随矿渣容重的增加而增高，配制不同标号混凝土所需矿渣碎石的松散容重如表 6-3 所示。

表 6-3  不同标号的混凝土所用矿渣碎石松散容重

| 混凝土 | C40 | C30～C20 | C15 |
| --- | --- | --- | --- |
| 矿渣碎石松散容重/(kg/m³) | 1300 | 1200 | 1100 |

矿渣混凝土的使用在我国已有五十多年历史，许多重大建筑工程中都采用了矿渣混凝土，实际效果良好。

② 重矿渣在地基工程中的应用  重矿渣用于处理软弱地基在我国已有几十年的历史。由于矿渣的块体强度一般都超过 50MPa，相当或超过一般质量的天然岩石，因此组成矿渣垫层的颗粒强度完全能够满足地基的要求。一些大型设备基础的混凝土，如高炉基础、轧钢机基础、桩基础等，都可用矿渣碎石作骨料。

③ 矿渣碎石在道路工程中的应用  矿渣碎石具有缓慢的水硬性，这个特点在修筑公路时可以利用。矿渣碎石含有许多小气孔，对光线的漫反射性能好，摩擦系数大，用它作集料铺成的沥青路面既明亮，制动距离又短。矿渣碎石还比普通碎石具有更高的耐热性能，更适用于喷气式飞机的跑道上。

④ 矿渣碎石在铁路道碴上的应用  用矿渣碎石作铁路道渣称为矿渣道渣。我国铁道线上采用矿渣道渣的历史较久，但大量利用是新中国成立才开始的。目前矿渣道渣在我国钢铁企业专用铁路线上已广泛得到应用。鞍山钢铁公司从 1953 年开始就在专用铁路线上大量使用矿渣道渣，现已广泛应用于木轨枕、预应力钢筋混凝土轨枕和钢轨枕等各种线路，使用过程中没有发现任何弊病。在国家一级铁路干线上的试用也已初见成效。

（3）膨胀矿渣的资源化  膨胀矿渣主要用于混凝土砌块和轻质混凝土中，作为混凝土轻骨料，也用作防火隔热材料。用作混凝土轻骨料时，由于颗粒呈圆形，表面封闭，可节省水泥用量。用膨胀矿渣制成的轻质混凝土，不仅可以用于建筑物的围护结构，而且可以用于承重结构。

膨珠可以用于轻混凝土制品及结构，如用于制作砌块、楼板、预制墙板及其他轻质混凝土制品。由于膨珠内孔隙封闭，吸水少，使混凝土干燥时产生的收缩很小，这是膨胀页岩或天然浮石等轻骨料所不及的。

直径小于 3mm 的膨珠与水渣的用途相同，可供水泥厂作矿渣水泥的掺和料用，也可以作为公路路基材料和混凝土细骨料使用。

生产膨胀矿渣和膨珠与生产黏土陶粒、粉煤灰陶粒、烧胀页岩陶粒等相比较，具有工艺简单、不用燃料、成本低廉等优点。

### 6.1.3  高炉渣资源化利用新技术

高炉矿渣可用来生产一些用量不大，但产品价值高，又有特殊性能的高炉渣产品。如矿渣棉及其制品、微晶玻璃、热铸矿渣、矿渣铸石及硅钙渣肥等。

（1）生产矿渣棉　矿渣棉是以矿渣为主要原料，经熔化、高速离心或喷吹制成的一种白色棉丝状矿物纤维材料。它具有质轻、保温、隔声、隔热、防震等性能。许多单位已将矿渣棉制成各种规格的板、毡、管壳等。矿渣棉的化学成分如表 6-4 所示。

**表 6-4　矿渣棉的化学成分**　　　　　　　　　　单位：%

| $SiO_2$ | $Al_2O_3$ | CaO | MgO | $Fe_2O_3$ | S |
|---|---|---|---|---|---|
| 32～42 | 8～13 | 32～43 | 5～10 | 0.6～1.2 | 0.1～0.2 |

生产矿渣棉有喷吹法和离心两种方法。原料在熔炉熔化后获得熔融物，用喷嘴流出时，用水蒸气或压缩空气喷吹成矿渣棉的方法叫做喷吹法。使熔化的原料落在回转的圆盘上，用高速离心力甩成矿渣棉的方法叫做离心法。图 6-6 所示为矿渣棉生产工艺流程。

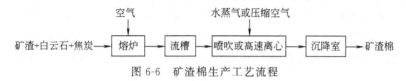

图 6-6　矿渣棉生产工艺流程

矿渣棉生产的主要原料是高炉渣，约占 80%～90%，还有 10%～20% 的白云石、萤石或其他如红砖头、卵石等作为调整成分用，焦炭作为燃料使用。表 6-5 所示为矿渣棉的物理性能。

**表 6-5　矿渣棉的物理性能**

| 热导率/[W/(m·K)] | 烧结温度/℃ | 密度/(g/cm³) | 纤维直径/μm | 使用温度范围/℃ |
|---|---|---|---|---|
| 0.033～0.041 | 780～820 | 0.13～0.15 | 4～6 | −200～800 |

矿渣棉可用作保温材料、吸音材料和防火材料等，由它加工的成品有保温板、保温毡、保温筒、保温带、吸音板、窄毡条、吸音带、耐火板及耐热纤维等，广泛用于冶金、机械、建筑、化工和交通等部门。

（2）生产微晶玻璃　微晶玻璃是近几十年来发展起来的一种用途很广的新型无机材料。高炉渣微晶玻璃与同类产品对比，具有配方简单、熔化温度低、产品物化性能优良及成本低廉等优点，除用于耐酸、耐碱、耐磨等部位外，经研磨抛光是优良的建筑装饰材料。采用机械化压延成型工艺，还可生产大而薄的板材。

矿渣微晶玻璃主要为 $CaO$-$MgO$-$Al_2O_3$-$SiO_2$ 系统，成分范围宽广，表 6-6 所示为矿渣微晶玻璃配料的化学组成。

**表 6-6　矿渣微晶玻璃配料的化学组成**　　　　　　单位：%

| $SiO_2$ | $Al_2O_3$ | CaO | MgO | $Na_2O$ | 晶核剂 |
|---|---|---|---|---|---|
| 40～70 | 5～15 | 15～35 | 2～12 | 2～12 | 5～10 |

矿渣微晶玻璃主要原料是高炉矿渣为 62%～78%，硅石为 38%～22% 或其他非铁冶金渣等。在固定式或回转式炉中，将高炉矿渣与硅石和结晶促进剂一起熔化成液体，用吹、压等一般玻璃成型方法成型，并在 730～830℃ 下保温 3h，最后升温至 1000～1100℃ 保温 3h 使其结晶，冷却后即为其成品。加热和冷却速度宜低于 5℃/min。结晶催化剂为氟化物、磷酸盐和铬、锰、钛、铁、锌等多种金属氧化物，其用量视高炉矿渣的化学成分和微晶玻璃的用途而定，一般为 5%～10%。

矿渣微晶玻璃产品，比高碳钢硬，比铝轻，其机械性能比普通玻璃好，耐磨性不亚于铸石，热稳定性好，电绝缘性能与高频瓷接近。表 6-7 所示为矿渣微晶玻璃的物理性能。

表 6-7　矿渣微晶玻璃的物理性能

| 抗压强度/MPa | 冲击值 | 密度/(g/m³) | 软化点/℃ | 使用温度/℃ | 耐碱性/% |
|---|---|---|---|---|---|
| 500～600 | 为玻璃的 3～4 倍以上 | 2.5～2.65 | 950 | 750℃以下 | 97.0 |

矿渣微晶玻璃用于冶金、化工、煤炭、机械等工业部门的各种容器设备的防腐层和金属表面的耐磨层以及制造溜槽、管材等，使用效果也好。

（3）生产硅肥　硅肥是一种以含氧化硅（$SiO_2$）和氧化钙（$CaO$）为主的矿物质肥料，是水稻等作物生长不可缺少的营养元素之一，被国际土壤学界确认为继氮（N）、磷（$P_2O_5$）、钾（$K_2O$）后的第四大元素肥料。水稻生产过程中要吸收大量的硅，其中 20%～25% 的硅由灌溉水提供，75%～80% 的硅来自土壤。以亩产稻谷 500kg 计算，其茎秆和稻谷吸收硅（$SiO_2$）量多达 75kg/亩，比吸收的 N、$P_2O_5$、$K_2O$ 三者总和高出 1.5 倍。

硅是植物体内的主要组成成分。不同植物，其硅的含量占植物灰分量不同，如表 6-8。

表 6-8　不同植物灰分的元素组成　　　　　　　　　　　　单位：%

| 植物 | $SiO_2$ | $CaO$ | $K_2O$ | $MgO$ | $P_2O_5$ | $Fe_2O_3$ | $MnO$ |
|---|---|---|---|---|---|---|---|
| 水稻 | 61.4 | 2.8 | 8.9 | 1.3 | 1.4 | 0.1 | 0.2 |
| 小麦 | 58.7 | 6.5 | 18.1 | 5.4 | 0.7 | 1.3 | 0.1 |
| 大麦 | 36.2 | 16.5 | 11.9 | 6.9 | 2.1 | 0.3 | 0.4 |
| 大豆 | 15.1 | 16.5 | 25.3 | 14.1 | 4.8 | 0.8 | 0.8 |

硅肥中还含有多种植物所必需的微量元素。随着有机肥施用量的不断减少和农作物产量的持续提高，土壤中能被农作物吸收的有效硅元素含量已远远不能满足农作物持续增产的需要。因此，根据作物特性，适量施用硅肥补充土壤硅元素是促使农作物增产的一条有效途径。

硅肥生产的主要原料是冶金工业产生的水渣和钢渣。只要将水渣磨细到 80～100 目，再加入适量硅元素活化剂，搅拌混合后装袋或搅拌混合造粒后装袋即可得到硅肥产品。主要生产设备包括烘干机、球磨机、搅拌机、缝包机及其他附属设备。生产颗粒状产品还用到造粒机。因此，硅肥的工业化生产工艺和设备都比较简单。

（4）生产高炉渣微粉　所谓高炉渣微粉是指高炉水渣经烘干、破碎、粉磨、筛分而得到的比表面积在 300m²/kg 以上的超细高炉渣粉末。目前，日本将比表面积 300m²/kg 以上的高炉渣微粉分为三个等级：400、600、800 三种规格。美国将其分为 80、100、120 三个规格。比表面积在 400～1000m²/kg 之间的高炉渣微粉平均粒径在 15～20μm 之间。

高炉水渣代替部分水泥熟料生产混合水泥已有较长的历史。我国 20 世纪 50 年代就可代替 50% 的熟料生产矿渣水泥。高炉渣粒度越细，水化能力越强，代替水泥配制的混凝土强度越大，速硬性越好。图 6-7 所示为新日铁化学株式会社制备高炉渣微粉工艺流程。

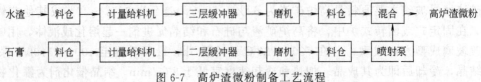

图 6-7　高炉渣微粉制备工艺流程

高炉渣微粉的粉磨工艺简单，一般在水泥厂稍加改造即可配套生产。但因水渣比水泥熟料硬度大，要磨到同一细度，其所需的粉碎能大约为水泥熟料的两倍。一般，高炉渣微粉粒度要求达到比表面为 $300\sim500m^2/kg$ 或更细，因此，粉磨设备的选择很关键。目前，适用于矿渣微粉粉磨的常用设备如表 6-9 所示。

表 6-9 各种超细粉磨设备比较

| 类 型 | 产品细度/μm | 特 点 |
| --- | --- | --- |
| 辊磨机,包括立式轮压机等 | 1～74 | 设备较简单,可以进行工业生产 |
| 球磨机,包括行星磨机、离心磨机、斜轴磨机等 | 4～74 | 粉碎比大、结构简单、可靠性强、易维修、工艺成熟。 |
| 搅拌磨,包括塔式、管式环型磨及带介质搅拌等 | 5～74 | 可以间歇式、循环式和连续式运转 |
| 振动磨,包括卧式振动磨等 | 1～74(一般 20～40) | 处理量大、工艺灵活。产品粒度可以控制 |

目前，国外在一般工程中所用的高炉渣微粉的细度在 $350\sim500m^2/kg$ 之间，石膏掺量为 $0\sim2.5\%$（以 $SO_3$ 量进行控制），特殊工种使用 $600\sim1000m^2/kg$ 细粉。

高炉渣微粉主要用作水泥或混凝土的混合材。随着现代建筑物不断向高层化、大跨化、轻量化、重载化和地下化发展，以及其使用环境日趋严酷化，对高强混凝土（≥C60）、超高强混凝土（≥C80）的需求不断增长。工程实践证明：胶凝材料（水泥＋特殊混合材）及高效减水剂是配制高强混凝土极其重要的材料组分和技术关键。特殊混合材在配制混凝土时，可等量取代部分水泥，其复合胶凝效应可显著提高混凝土强度、改善耐久性。

特殊混合材的原料主要来自工业废渣，而磨细高炉渣微粉为首选品种。它即可克服 $SiO_2$ 微粉巨大比表面积带来水泥需水量的增加的问题，又有可能避免粉煤灰低活性带来水泥早强降低的不利因素，且还具有资源广、质量稳定、加工简单等优点，已成为国外研究机构研究的热点，并取得了可喜成果。有些国家已制订了国家标准。目前，国外在一般工程中所使用的高炉渣微粉的细度在 $350\sim500m^2/kg$ 之间，石膏掺量为 $0\sim2.5\%$（以 $SO_3$ 量进行控制）。特殊工种使用 $600\sim1000m^2/kg$ 细粉。

高炉渣微粉在混合材中的作用主要有：①抑制因水化热引起的升温，防止温度裂纹；②提高耐海水性能；③防止 $Cl^-$ 侵蚀钢筋；④提高对硫酸盐和其他化学药品的耐久性；⑤抑制碱骨料反应；⑥长时间确保在较高的外界气温条件下的和易性等。一般高炉渣微粉的替代率在 $40\%\sim70\%$，太低则起不到上述作用，太高对混凝土质量和施工都有影响。细度越细，替代率越大。如日本住友金属（株）研究在冶金工厂设备基础施工中，采用细度 $600m^2/kg$ 的微粉，替代率达 $65\%\sim68\%$，配制高性能混凝土，不用捣实，靠自重就能填充到配有钢筋和地脚螺栓的设备基础的各个部位，耐久性能良好。这解决了过去因埋入的钢筋和地脚螺栓多、浇注混凝土困难、易产生填充不良的缺点，而且该高性能混凝土完全满足冶金工厂的高温、高浓度 $CO_2$、海水的盐浸蚀等恶劣环境的要求，很有发展前途。

除上述资源化新技术外，熔融状态的矿渣还可浇注成矿渣铸石，其体积密度为 $2000\sim3000kg/m^3$，抗压强度 $60\sim350MPa$。另外，高炉渣还能用于生产石膏、白炭黑、聚铁等。

## 6.2　钢渣的资源化

钢渣是炼钢过程排出的废渣。该过程是除去生铁中的碳、硅、磷和硫等杂质，使钢具有特定性能的过程，也是造渣材料和冶炼反应物以及熔融的炉衬材料生成融合物的过程。因此，钢渣是炼钢过程中的必然副产物，其排出量约为粗钢产量的 $15\%\sim20\%$。

### 6.2.1 钢渣的组成和性质

目前，我国采用的炼钢方法主要有转炉、平炉和电炉炼钢。因此，按炼钢方法，钢渣分为转炉钢渣、平炉钢渣和电炉钢渣3种。在钢渣中，平炉渣又可分为初期渣和末期渣（包括精炼渣和出钢渣），电炉渣又可分为氧化渣和还原渣。

（1）钢渣的组成　原料、炼钢方法、生产阶段、钢种以及炉次等不同，所排出的钢渣组成也不相同。

① 化学组成　钢渣中主要化学成分有 CaO、$SiO_2$、$Al_2O_3$、$Fe_2O_3$、$P_2O_5$ 和游离 CaO 等，有的钢渣中还含有 $TiO_2$ 和 $V_2O_5$ 等。钢渣的化学成分相差很大，如表 6-10 所示。

钢渣中 $CaO/(SiO_2+P_2O_5)$ 的比值称为钢渣的碱度。碱度大的钢渣，其活性大，宜作为钢渣水泥原料。一般，比值为 0.78～1.08 的钢渣称为低碱度钢渣、比值为 1.8～2.5 的钢渣称为中碱度钢渣、比值大于 2.5 的钢渣称为高碱度钢渣。

表 6-10　钢渣的化学成分　　　　　　　　　单位：%

| 成分 | | CaO | MgO | $SiO_2$ | $Al_2O_3$ | FeO | MnO | $P_2O_5$ | S | $f$-CaO |
|---|---|---|---|---|---|---|---|---|---|---|
| 转炉钢渣 | | 46～60 | 5～20 | 15～25 | 3～7 | 12～25 | 0.8～4 | 0～1 | 2 | 2～11 |
| 平炉钢渣 | 初期渣 | 18～30 | 5～8 | 9～34 | 1～2 | 28～33 | 2～3 | 6～11 | 2 | 2～10 |
| | 精炼渣 | 42～55 | 6～12 | 10～20 | 2～5 | 11～25 | 1～2 | 3～8 | 2 | 5～11 |
| | 出钢渣 | 50～60 | 4～7 | 10～18 | | 6～13 | 1～2 | 2～3 | 2 | 4～10 |
| 电炉钢渣 | 氧化渣 | 29～33 | 12～14 | 15～17 | 3～4 | 19～22 | 4～5 | 1 | 2 | |
| | 还原渣 | 44～55 | 8～13 | 11～20 | 10～18 | 0.5～1.5 | <5 | 1 | 2 | |

② 矿物组成　钢渣的碱度不同，其矿物组成不同。在冶炼过程中，钢渣的碱度逐渐提高，矿物按下式反应：

$$2(CaO \cdot RO \cdot SiO_2)+CaO \longrightarrow 3CaO \cdot RO \cdot 2SiO_2+RO$$
$$3CaO \cdot RO \cdot 2SiO_2+CaO \longrightarrow 2(2CaO \cdot SiO_2)+RO$$
$$2CaO \cdot SiO_2+CaO \longrightarrow 3CaO \cdot SiO_2$$

式中，RO 代表二价金属（一般为 $Mg^{2+}$、$Fe^{2+}$、$Mn^{2+}$）氧化物的连续固熔体。在炼钢初期，碱度比较低，钢渣的矿物组成主要是钙镁橄榄石（$CaO \cdot MgO \cdot SiO_2$），其中的镁可被锰和铁所代替。当碱度提高时，橄榄石吸收氧化钙变成蔷薇辉石（$3CaO \cdot RO \cdot 2SiO_2$），同时放出 RO 相（$MgO \cdot MnO \cdot FeO$ 的固熔体）。再进一步增加石灰含量，则生成硅酸二钙（$2CaO \cdot SiO_2$）和硅酸三钙（$3CaO \cdot SiO_2$）。

钢渣中还常含有铁酸钙（$2CaO \cdot Fe_2O_3$ 和 $CaO \cdot Fe_2O_3$）和游离氧化钙。含磷多的钢渣中，还含有纳盖斯密特石（$7CaO \cdot P_2O_5 \cdot 2SiO_2$）。表 6-11 所示为不同碱度下转炉钢渣的矿物组成。

表 6-11　不同碱度转炉钢渣的矿物组成　　　　　　　　　单位：%

| 碱度 | $C_3S$ | $C_2S$ | CMS | $C_3MS_2$ | $C_2AS$ | $CaCO_3$ | RO |
|---|---|---|---|---|---|---|---|
| 4.24 | 50～60 | 1～5 | | | | | 15～20 |
| 3.07 | 35～45 | 5～10 | | | | | 15～20 |
| 2.73 | 30～35 | 20～30 | | | | | 3～5 |
| 2.62 | 20～30 | 10～20 | | | | | 15～20 |
| 2.56 | 15～25 | 20～25 | | | | | 40～50 |
| 2.11 | 少量 | 20～30 | | | | | 15～20 |
| 1.24 | | 5～10 | 20～25 | 20～30 | 5～10 | 5～10 | 7～15 |

（2）钢渣的冷却方式　钢渣的形成温度为 1500～1700℃，在这一温度下钢渣呈液体状态。钢渣的冷却是指将炼钢炉排出的熔渣采用适当方式冷却成粒度小于 300mm 块渣的过程。目前，常用的冷却方式有水淬法、热泼法、余热自解法（热闷法）、浅盘泼法和风淬法等。

① 水淬　利用高压水嘴喷出的高速水束把熔渣冲碎、冷却而形成的粒渣，一般小于 3mm 的粒渣量占 90% 以上。水淬冷却分炉前水淬冷却和室外水冷却两种形式。

炉前水淬在炼钢炉前进行，熔渣由炼钢炉直接倒入中间渣罐，再由中间渣罐底孔流入水淬渣槽，遇高速水流急冷形成水淬渣，并与冲渣水一起，流入室外的沉渣池。沉淀后的水淬渣用抓斗抓出，运到渣场上沥水后利用。溢流水到澄清池澄清后，用泵输送返回水淬。只适用于炼钢排渣量控制比较稳定、渣量较少或连续排渣的工艺生产中。中、小平炉，电炉前期渣，小型转炉渣及铸锭渣可采用此工艺。

室外水淬指先将炼钢炉熔渣倒入渣罐，再把渣罐运到室外水淬渣池边，用高速水流喷射渣孔流出的熔渣进行冷却的方法。水淬渣直接入水淬池。室外水淬比炉前水淬安全。但炉前水淬可边排渣边水淬，水淬率高，也省去了熔渣的运输，更适应炼钢炉排渣的需要。

② 余热自解法　利用 400～800℃ 的高温钢渣淋水后产生的温度应力及 $f$-CaO 吸水消解后产生的体积膨胀应力使钢渣在冷却的过程中龟裂、粉化的冷却方式。钢渣的粉化率（粒径小于 10mm 渣所占比例）与钢渣 $f$-CaO 含量有关，一般含 $f$-CaO 4% 的钢渣，粉化率为 35%～40%，并随 $f$-CaO 含量的增加而增加。

钢渣余热自解主要有 4 种形式。a. 渣罐自解。排渣罐在炉下接满熔渣，运至渣场冷却，待熔渣表面结壳后，直接向渣罐内淋水使其自解。自解完成后，倒出钢渣，捡去大块废钢后，供进一步加工利用。b. 渣堆自解。熔渣先在渣盘（罐）中自然冷却成固体钢渣，倒出后堆成渣堆，边堆边淋水。堆完后放置几天，自解便完成。c. 密封仓常压自解。钢渣在一个带盖的料仓内进行自解。熔渣先在渣盘（罐）中自然冷却成固体钢渣，倒出后装入仓内。装满后盖上盖。盖的四周用水封封好。待渣均热后便淋水促其自解。产生的蒸汽由排气筒排走或利用。自解完成后，打开仓盖，用磁盘吊选取大块金属，渣挖出后供进一步加工。d. 密封罐压力自解，指钢渣在一个耐一定压力的密封罐内自解。其操作步骤与密封仓自解相同，只是自解时要保持罐内 200kPa 的压力。

③ 热泼法　将炼钢炉排出的熔渣先用渣罐运到热泼场，倒在坡度为 3%～5% 的热泼床上。待熔渣冷却成渣饼后，再喷水使之急冷，渣饼因温度应力和膨胀应力龟裂成大块。待温度降到 300～400℃ 时，再在其上泼第二层、第三层……。当渣层总厚度达到 500～600mm 时，用推土机推起，用磁盘吊选出大块废钢，渣块再送去加工。

④ 浅盘泼法　将炼钢炉排出的流动性好的炉渣，用渣罐倒入特制的大盘中，熔渣自流成渣饼后，喷水使之急冷，渣饼龟裂成大块渣。当渣温约 500℃ 时，再把渣由渣盘倒进受渣车进行第二次淋水冷却，渣块继续龟裂粉化。最后，当渣温约 200℃ 时，再把渣由受渣车倒入水渣池进行第三次冷却，使渣进一步龟裂粉化。水渣由渣池捞出沥水后，送去加工。

⑤ 风淬法　以上各种冷却工艺都不能回收高温熔渣所含的热量（约为每吨渣 2100～2200MJ），20 世纪 70 年代末期，日本开始研究风淬法冷却钢渣的新工艺，并投产使用。如图 6-8 所示为风淬法冷却工艺流程。

渣罐接渣后，运到风淬装置处，倾翻渣罐，熔渣经过中间罐流出，被一种特殊喷嘴喷出的空气吹散，破碎成微粒，在罩式锅炉内回收高温空气和微粒渣中所散发的热量并捕集渣粒。

由锅炉产生的中温蒸汽，用于干燥氧化铁皮。经过风淬而成微粒的转炉渣，成为 3mm 以下的坚硬球体，目前主要用于灰浆的细骨料等建筑材料。

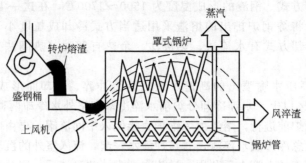

图 6-8　风淬工艺装置示意

（3）钢渣的性质　钢渣是一种由多种矿物组成的固熔体，其性质与其化学成分有密切的关系。

① 外观　钢渣冷却后呈块状和粉状。低碱度钢渣呈黑色，质量较轻，气孔较多；高碱度钢渣呈黑灰色、灰褐色、灰白色，密实坚硬。

② 密度　由于钢渣含铁较高，因此比高炉渣密度高，一般在 $3.1\sim3.6\text{g/cm}^3$。

③ 容重　钢渣容重不仅受其密度影响，还与粒度有关。通过 80 目标准筛的渣粉，平炉渣为 $2.17\sim2.20\text{g/cm}^3$，电炉渣为 $1.62\text{g/cm}^3$ 左右，转炉渣为 $1.74\text{g/cm}^3$ 左右。

④ 易磨性　由于钢渣致密，因此较耐磨。易磨指数：标准砂为 1，钢渣为 0.96，而高炉渣仅为 0.7，钢渣比高炉渣要耐磨。

⑤ 活性　$C_3S$、$C_2S$ 等为活性矿物，具有水硬胶凝性。当钢渣的碱度大于 1.8 时，便含有 $60\%\sim80\%$ 的 $C_3S$ 和 $C_2S$，并且随碱度的提高，$C_3S$ 含量增加。当碱度达到 2.5 以上时，钢渣的主要矿物为 $C_3S$。用碱度高于 2.5 的钢渣加 $10\%$ 的石膏研磨制成的水泥，强度可达 325 号。因此，$C_3S$ 和 $C_2S$ 含量高的高碱度钢渣，可作水泥生产原料和制造建材制品。

⑥ 稳定性　钢渣含游离氧化钙（$f$-CaO）、MgO、$C_3S$、$C_2S$ 等，这些组分在一定条件下都具有不稳定性。碱度高的熔渣在缓冷时，$C_3S$ 会在 1250℃到 1100℃时缓慢分解为 $C_2S$ 和 $f$-CaO；$C_2S$ 在 675℃时 $\beta$-$C_2S$ 要相变为 $\gamma$-$C_2S$，并且发生体积膨胀，膨胀率达 $10\%$。

另外，钢渣吸水后，$f$-CaO 要消解为 $Ca(OH)_2$，体积将膨胀 $100\%\sim300\%$，MgO 会变成氢氧化镁，体积也要膨胀 $77\%$。因此，含 $f$-CaO、MgO 的常温钢渣是不稳定的，只有 $f$-CaO、MgO 消解完或含量很少时，才会稳定。

由于钢渣具有不稳定性，因此，在应用钢渣时必须注意以下几点：用作生产水泥的钢渣 $C_3S$ 含量要高，因此在冷却时最好不采用缓冷技术；含 $f$-CaO 高的钢渣不宜用作水泥和建筑制品生产及工程回填材料；利用 $f$-CaO 消解膨胀的特点，可对含 $f$-CaO 高的钢渣采用余热自解的处理技术。

### 6.2.2　钢渣的资源化途径

迄今，人们已经开发了多种有关钢渣的综合利用途径，主要包括回收废钢铁和钢粒、冶金、建筑材料、污水处理、农业利用、回填等几个领域。

（1）从钢渣中分选回收废钢和钢粒　钢渣中一般含 $7\%\sim10\%$ 的废钢，经破碎、磁选、筛分等分选技术可回收其中 $90\%$ 以上的废钢及部分磁性氧化物。磁选出的渣钢，一般含铁在 $55\%$ 以上。钢渣分选工艺，按破碎原理可分为机械破碎-磁选和自磨-磁选两种。

① 机械破碎-磁选工艺　图 6-9 所示为钢渣机械破碎-磁选工艺流程，它是回收渣钢最基本的工艺流程。

工艺中所用的破碎机包括颚式破碎机、圆锥式破碎机、反击式破碎机和双辊破碎机等。

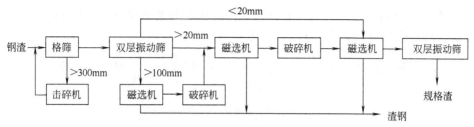

图 6-9　钢渣机械破碎回收渣钢工艺流程

磁选机包括吊挂式磁选机和桶形电磁铁式磁选机。筛子包括格筛、单层振动筛和双层振动筛等。钢渣分选时，用皮带运输机和提升机，按不同要求把这几种设备连接起来，组成二破-三选-两筛、一破两级复合磁选、两破-三选-一筛等不同的工艺流程。

图 6-10 所示为宝山钢铁厂浅盘热泼法钢渣粒铁回收工艺流程，是一整套从日本引进的炉渣处理设施。钢渣先经格筛将大于 300mm 的部分筛出重返落锤破碎间，小于 300mm 的部分进入双层筛再筛。筛出的 100～300mm 部分经 1 号颚式破碎机和 2 号圆锥破碎机破碎。30～100mm 部分经 2 号圆锥破碎机破碎后与小于 30mm 的部分一起进入成品双层筛，将钢渣筛分成 <3mm、3～13mm、13～30mm 三种规格渣。磁选作业安排在每次破碎后、筛分前或筛分后，以便通过磁选尽量回收铁。

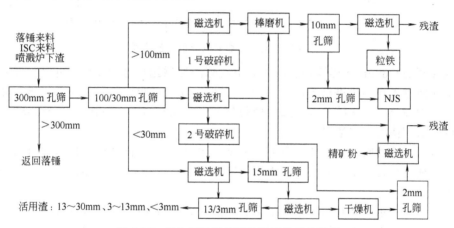

图 6-10　宝山钢铁厂钢渣粒铁回收工艺流程

磁选出的钢渣用 15mm 筛网筛分，小于 15mm 的入干燥机干燥后再筛分，大于 15mm 的入棒磨机提纯，并筛选出大于 10mm 的粒铁，小于 10mm 的进入投射式破碎机，分出粒铁、精矿粉和粉渣，精矿粉与干燥机分选的精矿粉混合在一起后作为成品返烧结。磁选后的渣子为残渣。表 6-12 所示为钢渣破碎-分选后得到的产品及其用途。

表 6-12　钢渣分选后得到的产品及其用途

| 序号 | 产品名称 | 规格 | 利用途径 |
|---|---|---|---|
| 1 | 粒铁 | 含铁>92%，粒径>10mm | 回转炉作冷却剂 |
| 2 | 粒铁 | 含铁>92%，粒径 2～10mm | 钢锭模垫铁剂 |
| 3 | 精矿粉 | 含铁>56% | 回烧结作原料 |
| 4 | 水钢渣 | 粒径 50～100mm | 回填工程及除锈磨料 |
| 5 | 活用渣 | 粒径 13～30mm | 回填工程及路基材料 |
| 6 | 活用渣 | 粒径 3～13mm | 水泥掺和料、小砌块料 |
| 7 | 活用渣 | 粒径<3mm | 水泥掺和料、代黄砂 |
| 8 | 残渣 | | 混入<3mm 的活用砂中 |

② 钢渣自磨分选工艺　钢渣自磨分选工艺是利用钢渣在旋转的自磨机内互相碰撞而破碎，图 6-11 所示为钢渣自磨分选的基本工艺流程。

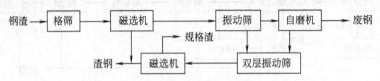

图 6-11　钢渣自磨分选工艺流程

钢渣先经筛分、磁选、筛分，再进入自磨机自磨。粒度小于自磨机周边出料孔径的钢渣自行漏出。未能磨小漏出的渣钢，达到一定量时卸出。自磨机破碎钢渣的过程，也同时是渣钢提纯的过程。从自磨机取出的废钢，含铁量高达 80％以上。

渣钢精加工可采用棒磨机，渣钢在旋转的棒磨机内，经过棍棒和大块钢的磨打，使渣与钢分离。磁选后，可得到含铁 90％以上的废钢。也可联合使用棒磨机与投射式破碎机，大块渣钢用棒磨机处理，小块渣钢用投射式破碎机处理。

图 6-12 所示为唐山钢铁公司钢渣自磨回收渣钢工艺流程。

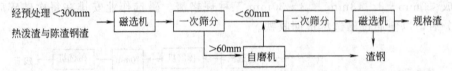

图 6-12　钢渣自磨回收渣钢工艺流程

经预处理的＜300mm 热泼钢渣与老渣山的陈渣经磁选机选出渣钢后进入一次振动筛筛分。筛上块渣进入自磨机进行自磨，磨至小于 60mm 后由自磨机周边漏出，与一次筛下渣一起进入二次筛分。二次筛分并磁选后使得到 0～10mm、10～40mm、40～60mm 规格渣。自磨机内的渣钢待有一定数量后取出。

采用自磨工艺回收渣钢，工艺简单、占地面积小，一台自磨机可以代替几台机械破碎机。对钢渣适应性强，不会有大块废钢损坏破碎机，操作安全。破碎的规格渣无棱角，更适于作级配料使用。

（2）钢渣作为水处理材料　钢渣中含有大量硅酸钙和少量游离氧化钙，又含有一定量金属铁和氧化铁，因而在水溶液中有较强的碱性和一定的机械强度，同时钢渣内多孔，拥有较大的表面积。图 6-13 所示为包钢钢渣的 XRD 分析，图 6-14 所示为包钢钢渣的表面形貌。表 6-13 所示为根据 CJ/T 43—2005《水处理用滤料》标准测定的包钢钢渣的主要物理性质。

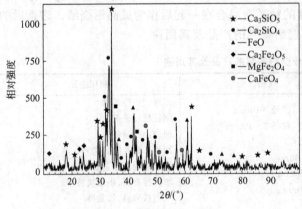

图 6-13　钢渣的 XRD 分析

图 6-14　钢渣的表面形貌

可见，钢渣有多孔的内部结构，空隙率达 56.46%，比表面积达 0.2967m²/g，有利于增加钢渣与污染物的接触概率。钢渣的机械强度高，可承受较大的水力冲击，减少水力磨损。密度大有利于后续的固液分离。因此，钢渣可被认为是一种同时集化学沉淀、吸附、中和等多种功能于一体的价廉水处理材料，在废水处理中具有很好的应用前景。

**表 6-13　钢渣的物理性质**

| 密度 /(g/cm³) | 机械强度/% | | | 比表面积 /(m²/g) | 空隙率 /% |
|---|---|---|---|---|---|
| | 破碎率 | 磨损率 | 破碎磨损率 | | |
| 3.622 | 0.1 | 0.08 | 0.18 | 0.2967 | 56.46 |

目前，钢渣已被用于处理含镍、铜、铅等重金属离子废水，也用于处理含砷、磷、酸性废物、阳离子染料等废水。另外，钢渣还被用于去除污染土壤中有机离子和无机离子、固定废水中碳等。但钢渣对水中污染物的去除受钢渣粒度、用量、搅拌速度和搅拌时间等工艺条件的影响，如图 6-15 所示。

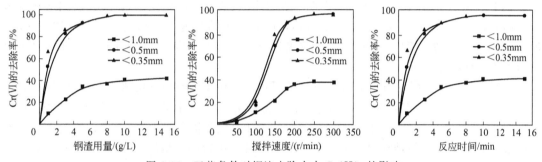

图 6-15　工艺条件对钢渣去除水中 Cr(Ⅵ) 的影响

钢渣对水中 Cr(Ⅵ) 的去除作用，包括了钢渣的吸附、Cr(Ⅵ) 的还原、生成的 Cr(OH)₃ 沉淀于钢渣表面等几个过程。表 6-14 所示为钢渣吸附 Cr(Ⅵ) 前后钢渣成分的变化。

**表 6-14　钢渣吸附 Cr(Ⅵ) 前后化学成分的变化**　　　　　　　单位：%

| 成分 | CaO | SiO₂ | Al₂O₃ | FeO | Fe₂O₃ | MgO | MnO | P₂O₅ | TiO₂ | V₂O₅ | Cr(Ⅲ) | Cr(Ⅵ) | K₂O+Na₂O | 其他 |
|---|---|---|---|---|---|---|---|---|---|---|---|---|---|---|
| 吸附前 | 44.56 | 15.39 | 3.16 | 9.20 | 15.39 | 3.11 | 4.88 | 1.72 | 1.03 | 0.331 | 0.0985 | <0.005 | 0.1706 | 0.918 |
| 吸附后 | 44.62 | 13.03 | 4.03 | 8.35 | 16.97 | 2.89 | 5.22 | 1.76 | 1.05 | 0.341 | 0.39 | 0.012 | 0.0975 | 1.179 |

可见，钢渣吸附水中 Cr(Ⅵ) 后，钢渣中 Cr(Ⅲ) 含量从吸附前的 0.0985% 提高到吸附后的 0.39%，而钢渣中 FeO 含量由吸附前的 9.20% 下降到吸附后的 8.35%，Fe₂O₃ 含量由吸附前的 15.39% 增大到吸附后的 16.97%，增加了 1.58%，说明钢渣对水中 Cr(Ⅵ) 的吸附主要为还原吸附。而钢渣中 Cr(Ⅵ) 含量较吸附前增加很少，说明钢渣中硅酸钙等矿物对水中 Cr(Ⅵ) 的直接吸附量很少。图 6-16 所示为采用 PHI-5300ESCA 的 X 射线光电子能谱仪（XPS）分析的钢渣吸附 Cr(Ⅵ) 前后，其表面 Fe 和 Cr 元素价态的变化。

XPS 全谱表明，钢渣的主要元素有 Ca、Mg、Al、Si、Fe、O、C 等，但吸附水中 Cr(Ⅵ) 后，钢渣中还出现了 Cr 元素，说明钢渣确实将水中 Cr(Ⅵ) 吸附到其表面。很明显，吸附前钢渣中几乎没有 Cr，而吸附后钢渣中有 Cr2p 的 2p₃/₂ （577.2eV）和 2p₁/₂ （586.9eV）两个强峰，对比含 Cr 化合物的 Cr2p₃/₂ 电子结合能可知，钢渣中的 Cr2p₃/₂ （577.2eV）与 Cr(OH)₃ 的 Cr2p₃/₂ （577.0eV）的电子结合能相近，与吸附前 K₂Cr₂O₇ 的

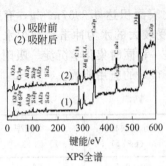
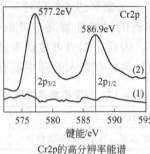
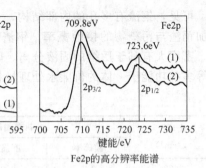

图 6-16　钢渣吸附 Cr(Ⅵ) 前后的 XPS 分析

$Cr2p_{3/2}$（579.9eV）相差甚远。另外，钢渣中 Cr2p 的 $2p_{3/2}$ 与 $2p_{1/2}$ 两峰之差为 9.7eV，与 3 价 Cr 的 2p 位差相近，明显比纯金属铬的 2p 位差 9.2eV 要高。吸附后钢渣中 Cr2p 的电子结合能表明，溶液中的 Cr(Ⅵ) 吸附到钢渣上后确实被还原成了 $Cr(OH)_3$，为还原吸附。而吸附前钢渣的 $Fe2p_{3/2}$ 电子结合能为 709.8eV，介于纯 $Fe_2O_3$ 的 $Fe2p_{3/2}$（710.9eV）和纯 FeO 的 $Fe2p_{3/2}$（709.4eV）之间，说明钢渣中既有 2 价 Fe 又有 3 价 Fe，而当吸附水中 Cr(Ⅵ) 后，钢渣的 $Fe2p_{3/2}$ 峰变得很不对称，向高电子结合能方向移动，说明钢渣表面的 3 价 Fe 含量有所增加，钢渣中 FeO 部分被氧化成了 $Fe_2O_3$，因此 FeO 在钢渣还原吸附过程充当了还原剂的作用。

根据资料，$Cr_2O_7^{2-}/Cr^{3+}$、$O_2/OH^-$ 及 $Fe_3O_4/Fe_2O_3$ 的标准电极电位分别为 1.33V、0.41V 和 0.215V，可判断水中 $Cr_2O_7^{2-}$ 的氧化能力大于水中 $O_2$。$Cr_2O_7^{2-}/Cr^{3+}$ 与 $Fe^{2+}/Fe^{3+}$ 的电位差为 1.115V，而 $O_2/OH^-$ 与 $Fe^{2+}/Fe^{3+}$ 的电位差为 0.195V，容易判断出使 FeO 发生氧化的氧化剂是水中 Cr(Ⅵ)，水中 $O_2$ 的作用较小。钢渣中 FeO 与溶液中 Cr(Ⅵ) 离子发生的氧化还原反应可用式（1）和（2）来表示。

$$6FeO_{(s)} + Cr_2O_7^{2-} + 8H^+ \longrightarrow 2Cr^{3+} + 3Fe_2O_{3(s)} + 4H_2O \tag{1}$$

$$6FeO_{(s)} + 2CrO_4^{2-} + 10H^+ \longrightarrow 2Cr^{3+} + 3Fe_2O_{3(s)} + 5H_2O \tag{2}$$

钢渣对水中被还原成的 Cr(Ⅲ) 具有沉淀作用。包钢含 Cr(Ⅵ) 电镀废水呈酸性，pH 为 2，强碱性的钢渣可使该酸性废水得到中和，同时使被钢渣还原吸附的 Cr(Ⅲ) 生成 $Cr(OH)_3$ 沉淀而沉积于钢渣表面，发生的主要化学反应如式（3）、（4）和（5）所示。

$$2(3CaO \cdot SiO_2) + 6H_2O \longrightarrow 3CaO \cdot 2SiO_2 \cdot 3H_2O + 3Ca(OH)_2 \tag{3}$$

$$2(2CaO \cdot SiO_2) + 4H_2O \longrightarrow 3CaO \cdot 2SiO_2 \cdot 3H_2O + Ca(OH)_2 \tag{4}$$

$$Cr^{3+} + Ca(OH)_2 \longrightarrow Cr(OH)_{3(s)} + Ca^{2+} \tag{5}$$

钢渣还原吸附水中 Cr(Ⅵ) 后，溶液的 pH 值从吸附前的 2 上升到吸附后的 8.6～9。显然，钢渣对 pH 值为 2 的含 Cr(Ⅵ) 溶液进行了中和，化学分析和 XPS 分析也证明了钢渣表面存在还原吸附的 $Cr(OH)_3$。粒度<0.5mm 的钢渣在最佳吸附工艺条件下去除水中 Cr(Ⅵ) 后，过滤所得滤液用 IRIS Intrepid（2）电感耦合等离子体原子发散光谱仪分析溶液中主要元素组成，结果见表 6-15 所示，可见，溶液中主要金属元素为 Ca，是钢渣中硅酸三钙、硅酸二钙溶解所致，总 Cr 元素的含量只有 0.179mg/L，其他成分含量均很小。

表 6-15　钢渣还原吸附水中 Cr(Ⅵ) 后剩余溶液中主要元素含量

| 元素 | Cr | Fe | Al | Ca | Mg | S |
|---|---|---|---|---|---|---|
| 含量/(mg/L) | 0.179 | 未检到 | 1.21 | 146.4 | 0.026 | 1.79 |

对照 GB 8978—1996《污水综合排放标准》，剩余液中 Cr(Ⅵ) 浓度、总铬含量及 pH 值

三大指标均达到该标准要求。

（3）钢渣用作冶炼熔剂　钢渣常含有很高的CaO、铁分及一定比例的MgO、MnO。若用于炼铁，这些成分能有效地降低熔剂、矿石的消耗及能耗。有资料报道，作为熔剂用于高炉冶炼和烧结的钢渣量，以美国为最多，占钢渣总量的56%以上。

① 钢渣用作高炉炼铁熔剂　利用加工分选出10～40mm粒径钢渣返回高炉，回收钢渣中的Fe、Ca、Mn元素，不但可减少高炉炼铁熔剂（石灰石、白云石、萤石）消耗，而且对改善高炉运行状况有一定的益处，同时也能达到节能的目的。钢渣中的MnO和MgO也有利于改善高炉渣的流动性。由于钢渣烧结矿强度高，颗粒均匀，故高炉炉料透气性好，煤气利用状况得到改善，焦比下降，炉况顺行。另外钢渣大多采用半闭路循环处理，故对高炉生铁的磷含量不会产生影响。但钢渣用作高炉熔剂，在长期的闭路循环中，会引起铁水中磷的富集，故每吨铁的钢渣用量，常受钢渣中磷含量限制。

② 钢渣用作烧结熔剂　钢渣作烧结矿熔剂，主要是利用钢渣的CaO、MgO、MnO、吨Fe等有益成分。由铁矿石制备烧结矿时，一般需加石灰石等作为助熔剂，而钢渣中含有40%～50% CaO，1t钢渣相当于700～750kg的石灰石，故钢渣可作为烧结料代替部分石灰石，使用前，将钢渣破碎到颗粒小于10mm。

钢渣用作烧结熔剂，有利于提高烧结矿产量，降低燃料消耗，再利用钢渣中Fe、Ca、Mn等有用元素，降低烧结矿的生产成本。以钢渣含吨Fe 15%计，每利用1t钢渣，可代替60%的铁精矿250kg，节约部分石灰石。

③ 钢渣用作化铁炉熔剂　用0～50mm的转炉钢渣可代替石灰石、白云石作化铁炉熔剂。转炉钢渣可以代替部分或全部石灰石和白云石，钢渣中的铁也得到回收，从而提高产量，降低焦比。高炉每加工100kg钢渣可节约资金3～6元，经济效果明显。

④ 钢渣用作转炉熔剂　将转炉渣直接返回转炉炼钢（20～130kg/t钢，粒度小于50mm），能提高炉龄，提前化渣，缩短冶炼时间，减少熔剂消耗，减少初期渣对炉衬的侵蚀，减少转炉车间的总渣量并降低耐火材料消耗等。转炉钢渣返回转炉使用，能取得一定的经济效益，并减少污染，减少弃渣量，少占农田。

返回渣含有一定量的五氧化二磷、氧化铁和过剩的氧化钙。氧化铁和石灰作用形成低熔点铁酸钙，起化渣作用。但返回渣不能全部代替石灰的作用。因此，为了保证钢材质量和较好的技术指标，宜选炼钢终期渣为返回渣。为防止磷循环富集，五氧化二磷含量大于5%的转炉渣，不作返回渣。

（4）钢渣用作筑路材料　钢渣具有容重大、呈块状、表面粗糙、稳定性好、不滑移、强度高、耐磨、耐蚀、耐久性好、与沥青胶结牢固等特点，被广泛用于各种路基材料、工程回填、修砌加固堤坝、填海工程等方面代替天然碎石。

钢渣作筑路材料，既适用于路基，又适用于路面。用钢渣作路基时，道路渗水、排水性能好，而且用量大，对于保证道路质量和消除钢渣都有重要意义。由于钢渣具有一定的活性，能板结成大块，特别适于沼泽地筑路。

钢渣与沥青结合牢固，又有较好的耐磨耐压防滑性能，可掺和用于沥青混凝土路面的铺设。钢渣用作沥青混凝土路面骨料时，既耐磨，又防滑，是公路建筑中有价值的材料。钢渣疏水性好，是电的不良导体而不会干扰铁路系统电信工作，所筑路床不生杂草，干净整洁，不易被雨水冲刷而产生滑移，是铁路道渣的理想材料。

钢渣还可与其他材料混合使用于道路工程中。比利时将75%转炉渣、25%水渣和粉煤灰以及适量水泥和石灰作激发剂，用作道路的稳定基层。联邦德国等国推荐在水利工程、堤坝建筑中使用钢渣，用以加固河岸、河底和海滨海岸等。

钢渣在路基上能否得到广泛使用，决定于钢渣是否符合道路工程的各项使用要求。钢渣在路基垫层中应用，其粒度应控制在 60mm 以下，自然堆放或稍加喷淋 3 个月以上。钢渣中游离 CaO 随着钢渣龄期的增长而明显减少，3 个月后基本稳定在 <5.5% 的水平，其粉化率，亦不断下降，稳定性提高。

目前，尚无彻底解决钢渣膨胀的有效措施。各国普遍做法是钢渣使用前进行陈化处理，在自然条件下停放半年至一年，使其自然风化膨胀，体积达到稳定后再使用。对存放的方法，也有一定的要求。如果堆存高度太高，钢渣内部受不到风雨作用，即使存放很长时间，也达不到预期目的。合理陈化后再使用，膨胀可基本得到控制。但钢渣作为沥青混凝土骨料，由于其受到沥青胶结剂薄膜的包裹，隔绝了水浸蚀的可能性，这个问题就不严重了。

（5）生产水泥　钢渣生产水泥，主要指用其作为原料配制水泥生料。

① 钢渣矿渣水泥　钢渣水泥中产量最多的一种。凡以平炉、转炉钢渣为主要成分，加入一定量粒化高炉矿渣和适量石膏或水泥，磨细制成的水硬性胶凝材料，称为钢渣矿渣水泥。图 6-17 所示为钢渣矿渣水泥生产工艺流程。

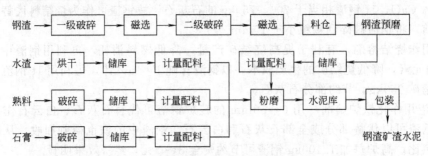

图 6-17　钢渣矿渣水泥生产工艺流程

目前生产的钢渣矿渣水泥有两种。一种是用石膏作激发剂，其配合比（质量比）为钢渣 40%～50%、水渣 40%～50%、石膏 8%～12%，所得水泥标号可达 300～400 号（硬练）。这种水泥系无熟料钢渣矿渣水泥。由于其早期强度低，仅用于砌筑砂浆、墙体材料、预制混凝土构件及农田水利工程。另一种是用水泥和石膏作复合激发剂，其配比是，钢渣 36%～40%、水渣 35%～45%、石膏 3%～5%、水泥熟料 10%～15%，所得水泥标号可在 400 号（硬练）以上。这种水泥称为少熟料钢渣矿渣水泥，可广泛应用在工业和民用建筑中。

② 钢渣矿渣硅酸盐水泥　由硅酸盐水泥熟料和转炉钢渣（简称钢渣）、粒化高炉渣、适量石膏磨细制成的水硬性胶凝材料，称为钢渣矿渣硅酸盐水泥，简称钢矿水泥。水泥中钢渣和粒化高炉矿渣的总掺加量，按重量百分比计，为 30%～70%，其中钢渣不得少于 20%。图 6-18 所示为钢矿水泥生产工艺流程。

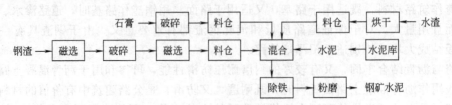

图 6-18　钢矿水泥生产工艺流程

先用磁选除去转炉钢渣中含夹钢的渣块，再经颚式破碎机破碎后选铁的物料与经颚式破碎机破碎的石膏、经烘干的粒化高炉矿渣、水泥，按配料方案中各成分的重量百分比配料混合，入水泥磨磨细。在入磨皮带机上装有电磁铁继续除铁。出磨水泥经输送系统入水泥库，经取样检验合格后，包装出厂。

钢渣矿渣硅酸盐水泥混凝土，随龄期增长，强度不断提高，而且强度始终高于相同配比、相同标号的矿渣水泥混凝土。由于这种水泥中含有不低于 20%的钢渣，和同标号矿渣硅酸盐比较，节约了熟料，少用矿渣，且不削弱使用性能。

③ 钢渣沸石水泥　一种以沸石作活性材料生产的钢渣水泥。这种水泥可消除钢渣水泥的体积不安定因素，代替水淬矿渣水泥使用。钢渣沸石水泥包括以下几种。a. 钢渣沸石水泥。其原料为钢渣、沸石和石膏。配合比为钢渣 67%～61%、沸石 25%～30%、石膏8%～9%。b. 钢渣沸石少熟料水泥。其中掺有少量水泥熟料，配合比为钢渣 53%、沸石 25%、熟料 15%、石膏 7%。钢渣沸石少熟料水泥的生产和使用，是由于钢渣沸石水泥早期强度低，质量有波动以及碱度低等，会造成碳化，降低强度和起砂。引入少量硅酸盐水泥熟料，可达到提高早期强度，稳定质量和提高水泥碱度的目的。

钢渣沸石水泥（ZSC）和低熟料钢渣沸石水泥（SZC），其强度符合 GB 1344—77325 号软练及原 GB 175—62400 号硬练的国家标准，可用于砌筑砂浆、抹面、地平和混凝土构件、梁、柱等，性能良好。这种水泥具有耐磨度高、抗腐蚀性好、水化热低等特殊性能，适合于地下工程、水下工程、公路和广场使用。

④ 白钢渣水泥（钢渣白水泥）　钢渣白水泥，以电炉还原渣为主要原料，掺入适量经700～800℃煅烧的石膏，经混合磨细制成的一种新型胶凝材料，是基于电炉还原渣碱度高、在空气中缓慢冷却后能自行粉化成白色粉末、渣色白、活性高的特点而研制成的。图 6-19 所示为莱芜钢铁厂钢渣白水泥生产工艺流程。

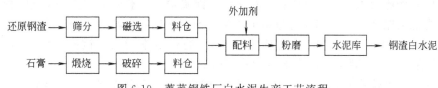

图 6-19　莱芜钢铁厂白水泥生产工艺流程

钢渣白水泥的生产，按照流程大体包括钢渣的筛分和磁选、石膏的煅烧和粉碎、配料、粉磨和包装几个过程。其配料通过控制水泥中 $SO_3$ 含量为 8%～10%来进行。因为水泥强度随 $SO_3$ 含量增高而提高，当含量少于 8%时，强度不足 400 号，当 $SO_3$ 含量大于 10%时，出现石膏膨胀现象，导致水泥不安定。所用外加剂可为矿渣，也可为方解石等。

钢渣矿渣石膏白水泥，一般配比为钢渣 20%～50%、矿渣 30%～50%、石膏 12%～20%。这种水泥，具有早期强度高、后期强度在大气中继续增高等优点，基本能满足建筑工程的装饰要求，可用于水磨石、水刷石、干粘石等装饰工程，还可生产人造大理石。

方解石白泥掺料电炉白水泥，是以电炉还原渣为主要原料，掺入适量煅烧石膏和一定量的方解石或烧白泥，共同粉磨而成的白色水硬性胶凝材料。当方解石用量 20%～25%、石膏用量 15%～17%、电炉还原渣量 58%～65%时，可配制出 325 号的钢渣白水泥，能满足建筑装饰工程要求。

（6）铁酸盐水泥　以石灰、钢渣、铁渣为原料，掺入适量石膏粉磨而成的水泥。其中石灰、铁渣、钢渣的配比范围分别为：42%～53%、17%～26%、7%～16%。

铁酸盐水泥早期强度高、水化热低。铁酸盐水泥中掺入的石膏，可生成大量硫铁酸盐，能有效地减少水泥石干缩和提高抗海水腐蚀性能，适用于水工建筑。另外，平炉钢渣加10%～12%的石膏，20%～30%的粉煤灰和少量石灰，可生产钢渣粉煤灰水泥。

（7）生产钢渣砖　钢渣砖是以粉状钢渣或水淬钢渣为主要原料，掺入部分高炉水渣或粉煤灰和激发剂（石灰、石膏粉），加水搅拌，经轮碾、压制成型、蒸养而制成的建筑用砖。钢渣砖参考配比如表 6-16 所示。

表 6-16　钢渣砖参考配比

| 原材料配比/% | | | | | 抗压强度 /MPa | 抗折强度 /MPa | 钢渣砖标号 |
|---|---|---|---|---|---|---|---|
| 钢渣 | 高炉水渣 | 粉煤灰 | 石灰 | 石膏 | | | |
| 60 | 30 | 0 | — | 10 | 22.0 | 2.25 | 75 |
| 67 | 20 | — | 10 | 3 | 22.6 | 2.50 | 100 |
| 63 | 30 | 0 | 5 | 5 | 23.9 | 3.21 | 150 |

生产钢渣砖的主要设备有磁选机、球磨机、搅拌机、轮碾机、压砖机。设备的选用主要根据砖厂的生产规模确定。钢渣砖可用于民用建筑中砌筑墙体、柱子、沟道等。

（8）钢渣作农肥和酸性土壤改良剂　钢渣是一种以钙、硅为主、含多种养分的具有速效又有后劲的复合矿质肥料。由于钢渣在冶炼过程经高温煅烧，其溶解度已大大改变，所含各种主要成分易溶量达全量的 $1/3 \sim 1/2$，有的甚至更高，易被植物吸收。钢渣中含有微量的锌、锰、铁、铜等元素，对缺乏此元素的土壤和作物，也同时起不同程度的肥效作用。

① 钢渣磷肥　含磷生铁炼钢时产生的废渣，可直接加工成钢渣磷肥。国外从 1884 年开始使用钢渣磷肥。在磷铁矿资源丰富的西欧国家，1963 年以前，钢渣磷肥的产量一直稳定在占磷肥总产量的 $15\% \sim 16\%$。我国目前已探明的中、高磷铁矿的储量非常丰富，部分钢铁厂，如包头和马鞍山钢铁公司，用高磷生铁炼钢时，产生的钢渣含 $P_2O_5\%$ 约 $4\% \sim 20\%$。

钢渣磷肥的肥效由 $P_2O_5$ 含量和构溶率两方面确定，一般要求钢渣中 $P_2O_5$ 含量 $>4\%$，细磨后作为低磷肥使用，相当于等量磷的效果，而超过钙镁磷肥的增产效果。研究表明，钢渣中 $CaO/SiO_2$ 和 $SiO_2/P_2O_5$ 比值越大，$P_2O_5$ 的构溶率越大。钢渣中的 F 可降低渣中 $P_2O_5$ 的拘溶率，因此要求钢渣中 F 含量应 $<0.5\%$。

中、高磷铁水炼钢时，如不加萤石造渣，所回收的初期含磷钢渣，经破碎、磨细，即得钢渣磷肥。此肥一般用作基肥，每亩可施用 $100 \sim 130 kg$。马鞍山钢铁（集团）公司制定了行业暂行标准，要求钢渣磷肥中有效 $P_2O_5$ 含量 $\geqslant 10\%$，其一等品 $P_2O_5$ 含量 $\geqslant 16\%$。

② 钙镁磷肥　平炉钢渣含 $P_2O_5$ 常在 $3\% \sim 7\%$ 范围，与蛇纹石相近，其他化学成分也与蛇纹石相近，故可用平炉钢渣部分或全部代替蛇纹石用于生产钙镁磷肥。生产钙镁磷肥的传统原料，通常是磷矿石和含镁硅酸盐，将这两种原料混合，在竖炉或其他形式的炉内 $1300 \sim 1500℃$ 的温度下，使物料融化并充分反应，然后使熔体出炉，用高压水急冷成玻璃体小颗粒，再干燥、粉磨即成为钙镁磷肥产品。

③ 钢渣硅肥　硅是水稻生产所需要的大量元素。据测定，在水稻的茎、叶中 $SiO_2$ 含量为 10% 左右。虽然土壤中含有丰富的 $SiO_2$，但其中 99% 以上很难被植物吸收。因此，为了使水稻长期稳产、高产，必须补充硅肥。从钢渣成分分析，我国 60% 以上的钢渣适于作为硅肥原料使用。通常，含硅量超过 15% 的钢渣，磨细至 <60 目，即可作为硅肥施用于水稻田。每亩施用量一般为 $100 kg$，可增产水稻 10% 左右。

④ 酸性土壤改良剂　用一般生铁炼钢时产生的钢渣，虽然 $P_2O_5$ 含量不高（$1\% \sim 3\%$），但含有 $CaO$、$SiO_2$、$MgO$、$FeO$、$MnO$ 以及其他微量元素等，且活性较高。因此，这类钢渣可用作改良土壤矿质的肥料，特别适用于酸性土壤。生产工艺简单，只要将含钙含镁高的钢渣，磨细后即可作为酸性土壤改良剂。如山西阳泉钢铁厂从 1976 年开始利用高炉渣、瓦斯灰等生产微量元素肥料。实践证明，这种肥料增产作用显著，一般可使粮食增产 10% 以上、蔬菜和水果增产 20% 左右、棉花增产 $10\% \sim 20\%$。

施用钢渣磷肥或活性渣肥时要注意：a. 钢渣肥料宜作基肥，不宜作追肥，而且宜结合耕作翻土施用，沟施和穴施均可，应与种子隔开 $1\sim2cm$；b. 钢渣肥料宜与有机堆肥混合后施用；c. 钢渣肥料不宜与氮素化肥混合施用；d. 渣肥不仅当年有肥效，而且其残效期可达数年；e. 施用钢渣活性肥料时，一定要区别土壤的酸碱性，以免使土壤变坏或板结。

（9）富集和提取钢渣中的稀有元素　有些钢渣中含有铌、钒等稀有金属，可用化学浸取法提取这些有价成分，充分利用资源。全国的平炉炼钢，每年要产生上万吨平炉钢渣，一般含钒（$V_2O_5$）5%~10%，图 6-20 所示为某厂化学浸取 $V_2O_5$ 工艺流程。

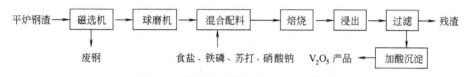

图 6-20　某厂化学浸取 $V_2O_5$ 工艺流程

将钢渣磁选回收废钢，球磨后与食盐、纯碱等混合焙烧，使钢渣中钒与盐生成可溶性钒酸钠。焙砂水浸，钒酸钠进入溶液，过滤后滤液在硫酸作用下生成 $V_2O_5$ 沉淀，分离、洗涤、烘干后得到 $V_2O_5$ 产品。该工艺钒的转化率达 75% 左右，成品 $V_2O_5$ 含量达 80% 以上，进一步精制可使成品 $V_2O_5$ 的纯度达到 99% 以上。

钢渣提钒还可以采用如下工艺：将平炉水淬钢渣和铁精矿粉按配比（40~60）∶（56~36）进行烧结，冶炼出高钒、高磷铁水，用铸铁机铸为小块生铁，生铁块送回提钒转炉用作侧吹转炉的吹钒冷却剂。加入量的最佳值为转炉金属总装入量的 14% 左右。由于高钒铁块的加入，增加了铁水含钒量和含磷量，通过严格的吹炼工艺控制，就能生产出二类钒级钒渣。

## 6.3　铁合金渣的资源化

铁合金渣是铁合金冶炼过程中产生的废渣。我国每年约产生 100 多万吨各种铁合金渣。铁合金渣的种类较多，根据冶炼工艺分为火法冶炼渣和浸出渣。根据铁合金品种，分为高炉锰铁渣、锰硅合金渣、硅铁合金渣、硅铬合金渣、中碳铬铁渣等。其中以高碳锰铁渣为最多，其次是锰硅合金渣。锰系铁合金渣占 75% 以上。

### 6.3.1　铁合金渣的组成与性质

铁合金渣产品种类很多，其生产工艺各不相同。同一种产品，由于原料品位不同，采用的生产工艺可能不同，因此，铁合金渣的化学成分各不相同。我国铁合金渣的主要化学成分为 CaO、$SiO_2$、$Al_2O_3$、MgO、MnO 等各种金属氧化物，如表 6-17 所示。

铁合金渣的矿物组成主要以硅酸钙为主，如精炼铬铁渣，在自然冷却条件下矿物组成以 $\gamma\text{-}2CaO \cdot SiO_2$ 为主，其次为 $\beta\text{-}2CaO \cdot SiO_2$，以及含有少量的 $\alpha\text{-}2CaO \cdot SiO_2$、$CaO \cdot Al_2O_3$、$2CaO \cdot Al_2O_3 \cdot SiO_2$、$3CaO \cdot MgO \cdot 2SiO_2$ 等。

铁合金渣的冷却方法与高炉渣基本一致。我国大多数高炉锰铁渣/电炉锰铁渣和几乎全部的硅锰合金渣是采用水淬法冷却的。水淬的方法各式各样：有的在炉前直接冲渣，有的用渣罐车将熔渣拖至泡渣池在泡渣池水淬，有的借助于浇铸间的吊车来倾翻渣罐经流槽下的喷嘴将渣水淬，有的则采用熔渣盘泼法等。另外，铁合金渣也可用碎石工艺和风淬粒化工艺进行冷却处理。

铁合金渣的性质与铁合金渣的组成和冷却方式密切相关。水淬渣活性较高，可用于生产水泥等材料，而慢冷产生的合金渣，非活性成分较高，可作为天然碎石的代用品使用。

按照标准，适于作水泥的水渣要求碱性系数 $(CaO+MgO)/(SiO_2+Al_2O_3)\geqslant0.5$、活性系数 $Al_2O_3/SiO_2\geqslant0.12$、质量系数 $(CaO+MgO+Al_2O_3)/(SiO_2+MnO)\geqslant1.0$。高炉锰铁渣、硅锰铁渣的各项指标都符合上述要求。

表 6-17　我国铁合金渣的主要化学成分　　　　　单位：%

| 名称 | MnO | SiO₂ | Cr₂O₃ | CaO | MgO | Al₂O₃ | FeO | V₂O₅ 等 |
|---|---|---|---|---|---|---|---|---|
| 高炉锰铁渣 | 5~10 | 25~30 | | 33~37 | 2~7 | 14~1.9 | 1~2 | |
| 碳素锰铁渣 | 8~15 | 25~30 | | 30~42 | 4~6 | 7~1.0 | 0.4~1.2 | |
| 硅锰合金渣 | 5~10 | 35~40 | | 20~30 | 1.5~6 | 10~2.0 | 0.2~2.0 | |
| 中低碳锰铁渣（电硅热法） | 15~20 | 25~30 | | 30~36 | 1.4~7 | 1.5 | 0.4~2.5 | |
| 中低碳锰铁渣（转炉法） | 49~65 | 17~23 | | 11~20 | 4~5 | | 1 | |
| 碳素铬铁渣 | | 27~30 | 2.4~3 | 2.5~3.5 | 26~46 | 16~1.8 | 0.5~1.2 | |
| 硅铁渣 | | 30~35 | | 11~16 | 1 | 13~20 | 3~7 | Si 7~18、SiC20~29 |
| 钨铁渣 | 20~25 | 35~50 | | 5~16 | | 5~15 | 3~9 | |
| 钼铁渣 | | 48~60 | | 6~7 | 2~4 | 10~13 | 13~15 | |
| 磷铁渣 | | 37~40 | | 37~44 | | 2 | 1.2 | |
| 钒铁冶炼渣 | | 25~28 | | 55 | 约10 | 8~10 | | 0.35~0.5 |
| 钒浸出渣 | 2~4 | 20~28 | | 0.9~1.7 | 1.5~2.8 | 0.8~3 | 20~27 | 1.1~1.4 |
| 钛铁渣 | 0.2~0.5 | 1 | | 9.5~10.5 | 0.2~0.5 | 73~75 | 约1 | TiO₂13~15 |
| 硅钙渣 | | | 3~8 | 63~68 | 0.2~0.6 | 0.3~0.7 | | Si 7~10 |
| 金属铬浸出渣 | | 1.5~2.5 | 11~14 | 1 | 1.5~2.5 | 72~78 | | Na₂O 3~4 |
| 硼铁渣 | | 1.13 | | 4.63 | 17.09 | 65.35 | 0.1 | B₂O₃ 9.36 |

## 6.3.2　铁合金渣的资源化途径

铁合金渣因含有铬、锰、钼、镍、钛等价值较高的金属，故应优先考虑从中回收有价金属。对于目前尚不能回收金属的铁合金渣，可用于作建筑材料和农业肥料。

（1）作水泥混合材　我国绝大多数的高碳锰铁渣和锰硅合金渣多采用水淬冷却工艺。水淬后的锰铁渣和锰硅渣大部分当作水泥混合材使用，其掺量一般在30%以上，可生产325号以上硅酸盐水泥，其生产工艺流程如图 6-21 所示。

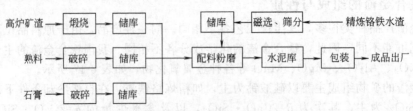

图 6-21　精炼铬铁渣硅酸盐水泥生产工艺流程

（2）生产铸石制品　用熔融硅锰渣、硼铁渣和钼铁渣等可生产铸石制品。

① 硅锰渣铸石　硅锰渣是冶炼硅锰铁合金时所产生的废渣。由矿热炉流出的热熔硅锰渣可直接浇铸铸石制品。这种制品可用于要求耐磨的设备和建筑工程。另外，也可在硅锰渣中掺入附加料并加热熔化后浇铸耐酸铸石制品。图 6-22 所示为硅锰渣直接浇注生产铸石的工艺流程。

直接浇铸的耐磨硅锰渣铸石的生产过程包括热渣的承接与浇铸、结晶和退火等工序。热渣的承接和浇铸是用吊车将承接热熔渣的铁水包吊至浇铸台，直接进行浇铸。在热渣中不加

图 6-22 硅锰渣直接浇注生产铸石的工艺流程

任何附加料。这种热渣的出炉温度为 1450～1500℃，浇铸铸石的温度需控制在 1300～
1350℃。铸石的结晶在结晶炉中进行，结晶温度控制在 800～950℃，结晶时间为
30～50min。

表 6-18 所示为耐酸硅锰渣铸石的化学组成，表 6-19 所示为几种耐酸硅锰渣铸石的
配方。

表 6-18　耐酸硅锰渣铸石的化学组成　　　　　　　　　　单位：%

| 成分 | SiO$_2$ | Al$_2$O$_3$ | MnO | Fe$_2$O$_3$＋FeO | CaO | MgO | Cr$_2$O$_3$ |
|---|---|---|---|---|---|---|---|
| 含量 | 48～53 | 10～17 | 9～12 | 5～9 | 1～13 | 4～8 | 0.3～0.4 |

表 6-19　几种耐酸硅锰渣铸石配方　　　　　　　　　　单位：%

| 硅锰渣 | 碳铬渣 | 硅石粉 | 铁鳞 | 铬矿 | 镁砂 |
|---|---|---|---|---|---|
| 69.5 | 3.5 | 21 | 6 | | |
| 57 | 15 | 23 | 5 | | |
| 67 | | 20 | 7 | 3 | 3 |

耐酸硅锰渣浇铸温度一般为 1250～1300℃，结晶温度为 800～920℃，结晶时间为 45～
60min。无论是直接浇铸的耐磨硅锰渣铸石或经过配料的耐酸硅锰渣铸石都需要在退火窑或
保温箱中退火，一般退火时间为 3 天。耐磨硅锰渣铸石的抗冲击强度一般为 10～24.6MPa，
耐磨系数为 0.26～0.40kg/cm$^2$。

② 钼铁渣铸石　钼铁渣是采用炉外法冶炼钼铁合金时所排出的废渣，用这种废渣在热
熔状态下加入一些附加料后，无需再加热熔化，即可浇铸铸石制品。添加附加料的目的是为
了调整熔渣的化学成分，改善其结晶性能。钼铁渣铸石的配料比为钼铁渣 100、微碳铬铁渣
15、铁磷 12、萤石 1。钼铁渣的化学成分如表 6-20 所示。

表 6-20　钼铁渣的化学成分　　　　　　　　　　单位：%

| 成分 | SiO$_2$ | Al$_2$O$_3$ | CaO | MgO | Fe$_2$O$_3$＋FeO | R$_2$O |
|---|---|---|---|---|---|---|
| 含量 | 48～55 | 9.5～12 | 6～15 | 2～5 | 14.5～19.8 | 2～2.5 |

钼铁渣铸石的结晶温度为 850～880℃，结晶时间为 20～40min，退火时间为 3 天左右。

③ 硼铁渣铸石　硼铁渣是用铝热法冶炼硼铁合金时产生的废渣。硼铁渣可以制成硼铁
渣铸石。其工艺是采用熔融渣自流浇注于砂模，用蛭石保温，自然结晶，缓慢降温的方法，
其工艺流程如图 6-23 所示。表 6-21 所示为硼铁渣铸石的化学组成。

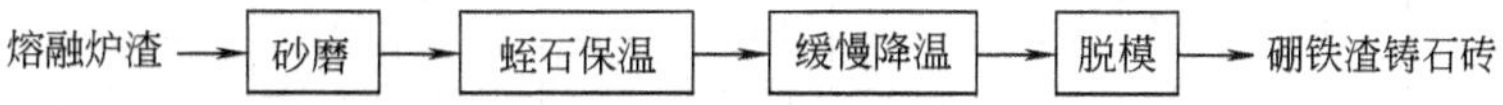

熔融炉渣 → 砂磨 → 蛭石保温 → 缓慢降温 → 脱模 → 硼铁渣铸石砖

图 6-23　硼铁渣铸石生产工艺流程

表 6-21　硼铁渣铸石的化学成分　　　　　　　　　　单位：%

| 成分 | Al$_2$O$_3$ | Fe$_2$O$_3$ | CaO | SiO$_2$ | MgO | B$_2$O$_3$ |
|---|---|---|---|---|---|---|
| 含量 | 65.35 | 0.24 | 4.63 | 1.13 | 17.09 | 9.36 |

硼铁渣的耐火度＞1770℃、软化点1610℃、显气孔率2%、密度3.16g/cm³。常温耐压强度171MPa、密度3.32g/cm³。硼铁渣铸石耐急冷急热性能差，但在温度为500℃以上变动则无裂纹、变形现象。耐碱度大于99.2%，但不耐酸。硼铁渣铸石主要用作耐火材料，大型耐磨铸件等。

（3）制作耐火材料　金属铬冶炼渣可作高级耐火混凝土骨料，目前已在国内推广使用。用铬渣骨料和低钙铝酸盐水泥配制的耐火混凝土，耐火度高达1800℃，荷重软化点为1650℃，高温下仍有很高的抗压强度，在1000℃时仍为14.7MPa。特别适用于形状复杂的高温承载部分。

除金属铬之外，钛铁、铬铁也都采用铝热法冶炼，相应产生的炉渣中氧化铝（$Al_2O_3$）都很高，都可作为耐火混凝土骨料。

（4）回收化工原料或作农肥　磷铁合金生产中产生的磷泥渣可回收工业磷酸，并利用磷酸渣制造磷肥。磷泥渣含磷5%～50%，与氧化合生成五氧化二磷（$P_2O_5$）等磷氧化物，五氧化二磷通过吸收塔被水吸收生成磷酸，余下的残渣内含有0.5%～1%的磷和1%～2%的磷酸，再加入石灰，在加热条件下，充分搅拌，生成重过磷酸钙，即为磷肥。

铁合金的各种矿渣中，含有多种植物生长所需的微量元素，这些元素可以增加土壤的肥沃。精炼铬铁渣可用于改良酸性土壤，作钙肥。含锰、含钼的铁合金渣也可用于作农肥。试验证明，在水稻田中施用硅锰渣，有促熟增产作用，减轻了稻瘟病，有利于防止倒伏。

硅锰渣、钼铁渣、精铬渣可用作土壤改良剂作农肥用。这些渣中含有大量的硅、钙、镁、铁等元素。其次还含有少量铜、锌、镍等，是一种优良的硅、钙以及微量元素肥料，能促进农作物生长，提高产量。

# 6.4 含铁尘泥的资源化

含铁尘泥是钢铁工业种类最多、成分最杂的废弃物，主要来自于冶炼、轧制等各工序的除尘和废水治理工艺。随着钢铁工业生产规模的不断扩大，含铁尘泥的种类和产量与日俱增，其资源化利用已摆上各钢铁企业节能降耗和环境保护的工作日程。

## 6.4.1 含铁尘泥的组成和性质

尘泥含铁一般在30%～70%，其产量随原料状况、工艺流程、设备配置、管理水平的差异而不同，一般为钢产量的8%～12%，包括高炉瓦斯灰（泥）、转炉污泥、电（转）炉除尘灰、冷（热）轧污泥、轧钢氧化铁鳞、烧结尘泥、出铁场集尘、钢管石墨污泥和含油铁屑等。

（1）组成　含铁尘泥的来源、收集工艺不同，其化学成分差异很大。表6-22所示为几种典型含铁尘泥的化学组成。

表6-22　含铁尘泥的主要化学成分　　　　　　　单位：%

| 尘泥类型 | FeO | MFe | TFe | $SiO_2$ | MnO | CaO | MgO | $Al_2O_3$ | C | Zn | Pb | $P_2O_5$ | S |
|---|---|---|---|---|---|---|---|---|---|---|---|---|---|
| 高炉瓦斯泥 | 4.2 | 0.12 | 52.39 | 5.22 | 0.25 | 2.81 | 0.83 | 2.27 | 11 | 0.27 | ＜0.05 | 0.23 | 0.11 |
| 高炉瓦斯灰 | 3.55 | 0.45 | 52.79 | 3.27 | 0.06 | 1.89 | 0.64 | 0.95 | 17.33 | 0.33 | 0.08 | 0.007 | 0.04 |
| 电炉除尘灰 | 5.84 | 0.02 | 51.7 | 2.8 | 3.22 | 7.14 | 3.55 | 1.13 | 0.79 | 3.38 | ＜0.05 | 0.28 | 0.29 |
| 转炉除尘灰 | 10.28 | 5.61 | 48.24 | 4.3 | 1.97 | 6.69 | 2.46 | 3.86 | 3.8 | 4.19 | 0.15 | 0.47 | 0.13 |
| 炉前除尘灰 | 8.5 | 0.15 | 58.7 | 5.32 | 0.29 | 0.57 | 0.22 | 2.1 | 2.1 | 0.43 | 0.05 | 0.13 | 1.1 |
| 转炉OG泥 | 59.37 | 8.92 | 60.74 | 0.44 | 0.26 | 8.74 | 3.27 | 0.09 | 0.44 | 0.34 | 0.11 | 0.21 | 0.061 |
| 烧结除尘灰 | 2.75 | 3.42 | 54.67 | 5.55 | 0.42 | 10.47 | 2.32 | 2.53 | 0.42 | 0.34 | 0.34 | 0.12 | 0.181 |
| 轧钢铁鳞 | 56.23 | 1.22 | 64.21 | 0.21 | 0.34 | 3.54 | 0.56 | 0.21 | 0.11 | 0.08 | 0.02 | 0.03 | 0.03 |

（2）性质　含铁尘泥的堆积密度为 1.25～2g/cm³，其粒度组成如表 6-23 所示。其中，烟尘为在气体中取样的分析结果。

**表 6-23　含铁尘泥的粒度组成**

| 名称 | 计重粒径分布/%（粒度以 μm 表示） | | | | | |
|---|---|---|---|---|---|---|
| | >40 | 40～30 | 30～20 | 20～10 | 10～5 | <5 |
| 平炉烟尘 | | | 9.9 | 17.1 | 43.6 | 29.4 |
| 转炉烟尘 | 20～30 | 约15 | 20～30 | 5～10 | 约3 | 10～35 |

| 名称 | 名称粒度/%（以 mm 表示） | | | | | | | | | | |
|---|---|---|---|---|---|---|---|---|---|---|---|
| | >1.19 | 0.50 | 0.25 | 0.177 | 0.147 | 0.125 | 0.105 | 0.08 | 0.07 | 0.06 | <0.06 |
| 平炉烟尘 | | | | 2.81 | 0.84 | 0.53 | 0.52 | 0.78 | 0.42 | 1.27 | 92.83 |
| 转炉尘泥 | 8.16 | 10.67 | 16.24 | 5.64 | 4.5 | 3.35 | 4.83 | 3.58 | 2.4 | 2.66 | 37.97 |

尘泥的粒度很细，呈高度分散状态，又有一定数量的 Ca(OH)₂，因此，不论采用真空吸滤还是压滤，都不能使尘泥获得较低的含水率。

### 6.4.2　含铁尘泥的资源化途径

鉴于尘泥产量大、含铁量高，目前最普遍的利用途径是返回钢铁生产工艺。根据返回工艺的位置，可将含铁尘泥的利用途径分为烧结法、炼铁法和炼钢法，如表 6-24 所示。最终选择何种途径，要根据尘泥的物化性质、投资大小、操作难易等情况综合考虑。

**表 6-24　含铁尘泥的主要利用途径**

| 利用途径 | 优　点 | 缺　点 |
|---|---|---|
| 烧结法 | 可利用现有烧结机，操作简单，投入少、见效快，对瓦斯灰（泥）等含铁较低的尘泥也适用 | 粗放利用，能耗大，作业条件差，贮运困难，配料难以混匀和精确计量，有害元素恶性循环，降低烧结矿质量，升高烧结矿成本，危及高炉运行和炉衬寿命 |
| 炼铁法 | 尘泥能全面利用，同时可除尘泥中的有色金属，ZnO 去除率≥90% | 造块设备复杂，投入较大，要求入炉球团有一定的机械强度和较高的金属化率 |
| 炼钢法 | 利用 CaO、FeO 等有用成分，对尘泥块的强度要求相对较低 | 与多种造块工艺结合，要求铁品位较高，存在部分含铁低的尘泥无法利用等问题 |

以下是目前国内外对含铁尘泥的资源化利用状况。

（1）瓦斯灰（泥）　瓦斯灰（泥）分别来自于高炉的重力除尘和湿式除尘，有着相近的化学成分，富含 Fe、C、Zn。国内瓦斯灰（泥）已从单纯作为冶金废料排弃或冶炼氧化锌原料的粗放利用发展到了回收后再利用的新时期。

目前，少部分含锌较低，直接返回烧结循环利用。含锌较高的，一般通过联合选矿手段回收铁精矿和炭精粉，并降低 Zn、Pb 等有害杂质含量，所得尾矿用于生产建材产品，如无熟料水泥、混凝土空心砌块、烧结砖等。如，鞍钢采取重选-浮选-磁选工艺流程，获得铁品位 61% 的铁精矿产品，Fe 回收率 55%。武钢通过浮选，得到铁品位 56%、炭品位 65% 的铁精矿和炭精矿产品。宝钢通过浮选-磁选工艺流程，获得铁精矿产率 50%、铁品位 60%、炭精粉产率 16%、碳含量 67%。梅钢采用弱磁-强磁方法，获得铁精粉品位达 52% 以上、铁回收率超过 90%，脱锌率 65% 左右，氧化锌富集在强磁尾矿中。新余钢铁公司采用弱磁-强磁-摇床联合工艺，获得铁品位 62.1% 的精矿产品，Fe 回收率 62.04%。提取铁精矿后，尾矿中的 Zn 含量富集到 7.87%（可作为炼锌原料出售），C 含量由原泥中的 22.06% 提高到 31.14%。包钢采用细磨-弱磁选工艺，每年可利用瓦斯灰（泥）5.2 万吨，可获毛利润 150

万元。

(2) 转炉污泥 转炉污泥是转炉烟气净化后所产生的浓黑泥浆,吨钢污泥的产生量干重达 20kg,具有含铁高、含水高、颗粒细而黏的特点。转炉污泥因粒度细而易黏糊成块,经过烧结一次与二次混合机后,仍不能分散与其他原料均匀混合,而是各自成团,影响混合料制粒和烧结效果。

目前,国内大多数企业对转炉污泥的利用档次较低,主要有:①作为含铁原料和熔剂返回烧结生产,在鞍钢、宝钢、马钢等地已有应用,其方式主要有泥饼与其他含铁粉尘配料混合法、管道输送 OG 泥喷浆法和加工成冷固球团法等;②配加在竖炉球团中,在济钢、唐钢、津西铁厂等地已有应用。实践证明,配加转炉污泥后,可降低膨润土消耗量,提高球团矿品位,改善球团矿的冶金性能,还使球团矿更适合高炉冶炼的要求,并降低了球团矿的工序消耗;③作为炼钢造渣剂、冷却剂和助熔剂的原料,不经过烧结炼铁等工序直接回转炉,对降低能耗有明显效果,同时回收了其中的铁,又降低了石灰、萤石的消耗量。采用转炉污泥球团造渣化渣快,除铁鳞效果好,喷溅少,金属收得率增加。

为了提高转炉污泥的高附加值,进行了如下研究和应用。①制取粉末冶金制品。攀钢利用磁盘洗选机,将转炉污泥在线磁选富集成金属铁平均含量为 77.7% 的转炉污泥富集物(金属铁收率达 91%),然后经过脱碳、脱硫、改性和还原步骤,提取出球形金属铁粉,并用这种铁粉制造出 15 种粉末冶金制品。②生产氧化铁红。转炉污泥中的铁矿物以 $Fe_2O_3$ 和 $Fe_3O_4$ 为主,杂质以 $CaO$、$MgO$ 等碱性氧化物为主。因此,含铁高的转炉污泥通过煅烧除碳、酸浸除杂、氧化焙烧就可以制成氧化铁红或采用磁分离(富集铁矿物)、酸浸除杂、氧化焙烧制成氧化铁红。③制备还原铁粉。转炉污泥中的铁绝大多数以氧化物的形式存在,故可采用直接还原的方法把铁的氧化物还原成金属铁,然后通过磁分离制得还原铁粉。其工艺流程为:将炼钢污泥与还原煤按比例混合,经还原焙烧-磁选制取还原铁粉,还原温度为1050℃,最终铁粉中铁的品位可达 97%。④制备 $FeCl_3$。采用炼钢污泥酸浸除杂制备氧化铁红时,其过滤的滤液就可用于制备 $FeCl_3$、$FeCl_3$ 可作为净水剂和化工原料使用。如采用武钢、湘钢炼钢尘泥生产的 $FeCl_3$,其质量达到了工业级液体三氯化铁的一级标准。⑤生产聚合硫酸铁。以炼钢尘泥、钢渣、废硫酸和工业硫酸为原料,经过配料、溶解、氧化、中和、水解和聚合等步骤,可以得到聚合硫酸铁。⑥直接作水处理剂。利用转炉污泥中在水溶液中Fe 和 C 之间的电腐蚀反应,水解产物形成的胶体可将有机分子、重金属离子进行絮凝、沉降。因此,转炉污泥与瓦斯灰、粉煤灰等混合就可直接作为水处理剂,广泛用于印染、制药、电镀废水的处理,达到有效脱色、降 COD、提高废水可生化性的目的。

(3) 含锌尘泥 含锌污泥来源于电镀锌、热镀锌、彩涂机组的废水处理中,瓦斯泥中的细粒部分含锌也较高。含锌尘泥按锌含量可分为高锌尘泥(≥30%)、中锌尘泥(15%~26%)和低锌尘泥(≤5%)。含锌污泥处理不当,会因锌元素浸出造成严重的环境污染。

目前,处理含锌尘泥的工艺有物理法、湿法和火法 3 种:①物理法利用锌富集粒度较小和磁性较弱粒子的特性,主要分为磁性分离、湿(干)式机械分离,一般仅作为湿法或火法的预处理工艺;②湿法利用氧化锌可溶于酸、碱或氨液等溶液的性质进行浸提,用于中、高含锌尘泥的回收;③火法利用锌的沸点较低,在高温还原条件下 ZnO 易被还原的特性,使得锌与固相分离,主要有回转窑、环形转底炉、循环流化床、微波加热还原和利用铁水显热回收锌等工艺。此外,钢铁厂含锌尘泥还可经压块与沥青焦混合后,加入电弧炉熔渣使熔渣发泡而作为电炉熔渣发泡剂利用,尘泥中的锌可挥发富集。含锌尘泥脱锌还原后可获得低锌、高金属化率的产品,产品用于炼钢可作为废钢的代用品或转炉炼钢的冷却剂,也可以作为优质铁料用于炼铁。

（4）电炉粉尘　电炉粉尘粒度很细，除含 Fe 外，还含有 Zn、Pb、Cr 等金属，具体化学成分及含量与冶炼钢种有关，通常冶炼碳钢和低合金钢含较多的 Zn 和 Pb，冶炼不锈钢和特种钢的粉尘含 Cr、Ni、Mo 等。

处理电炉烟尘的方法分为火法、湿法及火-湿联合工艺：①火法工艺应用较为普遍的有瓦尔兹（WAELZ）工艺和转底炉直接还原挥发工艺。其基本特点是球团矿和直接还原铁技术的延伸，即将电炉烟尘制成煤基球团，生产直接还原铁（DRI）产品，在还原过程中 Zn、Pb 等挥发性元素呈气态挥发进入烟中与铁分离，再收集烟尘并进行 Zn、Pb 分离。火法处理投资高，但处理量大，生产成本低；②湿法即浸出法，主要有硫酸浸出和碱性浸出，近年发展较快的是氯化浸出工艺。湿式工艺投资低，处理量小，生产成本高；③火-湿联合工艺有先火后水法和先水后火法两种。目前，先火后水法的联合工艺前景较好。

此外，电炉粉尘代替生铁作电炉炼钢的增碳造渣剂，增碳准确率达 94%，并有一定的脱磷效果。同时，在节电、缩短冶炼时间、延长炉龄等几个方面也具有明显效果。其工艺如下：粉尘+碳素→配料→混合→轮碾→成型→烘干→成品。增碳造渣剂物理性能要求：抗压强度 20~25MPa、熔点 1350℃、水分<3%，此工艺在首钢电炉上得到较好应用。

（5）轧钢铁鳞　轧钢铁鳞是在钢材轧制过程剥落下来的氧化铁皮以及钢材在酸洗过程中被溶解而成的渣泥的总称，总铁含量在 70% 以上，可作为烧结原料直接返回利用。而在其高附加值利用之前，必须对铁鳞作脱油脱水预处理，方法主要有萃取法和焚烧法。其中，萃取工艺路线复杂、占地面积较大、脱油不彻底而工业应用较少。焚烧工艺具有脱油彻底、油类物质可能源化利用等优点，但成本高，且存在烟尘二次污染的缺点。近年来，首钢开发了一种低温蒸馏法处理含油铁磷新技术，该技术生产过程中几乎不产生二次污染，属清洁生产工艺。其所得产物为废油、水和洁净铁鳞，洁净铁鳞的品位高达 72% 以上，优于精矿粉资源。

利用轧钢铁鳞作转炉炼钢化渣剂，只需建一条铁鳞烘干生产线。将铁鳞烘干，使水分下降到 0.91% 以下，就可满足炼钢要求。铁鳞还可经简单加工，得到可用作炼钢中脱除 P、C、Si、Mn 的氧化剂。此外，对轧钢铁鳞还可开展如下高附加值的资源化利用。①生产粉末冶金铁粉。将铁鳞经干燥炉干燥去油去水后，经磁选、破碎、筛分入料仓，在隧道窑进行高温还原，得到含铁量在 98% 以上的海绵铁。卸锭机将还原铁卸出，经清渣、破碎、筛分磁选后，进行二次精还原，生产出合格铁粉出厂。②生产直接还原铁。我国直接还原铁生产受到资源条件的限制（天然气不足，缺乏高品位铁矿资源）而发展缓慢。轧钢铁鳞化学成分优于高品位矿石，是生产直接还原铁的良好原料。在我国进口直接还原生产用高品位矿石价格昂贵，进口渠道狭窄的条件下利用这部分二次资源意义重大。③生产其他产品。如硫酸亚铁、氯化铁、制备铁系颜料、永磁铁氧体材料等。

## ● 参考文献

[1]　陈泉源，柳欢欢 . 钢铁工业固体废弃物资源化途径 . 矿冶工程，2007，27（3）：49-56.

[2]　王军 . 高炉渣生产绿色建材的基础研究 . 西安建筑科技大学，硕士论文，2010.

[3]　敖进清 . 磨细高钛高炉渣水化特性研究 . 钢铁钒钛，2004，25（4）：42-46.

[4]　汤章其 . 利用高炉渣开发硅肥 . 粉煤灰，2001，（4）：32-33.

[5]　王耀晶，孙辉，杨丹等 . 施用高炉渣对土壤磷吸附-解吸特性的影响 . 环境工程学报，2012，6（8）：2887-2891.

[6]　冯会玲，孙宸，贾利军 . 高炉渣处理技术的现状及发展趋势 . 工业炉，2012，34（4）：16-18.

[7] 杨慧芬，傅平丰，周枫．钢渣颗粒对水中 Cr(Ⅵ) 的吸附与还原作用．过程工程学报，2008，8（3）：499-503.

[8] 杨慧芬，胡瑞娟，路超．钢渣对酸性含 Ni(Ⅱ) 废水的吸附-中和作用．环境工程，2009，27（6）：50-53.

[9] 邢宏伟，李高良，张玉柱．气淬钢渣制备钢渣水泥的研究．水泥，2011（5）：6-9.

[10] 石磊，陈荣欢，王如意．钢铁工业含铁尘泥的资源化利用现状与发展方向．中国资源综合利用，2008，26（2）：12-15.

## ○ 习题

(1) 简述高炉渣的冷却方式与高炉渣活性的关系。

(2) 高炉渣碱性率、水淬渣活性率、水淬渣质量系数的计算。

(3) 重矿渣分解及其原因分析。

(4) 高炉渣、钢渣碱度计算方法的区别，钢渣性质与高炉渣的比较。

(5) 简述钢渣的常见利用途径及其原因。

(6) 简述铁合金渣的分选方法及作为建材利用的特点。

(7) 简述高炉含锌粉尘的危害及处理方法。

(8) 简述常规含铁尘泥的种类及其一般处理方法。

# 7 有色金属冶炼渣的资源化

我国将铁、锰、铬以外的64种金属或半金属划为有色金属。有色金属资源贫矿较多，品位较低，成分复杂，一般每冶炼1t有色金属往往要产出几吨甚至几十吨废渣。目前，我国数量最多的有色金属冶炼渣是赤泥，其次是铜渣，另外还有铅、锌、锡、镍、钴、锑、汞、镉、锡、钨、钼、钒等废渣。

## 7.1 赤泥的资源化

赤泥是铝土矿提炼氧化铝后剩余的残渣，获得1t氧化铝所排放的干赤泥约为0.72～1.76t。随着我国铝工业的发展，赤泥的排放量将越来越大，大量排放的赤泥已引起越来越多的技术、经济和环境问题。因此，如何通过赤泥的综合利用来解决赤泥对环境的污染问题已成为一个迫切需要解决的难题，而这个问题的解决必须依赖赤泥的组成和性质。

### 7.1.1 赤泥的组成和性质

赤泥的组成和性质复杂，并随铝土矿成分、生产工艺（烧结法、联合法或拜尔法）及脱水、陈化程度等有所变化。

（1）赤泥的组成　我国铝土矿资源属于高铝、高硅、低铁、一水硬铝石型，溶出性较差，类型特殊，因此除广西平果铝厂采用纯拜尔法外，我国大多铝业公司采用烧结或联合法冶炼氧化铝。烧结法和联合法赤泥的主要矿物成分是硅酸二钙，在有激发剂激发下，具有水硬胶凝性能，且水化热不高，这对赤泥的综合利用具有重要意义。国外铝土矿主要是三水铝石和一水软铝石，生产工艺以拜尔法为主，其赤泥成分的特点是氧化铝残存量和氧化铁含量很高，钙含量较低。

① 化学组成　表7-1、表7-2所示分别为我国中铝公司6大氧化铝厂和国外部分氧化铝厂赤泥的化学成分。

表 7-1　我国中铝公司 6 大氧化铝企业的赤泥主要成分与含量　　　　单位：%

| 赤泥成分 | 广西 | 山西 | 河南 | 中州 | 山东 | 贵州 |
|---|---|---|---|---|---|---|
| | 拜尔法 | 联合法 | 联合法 | 烧结法 | 烧结法 | 拜尔-烧结法 |
| $SiO_2$ | 7.79 | 21.4～23.0 | 18.9～20.7 | 20.94 | 32.5 | 12.8～25.9 |
| $CaO$ | 22.60 | 37.7～46.8 | 39.0～43.3 | 48.35 | 41.62 | 22.0～38.4 |
| $Fe_2O_3$ | 26.34 | 5.4～8.1 | 10.0～12.6 | 7.15 | 5.7 | 3.4～5.0 |
| $Al_2O_3$ | 19.01 | 8.2～12.8 | 5.96～8.0 | 7.04 | 8.32 | 8.5～32.0 |
| $MgO$ | 0.81 | 2.0～2.9 | 2.15～2.6 | | | 1.5～3.9 |
| $K_2O$ | 0.041 | 0.2～1.5 | 0.47～0.59 | | | 0.2 |
| $Na_2O$ | 2.16 | 2.6～3.4 | 2.58～3.68 | 2.3 | 2.33 | 3.1～4.0 |
| $TiO_2$ | 8.27 | 2.2～2.9 | 6.13～6.7 | 3.2 | 2.1 | 4.4～6.5 |
| 灼减 | 9.64 | 8.0～12.8 | 6.5～8.15 | | | 10.7～11.1 |
| 其他 | | | | | | 1.9～4.5 |

表 7-2　国外一些氧化铝企业的赤泥成分与含量　　　　　单位：%

| 成分 | 希腊 | 雷诺兹 | 美铝 | 意大利 | 德国 | 匈牙利 | 日本 |
|------|------|--------|------|--------|------|--------|------|
| $SiO_2$ | 7.85 | 4~6 | 11~14 | 11.5 | 14.06 | 14.0 | 14~16 |
| $CaO$ | 13.25 | 5~10 | 5~6 | 0.7 | 1.15 | 2.0 | |
| $Fe_2O_3$ | 35.58 | 55~60 | 30~40 | 46.3 | 30.0 | 39.7 | 39~45 |
| $Al_2O_3$ | 14.69 | 12~15 | 16~20 | 12.0 | 24.73 | 16.3 | 17~20 |
| $Na_2O$ | 9.48 | 2 | 6~8 | 6.6 | 8.02 | 10.3 | 7~9 |
| $TiO_2$ | 5.69 | 4~5 | 10~11 | 7.3 | 3.68 | 5.3 | 2.5~4 |
| 灼减 | 9.48 | 5~10 | 10~11 | | 9.66 | 10.1 | 10~12 |
| 其他 | 4.08 | | | | 8.7 | 2.3 | |

可见，不同生产工艺产生的赤泥的化学组成有很大差别，但其主要成分均为 $SiO_2$、$CaO$、$Fe_2O_3$、$Al_2O_3$、$Na_2O$、$TiO_2$、$K_2O$ 等。此外，赤泥中还含有烧失成分和丰富的稀土元素和微量放射性元素，如铼、镓、钇、钪、钽、铌、铀、钍和镧系元素等。

② 矿物组成　矿物质是构成赤泥的"骨架"，矿物质有硅质、铁质、铝质等成分，主要包括硅酸二钙（$2CaO \cdot SiO_2$）、钙铝榴石（$3CaO \cdot Al_2O_3 \cdot xSiO_2 \cdot yH_2O$）、氧化铁（$Fe_2O_3 \cdot xH_2O$）、石英（$SiO_2$）、钠硅石（$Na_2O \cdot Al_2O_3 \cdot xSiO_2 \cdot 2H_2O$）、方解石（$CaCO_3$）、钙钛矿（$CaO \cdot TiO_2$）和部分附着碱（$Na_2CO_3$）等。

赤泥矿物组成随铝土矿产地和氧化铝生产方法的不同而有所差异。烧结法赤泥的主要成分是：$\beta\text{-}2CaO \cdot SiO_2$、$Na_2O \cdot Al_2O_3 \cdot 2SiO_2 \cdot nH_2O$、$3CaO \cdot Al_2O_3 \cdot 2SiO_2$ 和赤泥附液（含 $Na_2CO_3$ 的水）。拜尔法赤泥的主要成分是：$Na_2O \cdot Al_2O_3 \cdot 2SiO_2 \cdot nH_2O$、$3CaO \cdot Al_2O_3 \cdot 2SiO_2$、$CaO \cdot Al_2O_3 \cdot 2SiO_2 \cdot nH_2O$ 和赤泥附液。国内氧化铝企业赤泥的主要矿物组成如表 7-3 所示。

表 7-3　国内氧化铝厂赤泥的主要矿物组成　　　　　单位：%

| 烧结法赤泥物相 | 含量 | 拜耳法赤泥物相 | 含量 |
|----------------|------|----------------|------|
| 原硅酸钙 | 25.0 | 一水硬铝石 | 2.0 |
| 水合硅酸钙 | 15.0 | 水化石榴石 | 46.10 |
| 水化石榴石 | 9.0 | 钙霞石 | 12.30 |
| 方解石 | 26.0 | 钙钛矿 | 13.6 |
| 含水氧化铁 | 7.0 | 伊利石 | 2.0 |
| 霞石 | 7.0 | | |
| 水合硅酸钠 | 5.0 | | |
| 钙钛矿 | 3.0 | | |

（2）赤泥的性质　赤泥浆呈红色，具有触变性，液固比一般为 3~4，所含液相称为附液，有较高的碱性。粉状赤泥相对密度为 2.3~2.7，容重为 0.73~1.0g/cm³，熔点为 1200~1250℃，比表面积为 0.5m²/g 左右。无论采用湿法或干法堆放，赤泥总有附液排入堆场。附液在堆场中澄清后由溢流井或经砂石排水层过滤后，通过回收系统，可返回氧化铝工艺循环利用。

赤泥粒度较细，一般颗粒直径为 0.08~0.25mm。我国广西平果铝进入堆场的赤泥颗粒相对较粗，如表 7-4 所示。对照国际制土壤质地分类表，赤泥的物理性质很接近粉砂质黏土的物理性质，物理性黏粒含量占 60% 以上，粒间孔隙小，黏塑性强，易板结。

表 7-4 广西平果铝堆场的赤泥颗粒组成

| 粒级/mm | 砂粒<br>2～0.2 | 粉砂粒<br>0.2～0.002 | 黏粒<br><0.002 |
|---|---|---|---|
| 含量/% | 27 | 45 | 28 |

赤泥堆由于温度变化和雨水浸泡，盐碱会逐渐溶出，在堆面形成 10mm 左右厚度的白色粉末，表面赤泥则结成具有砂性的硬块，并由原来的红色逐渐变成蓝黑色。

### 7.1.2 赤泥中有价组分的综合回收

赤泥中含有一定量 $TiO_2$、$Al_2O_3$、$Na_2O$、$Fe_2O_3$ 等有价金属。赤泥的综合利用主要包括两方面：一是提取赤泥中的有用组分，回收有价金属；二是将赤泥作为大宗材料的原料，整体加以综合利用。而提取赤泥中的有价金属后，再进行整体利用，应是赤泥利用的根本方向。

（1）赤泥还原炼铁-炉渣浸出工艺　铁是赤泥的主要成分，一般含铁氧化物 10%～45%。为充分利用赤泥中的铁，同时利用赤泥中的碱和铝，常采用图 7-1 所示工艺流程。

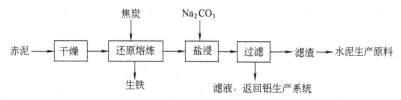

图 7-1　赤泥还原炼铁-炉渣浸出工艺

采用电弧炉还原熔炼，得到含 Si 0.3%～0.6%、Ti 0.2%～0.7%、Mn 0.3%～5.0%、V 0.3%～0.4%、C 4.2%～5.0%、P<0.3%、S<0.01% 的生铁，它是一种介于铸造生铁和制钢生铁之间的特种生铁，可用于生产合金钢和冷硬铸件。炉渣水淬后用浓度 60～80g/L 的 $Na_2CO_3$ 溶液浸出，赤泥中的碱和铝浸出进入溶液。过滤得到的滤液返回氧化铝生产系统，回收其中的碱和铝。盐浸、过滤后的滤渣，碱含量降到 0.3%～0.4%，可用作水泥生产的原料。

图 7-2 所示为前南斯拉夫综合回收赤泥中有价元素工艺流程，它包括赤泥造块、还原熔炼、炉渣浸出、萃取分离等过程。

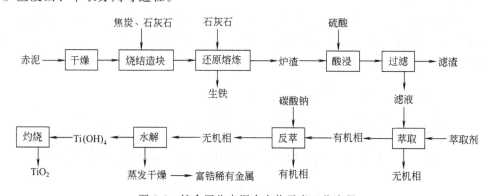

图 7-2　综合回收赤泥中有价元素工艺流程

干燥后的赤泥，经烧结、压团后在混料机内与焦炭、石灰石混合后造块。造块后赤泥在电弧沪或高频炉中进行还原熔炼，为降低反应熔点，在还原过程中加入白云石或石灰石以获得适当黏度的炉渣。赤泥中的 $Al_2O_3$、$TiO_2$、$ZrO_2$、$ThO_2$ 进入炉渣，Ni、Mo、Nb、V 和 Cr 则大部分被还原进入生铁，少量的 $TiO_2$ 被还原进入生铁。所得炉渣含 FeO 1.57% ~ 3.47%、$TiO_2$ 28.07% ~ 10.30%、$Al_2O_3$ 31.2% ~ 34.7%、$SiO_2$ 8.5% ~ 16.77%、CaO 31.27% ~ 40.10%、MgO 7.94% ~ 11.19%。炉渣经粉碎后在液固比为 1:6、温度为 80~ 90℃、反应时间为 30~60min 条件下用硫酸浸出，其中 $Al_2O_3$、$TiO_2$、$ZrO_2$、$ThO_2$ 以及部分稀土酸溶后进入溶液，过滤得到滤液和滤渣。滤渣可作为水泥生产原料添加，滤液用 5% 的二(2-乙基己基)磷酸萃取分离，其中，100% Zr、99.5% Ti、100% Th、Sc 和稀土元素进入有机相与其他元素分离。有机相用 10% $Na_2CO_3$ 反萃，反萃液经水解分离出氢氧化钛，灼烧得 $TiO_2$。水解后溶液经蒸发干燥获得富锆稀有金属，各成分含量分别为：Zr 85.5%、Hf 1.05%、U 0.925%、Sc 0.0015%、Th 0.078%、Y 0.295%、Ce 0.175%。

(2) 赤泥焙烧还原-磁选-浸出工艺  为充分利用赤泥中的铁，还可采用焙烧还原-磁选-浸出工艺，如图 7-3 所示。

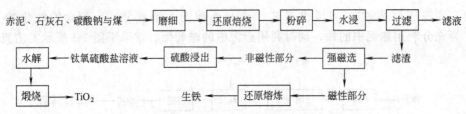

图 7-3  赤泥的焙烧还原-磁选-浸出工艺流程

赤泥、石灰石、碳酸钠与煤混合、磨碎后在温度 800~1000℃ 进行还原烧结。烧结块粉碎、水浸，其中的铝 89% 被水溶出。过滤后滤液返回拜耳法系统回收铝，滤渣进行强磁选。磁性部分在温度 1480℃ 进行还原熔炼产出生铁，非磁性部分则用硫酸浸出，其中的钛水解生成了钛氧硫酸盐，过滤进入浸液。浸液水解、煅烧得到 $TiO_2$。利用该工艺可制得含 Fe 93% ~ 94%、C 4% ~ 4.5% 的生铁，按磁性部分铁含量计算，铁回收率达到 95%，所生成的 $TiO_2$ 纯度为 87% ~ 89%，钛在非磁性部分中的回收率为 73% ~ 79%。

我国湘潭工学院通过在还原过程中加入添加剂，使铁的金属化率达到 92.12%，铁精矿品位达到 92.58%，磁选后铁回收率高达 94.7%。也有人在还原过程中，用煤、炭、锯木屑、干蔗渣等作为固相还原介质，利用低温还原(温度降低到 350℃)，还原后的赤泥经磁选使铁得到较好的回收。

(3) 赤泥直接浸出工艺  赤泥除可利用以上两工艺回收其中的铁、铝、钛等有价金属外，还可采用直接浸出工艺回收这些金属，图 7-4 所示为赤泥直接浸出回收其中有价金属的工艺流程。

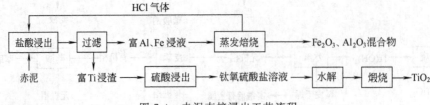

图 7-4  赤泥直接浸出工艺流程

赤泥用盐酸直接浸出，使 Al、Fe 等易于酸溶的金属进入溶液，不易酸溶的钛等金属仍留在浸渣中，实现易酸溶、不易酸溶金属的分离。浸液经蒸发焙烧得到 $Fe_2O_3$、$Al_2O_3$ 混合物，焙烧气体 HCl 返回盐酸浸出循环利用。赤泥经盐酸浸出，浸渣中 $TiO_2$ 含量可从原赤泥中的 31%提高到 58%。进一步富集浸渣中的 TiO₂，常用硫酸浸出的方法。在温度 270℃ 的硫酸浸出剂中，浸渣中的 TiO₂ 生成钛氧硫酸盐，再经水解、焙烧制得含 TiO₂ 96%的产品。TiO₂ 可用作颜料或生产 TiCl₄。

近年来，有盐酸浸渣用焙烧法进一步富集钛的报道。浸渣与 Na₂CO₃ 一起焙烧，渣中的 SiO₂ 生成可溶性的 Na₂O·SiO₂，经盐酸二次浸出，TiO₂ 可进一步得到富集，TiO₂ 含量可由原浸出渣的 36%增加到 76%。此外还有将盐酸浸出渣与铝粉、CaO、CaF₂、NaNO₃ 均匀混合，进行铝热还原生产近似于工业合金成分的钛铁合金的报道。

图 7-5 所示为赤泥直接浸出生产冰晶石工艺流程。

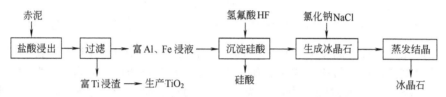

图 7-5　赤泥直接浸出生产冰晶石工艺流程

赤泥用盐酸在温度 60～80℃浸出，并过滤。在滤液中加入氢氟酸使硅以硅酸沉淀，过滤除去硅酸，再往溶液中加入 NaCl，NaCl 的加入量以生成冰晶石所需的钠量为基准。反应完全后，蒸发、结晶得到冰晶石产品。结晶母液为含硅氟酸和盐酸的溶液，与预先分离的硅酸一起加入到前面盐酸浸出渣中，使 Al、Fe 进一步溶解，以回收溶液中的铁、铝。不溶的富钛浸渣进行氯化焙烧回收钛。

赤泥直接浸出常用盐酸为浸出剂，但也有用热浓硫酸直接浸出赤泥生成硫酸盐的报道。经水溶出得到硫酸盐溶液，可用不同分压的硫酸蒸汽处理使之选择性地生成硫酸盐，硫酸盐溶液经水解沉淀钛后焙烧得到 TiO₂ 产品。硫酸浸出工艺易使物料凝固，阻碍正常的搅拌作用，且硫酸难以回收、耗量大、成本高。

（4）赤泥中稀有、稀土元素的提取工艺　氧化铝生产原料中稀有、稀土等伴生元素的含量很高。钪是一种典型的稀散元素，其很少形成单独的矿床，但由于钪具有特殊的物理化学性质，因而广泛被用于航天、核能、电光源等领域。如国内平果铝厂和山西铝厂所用原料分别含钪 0.0078%～0.0093%、0.0034%～0.0044%和含稀土元素 0.11%～0.20%、0.09%。原料经提取氧化铝后，这些稀有、稀土元素最终被富集在赤泥中。因此，赤泥是一种很好的提取钪和稀土的原料。

目前，从赤泥提取钪和稀土元素主要采用酸浸工艺，包括盐酸浸出、硫酸浸出、硝酸浸出等。研究表明，浸出效果硝酸＞盐酸＞硫酸，但相差不是太大。其中，硝酸浸出时，钪的浸出率为 80%、钇为 90%、重稀土（Dy、Er、Yb）为 70%以上、中稀土（Nd、Sm、Eu、Gd）为 50%以上、轻稀土（La、Ce、Pr）为 30%以上。由于硝酸具有较强的腐蚀性，因此，实际过程大多采用盐酸、硫酸浸出。图 7-6 所示为盐酸浸出-离子交换-溶剂萃取从赤泥中分离提取稀有、稀土元素的工艺流程。

赤泥干燥后，与一定量的 NaKCO₃、Na₂B₄O₇ 混合，在温度 1100℃焙烧 20min。焙烧产物用 15mol/L HCl 浸出、过滤后，用离子交换树脂交换吸附，使稀有、稀土元素进入离子交换树脂中。吸附饱和的离子交换树脂用 1.75mol/L HCl 解吸，Fe、Al、Ca、Si、Ti、Na 等离子首先被解吸进入溶液，Sc、Y 等则留在树脂中。树脂中剩余离子再用 6mol/L HCl 解吸后得到的溶液，在 pH 为 0、相比（5∶1）～（10∶1）的条件下用 0.05mol/L DEH-PA 进行萃取分离，Sc 进入有机相，其他则留在无机相中。有机相中的钪用 2mol/L NaOH 反萃，经进一步提纯可制得纯 Sc₂O₃ 产品。

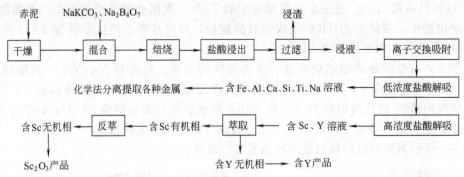

图7-6 盐酸浸出-离子交换-溶剂萃取提取赤泥中稀有、稀土元素的工艺流程

俄罗斯研究了一种树脂在赤泥矿浆中回收富集钪、铀、钍的吸附-溶解新工艺。该工艺在硫酸介质中将赤泥矿浆与树脂搅拌混合，钪、铀、钍等被选择性吸附于树脂中，经筛网过滤，十级逆流吸附，进入树脂相中的钪为50%～90%、铀为96%、钍为17%、钛为8%、铝为0.3%、铁为0.1%，提纯后可得到98%～99%的钪。

国内对拜尔法赤泥中提取氧化钪也进行过初步研究。用盐酸浸出赤泥，用$P_{204}$、仲辛醇、煤油从酸浸液中萃取钪，盐酸反萃除杂后，用NaOH溶液反萃取，得到氢氧化物沉淀。沉淀物用盐酸溶解，TBP、仲辛醇、煤油萃取钪，经水反萃后，加酒石酸、氨水进行沉淀，将沉淀物灼烧得到$Sc_2O_3$产品，其产品纯度可达95.25%。

回收赤泥中有价金属在技术上是可行的，目前尚未投入工业应用主要是经济上的原因。因此，要使经济上也可行，必须：①赤泥中的各种有价金属尽可能在同一工艺中得到综合回收；②采用低能耗、廉价试剂工艺，以降低成本；③缩短工艺、同时提高有价金属的回收率，尤其是提高钪等稀土、稀有金属的回收率；④在回收有价金属的同时，进一步综合利用其他有价成分，使综合回收达到"零"排放。

### 7.1.3 赤泥生产建筑材料

赤泥除可综合回收有价金属外，还可用于建筑材料，如水泥、陶粒、混凝土等。

(1) 生产水泥 应用赤泥量最大的是水泥工业。用赤泥可代替黏土生产普通硅酸盐水泥，其生产工艺流程和技术条件与普通硅酸盐水泥生产基本相同。每生产1t水泥可利用赤泥400kg，且生产的水泥具有早强、抗硫酸盐腐蚀、抗冻等特点，在高速公路、机场、桥梁等处的使用效果良好，所得水泥完全符合国家规定的525普通硅酸盐水泥标准。图7-7所示为山东铝厂利用烧结法赤泥生产普通硅酸盐水泥工艺流程。

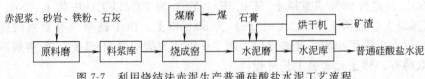

图7-7 利用烧结法赤泥生产普通硅酸盐水泥工艺流程

赤泥浆经过过滤、脱水后，以赤泥（20%～40%）、砂岩、石灰石、铁粉四组分配成生料，共同磨制成生料浆，调整到符合技术指标后，用流入法在蒸发机中除去大部分水分后，再进入（或直接喷入）回转窑在温度1400～1450℃烧成水泥熟料。熟料与高炉水渣、石膏共同在水泥磨中混合碾磨到一定细度即得到水泥产品。所用赤泥含CaO 42%～46%、$Na_2O$ 2%～3.5%，石灰石含CaO 47%～54%。

赤泥在水泥中的用量受水泥含碱指标制约，以高碱含量的赤泥为原料生产水泥，碱是一种熟料中的有害组分，碱的高低直接关系到赤泥配比、熟料烧成、水泥质量、设备产能等技术经济指标，并制约着赤泥利用率（目前为 40% 左右）的进一步提高。降低赤泥含碱量，提高制造水泥时赤泥的利用率，可通过加入石灰法脱除赤泥中的结合碱，脱碱效率可达 70%，脱碱赤泥的含碱量可降至 1.0% 以下。保持过量氧化钙，可使赤泥脱碱效率稳定，适应性强。但赤泥加氧化钙脱碱，赤泥浆体由流体发展至凝聚胶结塑性化，结硬的速度大大增强，因此，需将脱碱后赤泥在机械搅拌条件下加入表面活性物质，提高浆液流动性，保持浆体稳定。

用水泥熟料、赤泥、石膏按 50∶42∶8 的配比生产的赤泥硅酸盐水泥，与矿渣硅酸盐水泥一样成为水泥工业的一种重要产品，广泛地用于工农业建筑工程中。

赤泥（70%）在温度 500～600℃ 烘干，与石灰熟料（15%）、石膏（15%）共同研磨可制成 325 号赤泥硫酸盐水泥。这种水泥除可满足一般混凝土设计标号外，还具有水化热低、耐蚀性强的优点，适用于水工构筑物。

（2）生产陶粒　北京科技大学以山东铝厂赤泥为主要原料制备陶粒，配以废玻璃、膨润土和化学纯硝酸钠。添加废玻璃以提高原料的 $SiO_2$、$Al_2O_3$ 含量，确保高温下生成大量的具有适宜黏度及数量的液相以抑制气体的外逸。添加膨润土不但可提高陶粒原料的 $SiO_2$、$Al_2O_3$ 含量，还可以提高原料的可塑性，克服赤泥本身可塑性不足带来的成球困难问题。表 7-5 所示为赤泥、废玻璃和膨润土的化学成分。图 7-8 所示为赤泥的矿物组成。

表 7-5　陶粒之比所用原料的化学组成　　单位：%（质量）

| 成分 | CaO+MgO | $Fe_2O_3$ | $SiO_2$ | $Al_2O_3$ | $TiO_2$ | $Na_2O+K_2O$ | 烧失量 |
|---|---|---|---|---|---|---|---|
| 赤泥 | 35.98 | 13.81 | 13.77 | 7.82 | 3.14 | 3.05 | 20.85 |
| 废玻璃 | 10.27 | | 73.56 | 2.30 | | 14.38 | |
| 膨润土 | 5.62 | 1.86 | 72.33 | 12.84 | 0.36 | 0.98 | 6.41 |

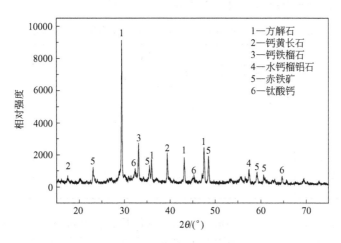

图 7-8　赤泥的 X 射线衍射图

可见，赤泥的主要晶体矿物为方解石，另含少量钙黄长石、钙铁榴石、水钙榴铝石、赤铁矿与和钛酸钙等。方解石和水钙榴铝石在高温下具有热不稳定性，其中方解石会分解产生 $CO_2$ 气体，水钙榴铝石会脱除其中的结晶水，因此具有高温发泡作用。

图 7-9 为赤泥的 DSC-TGA 曲线。可见，赤泥的重量随着温度的升高逐渐减少，在温度小于 550℃ 时，赤泥失重达到 9.40%，在温度 687.17～742.09℃ 范围，赤泥失重最明显，达到 13.59%，其明显的吸热谷出现在温度 733.59℃ 处。

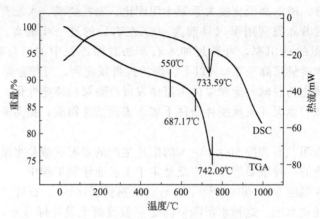

图 7-9  赤泥的 DSC-TGA 曲线

可以判断，在温度小于 550℃时，赤泥的失重主要由水钙榴铝石的脱水作用引起，而在温度 687.17～742.09℃范围，赤泥的失重主要是因为其中方解石的分解。由于结晶水是在温度低于 550℃下持续不断地被脱除的，因此很难将赤泥中的结晶水用作发泡剂。方解石由于分解温度范围窄，容易通过控制预热温度，再快速升温使原料中的 $SiO_2$、$Al_2O_3$ 熔融而包裹所产生的 $CO_2$ 气体。因此，控制预热温度低于方解石强烈分解的温度 687.17℃，就有可能将赤泥中的方解石作为发泡剂使用。

将赤泥烘干、磨细至 −0.15mm，然后与 −0.15mm 废玻璃、膨润土、硝酸钠充分混合，在混合物中加入 35%的水，搅拌均匀后成球造粒，球径 3～6mm，然后在温度（105±0.5）℃烘箱中烘干至水分小于 10%。烘干的小球在马弗炉温度 650℃下预热 15min，然后以 22.6℃/min 的升温速度将温度升高到 1120℃焙烧 20min，取出冷却后得到陶粒。表 7-6 所示为赤泥、废玻璃、膨润土质量比对赤泥陶粒性能的影响。

表 7-6  赤泥、废玻璃、膨润土质量比对陶粒性能的影响

| 编号 | 质量比/% | | | 容重/(g/cm³) | 吸水率/% | 筒压强度/MPa |
| --- | --- | --- | --- | --- | --- | --- |
| | 赤泥 | 废玻璃 | 膨润土 | | | |
| RFB1 | 87.0 | 0 | 13.0 | 1.73 | 2.59 | 23.23 |
| RFB2 | 83.5 | 4.0 | 12.5 | 1.69 | 1.38 | 25.57 |
| RFB3 | 80.0 | 8.0 | 12.0 | 1.68 | 1.34 | 26.38 |
| RFB4 | 77.0 | 11.5 | 11.5 | 1.53 | 1.25 | 22.32 |
| RFB5 | 74.0 | 15.0 | 11.0 | 1.43 | 1.23 | 22.14 |
| RFB6 | 72.0 | 17.5 | 10.5 | 1.45 | 1.26 | 22.12 |

可见，赤泥、废玻璃、膨润土质量比对陶粒的筒压强度和吸水率影响不大，对陶粒容重有较大的影响。可以判断，正是赤泥本身方解石的发泡作用导致陶粒容重的变化。随着赤泥质量比的减少，虽然带入的方解石量减少，但由于废玻璃加入量的增加提高了 $SiO_2$、$Al_2O_3$ 组分的含量，提高了熔融液相的黏度，气体的外逸量减少，导致陶粒的容重降低。但是，当赤泥质量比减少到 72%以下时，由于带入的方解石量不足，又导致了陶粒容重的增大。只有发泡剂量和 $SiO_2$、$Al_2O_3$ 组分含量达到最佳匹配时，才能获得容重最低的陶粒产品。以赤泥本身方解石为发泡剂时，赤泥、废玻璃、膨润土的最佳质量比为 74∶15∶11 时，此时得到的陶粒容重最低，为 1.43g/cm³，吸水率和筒压强度分别为 1.23%和 22.14MPa。

在赤泥、废玻璃、膨润土配比 74：15：11 条件下，利用赤泥本身方解石的发泡作用，得到了容重 1.43g/cm³ 的陶粒，但若需进一步降低陶粒容重，必须外加发泡剂。硝酸钠是一种能在高温下产气的物质，其高温产气反应为：$4NaNO_3 \longrightarrow 2N_2 + 2Na_2O + 5O_2$。表 7-7 所示为硝酸钠质量比对陶粒性能的影响。

表 7-7　硝酸钠质量比对陶粒性能的影响

| 编号 | 质量比/% | | | | 容重/(g/cm³) | 吸水率/% | 筒压强度/MPa |
|---|---|---|---|---|---|---|---|
| | 赤泥 | 废玻璃 | 膨润土 | NaNO₃ | | | |
| RFB5 | 74.0 | 15.0 | 11.0 | 0 | 1.43 | 1.23 | 22.14 |
| RFBN1 | 73.0 | 14.8 | 10.8 | 1.4 | 1.39 | 1.23 | 18.70 |
| RFBN2 | 72.0 | 14.6 | 10.6 | 2.8 | 1.37 | 1.47 | 26.19 |
| RFBN3 | 71.0 | 14.4 | 10.4 | 4.2 | 1.35 | 1.59 | 23.23 |
| RFBN4 | 70.0 | 14.2 | 10.2 | 5.6 | 1.28 | 1.54 | 12.03 |
| RFBN5 | 69.0 | 14.0 | 10.2 | 6.8 | 1.29 | 1.67 | 8.23 |
| RFBN6 | 68.0 | 13.8 | 10.2 | 8.0 | 1.40 | 3.45 | 4.23 |

可见，在利用赤泥中方解石为发泡剂的基础上，外加发泡剂 $NaNO_3$，可使陶粒的容重得到进一步降低。但 $NaNO_3$ 质量比不宜超过总量的 5.6%，否则会由于 $NaNO_3$ 降低原料熔点而导致部分气体提前外逸，增大陶粒的容重。最佳的 $NaNO_3$ 质量比为 5.6%，即赤泥、废玻璃、膨润土、$NaNO_3$ 质量比为 70.0：14.2：10.2：5.6，此时陶粒的容重、吸水率和筒压强度分别为 1.28g/cm³、1.54% 和 12.03MPa。图 7-10 为编号 RFB1、RFB3 和 RFB5 陶粒的 SEM 图。

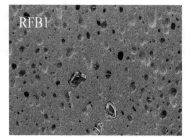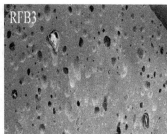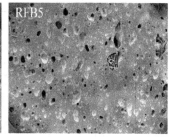

图 7-10　编号 RFB1、RFB3 和 RFB5 陶粒的 SEM 图

可见，RFB1、RFB3 和 RFB5 三种陶粒的气孔均以封闭孔为主，且有些封闭气孔孔径非常微小。封闭气孔导致陶粒的吸水率较低，发育不好的气泡使陶粒具有较高的筒压强度。气孔多少的排序为：RFB1<RFB3<RFB5，气孔多，陶粒的容重低，与容重大小规律一致。对于 RFB1 陶粒，虽然赤泥的质量比较高，带入的发泡剂——方解石量较大，但由于未加废玻璃，体系 $SiO_2$、$Al_2O_3$ 含量偏低，形成的液相黏度偏小，难以包裹大量的 $CO_2$ 气体而使 RFB1 陶粒的容重偏大。对于 RFB3 陶粒，虽然降低了赤泥的质量比，减少了带入的方解石量，但由于配加废玻璃提高了体系的 $SiO_2$、$Al_2O_3$ 含量，进而提高了熔融液相的黏度，使得陶粒的容重不增反而降低。对于 RFB5 陶粒，赤泥质量比及带入的方解石虽较前两者小，但配入的废玻璃量较前两者大，导致了发泡剂——方解石量和 $SiO_2$、$Al_2O_3$ 组分含量的较佳匹配，因而获得了内部气孔较前两者发达，容重较前两者低的陶粒产品。但由于微小封闭孔所占比例过大，气泡发育不良，要进一步降低陶粒的容重，需外加发泡剂。

图 7-11 所示为编号 RFBN2、RFBN4 陶粒的 SEM 图。可见，外加 $NaNO_3$ 发泡剂后，得到的 RFBN2、RFBN4 两种陶粒，其气孔虽然仍以封闭气孔为主，但气孔率明显较未加

NaNO₃ 的 RFB1、RFB3 和 RFB5 陶粒高得多。且 NaNO₃ 质量比的增大有助于气孔的发育长大，有利于陶粒容重的降低。显然，NaNO₃ 质量比为 5.6％ 的 RFBN4 陶粒，其内部气孔较 NaNO₃ 质量比为 2.8％ 的 RFBN2 陶粒发达，气孔也较均匀，表现为表 7-7 中陶粒的容重较低。

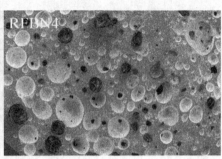

图 7-11　编号 RFBN2 和 RFBN4 陶粒的 SEM 图

图 7-12 所示为赤泥、编号为 RFB5、RFBN4 陶粒的 XRD 图。可见，RFB5、RFBN4 陶粒的主要晶体矿物与赤泥有很大的不同。陶粒的主要晶体矿物为钙黄长石、钙铁榴石等，而赤泥的主要晶体矿物为方解石以及少量的钙黄长石、钙铁榴石、水钙榴铝石、赤铁矿与和钛酸钙等。原料质量比不同，所得陶粒的矿物组成不同。用赤泥、废玻璃、膨润土质量比为74：15：11 所制备的陶粒 RFB5，主要晶体矿物为钙黄长石，含极少量的钙铁榴石，而用赤泥、废玻璃、膨润土、NaNO₃ 质量比为 70.0：14.2：10.2：5.6 所制备的陶粒 RFBN4，其主要晶体矿物钙黄长石及钙铁榴石的含量均比 RFB5 陶粒高得多。

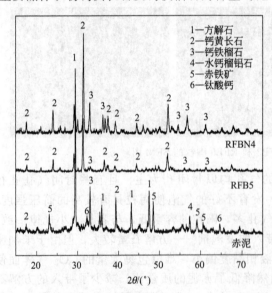

图 7-12　赤泥，编号为 RFB5、RFBN4
陶粒的 XRD 图

赤泥本身含有大量的方解石，有自发泡制备轻质陶粒的可能，外加 NaNO₃ 发泡剂能明显降低陶粒的容重。在赤泥、废玻璃、膨润土、NaNO₃ 质量比 70.0：14.2：10.2：5.6 时，可得到容重、吸水率和筒压强度分别为 $1.28g/cm^3$、1.54％ 和 12.03MPa 的陶粒。利用赤泥制备陶粒不仅为赤泥利用提供了新的途径，也为陶粒生产提供了新的原料方向。

（3）生产其他建材产品

① 建筑用砖　赤泥可使混合物料或原料具有黏性和呈棕红色，因此，可用赤泥作原料制成红棕色墙面砖，大量用于建筑物的正面覆盖。由于原料粒度细小，有利于赤泥在陶瓷领域的应用，制成具有高力学性能和良好耐磨性能的瓷砖。利用赤泥为主要原料，添加石膏、矿渣等活性物质，可生产免蒸烧砖、空心砖、绝热蜂窝砖、琉璃瓦、保温板材、陶瓷釉面砖等多种墙体材料，它们不仅性能优越，生产工艺简单，且符合新型建材的发展方向。

山东铝业公司将赤泥、煤灰、石渣等原材料以适当比例混合，通过添加固化剂加水搅拌，碾压后用挤砖机压制成型，养护后成为赤泥免烧砖，其抗压和抗折强度均大于 7.5 级砖标准。平果铝公司利用赤泥、粉煤灰、黏土、石灰石四组分配料，经成型、烧制的多孔砖，性能指标达到 T 313544—92 多孔砖标准；烧结砖颜色呈淡黄色，外观质量很好，强度比普通砖高 1~2 个档次，可替代清水砖使用。

② 混凝土　20 世纪 50 年代以来，国内外相继开展了赤泥用于混凝土的研究。赤泥代替水泥，用量小于 1/3 时，水泥赤泥混凝土的强度尤其是抗折强度与普通水泥混凝土的相当。日本和美国用赤泥制造人工轻骨料混凝土，比天然卵石混凝土强度高。前东德用赤泥生产混凝土轻型构件，前西德掺赤泥于沥青混凝土中，改善了沥青混凝土路面的使用性能。前苏联用赤泥作道路基层材料，也取得了较好的效果。

③ 筑路材料　利用排弃的赤泥和其他工业废渣如粉煤灰等修筑公路，既可缓解赤泥库区的压力，减少赤泥库区的基建投入，少占土地，还可避免游离碱渗漏对周边环境的影响，将环保经济与基础建设有机地结合，为企业的可持续发展奠定基础。平果铝业公司和北京矿冶研究总院采用碱稳定、离子交换、赤泥活化、压力成型等综合固化技术，研制了我国第一条赤泥基层道路和新型赤泥混凝土道路面层，完成了 800m 赤泥道路基层与 300m 赤泥混凝土面层的工业试验以及 5km 的扩大工业试验，经过近 1 年的太阳暴晒、雨水冲刷、大吨位车辆不均衡行车考验，路面运行状况良好，满足了高等级公路工程设计的要求。

### 7.1.4　赤泥的其他利用方法

赤泥除可综合回收有价金属、生产建筑材料外，还可用于制备橡胶和塑料工业的填料，用作土壤改良剂、合成肥料以及用于废水和废气的治理等。

（1）生产硅钙肥和塑料填充剂　硅肥是继氮、磷、钾肥之后的第四类元素肥料。烧结法赤泥中含有多种农作物需要的常量元素（硅、钙、镁、铁、钾、硫、磷）和微量元素（钼、锌、钒、硼、铜），且具有较好的微弱酸溶性，可配制硅钙肥和微量元素复合肥料，使植物形成硅化细胞，增强作物生理效能和抗逆性能，有效提高作物产量，改善粮食品质，同时降低土壤酸性和重金属生物有效性含量，作为基肥改良土壤。利用赤泥生产硅钙复合肥的生产线已经投产，在我国六省市进行了大面积施肥实验，取得了较好效果。河南省批准成立了省级硅肥工程中心，以郑州铝厂的赤泥为主要原料，添加一定成分的添加剂，经混合、干燥、球磨后制成硅肥，用作黄淮平原花生种植的肥料，花生产量获得较大的提高，大大节约了生产成本。

赤泥微粉是一种优良的塑料制品的优良的补强剂和热稳定剂，用于塑料工业可取代常用的重钙、轻钙、滑石粉及部分添加剂。所得塑料产品的质量符合材料技术规范，并具有优异的耐候性和抗老化性能，可延长制品寿命 2~3 倍，并可生产赤泥/塑料阻燃膜和新型塑料建材。近年来随着塑料加工和表面处理剂的不断改进，对赤泥性质与应用性能认识的深化，赤泥在塑料行业的应用再次成为热点。赤泥聚氯乙烯材料（简称赤泥 PVC）是近年来发展起来的一种新型高分子材料，其特点是利用氧化铝厂的赤泥废渣填充 PVC 树脂而成。以再生的废 PVC、预处理的赤泥和经过滤的废机油为主要原料，生产赤泥塑料制品，既保护了环境，又节省了资源，且性能优于一般 PVC 材料。图 7-13 所示为山东铝厂利用烧结法赤泥生产硅钙肥和塑料填充剂工艺流程。

赤泥浆先脱水至含水 35% 以下，再经烘干机烘干至含水小于 0.5% 后，研磨至 60~120目，包装即得赤泥硅钙肥料。若将研磨的赤泥风选分级，则选出的粒度小于 44μm（320 目）的细粉可作为塑料填充剂，粗粉返回研磨机再磨。

利用同一流程，得到两种产品，粗粒级可作为硅钙肥，也可作为自硬砂和活性混合材料等使用。细粒级可作为塑胶、PVC 防水片材和油膏的填充剂使用。

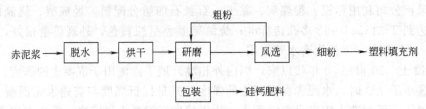

图 7-13　利用烧结法赤泥生产硅钙肥和塑料填充剂工艺流程

（2）制造炼钢用保护渣　烧结法赤泥中含有 $SiO_2$、$Al_2O_3$、$CaO$ 等组分，为 $CaO$-硅酸盐渣，且含有 $Na_2O$、$K_2O$、$MgO$ 等熔剂组分，具有熔体一系列物化特性。其来源丰富、组成成分稳定，是钢铁工业浇注用保护材料的理想原料。赤泥保护渣按用途可分为普通渣、特种渣、速溶渣等几类，适用于碳素钢、低合金钢、不锈钢、纯铁等钢种和锭型。保护渣在锭模内的加入量一般为 $2\sim2.5kg/t$。图 7-14 所示为山东铝厂利用烧结法赤泥生产保护渣的工艺流程。

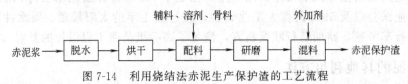

图 7-14　利用烧结法赤泥生产保护渣的工艺流程

赤泥浆脱水至含水 35% 以下，烘干至含水小于 0.5% 后与烘干的辅料、熔剂和骨料按一定配合比称量配料。辅料选用 $SiO_2$、$Al_2O_3$ 酸性氧化物含量较高的珍珠岩，用以适应赤泥 $CaO/SiO_2$ 比值高、碱性强的特点，调节配料碱度值的高低。熔剂选用粒度细的土状石墨，控制渣的熔化速度，提高剥离性。混合均匀的配料先研磨至 $60\sim100$ 目，再在混料机中加入外加剂、发热剂混匀、包装即成为赤泥保护渣成品，所得产品容重小于 $0.85g/cm^3$。如果制造颗粒状产品，则需外加黏结剂经制粒设备成粒。

（3）生产高效混凝剂聚硅酸铁铝　赤泥在常压通氧条件下，用稀硫酸浸出，并过滤。滤液与聚硅酸混合可制备出聚硅酸铁铝（PSAF）混凝剂。该混凝剂用于工业废水处理，可得到比聚合硫酸铁（PFS）更好的处理效果。图 7-15 所示为赤泥制备出聚硅酸铁铝混凝剂工艺流程。

图 7-15　赤泥制备出聚硅酸铁铝混凝剂工艺流程

赤泥筛选，得到粒度 0.1mm 的赤泥细粒，与 35% 硫酸搅拌浸出。浸出过程升温至 90℃并通入氧气，并在 90℃恒温 2h，冷却、过滤，得到 $Al_2(SO_4)_3$ 和 $Fe_2(SO_4)_3$ 混合液。将硅酸钠稀释到一定浓度，并加入一定浓度的硫酸将稀释液 pH 调到 $1\sim2$，并放置一定时间，使聚硅酸分子量达到 30 万$\sim$40 万道尔顿，再加入赤泥酸浸混合液，陈化 2h，即得到聚硅酸铁铝混凝剂。其分子量为 43.5 万道尔顿，密度为 $1.273g/cm^3$。

此外，赤泥还可用于生产釉面砖、微晶玻璃、微孔硅酸钙绝热制品，经中和的赤泥可直接用作筑路材料，干燥的赤泥可作为沥青填料、炼铁球团矿的黏结剂、混凝土轻骨料和绝缘材料等。在环境工程上，赤泥可用作含砷废水处理、含氟废物处理及吸附废气中的二氧化硫等。在农业方面，利用赤泥较强碱性的特点，将适量的赤泥施入酸性土壤并改良土壤。德国平原用赤泥作土壤改良剂，使荒地改造成肥沃的耕地，土壤的矿物质和养分均有所增加。

## 7.2 铜渣的资源化

铜渣主要来自于火法炼铜过程，其他铜渣则是炼锌、炼铅过程的副产物。铜渣中含有铜、锌等重金属和 Au、Ag 等贵金属。因此，铜渣的利用价值很大。目前，铜渣的利用方法有多种，利用率也较高，但主要包括提取有价金属，生产化工产品和建筑材料等。

### 7.2.1 铜渣的组成和性质

（1）组成

① 化学组成 铜渣由于炼铜原料的产地、成分、组成以及冶炼方法的不同，其组成有较大的差别。表 7-8 所示为铜渣的化学组成。

表 7-8 铜冶炼渣的组成 单位：%

| 渣的名称 | Fe | Cu | Pb | Zn | Cd | As | S | $SiO_2$ | CaO |
|---|---|---|---|---|---|---|---|---|---|
| 铜鼓风炉渣 | 25~30 | 0.21 | 0.52 | 2.0 | 0.004 | 0.033 | | 30~35 | 10~15 |
| 铜反射炉渣 | 31~36 | 0.40 | | | 0.0127 | 0.273 | 1.25 | 38~41 | 6~7 |

铜渣的含铁量很高，还含有不同量的 Cu、Pb、Zn、Cd 等金属，具有回收金属元素的价值。另外，铜渣还含有较高的 $SiO_2$、CaO 等成分。提取有价金属后，可作为水泥原料使用。

铜渣中的主要矿物包括硅酸铁、硅酸钙和少量硫化物和金属元素等。水淬铜渣几乎全部都是玻璃相，只有极少数结晶相（石英、长石）出现。

② 粒度组成 水淬铜渣由大小不等，形状不规则的颗粒组成，有个别细针状颗粒和炉渣状多孔颗粒。其颗粒组成略大于普通砂的一级配区，如表 7-9 所示。

表 7-9 水淬铜渣的粒度组成

| 孔径/mm | 10 | 5 | 2.5 | 1.25 | 0.63 | 0.315 | 0.16 | <0.16 |
|---|---|---|---|---|---|---|---|---|
| 累计筛余/% | 1.2 | 14.4 | 43.8 | 64.6 | 83.8 | 94.4 | 97.6 | 100 |

（2）水淬铜渣的性质 水淬铜渣是熔融状态的炼铜炉渣在水淬池中经急冷粒化而成的玻璃质原料，外观呈棕黑色，质地坚硬，棱角分明，表面光滑，空隙率大。表 7-10 所示为水淬铜渣的物理性质。

表 7-10 水淬铜渣的物理性质

| 密度/(g/cm³) | 堆积密度/(g/cm³) | 空隙率/% | 细度模数 |
|---|---|---|---|
| 3.46 | 1.71 | 49.4 | 3.65 |

水淬铜渣的质量系数 $K = \dfrac{CaO+MgO+Al_2O_3}{Al_2O_3+MnO} < 1$，活性系数 $M_c = \dfrac{Al_2O_3}{SiO_2} = 0.189$。因此，铜渣为酸性矿渣，具有一定的火山灰活性，可用作水泥或混凝土的矿物掺合料使用。

### 7.2.2 铜渣中有价金属的回收

铜渣中有许多有价值的金属元素，可通过采用浮选、磁选等物理方法和焙烧、浸出等化学方法加以回收和利用。

（1）铜的回收 铜渣中铜的回收常用浮选方法。铜渣经浮选可得到品位为 35% 以上的铜精矿，供火法炼铜，铜回收率达 90% 以上。浮选尾矿，作水泥原料。图 7-16 所示为贵溪

图 7-16　从转炉铜渣中回收铜工艺流程

冶炼厂从转炉铜渣中回收铜的工艺流程。

　　转炉铜渣含 Cu 4.5%、S 1.2%、Fe 49.9%、$SiO_2$ 21.0%。铜主要以金属铜和 $Cu_2S$ 两种形式存在，分别占 17.17% 和 82.82%。铁主要以 $Fe_2SiO_4$ 和 $Fe_3O_4$ 两种形式存在，分别占 75.0% 和 25.0%。转炉渣粒度小于 250mm，经露天贮矿场进入受料斗，用板式给料机把受料斗排出的炉渣送到颚式破碎机进行一次开路破碎，破碎到粒度小于 90mm。再送到圆锥破碎机进行二次闭路破碎，破碎到粒度小于 30mm。筛分分级，使大于 15mm 的筛上粗粒返回圆锥破碎机，小于 15mm 筛下细粒送到粉矿仓贮存。

　　粉矿仓排出物料用定量给料设备送到 1 号球磨机进行湿磨，并与分级机形成闭路。分级机溢流送到一段浮选机，选出一段铜精矿。一段浮选机的沉砂再经两次分级、两次球磨、浮选，得到部分精矿后，排出尾矿。得到的铜精矿品位 31.6%～34.3%，尾矿含铜 0.34%～0.37%，铜回收率 93.55%～95.46%。

　　浮选过程所用捕收剂为乙基硫氨酯，用量 150g/t。所用气泡剂为松油，用量 50g/t。

　　(2) 铁的回收　铜渣中 Fe 含量远高于我国铁矿石可采品位（TFe＞27%），一般高达 30%～40%，但由于铜渣中的 Fe 大多以铁橄榄石（$Fe_2SiO_4$）形式存在，而不是以 $Fe_3O_4$ 或 $Fe_2O_3$ 形式存在，因此，利用传统矿物加工方法很难有效回收其中的 Fe。要回收铜渣中的 Fe 就需要先将铜渣中以 $Fe_2SiO_4$ 形式存在的 Fe 转变成 $Fe_3O_4$ 或金属铁，然后经过磨矿-磁选工艺加以回收。北京科技大学采用煤基直接还原-磁选方法回收江西某铜冶炼铜渣中的铁。表 7-11 所示为该冶炼厂铜渣的化学组成。

表 7-11　铜渣的主要化学成分　　　　　　　　　　单位：%（质量）

| TFe | $SiO_2$ | $Al_2O_3$ | CaO | MgO | Cu | Pb | Zn | S | P |
|---|---|---|---|---|---|---|---|---|---|
| 39.96 | 20.16 | 2.99 | 2.0 | 0.76 | 1.45 | 0.77 | 0.85 | 0.72 | 0.30 |

　　图 7-17 所示为铜渣的 XRD 图。可见，铜渣中含铁的晶相矿物主要有铁橄榄石

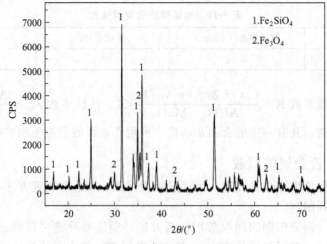

图 7-17　铜渣的 XRD 图

（$Fe_2SiO_4$）及少量磁铁矿（$Fe_3O_4$），其他铁矿物的谱峰很难发现。

铜渣在褐煤配比 30%，CaO 配比 10%，焙烧温度 1250℃，焙烧时间 50min 最佳焙烧条件下进行还原焙烧，所得焙烧产品的 XRD 如图 7-18 所示。可见，铜渣经还原焙烧后，其原本大量存在的结晶相物质——硅酸铁和磁铁矿已不复存在，已全部转变成金属铁、硅灰石和钙铁辉石等晶相存在于焙烧产品中。因此，铁矿物的还原效果很明显。

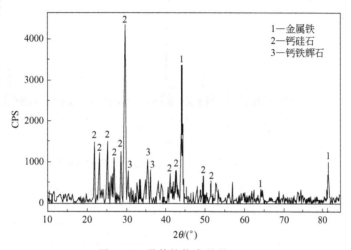

图 7-18　最佳焙烧产品的 XRD

图 7-19 所示为该焙烧产品的显微结构照片。可见，产品中不但有还原生成的金属铁颗粒，也存在还原析出的金属铜颗粒。金属铁颗粒多数在 30μm 以上，而金属铜颗粒多数在 5μm 以下。由于金属铁颗粒不仅粒度大，且与渣相呈现物理镶嵌关系，易于通过磨矿实现单体解离，再通过磁选回收。金属铜颗粒，由于没有磁性，即使单体解离，磁选后仍与渣相混在一起而进入尾矿。

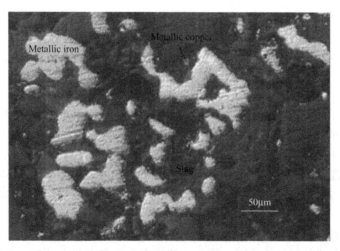

图 7-19　最佳焙烧产品的显微结构

图 7-20 所示为最终产品——直接还原铁的 XRD。可见，铜渣经还原焙烧，再经磨矿-磁选所得最终产品，主要成分是金属铁，含极少量的硅灰石，这与表 7-12 的化验结果非常一致。因此，铜渣采用直接还原-磨矿-磁选方法回收其中铁是可行的，而且回收效果很好。

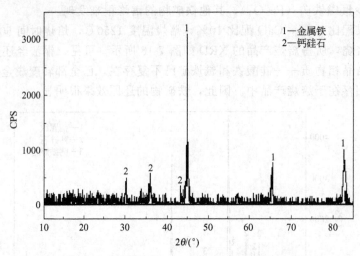

图 7-20　最终产品——直接还原铁粉的 XRD

表 7-12　最终产品——直接还原铁粉的化学组成　　　　单位：%（质量）

| TFe | SiO$_2$ | Al$_2$O$_3$ | CaO | MgO | Cu | Pb | Zn | S | P |
|---|---|---|---|---|---|---|---|---|---|
| 92.05 | 3.65 | 0.67 | 1.58 | 0.57 | 0.16 | 0.021 | 0.005 | 0.001 | 0.028 |

研究证明：煤基直接还原-磨矿-磁选方法适合从该铜渣中回收铁组分，煤基直接还原后铁橄榄石及磁铁矿转变成了金属铁和硅灰石等，金属铁颗粒多数大于 $30\mu m$，且与渣相呈现物理镶嵌关系，易于通过磨矿单体解离，再通过磁选回收其中的金属铁颗粒。

（3）铟的回收　冰铜冶炼转炉吹炼得到的一、二次稀渣主要由铅、锑、硅、砷组成，还含有稀散金属铟，含铟品位 0.6%～0.95%，具有很大的回收价值。图 7-21 所示为铜渣氯化挥发提铟工艺流程。

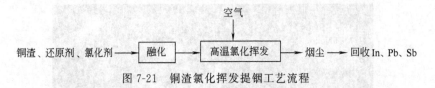

图 7-21　铜渣氯化挥发提铟工艺流程

铜渣中的 Pb、Sb、In 易被氯化，SiO$_2$ 不易被氯化。当焙烧温度大于 900℃ 时，Pb、Sb、In 氯化挥发成为蒸气而与 SiO$_2$ 等杂质分离。所用氯化剂为氯化钙。在氯化焙烧过程加入还原剂可以提高氯化反应速度和反应程度，常用的还原剂为焦炭粉。吹入空气可使铜渣内的金属氧化，促进反应进行。通过捕集烟尘，得到含 Pb、Sb、In 的富集物，再通过化学方法分离提取 In 和 Pb、Sb 金属。铟的挥发率 90% 以上，残渣含铟低于 0.1%，铟的挥发较彻底。

（4）铜渣中的铜、铅、锌转变成化工产品　图 7-22 所示为铜渣生产硫酸铜及回收有价金属工艺流程，主要包括氧化焙烧、浸出、硫酸铜生产和有价金属锌、镉的回收等工序。

① 氧化焙烧　铜渣在焙烧炉中进行氧化焙烧，焙烧温度控制在 700℃ 左右。每隔半小时翻动一次，焙烧 3h 后取出冷却，供酸浸用。通过焙烧，铜渣中的金属单质及其硫化物被氧化成金属氧化物及硫酸盐。

② 浸出　氧化焙烧后的铜渣，置于硫酸溶液中浸出，边搅拌边加热，在温度 90～95℃ 反应 3h，使金属氧化物与稀硫酸反应生成可溶性的硫酸盐。控制溶液的 pH 值，使 SiO$_2$ 及

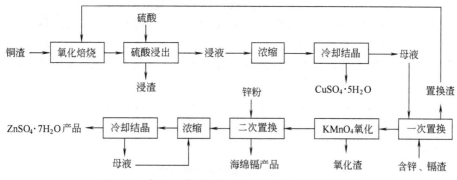

图 7-22 铜渣生产硫酸铜及回收有价金属工艺流程

$Fe_2O_3$ 难以酸浸而仍留在渣中。将氧化焙烧铜渣，置于盛有体积质量为 160g/L 的硫酸溶液的 2000mL 烧杯中，边搅拌边加热，在温度 90～95℃下反应 3h，终点含酸约 2g/L。过滤，滤液用于浓缩，渣先经稀酸洗涤后，再用清水洗涤弃去，洗液返回浸出。

③ 硫酸铜的生产　分粗制和提纯两步。硫酸铜、硫酸锌及硫酸镉在不同温度下的溶解度不同，如表 7-13 所示。

表 7-13　硫酸铜、硫酸锌、硫酸镉在不同温度下的溶解度（无水物）　　　　单位：g

| 温度/℃ | 10 | 20 | 30 | 80 | 90 | 100 |
|---|---|---|---|---|---|---|
| $CuSO_4 \cdot 5H_2O$ | 17.4 | 20.7 | 25.0 | 55.0 | | 75.4 |
| $ZnSO_4 \cdot 7H_2O$ | 47.0 | 54.4 | | | | |
| $CdSO_4$ | 76.0 | 76.6 | | | 63.13 | 60.71 |

浸液中，$Cu^{2+}$、$Zn^{2+}$、$Cd^{2+}$ 的体积质量分别为 65.7g/L、26.8g/L、5.3g/L。当溶液中大量的硫酸铜冷却结晶析出时，硫酸锌和硫酸镉因未达到饱和而留在母液中。因此，可利用它们在不同温度下溶解度的不同，从溶液中分离得到硫酸铜。

将浸液加热浓缩，当浸液中铜离子体积质量达到 150g/L 时，停止浓缩，冷却结晶、并过滤得到粗硫酸铜（主含量≥85％）及母液。粗硫酸铜经少量水洗涤后供进一步提纯，母液返回浓缩。随着母液不断返回浓缩，母液中的锌、镉离子浓度增大，当其中的 $\rho_{Zn^{2+}} : \rho_{Cu^{2+}}$ 达到 2.5∶1 时，不返回浓缩，供一次置换用。

由于粗硫酸铜是从含有硫酸锌、硫酸镉浓度较大的母液中冷却结晶得到的，因此，硫酸铜晶体表面吸附的母液和"晶簇"之间包藏的母液将影响硫酸铜产品的纯度。为提高产品的纯度，采取把粗硫酸铜溶解于热清水中，重新冷却结晶、分离制备较为纯净的硫酸铜产品的方法。将粗硫酸铜结晶边搅拌边加到温度 90℃左右的清水中，制成温度 98～100℃下近饱和的硫酸铜溶液，然后冷却结晶、过滤得到纯净的硫酸铜，风干后装包即为产品。母液返回浓缩，制粗硫酸铜。

④ 回收有价金属锌和镉　分离出粗硫酸铜结晶后得到的母液含 Cu 27.9g/L、Zn 69.8g/L、Cd 16.2g/L。将其倒入 1000mL 烧杯中，加热到 60℃，边搅拌边加入计量后的电锌车间新产的二次置换渣，用其中的锌、镉等置换出铜，搅拌反应 1h。当溶液蓝色消失后，过滤，渣送氧化焙烧，滤液倒入 1000mL 烧杯中加热到 80℃，边搅拌边加入高锰酸钾氧化除铁，终点 pH 值控制在 5.0～5.2，过滤弃去氧化渣。滤液倒入 1000mL 烧杯中，边搅拌边投入锌粉置换镉。镉除干净后，立即过滤得到海绵镉，滤液用来制取 $ZnSO_4 \cdot 7H_2O$ 产品。

提取海绵镉后得到的滤液中含锌 105g/L，含镉、铁、锰等杂质微量。将该滤液置于

1000mL 烧杯中，边搅拌边加热，浓缩到溶液含锌约 240g/L，然后冷却到常温，结晶析出 $ZnSO_4 \cdot 7H_2O$，再过滤分离得到 $ZnSO_4 \cdot 7H_2O$ 副产品。母液返回浓缩循环利用。

利用这一工艺流程，金属回收率为 Cu 85%、Zn 87%、Cd 88%。且工艺简单可行，产品质量有保证，生产成本低，具有较强的竞争力。工艺过程基本上无废水污染，各种废水可用于洗渣、回收、浸出，具有良好的社会效益。

（5）银的回收　我国银铜矿储量非常丰富，其中的铜通常采用硫酸浸出提取，但浸铜时银并没有浸出而留在浸铜渣中。浸铜渣中的银含量很高，200～700g/t 不等，值得回收。表 7-14 所示为浸铜渣的化学组成。

**表 7-14　浸铜渣的化学组成**　　　　　　　　　　　　单位：%

| Fe | Mn | As | Sb | Zn | Pb | S | Cu | SiO₂ | CaO | Ag | Au/(g/t) |
|---|---|---|---|---|---|---|---|---|---|---|---|
| 6～9 | 0.1～0.8 | 0.08～0.09 | 0.04～0.05 | 0.7～1.3 | 3.7～5.4 | 1.9～3.4 | 0.2～0.7 | 32～47 | 13～19 | 0.02～0.07 | 0.2～0.4 |

浸铜渣中的银，已大部分解离，且 50% 以上以硫化银形式存在，少量以自然银和硫酸银等形式存在。回收银的方法很多，有浮选法、氰化法、硫脲法、亚硫酸和硫代硫酸盐法等。比较而言，亚硫酸和硫代硫酸盐法具有流程短、设备少、基建费用低，并能直接得到粗产品。图 7-23 所示为亚硫酸和硫代硫酸盐法从浸铜渣回收银工艺流程。

浸铜渣通常用 10% 的亚硫酸和硫代硫酸盐在 pH 为 2～10 浸出，银的浸出率通常为 80%。浸出液渗透分离出浑浊液，过滤后用锌片置换银或用钢棉直接电解得银泥，熔炼铸锭得到粗银。粗银含有 0.1%～1% 的金，用硫酸银-硝酸溶液电解精炼，熔铸得到精银。

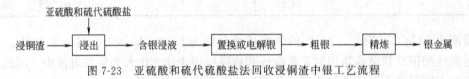

图 7-23　亚硫酸和硫代硫酸盐法回收浸铜渣中银工艺流程

（6）有价金属的提取　铜转炉烟尘含有 Cu、Pb、Zn、Cd、As 等多种有价金属，可作为综合回收这些有价金属的原料。表 7-15 所示为大冶有色金属公司冶炼厂铜转炉烟尘的化学组成。

**表 7-15　铜转炉烟尘化学组成**　　　　　　　　　　　　单位：%

| 组成 | Cu | Zn | Cd | Pb | Bi | As | Sb | In | Ti |
|---|---|---|---|---|---|---|---|---|---|
| 含量 | 1.5～3.5 | 8～16 | 0.4～0.7 | 20～32 | 3.5～8 | 2～8 | 2 | 0.03～0.05 | 0.03～0.05 |

烟尘中有价金属约占 80% 以上，主要以硫酸盐形态存在，少量以氧化物、砷酸盐、硫化物形态存在。图 7-24 所示为该厂铜转炉烟尘的综合利用工艺流程。

① 浸出　烟尘浸出是利用适当的溶剂将烟尘中可溶性物质与不溶性物质进行分离。经过浸出，可溶性物质进入溶液，不溶性物质进入浸渣。所用浸出剂为水，铜、锌、镉和部分砷以离子状态进入溶液，而铅、铋和部分砷进入浸渣，从而达到了铜、锌、镉与铅、铋的分离。Cu 的浸出率 80%～85%、Zn 85%～90%、Cd 60%～70%、As 20%～40%，渣率 65%～70%。

一次浸出液固比 (2.5～3):1，浸出温度 60～65℃，时间 4～6h。二次浸出液固比 4:1，浸出温度 60～65℃，时间 2～3h。

② 净化　在浸出液中，以锌为主要组分，其含量为 60～80g/L，并以 $ZnSO_4 \cdot 7H_2O$

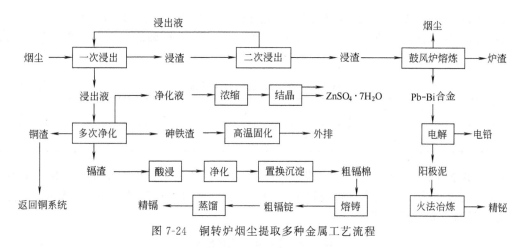

图 7-24　铜转炉烟尘提取多种金属工艺流程

的形式回收，作为化工产品出售。其他除去的元素，分别予以回收或变为无害物予以外排。其净化过程中的主要反应式如下。

除铜：$Cu^{2+} + Fe \Longrightarrow Fe^{2+} + Cu\downarrow$

除镉：$Cd^{2+} + Zn \Longrightarrow Zn^{2+} + Cd\downarrow$

除砷：$4Fe(OH)_3 + H_3AsO_3 \Longrightarrow Fe_4O_5(OH)_5As + 5H_2O$

除铁：$4Fe^{2+} + O_2 + 10H_2O \Longrightarrow 4Fe(OH)_3\downarrow + 8H^+$

除铜时，铜：铁=1：（1.2~1.5），温度为室温，时间 1~2h。除砷铁铜时，温度 80~90℃，通入适量的压缩空气，终点 pH 为 4.0~4.5。除镉时，温度 45~50℃，镉：锌=1：（0.7~1.0），时间 30~45min。

③ 浓缩、结晶　净化后的溶液为较纯净的 $ZnSO_4$ 溶液，根据 $ZnSO_4$ 溶解度与温度的关系，将净化液浓缩到相对密度 1.52~1.60，然后冷却至室温结晶，用三足离心机脱水后，包装即为成品。

④ 净化渣的处理　净化渣包括铜渣、砷铁渣和镉渣 3 种。用铁粉置换所得到的铜渣，含 Cu 60%~70%，可作为含铜物料返回铜系统回收铜。

净化得到的砷铁渣，含 As 3%~8%，Cd 0.2%~0.4%，且溶解度较大，不能直接外排。需送铜系统反射炉高温固化后外排。

用锌粉置换所得到的镉渣，含 Cd 40%~60%，经自然氧化后用硫酸在室温下浸出，控制浸出终点 pH 为 1~2。浸出液净化除铜温度为室温，用新鲜粗镉棉除铜至溶液无蓝色为终点。净化除铁温度为 80~85℃，$KMnO_4$ 作氧化剂，控制终点 pH 为 4.0~4.5。净化液在室温下用锌板置换，开始 pH 为 1.5~2.0，得到粗镉棉，再压团熔铸成粗镉锭，其品位为 96%~98%。利用镉和其他元素的沸点差异，进行蒸馏得到精镉。

⑤ 鼓风炉还原熔炼　浸出渣铅铋含量高，经自然干燥后进入鼓风炉进行还原熔炼，得到铅铋合金。表 7-16 所示为浸出渣的化学组成。

表 7-16　浸出渣的化学组成　　　　　　单位：%

| 组成 | Pb | Bi | As | Cu | Zn | Sb | $SiO_2$ | $H_2O$ |
|------|-----|-----|-----|---------|-----|-----|--------|-------|
| 含量 | 40~48 | 4~8 | 3~5 | 0.5~0.8 | 2~5 | 1~2 | 2~4 | 8~20 |

所用还原剂和燃料为焦炭，用石灰石、铜系统反射炉水渣作熔剂造 Si-Fe-Ca 渣。配料比（重量比）浸出渣：石灰石：反射炉水渣：铁粉：焦炭=100：（25~28）：（20~25）：

（3～5）：（30～40）。鼓风炉风口区温度控制在 1400～1550℃，出口烟气温度 100～300℃。鼓风炉对铅、铋的回收率分别为 75%～80%、92%～95%。得到的铅铋合金主要组成如表 7-17 所示。

表 7-17　铅铋合金的化学组成　　　　　　　　　　单位：%

| 组成 | Pb | Bi | As | Cu | Sn | Sb | Ag |
|---|---|---|---|---|---|---|---|
| 含量 | 75～82 | 12～15 | 1.2～1.8 | 0.3～0.9 | 2～3 | 1.5～2 | 0.07～0.08 |

⑥ 铅铋分离电解　将鼓风炉熔炼得到的铅铋合金，铸成阳极板，在硅氟酸和硅氟酸铅的水溶液中进行电解，其技术条件与铅电解相同，得到 2 号电铅和阳极泥（回收铋）。表 7-18 所示为阳极泥的化学组成。

表 7-18　阳极泥的化学组成　　　　　　　　　　单位：%

| 组成 | Pb | Bi | As | Cu | Sb | Ag |
|---|---|---|---|---|---|---|
| 含量 | 17～40 | 54～65 | 1.8～3.5 | 0.8～1.1 | 2.0～2.5 | 0.15～0.28 |

⑦ 铋精炼　电解过程产生的阳极泥火法精炼回收铋。阳极泥经熔化后，采用熔析和加硫除铜，鼓风氧化除 As、Sb 和 Te，温度控制在 350～720℃，压缩空气适量，除 Te 时加适量 NaOH。通氯气除铅，温度控制在 350～400℃，捞渣时温度可适当提高至 500℃。加锌除银温度控制在 520℃，加锌量视银量而定，捞渣时温度 320～450℃。最后高温精炼得到 1 号精铋。铋的回收率为 80%～85%，中间渣返回综合利用。

（7）贵金属的提取　有色金属电解精炼过程产出的阳极泥为黑色矿泥状物质。阳极泥的产出量及成分变化很大。它的产出量与阳极成分、铸造质量和电解技术条件有关。阳极泥中通常含有金、银、铜、铅、硒、碲、砷、锑、铋、镍、铁、铂族金属及二氧化硅等，其金属具有回收价值。图 7-25 所示为铜阳极泥中回收有价金属的工艺流程。

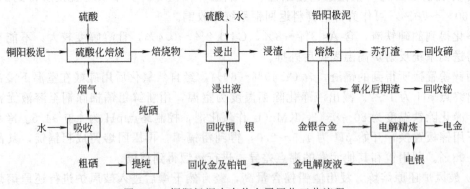

图 7-25　铜阳极泥中有价金属回收工艺流程

目前，国内外处理阳极泥的流程基本相似，大致可分为以下几个步骤：①阳极泥硫酸化焙烧脱硒；②酸浸脱铜；③脱铜后阳极泥熔炼成金银合金；④从分银炉苏打渣中回收碲；⑤电解法分离金、银；⑥从金电解废液和金电解阳极泥中回收铂族金属。此法虽较成熟，综合回收的元素也较多，但是流程复杂而冗长，金属回收率不高，而且在火法冶炼过程中排放出大量铅、砷等有毒物质，对环境污染严重，直接危害操作人员的健康，故国内外进行了很多关于阳极泥处理新方法的试验研究，如氯化-萃取、高温氯化挥发法等。

### 7.2.3 铜渣生产建筑材料

（1）铜渣生产劈离砖　劈离砖近年来发展迅猛，它依靠坯体本身发色，不施釉，装饰风格清新、自然，市场前景极为广阔。实践证明，用铜渣可生产出几种冷暖色调相间的新胎色劈离砖，其装饰效果柔和、庄重、大方，适合南、北方的各种不同风格建筑物的外墙装饰。图 7-26 所示为铜渣生产劈离砖工艺流程，主要包括配料、铜渣加工、烧成等工序。

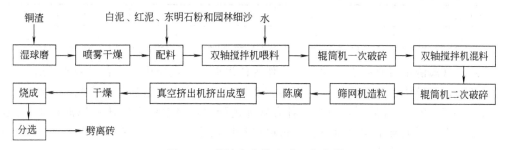

图 7-26　铜渣生产劈离砖工艺流程

① 原料及其组成　劈离砖由铜渣、白泥、红泥、东明石粉和园林细沙五种原料配合制备而成。表 7-19 所示为劈离砖的原料配方，表 7-20 所示为各原料的化学组成。

**表 7-19　劈离砖的原料配方**　　　　　　　　　　　　　　单位：％

| 原料 | 白泥 | 红泥 | 铜渣（粉料） | 东明石粉 | 园林细砂 |
|---|---|---|---|---|---|
| 用量 | 30～40 | 10～20 | 10～25 | 10～15 | 15～25 |

**表 7-20　劈离砖原料的化学组成**　　　　　　　　　　　　单位：％

| 原料 | $SiO_2$ | $Al_2O_3$ | $Fe_2O_3$ | CaO | MgO | $K_2O$ | $Na_2O$ | 烧失量 |
|---|---|---|---|---|---|---|---|---|
| 白泥 | 56.30 | 27.80 | 1.71 | 1.15 | 0.62 | 2.02 | 0.49 | 1.38 |
| 红泥 | 63.39 | 19.93 | 7.03 | 0.58 | 0.83 | 1.93 | 0.86 | 6.30 |
| 铜渣 | 46.74 | 32.87 | 5.87 | 11.83 | 1.82 | 微量 | 1.04 | |
| 东明石粉 | 72.38 | 16.52 | 0.57 | 0.58 | 0.83 | 0.53 | 6.92 | 1.38 |
| 园林细砂 | 87.00 | 9.28 | 1.16 | 0.57 | | | 0.69 | 2.20 |

白泥是一种外观青灰、灰白的块状软质黏土，水含量 25％左右，塑性较好。生坯强度高，含有少量的树皮、草根等有机质。坯体烧后颜色较白（白中透黄）。主要矿组成为高岭土、石英、云母和少量的长石。

红泥是一种外观红色块状的软质黏土，含铁量高，水分含量 23％左右，塑性较好。生坯强度高，同样含有少量的树皮、草根等有机质。坯体烧后颜色为红色（红中透），矿物组成和白泥相类似。

铜渣为颗粒状，外观具有黑色金属光泽，硬度很高。高温煅烧后，烧坯致密，外观黑色（黑里透红），断面具有黑色金属光泽。铜渣中含有大量的 $Fe_2O_3$，具有很强的助熔作用。在坯体中除了调整坯体呈色作用外，还是一种有效的助熔剂。它对降低产品的吸水率、提高产品表面去污能力、提升产品的内在质感具有重要意义。当然，它含铁量高，对烧成温度，气氛较为敏感，故加入量不宜过多。

东明石粉外观洁白，粉末状，已经过加工，细度通过 100 目筛。它实际是由一种未风化的长石加工而成，作为助熔剂使用，同时也起着调节坯体收缩和产品吸水率的作用。

园林细沙是一种粒径较细的细沙，土黄色，细粒状，大部分通过 30 目筛，但有少量的石英粗沙粒和少量的草根等有机质。使用之前经过淘洗、过筛以除去石英粗沙粒和少量的草根等有机质，以免粗沙粒在产品表面爆裂，形成缺陷。

② 铜渣的加工　生产铜渣劈离砖，对铜渣的加工方法、加入方式、加入量、细度等都有一些特殊的要求。铜渣由小颗粒组成，表 7-21 所示为铜渣的粒度组成。

**表 7-21　铜渣的粒度组成**　　　　　　　　　单位：%

| 粒度/目 | +10 | 10+20 | 20+30 | 30+60 | 60+100 | 100 |
|---|---|---|---|---|---|---|
| 含量 | 15.64 | 21.62 | 17.51 | 17.59 | 11.45 | 16.48 |

因此，劈离渣中可直接引入少量铜渣作为砖表面黑斑点使用。或者将铜渣球磨，较大量地引入坯体，从整体上改变坯体呈色，得到新的胎色，获得高附加值的产品。球磨时，料：球：水＝1：2：0.6。球磨后，可按两种方式加进配料：将铜渣泥浆压滤以滤饼加入配料或将铜渣泥浆先进行喷雾干燥获得粉料，再以粉料形式配料。一般，铜渣以粉料形式配料可缩短陈腐时间，稳定产品质量。

铜渣的细度和用量对产品性能有重要影响。一般，铜渣细度以 250 目筛余 8%～12%、用量 10%～25% 为佳。铜渣含铁量高，助熔作用强，用量较大时应提高石英砂等的用量，以适当提高坯体的烧成温度，避免出现过烧现象。

③ 烧成　产品在隧道窑中烧成。由于它的烧成温度范围较常规产品窄，对烧成温度和烧成周期要求比较严格。烧成温度偏高，色差增大，易出现过烧情况；温度偏低，产品烧结性不好，吸水率偏高。一般，最高烧成温度定为 1112℃，烧成周期 26h。

（2）水泥原料　图 7-27 所示为中山条有色金属公司水泥厂利用铜水淬渣作原料生产水泥工艺流程。原料配比为铜渣：石灰石：黏土：无烟煤：石膏：萤石＝3.5：75：10.65：12.85：2.0：1.0，其中石膏、萤石为矿化剂在煅烧过程起矿化作用。配合料经生料磨磨细，并控制生料细度在 0.080mm 方孔筛筛余量小于 7%。磨成的生料加适量水成球，一般控制料球水分 12%～14%，孔隙率大于 27%，粒度 8～10mm。

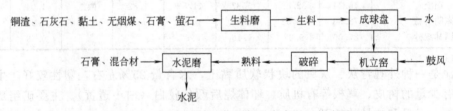

图 7-27　利用铜水淬渣作原料生产水泥工艺流程

水泥生料在窑内加热，经过一系列的物理化学变化成为熟料。铜渣的主要作用是增加液相烧成量，减小液相黏度，并起矿化作用，形成铁铝酸四钙（$C_4AF$）。熟料加适量混合材料、少量石膏在水泥磨内磨细得到水泥成品。使用混合材料，可增加水泥产量，降低水泥生产成本，改善和调节水泥的某些性能，增加水泥品种。

（3）代替铁矿粉作为水泥的矿化剂　铁矿粉在水泥烧制过程中的作用主要是促进液相提前形成，降低熔点。铜渣中含有大量的铁，还含有 CaO、$SiO_2$ 等水泥熟料所需的成分。用铜渣代替铁矿粉可降低熔点近 100℃。图 7-28 所示为铜渣代替铁矿粉生产水泥工艺流程。

石灰石、黏土、铜渣按比例配料，投入球磨机磨粉。铜渣配入量一般为 3%～7%。磨好的生料加入回转窑，经煅烧反应生成水泥熟料。往熟料中配入一定量的石膏和高炉渣，进入球磨机磨制，得到水泥成品。

（4）代替黄砂用作除锈磨料　水淬铜渣主要有铁的氧化物及脉石等形成的硅酸盐与氧化

图 7-28 铜渣代替铁矿粉生产水泥工艺流程

物。因其摩氏硬度 5.4～5.46，密度 4.495t/m³，是生产磨料的理想原料，在国外已广泛应用在船舶制造工业的喷砂除锈工艺中。图 7-29 所示为铜渣磨料的制备工艺流程。

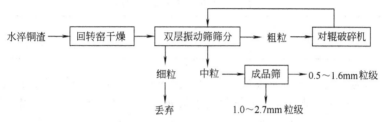

图 7-29 铜渣磨料的制备工艺流程

铜鼓风炉水淬渣，经内热式回转窑直热干燥至含 $H_2O$ 小于 0.5％。筛分成两级，粗粒经对辊机破碎后返回筛分，细粒丢弃，两筛之间粒级再用成品筛分成 0.5～1.6mm、1.0～2.7mm 两个粒级。实践证明，铜水淬渣是一种优良的钢铁表面除锈磨料，其除锈率为 30～40m²/h，耗砂量 30kg/m²。

（5）生产其他材料

① 生产铜渣铸石 铜渣铸石是一种高度耐磨、耐压和具有抗酸性能的良好材料。生产铜渣铸石有熔铸法和烧结法两种。用熔铸法可制管、弯管、泵零件等耐磨材料制品。将熔渣（1200℃左右）一次浇入铸槽，经过 2～3d 退火后，清除过剩矿渣，铸件脱模，即得成品。

烧结铜渣铸石的制备方法是将水淬铜渣磨细、成型，再焙烧。成型方法有干压法（在 19.61MPa 压力下成型）和喷注法（用铸模机压入铸模中成型）。用铜渣生产烧结铸石的主要困难是烧结温度范围狭窄，只有 10℃。若采用水淬铜矿渣代替结晶的铜矿渣，特别是采用还原焙烧气氛，烧结范围可扩大至 250℃，有利于铜矿渣烧结铸石制品的生产。

② 生产骨料 云南冶炼厂铜电炉渣破碎后作为混凝土的粗细骨料。熔融的鼓风炉渣，经烟化炉回收铅、锌后的水淬渣，可代替河砂等作骨料用于生产灰渣瓦。该水淬渣瓦具有相当强度的水硬性，其抗折强度比河砂作骨料的水泥瓦高 15％左右。

③ 作道渣和路基材料 我国从 20 世纪 60 年代就开始使用铜鼓风炉水淬渣作铁路道渣。如沈阳冶炼厂有 10 万吨炉渣作道渣使用，也可把水淬渣掺入石灰，拌和、压实后作公路路基。一些废渣与粉煤灰、矿渣等骨料，加上石灰、石膏和水拌和后可作墙体料。

④ 生产矿渣棉 我国用铜渣生产的渣棉板质量很好。将铜渣与电厂的水淬成粒状玻璃态煤渣混合配料，在池窑内熔化，熔融体经离心机微孔甩成细丝，形成矿渣棉。用铜矿渣生产的矿渣棉纤维细长而柔软，平均粒径 4～5um，渣球含量 7％左右，容重 100kg/m³，热导率 280.5W/(m·K)。

## 7.3 铅锌渣的资源化

铅、锌渣是提炼金属铅、锌过程中排出的固体废物，其中含有多种有价值的金属元素，值得回收利用。另外，火法冶炼过程排出的铅、锌渣还含有 $SiO_2$、CaO 等成分，可作为水泥等建筑材料的生产原料使用。

### 7.3.1 铅渣的资源化

铅渣是铅冶金及铅产品生产、使用过程中排出的废渣。我国从铅渣中提取有价金属的方法有火法和湿法两种，目前大多采用火法。但火法过程产生的污染严重、金属回收率低。因此，已慢慢转向采用湿法冶炼工艺。

（1）氯化铅渣中铅、铋的回收　氯化铅渣是火法冶炼精铋过程中产生的固体废物，其中含有铅、铋等多种金属，如表 7-22 所示，具有回收利用多种金属的价值。

表 7-22　氯化铅渣的化学组成　　　　　　　　单位：%

| Pb | Bi | Cu | Fe | Ni | Ag | H$_2$O |
|---|---|---|---|---|---|---|
| 65~75 | 1~2 | 0.3~0.4 | 0.2~0.3 | 0.03~0.04 | 0.02~0.03 | 1~2 |

图 7-30 所示为氯化铅渣中回收铅、铋的工艺流程。用氯化钠溶液浸出氯化铅渣，是基于氯化铅易溶于碱金属和碱土金属的氯化物水溶液中的原理。氯化铅在水溶液中的溶解度很小，25℃时为 0.04mol/L，100℃时也只有 0.12mol/L，氯化铅在氯化钠溶液中的溶解度最大可达 0.68mol/L。

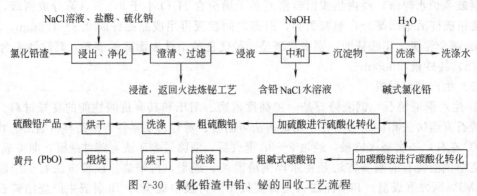

图 7-30　氯化铅渣中铅、铋的回收工艺流程

氯化铅渣在氯化钠酸性溶液中浸出时，除浸出铅外，也同时浸出铜、铁、铋等杂质。其铁、铋在较低酸度下易水解除去，铜可通过加入硫化钠生成硫化铜沉淀除去。工艺过程发生的主要化学反应有：

$$PbCl_2 + 2NaCl \longrightarrow Na_2PbCl_4$$
$$BiCl_3 + H_2O \longrightarrow BiOCl\downarrow + 2HCl$$
$$Cu^{2+} + Na_2S \longrightarrow CuS\downarrow + 2Na^+$$
$$Na_2PbCl_4 + NaOH \longrightarrow Pb(OH)Cl\downarrow + 3NaCl$$
$$3Pb(OH)Cl + 2(NH_4)_2CO_3 \longrightarrow 2PbCO_3 \cdot Pb(OH)_2\downarrow + 3NH_4Cl + NH_4OH$$
$$2PbCO_3 \cdot Pb(OH)_2 \overset{\triangle}{\longrightarrow} 3PbO(黄丹) + H_2O + 2CO_2\uparrow$$
$$Pb(OH)Cl + H_2SO_4 \longrightarrow PbSO_4\downarrow + HCl + H_2O$$

粗碱式碳酸铅经过洗涤至中性，过滤、烘干，并在温度 600~650℃ 煅烧 1h，即得到黄丹产品。黄丹主要用于光学玻璃行业熔制高铅玻璃。

（2）铅渣生产化工产品　铅渣中的铅主要以硫酸铅、氧化铅、二氧化铅等形式存在。以铅渣为原料，可生产三碱或硫酸铅、二碱或亚磷酸铅、硬脂酸铅、红丹、黄丹等化工产品，图 7-31 所示为铅渣生产三碱或硫酸铅工艺流程。

铅渣中的铅在 NH$_4$HCO$_3$ 溶液中转化为 PbCO$_3$，加稀 HNO$_3$ 溶解 PbCO$_3$。过滤，滤液中

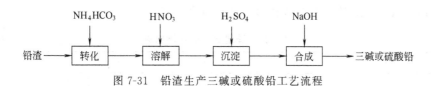

图 7-31　铅渣生产三碱或硫酸铅工艺流程

加入 $H_2SO_4$ 使 $Pb^{2+}$ 生成纯净的 $PbSO_4$。$PbSO_4$ 再与 $NaOH$ 反应，得到三碱或硫酸铅产品。

生产其他化工产品的工艺、设备与生产三碱或硫酸铅基本相同。只要稍加改变，就能得到其他化工产品

（3）铅渣中铅的电解提取　利用铅渣中各种铅化合物电还原的性质，将铅渣作为阴极，电解时得到电子而被还原成金属铅的工艺称为铅渣的固相电解工艺。铅渣中各种铅化合物的还原反应和还原电位如下：

$$PbO + H_2O + 2e^- \longrightarrow Pb + 2OH^- \quad E^0 = -0.578V$$

$$PbSO_4 + 2e^- \longrightarrow Pb + SO_4^{2-} \quad E^0 = -0.355V$$

$$PbCl_2 + 2e^- \longrightarrow Pb + 2Cl^- \quad E^0 = -0.262V$$

$$PbO_2 + H_2O + 2e^- \longrightarrow PbO + 2OH^- \quad E_0 = -0.28V$$

电解前，将铅渣均匀覆盖在阴极板上。阴极板和阳极板都为不锈钢。电解时，阴极上铅渣得到电子，还原成金属铅。阳极放出氧气。电解结束后，取下阴极上物料，放在铁锅中，在温度 350～400℃ 熔化，铸成铅锭。

固相电解工艺简单，操作方便，规模可大可小，适合就地处理各种类型的铅渣。

（4）铅渣生产建筑材料　熔融的鼓风炉渣，回收铅、锌后的水淬渣，可作为生产建筑材料的原料使用。

① 代替骨料生产灰渣瓦　铅水淬渣的物理力学性能接近甚至优于河砂，可代替河砂作为骨料使用。铅水淬渣的非晶体结构具有一定的活性，在石灰、石膏、水泥熟料等激发剂的激发下，可表现出相当程度的水硬性。在同样条件下，铅渣作骨料的水淬渣瓦（掺量 30%）的抗折强度比河砂作骨料的水泥瓦高 15% 左右。

② 作为水泥的辅助原料　以石灰：铅水淬渣：黏土：萤石：白煤＝100:4:10:0.4:14 的配比可生产出合格的水泥。将配料在温度 300℃ 干燥，再球磨至粒度 120 目左右，制成 5～20mm 的球粒，并在温度 1200～1300℃ 煅烧。冷却后掺入煅烧量 15%～30% 的钢渣和 4% 的生石膏，研磨成细粉即可获得水泥成品。

加入铅水淬渣，可调整硅酸盐制品的某些化学成分，特别是 $Fe_2O_3$，并可起柱熔作用，降低煅烧温度。铅水淬渣粒度较细，有利于物料的均匀化。

③ 制备铸石　铅渣磁选分离出其中的磁性铁后，剩余渣可用来生产铸石。磁选后的铅渣，除 MgO、$SiO_2$ 含量偏低外，其余成分与铸石相近。加入 15% 左右的石英砂作为附加剂，就可用于生产铸石。

用铅渣生产的铸石，其抗压强度可达 245.17～294.20MPa，与普通铸石相近，而耐磨性比普通铸石好。

## 7.3.2　锌渣的资源化

硫化锌矿一般伴生有许多有价元素，除 Cu、Pb 外，还常伴生 Au、Ag、As、Sb、Ga、Ge、In 等。在湿法炼锌工艺中，这些伴生元素常残留在浸锌渣中。为了综合回收浸锌渣中的有价元素，目前常采用的工艺包括用湿法、火法、火法湿法联合三大类。

（1）锌渣中回收多种有价金属　表 7-23 所示为沈阳冶炼厂锌浸出渣的化学组成，含

Zn、Cu、Pb、Au、Ag 等许多有价金属，具有回收价值。

**表 7-23  锌浸出渣的化学组成**  单位：%

| 组成 | Cu | Co | Zn | Cd | Pb |
|---|---|---|---|---|---|
| 含量 | 1～2 | 0.01～0.02 | 0.5～2 | 0.005～0.01 | 0.1～0.3 |
| 组成 | Fe | Ca | As | Ag/(g/t) | Au/(g/t) |
| 含量 | 16～25 | 2～4 | 0.3～0.6 | 200～400 | 1.0 |

图 7-32 所示为沈阳冶炼厂锌浸出渣的回收有价金属工艺流程。锌浸出渣干燥后，在温度 1000℃以上，锌、铟、锗等有价金属氧化物被 CO 还原为金属挥发物并进入烟气中。在烟气中锌又被氧化成氧化锌，被收尘器收集，而铜、金、银富集在窑渣中。

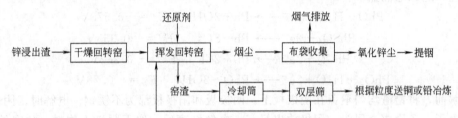

图 7-32  锌浸出渣的回收有价金属工艺流程

窑渣冷却后用双层筛筛分成三级，粒度大于 12mm、含碳小于 5% 的粗粒送铜冶炼回收 Cu、Au、Ag。粒度 4～12mm、含碳小于 10% 的中粒送铅冶炼回收 Pb、Au、Ag。粒度 ≤4mm 的细粒返回挥发窑。

（2）浸锌渣中有价元素的综合回收  表 7-24 所示为某厂浸锌渣的化学组成，除含有锌、铅、铜、铁等常见金属元素外，还含有一定量的镓、锗、铟、银等稀贵金属，具有极大的综合利用价值。

**表 7-24  某厂浸锌渣的化学成分**  单位：%

| Zn | Pb | TFe | SiO$_2$ | Al$_2$O$_3$ | Ga/(g/t) | Ge | In/(g/t) | Ag/(g/t) |
|---|---|---|---|---|---|---|---|---|
| 18.60 | 4.62 | 21.18 | 8.64 | 2.25 | 527 | 305 | 113 | 508 |

图 7-33 所示为浸锌渣中有价元素的综合回收工艺流程。将浸锌渣成型后，用回转窑在温度 1100℃进行还原焙烧，使渣中的 Zn、Pb、In 等被还原并挥发进入烟气而富集回收，而 Fe、Ag、Ga、Ge 等进入还原焙烧渣中。还原焙烧完成后，将料卸出并间接冷却。还原焙烧渣经过破碎、磨矿使焙渣细度达到 -200 目 90%，再磁选。磁场强度为 100kA/m 时，磁选后，Fe、Ga、Ge 富集于磁性物中，而 Ag 等却在非磁性物中富集。对烟尘、磁性物和非磁性物分别进行处理，即可回收上述各种有价金属。

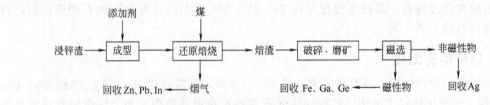

图 7-33  浸锌渣中有价元素的综合回收工艺流程

（3）浸锌渣中铟、锗、铅、银的回收  马坝冶炼厂年产锌浸出渣 200～300t。渣中含价值较高的稀散金属锗、铟以及有价金属铅、银，表 7-25 所示为马坝冶炼厂浸锌渣的主要化学组成。

**表 7-25 马坝冶炼厂浸锌渣的主要化学组成** 单位：%

| Ge | In | Pb | Ag | Zn | As | Cd | Cu | Sb | Sn | SiO$_2$ |
|---|---|---|---|---|---|---|---|---|---|---|
| 0.47 | 0.51 | 28.29 | 0.08 | 5.48 | 7.77 | 0.27 | 0.74 | 2.11 | 0.74 | 38.0 |

浸渣中的铅、锌大部分以金属状态存在，银随铅走。铟、锗部分以氧化态存在，部分以金属态存在。图 7-34 所示为浸锌渣中浸锌渣中铟、锗、铅、银的回收工艺流程，包括碱熔回收银、铅，球磨浸出分离锗和铟、锌，浸出液沉锗。

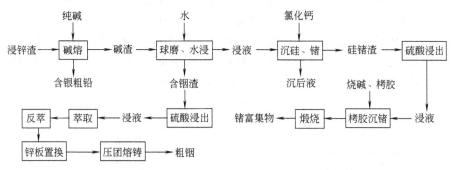

图 7-34 浸锌渣中浸锌渣中铟、锗、铅、银的回收工艺流程

碱熔时，金属态铅、银形成合金作为粗铅产品销售，稀散金属和重金属（包括金属合金及氧化物）锗、铟及锌、锡、锑、砷等与碱反应生成钠盐进入渣中。渣经球磨、水浸，锗进入溶液，用 CaCl$_2$ 将 SiO$_3^{2-}$ 和 GeO$_3^{2-}$ 全部沉淀。沉硅锗渣经酸浸，锗进入溶液，同时砷和锡也有一部分被浸出进入溶液，而 CaSiO$_3$ 不溶于酸留在渣中，从而使 Ge、SiO$_2$ 分离。再用栲胶沉锗，煅烧得到锗富集物。被富集于碱浸渣中的铟用"酸浸-萃取"传统工艺制得粗铟。碱熔、沉硅锗、硫酸浸锗的主要反应如下：

$$Na_2CO_3 + SiO_2 \longrightarrow Na_2SiO_3 + CO_2$$
$$Na_2CO_3 + GeO_2 \longrightarrow Na_2GeO_3 + CO_2$$
$$Ge + 2Na_2CO_3 + O_2 \longrightarrow 2Na_2GeO_3 + 2CO_2$$
$$PbO + Na_2CO_3 \longrightarrow Na_2PbO_2 + CO_2$$
$$CaCl_2 + Na_2GeO_3 \longrightarrow CaGeO_3 \downarrow + 2NaCl$$
$$CaCl_2 + Na_2SiO_3 \longrightarrow CaSiO_3 \downarrow + 2NaCl$$
$$CaGeO_3 + H_2SO_4 \longrightarrow H_2GeO_3 + CaSO_4$$

（4）锌渣制备 ZnSO$_4$ · 7H$_2$O 硫酸锌是一种重要的工业原料，广泛用于农业、化工、电镀、水处理等行业，农业上用作微量元素肥料、饲料添加剂，医学上用作收敛剂等。图 7-35 所示为锌渣生产 ZnSO$_4$ · 7H$_2$O 工艺流程。

锌渣含 ZnO 55%～60%、FeO 2.8%～3.5%、CuO 0.22%～0.26%，铅镉微量。将 20%～25% 的硫酸溶液，按固液比 1:3.5 加入锌渣。升温至 80～90℃ 搅拌反应 2h。过滤，滤液氧化除铁，选用漂白粉和空气作氧化剂。先将漂白粉调成糊状，边搅拌边加入滤液中，加热到 85～90℃，用 NaOH 调节溶液的 pH 值至 5.0，通入空气并强力搅拌 0.5h。氧化中和过程发生的主要反应如下：

$$12FeSO_4 + 3Ca(ClO)_2 + 6H_2SO_4 \longrightarrow 5Fe_2(SO_4)_3 \downarrow + 3CaSO_4 + 2FeCl_3 + 6H_2O$$
$$Fe^{3+} + 3H_2O \longrightarrow Fe(OH)_3 \downarrow + 3H^+$$

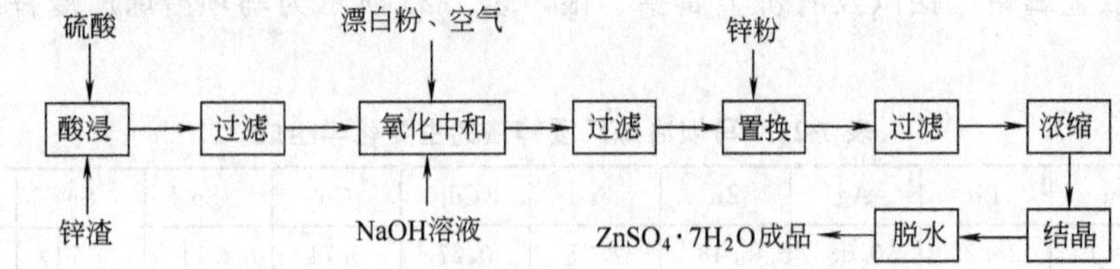

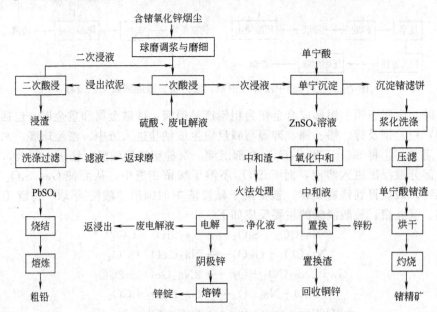

图 7-35　锌渣生产 $ZnSO_4 \cdot 7H_2O$ 工艺流程

经上述反应除铁、锰得到的合格滤液，投入按理论计算量 1.2 倍的锌粉进行置换反应。锌粉在加入前应除去表面的氧化膜，加热至 85～90℃强力搅拌，反应 2～3h 后，静置过滤。

将滤液加热蒸发，使其达到饱和浓度。然后用自来水冷却至常温，使硫酸锌从溶液中结晶析出。脱水后干燥，控制温度 70℃，即得 $ZnSO_4 \cdot 7H_2O$ 产品。

（5）含锗氧化锌烟尘提锗　一般，烟化炉挥发产出的氧化锌烟尘，含锗 0.018%～0.042%，可用于提取金属锗。用氧化铅锌矿生产 1t 电解锌，可从其烟化炉烟尘中回收 0.3～0.5kg 的金属锗。图 7-36 所示为从氧化锌烟尘中提取锗的工艺流程。

图 7-36　含锗氧化锌烟尘分离提取有价金属工艺流程

用电解锌的废电解液作为溶剂浸出烟尘，在浸出过程中锗和锌溶解进入溶液，与不溶的硫酸铅和其他不溶杂质分离。然后，将浸出液进行丹宁沉淀，使锗从硫酸锌溶液中分离出来，硫酸锌溶液送去提锌。产出的丹宁酸锗渣饼进行浆化洗涤、压滤后烘干，再将其加入电热回转窑灼烧，最后产出锗精矿。在处理含锗氧化锌烟尘提锗的过程中，浸出和丹宁沉淀是两个主要分离过程。在用废电解液补加硫酸浸出过程中，发生以下反应：

$$GeO_2 + nH_2O \Longrightarrow GeO_2 \cdot nH_2O$$
$$MeGeO_3 + H_2SO_4 \Longrightarrow H_2GeO_3 + MeSO_4$$
$$ZnO + H_2SO_4 \Longrightarrow ZnSO_4 + H_2O$$
$$PbO + H_2SO_4 \Longrightarrow PbSO_4 \downarrow + H_2O$$

当浸出终点酸度在 pH＝1～2 时，$GeO_2$ 与 $ZnSO_4$ 进入溶液，$PbSO_4$ 与不溶的杂质则残留于浸出渣中。锗与沉淀剂丹宁酸能够生成稳定的丹宁酸-锗络合物，从溶液中沉淀析出。

丹宁酸沉淀锗的选择性很好，可使硫酸锌溶液中含锗降低到＜0.5mg/L，锗的沉淀率＞99％。

用单宁沉淀法从硫酸锌溶液中分离提锗的技术条件为：溶液酸度 pH 为 2～3、沉淀温度 50～70℃、单宁的用量应依溶液中的锗量而定，一般为锗的 20～40 倍。

沉淀产生的单宁锗渣，先在 250～300℃烘干，然后于氧化气氛中在 400～500℃下灼烧。用此法可得到含锗 10％以上的锗精矿。

从含锗溶液中提取锗的方法，除上述沉淀法外，还可采用离子交换法。

（6）热镀锌废锌渣中锌的回收　我国大部分钢铁厂的热镀锌生产线每年产生相当数量的锌渣，这些锌渣的成分比较简单，主要杂质是铁、铝和微量铅。图 7-37 所示为热镀锌废锌渣回收金属锌工艺流程。

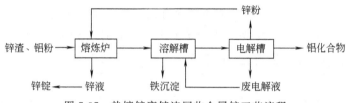

图 7-37　热镀锌废锌渣回收金属锌工艺流程

锌渣与适量的铝一起加入熔炼炉并加热到充分熔融混合。由于铝、铁具有比锌、铁更强的结合力，在一定温度下，锌液中的铁与铝结合形成浮渣转移到锌液表面。浮渣与锌液机械分离后，锌液直接铸锭，浮渣进入后面的电解工序。锌渣中的氧化锌和锌易溶于稀硫酸，以锌离子的形式进入溶液。在锌进入溶液的同时，部分杂质（如铁等）也进入溶液，因此必须对溶液进行净化，除去各种有害杂质。待溶液纯度达到电解锌的要求后进行电解，使锌在阴极上沉淀出来。

## 7.4　其他有色冶炼渣的资源化

除赤泥、铜渣、铅锌渣外，其他排放量比较大的有色冶炼渣有镍渣、镉渣、钨渣、锡渣、砷渣、汞渣等等。这些渣中含有多种有价成分，其中的有些元素可通过各种途径，迁移、转化进入环境，对环境造成危害。

### 7.4.1　镍渣的资源化

镍渣是镍高温冶炼过程中产生的固体废物，其中含有镍、铜、铁、金、银等多种金属，具有回收利用的价值。同时，镍渣经提取有价金属后，可作为生产建筑材料的原料使用。

（1）镍渣的组成和性质

① 组成　镍渣的组成极为复杂，不同冶炼原料，组成有所不同，表 7-26 所示为镍渣的主要化学组成。

表 7-26　镍渣化学组成　　　　单位：％

| Ni | Cu | Fe | S | Si | Ca | Mg | Au/(g/t) | Ag/(g/t) |
| --- | --- | --- | --- | --- | --- | --- | --- | --- |
| 20.2 | 3.1 | 29.16 | 6.00 | 8.55 | 2.19 | 1.65 | 0.67 | 59.61 |

镍渣主要含镍、铜、铁，另含有较高量的金、银等金属。通常，镍渣主要矿物为橄榄石及玻璃相，其次为磁性氧化铁。Ni 大部分以硫化物及少量金属合金状态存在，也有的以其他状态存在。铜主要以金属铜形式存在，其次以硫化铜和氧化铜形式存在，也有以硅酸铜形

式存在的铜，如表 7-27 所示。

表 7-27　镍渣中镍、铜的矿物组成　　　　　　　　　单位：%

| 镍物相 | 金属镍 | 硫化镍 | 氧化镍 | 硅酸镍 | 合计 |
|---|---|---|---|---|---|
| 含量 | 3.86 | 12.86 | 1.84 | 1.95 | 20.51 |
| 分布率 | 18.82 | 62.70 | 8.97 | 9.51 | 100.00 |
| 铜物相 | 金属铜 | 硫化铜 | 氧化铜 | 硅酸铜 | 合计 |
| 含量 | 1.87 | 0.81 | 0.61 | 0.05 | 3.34 |
| 分布率 | 55.99 | 24.52 | 18.26 | 1.50 | 100.00 |

② 性质　高温镍熔渣经自然冷却，成为蜂窝状大块状，呈黑灰色，硬度较大，相对密度为 4.17。镍渣中存在较多的含镍铜的金属合金，其粒度大小不一。

(2) 镍钴渣生产化工产品　镍钴渣主要含有铜、钴、镍三种金属，可应用化学分离提取并生产出 3 种化工产品，图 7-38 所示为镍钴渣生产硫酸铜、硫酸钴、硫酸镍工艺流程。

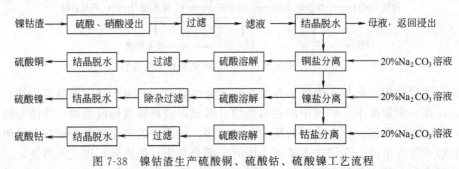

图 7-38　镍钴渣生产硫酸铜、硫酸钴、硫酸镍工艺流程

① 酸浸　将适量的水加入反应釜中，边搅拌边加入浓硫酸和硝酸，使硫酸浓度为 25%，硝酸浓度为 10%。往反应釜中加入已粉碎的镍钴渣，并通入蒸汽加热煮沸，反应 10h。放料过滤，滤液在冷却结晶釜中结晶，形成硫酸铜、硫酸镍、硫酸钴等盐类结晶混合物。母液返回酸浸。

② 硫酸铜、硫酸镍、硫酸钴等盐类的分离　将结晶混合物加入反应釜中，并加入一定量水，边搅拌边通入蒸汽加热，使硫酸铜、硫酸镍、硫酸钴等盐类物质溶解。溶解后用 20% Na$_2$CO$_3$ 调整溶液 pH 值至 4，再放置 1~2h 过滤除杂 (Fe)。继续用 20% Na$_2$CO$_3$ 调整溶液的 pH 值至 5.6，出现碳酸铜沉淀，过滤、离心脱水，沉淀物备用。进一步用 20% Na$_2$CO$_3$ 调整溶液的 pH 值至 6.2，出现碳酸镍沉淀，过滤、离心脱水，沉淀物备用。再用 20% Na$_2$CO$_3$ 调整溶液的 pH 值至 7，出现碳酸钴沉淀，过滤、离心脱水，沉淀物备用。此时，已制备得到碳酸铜、碳酸镍、碳酸钴粗品。

③ 铜盐的精制转化　将碳酸铜用 20% 硫酸溶解，过滤除去杂质，滤液浓缩。当溶液浓缩到 36 波美度时移入结晶釜冷却结晶，再离心脱水、洗涤得到精制的硫酸铜晶体。

④ 镍盐的精制转化　将碳酸镍用 20% 硫酸溶解，使 pH 达到 2~3，通入硫化氢，过滤。滤液加热，再慢慢地加入适量双氧水，静置过滤，浓缩滤液至密度 1.526g/cm$^3$（50~52 波美度），移入结晶釜。用硫酸调整溶液 pH 值至 2~3 后冷却结晶，再离心脱水、洗涤、晾干得到精制的硫酸镍晶体。

⑤ 钴盐的精制转化　将碳酸钴用 20% 硫酸溶解，过滤后将滤液浓缩到密度 1.526g/cm$^3$，移入结晶釜冷却结晶。离心脱水、洗涤得到精制的硫酸钴晶体。

(3) 镍渣制备氧化镍　氧化镍是一种灰黑色粉末，作为着色颜料广泛应用于陶瓷、玻璃、搪瓷行业。图 7-39 所示为某厂硫酸系统副产镍渣生产氧化镍工艺流程，主要包括浸出、净化、沉镍、焙烧等。

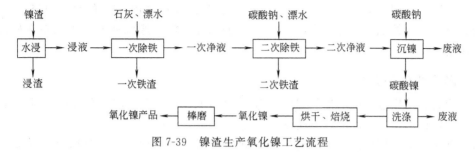

图 7-39 镍渣生产氧化镍工艺流程

镍渣中含有多种化学元素，其主要的化学元素含量如表 7-28 所示。这些元素主要以硫酸盐的形式存在。工艺过程主要的除杂对象是铁。

表 7-28   镍渣的主要化学组成       单位：%

| 元素 | Ni | Fe | Cu | Zn | As | MgO |
|---|---|---|---|---|---|---|
| 含量 | 12.75 | 6.22 | 0.82 | 0.43 | 0.17 | 0.8 |

① 浸出　镍渣中的硫酸盐通过水浸进入浸液，或适当加入硝酸浸出，因硝酸可使 $Fe^{2+}$ 氧化成 $Fe^{3+}$，以利用后续的净化操作。过滤，得到浸液。

② 净化　浸液中的主要杂质是铁，其次是铜和锌，可通过控制条件一并除去。为了得到纯净的氧化镍产品，采用两次除铁操作。一次除铁采用石灰和漂水氧化中和法，其主要反应如下：

$$H_2SO_4 + CaO \longrightarrow CaSO_4 + H_2O$$

$$CaO + H_2O \longrightarrow Ca(OH)_2$$

$$NiSO_4 + Ca(OH)_2 \longrightarrow CaSO_4 + Ni(OH)_2$$

$$Ni(OH)_2 + NaClO + FeSO_4 + H_2O \longrightarrow NiSO_4 + NaCl + Fe(OH)_3 + OH^-$$

常温下搅拌净化，除铁 pH 值 2.5，漂水加入量为理论量的 1.3 倍。一次除铁的除铁率 83% 以上，镍回收率 97% 以上。一次除铁未除尽的铁和铜通过二次除铁除去。

二次除铁采用中和法。在一次净液中补加适量漂水，使残余的 $Fe^{2+}$ 氧化成 $Fe^{3+}$，再加碳酸钠调整净液 pH 值使 $Fe^{3+}$ 呈 $Fe(OH)_3$ 沉淀除去，$Cu^{2+}$ 呈碱式碳酸铜沉淀除去，主要反应有：

$$2FeSO_4 + NaClO + 5H_2O \longrightarrow 2Fe(OH)_3\downarrow + NaCl + 2H_2SO_4$$

$$H_2SO_4 + Na_2CO_3 \longrightarrow Na_2SO_4 + CO_2\uparrow + H_2O$$

$$2CuSO_4 + 2Na_2CO_3 + H_2O \longrightarrow Cu(OH)_2 \cdot CuCO_3 + 2Na_2SO_4 + CO_2\uparrow$$

二次除铁通蒸汽加热搅拌，补加漂水。待溶液温度达到 80℃ 时加碳酸钠，此时产生大量 $CO_2$ 气体，并伴有沉淀出现，澄清后过滤。二次除铁的除铁率 98% 以上，除铜率 99% 以上，镍回收率 93% 以上。

③ 沉镍　二次净液在搪瓷釜通蒸汽加热到 80℃，边搅拌边加碳酸钠，使溶液 pH 控制在 7.5~8，镍生成碳酸镍沉淀。待镍沉淀完全，停止搅拌，澄清后过滤，得到碳酸镍沉淀物。碳酸镍洗涤至中性，送焙烧工序焙烧。

④ 焙烧　碳酸镍先在电热炉内脱水烘干，再加入到焙烧炉，在温度 600℃ 焙烧 4h，使碳酸镍分解成氧化镍（纯度 73% 以上）。氧化镍棒磨至 100 目以下包装出售。

（4）镍渣生产建筑材料　水淬镍渣可以制砖、制水泥混合材等。国外研究用磨细镍渣与水玻璃混合，制造高强度、防水、抗硫酸盐的胶凝材料，它既可在常温下硬化，也可以在压蒸下硬化，还可以用来配制耐火混凝土等。国内会理砖瓦厂曾用88％的水淬镍渣、5.2％的生石灰、3％～4％的二水石膏，再加3％～4％的水泥，混合磨细后或者采用轮碾机进行湿磨后，制造砖瓦。

### 7.4.2 锡渣的资源化

锡渣为高温炼锡过程中产生的固体废物。锡渣经火法或湿法处理可回收锡、铟、锑等多种有价组分，也可作为水泥混合料使用。

（1）炼锡反射炉烟尘提铟　炼锡反射炉烟尘含铟可达0.02％，是回收铟的重要原料之一。图7-40所示为从炼锡反射炉烟尘提铟工艺流程。

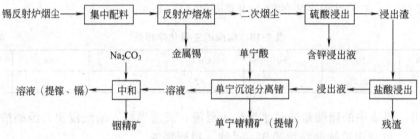

图7-40　从炼锡反射炉烟尘提铟工艺流程

烟尘集中配料后，加入反射炉熔炼，充分回收金属锡，同时使铟等有价金属挥发富集进入二次烟尘。用硫酸浸出二次烟尘，使锌转入溶液。含铟浸出渣再用盐酸浸出，铟、镓、锗、镉等便以氯化物形态进入溶液，用丹宁酸沉淀分离出溶液中的锗，再用苏打中和溶液至pH为4.8～5.5，便可获得铟精矿及富镓、镉的溶液。

几乎所有的有色金属矿石中都伴生有稀散金属，因此，在这些金属冶炼过程产生的烟尘中都富集有稀散金属，这类烟尘都可作为提取某种或某几种稀散金属的原料。

（2）砷灰中回收白砷　砷灰是锡冶炼过程中得到的高砷烟尘，主要由 $As_2O_3$、Sn、Pb、Zn 等物质组成。表7-29所示为云锡第一冶炼厂砷灰的化学组成。

表 7-29　砷灰的化学组成　　　　　　单位：％

| 组成 | $As_2O_3$ | Sn | Pb | Zn | S | $Al_2O_3$ | $Fe_2O_3$ |
|---|---|---|---|---|---|---|---|
| 含量 | 60～70 | 9～11 | 1.5～4 | 1～10 | 0.2～1 | 0.3～0.5 | 0.1～0.3 |

砷灰中的砷主要呈 $As_2O_3$ 的形态存在（大约占砷总量的92％～96％）。图7-41所示为该厂利用砷灰生产白砷工艺流程。

砷灰 → 螺旋输送机 → 圆盘给料机 → 电热回转窑 → 冷凝 → 布袋收集 → 白砷

图7-41　利用砷灰生产白砷工艺流程

首先将砷灰装入自制的密封罐内，由自卸汽车运送并卸于有负压的原料仓中，经螺旋运输机和圆盘给料机均匀送入电热回转窑内焙烧。因 $As_2O_3$ 是一种低沸点的氧化物，具有"升华"的特性。当电热回转窑加热到700～800℃的温度、蒸汽压力达到−19.61～−39.22MPa时，$As_2O_3$ 会激剧挥发，并随烟气进入冷凝室及收尘系统。当温度降低后 $As_2O_3$ 蒸气在各级冷凝室及布袋收集器中又会呈固态析出，得到不同品级的白砷产品。

尾气经水浴收尘器净化后由爬坡烟道经 45m 烟囱排放。砷渣由窑尾落入渣斗，返回锡系统脱砷回收锡。

采用电热回转窑处理砷灰生产白砷的过程，实际上是 $As_2O_3$ 和 Sn 的分离过程。在不同热力条件下，$As_2O_3$ 和 Sn 的表现行为有两点不同。一是 $As_2O_3$ 具有"升华"的特性，其固态和气态之间可进行相互转化，而 Sn 及其氧化物没有这一特性。二是固态的 $As_2O_3$ 和 Sn 在不同的温度下，蒸汽压有很大的差别。因此，在生产过程中，只要严格控制炉温，就可使 $As_2O_3$ 和 Sn 得到分离。

（3）锡渣直接生产锡酸钠　锡酸钠是一种白色粉末状或结晶状的化学品，主要作为生产铬黄、柠檬黄等颜料的助剂、电镀的原料、染料工业的媒染剂，也用于纺织、玻璃、陶瓷等行业。

锡酸钠的生产方法有碱解法、脱锡法和电炉法等，图 7-42 所示为锡渣直接碱解生产锡酸钠工艺流程，主要包括碱熔、净化和结晶等工序。

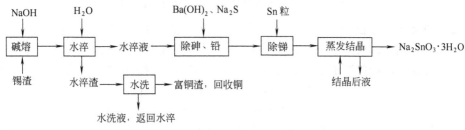

图 7-42　锡渣直接碱解生产锡酸钠工艺流程

① 碱熔　所用锡渣含 Sn、Pb、As、Sb、Fe、Cu 分别为 50.26%、0.032%、0.006%、0.34%、4.43%、1.75%。锡渣中加 NaOH 在一定温度下反应焙烧 30min，锡的反应率达 96% 以上。其主要反应为：

$$2SnO+4NaOH+O_2 \longrightarrow 2Na_2SnO_3+2H_2O$$
$$4AsO+12NaOH+3O_2 \longrightarrow 4Na_3AsO_4+6H_2O$$
$$4SbO+12NaOH+3O_2 \longrightarrow 4Na_3SbO_4+6H_2O$$
$$PbO+2NaOH \longrightarrow Na_2PbO_2+H_2O$$

它们的氧化顺序为 As、Sn、Sb、Pb，而 Fe、Cu 几乎不溶于碱而留在渣中。反应渣加水水淬得到含有杂质 As、Sb、Pb 的水淬液和含 Fe、Cu 的水淬渣。水淬渣经水洗分离回收铜和铁。

② 水淬液的净化　净化顺序为脱砷、脱铅和脱锑。常温下，$Na_3AsO_4$ 与钡盐作用会产生溶解度很小的白色砷酸钡沉淀，反应式为：

$$2Na_3AsO_4+3Ba(OH)_2 \longrightarrow Ba_3(AsO_4)_2\downarrow+6NaOH$$

控制好 $Ba(OH)_2$ 用量，可保证锡的直收率和砷的去除。

硫化铅是一种溶度积很小（$1.0\times10^{-26}$）的黑色沉淀物，可通过在脱砷后净化液中加入硫化钠与铅作用生成硫化铅沉淀的方法除铅。

脱锑是基于锡在碱性溶液中还原电位比锑、砷低得多的原理，利用锡从碱溶液中置换除去锑。反应在沸腾状态下进行，加入 Sn 粒煮沸 2～3h 直至溶液浅黄色消失，然后澄清过滤，得到合格的净化液。

③ 净化液的蒸发结晶　将净化液加热蒸发，当溶液密度达到 1.25 时停止加热，自然冷却结晶，然后过滤。锡酸钠结晶物在 100℃ 左右下烘干、粉碎得到产品。结晶后液所含杂质有一定富集，影响并不大，可与净化液一同蒸发结晶。当结晶后液中碱含量大于 300g/L

时，则返烧结使部分杂质开路。

从锡渣中直接生产锡酸钠，锡的直收率大于 96%，回收率大于 98%，制取的锡酸钠产品质量完全达到商业部标准。

（4）电镀锡渣制备氯化亚锡和锡酸钠

电镀分四个步骤：预处理、镀铜、镀铜锡、镀纯锡。电镀过程产生大量的锡渣，从电镀锡渣中制取氯化亚锡，可实现原料的循环利用，又可以根据需要得到副产品锡酸钠。

① 酸解制备氯化亚锡　图 7-43 所示为电镀锡渣酸解制备氯化亚锡工艺流程。

图 7-43　电镀锡渣酸解制备氯化亚锡工艺流程

电镀锡渣加入适量的浓盐酸并充分搅拌，加热到温度 200～250℃反应约 30min。反应完成后冷却至室温，水洗、抽滤，用 HCl 淋洗。并在洗液中加入少许单质锡，并调整 pH<2，在 $CO_2$ 气流下进行蒸发浓缩（也可以抽真空），冷却得到氯化亚锡产品，反应式为：

$$Sn+2HCl \longleftarrow SnCl_2+H_2\uparrow$$
$$SnO+2HCl \longrightarrow SnCl_2+H_2O$$

加入单质锡的作用，一是防止 $Sn^{2+}$ 被氧化为 $Sn^{4+}$，二是使之与未反应的盐酸继续反应，以达到充分利用原料的目的。另外，还可以减少盐酸含量，以防过量盐酸与 $SnCl_2$ 形成配合物 $SnCl_3^-$ 降低 $SnCl_2$ 的产量。制备得到的 $SnCl_2$ 纯度达 60%～65%。

② 碱解制备锡酸钠　图 7-44 所示为电镀锡渣碱解制备锡酸钠工艺流程。

图 7-44　电镀锡渣碱解制备锡酸钠工艺流程

电镀锡渣加入适量的工业烧碱液体、硝酸钠固体以及适当的水，加热到温度 150℃反应搅拌 30min，锡酸钠生成反应式为：

$$2Sn+3NaOH+NaNO_3+6H_2O \longrightarrow 2Na_2SnO_3 \cdot 3H_2O+NH_3\uparrow$$
$$4SnO+7NaOH+NaNO_3+10H_2O \longrightarrow 4Na_2SnO_3 \cdot 3H_2O+NH_3\uparrow$$

待充分反应后，调 pH>9，加硫化钠除铁，但加入量需严格控制，若过量可能得到略带黄色的溶液，蒸发浓缩后得到的晶体也略带黄色。再加适量双氧水脱色（消除 $Fe^{2+}$ 及其他干扰）。锡酸钠对 $CO_2$ 很敏感，遇到水会剧烈反应。

因此，反应和测定过程中需要隔绝空气。另外，如需脱砷，可缓慢加入 $Ba(OH)_2$ 饱和溶液，使 $Na_2AsO_4$ 与钡盐作用生成溶解度很小的白色砷酸钡沉淀除去，反应式为：

$$2Na_3AsO_4+3Ba(OH)_2 \longrightarrow Ba_3(AsO_4)_2\downarrow+6NaOH$$

除杂后净化液继续搅拌、加热浓缩，当溶液中有白色晶体析出时停止加热，自然冷却结晶，过滤除渣（包括不溶于碱的铜），得到锡酸钠晶体。在 100℃左右烘干、粉碎得到锡酸钠产品，其纯度可达 80%～85%。母液返回继续循环使用。

（5）利用锡渣和硅锰渣烧制硅酸盐水泥熟料　硅锰渣是冶炼硅锰合金后排放的废渣，经水淬后成为结构疏松、粒径约 $1\sim10mm$ 浅绿色颗粒。硅锰合金冶炼过程为还原过程，浅绿色表明硅锰渣中的锰以 $MnO$ 形式存在，在水泥熟料烧成时易形成 $MnO_2$。$MnO$ 生成 $MnO_2$ 的过程是一个放热过程，能降低熟料热耗。表 7-30 所示为锡渣和硅锰渣的化学组成。

表 7-30　锡渣和硅锰渣的化学组成　　　　　　　　　单位：%

| 组成 | $SiO_2$ | $Al_2O_3$ | $Fe_2O_3$ | $CaO$ | $MgO$ | $MnO$ | $ZnO$ | $CuO$ | $PbO$ | $TiO_2$ | $SO_3$ | $Cr_2O_3$ |
| --- | --- | --- | --- | --- | --- | --- | --- | --- | --- | --- | --- | --- |
| 锡渣 | 27.47 | 11.22 | 50 | 11.98 | 2.23 | 0.34 | 0.67 | 0.21 | 0.56 | 0.99 | 1.02 | 0.38 |
| 硅锰渣 | 38.47 | 32.73 | 0.9 | 11.34 | 5.39 | 11.81 | 0.002 | 0.19 | 0.053 | 0.34 | 0.33 | |

## 7.4.3　锑渣的资源化

锑渣由高温熔炼金属锑或铅阳极泥湿法处理等过程产生。原料来源不同，冶炼方法不同，锑渣的组成有所不同，但锑渣中一般都含钨、铅、金、锑等有价金属。因此，回收锑渣中有价金属是锑渣资源化的重要途径。

（1）含金锑渣提金　在我国南方湖南、贵州、广西等锑矿资源丰富的地区，存在大量的含金锑渣，金品位一般为 $3\sim5g/t$，有的高达 $10g/t$。表 7-31 所示为某厂锑渣的化学组成。

表 7-31　锑渣的化学组成　　　　　　　　　单位：%

| 组成 | $Au/(g/t)$ | $Ag/(g/t)$ | $SiO_2$ | $CaO$ | $MgO$ | $K_2O$ | $Na_2O$ | $Al_2O_3$ | $C$ | $S$ | $As$ |
| --- | --- | --- | --- | --- | --- | --- | --- | --- | --- | --- | --- |
| 含量 | 4.85 | 3.0 | 76.54 | 2.34 | 1.06 | 0.80 | 0.31 | 2.92 | 1.31 | 0.79 | 0.13 |

| 组成 | $Sb$ | $Pb$ | $Zn$ | $Cu$ | $Co$ | $Cr$ | $Ni$ | $V$ | $Mo$ | $B$ | $Mn$ |
| --- | --- | --- | --- | --- | --- | --- | --- | --- | --- | --- | --- |
| 含量 | 3.04 | 0.01 | 0.30 | 0.051 | 0.003 | 0.020 | 0.031 | 0.012 | 0.023 | 0.034 | 0.012 |

锑渣中含有较高量的 $SiO_2$、$CaO$、$Al_2O_3$、$MgO$ 及 $Au$、$Ag$、$Sb$ 等有价金属，经水淬急冷后形成外观呈亮黑色的细状颗粒物，粒度大多在 5mm 以下（占 80% 左右），且分布均匀，具有一定的金属光泽。其中主要矿物为黏稠的玻璃状球体，其次为锑的氧化物、未完全燃烧的炭质物。$Au$、$Ag$ 等金属被包裹在玻璃体内。图 7-45 所示为含金锑渣提金工艺流程。

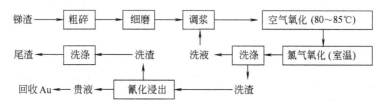

图 7-45　含金锑渣提金工艺流程

锑渣通过破碎、细磨至 90% 为 200 目以下，完全破坏炼锑时形成的玻璃状物质，使金的包裹物在一定程度上得到解离。矿浆浓度调整到 30%，进行充气氧化。在通入空气时同时加入碳酸钠，以使锑等杂质充分脱除，也有利于提高金的回收率，降低后续氯的消耗量。

在温度 80～85℃用空气对矿浆进行氧化，充气时间 8h，使矿浆中的水溶性还原物质及部分炭质氧化，并保证矿浆中有足够的溶解氧。加入碳酸钠的主要作用是调整矿浆的 pH 值至 12，使空气氧化在碱性条件下进行，同时中和空气氧化过程中产生的酸性物质，有利于杂质锑的溶解。锑溶解反应式为：

$$Sb_2O_3 + 6OH^- \longrightarrow 2SbO_3^{3-} + 3H_2O$$

$$Sb_2O_3 + 2OH^- \longrightarrow 2SbO_2^- + H_2O$$
$$Sb_2O_3 + Na_2CO_3 \longrightarrow 2NaSbO_2 + CO_2\uparrow$$

空气氧化后的矿浆通入氯气，加速锑的溶解及炭质的氧化过程，使其失去后续对金氰络离子的吸附活性。实践证明，锑渣经双氧化法预处理后，浸渣中锑的脱除率为92.4%，炭的氧化率为52.7%。经过滤、洗涤后采用常规氰化方法提金，可是使金的浸出率达到86.74%。

（2）氯氧锑渣中金属元素的综合回收　氯氧锑渣由铅阳极泥湿法处理产生，它除含 Sb 外，还含有 As、Bi、Pb、Au、Ag 等金属，如表7-32所示。

表 7-32　锑渣的化学组成　　　　单位：%

| 组成 | | Sb | As | Bi | Ag | Au/(g/t) | 烧失量 |
|---|---|---|---|---|---|---|---|
| 含量 | 干基 | 56.83 | 7.46 | 0.90 | 0.3087 | 78.66 | |
| | 湿基 | 44.33 | 5.82 | 0.70 | 0.2407 | 61.35 | 22 |

利用还原熔炼-电解精炼工艺可得到蓄电池用 Sb-As 合金，同时回收 Au 和 Ag。图7-46 所示为其综合回收工艺流程。

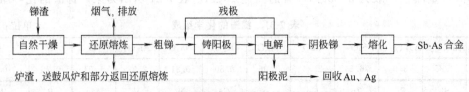

图 7-46　锑渣综合回收有价金属工艺流程

① 还原熔炼　锑渣在高温下有碱性激发剂（$Na_2CO_3$ 或 CaO）存在时易被碳还原。锑渣、焦炭破碎至 1mm 以下，按锑渣：$Na_2CO_3$：CaO：焦炭=100：13.5：9：6 比例均匀混合，在熔炼炉中升温至 950℃，在恒温熔炼 15～20min。

② 粗锑电解精炼　用粗锑作阳极，紫铜板作阴极，在 $SbF_3$、HF 和 $H_2SO_4$ 水溶液中进行电解，阳极锑不断溶解析出，而 Au、Ag 则富集于阳极泥中。阳极中的砷部分进入阴极，部分留于阳极泥中。HF 越低，进入阴极的 As 就越多。Bi 在电解中将污染阴极产品，会有相当部分 Bi 进入 Sb-As 合金。

### 7.4.4　钼渣的资源化

钼渣是钼精矿采用氧压煮法生产仲钼酸铵过程中产生的固体废物。钼渣产生量一般为钼精矿量的 20% 左右。钼渣的主要成分如表7-33所示。

表 7-33　钼渣的主要组成　　　　单位：%

| 组成 | Mo | $SiO_2$ | Fe | Pb | Ca | As |
|---|---|---|---|---|---|---|
| 含量 | 15～20 | >40 | 1.5～2.0 | 0.8～1.0 | 1.2～1.5 | <0.001 |

钼渣中含 Mo 15%～20%，其中含可溶性 Mo 4%～6%，不溶性 Mo 11%～14%。不溶性 Mo 包括未氧化的 $MoS_2$ 及生成的难溶性钼酸盐，如 $PbMoO_4$、$CaMoO_4$、$FeMoO_4$ 等。

钼渣常采用苏打焙烧法和酸分解法生产钼酸盐等化工产品。

（1）钼渣苏打焙烧法生产化工产品　图7-47 所示为钼渣苏打焙烧法生产化工产品工艺流程，它包括焙烧、水浸、净化、浓缩结晶、沉淀、酸沉等工序。

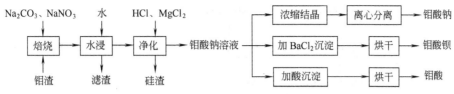

图 7-47　钼渣苏打焙烧法生产化工产品工艺流程

① 焙烧　钼渣烘干，配入苏打和硝石球磨，并混匀。苏打用量为钼渣中钼生成 $Na_2MoO_4$ 理论量的 180%～200%，硝石用量为干渣量的 5%。混匀物料加入焙烧炉内在温度 700～750℃进行焙烧，将钼渣中未氧化的 $MoS_2$ 和难溶性钼酸盐转化成可溶性的钼酸钠，待物料变成棕色移出焙烧炉。所发生的反应式为：

$$MoS_2 + Na_2CO_3 + \frac{3}{2}O_2 \longrightarrow Na_2MoO_4 + 2SO_2\uparrow + CO_2\uparrow$$

$$PbMoO_4 + Na_2CO_3 \longrightarrow Na_2MoO_4 + PbO + CO_2\uparrow$$

$$CaMoO_4 + Na_2CO_3 \longrightarrow Na_2MoO_4 + CaO + CO_2\uparrow$$

$$Fe_2(MoO_4)_3 + 3Na_2CO_3 \longrightarrow 3Na_2MoO_4 + Fe_2O_3 + 3CO_2\uparrow$$

钼渣中硅、磷、砷等杂质也与苏打反应生成可溶性钠盐。

② 水浸　用 90℃以上热水，按焙烧物：水＝1：（2～3）搅拌浸出，使焙烧物中钼酸钠和其他可溶性盐溶于水而进入溶液。溶液过滤，滤液进入净化，滤渣用热水洗涤。洗水返回浸出，洗渣含 Mo 1%～2%可作为农肥使用。

③ 净化　将浸出的钼酸钠溶液加热到 70℃加入盐酸调整溶液 pH 值至 8～9，再根据钼酸钠溶液中 P、As 含量的多少加入适量的氯化镁溶液（相对密度 1.18）。煮沸溶液，并保温 30～40min，再静置 3～4h，使凝聚析出白色胶状硅酸沉淀，P、As 转化成磷酸镁、砷酸镁沉淀析出，反应式为：

$$Na_2SiO_3 + 2HCl \longrightarrow H_2SiO_3\downarrow + 2NaCl$$

$$2Na_3PO_4 + 3MgCl_2 \longrightarrow Mg_3(PO_4)_2\downarrow + 6NaCl$$

$$2Na_3AsO_4 + 3MgCl_2 \longrightarrow Mg_3(AsO_4)_2\downarrow + 6NaCl$$

过滤得到硅、磷、砷渣，净化液得到的钼酸钠溶液转入生产化工产品。

④ 浓缩结晶钼酸钠　钼酸钠溶液加热煮沸，蒸发浓缩至过饱和，停止加热。待温度降至 60℃以下，$Na_2MoO_4 \cdot 2H_2O$ 便慢慢结晶析出。过滤，得到 $Na_2MoO_4 \cdot 2H_2O$ 晶体，再经离心脱水、烘干得到 $Na_2MoO_4 \cdot 2H_2O$ 产品。滤去结晶的母液可转入沉淀钼酸钡。

⑤ 沉淀钼酸钡　钼酸钠溶液用盐酸调整 pH 至 3～4，加热到 60℃，慢慢加入氯化钡溶液，使钼酸钠转化成钼酸钡沉淀析出，反应式为：

$$Na_2MoO_4 + BaCl_2 \longrightarrow BaMoO_4\downarrow + 2NaCl$$

过滤，得到钼酸钡沉淀物，再用热水洗涤脱水、烘干，包装得到钼酸钡产品。

⑥ 酸沉钼酸　钼酸钠溶液加热至 60～70℃，搅拌加入盐酸或硝酸，使钼酸钠水解转化成钼酸沉淀，反应式为：

$$Na_2MoO_4 + 2HCl \longrightarrow H_2MoO_4\uparrow + 2NaCl$$

过滤、脱水、烘干得到钼酸产品，也可将脱水直接生产钼酸铵。

（2）钼渣酸分解法生产仲钼酸铵　图 7-48 所示为钼渣酸分解生产仲钼酸铵工艺流程，它主要包括酸分解、氨浸两个工序。

① 酸分解　按钼渣：水：盐酸＝1：1.2：3 混合加热至 95℃，使钼渣中难溶钼酸盐分

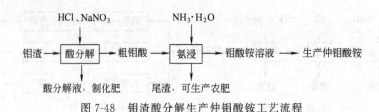

图 7-48　钼渣酸分解生产仲钼酸铵工艺流程

解，使钼呈钼酸沉淀。再用硝酸将钼渣中 $MoS_2$ 氧化分解呈钼酸沉淀。Pb、Ca、Fe 等杂质生成氯化物进入溶液，硫以硫酸的形式进入溶液。从而使钼与可溶于酸的杂质分离，反应式为：

$$MoS_2 + 9HNO_3 + 3H_2O \longrightarrow H_2MoO_4\downarrow + 9HNO_2 + 2H_2SO_4$$

$$PbMoO_4 + 2HCl \longrightarrow H_2MoO_4\downarrow + PbCl_2$$

$$CaMoO_4 + 2HCl \longrightarrow H_2MoO_4\downarrow + CaCl_2$$

$$Fe_2(MoO_4)_3 + 6HCl \longrightarrow 3H_2MoO_4\downarrow + 2FeCl_3$$

酸过量时，部分钼转化成氧氯化钼而溶解进入酸分解液，反应式为：

$$CaMoO_4 + 4HCl \longrightarrow MoO_2Cl_2 + CaCl_2 + 2H_2O$$

$$CaMoO_4 + 5HCl \longrightarrow HMoO_2Cl_3 + CaCl_2 + 2H_2O$$

$$CaMoO_4 + 6HCl \longrightarrow MoOCl_4 + CaCl_2 + 3H_2O$$

为了降低酸分解液中的钼含量，加入氨水调节溶液 pH 值 0.5～1，使溶液中的钼完全以钼酸形式沉淀析出，反应式为：

$$MoO_2Cl_2 + 2NH_3 \cdot H_2O \longrightarrow H_2MoO_4\downarrow + 2NH_4Cl$$

$$HMoO_2Cl_3 + 3NH_3 \cdot H_2O \longrightarrow H_2MoO_4\downarrow + 3NH_4Cl + H_2O$$

$$MoOCl_4 + 4NH_3 \cdot H_2O \longrightarrow H_2MoO_4\downarrow + 4NH_4Cl + H_2O$$

过滤，得到粗钼酸滤饼转入后续氨浸。滤液转废水处理制备化肥。

② 氨浸　按湿钼酸：水：氨水＝1：2.5：0.8 混合，加热到 70～80℃，并保持 pH 值 8.5～9，使滤饼中的钼酸得到氨浸生成钼酸铵进入溶液，而与不能氨浸的固体杂质分离，反应式为：

$$H_2MoO_4 + 3NH_3 \cdot H_2O \longrightarrow (NH_4)_2MoO_4 + 2H_2O$$

过滤，滤液转至生产仲钼酸铵生产工艺过程。尾渣含 Mo 2％～3％，可用于生产农肥。

### 7.4.5　钨渣的资源化

钨渣是以黑钨矿或白钨矿为主要原料生产 $WO_3$ 或仲钨酸铵过程中排出的固体废物。传统生产 $WO_3$ 的工艺为苏打烧结工艺，所排放的钨渣以氧化物形式存在，含量如表 7-34 所示。

表 7-34　钨渣的化学组成　　　　　　　　　　　　　　单位：％

| 成分 | Fe | Mn | $WO_3$ | $Ta_2O_5$ | $Nb_2O_5$ | $ThO_2$ | $UO_2$ | $R_2O_3$ |
|---|---|---|---|---|---|---|---|---|
| 含量 | 33.5～35.4 | 14.6～18.8 | 3.25～5.00 | 0.092～0.13 | 0.64～0.80 | 0.01～0.015 | 0.02～0.03 | 0.14～0.60 |
| 成分 | $Sc_2O_3$ | $Na_2O$ | S | P | As | Ti | $SiO_2$ | CaO |
| 含量 | 0.02～0.028 | 3.47～4.54 | 0.013～0.13 | 0.087～0.10 | 0.002～0.006 | 0.31～0.46 | 5.69～6.5 | 3.40～4.99 |

苏打烧结工艺金属回收率较低、产品质量较差、环境污染较严重，因此后来改用碱压煮工艺。碱压煮工艺所排放的钨渣以氢氧化物形式存在，但其组成与苏打烧结工艺基本相同。

每生产 1t $WO_3$，约排钨渣 0.5t。

钨渣中的 Fe、Mn、W、Nb、Ta、U、Th、Sc 等金属具有回收利用价值，图 7-49 所示为钨渣中金属的火法-湿法综合回收流程。

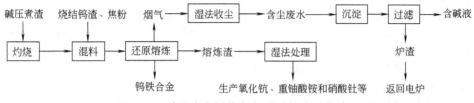

图 7-49 钨渣中金属的火法-湿法综合回收流程

碱压煮渣灼烧至含水不大于 10%，加入烧结钨渣、焦粉混料。焦粉加入量为钨渣的 13%～15%。混合物经还原熔炼得到含有 Fe、Mn、W、Nb、Ta 等元素的多元铁合金（简称钨铁合金）和含有 U、Th、Sc 等的熔炼渣、烟气，熔炼温度 1500～1600℃。

钨铁合金是一种新型的用途广泛的中间合金，广泛应用于铸铁件，提高铸铁件的机械性能。一般，熔炼 1t 钨渣生产 0.45～0.5t 钨铁合金，得到 0.3t 熔炼渣。

熔炼渣由于富集了 U、Th、Sc 等金属，采用湿法处理可分别回收氧化钪、重铀酸铵和硝酸钍等产品。它不仅是提取钪的好原料，而且经高温固化使得渣中的放射性元素不会被微酸性和天然水浸出。熔炼渣体积只有钨渣的 13% 左右，便于安全堆放。

## ◉ 参考文献

[1] 廖春发，卢惠明，邱定蕃等. 从赤泥中综合回收有价金属工艺的研究进展. 轻金属，2003，(10)：18-22.

[2] 杨慧芬，党春阁，马雯等. 硝酸钠对改善赤泥陶粒性能的影响. 北京科技大学学报，2011，33 (10)：1260-1264.

[3] 杨慧芬，党春阁，马雯等. 硅铝调整剂对赤泥制备陶粒的影响. 材料科学与工艺，2011，19 (6)：112-116.

[4] 罗道成，易平贵，陈安国等. 用氧化铝厂赤泥制备高效混凝剂聚硅酸铁铝. 环境污染治理技术与设备，2002，3 (8)：33-35.

[5] 黄柱成，蔡江松，杨永斌. 浸锌渣中有价元素的综合利用. 矿产综合利用，2002，(3)：46-49.

[6] 王宁，陆军，施捍东. 有色金属工业冶炼废渣——镍渣的综合利用. 环境工程，2002，12 (1)：58-59.

[7] 曹学增，陈爱英. 电镀锡渣制备氯化亚锡和锡酸钠. 应用化工，2002，31 (3)：38-40.

[8] 杨慧芬，王静静，景丽丽等. 王铜渣中铁的直接还原于磁选回收，中国有色金属学报，2011，21 (5)：1-6.

[9] 李鸿江，刘清，赵由才. 冶金过程固体废物处理与资源化. 北京：冶金工业出版社，2007.

[10] 黄柱成，蔡江松，杨永斌. 浸锌渣中有价元素的综合利用. 矿产综合利用，2002，(3)：46-49.

[11] 王宁，陆军，施捍东. 有色金属工业冶炼废渣——镍渣的综合利用. 环境工程，2002，12 (1)：58-59.

[12] 曹学增，陈爱英. 电镀锡渣制备氯化亚锡和锡酸钠. 应用化工，2002，31 (3)：38-40.

## ◉ 习题

(1) 简述赤泥组成和性质特点，分析从赤泥中可回收的有价金属。

(2) 某铅锌冶炼企业产生的砷烟尘，其主要化学成分包括 Pb 45%、As 13%、In 0.4%、Zn 3%、Cd 3%、Sb 2.5%、Cu 0.7%、Fe 1%，其中，铅主要以 PbO 形态存在于烟灰中，砷主要以 $As_2O_3$ 形态存在于烟尘中，铟以 $In_2O_3$ 占 76%，以 $In_2S_3$ 占 23%，以 $In_2(SO_4)_3$ 占 0.66%，试设计合理的工艺综合回收砷烟尘中的 Pb、In、Zn、Sb 等有价金属。

(3) 锌渣是锌厂提炼锌时产生的废渣，其化学组成和性质与铁粉相似，其成分中 $SiO_2$ 26.31%、$Al_2O_3$ 12.78%、$Fe_2O_3$ 47.26%、CaO 8.13%、MgO 9.84%、烧失量 0.51%，试设计合理的锌渣资源化利用工艺流程。

(4) 简述铜渣生产硫酸铜及回收有价金属的工艺原理。

(5) 分析铜渣生产水泥与高炉渣、粉煤灰生产水泥的异同。

(6) 简述镍渣制备氧化镍工艺与特点。

# 8 化工固体废物的资源化

化学工业固体废物是指化学产品生产过程中产生的固态、半固态或浆状废弃物，包括化工生产过程中进行化合、分解、合成等化学反应时产生的不合格产品（包括中间产品）、副产物、失效催化剂、废添加剂、未反应的原料及原料中夹带的杂质等直接从反应装置排出的或在产品精制、分离、洗涤时由相应装置排出的工艺废物等。化工固体废物多属有害废物，但组成中有相当一部分是未反应的原料和反应副产物。因此，化学工业固体废物的资源化具有明显的环境效益和经济效益。

## 8.1 硫酸渣的资源化

硫酸工业产生的固体废物主要有硫酸渣（也称黄铁矿烧渣）、水洗净化工艺废水处理后污泥、废催化剂等。由于我国硫酸生产以硫铁矿为主要原料，采用水洗净化和转化-吸收生产工艺为主，加上小型硫酸厂多，致使硫酸工业成为我国化学工业污染较严重的行业之一。

### 8.1.1 硫酸渣的来源与组成

（1）来源　硫酸渣是硫酸生产过程中硫铁矿（黄铁矿等含硫铁矿物）或含硫尾砂等原料氧化焙烧脱硫后产出的粉末状固体残渣，图 8-1 所示为硫酸生产工艺流程。

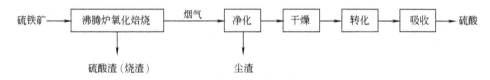

图 8-1　硫酸生产工艺流程

硫酸渣的排放量与所用原料的品位有关。硫铁矿含硫量越高，硫酸渣排放量越低。当硫铁矿含硫 25％～35％时，生产每吨硫酸约产生 0.7～1t 硫酸渣。全国每年硫酸渣总排量为 1300 万吨，加上全国积存未能及时处理的硫酸渣，其总量相当可观。

（2）组成　硫铁矿主要由硫和铁组成，有的伴生少量有色金属和稀贵金属。在生产硫酸时，硫铁矿中的硫已被提取利用，铁及其他元素转入烧渣中。表 8-1 所示为硫酸渣的化学组成。

烧渣的化学组成随原料不同而异，但主要成分是铁，还含有一定数量的铜、铅、锌、金、银等。其中，铁、铜、铅、锌等元素主要以氧化物形式存在，少量为硫化物、硫酸盐和铁酸盐形式，硫酸渣因含 $Fe_2O_3$ 成分而呈褐红色。

硫酸渣中含多种金属元素，除可从中回收铜、铅、锌、钴、金、银等金属外，还可用来制备铁粉、生产三氯化铁和铁氧红、作水泥的辅助材料以及用于炼铁等。

硫酸渣的粒度组成也随原料不同而异，但总的来说，粒度偏细，以 $-200$ 目（$-74\mu m$）为主。其粒度组成如表 8-2 所示。

表 8-1　硫铁矿烧渣的化学组成　　　　　　　　　单位：%

| 成分 | 南京 | 吴泾 | 山东乳山 | 安徽铜陵 | 日本户钿 | 德国杜伊斯堡 |
|---|---|---|---|---|---|---|
| Fe | 54.80~55.60 | 52 | 21.2 | 52~55 | 62.58 | 47~63 |
| Cu | 0.26~0.35 | 0.24 | 0.067 | 0.2~0.4 | 0.39 | 0.03~0.08 |
| Pb | 0.015~0.018 | 0.054 | 0.03 | 0.03~0.05 | 0.29 | 0.01~1.20 |
| Zn | 0.77~1.54 | 0.19 | 0.03 | 0.01 | 0.14 | 0.08~1.86 |
| Co | 0.012~0.032 | | | | | 0.05~0.10 |
| Au/(g/t) | 0.33~0.90 | | 4.38 | 0.3~0.4 | 0.65 | 0~1.20 |
| Ag/(g/t) | 12.00~40.00 | | 10 | 13 | 31.69 | 2.00~27.90 |
| S | 1.02~4.80 | 0.31 | 0.53 | 0.4~0.7 | 0.46 | 1.20~3.40 |
| As | | | | 0.05 | 0.05 | |
| SiO$_2$ | 11.42 | 15.96 | 39.9 | 8~13 | | 3.10~12.40 |
| Al$_2$O$_3$ | 1.43 | | 5.39 | | | |
| MgO | <1 | | | | | |
| CaO | 2.17 | | 2.51 | | | |

表 8-2　烧渣的粒度组成　　　　　　　　　单位：%

| 粒级(网目) | +60 | +100 | +150 | +200 | +250 | +325 | −325 |
|---|---|---|---|---|---|---|---|
| 烧渣 1 | 4.2 | 1.85 | 12.05 | 18.1 | 63.8 | — | — |
| 烧渣 2 | 4.1 | 2.1 | 0.5 | 10.3 | 9.0 | 14.0 | 60.0 |

### 8.1.2　硫酸渣中有价金属的回收

　　硫酸渣中含铁量很大，但直接送去炼铁则会由于其中含铜、铅、锌、硫、砷而影响生铁质量，同时对铜、铅、锌等有色金属也是一种资源的浪费。因此，烧渣中有价金属应予综合回收。综合回收烧渣中有价金属的方法有稀酸直接浸出、磁化焙烧-磁选、硫酸化焙烧-浸出、氯化焙烧等。其中，氯化焙烧是目前工业上综合利用程度较好、工艺较为完善的方法。

　　(1) 氯化焙烧回收有色金属　氯化焙烧是利用氯化剂与烧渣在一定温度下加热焙烧，使有色金属转化为氯化物而回收。根据反应温度不同可分为中温氯化焙烧与高温氯化焙烧两种类型，氯化反应式为：

$$硫酸渣中的有价金属 Me^{n+} + 氯化剂 \longrightarrow MeCl_n + 焙砂$$

　　① 中温氯化焙烧　指烧渣与氯化剂在 500~600℃ 的温度下焙烧，进行氯化反应，生成的金属氯化物呈固态留在焙砂中，继而用水或酸浸出焙砂，使金属氯化物呈可溶性物质与渣分离，再从浸出液中回收金属，故中温氯化焙烧又称氯化焙烧-浸出。

　　氯化过程中所用的氯化剂为固体的 NaCl，不用 CaCl$_2$，以防止焙砂中 CaSO$_4$ 的生成而影响焙砂的进一步利用。图 8-2 所示为中温氯化焙烧工艺流程。

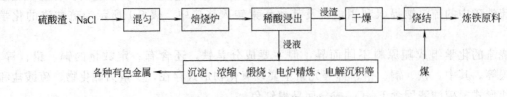

图 8-2　中温氯化焙烧工艺流程

　　所用焙烧炉为多膛炉或沸腾炉。回收金属后的焙砂，经干燥制成烧结矿或球团矿，作为高炉炼铁原料。如，西德杜伊斯堡炼钢厂采用中温氯化焙烧法处理硫酸渣，处理能力为 200万吨/年。其工艺为：将硫酸渣配入 8%~10% 食盐，在 500~600℃ 的 10~11 层多膛炉内进行焙烧，焙砂润湿后进行渗滤浸出，浸出用的稀酸为烟气用水吸收的产物（内含硫酸、亚硫酸、盐酸，酸度相当于 7％盐酸）。浸渣（含 61％～63％Fe 及部分 PbSO$_4$、AgCl）干燥后与煤混合在带式烧结机上烧结成炼铁原料。浸出溶液则经沉淀、浓密、过滤、煅烧、电炉精炼及电解沉积等工序提取有色金属。主要金属回收率分别为：80％Cu、75％Zn、45％Ag、50％Co。我国南京钢铁厂采用高硫（7％～11％）、低盐（4％～5％NaCl）配料制度，在沸腾炉内 [（650±30）℃] 进行钴黄铁矿烧渣的中温氯化焙烧，有色金属溶出率为：Co 81.86％、Cu 83.4％、Ni 60.6％。

在中温氯化焙烧过程中，烧渣中的有色金属和稀贵金属呈氯化物形式得到回收，而铁形成 Fe$_2$O$_3$ 存在于焙砂中，铁在氯化过程的反应式为：

$$3MeO \cdot Fe_2O_3 + FeS \longrightarrow 3MeO + 7FeO + SO_2$$
$$Fe_2O_3 + 3SO_3 \longrightarrow Fe_2(SO_4)_3$$
$$Fe_2(SO_4)_3 + 3Cl_2 \longrightarrow FeCl_3 + 2SO_2 + 2O_2$$
$$4FeCl_3 + 3O_2 \longrightarrow 2Fe_2O_3 + 6Cl_2$$
$$2FeCl_3 + 3H_2O \longrightarrow Fe_2O_3 + 6HCl$$

中温氯化焙烧所用的氯化剂（NaCl）来源广泛，易得，价格便宜。工艺比较成熟，流程简单，操作方便。但浸出作业复杂，浸出量大，对焙砂粒度有一定要求，金属回收率不够理想。浸渣需先造球才能提供炼铁工序使用，且含硫量高，在烧结时易造成污染环境等。因此，此法的发展受到限制，近年来氯化焙烧的方向趋于高温氯化焙烧。

② 高温氯化焙烧　将烧渣与氯化剂混合制成球团，经过干燥后在 1000～1200℃下进行焙烧，使烧渣中的有价金属氯化挥发而与氧化铁和脉石分离，氯化挥发物收集后用湿法提取有价金属，焙烧球团可直接作为炼铁原料。图 8-3 所示为日本"光和法"高温氯化焙烧工艺流程。

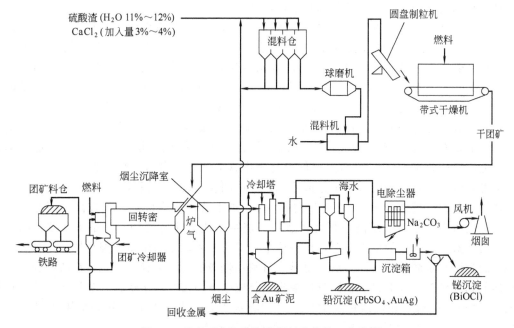

图 8-3 日本"光和法"高温氯化焙烧工艺流程

硫酸渣，送球团工段制备球团，造球原料中加入的氯化剂，除氯化钙外，还包括钢铁酸洗废液氯化铁溶液。配备球团原料时，根据废氯化铁溶液中盐酸的浓度，投加适量消石灰。

再在调湿机内混合搅拌均匀，送入造球机，做成直径 1cm 的生球团，供氯化焙烧使用。焙烧生球团采用回转窑，生球团从窑的高端进料口进入。焙烧所需热源，由废氯烃类和重油的燃烧供给。燃料在窑内距入口 1/3 窑长处燃烧，产生的高温使球团中的有色金属氯化，生成挥发态金属氯化物。氯化反应所需氯源，系包含在生球团内的氯化剂和废氯烃类燃料。焙烧产生的烟气，经除尘、稀酸洗涤、吸收，其中的金属氯化物和氯化氢转入液相。后者进入循环溶液槽，作为循环吸收液循环于冷却净化吸收系统。足够浓的吸收液用消石灰中和处理后，送溶液处理工段，用湿法冶金回收有色金属。经洗涤、吸收处理后的气体，再通过脱硫装置后排入大气。焙烧后的球团送炼铁厂，供作高炉炼铁原料。

与中温氯化焙烧比，高温氯化焙烧湿法处理量少，后续工序成本低，金属回收率较高，烧结球团适于直接炼铁，因而发展比较迅速。

我国河南开封钢铁厂，采用竖炉球团高温氯化法回收烧渣中的有色金属并制球团矿。该厂将烧渣、苛性钠或石灰、氯化钙以 (88～91):(4～6):(5～6) 的配比均匀混合，制成球团，用竖式干燥炉干燥后，投入 $2.1m^3$ 的竖炉中进行高温固结、分离有色金属和脱硫。有色金属氯化物随烟气进入收尘装置，为循环溶液所吸收。其中收集的铜和锌，用中和脱酸、铁屑置换铜、净化除铁、中和沉淀脱氯的方法分离。焙烧产生的球团矿，用作高炉炼铁原料。此法可使烧渣中铜的挥发率达到 60%～83%、锌的挥发率 58%～88%、硫的挥发率 67%～98%。

(2) 回收铁　烧渣中含铁较高，其中的铁可通过炼铁或通过生产铁黄、铁红等化工原料加以回收。

① 炼铁　烧渣中一般含铁 30%～50%，可作为炼铁用的含铁原料。但由于烧渣含铁低，含硫 (一般含硫 1%～2%，高于标准 0.5%) 及 $SiO_2$、有色金属等杂质较高，若直接用于炼铁得不到理想的经济效果。因此，烧渣炼铁前需进行提高铁的品位、降低有害杂质含量的预处理。常用的预处理技术包括分选和造块烧结。

烧渣分选常用磁选或重选两种方法。选择方法时需要根据硫酸渣的类型来决定，一般有以下几点。a. 黑色烧渣中的铁矿物以强磁性铁矿物为主，采用弱磁选方法即可将强磁性铁矿物选出。磁选工艺流程较简单：将烧渣加水造浆，再由磁场强度为 67660～119400A/m (850～1500Oe) 的磁选机选别，可得到铁品位＞58%、硫含量＜1% 的铁精矿。铁精矿的铁回收率 70%～85%、脱硫率在 45% 左右。b. 棕黑色烧渣中的铁矿物有强磁性铁矿物和弱磁性铁矿物。处理此类烧渣常选用磁选-重选联合流程，磁选选出其中的强磁性铁，再经重选选出其中的弱磁性铁。选矿设备主要有磁选机、摇床或螺旋溜槽。经选别后，脱硫率达 60% 以上，铁回收率 68%～75%。c. 红色烧渣中铁矿物绝大部分是弱磁性的赤铁矿，这种烧渣的磁选效果不好，一般采用重选或浮选，但铁回收率较低，只有 50% 左右。

烧渣由于粒度较细 (一般-200 目占 50%)，加上分选后含硫量仍然较高，因此直接入高炉冶炼仍有很大困难，还需进行烧结造块。烧结造块方法有两种：一是将含铁较高 (＞55%) 的烧渣或分选后的烧渣精矿，代替适量铁矿粉配入烧结料中生产烧结块，这种烧渣直接炼铁的方法是最简单易行的方法，也是大量利用烧渣的主要途径。一是在烧渣中配入一定量的熔剂和胶黏剂，经混料后在圆盘造粒机上制成生球，再经过干燥送入竖炉焙烧成为炼铁球团块。烧渣 100kg，白煤或焦炭 10kg，块状石灰 15kg，拌匀后在回转炉中烧结 8h，含硫量可从 0.8%～1.5% 降到 0.4%～0.8%，脱硫率达 50%。

② 生产铁黄　铁皮直接氧化或用硫酸亚铁加铁屑通空气氧化均可制得铁基颜料铁黄，后者已在工业上得到了应用。硫酸渣来源广，可用硫酸渣为原料，黄铁粉作还原剂，采用湿式空气氧化法制备铁基颜料铁黄，其工艺流程如图 8-4 所示。

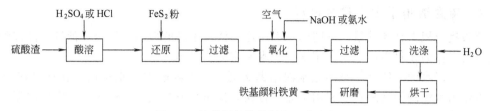

图 8-4 铁基颜料铁黄制备工艺流程

称取一定量的硫酸渣，加入硫酸或盐酸，使渣中铁酸溶生成 $Fe^{3+}$ 而进入溶液。加水稀释，使溶液中 $Fe^{3+}$ 浓度保持在 $0.50mol/L$，再用黄铁矿粉作还原剂，在温度 $80℃$ 条件下进行还原反应获得 $Fe^{2+}$ 溶液。过滤后滤液通入空气进行氧化反应，并用 NaOH 或氨水将溶液的 pH 调至 3~4。当溶液中出现的黄色沉淀物的颜色和沉降速度达到要求时，将沉淀物进行过滤、洗涤。洗涤后得到的滤饼在 $60℃$ 温度下烘干、研磨后即得粉状、橙黄色铁基颜料铁黄产品，该产品主要成分是 $Fe_2O_3$，可作为油漆、涂料、油墨等的颜料使用。

③ 生产铁红 一种人们熟悉的铁基颜料，市场需求量大，尤其是高档次的铁红。图 8-5 所示为硫酸渣制备铁红工艺流程。

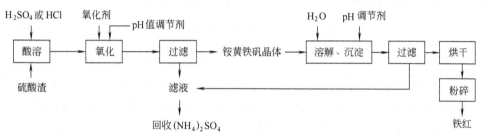

图 8-5 硫酸渣制备铁红工艺流程

称取一定量的硫酸渣，加入硫酸或盐酸，使渣中铁酸溶生成 $Fe_2(SO_4)_3$ 和 $FeSO_4$ 而进入溶液。为了调整铁盐浓度，加铁皮对溶液进行适当处理。溶液中 $Fe^{2+}$ 结晶析出能力较差，而 $Fe^{3+}$ 较易从溶液中结晶析出，因此，需将 $Fe^{2+}$ 氧化 $Fe^{3+}$ 成再进行分离。常用的氧化剂有 $MnO_2$、$H_2O_2$、$HNO_3$ 和空气。用氨水调节溶液 pH 约 1.5，得到铵黄铁矾晶体，反应式如下：

$$3Fe_2(SO_4)_3+6H_2O \Longrightarrow 6Fe(OH)SO_4+3H_2SO_4$$

$$4Fe(OH)SO_4+4H_2O \Longrightarrow 2Fe_2(OH)_4SO_4+2H_2SO_4$$

$$2Fe(OH)SO_4+2Fe_2(OH)_4SO_4+2NH_3+2H_2O \Longrightarrow (NH_4)_2Fe_6(SO_4)_4(OH)_{12}\downarrow$$

将生成的铵黄铁矾晶体溶于适量水中，用 $NH_3$ 调节至 pH≥5，即生成红色沉淀。加热到 $60℃$ 静置，待沉淀完全后过滤。滤饼洗涤后在 $105℃$ 脱水烘干、粉碎，得到鲜红色 $Fe_2O_3$ 含量≥98% 的铁红产品。滤液经蒸发结晶回收 $(NH_4)_2SO_4$ 产品，作为肥料使用。

④ 制备含砷废水净化剂 硫酸渣用 CO 还原后，得到的还原产物与硫铁矿粉共热，可制得高效含砷废水净化剂 FeS。硫酸渣的最佳还原温度为 $800~900℃$，制备净化剂的最佳温度为 $250℃$ 左右。

此外，硫酸渣经破碎、磁化、焙烧、破碎、磁选等工序，还可生产出质量较好的氯化铁粉。上海吴泾化工厂生产硫酸排出的大量废渣，其中含铁 $45\%~50\%$。它们将硫酸渣用废盐酸浸出，然后筛分、过滤。滤渣用作制砖材料，滤液经过蒸发浓缩、结晶和离心分离，产生铁盐结晶体。经干燥再用氢气还原，即得纯铁粉，含铁 $99\%$。

### 8.1.3　硫酸渣用于生产建筑材料

硫酸渣应根据其含铁量的不同确定其用途。铁含量高的应回炉炼铁，低铁、高硅酸盐的硫酸渣适宜作为建材生产原料，用于生产水泥或砌墙砖等。

（1）生产水泥　$Fe_2O_3$ 是制造水泥的助熔剂。烧渣经磁选和重选后，含铁量在30%左右，可作为水泥的辅助配料。利用烧渣代替铁矿粉作水泥烧制的助熔剂，以降低水泥的烧成温度，提高水泥的强度和抗侵蚀能力。

水泥工业对铁矿粉的品位要求，一般是含铁量35%～40%，而硫对水泥质量是有害的。但由于水泥烧成温度较高，因而脱硫率较好，因此，对铁矿粉的含硫量要求不十分严格。用硫酸渣代替铁矿粉作为水泥烧成的助熔剂时，烧渣中铁和硫的含量均能满足水泥工业的要求，因此，我国许多水泥厂广泛利用烧渣代替铁矿粉，以降低水泥成本。水泥生料中烧渣掺量约为3%～5%。每年用于水泥工业的烧渣，大约占烧渣年产量的20%～25%。

（2）制砖　含铁量较低，而硅、铝含量较高的烧渣可代替黏土，掺和适量石灰，经湿碾、加压成型、自然养护制成硫酸渣砖。此法生产工艺简单，不需焙烧，也不需蒸压或蒸汽养护，砖的物理性能良好，成本低于黏土砖。河南长葛化工总厂年产硫酸2万吨，所产硫酸渣视密度为2.1，松散密度为1.24，其主要成分如表8-3所示。

表8-3　河南长葛化工总厂硫酸渣组成　　　　　　　　　　　单位：%

| 化学成分 | $Fe_2O_3$ | $SiO_2$ | CaO | MgO | $Al_2O_3$ | 烧失量 |
|---|---|---|---|---|---|---|
| 含量 | 27.83 | 33.54 | 3.42 | 0.83 | 26.63 | 3.06 |

其所产出的硫酸渣从沸腾炉排出后，用自来水水淬冷却并与净化系统排出的尘渣一起堆放10～15天，使颗粒充分粉化成细粉料，然后按细粉料：消石灰＝84：16的比例与－2mm消石灰粉充分混合均匀。加入适量的水进行湿碾，使混合料颗粒受到挤压后进一步细化、均匀化和胶体化，得到密实、富有弹性、含水率11%～15%的成型物料。经过湿碾的混合料进一步陈化后，送入压砖机压制成型，成型压力150～200kg/cm²。成型后的砖坯在适宜的空气湿度下自然养护28天，即得合格的烧渣砖制品。图8-6所示为该厂硫酸渣制砖工艺流程。

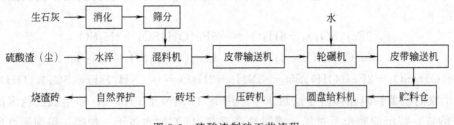

图8-6　硫酸渣制砖工艺流程

硫酸渣制砖可将废渣全部利用。以年产1万吨硫酸所产废渣计，采用废渣制砖制度后，每年可产硫酸渣砖600万块，减少废渣占地5亩以上，与普通黏土砖比，可节约标煤600t。因此，其环境效益和经济效益都很显著。

## 8.2　铬渣的资源化

铬渣是重铬酸钠、金属铬生产过程排出的残渣。一般，每生产1t重铬酸钠同时产生3～3.5t铬渣。据估计，我国冶金和化学工业每年约排出铬渣20万～30万吨。

### 8.2.1 铬渣的来源与组成

铬渣是由铬铁矿、纯碱、白云石、石灰石原料在 $1100\sim1200℃$ 高温焙烧，用水浸出重铬酸钠后得到的残渣。生产流程如图 8-7 所示。

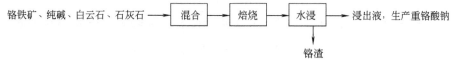

铬铁矿、纯碱、白云石、石灰石 → 混合 → 焙烧 → 水浸 → 浸出液，生产重铬酸钠
↓
铬渣

图 8-7　重铬酸钠生产工艺流程

我国生产重铬酸钠的工艺流程大体相同，生产厂排出的铬渣的成分也大致相同，表 8-4 所示为铬渣的基本组成。表 8-5 所示为铬渣的矿物组成。

**表 8-4　铬渣的基本组成**　　　　　　　　　　　　　　单位：%

| 组成 | $Cr_2O_3$ | $Cr^{6+}$ | $SiO_2$ | CaO | MgO | $Al_2O_3$ | $Fe_2O_3$ |
|---|---|---|---|---|---|---|---|
| 含量 | 3~7 | 0.3~2.9 | 8~11 | 29~36 | 20~33 | 5~8 | 7~11 |

**表 8-5　铬渣的矿物组成**

| 物　相 | 化　学　式 | 含量/% | 备　注 |
|---|---|---|---|
| 方镁石 | MgO | 约 20 | 熟料原有 |
| 硅酸二钙 | $\beta$-2CaO·$SiO_2$ | 约 25 | 熟料原有 |
| 铁铝酸钙 | 4CaO·$Al_2O_3$·$Fe_2O_3$ | 约 25 | 熟料原有 |
| 亚铬酸钙 | $\alpha$-$CaCr_2O_4$ | 两项合计 5~10 | 熟料原有 |
| 铬尖晶石 | (Fe·Mg)$Cr_2O_4$ | | 熟料原有 |
| 铬酸钙 | $CaCrO_4$ | 2~3 | 熟料原有 |
| 四水铬酸钠 | $Na_2CrO_4$·$4H_2O$ | 1~3 | 浸取形成 |
| 铬铝酸钙 | 4CaO·$Al_2O_3$·$CrO_3$·$12H_2O$ | 1~3 | 浸取形成 |
| 碱式铬酸铁 | Fe(OH)$CrO_4$ | <0.5 | 浸取形成 |
| 碳酸钙 | $CaCO_3$ | 2~3 | |
| 水合铝酸钙 | 3CaC·$Al_2O_3$·$6H_2O$ | 1 | |
| 氢氧化铝 | Al(OH)$_3$ | 1 | 浸取形成 |

铬渣中含有大量水溶性六价铬，形成的主要有害物质有水溶性的铬酸钠（$Na_2CrO_4$）和酸溶性的铬酸钙（$CaCrO_4$）等。铬渣中的六价铬具有很强的氧化性而具有很大的毒性，加上铬渣又是强碱性物质，容易对环境造成污染或对人体造成危害。因此，铬渣的处理和资源化利用一直为社会各界所关注。

铬渣的处理和利用方法很多，但就其解毒原理而言，不外乎两个途径：一是将毒性大的 $Cr^{6+}$ 还原为毒性小的 $Cr^{3+}$，并使其生成不溶性的化合物，从而防止污染；二是将 $Cr^{6+}$ 还原为 $Cr^{3+}$ 的同时，进行资源化利用，使其中的铬不易被水溶出，从而避免其污染。

### 8.2.2 铬渣的熔融固化与利用

铬渣的熔融固化就是使铬渣在高温下熔化，并在还原性气氛中使 $Cr^{6+}$ 转化为 $Cr^{3+}$ 形成含 $Cr^3$ 的熔体，冷却后成为玻璃态固熔体的过程，固熔体作为产品直接利用。

（1）铬渣制备玻璃着色剂　制造绿色玻璃常用铬矿粉作着色剂，主要是利用 $Cr^{3+}$ 在玻璃中的吸收和透过光的性质。$Cr^{3+}$ 能吸收 $446\sim461nm$、$656\sim658nm$ 及 $684\sim688nm$ 波长的光，在 $650\sim680nm$ 附近有红外吸收带，在 $450nm$ 有蓝色吸收带，二者结合后呈绿色。由于铬渣中含有部分未反应掉的铬矿粉和 $Cr^{6+}$，高温有利于 $Cr^{6+}$ 转变为 $Cr^{3+}$，因此，铬渣可代替铬矿粉做绿色玻璃的着色剂。图 8-8 所示为青岛红星化工厂利用铬渣制备玻璃着色剂工艺流程。

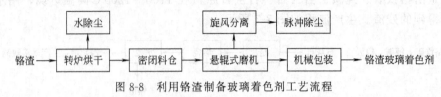

图 8-8 利用铬渣制备玻璃着色剂工艺流程

铬渣经槽式给料机送至颚式破碎机粗碎至 40mm 以下，再用皮带运输机经过磁力除铁器除铁后送至转筒烘干机烘干。热源由煤燃式燃烧室提供，热烟气（温度大于 400℃）经过烘干机与铬渣顺流接触，最后经旋风除尘器及水浴除尘器除尘，再由离心引风机排至大气。烘干后的铬渣，出料温度不大于 80℃，湿度不大于 5％，用密闭式斗式提升机送到密闭料仓内，又电磁振动给料机定量送入磁力除铁器。除铁后送入悬辊式磨粉机粉碎至 40 目以上。铬渣粉由密闭管道风送到包装工序包装后作为玻璃着色剂出售。

目前，北京、天津、沈阳等地都改用铬渣代替铬矿粉做玻璃着色剂。此法的优点是：①Cr^6+ 可还原为 Cr^{3+}，达到解毒目的；②铬渣中含有的 CaO、MgO 可代替玻璃配料中的白云石和石灰石，降低了成本；③玻璃色泽鲜艳，质量有所提高。一般，每 30t 玻璃制品可消耗 1t 铬渣。铬渣加入量＜2％，玻璃呈淡绿色；铬渣加入量 3％～5％，玻璃呈翠绿色；铬渣加入量＞6％，玻璃呈深绿色。铬渣的加入量不能太高，否则玻璃便不透明。掺入铬渣的适宜粒度为小于 0.4mm，含水率在 10％以下。

（2）铬渣制备钙镁磷肥 天然磷矿石中的磷（肥源），常以磷酸三钙的结晶形式存在，其中的磷不溶于水，也不溶于弱酸（如 2％的柠檬酸）而难被植物吸收。为了能被植物吸收，必须破坏磷矿石晶态，用高温熔融法制成钙镁磷肥。钙镁磷肥制备过程为：磷矿石与助熔剂混合，并在高温下熔融，然后水淬成为玻璃体。玻璃体中的磷能溶于弱酸（包括 2％的柠檬酸）而易被植物吸收。

在钙镁磷肥的生产中，使用助熔剂可降低磷矿石的熔点，降低成本。常用的助熔剂为蛇纹石，是一种含氧化镁 30％～38％，二氧化硅 35％～40％，还常含铁、钴、镍、铬及微量铂族元素的硅酸盐矿物。铬渣与蛇纹石相比，其主要成分十分接近，因此可通过适当的配料代替蛇纹石作助熔剂。图 8-9 所示为湖南湘潭化工厂以铬渣为熔剂生产钙镁磷肥工艺流程。

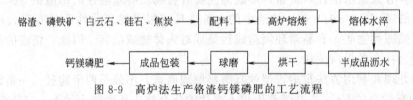

图 8-9 高炉法生产铬渣钙镁磷肥的工艺流程

将铬渣、磷矿石、白云石、蛇纹石和焦炭按一定比例配料投入高炉，在 1350～1450℃进行熔融反应。炉内的高温和还原性气氛，使配料中的 Cr^{6+} 还原成 Cr^{3+}，反应式为：

$$4Na_2CrO_4 + 3C \longrightarrow 4Na_2O + 3CO_2 + 2Cr_2O_3$$

或

$$2Na_2CrO_4 + 3CO \longrightarrow 2Na_2O + 3CO_2 + Cr_2O_3$$

生成的 $Cr_2O_3$ 和渣中原有的 $Cr_2O_3$，部分被进一步还原，生成金属 Cr 和碳化铬 $Cr_7C_3$ 进入铁水，其主要反应式为：

$$Cr_2O_3 + 3C \longrightarrow 2Cr + 3CO$$

$$\frac{2}{3}Cr_2O_3 + \frac{18}{7}C \longrightarrow \frac{4}{21}Cr_7C_3 + 2CO$$

剩下未被还原的 $Cr_2O_3$ 在出炉熔体水淬后，保留在产品的玻璃体中，成为不溶于水的低毒性物质。水淬产物沥水分离、转筒内干燥后球磨粉碎即得成品钙镁磷肥。铬渣配入量 $10\%\sim15\%$，磷肥半成品 $P_2O_5$ 含量 $13.5\%\sim14.5\%$，转化率为 $94\%$。

（3）铬渣生产铸石　以铬渣为主，加入适当的配料，可生产出合格的铸石。因铬渣中不但有铸石需要的硅、钙、镁、铝、铁等，铬渣还可代替铬铁矿作为铸石生产中的晶核剂。铬渣中的 $Cr^{6+}$ 能在高温下分解被熔浆中的铁还原为 $Cr_2O_3$，并与熔浆中的铁结合形成铬铁矿。图 8-10 所示为沈阳新城化工厂利用铬渣制备铸石的工艺流程。

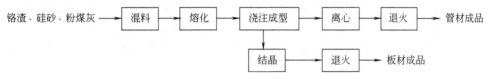

图 8-10　利用铬渣制备铸石工艺流程

铬渣铸石适宜的配料比为：铬渣 $30\%\sim50\%$、硅砂 $25\%\sim30\%$、粉煤灰 $40\%\sim45\%$。铬渣配料混匀后在 $1520\sim1550℃$ 温度下熔化，使铬渣 $Cr^{6+}$ 被熔浆中的亚铁还原为 $Cr^{3+}$，并与铁形成铬铁矿。铬铁矿在熔体冷却时起晶核的作用，矿物质围绕着铬铁矿结晶形成各种形态的辉石晶体，而使铬牢固地固定在铸石晶格中，熔体中的反应如下：

$$Na_2CrO_4 \longrightarrow CrO_3 + Na_2O$$
$$2CrO_3 + 7FeO \longrightarrow FeO \cdot Cr_2O_3（铬铁矿）+ 3Fe_2O_3$$

铬渣铸石的浇注温度 $1250℃$，结晶温度 $880\sim920℃$，结晶时间 $30min$，退火起点温度 $700℃$，自然降温至常温，成品率 $70\%\sim80\%$。

（4）铬渣生产水泥并联产含铬铸铁和钾肥　铬渣中含有较高量的 $CaO$、$MgO$、$SiO_2$、$Al_2O_3$ 和 $Fe_2O_3$，为充分利用这些成分，可采用图 8-11 所示工艺流程生产水泥并联产含铬铸铁和钾肥。

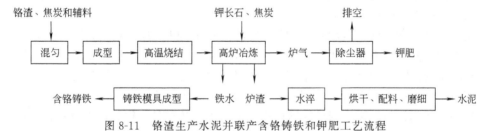

图 8-11　铬渣生产水泥并联产含铬铸铁和钾肥工艺流程

将铬渣、焦炭粉和辅料按比例和要求的碱度计量后，混匀、成型，并在 $900\sim1400℃$ 高温下烧结，使铬渣中 $Cr^{6+}$ 被还原为 $Cr^{3+}$，生成新矿物。将烧结矿、钾长石辅料和焦炭按一定比例投入高炉冶炼。炉料熔融后，渣铁按层分离。上部熔渣从排渣口排出，经水淬骤冷凝固，生成 $0.5\sim5mm$ 粒度的白色炉渣，再经烘干、配料、磨细，得到白色水泥产品。如果高炉配料中掺入的铬渣烧结矿较多，则所得高炉渣可生产矿渣水泥，也可配入水泥熟料生产矿渣硅酸盐水泥（一般可掺入 $30\%\sim50\%$）。

高炉炉料中的铁、铬和一部分硅等氧化物，在冶炼中被还原，生成含铬 $12\%\sim20\%$ 的含铬铸铁液，沉于渣层下面。定期开放炉体下部的出铁口，使铁液流到铸铁模中凝固成型，获得含铬铸铁。

在冶炼过程中，炉料中的碱金属氧化物 $K_2O$、$Na_2O$ 等进入炉气，最终以钾盐灰形式随同高炉煤气由炉顶排出，经各段除尘器分离固相后，得到含 $K_2O$ $15\%\sim25\%$ 的钾肥。

水淬渣中铬含量随铬渣搀量增加而略有升高，其最高均值为 0.016mg/kg。当高炉配料中铬渣搀入量由 30% 提高到 50% 时，水渣中水溶性铬最高平均值为 1.966mg/kg。若作为硅酸盐水泥搀和料时，则上述水溶性铬含量将大为降低，低于某些水泥厂水泥产品中的水溶性铬含量。当掺入铬渣量由 30% 增加到 50% 时，除尘系统收下的钾盐灰中水溶性 $Cr^{6+}$ 均低于 0.4mg/kg，可用作钾肥。

含铬铸铁是一种新型铸铁品种，具有耐腐蚀、抗热、耐磨等特性。铬渣中的铬约有 92% 进入铸铁中，水淬渣中带出约 8%，其余部分微量。铬渣中铁和铬的回收率可达 90%～98%，5～6t 铬渣可产出 1t 铸铁，同时产出 10～15t 白色水泥或 15～19t 矿渣硅酸盐水泥，0.1～0.5t 钾肥。因此，经济效益显著，铬渣综合利用率高，无二次污染。

（5）铬渣的其他熔融固化利用方法　铬渣还可借类似的高温熔融法，通过喷丝制造矿渣棉。

铬渣可代替石灰石、白云石做炼铁熔剂。铬渣用量大，每吨铁可耗铬渣 600kg，且这种铁中由于含有铬，所以生铁的硬度、耐磨性与抗腐蚀性比普通熔剂的都有提高。

### 8.2.3　铬渣的其他资源化方法

铬渣除可熔融固化实现资源化外，还可以采用烧结固化和其他途径实现铬渣的资源化。

（1）铬渣的烧结固化与资源化　烧结固化，即半熔融固化。铬渣的烧结固化包括铬渣制砖、轻骨料陶粒和水泥熟料。

① 铬渣制砖　用铬渣可制作青砖和红砖。在制青砖工艺中，先把掺加铬渣的砖坯置马弗窑中于 800～900℃ 下煅烧，后期加水饮窑，使渣中 $Cr^{6+}$ 转为 $Cr^{3+}$。广州铬盐厂以铬渣：黏土 =4:6 的配比制成的青砖，其抗压强度在 13.73MPa 以上，达到国家一级砖标准。湖北黄石无机盐厂以煤矸石：铬渣 =7:3 的配比也成功地烧制出青砖。

铬渣制红砖是由广州南岗砖厂生产的，掺渣量为 30%。并加入还原剂。四川灌县金马砖厂，用铬渣、黏土、煤粉和硫酸氢钠配料制坯，在窑中 1000℃ 下烧制成红砖。掺渣量 10%～20%，硫酸氢钠掺入量为 5%～7%。

② 铬渣制轻骨料陶粒　以生产青砖和红砖的类似原料和烧结方法生产建筑用轻骨料（陶粒）。但在原配料中需掺入适量的加气剂，以便在烧结时产气膨胀，形成多孔结构。

③ 制水泥熟料　以煤矸石和铬渣为原料，经配料、磨细、造粒和干燥，置回转窑中于 1200℃ 下煅烧，即得水泥熟料。烧结这种硅酸盐水泥熟料的铬渣掺加量可达 15%～20%。

（2）铬渣制钙铁粉　铬渣制成的钙铁粉无毒，可代替红丹、铁红用于酚醛、醇酸、环氧等油漆的生产。钙铁粉产品性能接近无毒防锈颜料——铁酸盐颜料，为油漆行业提供了一种价廉、无毒的防锈颜料。图 8-12 所示为黄石市无机盐厂利用铬渣制钙铁粉工艺流程。

图 8-12　利用铬渣制钙铁粉工艺流程

铬渣经风化、筛分后进行打浆。浆液按一定流量加入湿磨机中球磨至一定粒度，合格料浆经水洗除去水溶性盐后过滤，干浆送烘房用蒸汽烘至水分含量合格，再磨细至 -325 目 99.5% 后，包装即得成品钙铁粉。

过滤后的废水中含有 $Cr^{6+}$，具有一定的毒性，放入处理池后加入 $FeSO_4$，使 $Cr^{6+}$ 还原

为 $Cr^{3+}$，达标后排放。

## 8.3 氨碱法制碱废渣的资源化

纯碱是国民经济各部门不可缺少的基本化工原料，广泛用于建材、轻工、化工、冶金、电子及食品工业等。我国纯碱生产主要采用氨碱法和联合制碱法，也有天然碱加工。氨碱工业产生的废渣常年堆积、占去大片土地，排入海洋、河流，形成"白海"之患，已成为纯碱工业的主要污染源。

### 8.3.1 氨碱废渣的来源与组成

（1）来源 氨碱法生产的纯碱以食盐、石灰石为原料，借助氨的媒介作用，经过石灰石煅烧、盐水精制、吸氨、碳化、碳酸氢钠过滤、煅烧、母液蒸氨等工序制得，工艺流程如图 8-13 所示。

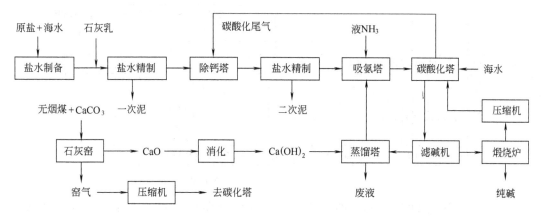

图 8-13 氨碱法生产的纯碱工艺流程

生产纯碱过程排出大量的废液和废渣。一般生产每吨纯碱需排渣（以干基计）约 $300\sim500kg$。这些废渣主要来自碳酸化过滤母液蒸氨过程中排出的蒸馏废液（含固态渣的悬浮液），其次来自精制盐水时产生的一次泥（氢氧化镁）和二次泥（碳酸钙）。

（2）废渣的组成 蒸馏废液的液相组成主要是氯化钙和氯化钠（每升清液约含 $85\sim100g$ 氯化钙，$50\sim55g$ 氯化钠），固相组成主要是碳酸钙、氢氧化镁、氯化钙、二氧化硅、硫酸钙、铁铝氧化物等。表 8-6 所示为国内两大制碱厂废渣的组成。

表 8-6　制碱废渣的组成　　　　　　　　　　　　　　单位：%

| 废渣成分 | 废渣来源 | |
| --- | --- | --- |
| | 青岛碱厂 | 天津碱厂 |
| $CaCO_3$ | 53.38 | $38\sim61$ |
| $CaSO_4$ | 14.10 | $1\sim6$ |
| $Mg(OH)_2$ | 9.04 | $4\sim13$ |
| $Fe_2O_3$ | 6.89 | $0.4\sim1.0$ |
| $Al_2O_3$ | | $2\sim4$ |
| $SiO_2$（酸不溶物） | 9.09 | $5\sim10$ |
| $CaO$ | 4.00 | $6\sim15$ |
| $CaCl_2$ | 经海水洗涤（以 $Cl^-$ 计） | $5\sim16$ |
| $NaCl$ | 2.36 | $0.4\sim7$ |

各种泥渣的纯度不一样，在二次泥中 $CaCO_3$ 含量可达 97% 以上，只要稍加处理，即可成为成品。因此，对各种废渣应先分类处理，不宜轻易混合排放，以免增加处理难度。

### 8.3.2 制碱废渣的资源化途径

根据制碱废渣的组成，目前的主要资源化途径有生产建筑材料、制备钙镁肥、生产轻质碳酸镁和氯化钙等产品。

（1）生产建筑材料 以氨碱废渣作基本原料可生产水泥及其他建筑材料。图 8-14 所示为天津碱厂利用制碱废渣生产水泥工艺流程。

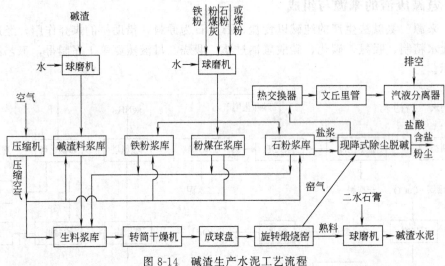

图 8-14 碱渣生产水泥工艺流程

天津碱厂利用 90%～95% 的碱渣、5%～6% 粉煤灰和 0～5% 铁粉，或 50% 碱渣、38%～40% 石粉、5%～6% 粉煤灰和 4%～5% 铁粉，维持饱和系数 0.85～0.90，硅酸率 1.5～2.0，铝氧率 1.0～2.5，按原料烘干、配料磨细、加水成球、入窑煅烧、磨烧水泥处理，在适宜的煅烧条件下可制备得到 400 号以上的碱渣水泥，性能符合普通硅酸盐水泥国家标准。这种水泥具有易磨、快凝和早强等特点。

前苏联用氯化物含量低于 2% 的废渣代替石灰石生产硅酸盐水泥，或利用废渣为基料与石灰石、黏土、灰渣按不同配比制成水泥。德国将碱厂废渣和过烧石灰、石英粉、碱性高炉渣、水和泡胀剂混合，用蒸汽分段熟化，制得多孔状的蒸汽固化混凝土（又称人造石），其抗压强度为 5.88～9.71MPa，最大弯曲强度为 2.75MPa，可在建筑物上应用。

（2）生产钙镁肥 波兰克拉科夫碱厂将制碱废渣全部制成钙肥，其生产方法是：将蒸氨塔排出的废液送入第一澄清槽（直径 8m）固液分离，清液用以制氯化钙，渣三次水洗、澄清、除去氯离子，再经调厚器以大型真空过滤机（25m²）过滤，得到含水 50% 的滤饼。将滤饼送入回转式干燥器，以烟道气将其干燥成钙肥。所得钙肥无毒，主要用于酸性土壤改良。

为减少废渣中大量 $Cl^-$ 对作物的毒害，天津碱厂采用将老白灰垱表层剥离的方法，即用经雨水洗涤过的、氯化物含量低的表层制备钙镁肥，其成分为：CaO 41.9%、MgO 3%、$Fe_2O_3$ 1.04%、$Al_2O_3$ 2.15%、$SiO_2$ 12.26%、$Cl^-$ 2%。图 8-15 所示为青岛碱厂利用蒸馏废液和废泥制备钙镁肥的工艺流程。

固含量大于 12% 的蒸馏废液经分砂、沉降、海水洗涤后，与固含量大于 10% 的盐泥一起加入计量槽计量，并压滤使滤饼含水 <50%，晒干进一步使水含量降到 20%～25%，再

图 8-15 利用蒸馏废液和废泥制备钙镁肥的工艺流程

经粉碎即可得到合格的钙镁肥，一般钙镁肥含盐（干基）小于 7%。

（3）盐泥制轻质氧化镁 盐泥含有 $Mg(OH)_2$、$CaCO_3$ 和可溶性 $Cl^-$ 以及 $CaSO_4$、酸不溶物等，用碳酸化法可制取轻质氧化镁。图 8-16 所示为氨碱废渣制备轻质碳酸镁工艺流程。

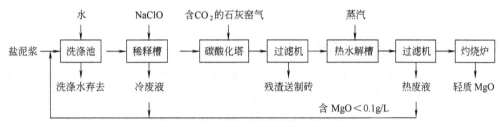

图 8-16 盐泥制轻质氧化镁工艺流程

盐泥制取轻质氧化镁包括除杂、碳酸化、水解和灼烧等几个工序，各工序的过程如下。

① 除杂 盐泥用水洗涤，除去大部分可溶性杂质（$Cl^-$ 和 $SO_4^{2-}$），而后送稀释槽加入适量的 NaClO 氧化剂，使 $Fe^{2+} \longrightarrow Fe^{3+}$，$Mn^{2+} \longrightarrow Mn^{4+}$，形成沉淀后除去，反应式为：

$$2Fe(OH)_2 + NaClO + H_2O \longrightarrow 2Fe(OH)_3 \downarrow + NaCl$$

$$Mn(OH)_2 + NaClO + H_2O \longrightarrow Mn(OH)_4 \downarrow + NaCl$$

② 碳酸化 经除杂处理后的盐泥含镁约 MgO $10 \sim 13g/L$。因 MgO 在盐泥中以 $Mg(OH)_2$ 的形式存在，需通入 $CO_2$（$CO_2$ 分压为 $98.1 \sim 196.1kPa$）在温度 $<36℃$ 酸化 45min 使其转变成 $Mg(HCO_3)_2$ 制成碳酸化泥乳，而盐泥中 $CaCO_3$ 除极少量溶解而生成 $Ca(HCO_3)_2$ 外，其余仍为固体 $CaCO_3$，反应式为：

$$Mg(OH)_2 + 2CO_2 \longrightarrow Mg(HCO_3)_2$$

副反应为： $$Mg(HCO_3)_2 + 2H_2O \longrightarrow MgCO_3 \cdot 3H_2O \downarrow + CO_2 \uparrow$$

为防止副反应的发生，需要控制一定的温度和 MgO、$MgCO_3$ 的浓度。

③ 水解 碳酸化泥乳经过滤机固液分离后，$Mg(HCO_3)_2$ 溶液（含镁 MgO $7.6g/L$）流入水解槽，而滤饼则可作为制砖原料使用。水解槽直接通入约 $0.4MPa$ 的蒸汽加热，温度控制在 $75℃$ 以上。此时，$Mg(HCO_3)_2$ 分解成碱式碳酸镁沉淀，并放出大量 $CO_2$，反应式为：

$$(x+y)Mg(HCO_3)_2 \xrightarrow{\triangle} xMgCO_3 \cdot yMg(OH)_2 \cdot zH_2O + CO_2 \uparrow$$

将水解产物过滤，滤液（含镁 MgO 小于 $0.1g/L$）返回洗涤槽再用，滤饼进入灼烧炉。

④ 灼烧 碱式碳酸镁经 $850℃$ 高温灼烧后生成轻质氧化镁，其含 MgO $>95\%$，分解反应式为：

$$xMgCO_3 \cdot yMg(OH)_2 \cdot zH_2O \longrightarrow (x+y)MgO + xCO_2 \uparrow + (y+z)H_2O$$

应用本工艺不仅解决了氨碱盐泥的污染问题，同时使盐泥中的 $Mg(OH)_2$ 得到利用，一举两得。制取的轻质氧化镁，总收率 $>50\%$，产品质量达到部颁特级品标准。

（4）制取氯化钙产品 蒸馏废液每升约含 $85 \sim 100g$ $CaCl_2$、$50 \sim 55g$ NaCl，具有回收 $CaCl_2$ 和 NaCl 的价值。图 8-17 所示为河南焦作化工三厂利用蒸氨废液制取 $CaCl_2$、NaCl 的工艺流程。

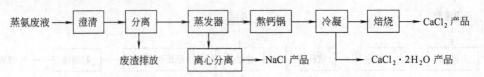

图 8-17 利用蒸氨废液制取 $CaCl_2$、NaCl 的工艺流程

蒸氨废液用泵送至澄清池，上清液预热后送入蒸发器，将原液蒸发浓缩，分成盐浆和钙浆。盐浆通过离心机甩干后，再经干燥即得 NaCl 产品。而钙浆送至制钙锅，利用烟道余热预热并继续浓缩、沉降、澄清，一定时间后放出料液，放料温度控制在 $178\sim180℃$。放出的料液经冷却凝固，咂碎或制片后得到 $CaCl_2 \cdot 2H_2O$ 产品，或经焙烧制得 $CaCl_2$ 产品。

## 8.4 磷肥工业固体废物的资源化

磷肥工业固体废物主要有磷肥生产过程产生的磷石膏、普钙生产中产生的酸性硅胶、钙镁磷肥生产中炉气除尘装置收集的粉尘以及部分磷肥厂黄磷生产中产生的炉渣和泥磷等。磷肥工业固体废物占用大片土地，加上由于风吹雨淋，使废物中可溶性氟和元素磷进入水体造成环境污染。因此，磷肥工业固体废物的资源化十分重要。

### 8.4.1 磷石膏的资源化

（1）磷石膏的来源与组成　磷石膏是以磷矿石和硫酸为原料生产磷酸或其他磷酸盐过程排出的废渣，生产过程主要反应式为：$Ca_5F(PO_4)_3 + 5H_2SO_4 + 5nH_2O \longrightarrow 3H_3PO_4 + 5CaSO_4 \cdot nH_2O \downarrow + HF$。其生产工艺流程如图 8-18 所示。

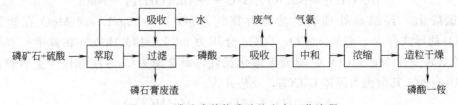

图 8-18　磷酸或其他磷酸盐生产工艺流程

磷石膏的组成随工艺和原料的不同而有所不同，但其主要成分是 $CaSO_4 \cdot 2H_2O$，还含有少量磷、硅、铁、铝、镁等氧化物和氟化物。表 8-7 所示为磷石膏的组成。

表 8-7　磷石膏的组成　　　　　　　　　　　　　　　　　单位：%

| 组成 | CaO | $SO_3$ | $Fe_2O_3$ | $Al_2O_3$ | $SiO_2$ | MgO | 总 F | 总 $P_2O_5$ |
|---|---|---|---|---|---|---|---|---|
| 云南磷肥厂 | 29.0 | 41.5 | 0.07 | 0.105 | 8.5 | | 0.304 | 2.0 |
| 鲁北化工厂 | 26.42 | 38.7 | 0.11 | 0.12 | 7.27 | 0.21 | | 1 |

一般，每生产 1t 磷酸约排出 $4\sim5t$ 磷石膏。目前，磷石膏年排放量约 5000 万吨。

（2）磷石膏的资源化途径　磷石膏的资源化利用途径很多，农业上可作为土壤改良剂施于农田，工业上可用作制石膏板和灰泥粉刷等建筑材料，还可用于生产硫铵、硫酸、水泥、石灰等。

① 生产硫酸和水泥　图 8-19 所示为山东鲁北化工总厂利用磷石膏联产硫酸和水泥的工艺流程。

将经过 $500\sim600℃$ 脱水的磷石膏与经粉碎焦炭、辅助原料（砂土、石灰等）混合，混合比一般为：磷石膏：焦炭：砂岩：砂土=$83:5:6:6$（质量）。混合好的生料制成球，送

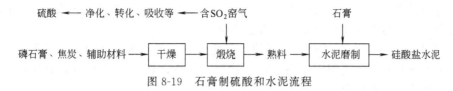

图 8-19　石膏制硫酸和水泥流程

入回转窑，在 900～1200℃高温下煅烧。在煅烧过程中，磷石膏与焦炭发生化学反应最终生成 CaO、$SO_2$ 和 $CO_2$，其反应式为：

$$CaSO_4 + 2C \longrightarrow CaS + 2CO_2 \uparrow, \quad 3CaSO_4 + CaS \longrightarrow 4CaO + 4SO_2 \uparrow$$

煅烧生成的 CaO 与物料中 $Al_2O_3$、$SiO_2$、$Fe_2O_3$ 等进行矿化反应生成水泥熟料，加入 3％～5％的石膏混匀、磨细、过筛即得到硅酸盐水泥。磷石膏分解生成的浓 $SO_2$ 窑气经净化、干燥、转化、吸收可制得硫酸。

② 生产硫酸铵　用磷石膏生产硫酸铵有气体法和液体法两种方法。气体法是使氨气和气体 $CO_2$ 与磷石膏的乳浊液相互作用而制得硫酸铵，反应式为：

$$磷石膏中 CaSO_4 + 2NH_3 + CO_2 + H_2O \longrightarrow (NH_4)_2SO_4 + CaCO_3 \downarrow$$

生成的硫酸铵溶于水，而碳酸钙则沉淀析出，从而可以将它们分离。图 8-20 所示为磷石膏气体法生产硫酸铵工艺流程。

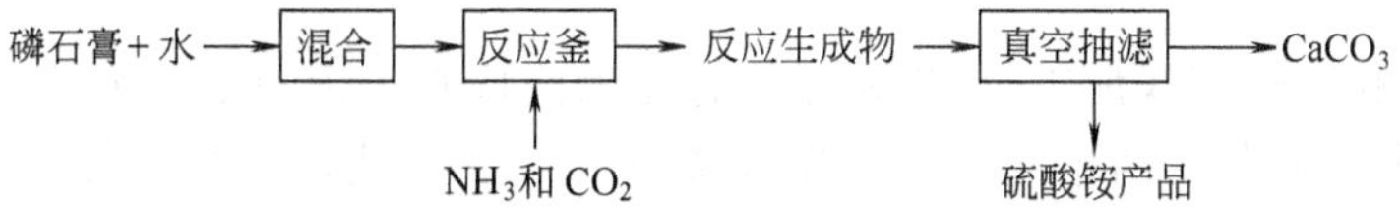

图 8-20　磷石膏气体法生产硫酸铵工艺流程

预处理过的磷石膏与水混合成浆料，置于带搅拌器的反应釜中，再通入氨气和二氧化碳生成液体硫酸铵和固体碳酸钙。反应物真空抽滤，滤饼为碳酸钙，滤液为硫酸铵成品。碳酸钙可用于生产石灰和水泥，分离后的母液循环使用。

图 8-21 所示为磷石膏液体法制硫酸铵工艺流程。将氨与二氧化碳制成碳酸铵溶液，再将碳酸铵与磷石膏粉料作用而制得硫酸铵。

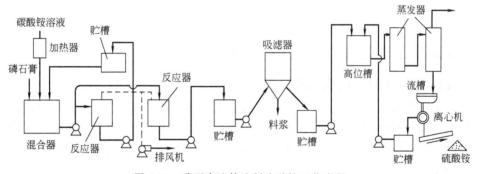

图 8-21　磷石膏液体法制硫酸铵工艺流程

磷石膏与预热到 50～55℃的碳酸铵溶液在混合器中混合，最初只用所需磷石膏总量的一半与碳酸铵溶液混合。将混合物送入反应器，反应后料浆再从反应器经贮槽回到混合器，并往混合器内加入另一半的磷石膏混合。再把混合物送入反应器，石膏与碳酸铵在反应器内作用 8h，生成含有悬浮沉淀物的料浆。经贮槽送入吸收器中过滤，沉淀物碳酸钙留在滤布上，而硫酸铵溶液则沿管道流入滤液贮槽，滤液中含硫酸铵 41％左右。将滤液送入蒸发器蒸发，硫酸铵溶液被蒸发成糊状物，其中，含硫酸铵结晶 55％，溶液占 45％。该糊状物沿流槽进入离心机进行分离。滤液进入贮槽，用泵打入高位槽，重新送去蒸发。分离的硫酸铵晶体用皮带运输机送去干燥即可得到硫酸铵成品。

③ 制半水石膏　半水石膏是一种不稳定的化合物，当与水调和时，在常温下能生成一种迅速硬化的石膏料浆，可用于制备墙粉、建筑石膏板，其中 $\alpha$-型高强石膏还可用于工业模具、精密铸造、陶瓷模具等。

用磷石膏生产半水石膏的方法有两种：干相脱水和湿相脱水。干相脱水指采用烘烤法去除磷石膏中游离水和部分结晶水，制得 $\beta$-半水石膏的方法。湿相脱水指磷石膏在液相中或饱和水蒸气相中脱除部分结晶水，制得 $\alpha$-半水石膏的方法。

磷石膏可用来生产各种建材，特别是板材，具有建筑性能好、制品轻、经济效益好等特点。采用一般磷石膏制成的板材，容重为 $650\sim950kg/m^3$，用作内墙重仅 $40\sim80kg/m^2$，而 12cm 厚的砖墙则重达 $280kg/m^2$。如美国芝加哥的西尔斯大厦共 113 层，高 443m，由于大量采用了石膏板等轻质材料，大厦的重量与我国只有 20 层的北京饭店的重量相当。

南京化工司磷肥厂于 1986 年建成一套年产 1 万吨 $\alpha$-半水石膏粉或 1.2 万吨颗粒石膏的装置。产品经北京、天津石膏板厂试用表明可用于制造纸面石膏板和纤维石膏板。南京第二建材厂、南京陶瓷厂分别用 $\alpha$-半水石膏制作家俱、隔墙板和陶瓷模具、泥人模具、石膏艺术品等，质量均好。中国水泥厂也使用该产品为硅酸盐水泥缓凝剂，可提高水泥抗压强度 10%。

此外，我国利用磷石膏加工 $\beta$-半水石膏的技术已成功。南京石膏板厂已建成投产一套年产 10 万平方米石膏制品的生产装置，年耗磷石膏 1.2 万吨，产品主要为多孔砌块，可用作装饰天花板和壁板和石膏干粉等。

④ 磷石膏用于农业施肥和改良土壤　磷石膏中的硫和钙可以作为农作物的营养元素。农作物缺硫时，蛋白质数量和质量都会降低。土壤缺硫时，磷肥肥效不能充分发挥。钙可以增加农作物根的深度，提高作物的抗旱性。磷石膏中含少量的磷，可以供给作物营养。

南京化工公司与江苏省农科院、中科院南京土壤所共同进行过用磷石膏改良盐碱土的试验。大田试验面积达万亩，磷石膏用量超过万吨。经过试验认为，磷石膏能有效地降低土壤碱度，改良土壤的物理性质，特别是增加渗透性，使水稻增产 13.4%～17.7%，油菜增产 50% 以上，花生增产 38.9%。一般土壤施用量为 $20\sim50kg/$亩，碱性土施用 $100kg/$亩，重碱土施用 $150\sim200kg/$亩。另外开封化肥厂与河南农科部门协作进行了磷石膏施肥和改良盐碱上的大量试验工作，也取得了较好的增产效果。

### 8.4.2　黄磷炉渣和泥磷的资源化

(1) 黄磷炉渣和泥磷的来源与组成　黄磷是由焦炭、硅石在电炉中还原磷酸钙制得。在制备过程中，磷矿石中的钙与氧化硅在电炉中化合成硅酸钙，经水骤冷、淬细作为炉渣排出成为黄磷炉渣，而电炉炉气经冷凝塔用水吸收冷凝时，产生的黄磷与粉尘的胶状物，称为泥磷，如图 8-22 所示。

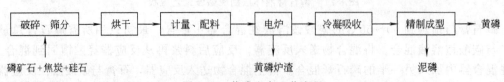

图 8-22　黄磷生产工艺流程

黄磷炉渣为灰白色玻璃体，其排放量与磷矿品位有关。一般，每生产 1t 黄磷产生炉渣 $8\sim12t$。表 8-8 所示为黄磷炉渣的化学组成。

表 8-8　黄磷炉渣的化学组成　　　　　　　　　　　　　单位：%

| 组成 | CaO | SiO₂ | Al₂O₃ | Fe₂O₃ | P₂O₅ |
|------|-----|------|-------|-------|------|
| 含量 | 47～52 | 40～43 | 2～5 | 0.2～1.0 | 0.8～2.0 |

泥磷的产生量与除尘方式有关。当使用电除尘时，每生产 1t 黄磷产生几十千克的带水泥磷。如果不使用电除尘，则泥磷量可达 500kg 左右。从精制锅和受磷槽来的泥磷一般含磷 20%～40%，称为富泥磷，而污水沉降池泥磷含磷仅 1%～10%，称为贫泥磷。泥磷除元素磷外，还含有约 20% 固体杂质，主要为炭粉和无机物 SiO₂、CaO、Fe₂O₃、Al₂O₃ 等。

（2）资源化利用途径　目前大部分工厂的黄磷炉渣供水泥厂制水泥或作水泥的混合材料，少数工厂用炉渣制砖或釉面砖。黄磷泥磷主要用于制磷酸或磷酸盐等。

① 黄磷炉渣作水泥混合材料　黄磷炉渣经水淬后具有活性，可作为水泥混合材料。图 8-23 所示为云南昆阳磷肥厂水泥分厂利用黄磷炉渣作水泥矿化剂和混合材料工艺流程。

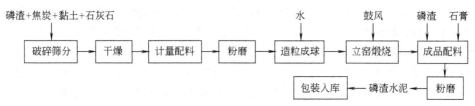

图 8-23　利用黄磷炉渣作水泥矿化剂和混合材料工艺流程

石灰石、黏土、煤和磷渣经破碎、粗筛和干燥后，计量配料送入生料磨磨粉，再加入一定量水成球后送入立窑煅烧成水泥熟料，煅烧温度为 1350～1450℃。而后按一定配比加入磷渣和石膏，并经水泥磨磨粉后制得水泥成品，包装入库。

磷渣分两次加入生产过程，水泥生料配料时，加入磷渣是供作矿化剂使用，起降低烧成温度、减少热耗、提高熟料质量、节约原料的作用。水泥成品粉磨时加入磷渣是供作混合材料使用，可降低游离氧化钙引起的体积膨胀不均匀，并在熟料激发下产生活性，提高水泥强度，从而节约原材料，降低生产成本。

利用炉渣制砖是将 100 份炉渣与 5 份干石灰加水拌合消化，在轮碾机中碾成糊状，经压砖机压成砖坯后，在 40～50℃ 下蒸汽保温 5h，再在 92℃ 下用直接蒸汽养护 18h，即得产品。青岛红旗化工厂曾进行生产，所产炉渣砖抗压强度为 184.4kg/cm²，抗折强度为 36.06kg/cm²。

磷渣除可作为水泥生产原料外，还可作为其他建筑材料的生产原料。如利用磷渣制釉面砖，其工艺过程为：将 100 份干渣、10 份叶蜡石、20 份洪山土混合、破碎、磨细、过筛后，用压砖机压成砖坯，经干燥、焙烧制成素砖坯。再经涂釉、风干、焙烧即得成品。

② 泥磷制备磷酸及 NaH₂PO₄　图 8-24 所示为南京化工公司磷肥厂利用泥磷制备磷酸工艺流程。将泥磷加入燃烧炉，在燃烧室内泥磷接触空气自燃。产生的 P₂O₅ 气体由风机抽引，经两座吸收塔吸收后，进入塑料旋流板进一步吸收气体中 P₂O₅ 并除雾后放空。塔下收集的稀磷酸用液下泵打回吸收系统循环，以进一步将酸提浓，直至浓度达到 35%～40% 后作为成品回收。为了改善吸收状况，在吸收塔塔顶喷酸口同时吹入压缩空气使喷淋液雾化，提高吸收效果。此外，燃烧室、导气管、吸收塔均用水冷却以移走热量。燃烧剩余残渣可用作下脚肥料。

泥磷不但可用于回收磷酸，还可利用回转窑制备磷酸盐。图 8-25 所示为昆阳磷肥厂泥磷转炉燃烧法制 NaH₂PO₄ 工艺流程。

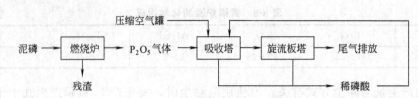

图 8-24 利用泥磷制备磷酸工艺流程

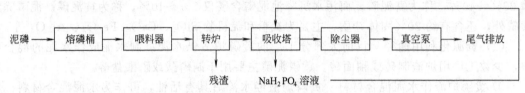

图 8-25 泥磷转炉燃烧法制 $NaH_2PO_4$ 工艺流程

泥磷经加热在 70~90℃ 熔化，铁丝网过滤后，送往贮磷桶。经液下泵输至喂料器，喂入转炉前部燃烧，转炉燃烧温度为 700℃。生成的 $P_2O_5$ 气体随气流进入吸收塔，燃烧后的残渣落入炉尾集料箱定期排出，其含元素磷 $<20\times10^{-6}$，有效磷（$P_2O_5$）为 18%~27%，稍加中和处理即可作为肥料使用。$P_2O_5$ 气体在吸收塔内经 pH 为 3~4，相对密度 $<1.4$ 的 $NaH_2PO_4$ 溶液循环吸收，取出送入沉降槽分离悬浮杂质，经重力沉降后再过滤，可作为三聚磷酸钠、磷酸三钠、六偏磷酸钠的生产原料使用。

泥磷生产 $NaH_2PO_4$ 的主要反应式为：

$$4P+5O_2 \longrightarrow 2P_2O_5$$
$$P_2O_5+3H_2O \longrightarrow 2H_3PO_4$$
$$NaOH+H_3PO_4 \longrightarrow NaH_2PO_4+H_2O$$

## 8.5 电石渣的资源化

电石渣是采用电石法制造聚氯乙烯、醋酸乙烯时，电石和水反应生成乙烯过程中排出的浅灰色细粒沉淀物。每生产 1t 聚氯乙烯耗电石约 1.45t，而每 1t 电石水解后约有 1t 多电石渣产生。因此，生产 1t 聚氯乙烯要排出电石渣 2t 多。

### 8.5.1 电石渣的来源与组成

电石渣主要是水与消石灰的混合物，呈细分散的悬浮体，其物理性质和化学组成分别如表 8-9、表 8-10 所示。

表 8-9 电石渣的物理性能

| 水分 /% | 密度 /(g/cm³) | 细度 /% | 颗粒组成/mm | | | | 不同水分的沉降速度/(mm/min) | | |
|---|---|---|---|---|---|---|---|---|---|
| | | | >0.1 | 0.1~0.05 | 0.05~0.01 | <0.01 | 80% | 85% | 90% |
| 85~95 | 2.22~2.26 | 3~8 | 3~8 | 8~20 | 65~80 | 6~12 | 2~2.3 | 3.5~5.5 | 6~8 |

注：细度为 4900 孔筛子/cm² 筛余。

表 8-10 电石渣的组成　　　　　　　　　　　　　　　　单位：%

| 组成 | CaO | MgO | Al₂O₃ | Fe₂O₃ | SiO₂ | 烧失量 |
|---|---|---|---|---|---|---|
| 含量 | 65~69 | 0.22~1.32 | 1.5~3.5 | 0.2~0.8 | 3.5~5.0 | 23~26 |

可见，电石渣水分含量很高、粒度很细，主要成分为 $Ca(OH)_2$，因此利用比较容易。

### 8.5.2 电石渣的资源化利用途径

电石渣 Ca(OH)$_2$ 含量高，常用来生产水泥、渣砖、筑路基材、漂白液及氯酸钾等。

（1）生产水泥 图 8-26 所示为吉林化工公司水泥厂利用电石渣制水泥工艺流程。将电石渣浓缩后加入一定比例的硅石、铁粉研磨成料浆后，送入水泥窑煅烧成水泥熟料，再加入一定量矿渣、石膏，并经粉磨后可制成水泥。

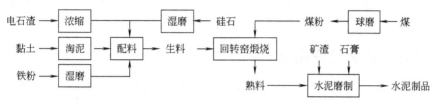

图 8-26 利用电石渣制水泥工艺流程

熟料的制备方法有干法和湿法两种。干法生产电石渣水泥，其生料参考配比为电石渣 79%、黏土 17%、铁粉 3%、煤粉 18%。生产水泥的配比为熟料 75%、水渣 20%、石膏 5%。

电石渣生产水泥工艺与一般湿法生产水泥工艺类似，分为生料制备、熟料煅烧和水泥磨制三个阶段。电石渣水泥配比为电石渣∶黏土∶铁粉∶硅石＝82∶10∶4∶4，配料比例可根据水泥品种要求适当调整。入窑料浆含水 50%～52%，煅烧温度为 1370～1450℃。出窑水泥熟料以适当比例与矿渣、石膏混合后经水泥磨，粉磨到一定细度后，制成水泥包装出厂。

（2）电石渣生产漂白液 电石渣可以与尾氯反应生产漂白液。将电石渣以等量水清洗两次以上，去除石块及其中乙炔等杂质，配制成含氢氧化钙 12%～15% 的水溶液，经两次氯化后，可得有效氯 8% 以上的漂白液，其生产工艺流程如图 8-27 所示。

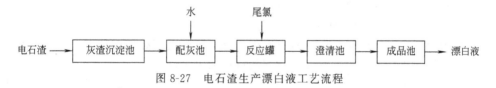

图 8-27 电石渣生产漂白液工艺流程

将电石渣从灰渣沉淀池中放到配灰池，按一定比例加水，配制成所需浓度的灰浆。然后，用泵打到漂液反应罐，并向反应罐中同如尾氯进行反应，反应温度不大于 40℃。合格后，将物料用泵打到澄清池进行沉淀澄清，再将澄清液打入成品池供用户使用。

（3）代替石灰生产氯酸钾 电石渣可以直接用来代替石灰生产氯酸钾。图 8-28 所示为天津大沽化工厂利用电石渣代替石灰生产氯酸钾工艺流程。

图 8-28 利用电石渣代替石灰生产氯酸钾工艺流程

将电石渣投入化灰池中，加水配制成含 Ca(OH)$_2$ 120g/L 的乳液。用泵打入氯化塔，通氯气反应，温度控制在 80℃ 以下。生成的溶液含 CaCl$_2$ 55g/L 以上。

除去游离氯后，压滤除去固体物质，所剩清液氯化钙与氯化钾进行复分解反应，产生氯酸钾，其分子比为 1:1.02，反应式为：

$$Ca(ClO_3)_2 + 2KCl \longrightarrow 2KClO_3 + CaCl_2$$

溶液蒸发至含氯酸钾 150~160g/L 的蒸浓液，再经过结晶、脱水、干燥、粉碎等工序制得成品氯酸钾。

此外，电石渣还可用来生产电石渣煤渣砖。电石渣中活性氧化钙含量＞40%，可代替石灰激发渣的活性，制成砖的强度可达 130~150 号。参考配比为电石渣 30%、粉碎煤渣 70%。

## 8.6 其他化工废物的资源化

化工固体废物除了上述之外，还有废催化剂、硼泥、铝酸渣、氰渣、造气煤灰渣等固体废物，也可作为资源回收利用。

### 8.6.1 废催化剂的资源化

大部分有机化学反应都依赖催化剂来提高反应速度，因此催化剂在有机化工生产中得到了非常广泛的应用。催化剂在使用一段时间后会失活、老化或中毒，使催化活性降低而报废，于是就产生了大量的废催化剂。

据统计，全世界每年产生的废催化剂约为 50 万~70 万吨。废催化剂中含有大量的贵重金属、有色金属以及它们的氧化物。因此，废催化剂的回收利用具有重要的意义。

(1) 废催化剂的特点 有机化工生产中使用的催化剂一般是将 Pt、Co、Mo、Pd、Ni、Cr、Ph、Re、Ru、Ag、Bi、Mn 等稀贵金属中的一种或几种承载在分子筛、活性炭等载体上起催化作用。废催化剂一般具有如下特点。

① 含有稀贵金属 虽然含量一般很少，但仍有很高的回收利用价值。

② 含有有机物 催化剂在使用过程中会附着一定量的有机物，这些有机物会污染环境，同时也对回收催化剂上的稀贵金属带来一定困难。

③ 往往含有重金属 会对环境造成污染。

由于废催化剂中含有稀贵金属，所以可作为宝贵的二次资源加以利用。但由于催化剂的种类繁多，其资源化技术应根据不同催化剂的特点加以设计。

(2) 废钒催化剂中回收 $V_2O_5$ $V_2O_5$ 是制备无机物和有机合成用催化剂的主要原料，也是生产金属钒、钒铁合金及其他钒合金的中间体。在涂料、玻璃、印刷、显影剂、医药等方面也有广泛的应用。国内从废钒催化剂中回收钒一般多采用酸溶法和还原氧化法。另外，还可采用溶剂萃取法回收钒。

图 8-29 所示为废钒催化剂中酸溶法回收 $V_2O_5$ 工艺流程。从接触法生产硫酸的转化工序中更换下来的废催化剂，一般钒含量为 2%~3%。钒除了以 $V_2O_5$ 形式存在外，还以硫酸氧钒（$VOSO_4$）的形式存在，约占全部钒含量的 30%~70%，硫酸氧钒溶于水，浸取较易，而其余的 $V_2O_5$ 属于偏酸性的钠作还原剂，把 $V_2O_5$ 还原为 $VOSO_4$。理论上 $V_2O_5$ 与无水亚硫酸钠的比例为 1:2.2（质量），实际生产中无水亚硫酸钠还应过量一些，以保证钒的浸出率在 95% 以上。

还原反应过程按如下方式进行：

$$V_2O_5 + Na_2SO_3 + H_2SO_4 \longrightarrow VOSO_4 + Na_2SO_4 + H_2O$$

该浸出液中含有大量的 $Fe^{3+}$，为了沉淀出 $V_2O_5$，将其与 Fe 分离，还需将浸出液中的 $VOSO_4$ 形式存在的 $VO^{2+}$（蓝色）在氧化剂 $KClO_3$ 存在下氧化还原为 $VO^{2+}$（黄色），后者在一定的 pH 条件下水解生成 $V_2O_5$ 沉淀，并与浸出液中的 $Fe^{3+}$、$Ca^{2+}$、$Mg^{2+}$、$K^+$ 等

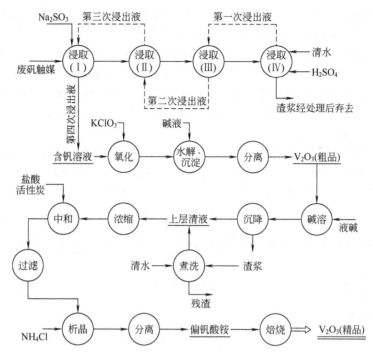

图 8-29　废钒催化剂中酸溶法回收 $V_2O_5$ 工艺流程

分离，其反应式为：

$$KClO_3 + 6VOSO_4 + 3H_2O \longrightarrow 6VO_2SO_4 + KCl + 6H^+$$

$$6VO_2SO_4 + 3H_2O + 6H^+ \longrightarrow 3V_2O_5 + 6H_2SO_4$$

以上二式可合并为：

$$KClO_3 + 6VOSO_4 + 6H_2O \longrightarrow 3V_2O_5 + KCl + 6H_2SO_4$$

将 $V_2O_5$ 沉淀粗品用适量的液碱煮沸至全溶后，生成正钒酸盐，即：

$$V_2O_5 + 6HaOH \longrightarrow 2Na_3VO_4 + 3H_2O$$

加盐酸中和，生成偏钒酸盐：$Na_3VO_4 + 2HCl \longrightarrow NaVO_3 + 2NaCl + H_2O$

为了析出偏钒酸铵结晶，将偏钒酸钠溶液中加入一定量的饱和氯化铵热溶液。

$$NaVO_3 + NH_4 \longrightarrow NH_4VO_3 \downarrow + NaCl$$

再将偏钒酸铵在 500℃ 下焙烧分解，就可得到纯净的 $V_2O_5$ 粉末。

$$2NH_4VO_3 \longrightarrow V_2O_5 + 2NH_3 \uparrow + H_2O$$

图 8-30 所示为废钒催化剂中碱法回收 $V_2O_5$ 工艺流程。废催化剂先进行筛选除去石块、填料等杂质后，粉碎至 80～120 目。

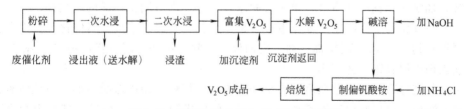

图 8-30　废催化剂中回收 $V_2O_5$ 工艺流程

粉碎产品在浸出池内加水进行一次搅拌浸出，浸出液固比 4∶1。浸出液含 $V_2O_5$ 一般在 10g/L 左右，澄清后直接水解分离 $V_2O_5$。残渣含 $V_2O_5$ 在 2% 左右，继续加水进行二次搅拌浸出，并补加少量熟石灰乳和烧碱，使浸出液 pH 控制在 8～10，液固比控制在 15～

20:1。得到的浸出液含 $V_2O_5$ 0.3g/L 左右。残渣含 $V_2O_5 < 0.2\%$ ，可直接排弃。向浸出液中搅拌加入可溶性二价铜盐作沉淀剂，加入量为铜钒比 1.5:1，使溶液中 $V_2O_5$ 生成钒酸铜、氢氧化铜共沉淀。 $V_2O_5$ 富集到沉淀中，溶液中残留 $V_2O_5 < 1mg/L$ 。钒酸铜共沉淀物经压滤后加入耐酸反应罐内，加盐酸调节 pH 至 1.5~2.2，使 $V_2O_5$ 水解出来并与铜盐分开，铜盐溶液可返回作沉淀剂使用。水解后的粗 $V_2O_5$ 再加烧碱溶解，并加氯化铵或硝酸铵使 $V_2O_5$ 生成偏钒酸铵沉淀。偏钒酸铵经 850℃焙烧得片状 $V_2O_5$ 成品，经 400~500℃焙烧可得粉末状 $V_2O_5$ 成品。

图 8-31 为萃取法回收废催化剂中 $V_2O_5$ 工艺流程，选用的萃取剂为 $P_{204}$ （磷酸二异辛酯），稀释剂为煤油，其化学反应为： $2NaVO_3 + Na_2SO_3 + 3H_2SO_4 \longrightarrow 2VOSO_4 + 2Na_2SO_4 + 3H_2O$

$$2VOSO_4 + 2[HA]_2 + 2H_2O \longrightarrow [VO(OH)]_2[HA]_2 + 2H_2SO_4$$

式中，$[HA]_2$ 为萃取剂 $P_{204}$ ；$[VO(OH)]_2[HA]_2$ 为钒与萃取剂的络合物。

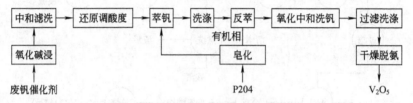

图 8-31　萃取法回收钒工艺流程

（3）废五氯化锑催化剂制氧化锑　在致冷剂生产中，以五氯化锑为反应催化剂。在连续使用过程中因原料中混有杂质及反应中产生的副产物逐渐积累而失效，从反应釜以废液形式排出。五氯化锑废液的组分比较复杂，其主要成分为氯化锑、卤代烃、氯化氢等。图 8-32 所示为废五氯化锑催化剂制氧化锑工艺流程。

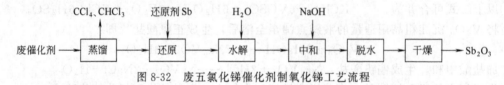

图 8-32　废五氯化锑催化剂制氧化锑工艺流程

五氯化锑废液因含有大量的低沸点的氟氯代烃及未反应的四氯化碳、氯仿、氢氟酸等，在还原水解前，为了使水解条件相对稳定和获得纯度较高的三氧化二锑，先用简单的蒸馏方法去除回收其中低沸点氟氯代烃、四氯化碳、氯仿等有机物，蒸馏温度 100~105℃，气相温度控制在 80℃。蒸馏液趁热加锑粉，使其中的五氯化锑还原成三氯化锑，再加水水解得氧氯化锑，所加水量与五氯化锑废液比为 7:3，水解温度 25℃左右，酸度为 pH 5~8，用 HCl 调节。加氢氧化钠中和废液，再离心脱水、干燥，即可制得纯净的氧化锑。

（4）废铂催化剂中回收铂　催化重整装置及异构化装置使用贵金属催化剂。因催化剂失效，全国每年约产生 100t 废铂催化剂。废铂催化剂除含铂外，还含有 C 和 Fe。图 8-33 所示为废铂催化剂中回收铂工艺流程。

废铂催化剂经筛选除去杂质后，再焙烧除去碳。焙烧产物用盐酸溶解，使载体氧化铝和铂同时进入溶液，再用铝屑还原溶液中的 $PtCl_2$ 使形成铂黑微粒，然后以硅藻土为吸附剂把铂黑吸附在硅藻土上，经分离、抽滤、洗涤使含铂硅藻土与氯化铝溶液分离，再用王水溶解使之形成粗氢铂酸与硅藻土的混合液，经抽滤得到粗氢铂酸，再经氯化铵精制等工序进行提纯，最后制得海绵铂。

铂回收工艺副产品氯化铝，经脱铁精制后成为精氯化铝，全部作为加氢催化剂载体的制

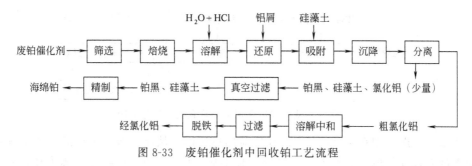

图 8-33 废铂催化剂中回收铂工艺流程

备原料,既回收了铂,也回收了载体氯化铝。

铂回收的关键设备是溶解釜。废铂催化剂用盐酸溶解的过程及铝屑与 $PtCl_2$ 的还原反应均在溶解釜内进行。溶解釜为具有搅拌装置的耐酸搪瓷釜,外有夹套以蒸汽加温。溶解操作必须按工艺指标要求把温度控制在 80℃,4h。否则,载体氧化铝溶解不完全。用铝屑还原 $PtCl_2$ 时,温度要平稳控制在 80℃。

(5) 废催化剂中回收金属镍 镍在催化剂中通常以镍和 NiO 的两种形式存在,一般使用前要预先硫化。从废镍催化剂中回收镍的方法,国内外报道的方法,包括离子交换法、渗碳法、萃取法及熔炼法等。

① 萃取法 上海有机化学所开发的以羟肟为萃取剂回收镍的方法,其工艺流程如图 8-34 所示。

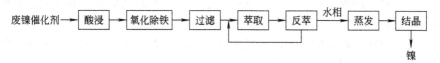

图 8-34 萃取法回收镍工艺流程

② 熔炼法 己二腈加氢制己二胺,以供尼龙 66 盐的主要原料。己二腈加氢反应是以乙醇作稀释剂,雷尼镍金属粉为催化剂,苛性钠为助催化剂。雷尼镍废催化剂的化学成分比较复杂,除含有镍、铝、铬等金属元素外,还有碳、氮、磷等非金属元素。采用熔炼法从雷尼镍废催化剂中回收镍,其工艺流程如图 8-35。

图 8-35 从废镍催化剂中回收镍工艺流程

将雷尼镍废催化剂用水洗去其中的环己烷等杂质,经过干燥处理,筛选除去大块废渣得到细小颗粒,再把筛选后的催化剂投入到电极感应炉内进行熔炼,使炉内温度升至 1700℃后,镍熔融为液体,熔炼时间达 70min 后,将熔融的镍水浇铸于模具中,冷却至室温后,进行包装出厂。

(6) 废银催化剂中回收金属银 银催化剂使用量很大,失活后,需要回收的量也很大。回收银催化剂中银的方法很多,但银的回收难度较大。因为银催化剂中主要成分为三氧化二铝载体,只有少量的银,且催化剂内除了银外,尚含有少量杂质分布在载体的微孔内,因此要将银完全回收十分困难。废银催化剂中回收银工艺流程如图 8-36。

将废银催化剂投入反应器内,加入 20%～30%工业硝酸和去离子水。反应过程控制催化剂、硝酸及去离子水质量比为 5:2:1。然后对反应液进行加热,使溶解的溶液呈沸腾状

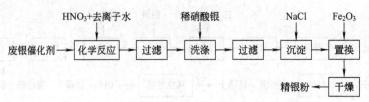

图 8-36 从废银催化剂中回收金属银工艺流程

态，加热温度一般控制在 750℃左右。在反应加热过程，从反应器中排出的 $NO_2$，根据处理量大小进行吸收或其他方法处理。当反应过程不见 $NO_2$ 黄烟，且载体小球变成洁白时，停止加热，将反应液进行过滤和洗涤。将经过过滤的氯化溶液加入到硝酸银滤液内，使氯化钠与硝酸银反应生成 $AgCl$，送至沉淀槽进行沉淀分离。

经静止沉淀后析出的 $AgCl$，去除上清液，用铁块置换出银。铁块要用盐酸除锈，铁和 $AgCl$ 发生置换反应，反应物为三氯化铁和粗银粉。用自来水洗去溶液中的三氯化铁等杂质。银粉送至干燥器内干燥，并用磁铁吸出铁块后，即得产品为精制银粉。

### 8.6.2 硼泥的资源化

硼泥是以硼镁石（$2MgO \cdot B_2O_3 \cdot H_2O$）为原料，通过焙烧、粉碎，与纯碱混合，采用碳水法生产硼砂（$Na_2B_4O_7 \cdot 10H_2O$），在水洗、结晶过程提取硼砂后剩下的固体废物。生产 1t 硼砂可产生 4t 硼泥，一个年产 8000t 硼砂厂，可产生的硼泥为 3.2 万吨。由于硼泥的排放量较大，目前国内采用多种综合利用途径，除生产轻质碳酸镁和氧化镁和橡塑填充剂外，也有制取硼镁磷复合肥、作蜂窝煤的煤加料及做建筑上的砂料等。

（1）硼泥的组成 硼泥的化学组成随矿石产地和生产工艺的不同而有波动，但其基本组成不变，表 8-11 所示为干硼泥的化学组成。

表 8-11 干硼泥的化学组成 单位：%

| MgO | $SiO_2$ | $Fe_2O_3$ | $B_2O_3$ | CaO | $Al_2O_3$ | FeO | $CO_2$ | $Na_2O$ | $K_2O$ | MnO | $P_2O_5$ | $TiO_2$ | $SO_3$ | $H_2O$ |
|---|---|---|---|---|---|---|---|---|---|---|---|---|---|---|
| 38.5 | 21.5 | 10.9 | 3.7 | 2.7 | 1.3 | 1.5 | 16.2 | 0.3 | 0.1 | 0.1 | 0.1 | 0.1 | 0.1 | 3.0 |

硼泥主要由碳酸盐和碱式碳酸盐两种物质组成。我国每年硼泥排放量 35 万～40 万吨。由于硼泥为碱性，因此硼泥堆积的地方寸草不生。此外，因硼泥为粉状，自然干燥后，易造成附近粉尘飞扬，污染空气。因此，对硼泥的资源化利用迫在眉睫。

（2）硼泥的利用途径 硼泥的利用途径很多，但应根据自然条件的不同因地制宜地加以利用。

① 生产橡塑填充剂 利用硼泥作橡塑填充剂工艺简单。图 8-37 所示为牡丹江化工二厂利用硼泥生产橡塑填充剂工艺流程。

图 8-37 利用硼泥生产橡塑填充剂工艺流程

硼泥含水 30% 以下，用人工挖取并自然晾干至含水 10% 以下，再经滚筒干燥器在温度 120～280℃下使水分降低到 1% 以下。输入雷蒙磨研磨，风选，得到硼泥橡塑填充剂产品。该产品粒度为 160 目筛余物不大于 0.5%，pH 为 8～11，密度 2.7～2.9g/cm³，可代替陶土、轻质碳酸钙充填在塑料、橡胶制品中，并赋予制品良好的物理力学性能。

② 生产轻质碳酸镁 图 8-38 为硼泥生产轻质碳酸镁工艺流程。以硼泥为原料，采用硫

酸分解法制硫酸溶液。适宜的分解反应温度为 95℃（包括 $H_2SO_4$ 反应热效应）。分解反应所需时间是由加酸速度控制的。硫酸加完后，应放置一定时间使反应更趋完善。然后通入蒸汽对料液进行热解，这可起到氧化二价铁的作用（使 $Fe^{2+}$ 转化为 $Fe^{3+}$ 而开成沉淀留在残液中）。将溶液过滤后，除去残渣，然后送去净化。其主化学反应为：

$$MgCO_3 + H_2SO_4 =\!=\!= MgSO_4 + H_2O + CO_2 \uparrow$$

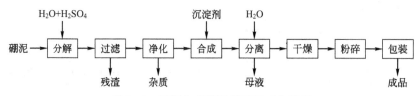

图 8-38　硼泥生产轻质碳酸镁工艺流程

在用 $H_2SO_4$ 分解硼泥时，硼泥中的 $Fe_2O_3$、$FeO$、$CaO$、$Al_2O_3$、$MnO$ 等均以相应的硫酸盐形式进入溶液中。对于 $Fe^{3+}$、$Fe^{2+}$（氧化为 $Fe^{3+}$）和 $Al^{3+}$ 而言，在反应终点 pH＝6 时，均已水解完全而生成对应的氢氧化物沉淀进入残渣。硫酸钙虽有较大溶解，但大部分仍可随残渣中滤去，成品中对 $CaO$ 要求不高，$Ca^{2+}$ 杂质影响不大。

使用碳化氨水为沉淀剂与硫酸镁溶液进行沉淀反应，以合成轻质碳酸镁。碳化氨水是分离出碳酸氢铵后的碳化母液，其主要成分为 $NH_3 \cdot H_2O \cdot NH_4HCO_3$ 和 $(NH_4)_2CO_3$ 合成轻质 $MgCO_3$ 时，沉淀剂中有用组分为 $(NH_4)_2CO_3$ 生成轻质碳酸镁的沉淀，反应可用下式表示：

$$5MgSO_4 + 5(NH_4)_2CO_3 + x H_2O \longrightarrow 4MgCO_3 + Mg(OH)_2 + y H_2O + 5(NH_4)_2SO_4 + CO_2 \uparrow$$

其中 $y$ 值因制造方法及操作条件的不同在 3～7 范围内。

将合成液经过分离、洗涤、干燥、粉碎后得到成品轻质碳酸镁。在分离过程产生的母液中含有大量的硫酸铵，将其回收利用。

③ 作微量元素肥料　硼作为植物的微量营养素很早以前就已经得到肯定，世界各地使用硼肥都是从甜菜开始的。含水溶态硼 $0.8 \times 10^{-6}$，肥效就很显著。

国外有的化工厂用磷酸分解硼镁矿的下脚渣直接当硼镁磷肥施用，也有用提硼后的母液以氨中和制成硼镁磷氮复合肥料。我国土壤含硼量由痕迹到 $5 \times 10^{-4}$，含硼变化幅度很大，由北向南逐渐减少，缺硼的临界含量约为 $0.5 \times 10^{-6}$，黑龙江省小麦不结穗的地方和浙江省油菜不结荚的地方，土壤中水溶态硼一般都小于 $0.3 \times 10^{-6}$。我国为解决某些地方作物缺硼问题，试验生产了多种含硼肥料，并在一些农田做了肥效试验，效果显著。

④ 制砖、陶粒和作砌筑砂浆　硼泥与黄土、炉灰按 1∶2∶0.3 混合后可作为烧砖的原料。由于硼泥较细，掺入硼泥后制成的砖坯表面光洁，粘接紧密，砖坯不易断裂。硼是一种典型的结晶化学稳定剂，因而掺入硼泥制成的砖抗粉化、抗潮湿、抗冻性能较一般黏土砖为优。

硼泥也可用于制作陶粒，因为硼泥中含有大量的碳酸镁，在煅烧时比黄土更具有膨胀性，制成的陶粒强度增加，而重量却减轻了。掺入 10% 的硼泥和电厂粉煤灰制成的陶粒膨胀系数显著提高。用硼泥制陶粒生产工艺简单，是一种很有前途的利用途径。

硼泥还可用于配制砌筑砂浆。用硼泥代替石灰膏和部分黄砂后，可使砌体强度明显提高，和易性改善，而且软化系数和抗冻融循环均能满足砌筑要求。用硼泥配制砌筑砂浆的配比为水泥∶硼泥∶黄砂为 1∶2.13∶6.19。

⑤ 硼泥作胶凝材料　以硼泥为原料的胶凝材料制备方法是将硼泥焙烧通过热分解使硼泥中的碳酸镁（$MgCO_3$）分解为氧化镁（$MgO$），再利用氧化镁与氯化镁（$MgCl_2$），也可

采用化工废料卤液反应生成碱式盐，而碱式盐逐渐凝固、硬化，随着时间的增长其强度逐渐增加。其化学反应式如下：

$$MgO + MgCl_2 + H_2O \longrightarrow Mg_2(OH)_2Cl_2$$

这种材料具有类似镁氧水泥的性质，可以用于制砖、花盆、隔音保温板以及陶粒等。以砖为例，其生产工艺流程如图 8-39 所示。硼泥胶凝材料的开发为硼泥的充分利用探索了一条简便、有效的新途径。

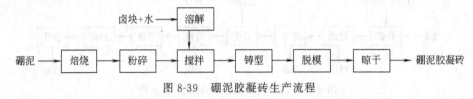

图 8-39　硼泥胶凝砖生产流程

⑥ 作煤球和蜂窝煤的粘合剂　过去制煤球和蜂窝煤都以黄土作胶黏剂，有的地方取土困难。用部分硼泥代替黄土制煤球和蜂窝煤无毒性，可以推广使用。其配方是煤 100 份、黄土 6 份、硼泥 6 份、水 8 份，合计 120 份。掺硼泥的煤球燃烧时火苗旺，易烧透，没有煤核。三块掺硼泥的蜂窝煤比用黄土制的多烧开 1.5 壶开水，节约用煤。

⑦ 作小硫酸厂污水处理的中和剂　小硫酸厂多用接触法水洗流程，排出污水中含有砷、氟、重金属等有害物质，而且酸性大，对环境污染严重，虽然各地有用石灰法、硫化钠法、石灰铁盐法、电石渣法来处理污水，但都有局限性。用硼泥处理小硫酸厂污水，不仅中和了酸性，而且吸附沉淀了砷、氟、重金属有毒物质，其流程如图 8-40 所示。

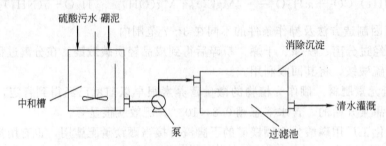

图 8-40　硼泥处理小硫酸废水流程

同样用硼泥处理磷肥的污水，也有显著效果。小磷肥厂排出的污水中含有氟（生产厂多用石灰处理），只要控制好 pH 值，氟是完全可以除去的。

⑧ 作烧结铁的抗粉化剂　熔剂性烧结矿的一个突出问题是易粉化，强度低，特别是用低磷高硅磁铁精矿问题更为严重。为促进高炉生产指标的提高，用硼作为烧结铁的抗粉化剂应运而生。硼抑制晶形转变作用明显。当烧结矿加入硼 0.01%～0.015%，烧结矿的粉化可全部被抑制住。硼泥中含氧化硼（$B_2O_3$）为 3%～4%，因此可以用硼泥作烧结矿的粉化剂。

此外，硼泥还可以用于制造化工产品，如氧化镁、碳酸镁等，也可用于填坑、堆假山、覆盖绿化。

### 8.6.3　硫酸铝废渣的资源化

硫酸铝废渣是铝土矿制取硫酸铝过程排出的固体废物。表 8-12 所示为衡阳建衡化工厂所排硫酸铝废渣的化学组成。

表 8-12　硫酸铝废渣的化学组成　　　　　　　　　　　　　单位：%

| 组成 | $SiO_2$ | $Al_2O_3$ | $Fe_2O_3$ | 灼减 | 总氧化物 |
|---|---|---|---|---|---|
| 含量 | 58.07 | 25.69 | 1.79 | 12.14 | 27.48 |

图 8-41 所示为硫酸铝废渣合成 4A 沸石工艺流程。废渣与碱液按渣碱重量比 4∶1 在常温常压下进行萃取反应，制备硅酸钠溶液。偏铝酸钠制备采用 $Na_2O$∶$Al_2O_3$ 为 1.8～2.2，制备温度 104℃左右。将硅酸钠溶液和偏铝酸钠溶液混合，在常温常压下采用水热合成技术合成 4A 沸石。4A 沸石经水洗至 pH<11，再经 100～120℃烘干至表面水小于 5%，粉碎通过 320 目筛子即得 4A 沸石产品。水洗母液含 $Na_2O$ 6%，返回使用。萃取所得下脚料含 $Al_2O_3$ 40%以上，可用于生产硫酸铝。

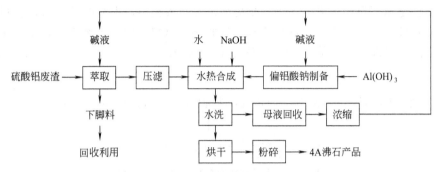

图 8-41 硫酸铝废渣合成 4A 沸石工艺流程

### 8.6.4 感光材料废物的资源化

感光材料工业属精细化学工业，所产生的固体废物主要有胶片涂布及整理过程中产生的废胶片、乳剂制备及胶片涂布生产中产生的废乳剂、片基生产中产生的过滤用的废棉垫及废片基、涂布含银废水处理回收的银泥及废水生化处理剩余活性污泥等，废物组成较复杂，含有大量有机物及重金属银等，直接排放对环境造成一定程度的污染，需考虑资源化利用。

废物中银的回收方法有电解法和火法两种方法。

(1) 电解法回收废物中的银 图 8-42 所示为电解法回收银的工艺流程，主要包括洗片、银沉淀、电解提银三个过程。

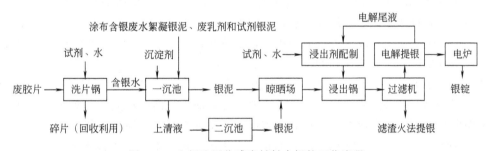

图 8-42 电解法回收感光材料中银的工艺流程

① 洗片 各车间的废胶片经切碎机切碎后，按一定量加入洗片锅中进行洗涤，根据片种加入不同的洗涤药液。在温度 40～45℃，涂布在胶片上的乳剂层、明胶防光晕层、树脂防光晕层和防静电层经分解而被溶解下来，与银一起转入洗片溶液中。碎片则经水洗、干燥后回收利用。

② 银沉淀 洗涤后的含银水、乳剂制备和胶片涂布产生的废乳剂、涂布含银废水的絮凝沉淀银泥中主要含有明胶、卤化银及照相有机物等排至一沉池，加入适当的沉淀剂，并控制 pH 为 2～4，使含银废物沉淀成银泥。上清液排至二沉池中经再次沉淀后去生化处理。

③ 电解提银 一、二沉淀池中沉淀的银泥定期排入晾晒场，晾干后在浸出锅内用酸性

定影液将其中的卤化银浸出，浸出温度（40±2）℃。浸出液经过滤机过滤后，滤渣约含白银3%～5%，其中的银需进一步采用火法冶炼回收，使残渣中银含量达到0.5%以下。滤液送至浸出滤液贮槽，再用电解提银机提银。

在直流电场的作用下，浸出液中的银离子在阴极得到电子生成金属银而沉积在阴极板上，槽电压控制在1.8V。当电解液中的银含量小于0.4g/L时，停止电解，并将电解尾液送至浸出剂配制槽循环使用。当电解提银机中的银达到一定量时，将银取出。电解银纯度可达95%以上。电解银再经中频电炉进一步提纯，并铸成银锭，银纯度可达99.0%以上。

（2）火法回收白银　图8-43所示为火法回收感光材料中银的工艺流程，主要包括焙烧、粗炼、精炼、铸锭和渣处理等过程。含银废物主要由废乳剂、废胶片、含银污泥三部分组成。

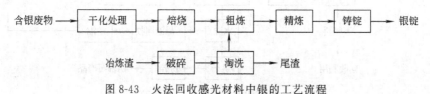

图8-43　火法回收感光材料中银的工艺流程

① 焙烧　废胶片和经过干化处理的废乳剂、含银污泥等在焙烧炉焚烧去除有机物。在焙烧废乳剂、含银污泥时要先用废胶片点火燃烧，待炉温上升到800℃左右时，再一层层加入废乳剂和含银污泥。加料量要适当，以保证供风充分，使物料中的有机物全部氧化分解，银在焙烧过程熔融后聚集成大小不等的颗粒或成海绵状。否则，焙烧不完全，熔融物渗进风室，需要重新焙烧。焙烧炉温度控制在1000℃。

② 粗炼、精炼　在燃油地炉中进行，温度控制在1200℃。油管斜插入风管，风管出口在地炉炉膛圆周的切线方向上。粗炼时，将焙烧完全的物料破碎，按一定比例加入纯碱、碎玻璃混合均匀，装入石墨坩埚，装入量为坩埚容量的4/5，放入燃油地炉加热熔融。为了加快熔融，加料30min后可翻搅几次。熔化完全后连同石墨坩埚从地炉中取出，将物料倾倒入钢制模中，先自然冷却，银块成型后再冲水冷却，打去浮渣即得到粗银块。电解银（指洗印加工中用提银机从定影废液中提取的粗银，硫含量高）、污泥焙烧物粗炼时还要加入少量的还原铁粉或新铁屑。粗炼得到的银纯度达到95%。

精炼是为了提高银纯度。精炼时把粗银块重新熔融，分数次加入适量的碎玻璃、纯碱、硝酸钠、硼砂等，打去浮渣，去除杂质。当放入碎玻璃后打出的浮渣颜色变化不大时，用不锈钢勺掏出倒入铸铁模中成型，冷却后得到银锭。精炼得到的银纯度达到99%。

③ 渣处理　冶炼渣中含有2%左右的银。采用破碎机把冶炼渣先破碎成3mm以下的颗粒，再用淘洗机淘洗，所得富渣银含量在50%以上，加入焙烧物中重新冶炼。尾渣中银含量为0.5%以下。

## ◉ 参考文献

[1]　温普红，高均科. 用硫酸渣制备铁基颜料铁黄. 化工环保，2003，23（2）：100-102.

[2]　张一敏. 固体物料分选理论与工艺. 北京：冶金工业出版社，2007.

[3]　金士威，易琼，包传平等. 硫铁矿烧渣制高纯氧化铁红的研究，化工矿物与加工，2003（12）：12-15.

[4]　谭定桥，郑雅杰. 硫铁矿烧渣制备铁黄新技术. 化学工程，2006，34（3）：72-75.

[5]　梁爱琴，匡小平，白卯娟. 铬渣治理与综合利用. 中国资源综合利用，2003（1）：15-18.

[6] 谷孝保，罗建中，陈敏. 铬渣应用于烧结炼铁工艺的研究及实践. 环境工程，2004（4）：71-72.

[7] 王洪海，李玉信. 利用烧结炼铁工艺环保处理铬渣. 工业安全与环保，2007，33（7）：43-45.

[8] 石成利，梁忠友，侯和峰. 铬渣在水泥生产中的研究及应用. 无机盐工业，2005，37（7）：48-50.

[9] 石玉敏，李俊杰，都兴红. 采用固相还原法利用工业废渣治理铬渣. 中国有色金属学报，2006，16（5）：919-923.

[10] 匡少平. 铬渣的无害化处理与资源化利用. 北京：化学工业出版社，2007.

[11] 李鸿江，刘清，赵由才. 冶金过程固体废物处理与资源化. 北京：冶金工业出版社，2007.

[12] 庄伟强. 固体废物处理与利用. 北京：化学工业出版社，2008.

[13] 王绍等. 固体废弃物资源化技术与应用. 北京：冶金工业出版社，2003.

[14] 刘利平，马晓建，张鹏等. 废催化剂中金属组分回收利用概述. 工业安全与环保，2012，38（1）：91-96.

## 习题

（1）简述硫酸渣的主要组成及回收利用方法。

（2）简述硫酸渣生产铁红、铁黄的工艺及其差异。

（3）简述铬渣的毒性及其解毒方法。

（4）分析铬渣生产钙镁磷肥的工艺及原理。

（5）磷石膏综合利用中存在的问题及主要利用途径。

（6）分析电石渣的主要成分及利用途径。

（7）简述从废催化剂中提取有价金属的方法与原理。

（8）简述硼泥生产轻质碳酸镁的工艺与原理。

# 9 城市垃圾的资源化

随着经济的发展、城市规模不断扩大，人口高度集中，人们的消费水平不断提高，城市垃圾产生量日益增加，城市垃圾造成的环境污染也越来越严重。垃圾中可回收利用的组分很多，主要有废纸、废塑料、废玻璃、废橡胶、废电池、废旧金属等。此外，垃圾中的可降解有机物，包括厨房废物、庭院废物和农贸市场废物等，是生产有机肥料的上好原料。因此，垃圾资源化是解决城市垃圾污染的一条重要途径。

## 9.1  城市垃圾的组成和性质

城市垃圾的组成和性质是城市垃圾资源化的重要依据，决定着城市垃圾资源化的途径。

### 9.1.1  城市垃圾的组成与分类

城市垃圾主要来自居民生活与消费、市政建设与维护、商业活动、市区的园林及耕种生产、医疗和娱乐场所等方面产生的一般性垃圾以及人畜粪便、厨房垃圾、污水处理厂污泥、垃圾处理收集的残渣和粉尘等固体废物。

（1）垃圾分类  城市可根据垃圾性质、组成、产生及收集来源等进行不同的分类。

① 根据垃圾的性质分类  即根据城市垃圾的化学成分、可燃性、燃烧热值、堆腐性等指标来进行分类。按垃圾的化学成分分为有机垃圾和无机垃圾；按可燃性分为可燃性垃圾和不可燃性垃圾两类；按热值分为高热值垃圾和低热值垃圾；按堆腐性分为可堆腐垃圾和不可堆腐垃圾。通常，可燃性、燃烧热值的高低可作为垃圾是否进行焚烧处理的参考指标，而化学成分和堆腐性可作为选择垃圾处理方式的重要指标，特别是选择堆肥化及其他生物处理方法时的主要参考依据。

② 根据垃圾的组成分类  可分为可回收废品、易堆腐物、可燃物及其他无机废物等四大类。也可简易分为有机物、无机物、可回收废品三大类，其中有机物为可堆腐物，包括动物、植物两小类，可作为堆肥原料使用；无机物作为填埋废物处理；而可回收物质主要包括纸张、塑料、破布、金属和玻璃等，可直接回收使用。

③ 按垃圾产生及收集来源分类  用得较多的分类方法，可分成表 9-1 所示几大类。

表 9-1  按垃圾产生及收集来源分类

| 垃圾分类 | 垃圾产生及收集来源 |
|---|---|
| 食品垃圾 | 也称厨房垃圾，指居民住户排出的主要成分 |
| 普通垃圾 | 也称零散垃圾，指纸类、废旧塑料、罐头盒、玻璃、陶瓷、木片等日用废物 |
| 庭院垃圾 | 包括植物残余、树叶、树杈及庭院其他清扫杂物 |
| 清扫垃圾 | 指城市道路、桥梁、广场、公园及其他露天公共场所由环卫系统清扫收集的垃圾 |
| 商业垃圾 | 指城市商业、各类商业性服务网点或专业性营业场所如菜市场、饮食店等产生的垃圾 |
| 建筑垃圾 | 指城市建筑物、构筑物进行维修或兴建的施工现场产生的垃圾 |
| 危险垃圾 | 包括医院传染病房、放射治疗系统、核试验室等场所排放的各种废物 |
| 其他垃圾 | 除以上各类产生源以外所排放的垃圾 |

食品垃圾和普通垃圾统称为家庭垃圾，是城市垃圾中可回收利用的主要对象。

（2）垃圾组成　城市垃圾的组成很复杂，自然环境、气候条件、城市发展规模、居民生活习性（食品结构）、家用燃料（能源结构）以及经济发展水平等都对其组成均有不同程度的影响，因此，各国、各城市甚至各地区产生的城市垃圾组成都有所不同。一般，工业发达国家垃圾成分是有机物多，无机物少。而不发达国家则是无机物多，有机物少。南方城市较北方城市有机物多，无机物少。而可回收组分的数量视垃圾是否分类收集而有所不同。表9-2所示为发达国家城市垃圾的组成情况。

表9-2　发达国家城市垃圾的平均组成（质量分数）　　　　　　单位：%

| 项　目 | 美国 | 英国 | 日本 | 前苏联 | 法国 | 荷兰 | 联邦德国 | 瑞士 | 瑞典 | 意大利 | 比利时 |
|---|---|---|---|---|---|---|---|---|---|---|---|
| 食品垃圾 | 12 | 27 | 22.7 | 23 | 22 | 21 | 15 | 20 | 20～30 | 25 | 21 |
| 纸类 | 50 | 38 | 38.2 | 26.9 | 34 | 25 | 28 | 45 | 45 | 20 | 30.1 |
| 细碎物 | 7 | 11 | 21.1 | 29 | 20 | 20 | 28 | 20 | 5 | 25 | 26 |
| 金属 | 9 | 9 | 4.1 | 6.9 | 8 | 3 | 7 | 5 | 7 | 3 | 2 |
| 玻璃 | 9 | 9 | 7.1 | 7.3 | 8.4 | 10 | 9 | 5 | 7 | 7 | 4 |
| 塑料 | 5 | 2.5 | 7.3 | 5.5 | 4 | 4 | 3 | 3 | 9 | 5 | 9 |
| 其他 | 8 | 3.5 | 0.5 | 2 | 4 | 17 | 10 | 2 | 5 | 15 | 10 |
| 平均含水 | 25 | 25.0 | 23 | 24.7 | 3.5 | 25 | 35 | 35 | 25 | 30 | 28 |
| 热值(kJ/lb) | 1260.0 | 1058.4 | 1109 | 1099 | 1008 | 907.2 | 908.2 | 1083.6 | 1001.0 | 796.0 | 765.0 |

注：1kcal/lb≈9.2kJ/kg。

我国城市垃圾的组成近年来发生了很大的变化。一是由于家庭燃料的构成改变导致了垃圾中无机炉灰比重大为降低；二是由于冷冻食品、预制成品及半成品的逐年普及，再加上有些大城市还做到净菜进市，使家庭垃圾成分也发生了明显改变，食品废物明显减少；三是由于随着包装技术与材料的改革，纸、塑料、金属、玻璃等可回收废物的比例大大增加；四是由于人们消费观念的变化促使人们提前扔弃废旧物品而使得废旧家庭工业消费品（如废旧家用电器等）在垃圾中呈现了大幅度增加的趋势。表9-3所示为北京市生活垃圾构成统计。

表9-3　北京市生活垃圾的组成　　　　　　单位：%

| 年份＼组成 | 食品 | 灰土 | 纸类 | 塑料 | 金属 | 玻璃 | 织物 | 草木 | 砖瓦 |
|---|---|---|---|---|---|---|---|---|---|
| 1990 | 24.89 | 52.22 | 4.56 | 5.08 | 0.09 | 3.10 | 1.82 | 4.11 | 4.11 |
| 1995 | 15.96 | 10.92 | 16.18 | 10.35 | 2.96 | 10.22 | 3.56 | 8.32 | 1.50 |
| 1998 | 17.12 | 5.64 | 17.89 | 10.35 | 3.34 | 10.70 | 4.11 | 9.12 | 1.11 |

## 9.1.2　城市垃圾的性质

城市垃圾的性质主要包括物理、化学、生物化学及感官性能。其中，感官性能是指废物的颜色、臭味、新鲜或腐败的程度等，往往可通过感官直接判断。垃圾的其他性质则需通过某种测定才能认知。

（1）物理性质　垃圾组成不同，其物理性质也不同。一般用垃圾组成、含水率和容重三个物理量来表示城市垃圾的物理性质。

① 垃圾含水率　单位质量垃圾的含水量，其值随垃圾成分、季节、气候等条件变化，变化幅度一般为11%～53%。表9-4所示为城市垃圾中各组分及其混合物含水率的典型值。

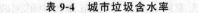

表 9-4　城市垃圾含水率　　　　　　　　　　　单位：%

| 成　　分 | 含　水　率 | |
|---|---|---|
| | 范　围 | 典型值 |
| 食品废品 | 50～80 | 70 |
| 废纸类 | 4～10 | 6 |
| 硬纸板 | 4～8 | 5 |
| 塑料 | 1～4 | 2 |
| 纺织品 | 6～15 | 10 |
| 橡胶 | 1～4 | 2 |
| 皮革类 | 8～12 | 10 |
| 庭院废物 | 30～80 | 60 |
| 废木料 | 10～40 | 20 |
| 玻璃陶瓷 | 1～4 | 2 |
| 马口铁罐头盒 | 2～4 | 3 |
| 非铁金属 | 2～4 | 2 |
| 钢铁类 | 2～6 | 3 |
| 渣土类 | 2～12 | 8 |
| 混合垃圾 | 15～40 | 30 |

　　垃圾水分的测定一般采用烘干法，温度通常控制在（105±1）℃，烘烤时间应以达到质量恒定为准。当垃圾主要为可燃物时，温度以 70～75℃ 为宜，烘烤时间 24h。

　　测定垃圾含水率的主要目的有三：以垃圾干物质为基础计算垃圾中各种成分的含量；及时了解垃圾中水的存在状况以便科学地计算垃圾堆放场或填埋场产生的渗滤液数量；当垃圾直接送去堆肥化或焚烧时作为处理过程的重要调节控制参数。因此，含水率参数是研究垃圾特性、调节确定垃圾处理过程中必不可少的测定项目。

　　② 垃圾容重　在自然堆放状态下单位体积垃圾的质量。表 9-5 所示为城市垃圾单一成分与混合物的容重数据。

表 9-5　城市垃圾的容重　　　　　　　　　　单位：kg/m³

| 成　　分 | 范　围 | 典型值 |
|---|---|---|
| 食品废物 | 120～480 | 290 |
| 废纸类 | 30～130 | 85 |
| 硬纸板 | 30～80 | 50 |
| 塑料 | 30～130 | 65 |
| 纺织品 | 30～100 | 65 |
| 橡胶 | 90～200 | 130 |
| 皮革类 | 90～260 | 160 |
| 庭院废物 | 60～225 | 105 |
| 废木料 | 120～320 | 240 |
| 杂类有机物 | 90～360 | 240 |
| 玻璃陶瓷 | 160～480 | 195 |
| 非铁金属 | 60～240 | 160 |
| 钢铁类 | 120～1200 | 320 |
| 渣土类 | 360～960 | 480 |

垃圾的容重是选择和设计贮存容器、收运机具大小及计算处理物和填埋处置场规模等必不可少的参数。我国环卫系统现场测定容重采用"多次称量平均法"。此法是用一定体积的容器，在一年 12 个月内，每月抽样称量一次，在年终时，将所有各次称得的质量相加除以称量次数，得到年平均城市垃圾的质量，再除以容器体积，得垃圾的容重，其表达式为：

$$D = [(a_1 + a_2 + a_3 + \cdots + a_n)/n]/V$$

式中，$a_n$ 为每次称得的垃圾质量，kg；$n$ 为称量的次数；$V$ 为称量容器的体积，$m^3$。

③ 垃圾的粒度组成　垃圾的粒度组成是以颗粒的最大尺寸与通过筛子的比率来表示的。图 9-1 所示为垃圾粒度组成状况。图中的阴影部分表示通过不同筛孔的物料颗粒数和质量百分数分布，借此可以估计城市垃圾粒度分布范围，为城市垃圾选择资源化预处理技术和处理技术提供依据。

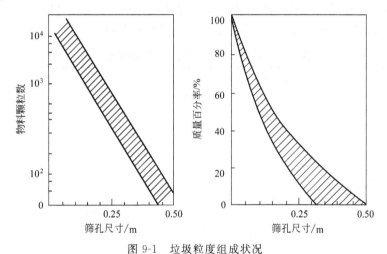

图 9-1　垃圾粒度组成状况

(2) 化学性质　城市垃圾的化学性质对选择垃圾资源化利用工艺十分重要，表示垃圾化学性质特征的参数主要有挥发分、灰分、灰分熔点、元素组成、固定碳及发热值等。

① 挥发分　又称挥发性固体含量，用 $V_s$（％）表示，近似反映垃圾中有机物含量多少的参数，一般以垃圾在 600℃温度下的灼烧减量来衡量。用普通天平称取一定量的烘干试样 $W_1$，装入重 $W_2$ 的坩埚内。将坩埚置于马弗炉内，600℃灼烧 2h 后取出。置干燥器中冷却到室温并称量得到 $W_3$，则挥发分可按下式计算：

$$V_s = (W_3 - W_2)/W_1 \times 100\%$$

② 灰分及灰分熔点　灰分是指垃圾中不能燃烧也不挥发的物质，它是反映垃圾中无机物含量多少的参数，常用符号 A 表示。测定方法同挥发分，其数值即是灼烧残留量（％），计算式为：$A = 1 - V_s$。

灰分熔点高低受灰分的化学组成影响。垃圾组成不同，灰分含量及灰分熔点也不同，主要取决于垃圾中 Si、Al 等元素含量的多少。

③ 元素组成　主要指 C、H、O、N、S 及灰分的百分含量。城市垃圾中化学元素组成是很重要的特性参数。测知垃圾化学元素组成可估算垃圾的发热值，以确定垃圾焚烧方法的适用性，亦可用于垃圾堆肥化等好氧处理方法中生化需氧量的估算。化学元素测定常采用化学分析和仪器分析方法，也采用先进的精密仪器测定。表 9-6 所示为垃圾的化学元素组成。

表 9-6 城市垃圾单一组分的化学元素分析（干基）　　　　　单位：%

| 废物组分 | C | H | O | N | S | 灰分 |
|---|---|---|---|---|---|---|
| 食品废物 | 48.0 | 6.4 | 37.6 | 2.6 | 0.4 | 5.0 |
| 废纸类 | 43.5 | 6.0 | 44.0 | 0.3 | 0.2 | 6.0 |
| 硬纸板 | 44.0 | 5.9 | 44.6 | 0.3 | 0.2 | 5.0 |
| 塑料 | 60.0 | 7.2 | 22.8 | | | 10.0 |
| 纺织品 | 55.0 | 6.6 | 31.2 | 4.6 | 0.15 | 2.5 |
| 橡胶类 | 78.0 | 10.0 | | 2.0 | | 10.0 |
| 皮革类 | 60.0 | 8.0 | 11.6 | 10.0 | 0.4 | 10.0 |
| 庭院废物 | 47.8 | 6.0 | 38.0 | 3.4 | 0.3 | 4.5 |
| 废木料 | 49.5 | 6.0 | 42.7 | 0.2 | 0.1 | 1.5 |
| 渣土 | 26.3 | 3.0 | 2.0 | 0.5 | 0.2 | 68.0 |

④ 发热值　单位质量有机垃圾完全燃烧，并使反应产物温度回到参加反应物质的起始温度时所放出的热量，称有机垃圾的发热值。表 9-7 所示为城市垃圾单一组分热值数据。

表 9-7 城市垃圾单一物理组分热值与惰性物

| 物理组分 | 热值/[kJ/kg(湿基)] | | 惰性物质/% | |
|---|---|---|---|---|
| | 范围 | 典型值 | 范围 | 典型值 |
| 食品废物 | 3500~7000 | 4650 | 2~8 | 5 |
| 纸类 | 11600~18600 | 16750 | 4~8 | 6 |
| 纸板类 | 13950~17450 | 16300 | 3~6 | 5 |
| 塑料 | 27900~37200 | 32600 | 6~20 | 10 |
| 纺织品 | 15100~18600 | 17450 | 2~4 | 2.5 |
| 橡胶 | 20900~27900 | 23250 | 8~20 | 10 |
| 皮革 | 15100~19800 | 17450 | 8~20 | 10 |
| 庭院废物 | 2300~18600 | 6500 | 2~6 | 4.5 |
| 木料 | 17450~19800 | 18600 | 0.6~2 | 1.5 |
| 杂有机物 | 11000~26000 | 18000 | 2~8 | 6 |
| 玻璃 | 100~250 | 150 | 96~99 | 98 |
| 马口铁罐头盒 | 250~1250 | 700 | 96~99 | 98 |
| 非铁金属 | | | 90~99 | 96 |
| 钢铁类 | 250~1200 | 700 | 94~99 | 98 |
| 渣土类 | 2300~11650 | 7000 | 60~80 | 70 |

城市垃圾的发热值对分析燃烧性能，判断能否选用焚烧处理工艺提供重要依据。一般，当垃圾的低热值大于约 3350kJ/kg（800kcal/kg）时，燃烧过程无须加助燃剂，易于实现自燃烧。垃圾热值常采用氧弹量热计测定，这是一种最常用的固液体燃烧测定仪器。

（3）生物特性　城市垃圾的生物特性，一是指城市垃圾本身所具有的生物性质及对环境的影响；二是指城市垃圾中不同组成进行生物处理的能力，即所谓可生化性。

① 垃圾本身所具有的生物性质　城市垃圾本身含有机生物体很复杂，其中有不少生物性污染物。城市垃圾中腐化的有机物也含有各种有害的病原微生物，还含有植物虫害、草籽、昆虫和昆虫卵，造成生物污染。在生活污水污泥与粪便污泥中会发现更多病原细菌、病毒、原生动物及后生动物．尤其是肠道病原生物体。如典型的寄生物有阿米巴溶组织、各种线虫（如蛔虫、血吸虫等），尤其是蛔虫卵在污水和污泥中广泛存在。另外存在真菌生物体，其中的致病菌能在一定条件下传染到人体中引起疾病。

粪便对人体的最危险污染就是生物性污染，未经处理的粪便污染可进入水体，造成水体的生物性污染，有可能引起传染病的爆发流行并能传播多种疾病。据报道，70%的疾病原因在于粪便没有无害化处理造成给水水体的生物性污染。总之，城市垃圾本身具有的生物性污染对环境及人体健康带来有害的影响。因此如何进行生物转化，使之稳定下来并消灭上述致病性生物体具有十分重要意义。

② 垃圾的可生化性　与废水处理类似，城市垃圾生物处理的可行性与垃圾组成及微生物的生活条件有着密切的关系。垃圾中有机物质的可生物降解性能如何、生物处理过程微生物所要求的环境条件及营养物质是否得到满足，都关系到城市垃圾生物处理的可行性。

城市垃圾组成中含大量有机物，能提供给生物体碳源和能源，是进行生物处理的物质基础。生活于动植物界的有机物大致分为碳水化合物、脂肪、蛋白质。各类物质的生化分解速度及分解产物有所不同。就分解速度而言，碳水化合物最快，其次是脂肪，蛋白质的分解速度最慢。城市垃圾中碳水化合物含量较多，且主要是纤维素，因其含大量的纸、布、素菜等。碳水化合物中，单糖、二醣类最容易被生物降解。多醣类中，淀粉极易分解。木质素则更难分解。一般，城市垃圾中淀粉含量较低，通常为 2%～6%，在堆肥化过程中分解速度快、降解彻底。与此相反的是纤维素，以相当慢的速度被微生物降解。

## 9.2　城市垃圾的分选

城市垃圾中含多种可直接回收利用的有价组分，主要包括废纸、废橡胶、塑料、玻璃、纺织品、废钢铁与非铁金属等，可用适当的分选技术加以回收利用。但由于不同城市的垃圾，可回收利用组分的种类与数量不同，是否建立垃圾回收系统应事先通过技术经济评价决策。

（1）典型分选流程　图 9-2 所示为城市生活垃圾的典型分选流程，包括破碎、筛分、风选、磁选、电选等分选方法。分选回收的产品包括黑色金属（如废铁块、马口铁皮等）、有色金属（如铜、铝、锌、铅等）、重质无机物（主要为玻璃等）、轻质塑料薄膜、布类、纸类及堆肥粗品等。

垃圾破碎后，首先通过手选去除粗大的砖、石头等，同时回收热值较高且易于手选回收的竹、木等可燃物。通过气流分选直接获得部分废纸、废塑料薄膜等轻质组分，重质组分则通过磁选回收得到一部分黑色金属废品。

磁选后的剩余组分再经水平气流分成 3 个部分：废纸、废塑料薄膜等轻质组分、中质组分、重质组分。重质组分再经磁选获得黑色金属和有色金属，有色金属经涡流分选获得铜、铅、锌 3 种产品。中质组分磁选获得黑色金属再筛分成 2 个粒级，分别进行破碎分选。其中一个粒级经摇床分选分成玻璃和有机物 2 个组分，玻璃直接回收利用，有机物经破碎后送堆肥。另一粒级经气流分选分成轻重两组分，轻质组分与前气流分选轻质组分合并进行破碎、静电分选获得废纸后，供焚烧处理。重质组分则先经破碎、摇床分选得到金属铝，剩余物料再经摩擦和弹跳分选分成 3 部分：玻璃直接利用，其余两组分则分别送堆肥和焚烧处理。

（2）国内两套不同的垃圾分选处理系统　我国南北地区气候、人们生活习惯、生活水平有一定的差异，导致生活垃圾的组分也有不同，尤其是垃圾的含水率，因此针对南北不同地区的垃圾，在同济大学与山东莱芜煤矿机械厂的共同合作下，设计了两套不同的垃圾分选处理系统。

图 9-3 所示为适合我国南方气候潮湿地区的垃圾分选处理系统。破包机为装有两个尖刀的辊筒，通过辊筒的相对转动，利用尖刀将垃圾包钩住、撕破。为防止辊筒卡死，在垃圾进入破包机前用人工将较大的建筑垃圾分离出来。垃圾破包后进入振动筛分以使结团垃圾松散。垃圾松散后，通过皮带输送机输送进入人工分选工序，为提高垃圾分选效果应尽量控制皮带的输送速度。人工分选可安排 5～7 人，负责将纸张、塑料、玻璃、橡胶等成分挑选出来，以减轻后续工序的

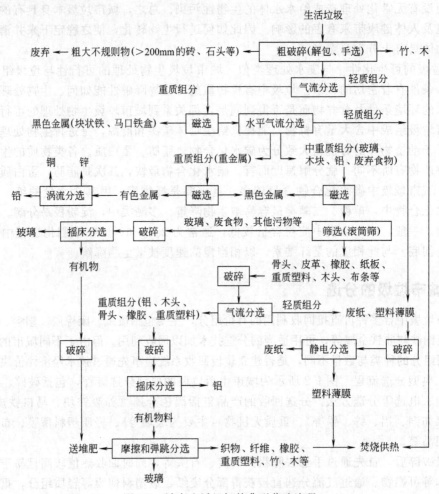

图 9-2  城市生活垃圾的典型分选流程

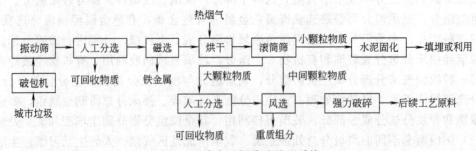

图 9-3  南方垃圾分选处理系统

压力。在输送皮带的末端上方安装磁选设备以分离回收垃圾中的金属。

图 9-4 所示为适合我国北方气候干燥地区的垃圾分选处理系统。南方垃圾含水率高,因此,垃圾在进入滚筒筛筛分前要进行烘干处理,烘干设备的热源可使用热烟气,经过热交换后的烟气须进行处理才能排放。滚筒筛的孔径大小、数量以及筛分段数可根据具体需要确定。烘干垃圾经过滚筒筛一般分成三级,粒径最小的一级一般直接作水泥固化处理,中间粒级进行风选处理,粒径最大的一级则先进行人工手选,将厨余物、建筑垃圾与废纸、塑料等可回收废品分离,再进入风选。风选分出的废纸、塑料、橡胶等进行强力破碎,作为后续工艺的原料。

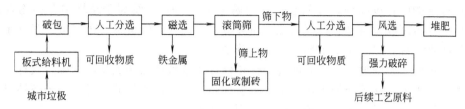

图 9-4　北方垃圾分选处理系统

生活垃圾采用板式给料机给料，使垃圾在皮带上输送时厚度基本均匀，便于人工分选。经过破包与人工分选的垃圾磁选后直接进入滚筒筛，因北方垃圾干燥，除夏季外，含水率很低，没有必要进行烘干而直接可以用滚筒筛分选。分选后的煤灰与建筑垃圾可直接固化或制砖，厨余物可进行堆肥处理，纸张、塑料、橡胶等成分则进行强力破碎，提供后续工艺所需。

北方系统与南方系统相比，流程要简单得多，烘干装置与振动筛均可不用，其他设备相同。遇到夏季垃圾含水率高时，可将垃圾稍加处理，如可把大块的建筑垃圾挑选出来后直接堆肥，堆制完了以后，再对堆肥成品进行分选处理。

（3）国外城市垃圾分选回收的三种典型系统　图 9-5 所示是国外城市垃圾分选回收系统的 3 种典型类型。(a)、(b) 两系统属于常规简易垃圾回收系统，工艺过程大同小异，除适用

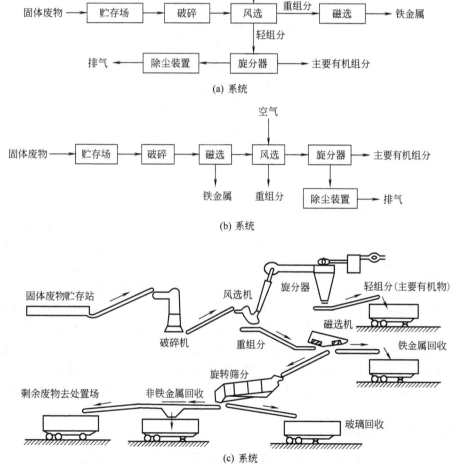

图 9-5　城市垃圾分选回收系统

于人工可拣选的固体废物外，以回收钢铁金属为主。（c）系统属于垃圾中多种物料回收系统，适用于含可回收物料种类较多的城市垃圾分选、回收。经济发达国家虽已建立了不少类似的垃圾回收系统，但产品受市场条件的显著制约。

垃圾分选回收系统设计与布局的合理性是保证系统整体操作成功的基础，设计与系统布局主要考虑的因素包括系统的工作效率、可靠性与适应性、操作的简易性与经济性以及设备布局的合理性，并应符合美学与环境控制方面的要求。

（4）家庭垃圾分选回收流程　图9-6所示为家庭垃圾分选回收流程。将家庭垃圾用输送带从料仓输入初破碎机（锤式破碎机），垃圾在破碎机内进行破碎。然后将一部分均质垃圾输入第一个滚筒筛，筛上产物主要由纸和塑料组成。

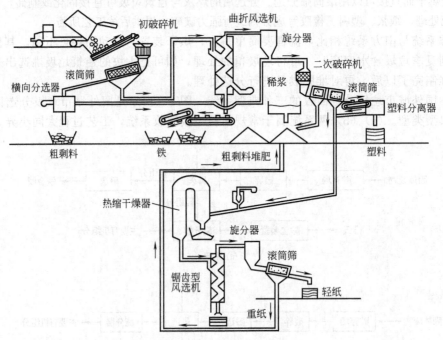

图 9-6　家庭垃圾分选回收流程

轻质组分由横流风选机分离并导入循环，粗剩料被析出。筛下物输入锯齿形风选机，在风选机内分成轻和重两种组分。重组分借助磁选机分成金属和粗粒剩料。轻组分（塑料、纸和有机物）输入旋风分离器，经旋分器再输入二次破碎机（锤式破碎机）。流程配备了两种不同筛目的第二滚筒筛（先小后大），筛分出纸和有机成分。有机组分可用于堆肥。由纸和塑料组成的一种混合体形成筛上物并输入静电塑料分选器，塑料成分被选出和压缩。分离出的纸重新输入其他纸组分。从滚筒和塑料分选器析出的纸成分输入热压干燥器，这些材料在热气流中干燥，随后进入热冲击器。这种热冲击器能使剩余的塑料成分收缩，因此与轻纸成分相比发生了形态变化。随后由干燥器析出的材料在第二台锯齿形风选机中分离成轻组分和重组分。重组分包括热挤压的塑料成分，轻组分通过旋分器输入第三个滚筒筛，其筛目直径约4mm，纸在这里从细成分中分离出来，并通过第三次筛选改善质量，细成分可进行堆肥。

## 9.3　城市垃圾的焚烧

在800～1000℃的焚烧炉膛内，垃圾中的有机活性成分被充分氧化，留下的无机组分则成为融渣被排出的过程。焚烧处理具有占地面积少、全天候操作、适用性广、废物稳定效果好等优点而成为当前废物处理的主要方法之一。

### 9.3.1 垃圾焚烧的典型工艺

垃圾焚烧工艺在不同国家、不同规模的焚烧厂可能会有所不同，如有的垃圾焚烧厂不设垃圾贮坑，而直接将垃圾送入进料漏斗，但现代化的垃圾焚烧厂垃圾焚烧过程基本相同，其典型工艺流程如图 9-7 所示。

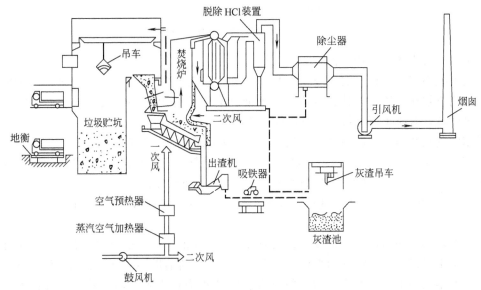

图 9-7　城市垃圾焚烧厂处理工艺流程

垃圾由垃圾车载入厂区，经地衡称量进入卸料平台，经卸料门倒入垃圾贮坑，再用吊车抓斗抓入进料漏斗，从滑槽进入炉内，进料器推入炉床。垃圾在炉内经烘干、燃烧、燃尽完成燃烧过程。灰渣用排渣机排出锅炉，经除铁后由运送带送至灰渣池。锅炉底灰及除尘器分离出的飞灰也送至灰渣池。垃圾燃烧后的高温烟气经炉膛、对流受热面、省煤器、空气调热器排出锅炉，排烟温度约为 250℃。烟气去徐 HCl、除尘后经烟囱排往大气。燃烧空气经空气预热器加热到一定温度后输入炉膛。一个完整的城市垃圾焚烧与热转化产物回收系统，通常包括垃圾称重、垃圾卸料平台、卸料门、大件垃圾破碎机、垃圾贮坑、吊车与抓斗、进料漏斗与滑道、推料器、垃圾焚烧、助燃空气、灰渣冷却、余热利用和气体净化几个系统。

垃圾焚烧是垃圾焚烧处理过程最为重要的过程。一般，生活垃圾的燃烧过程如下：①固体表面的水分蒸发；②固体内部的水分蒸发；③固体中的挥发性成分着火燃烧；④固体碳素的表面燃烧；⑤完成燃烧。上述①~②为干燥过程；③~⑤为燃烧过程。燃烧可分为一次燃烧和二次燃烧，如图 9-8 所示。

一次燃烧是燃烧的开始，二次燃烧是完成整个燃烧过程的重要阶段。一次燃烧以分解燃烧为主，燃烧产物中含有未燃气体和未燃碳素颗粒。因此，仅靠送入一次助燃空气难以完成燃烧反应，必须通入二次助燃空气，进行二次燃烧。二次燃烧是否完全，可根据 CO 浓度来判断。为抑制二噁英的产生，二次燃烧很重要。

一次助燃空气，又称一次风或一次燃烧空气，由炉排系统底部送入炉排系统各区段，包括干燥段、燃烧段和燃烬段。送往各区段的空气量随着不同区段的需求而改变，可根据燃烧控制器与炉排运动速度、废气中氧气及一氧化碳含量、蒸汽流量及炉内温度进行精密连控。一次助燃空气通常在垃圾贮坑的上方抽取，并在送入炉排前经过空气预热器预热，以便为垃

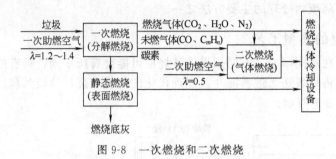

图 9-8 一次燃烧和二次燃烧

圾快速干燥和着火焚烧创造条件。

二次助燃空气，又称二次风或二次燃烧空气，需经过预热后从位于前方或后方炉壁上一系列的喷嘴直接送入炉内。其流量约占整个助燃空气量的 20%～40%。二次助燃空气主要抽自垃圾贮坑，有时也可直接取自室内或炉渣贮坑。

采用空气预热器对助燃空气进行预热时，垃圾热值不同，预热空气温度不同。垃圾低位热值＜1000kcal/kg（1kcal＝4.184kJ）时，助燃空气温度为 200～250℃。低位热值为 1000～2000kcal/kg 时，助燃空气温度为 150～200℃。低位热值＞2000kcal/kg 时，助燃空气温度为 20～100℃。空气温度越高，垃圾干燥越快，燃烧越好，还能促使灰渣中的未燃成分的减少。

垃圾在炉排上的燃烧是分阶段、分区进行的，因此沿炉排长度方向所需的空气量并不相同。在炉排干燥段，助燃空气用来烘干垃圾中的水分，所需助燃空气量和空气温度依照垃圾中含水量的不同而不同。在燃烧段，析出挥发物的燃烧和焦炭的燃烧是燃烧过程的主要部分，需要送入大量的空气。在燃烬段，即炉渣的形成区域，燃烧过程基本完毕，不需要多少空气，主要是炉排冷却需要送风。因此，应根据炉排不同阶段对一次风量的不同需求进行送风。如采用分仓送风，将炉排下分成几个区域，互相隔开，分成不同的风室，通过每个风室送入炉排的风量可以单独进行调节。在炉排下各风室的入口处装上调节风门，调节其开度就能控制送入各风室的一次助燃空气量，从而满足各燃烧区域所需要的风量，使送风很好地配合燃烧过程，以提高燃烧效率。

炉膛中的可燃气体和由燃烧气体从炉层中带起的许多未燃颗粒均集中在炉膛中部，而由铺排炉的燃烧特性可知炉膛的中部空间是缺氧的。因此，必须使用二次风助燃。合理地配置二次风既能加强炉内的氧同不完全燃烧产物充分混合，使化学不完全燃烧损失和炉膛过剩空气系数降低。同时，由于二次风在炉膛内会造成旋涡，可以延长悬浮的未燃颗粒及未燃气体在炉膛中的行程，即增加烟气在炉膛中的停留时间，使飞灰不完全燃烧损失降低。炉膛中的颗粒充分燃烧后，相对密度增大，加上气体的旋涡分离作用，可使烟气中飞灰量降低。二次风对垃圾着火也有一定的帮助。由于二次风的布置方便，炉膛结构不会因此而变得复杂，使得目前的链条炉排垃圾焚烧炉一般均设置二次风送风装置。

灰渣是密度很高的块粒状物质，由于玻璃化作用，具有强度高、重金属浸出量少等特点，可作为建筑材料、混凝土骨料、筑路基材等使用。普通的炉渣一般先回收铁、玻璃等物质后再作建筑材料使用。飞灰则可直接作为水泥添加剂、土壤改良剂、烧砖辅助材料等使用。

从垃圾焚烧炉中排出的高温烟气温度通常＞850℃，而进入废气净化装置的烟气必须冷却到 220～300℃。焚烧厂常通过在垃圾焚烧炉的炉膛和烟道中布置换热面回收余热。利用烟气余热加热助燃空气或加热水是最简单和普遍可行的方法，但随着垃圾焚烧炉容量的增加，目前越来越普遍采用设置余热锅炉方式回收余热。国外有许多超过 100t/d 的垃圾焚烧厂均配有余热锅炉，现行建设的大型垃圾焚烧厂毫无例外地采用余热锅炉和汽轮发电设备。

设置余热锅炉的余热利用方式有多种：①利用余热锅炉所产生的蒸汽驱动汽轮发电机发电，以产生高品位的电能，这种方式在现代化垃圾焚烧厂应用最广；②提供给蒸汽需求单位及本厂所需的一定压力和温度的蒸汽；③提供热水需求单位所需热水。

### 9.3.2 工程实例

世界上有许多垃圾焚烧厂在运行着。其中，德国有 50 余座、法国约 300 座、美国 90 余座、日本 102 座，瑞典、丹麦等国也有类似的焚烧发电厂。我国继深圳后，广州、珠海、上海、浙江、北京等地都在筹备建立大型垃圾焚烧厂。

(1) 深圳市垃圾焚烧厂　图 9-9 所示是焚烧工艺流程，它是我国首座现代化的垃圾处理厂。占地面积为 $2×10^4 m^2$，建筑面积为 $7×10^3 m^2$。在首期工程中装有马丁型焚烧炉（自日本三菱重工业株式会社引进）两台，各台设计处理能力为 150t/d，共 300t/d。该厂于 1985 年 11 月破土动工，1988 年 6 月试车成功，同年 11 月正式投产，总投资 $47.29×10^6$ 元。

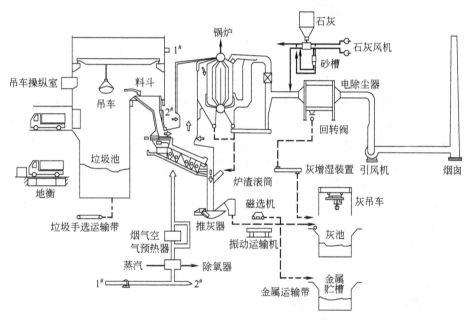

图 9-9　深圳垃圾焚烧厂主要工艺流程

城市垃圾由专用车辆运进厂内，经地衡称量后，卸入容量为 $2000 m^3$ 的垃圾池中。在池顶装有两台抓斗式起重机，供垃圾的倒垛、拌合及送料之用。起重机操作室与垃圾池密闭隔离，采用遥控式操纵。将垃圾自各炉的垃圾料斗投入炉内，料斗的料位通过工业电视观测并加以控制。投入的垃圾量可自动计量并打印记录。

料斗中的垃圾由滑槽下落至焚烧炉的送料器上，送料器依据燃烧控制盘的指令作往复运动，将垃圾输进上斜 26°的炉排，通过炉排的活动，使垃圾依次进入干燥区、燃烧区和燃烬区。经充分燃烧后，不含有机质的灰渣从炉排端部的圆筒落入满水的推灰器内，在此熄火降温后、被推至振动式传送带。灰渣中的金属物因受振而分离外露，用磁选机吸出铁件等。

燃烧过程中产生的灰分，粒径较大者会受气流的离心作用而自行落入灰斗，再通过不同途径进入灰池。其细小的粉尘和喷入烟道的石灰粉（人工加入，用以中和氯化氢）则随烟气进入静电除尘器，最后也被送入灰池。灰渣可用作垃圾填埋场的覆盖土。

供燃烧用的空气由鼓风机自垃圾池上方吸取，经两次预热（先由蒸汽式空气预热器加热至 160℃，再经烟气式空气预热器提温至 260℃）后，以 4kPa 的风压由炉排下方吹进炉膛。不经加热的二次空气直接由鼓风机出口处引出，而自设在炉膛拱处的两排喷嘴吹入炉内，风量根据燃烧情况进行调节。

燃烧过程产生的高温烟气（温度在 800～900℃）流经废热锅炉，通过热交换放热后降温至 380℃ 左右，再经烟气式空气预热器的热交换，进一步降至静电除尘器所要求的工作温度（250～280℃），被净化的烟气由引风机通过烟囱排入大气。

（2）新加坡 Tuas 垃圾焚烧厂　座落在新加坡西海岸线工业区内的 Tuas，是新加坡第二座大型垃圾焚烧厂，由日本三菱重工承包建设，德国人设计。焚烧厂从 1986 年 10 月投入运行，设计能力为 2000t/d（400t/d×5 台），耗资折合人民币近 12 亿，其主要的焚烧工艺如图 9-10 所示。

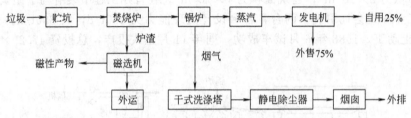

图 9-10　新加坡 Tuas 垃圾焚烧厂主要工艺流程

新加坡由于气温常年在 25～35℃ 之间，降水较均匀，垃圾的成分较稳定，含水率在 40%～45%，热值颇高，设计热值为 5861.52～7117.56kJ/kg。除启动阶段外，在垃圾的燃烧过程中无需添加辅助燃油。Tuas 运用日本三菱的马丁炉排。系统配备 2 台凝气轮机，2 台发电机，每台容量为 23MW。锅炉每小时产蒸汽 42t/单元（375℃，3.5MPa），发电 30MW，电压 6.6kV，采用封闭冷却水循环系统。新加坡的大气排放标准较松，因而在 Tuas 厂烟气处理上投入的力量不是很大，仅用干法和电除尘，出口尾气中仍有粉尘 $3×10^{-3}kg/m^3$，$SO_x 3.4×10^{-5}kg/m^3$，$HCl 4×10^{-5}kg/m^3$，$NO_x$ 和 Dioxins 尚未作为控制指标。焚烧厂现有雇员 180 人，其中有操作工人 45 人（3 班制），维修人员 50 人，其他为管理人员。

（3）美国佛罗里达棕榈滩 RDF 焚烧厂　RDF，即垃圾衍生燃料。图 9-11 所示为美国佛罗里达州棕榈滩的 RDF 焚烧厂工艺流程。

该焚烧厂为一座装设有资源垃圾分选设备的工厂，其垃圾衍生燃料的处理方式为细破碎及精选等，全厂处理容量 >2kt/d，三条生垃圾分选处理线每年可处理 $6.24×10^5$t 生垃圾。垃圾在处理前先挑出巨大垃圾及废轮胎，然后进入粗破碎单元，破碎后经磁选机吸出铁性物质成分，进入筛选机进行物流分离。大于 15cm 的物品出流再进行细破碎即成 RDF，RDF再经过分级筛选得到品质较佳的小颗粒 RDF，再送到 RDF 贮槽存放。5～15cm 间的重质物流进入人工选别站，靠人工选出铝罐。小于 5cm 的物流则进入二次气流分离单元回收轻质物流，以增加 RDF 产率。巨大垃圾则用巨大垃圾破碎机加以破碎，并经磁选机回收铁性物质后，并入生垃圾物流进入后续单元。挑出的轮胎经轮胎破碎机细破碎后直接变成 RDF。

### 9.3.3　影响垃圾焚烧的主要因素

在理想状态下，生活垃圾进入焚烧炉后，依次经过干燥、热分解和燃烧三个阶段，其中的有机可燃物在高温条件下完全燃烧，生成二氧化碳气体，并释放热量。但是，在实际的燃烧过程中，由于焚烧炉内的操作条件不能达到理想效果，致使燃烧不完全。严重的情况下将会产生大量的黑烟，并且从焚烧炉排出的炉渣中还含有有机可燃物。影响生活垃圾焚烧的主要因素包括：垃圾的性质、停留时间、温度、湍流度、空气过量系数及其他因素。其中停留时间、温度及湍流度称为"3T"要素，是反映焚烧炉性能的主要指标。

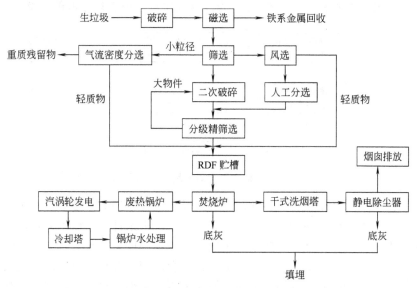

图 9-11  美国佛罗里达州棕榈滩的 RDF 焚烧厂工艺流程

（1）垃圾的性质  垃圾的热值、粒度大小是影响垃圾焚烧的主要因素。垃圾的热值越高，燃烧过程越易进行，焚烧效果越好。垃圾的粒度越小，单位质量或体积垃圾的比表面积越大，垃圾与周围氧气的接触面积也就越大，焚烧过程中的传热及传质效果越好，燃烧越完全；反之，传质及传热效果较差，易发生不完全燃烧。因此，垃圾被送入焚烧炉之前，对其进行破碎预处理，可增加其比表面积，改善焚烧效果。

（2）停留时间  停留时间包含两方面的含义：其一是生活垃圾在焚烧炉内的停留时间，它是指生活垃圾从进炉开始到焚烧结束炉渣从炉中排出所需的时间；其二是生活垃圾焚烧烟气在炉中的停留时间，它是指生活垃圾焚烧产生的烟气从生活垃圾层逸出到排出焚烧炉所需的时间。实际操作过程中，生活垃圾在炉中的停留时间必须大于理论上干燥、热分解及燃烧所需的总时间。同时，焚烧烟气在炉中的停留时间应保证烟气中气态可燃物达到完全燃烧。当其他条件保持不变时，停留时间越长，焚烧效果越好，但停留时间过长会使焚烧炉的处理量减少，经济上不合理。停留时间过短会引起过度的不完全燃烧。所以，停留时间的长短应由具体情况来定。

（3）温度  由于焚烧炉的体积较大，炉内的温度分布是不均匀的，即不同部位的温度不同。这里所说的焚烧温度是指垃圾焚烧所能达到的最高温度，该值越大，焚烧效果越好。一般来说位于垃圾层上方并靠近燃烧火焰的区域内的温度最高，可达 $800\sim1000℃$。垃圾的热值越高，可达到的焚烧温度越高，越有利于生活垃圾的焚烧。同时，温度与停留时间是一对相关因子，在较高的焚烧温度下适当缩短停留时间，亦可维持较好的焚烧效果。

（4）湍流度  是表征垃圾和空气混合程度的指标。湍流度越大，垃圾和空气的混合程度越好，有机可燃物能及时充分获取燃烧所需的氧气，燃烧反应越完全。湍流度受多种因素影响。当焚烧炉一定时，加大空气供给量，可提高湍流度，改善传质与传热效果，有利于垃圾的焚烧。

（5）过量空气系数  过量空气系数对垃圾燃烧状况影响很大，供给适当的过量空气是有机物完全燃烧的必要条件。增大过量空气系数，不但可以提供过量的氧气，而且可以增加炉内的湍流度，有利于焚烧。但过大的过量空气系数可能使炉内的温度降低，给焚烧带来副作用，而且还会增加输送空气及预热所需的能量。实际空气量过低将使垃圾燃烧不完全，继而给焚烧厂带来一系列的不良后果。图 9-12 为低空气比对垃圾燃烧影响的示意。

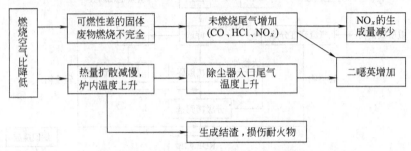

图 9-12  低空气比对垃圾燃烧的影响

（6）其他因素  包括垃圾在炉中的运动方式及生活垃圾层的厚度等。对炉中的生活垃圾进行翻转、搅拌，可以使生活垃圾与空气充分混合，改善条件。炉中生活垃圾层的厚度必须适当，厚度太大，在同等条件下可能导致不完全燃烧，厚度太小又会减少焚烧炉的处理量。

总之，在垃圾焚烧过程中，应在可能的条件下合理控制各种影响因素，使其综合效应向着有利于垃圾完全燃烧的方向发展。但这些影响因素不是孤立存在的，彼此间存在着相互依赖、相互制约的关系，某种因素产生的正效应可能会导致另一种因素的负效应，因此应综合考虑整个燃烧过程的因素控制。

# 9.4  城市垃圾的堆肥化

堆肥化就是依靠自然界广泛分布的细菌，放线菌、真菌等微生物，有控制地促进可被生物降解的有机物向稳定的腐殖质转化的生物化学过程。堆肥化的产物称为堆肥。

用城市垃圾或农业固体废物进行肥堆是一种古老而倍受国内外重视的生物转化方法。目前，这一技术已成为城市垃圾资源化的重要手段之一。

## 9.4.1  堆肥的微生物学过程

好氧堆肥是好氧微生物在与空气充分接触的条件下，使垃圾中的有机物发生一系列放热分解反应，最终使有机物转化为简单而稳定的腐化物的过程，其主要的生化反应反应式为：

$$C_a H_b O_c N_d + 0.5(ny+2s+r-c)O_2 \Longrightarrow nC_w H_x O_y N_z + sCO_2 + rH_2O + (d-nx)NH_3$$

经验表明，垃圾堆肥产品的产率约为 30%～50%，即 50%～70% 的堆肥原料转化为气体与水分。因此，可利用这一反应式估算堆肥过程理论需氧量。

在堆肥过程中，有机质生化降解会产生热量，如果这部分热量大于堆肥向环境的散热，堆肥物料的温度则会上升，短期内（一般 5～6 周）就可达到 60～70℃甚至 80℃，然后逐渐降温而达到腐熟。在这过程中，堆内的有机物、无机物发生着复杂的分解与合成的变化，微生物组成也发生着相应的变化。表 9-8 所示为两类堆肥微生物生活、繁殖的温度范围。

表 9-8  两类堆肥微生物生活、繁殖的温度范围                                  单位：℃

| 微生物 | 最低温度 | 最适宜温度 | 最高温度 |
| --- | --- | --- | --- |
| 嗜温性微生物 | 15～25 | 25～45 | 43 |
| 嗜热性微生物 | 25～45 | 40～50 | 85 |

根据堆肥的升温过程，可将堆肥过程分为 3 个阶段：中温阶段、高温阶段和腐熟阶段，如图 9-13 所示。

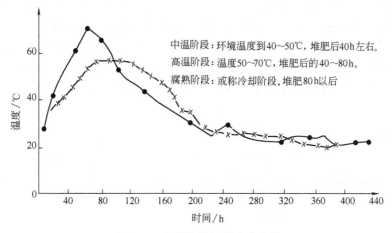

中温阶段：环境温度到40～50℃，堆肥后40h左右。
高温阶段：温度50～70℃，堆肥后的40～80h。
腐熟阶段：或称冷却阶段，堆肥80h以后

图 9-13　堆肥物料温度变化曲线

中温阶段，亦称起始阶段。嗜温细菌、放线菌、酵母菌等嗜温性微生物利用堆肥中最容易分解的可溶性物质，如淀粉、糖类等而迅速增殖，释放出热量，使堆肥温度不断升高。当温度升到 40～50℃ 时，堆肥进入第二阶段。

高温阶段，堆肥起始阶段的微生物死亡，一系列嗜热性微生物的生长所产生的热量进一步使堆肥温度上升。淀粉、糖类等易分解物质减少以及被迅速分解、氧化时消耗了大量的氧，造成了局部的厌氧环境。这时，堆肥中除残留的或新形成的可溶性有机物继续被分解转化外，一些复杂的有机物如纤维素、半纤维素等也开始受到强烈的分解。由于各种好热性微生物的最适温度互不相同，因此，随着堆温的不断上升，好热性微生物的种类、数量逐渐发生着变化。在 50℃ 左右，主要是嗜热性真菌和放线菌。温度升到 60℃ 时，真菌几乎完全停止活动，仅有嗜热性放线菌与细菌在继续活动，慢慢地分解着有机物。温度升到 70℃ 时，大多数嗜热性微生物相继大量死亡或进入休眠状态。

高温对于堆肥的快速腐熟起着重要作用。在此阶段，堆肥内开始了腐殖质的形成过程，并开始出现能溶解于弱碱中的黑色物。高温对于杀死病原性生物是极其重要的。病原性生物的失活取决于温度和接触时间。一般，60～70℃ 维持 3 天，可使脊髓灰质炎病毒、病原细菌和蛔虫卵失活。堆温在 50～60℃ 持续 6～7 天，可达到较好的杀灭虫卵和病原菌的效果。

腐熟阶段，亦称降温阶段。当高温持续一段时间后，易于分解或较易分解的有机物（包括纤维素等）已大部分分解，剩下的是木质素等较难分解的有机物以及新形成的腐殖质。这时，微生物活动减弱，产热量减少，温度逐渐下降，中温性微生物又逐渐成为优势种，残余物质进一步分解，腐殖质继续不断地积累，堆肥进入了腐熟阶段。此时，堆肥可施用。所以主要问题是保存腐殖质和 N 素等植物养料。可采取压紧肥堆的措施，造成厌氧状态，使有机质矿化作用减弱，以免损失肥效。

在冷却后的堆肥中，一系列新的微生物（主要是真菌和放线菌），将借助于残余有机物（包括死掉的细菌残体）而生长，最终完成堆肥过程。因此，可以认为堆肥过程就是细菌生长、死亡的过程，也是堆肥物料温度上升和下降的动态过程。

## 9.4.2　堆肥的基本工艺

好氧堆肥工艺有两种，即野外人工堆肥与工厂化机械堆肥。野外人工堆肥是在传统的农家堆肥的基础上得到发展的，其操作简单、费用低廉，在许多国家有应用。按堆肥配料比将垃圾、污水处理厂污泥或粪便等进行调配，选择野外空地，堆成平行条堆。每堆宽 1.2～2m，长 1.8～3m。用人工定期翻动，一般每周 1～2 次，直到发酵完毕，该方法对通气、水分、温度等条件不易控制。这种好氧堆肥工艺只适用于分散的农家堆肥。

工厂化机械堆肥是先进的、很有前途的快速堆肥方法。目前堆肥生产主要采用这种工艺。尽管这种堆肥系统形式多种多样，但基本工序通常都由预处理、主发酵（一次发酵）、后发酵（二次发酵）、后处理、脱臭、贮藏等工序组成，如图 9-14 所示。

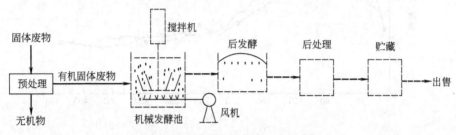

图 9-14 工厂化机械堆肥工艺流程

（1）预处理 预处理包括破碎、分选等，主要是除去堆肥原料中大块和非堆肥化物质。垃圾中往往含有粗大垃圾和不能堆肥的物质，这些物质的存在会影响垃圾处理机械的正常运行，并降低发酵仓容积的有效使用，且使堆肥温度难以达到无害化要求，从而影响堆肥产品的质量。同时，预处理还可使物料粒度和含水率达到一定程度的均匀化。

一般，适宜的粒径范围是 12～60mm，最佳粒径随垃圾物理特性的变化而变化。如果堆肥物质结构坚固，不易挤压，则粒径可小些，否则粒径应大些。此外，决定垃圾粒径大小时，还应从经济方面考虑，因为破碎得越细小，动力消耗就越大，处理垃圾的费用就会增加。

（2）主发酵（一次发酵） 通常将堆肥开始到堆肥温度升高到开始降低为止的阶段，称为主发酵阶段，一般历时 4～12 天。主发酵阶段是堆肥生物化学反应的基本阶段，在发酵池内进行，通过翻堆或强制通风向堆积层或发酵装置内供给氧气，供入空气的方式随发酵仓种类而异。在主发酵仓内，原料和土壤中存在的微生物作用而开始发酵，首先是易分解物质分解产生二氧化碳和水，同时产生热量使堆温上升。这时微生物吸取有机物的碳、氮等营养成分，在合成细胞质自身繁殖的同时，将细胞中吸收的物质分解而产生热量。

发酵初期有机物的分解作用主要是靠嗜温性微生物进行完成。随着堆温的升高，嗜热性微生物逐渐取代嗜温性微生物对有机物进行高效分解。氧的供应与保温床的保温程度对堆料的温度上升有很大影响。

（3）后发酵 在主发酵工序尚未分解的易分解及较难分解的有机物可全部分解变成腐植酸、氨基酸等比较稳定的有机物，得到完全成熟的堆肥成品。后发酵也可在专设仓内进行，但通常把物料堆积到 1～2m 高度进行敞开式后发酵。此时，需要防止雨水的设施。为了提高后发酵效率，有时仍需进行翻堆和通风。如果不进行通风，则需要每周进行一次翻堆。

后发酵时间的长短，取决于堆肥的使用。如堆肥用于温床（能利用堆肥的分解热）则可在主发酵后直接利用。对几个月不种作物的土地，大部分可不进行后发酵而直接施用堆肥，而对一直在种作物的土地，则应使堆肥的分解进行到能不致夺取土壤中氮的稳定化程度，即充分腐熟。后发酵时间通常大于 20 甚至 30 天。显然，不进行后发酵的堆肥，其使用价值较低。

（4）后处理 经过二次发酵后的物料中，几乎所有的有机物均变细碎和变了形，数量也减少了。但在城市垃圾发酵堆肥时，在前处理工序中还没有完全去除的塑料、玻璃、陶瓷、金属、小石块等杂物依然存在，因此，还要经过一道分选工序以去除杂物。可以用回转式振动筛、振动式回转筛、磁选机、风选机、惯性分离机、硬度差分离机等预处理设备分离去除上述杂质，并根据需要（如生产精制堆肥）进行再破碎。净化后的散装堆肥产品，既可以直接销售给用户，施于农田、菜园、果园，或作土壤改良剂，也可以根据土壤的情况，用户的需要，在散装堆肥中加入 N、P、K 添加剂后生产复合肥，做成袋装产品，既便于运输，也便于贮存，而且肥效更佳。有时还需要固化造粒以利贮存。

后处理工序除分选、破碎设备外，还包括打包装袋、压实造粒等设备，在实际工艺过程中，根据实际需要来组合后处理设备。

（5）贮存　堆肥的供应期多半是集中在秋天和春天（中间隔半年）。因此，一般的堆肥化工厂有必要设置至少能容纳 6 个月产量的贮藏设备。堆肥成品可以在室外堆放，但必须有不透雨水的覆盖物。贮存方式可直接堆存在二次发酵仓内，或袋装后存放。加工、造粒、包装可在贮藏前也可在贮存后销售前进行。要求包装袋干燥而透气，如果密闭和受潮会影响堆肥产品的质量。

（6）脱臭　在堆肥化工艺过程中，每道工序都有臭气产生，主要为氨、硫化氢、甲基硫醇、胺类等，必须进行脱臭处理。脱臭的主要方法有化学除臭剂除臭，水、酸、碱水溶液等吸收剂吸收除臭，臭氧氧化除臭，活性炭、沸石、熟堆肥等吸附剂吸附除臭等。其中，最经济而实用的方法是熟堆肥氧化吸附除臭。将来源于堆肥产品的腐熟堆肥置入脱臭器，堆高约 0.8～1.2m，将臭气通入系统，使之与生物分解和吸附同时作用。氨、硫化氢的去除率可达到 98% 以上。

也可用特种土壤，如鹿沼土、白垩土等代替堆肥，此种设备称为土壤脱臭过滤器。

### 9.4.3　工程实例

早在几个世纪以前，世界各地的农村就使用秸秆、落叶、野草和动物粪尿等堆积在一起进行发酵获得堆肥。20 世纪 70 年代以后，现代化堆肥得到了巨大的发展，目前在许多国家均出现了堆肥的系列化设备，这对促进城市垃圾的堆肥化具有重要作用。

（1）杭州市堆肥厂　图 9-15 所示为杭州市堆肥厂工艺流程，由简单的预处理、四棱锥台式发酵系统及简单的后处理工序组成。

四棱锥台式发酵仓是该流程的核心。发酵仓出料机械较先进、半动态堆肥化能缩短发酵周期是该工艺的重要特点。此外，该工艺还具有热量利用好、温度自下而上地依次传递、损失少等特点。在高寒地区生产堆肥时，如果采用静态间歇式堆肥，腐熟垃圾出仓后，新装入垃圾升温困难。该堆肥的生产过程就可解决高寒地区堆肥生产升温困难的问题。发酵仓内堆肥物的翻堆是随出料机的转动出料和堆肥物的自上而下塌落完成的，无需外加动力，故节省能源。发酵仓中堆肥物发酵均匀，可避免静态堆肥中出现的"死角"或"夹生"现象。在堆肥过程中，由于连续进出料；有利于微生物接种，发酵升温快，也有利于引入（或培植）微生物新菌种，使之优化。

（2）长野县堆肥化系统　长野县采用"犀斗式"翻堆机堆肥化系统系统，如图 9-16 所示。该系统以城市垃圾和家畜粪尿为对象，处理能力 13t/d，其中垃圾 10t/d、家畜粪尿 3t/d。

用收集车运来的新鲜垃圾倒入贮槽后，送入挤压式定量给料器（低转速、低噪音）经破袋和粗破碎后，送入一次发酵仓发酵，在通风送气的同时，每隔一定时间，用犀斗式翻堆机翻堆搅拌，发酵后物料用回转振动筛除杂。给料器和一次发酵仓产生的臭气引入土壤脱臭装

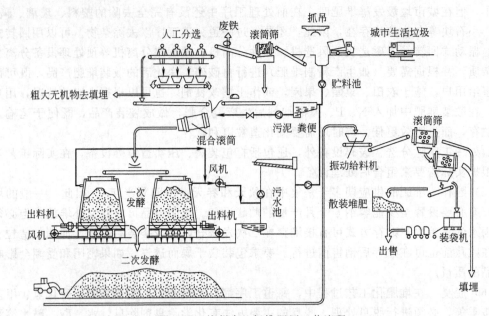

图 9-15　杭州市垃圾堆肥厂工艺流程

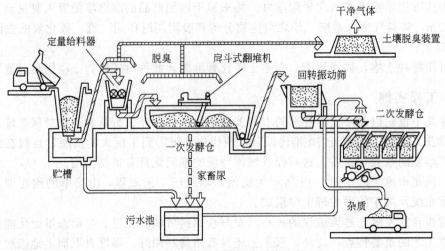

图 9-16　长野县堆肥化系统流程

置脱臭。贮槽内产生的污水引入污水槽，在这里加进家畜尿，混合后喷洒入二次发酵仓内。

（3）美国 Metro 型堆肥化系统　美国设置的 Metro 堆肥系统如图 9-17 所示。该系统依次进行手选、回收、二级破碎、添加下水污泥、发酵及产品调整等操作过程。

垃圾首先由 12 人将从各户收集来的垃圾中的纸、有色金属、大的钢铁块及其他不能堆肥化的物质选出并加以回收（当回收的废纸太不值钱时，可用来堆肥）。然后用锤式磨碎机破碎到 10cm 以下，用抽吸罩除去纸、塑料等轻质物质后，用磁选机去除（回收率约 23t/d）白铁皮，接着用二级锤式磨碎机破碎到 2.5cm 以下后，添加浓缩了的下水污泥，靠双螺旋运送机混合，污泥能提供垃圾分解必需的细菌，调整原料到适当的 C/N，也有加磷的效果。混合物水分保持在 60%～70%。加湿后垃圾用布料机给料到发酵仓（长 110m，宽 61m，深 2.44m，共 4 座），调节通风量，使仓内温度在最初 24h 内上升到 57℃。6 日发酵周期结束时，堆肥达到 74～77℃。料层靠装在导轨上的 15t 搅拌机翻堆，也用这个搅拌机将堆肥出料

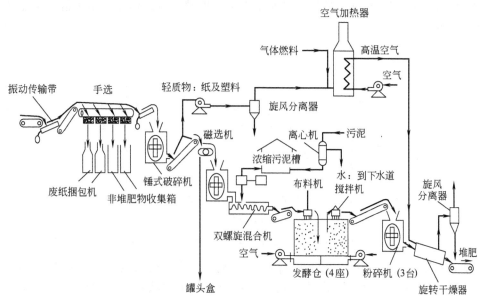

图 9-17　德克萨斯州休斯敦日处理 360t 垃圾堆肥厂流程

到皮带输送机，经粉碎机粉碎到 1.27cm 后，由旋转干燥器将水分干燥到 20% 以下作为堆肥产品，此时细菌的活动停止。每月耗电量为 20 万千瓦时，干燥用天然气，消耗量为 28000m³/d。

### 9.4.4　影响堆肥的主要因素及堆肥质量

（1）影响堆肥的主要因素　发酵阶段是堆肥生物化学反应的基本阶段，野外堆肥一般需要 5～6 周，工厂化堆肥只需 2～3 天即可发酵完毕。影响堆肥的主要因素有碳氮比、含水率、供氧量、温度、pH 值等。

① 碳氮比（C/N）　有机物被微生物分解速度随 C/N 比而变。微生物自身的 C/N 比约 4～30，用作其营养的有机物 C/N 比最好也在此数值范围内，特别当 C/N 比在 10 左右时，有机物被微生物分解速度最大。垃圾的 C/N 一般为 50～80，因此，需添加低 C/N 比的废物或加入氮肥，以使 C/N 比调整到 30 以下。否则，嗜温菌活动将受到显著抑制，发酵受阻。

② 含水率　水分是微生物生长繁殖不可缺少的，是影响发酵的主要因素之一。一般，堆肥原料水分在 50%～60%（质量）时，微生物分解速度最快。而实际上，堆肥物质的含水率与设备的通风能力和堆肥物质的结构强度有关系。如果水分过多，由于原料被紧缩或其内部空隙被水充满，使空气量减少，向有机物供氧不足而变成厌氧状态。因此不能保持好氧细菌的新陈代谢，分解速度降低，产生硫化氢，甲烷等恶臭气体。水分更高时，操作及加工干燥发生困难。水分太少，也会妨碍微生物的繁殖，使分解速度变低。当含水率<12% 时，微生物将停止活动。为此，可在原料中添加锯末、树皮、糠壳等低水废物及水分少的成品堆肥来降低水分，或添加生污泥、消化污泥等物质来增加水分，以便把水分调整到 45%～65%（质量）。

③ 供氧量　氧气是堆肥过程有机物降解和微生物生长所必需的物质。较好的通风条件、充足的氧气是好氧堆肥过程正常运行的基本保证。堆肥理论需氧量可根据生产能力，通过有机物分解反应式估算得到，实际供氧量通常为理论量的 2～10 倍。但过量供氧易使温度下降，不利于发酵的正常进行。

④ 温度和 pH 值　在良好的好氧堆肥条件下，堆肥全过程温度与 pH 值发生显著变化，其规律如图 9-18 所示。

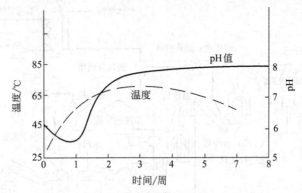

图 9-18　堆肥过程温度与 pH 值的变化规律

在堆肥的第一周，以中温菌起主导作用，一周后，喜温的放线菌与霉菌开始活跃，第三周温度达到 70℃ 以上，此时芽孢菌占优势。随分解作用的减缓，温度由第 4 周逐步下降，中温菌又开始活跃。在堆肥最后阶段，出现原生动物。

pH 值的变化，在堆肥初期由于 $CO_2$ 大量产生，使 pH 值下降，随后由于 $NH_3$ 的产生，pH 值迅速上升。为防止 $NH_3$ 大量逸入大气，应控制堆肥 pH<8 为宜。

(2) 堆肥产品的质量标准　堆肥是为农业所用的，因此，堆肥中应包含农用的成分和养分。另外，还应符合安全性、卫生学性质和稳定性要求。具体质量要求如下。

① 堆肥中对土壤改良起主要作用的是有机物质，有机物质的含量应在 35% 以上（干燥状态下，其中氮、磷、钾的含量分别为 2%、0.8%、1.5%）。

② 堆肥产品存放时，含水率应小于 30%，袋装堆肥含水率应小于 20%。控制堆肥含水率的要求，是因为水分在运输中有损耗，也是为了保持堆肥良好的撒播性。

③ 根据卫生要求与农作物生长需要，堆肥中动植物的致病菌、杂草种子、害虫卵等应已杀灭，堆肥产品的施用必须对环境、土壤和农作物完全无害。

④ 为了有利于堆肥产品的利用。堆肥中的惰性材料如玻璃、陶瓷、废金属、石头、塑料、橡胶、木材等必须除去（筛选或分离，或细磨粉碎）。

⑤ 不含重金属等有害杂质。成品堆肥重金属等有害杂质允许含量如下。a. 砷：总量分析<50mg/kg（干重），洗提试验<1.5mg/kg。b. 镉：总量分析<5mg/kg（干重），洗提试验<03mg/kg。c. 汞：总量分析<2mg/kg（干重），洗提试验<0.005mg/kg。d. 铅：洗提试验<3mg/kg。e. 有机磷：洗提试验<1mg/kg。f. 六价铬：洗提试验<15mg/kg。g. 氰化物：洗提试验<1mg/kg。h. 多氯联苯：洗提试验<0.003mg/kg。

⑥ 碳氮比要控制在 20 以下。如果大于 20，当堆肥施于土壤时，微生物分解有机物的同时会摄取土壤中的氨态氮或硝酸盐氮以作为自身的营养而繁殖增生，从而使农作物陷于"氮饥饿"状态，影响作物的生长发育。

⑦ 堆肥含盐高容易造成土壤酸化和损害作物根部功能，影响作物的生长。堆肥产品含盐量一般在 1%～2%。堆肥中的盐（包括营养盐）一部分由植物吸收，一部分留在土壤中。

⑧ 成品堆肥外观应是茶褐色或黑褐色，无恶臭，质地松散，具有泥土芳香气味。

目前，我国多数城市垃圾堆肥产品尚不能全面达到质量标准，一是因为垃圾本身含可腐性有机质比率较小，含有害物质较多；二是因为预处理与堆肥操作过于粗糙。欲使产品质量提高，必须改进垃圾前处理与堆肥工艺过程。

## 9.5 城市垃圾的厌氧发酵

通过厌氧微生物的生物转化作用，将垃圾中大部分可降解的有机质分解、转化为能源产品——沼气（$CH_4$）的过程，称为厌氧发酵或称厌氧消化，是城市垃圾利用的又一个重要途径。

### 9.5.1 厌氧发酵的微生物学过程

厌氧发酵是一种普遍存在于自然界的微生物过程，凡是存在有机物和一定水分的地方，只要供氧条件不好或有机物含量多，都会发生厌氧发酵。目前，厌氧发酵的生化过程有三种理论：两阶段理论、三阶段理论和四阶段理。

（1）两阶段理论　认为厌氧发酵过程分为产酸和产气两个阶段，相应起作用的微生物分为产酸细菌和产甲烷细菌，如图9-19所示。

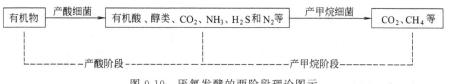

图9-19　厌氧发酵的两阶段理论图示

在产酸阶段，产酸细菌的主要分解产物是有机酸、醇类、$CO_2$、$NH_3$、$H_2S$和$N_2$等。有机酸的大量积累，使体系pH值逐渐下降，所以这一阶段也称为酸性发酵阶段。在产酸细菌作用后期，由于所产生的氨的中和作用，使pH值逐渐上升而进入产甲烷阶段。随着产甲烷细菌的繁殖，有机酸迅速分解，pH值迅速上升，因此，产甲烷阶段又称为碱性发酵阶段。

两阶段理论虽然形成较早，但难以解释产甲烷细菌对甲醇以上的醇和乙酸以上的有机酸的利用机理。因此，该理论尚未得到确认。

（2）三阶段理论　这一理论1979年由布赖恩提出，他将厌氧发酵依次分为液化、产酸、产甲烷三个阶段，如图9-20所示。每一阶段各有其独特的微生物类群起作用。

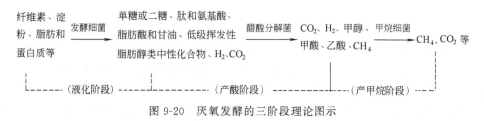

图9-20　厌氧发酵的三阶段理论图示

液化阶段起作用的细菌称为发酵细菌，包括纤维素分解菌、脂肪分解菌、蛋白质水解菌。在这一阶段，发酵细菌利用胞外酶对有机物进行体外酶解，使固体物质变成可溶于水的物质，然后，细菌再吸收可溶于水的物质，并将其酶解成为不同产物。

产酸阶段起作用的细菌是醋酸分解菌。在这一阶段，产氢、产醋酸细菌把前一阶段产生的一些中间产物丙酸、丁酸、乳酸，长链脂肪酸、醇类等进一步分解成醋酸和氢。液化阶段和产酸阶段起作用的细菌统称为不产甲烷菌。

产甲烷阶段起作用的细菌是甲烷细菌。在这一阶段，甲烷菌利用$H_2/CO_2$、醋酸以及甲醇、甲酸，甲胺等$C_1$类化合物为基质，将其转化成甲烷。其中，$H_2/CO_2$和醋酸是主要基质。一般认为，甲烷的形成主要来自$H_2$还原$CO_2$和醋酸的分解。

这一理论突出地表明了 $H_2$ 的产生和利用在发酵过程中的核心地位，较好地解决了两阶段理论的矛盾。

（3）四阶段理论 这一理论将厌氧发酵过程分为四个阶段，每个阶段有独特的微生物菌群。各类群细菌的有效代谢均相互密切连贯，达到一定的平衡，不能单独分开，是相互制约和促进的过程。为了便于研究不同营养类群的细菌，才分成 4 个阶段，如图 9-21 所示。

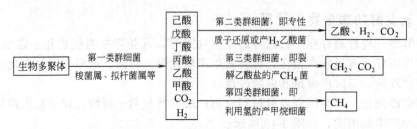

图 9-21 厌氧发酵的四阶段理论

自然界厌氧发酵过程一般分为 4 个阶段，如人畜粪便复杂有机物的厌氧发酵。但在不同生态条件下，不一定都包括 4 个阶段，如在食草动物的瘤胃和人的盲肠和肠道中，一般仅包括第一和第三阶段。而在温泉中，仅包括第三和第四阶段。这与不同生态环境的条件有关。

### 9.5.2 厌氧发酵工艺

垃圾中因含有大量不适于厌氧处理或对微生物有毒害作用的物质，厌氧发酵前必须预先进行加工、分选处理，才能进行厌氧发酵，如图 9-22 所示。

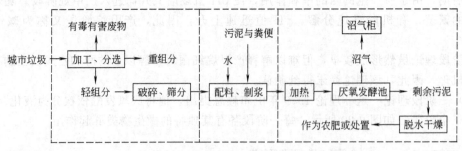

图 9-22 城市垃圾厌氧发酵工艺流程

流程中大体包含三项主要操作：垃圾预处理、配料制浆、厌氧消化处理与沼气回收。

（1）垃圾预处理 垃圾中往往含有粗大垃圾和不能降解的物质，这些物质必须经过预处理除去，才能保证厌氧发酵过程的正常运行。经过加工、分选，垃圾中的轻组分富集了垃圾中大部分可生物转化的有机质，并已去除了有毒害性废物。但轻组分颗粒尚较大，不能满足消化处理的技术要求，需进一步破碎与筛分，使之颗粒细小、质地均匀后才能消化处理。

（2）配料与制浆 厌氧发酵的废物一般 C/N 在（20∶1）～（30∶1）为宜，若高于 35∶1，产气量将显著下降。一般城市垃圾多为碳源过剩，氮、磷不足，配料制浆时需投配适量含氮、磷较高的配料。城市污水厂污泥与粪便是最佳配料。配料后的混合物加入适量水，制成流动性浆体，含水率应＞90%，以便输送与搅拌操作。浆体 pH 值调节为 6.8～7.5。

（3）厌氧发酵与沼气回收 按投料运转方式，厌氧发酵可分为连续发酵、半连续发酵、批量发酵、两步发酵等。连续发酵工艺是从投料启动后，经过一段时间的发酵产气，每天或随时连续定量地添加发酵原料和排出旧料，其发酵过程能够长期连续进行。此发酵工艺易于控制，能保持稳定的有机物消化速度和产气率；半连续发酵工艺是启动时一次性投入较多的发酵原料，当产气量趋于下降时，开始定期添加新料和排出旧料，以维持比较稳定的产气率；批量发酵是一次投料发酵，运转期中不添加新料，当发酵周期结束后，取出旧料再重新投入新料发酵。这种发酵工艺的产气量在初期上升很快，维持一段时间的产气高峰后，即逐渐下降。因此，该工艺的发酵产气是不均衡的。目前，该工艺主要应用于研究有机物沼气发酵的规律和发酵产气的关系等方面。当前应用较多的城市垃圾干发酵工艺属此发酵类型；批量发酵是指从投料启动后，经过一段时间的正常发酵产气，每天或随时连续定量地添加发酵原料和排出旧料，其发酵过程能够长期连续进行。该工艺采用常温发酵，但所要求较低的原料固形物浓度。固态的城市生活有机垃圾必须经过一定的预处理才能够采用此工艺。

两步发酵工艺是根据沼气发酵过程分为产酸和产甲烷二个阶段原理而开发的。其工艺特点是将沼气发酵全过程分成两个阶段，在两个池子内进行。第一个水解产酸池，装入高浓度的发酵原料，让其沤制产生浓的挥发酸溶液。第二个产甲烷池，以水解池产生的酸液为原料产气。因此，可大幅度提高产气率，气体中甲烷含量也有提高。同时实现了渣和液的分离，使得在固体有机物的处理中，引入高效厌氧处理器成为可能。

厌氧发酵在工业上获得了广泛的应用。图 9-23 所示为厨余垃圾厌氧发酵工艺流程。厨余垃圾通过离心机等脱水机械进行脱水，再利用破碎机对垃圾中的粗大物体如骨头等进行破碎，以利于后续发酵单元的顺利进行。厌氧发酵阶段通过投加兼性和厌氧微生物菌种，强化物料中有机组分的分解，使生成较稳定的发酵产品和以甲烷为主的发酵气体。利用水处理装置对物料脱水形成的有机废水进行处理，防止渗液形成二次污染。甲烷通过净化装置去除发酵气中 $H_2S$ 等杂质气体，提高发酵气的利用价值。

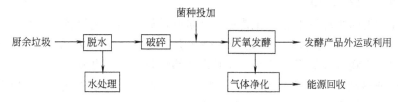

图 9-23　厨余垃圾厌氧发酵工艺流程

图 9-24 所示是一个典型的大型工业化沼气发酵工艺流程。有机废物通过分选、破碎等预处理工艺，再经预热后进入发酵罐充分发酵。

为了缩短发酵时间，发酵罐的底部设有加热系统。产生的沼气经气体处理站处理后贮存在沼气贮存罐中。一部分沼气可进入加气站作为汽车燃料或进入天然气供应网，一部分沼气可用于发电。所发电能除满足自身系统运行所需电力外还可并入电网或用于区域供热系统。另外，发酵产物：稳定的发酵污泥，经脱水后在堆肥精制车间制成堆肥产品，作为肥料用于农作物的生长。

现代化的大型工业沼气发酵工艺能够更好地利用沼气和堆肥产品，对周围的环境不造成破坏性污染，具有良好的环境效益、经济效益和社会效益，是一个真正的生态工业沼气发酵生产系统。其主要特点有：①能大量消纳有机废物，适应于城市垃圾和污水处理厂污泥的处理和处置；②发酵周期较短；③产生的沼气量大，质量高，用途广泛。堆肥产品肥效高，市场潜力大；④整个系统在运行过程中不会产生二次污染，不会对周围的环境造成危害；⑤整个系统的运行完全是自动化管理。

## 9.6　城市垃圾资源化新技术

城市垃圾资源化新技术主要包括垃圾焚烧从固体垃圾直接焚烧转变成垃圾热解-焚烧工

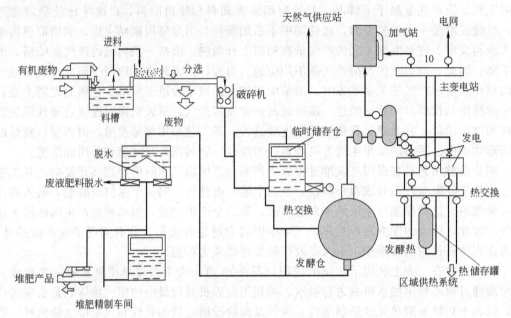

图 9-24　典型的大型工业化沼气发酵工艺流程

艺和厌氧发酵生产甲烷发展到发酵生产酒精等。

### 9.6.1　垃圾焚烧发展趋势

为了更高效地回收垃圾中能源和满足更严格的排放标准，世界各国特别是发达国家目前正致力于开发面向 21 世纪的第二代垃圾焚烧工艺——气化熔融集成技术，力图使二噁英、重金属等二次污染物排放值降至最低，同时提高锅炉效率和发电效率。

（1）垃圾的移动床气化炉方式焚烧　图 9-25 所示为垃圾的移动床气化炉方式焚烧工艺流程。在气化熔融炉内部，自上而下依次分成预备干燥段（200～300℃）、热分解段（300～1000℃）和燃烧熔融段（＞1500℃）。垃圾从炉顶加入，一边下降一边与炉下部上升的气体进行热交换。炉定排出的可燃气通过除尘器后进入燃烧炉，并在约 900℃下进行燃烧。在热分解段生成的焦炭与加入的焦炭和石灰石一起下降到熔融燃烧段，借助从进风口供给的富氧空气进行高温燃烧。从炉底将因高温而形成熔融状态的炉渣和金属排出。

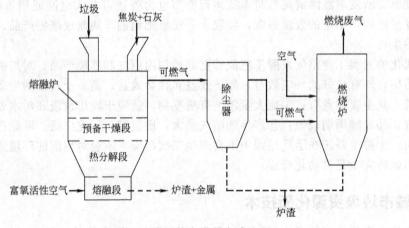

图 9-25　移动床气化炉方式流程

（2）垃圾的回转窑气化炉方式焚烧　图 9-26 所示为垃圾的回转窑气化炉方式焚烧工艺流程。垃圾在破碎后由螺旋给料器加入到由高温空气加热的回转窑内，一边接受由回转形成的搅拌作用，一边在约 450℃无氧气环境下缓慢进行热分解气化。从回转窑排出的可燃气直接进入下游的回旋式熔融炉内，在回转窑下部将生成的半焦和不燃物排出，经冷却器冷却后，由分离装置将粗大的不可燃物和细小的半焦分离。然后将粉碎机粉碎后半焦贮存在筒仓中，将筒仓里的半焦经气力输送至回旋式熔融炉，与自回转窑排出的可燃气一起在约 1300℃下进行高温焚烧，从炉底将因高温而形成熔融状态的炉渣排出。

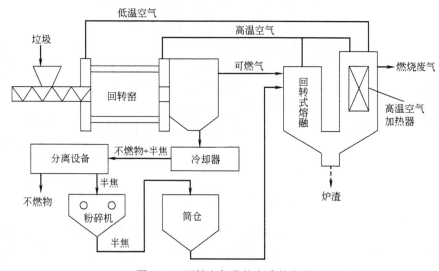

图 9-26　回转窑气化炉方式的流程

（3）垃圾的流化床气化炉方式焚烧　图 9-27 所示为垃圾的流化床气化炉方式焚烧工艺流程。经预处理的垃圾用加料器送入鼓泡流化床气化炉中，在 600℃使用空气气化，从气化炉底将不燃物和砂子的混合物排出，采用分离装置将它们分离，砂子将重新送入炉内，在流化床自由空间送入二次空气进行二次燃烧。生成的可燃气进入旋风熔融炉送入三次空气在 1300℃的高温下燃烧，熔渣经水冷后排出。

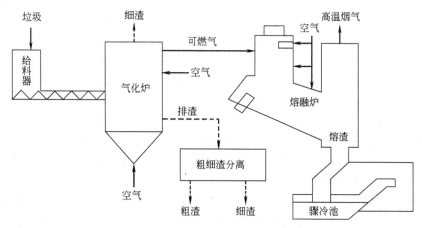

图 9-27　流化床气化炉方式的流程

第二代垃圾焚烧炉可从根本上解决二噁英和重金属第二次污染的问题。高温焚烧不仅能够摧毁垃圾中含有的二噁英和二噁英的前驱物，而且能将绝大部分飞灰熔融固化下来，杜绝在下游设备上由 Deacon 反应生成二噁英的催化剂来源。同时，高温焚烧将大部分飞灰和炉渣熔融后，经水骤冷后形成玻璃体，将重金属固化，灰渣可以综合利用。此外，该系统可采用燃气-蒸汽联合循环大幅度提高垃圾发电的效率。

### 9.6.2 垃圾生物处理新技术

垃圾生物处理新技术包括垃圾中纤维素的糖化处理、生产单细胞蛋白和生产酒精等。

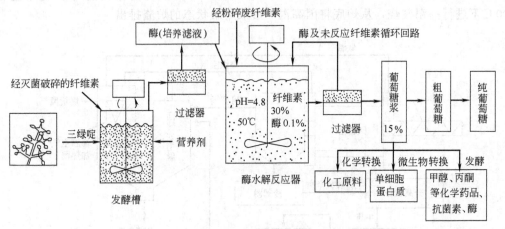

图 9-28 废纤维素酶解制取葡萄糖的工艺流程

（1）糖化处理 用生物酶的催化作用，催化水解含纤维素的城市废物，回收精制转化产品的工艺已受到国内外的重视。由于纤维素在自然界中十分丰富，这一技术的推广应用，必将造福于人类。图 9-28 所示为含纤维废物的糖化处理工艺。所用的生物酶是通过培养绿色木酶突变体液中提取的酶液，与含纤维素废物的母液混合，在 pH 为 4.8、温度 50℃ 条件下反应，生成稀葡萄糖液。过滤出的葡萄糖液进一步加工、精制，获得各种不同产品。

第一阶段是生产酶。向已破碎过的纤维素里加入各种营养盐为培养基，培育三绿啶。纤维素经发酵后的培养液，过滤作为纤维素糖化的酶溶液使用。滤渣则被废弃。将酶溶液调整 pH 为 4.8，送至糖化反应器，与经粉碎的废纤维素进行糖化反应，分离从反应器流出的溶液，得到葡萄糖浆。其中未反应的纤维素和酶返回反应器内糖化，葡萄糖溶液经过滤后用化学方法或微生物发酵方法生产化工原料、单细胞蛋白质、燃料及溶剂。

由于纤维素酶很稳定，培养液在低温下能长期保存，且在 50℃ 长期消化仍能保持活性。浓缩纤维素酶用（1～3）万分子量隔膜超滤膜过滤，再用 66% 丙酮沉降均能保持活性。

（2）生产单细胞蛋白 单细胞蛋白是通过培养单细胞生物而获得的生物体蛋白质，又称微生物蛋白。可利用各种废物中无害无毒基质如碳水化合物、碳氢化合物、石油副产品等，在适宜的培养条件下生产微生物蛋白。这些微生物蛋白不仅蛋白质含量高于传统的蛋白质食品，而且氨基酸组成齐全，配比适当，富含人畜生长代谢必需的 8 种氨基酸组分和多种维生素，是理想的食品和动物饲料来源。图 9-29 所示为美国路易斯安那州立大学的 Callihan 等人以蔗渣为基质生产单细胞蛋白工艺流程。

该工艺不是先将纤维素经过酶解作用生成葡萄糖，再经微生物转化生产 SCP，而是不需要糖化工序，在微生物作用下废纤维直接转变成 SCP。转化作用在通风搅拌发酵槽内进行，搅拌速度 300～400r/min，适宜通风量为 6L/min，pH 值为 3.9～6.5，尿素含量为 0.003% 和以 0.1g 的酶自身消化液可促进蛋白质生成。培养基为 $(NH_4)_2HPO_4$ 10g，$Na_2S_2O_3$ 0.01g，尿素 0.3g，酶自身消化液 1.0g，加水 1L。

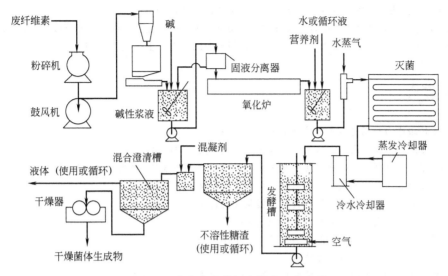

图 9-29　蔗渣生产单细胞蛋白工艺流程

（3）**废纤维素水解生产酒精**　本质纤维素水解制取葡萄糖，再将葡萄糖发酵生成酒精的技术在 19 世纪即已问世，并得到一定应用。从葡萄糖转化为乙醇的生化过程很简单，反应条件也很温和，所采用的发酵工艺主要为连续发酵工艺，因连续发酵具有生产率高、微生物生长环境恒定、转化率高等特点。所用的连续发酵装置主要有连续搅拌器、充填床、流化床和中空纤维发酵器等。

由于纤维素、半纤维素和木质素间互相缠绕，且纤维素本身存在晶体结构，会阻止水解酶接近纤维表面，故纤维原料的直接酶水解效率很低。必须通过预处理除去木质素、溶解半纤维素，或破坏纤维素的晶体结构，增大纤维素与酶接触的表面，才能提高纤维原料水解效率。常用的预处理方法主要有蒸气爆破、碱水解及稀酸水解等。

为了降低酒精的生产成本，Takdji 等在 20 世纪 70 年代开发了一种同时糖化和发酵的工艺，即把经预处理的生物质、纤维素酶和发酵用微生物加入同一个发酵罐内，使酶水解和发酵在同一装置内完成。这一工艺不但简化了生产装置，而且因发酵罐内纤维素水解速度远低于葡萄糖消耗速度，使溶液中葡萄糖和纤维二糖（水解中间产物）的浓度很低，从而消除了它们作为水解产物对酶水解的抑制作用，相应可减少酶的用量。

同时糖化和发酵生产酒精的工艺，存在水解温度和发酵温度不匹配的问题，水解的最佳温度在 45～50℃，而发酵的最佳温度在 20～30℃。但综合工艺常在 35～38℃下操作，这一折中处理方法使酶的活性和发酵的效率都不能达到最大值。

## ● 参考文献

[1] 张波，王莉，齐艳丽等．我国混合生活垃圾分选特性研究．环境卫生工程，2010，18（6）：11-13.

[2] 陈宏伟．城市垃圾资源化工程实例分析．环境科技，2012，25（3）：35-37.

[3] 周东．城市垃圾综合处理研究．中国资源综合利用，2007，25（3）：25-28.

[4] 谷思玉，谷邵臣，赵昕宇．微生物接种对生活垃圾堆肥生化特性的影响．东北农业大学学报，2012，43（2）：78-82.

[5] 张倩，徐海云．生活垃圾焚烧处理技术现状及发展建议．环境工程，2012，30（2）：79-81.

[6] 白良成，卜亚明，刘庆丽等．我国生活垃圾焚烧工程分析．中国环保产业，2012（2）：25-29.

[7] 蒋建国.固体废物处置与资源化.北京：化学工业出版社，2013.

[8] 赵由才，牛冬杰，柴晓利.固体废物处理与资源化.第 2 版.北京：化学工业出版社，2012.

[9] 王维平，吴玉萍.论城市垃圾对策的演进与垃圾产业的产生.生态经济 2001，(10)：34-37.

## 习题

(1) 简述城市垃圾中有价组分的主要分选工艺流程及特点。

(2) 堆肥化、堆肥、一次发酵，二次发酵、腐熟度、厌氧发酵的概念。

(3) 垃圾燃烧中的一次燃烧、二次燃烧、一次助燃空气、二次助燃空气的概念及其特点。

(4) 简述好氧发酵、厌氧发酵过程中碳氮比、水分的计算及其调节方法。

(5) 简述城市垃圾中主要有机物的生物转化过程及其控制方法。

(6) 简述城市垃圾的热解原理及其热解产物控制手段。

(7) 分析双塔循环流化床热解装置的优点及其工作原理。

(8) 垃圾焚烧热的计算方法及其应用举例。

(9) 垃圾在焚烧炉中的停留时间、危险废物破坏焚毁率的计算方法及其控制。

(10) 简述垃圾发酵原理，并举应用例说明。

# 10 废旧物资的资源化

废旧物资包括废金属、废纸、废塑料、废橡胶、废电池、废电器、废建筑材料等。充分利用废旧物资具有明显的经济效益，同时也是经济、社会、环境可持续发展的重要选择。

## 10.1 废金属的资源化

目前，世界各种主要物资的总量中，来源于再生资源加工制成的：钢达到45%、铜为62%、铝为22%、铅为40%、锌为30%、纸张为35%，世界各国都把数量巨大的各种废旧物资经过回收利用，变废为宝，资源得以延续使用，这已成为各国经济、社会、环境可持续发展的重要选择。利用回收废品进行再生产，不仅可以节约大量资源，而且可以减少环境污染，同时以废旧物资为原料进行再生产要比以天然原料进行生产耗能低、污染物排放少。

### 10.1.1 废钢铁回收利用流程

毫不夸张地说，钢铁材料支撑着人类的现代文明，钢铁制品已在各个领域得到广泛应用，如机器、设备、土木建筑、汽车、家庭用品和饮料罐等。随着经济发展和社会进步，产品更新换代速度的加快，设备折旧速度的不断提高，废钢铁的生成速度也在不断加快。因此，在整个再生资源领域中，废钢铁是一个大门类。据测算，我国目前钢铁社会蓄积量已超过10亿吨，每年生成的钢铁再生资源约5000万吨左右，其中氧化、锈蚀、与混凝土一起埋入地下或其他方面的原因而无法回收利用的废钢铁约占总量的35%左右。利用1t废钢铁，可炼900kg钢，节约矿石3t。

（1）混杂在工业废料及垃圾中的黑色金属的回收利用　废钢铁属于黑色金属。黑色金属具有磁性，采用磁选法很容易将其与其他组分分离。因此，废金属的回收首先应考虑黑色金属的分离回收问题。一般，对混杂在工业废料及垃圾中的黑色金属可采用如图10-1所示的废钢铁回收流程进行回收。

黑色废金属尺寸可以大如汽车车体，通常要用锤式破碎机对金属进行破碎，再经分离溜槽将这种废物分成轻重两部分。重的部分在磁性传送带上分离成磁性和非磁性两部分，用压块机将废物压成块，再在一金属转鼓上将黑色金属与有色金属分开。工业上，也可在废物产生地点用目视法和磁选法将黑色金属和有色金属分开并装入各自漏斗，这将使废物具有更大的价值。轻的部分经旋风分离器收集，最后送往电厂作为燃料使用。

如果厂内排出的普通废物中只混有极少量黑色金属，废物又先经焚烧法处理时，磁力分选则可安排在焚烧后进行。磁力分选的作用是回收并利用黑色金属，保护设备免遭损坏，提供无铁非磁性材料，减少送往焚烧炉和掩埋物的废物干量。

（2）工业废物、废渣中的金属分离综合流程　工业废物、废渣和冶金炉副产品、污泥以及焚烧炉灰，多数情况下含有有回收价值的黑色和有色金属，往往是成分变化很大的混合

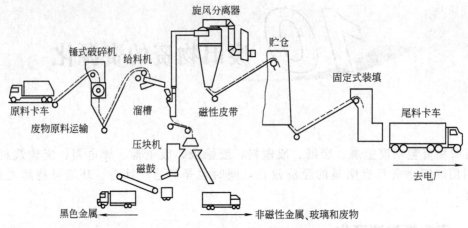

图 10-1 废钢铁回收工艺流程

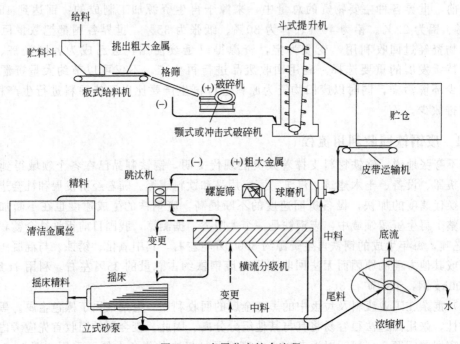

图 10-2 金属分离综合流程

物。工业区内，常有留待处理的巨大废料堆。回收和处理这些废物的最实际方法是进行一定程度的富集。图 10-2 所示的金属分离综合流程图已成功地应用于分离回收金属合金、黄铜、青铜、铜、铝、锌、铬、铁、银、金、锡、碳化硅和磨料等有用材料。

废物先经颚式破碎机破碎成较均匀颗粒（大块的韧性金属一般在颚式破碎机的给料端挑出，或放入冲击式破碎机），再进入球磨机粉碎至最终尺寸。球磨后产品通过连在球磨机端部的螺旋筛筛分分级。产品尺寸一般在 0.48～0.64cm 范围。筛上物是最后的高级金属产品，如有杂物，可在跳汰机上去除杂质。螺旋筛的筛下产物送往跳汰机处理，以回收细粒金属产品。跳汰机排出的尾矿可用横流分级机分级后，粗粒由摇床处理或不用横流分级机直接用摇床处理，但可收回的金属量已很少。如果有尺寸较大的中间产品，则用泵将其送回球磨机，也可送回原料堆。摇床尾矿在浓缩机中进行脱水，浓缩机溢流（即废水）废弃或返回使用，底流（即尾矿）直接排掉或送至过滤机过滤后再处理。

### 10.1.2 废有色金属的回收利用

有色金属作为家电产品、计算机等功能材料或作为汽车、建材等结构材料已被大量使用。据统计，到 2010 年，我国全社会废有色金属回收量达 180 万吨。随着中国有色金属消费量的增加和居民生活水平的提高，废有色金属的产生量和回收利用量将以较快速度增长。因此，废有色金属的回收利用具有重要的现实意义。

（1）铝的回收　铝主要用于电器工业、汽车、食品包装、电线、印刷板、建筑、机械制造及民用器具等。废铝的回收方法很多，有热振动分选、涡流分选、熔炼和重介质分选等。

图 10-3 所示为艾科公司研制开发的铝饮料罐热振动分选装置示意。在美国，铝罐的盖材采用 AA5182 铝合金（其中含 Mn 0.35%、Mg 4.5%），罐体采用 AA3004 铝合金（其中含 Mn 1.25%、Mg 1.05%）。

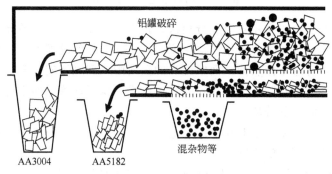

图 10-3　热振动分选铝的设备

将回收的铝罐破碎、去涂层处理后装入热振动装置，在 620℃ 的炉温下，低熔点 AA5182 的铝合金易被破碎，高熔点 AA3004 铝合金破碎较难。经破碎后粒度减小的 AA5182 铝合金，与混杂物一起通过筛网进入下层进一步振动分离。而 AA3004 铝合金留在筛网上继续向前移动，从而实现与 AA5182 铝合金的分离。

图 10-4 所示为电涡流分选铝的装置示意，主要用于铝和非金属的分离。将废物放在变化磁场中，导体中将产生感应电流，此感应电流所产生的磁场与外部磁场相互作用，使导体沿其前进方向被弹射分离。其弹射的程度随物质的电导率变化，借此可使不同电导率的金属得以分离。

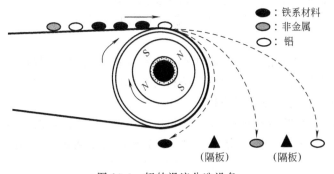

图 10-4　铝的涡流分选设备

图 10-5 所示为回转熔化炉回收铝装置的结构示意。将金属混合废料投入形状像回转窑那样的回转炉内，利用金属的熔点不同分离分选金属的装置。回转熔化炉采用外部间接加热的方式，以严格控制炉内温度，使锌等低熔点金属呈金属熔液方式从靠近窑罐处流出并回

收，而铁等高熔点金属则从端部排出。

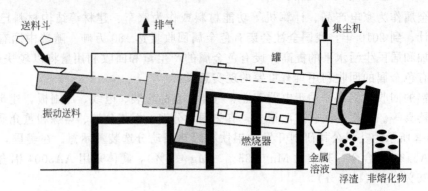

图 10-5　回转熔化炉装置示意

此外，铝的回收还可以采用重介质分离法。根据不同废物密度的差异进行金属或非金属的分离。使硅铁粉末悬浮于水溶液中制成密度为 2～3g/mL 的悬浮液，再将混合废料投入其中。密度低的金属浮至悬浮液表面，而密度高的金属则沉到悬浮液底部，从而实现不同密度的金属分离。悬浮液的制作除可用硅铁粉外，还可采用氯化钙等盐的水溶液。重介质分离法已被用于汽车中废金属屑的分离。

（2）铜的回收　铜主要用于制作电线、电缆、电机设备、电子管、防锈油漆等。不同用途得到的废铜，回收利用方法不同。

① 废电线、电缆中回收铜　主要方法包括：化学剥离法、机械分离法、低温冷冻法和热分解法四种。其中，化学剥离法是目前常用的一种方法。通过采用一种有机溶剂将废电线的绝缘层溶解，达到铜线与绝缘层的分离。此法虽能得到优质铜线，但溶液的处理较困难、且溶剂的价格较高。

机械分离方法既可回收废料中的铜，又可回收其绝缘体，包括滚筒式剥皮机加工法和剖割式剥皮机加工法。前者主要用于直径相同的废电线和电缆中铜的分离回收，后者主要用于粗大的电缆和电线中铜的分离回收。如，废电线、电缆先剪切成长度＜300mm 的线段，送入特制的转鼓切碎机，将电线和电缆破碎脱皮。碎屑从转鼓刀片底部直径 5mm 的筛孔漏出，并用皮带送到料仓，再通过振动给料机将碎屑送到摇床分选分别获得铜屑、混合物和塑料纤维三种产品。铜屑可直接作为炼铜的原料或生产硫酸铜的原料，混合物返回转鼓切碎机处理，塑料纤维可作为产品出售。每吨废电线电缆可生产 450～550kg 铜屑，450～550kg 塑料。

机械分离法具有如下特点：可综合回收废电线电缆中的铜和塑料，综合利用水平较高；产出的铜屑基本不含塑料，减少了熔炼时塑料对大气的污染；工艺简单，易于机械化和自动化。但工艺过程电耗较高，刀片磨损较快。

低温冷冻法适合处理各种规格的电线和电缆。废电线电缆先经冷冻使绝缘层变脆，然后经震荡破碎使绝缘层与铜线分离。图 10-6 所示为低温冷冻破碎回收废电料中铜的工艺流程。

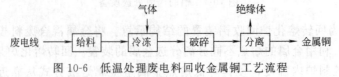

图 10-6　低温处理废电料回收金属铜工艺流程

② 混杂废物中回收铜　电力、通信行业的废电线比较集中，铜的回收利用相对容易，但要回收废家电、废汽车中使用的铜，则是一个较难的课题。图 10-7 所示为一种从混杂废物中回收铜、铝等金属的工艺流程，所用方法要复杂得多。

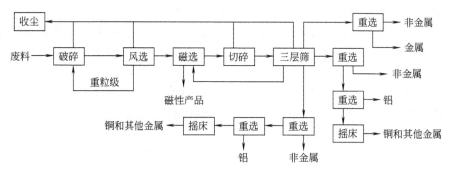

图 10-7　从混杂废物中回收铜和其他金属的工艺流程

典型的混杂废料包括废汽车发电机、稳压器、电动机、电枢、定子、电线、电子装置、继电器，以及含铜量较高、含铝与有机绝缘体较多、还含有黑色金属与少量其他金属的部件。

（3）钛的回收　废钛可用作钢铁的添加元素、Ti-Al 中间合金的原料、磁性材料添加元素及特殊合金添加元素等。由于钛是非常活泼的金属，因此，废钛回收不能采用使用陶瓷耐火材料的熔炼炉，通常采用通水冷却的金属坩埚。图 10-8 所示为美国 Frankel 公司开发的废钛熔化炉，它将切碎成粒状的废钛在锭模里用等离子火焰熔化。

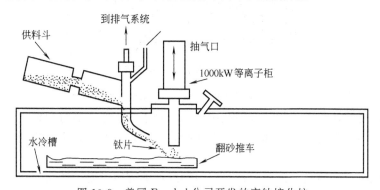

图 10-8　美国 Frankel 公司开发的废钛熔化炉

目前，回收的大部分废金属，并不能直接作为原来的使用材料，而只能变为低一级的材料使用。如回收的废铝罐不能再用于铝罐，回收的废电线中的铜不能再用于电线铜。

## 10.2　废纸的资源化

我国是造纸大国，但又是造纸资源短缺，特别是森林资源不足的国家。利用废纸作原料造纸，1t 废纸可生产约 0.8t 再生浆，相当于节约 $3\sim4m^3$ 的木材、约 1.2t 的煤、约 $600kW\cdot h$ 的电和 100t 的水，具有显著的环境效益和经济效益。

### 10.2.1　废纸再生工序与设备

从废纸制得白色纸浆，需除去废纸中的印刷油墨和其他填料、涂料、化学药品以及细小纤维等杂质，主要除杂过程包括碎浆、筛选、除渣、浮选、洗涤、分散与揉搓、漂白等工序。

(1) 碎浆　在最大限度保持废纸中纤维的原有强度的情况下将废纸纤维解离，并将废纸中砂石、金属等杂质及绳索、破布条、塑料薄膜等杂质与纤维有效分离。在处理需要脱墨的废纸时，还需要在碎浆设备中加入一定量的脱墨剂，通蒸汽加热等，以期达到纤维与油墨的解离。一般，油墨重量约占废纸总重量的 0.5%～2.0%。

碎浆设备主要有水力碎浆机和圆筒疏解机。水力碎浆机是国内外常用的碎浆设备，有间歇式碎浆机和连续式碎浆机两种。间歇式碎浆机特别适用于废纸脱墨、旧箱纸板、旧双挂面牛皮卡纸的碎解，可将纤维 100% 疏解并给予了加入脱墨剂和加热的充裕时间，化学反应完成后一次性放料，这种碎浆机直径 0.6～6.7m，最大的一次可装料 14.5t。

连续式碎浆机主要用于产量高的工厂，不要求纤维完全疏解，只达到一定程度疏解即可放料，其工作原理如图 10-9 所示。

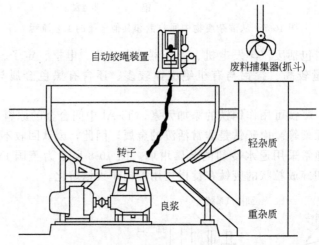

图 10-9　连续式水力碎浆机

整包废纸原料投入碎浆机后，在转子的机械作用和转动所产生的水力剪切作用下，废纸被碎解成粗浆，良浆从转子下的孔板筛孔中抽出送到下一工序，而打包铁丝、塑料片等杂质被裹在绞索上，随绞索缓缓向上移动，然后在碎浆机桶外切断，轻重杂质则从底板开孔进入废物井由废料捕集器排出。

圆筒疏解机也称圆筒式连续碎浆机，是一种新型的碎浆设备，结构简单，高效实用，多用于处理废旧报纸和杂志纸的脱墨，同时在低湿强度褐色浆上的使用也在不断增加。

(2) 筛选　主要是除去大于纤维的杂质，使合格料浆中尽量减少干扰物质的含量，如黏胶物质、尘埃颗粒等，是二次纤维生产过程中的关键步骤。用于浆料筛选的设备有各种压力筛、离心筛、振动式平筛、高频振动圆筛等，目前绝大多数采用压力筛浆机。

筛选过程分粗选和精选，粗选后再进行精选。粗选通常采用圆孔形筛选设备，筛孔直径一般为 1.2～1.6mm，主要筛除扁平状颗粒和叶片状颗粒，一般包括高频跳筛、鼓筛、高浓除渣器、纤维离解机、分离离解机等，通过这些设备可把粗浆中的粗杂质清除。大量的塑料片、塑料颗粒在筛选过程得到清除。

精选则主要采用条缝形筛选设备，条纹宽度为 0.1～0.25mm，主要筛除三维立体小颗粒。精选中有分离部件（即筛槽）和喂料及清除用部件（即转子）。精选工序可通过逆向除渣器、压力筛、中浓除渣器、低浓除渣器等设备来完成。通过这些设备可进一步除去细小杂质，特别是比重较小的塑料等轻杂质颗粒被大量清除。

杂质通过筛选逐渐得到去除，但粒度小、密度大的颗粒或对分散良好的胶黏物和污染物的去除，筛选无能为力，只有通过除渣等后续除杂工序才能实现。

（3）除渣　除渣是利用杂质与纸浆密度不同，将纸浆中的砂石、金属、玻璃片等重杂质以及塑料等轻杂质除去，通常采用涡旋除渣器进行除渣。根据良浆和浆渣相对流动方向不同可分为正向除渣器、逆向除渣器和通流式除渣器，如图 10-10 所示。

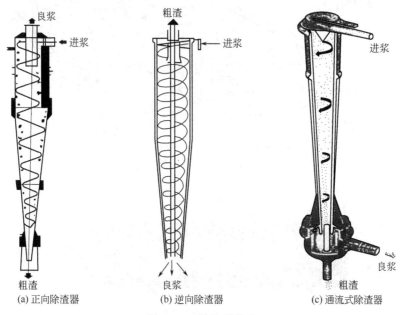

图 10-10　除渣器构造

轻-重杂质除渣器是正向除渣器和逆向除渣器的结合，除渣器的顶部装有两个同心圆的涡旋定向管，重杂质与正向除渣器相同，从除渣器的底部排出，纤维和轻杂质从外涡旋转入内涡旋，升至除渣器的上部后，轻杂质从中心管排出，良浆则从两同心圆套管的环状空间排出。一个除渣系统需要配置的除渣段数视其生产量、所要求的制浆清洁程度以及允许的纤维流失大小而定，通常采用四至五段。

（4）浮选　废纸脱墨是废纸再生利用的关键环节，废纸经碎解和疏解，油墨从纤维上解离后，仍留在纸浆中，筛选可有效去除直径 $1000\mu m$ 以上的油墨颗粒，而除渣过程可除去 $100\sim1000\mu m$ 的油墨颗粒，细小的油墨颗粒则采用浮选法、洗涤法或浮选-洗涤法进行脱除。

浮选脱墨是利用印刷油墨与纤维表面润湿性的差异，通过加入浮选药剂，使油墨颗粒表面疏水，向纸浆充气产生气泡，疏水性的油墨颗粒黏附于气泡上并随气泡上浮，而亲水性的纤维则留在纸浆中，从而把油墨颗粒从纸浆中分离除去。一般，浮选脱墨可有效脱除直径 $10\sim250\mu m$ 范围的油墨颗粒，有些浮选脱墨系统还能有效地除去 $500\mu m$ 的大颗粒。洗涤脱墨在美国比较流行，而浮选脱墨在欧洲用得较多，目前更普遍的作法是两种方法的互补使用。

典型的脱墨浮选机包括 Voith 公司生产的 EcoCell 和 Beloit 公司生产的 PDM 脱墨浮选机，其结构和工作原理分别如图 10-11 和图 10-12 所示。

（5）洗涤和浓缩　洗涤是为了去除灰分、细小的油墨颗粒以及细小纤维。洗涤设备根据洗涤浓缩范围大致分为三类。①低浓洗浆机，出浆浓度最高 8%，如斜筛、圆网浓缩机等。②中浓洗浆机，出浆浓度最高 8%～15%，如斜螺旋浓缩机，真空过滤机等。③高浓洗浆机，出浆浓度＞15%，如螺旋挤浆机、双网洗浆机等。

洗涤系统通常采用多段逆流洗涤方式，四段逆流洗涤流程如图 10-13 所示。

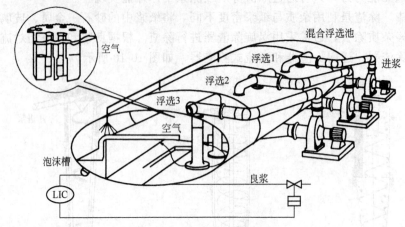

图 10-11　EcoCell 脱墨浮选机

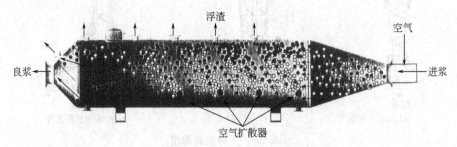

图 10-12　PDM-3 脱墨浮选机

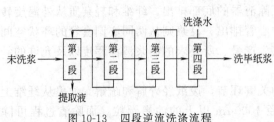

图 10-13　四段逆流洗涤流程

浆料的流向为：第一段→第二段→第三段→第四段。洗涤水的流向为：第四段→第三段→第二段→第一段。采用洗涤法可获得质量较好的纸浆，灰分去除率可达 95%，并可除去细小的油墨颗粒，产品白度高，操作容易，工艺稳定，设备费用少，电耗低；但浆料得率比浮选法低，用水量大。

（6）分散与搓揉　是指在废纸处理过程中用机械方法使油墨和废纸分离或分离后将油墨和其他杂质进一步碎解，并使其均匀分布于废纸浆中从而改善纸成品外观质量的一道工序。目前，废纸处理厂大多安装有这种功能的分散机和搓揉机。

分散系统通常设置在整个废纸处理流程的末端，以确保废纸浆进入造纸车间抄纸前的质量（除去肉眼可见的杂质）。图 10-14 所示为瑞典 CELL WOOD 公司的 Krima 热分散系统工艺流程，可有效地消除废纸浆中用化学或机械方法难以除去的有机类杂质，如石蜡、沥青、热熔胶、胶黏剂、油脂等。

搓揉机有单轴和双轴两种，主要靠高浓度（30%～40%）纤维间产生的高摩擦力和因摩擦而产生的温度（44～47℃）使油墨和污染物从纤维上脱落，从而减少油墨的残留和提高纸浆白度。

（7）漂白　除纸浆中残留木素在使用过程中结构变化能引起颜色纸浆变化外，还可能存在由于某种特定需要加入的染料物质显现的颜色。因此，漂白是获得合格再生纸的必须工

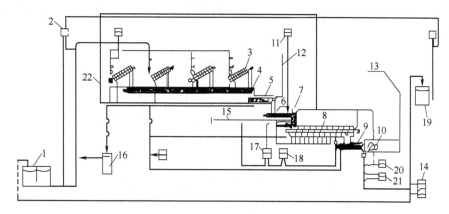

图 10-14　CELL WOOD 公司的 Krima 热分散系统工艺流程

1—浆槽；2—流量控制；3—螺旋脱水机；4—螺旋输送机；5—螺旋压榨机；6—进料柱塞机；
7—撕碎机；8—预热机；9—进料机；10—热分散机；11—温度监测器；12—压缩空气；
13—白水；14—仪表控制阀；15—蒸汽；16—白水槽；17—压力控制器；18—温度
控制器；19—浆槽；20—浓度控制器；21—背压控制器；22—轴封水

序。漂白分为氧化漂白和还原漂白两种。一般，氧化型漂白剂主要是通过氧化降解并脱除浆料中的残留木素而提高白度，还具有一定的脱色功能。所用漂白剂主要是次氯酸盐、二氧化氯、过氧化氢、臭氧等。还原型漂白剂主要用于脱色，即通过减少纤维本身的发色基团而提高白度，还能有效的脱去染料的颜色并提高白度。主要的还原型漂白剂包括连二亚硫酸钠、二氧化硫脲（FAS）、亚硫酸钠等。

### 10.2.2　废纸脱墨工艺

根据废纸原料与性质和再生制品的性能与质量要求不同，所采用的废纸脱墨工艺不同。

(1) 短程废纸脱墨工艺　又称为水力碎浆机脱墨工艺，主要用于处理油墨含量较少的废纸。其工艺设备投资少，脱墨时没有添加 $NaOH$、$Na_2SiO_3$ 和 $H_2O_2$ 等化学药品和漂白剂，因此成本低廉。

20 世纪 90 年代初由美国 Fergusion 和 Woodward 等提出。其具体做法是：将 100％旧新闻纸加在水力碎浆机中，加入白水稀释，随后加入表面活性剂将废纸进行碎解。表面活性剂的主要作用是润湿（如烷氧基脂肪醇）和反再沉降（如 EO-PO 的共聚物），加入量各为 0.25％时脱墨浆的白度最好。碎解的废纸浆 pH 值为 4.5～5.5，温度 40～50℃，放入贮浆池，而后按正常流程进行筛选、净化、洗涤以除去废纸浆中的油墨颗粒和杂质。这种方法生产的废纸浆通常作为 5％～25％的配浆与新浆配合使用，不会对抄纸质量产生太大的影响。

合适的表面活性剂的应用是这一方法成败的关键。美国目前所用的是一种商业名称叫 InklearSR-33 的非离子表面活性剂，其作用与浮选、洗涤所用的表面活性剂不同，能将分散于纤维表面直径小于 $10\mu m$（大部分为 $0.15\sim0.2\mu m$）的油墨颗粒聚集起来成为 $20\sim50\mu m$ 的油墨颗粒。一个 $50\mu m$ 的油墨颗粒的形成需要 100 万个 $0.5\mu m$ 的油墨颗粒，因此大颗粒油墨的形成除去了分布在纤维表面使纤维表面色泽变灰的细小油墨颗粒，从而提高了纤维的白度。同时，大颗粒油墨表面还吸附了大量细小纤维、填料等，因而失去了黏稠性。

(2) 中性、碱性双回路脱墨工艺　法国纸业技术中心提出的中性与碱性结合的双回路废纸脱墨系统，解决了传统碱性脱墨方法不能很好地脱除混合废纸中水性苯胺油墨的问题。

图 10-15 所示为相川公司设计的双回路脱墨流程，该流程的第一段为中性-常温回路，

可将废纸浆中的胶黏物及水性苯胺油墨除去，第二段的碱性-高温回路可以去除废纸浆中的常规油墨。

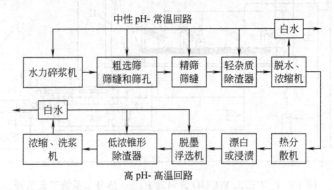

图 10-15　相川公司的双回路脱墨流程

（3）溶剂脱墨工艺　很早就有人试图用溶剂代替水（好像干洗）来除去废纸中的油墨、调色剂、蜡、塑料薄膜、树脂等杂物，但一直成本过高。20 世纪 80 年代末美国的 Riverside 纸业公司和日本的 Tagonoura Sanyo 公司成功地采用溶剂法处理涂蜡的纸张、纸杯、复合的纸张、牛奶盒等。图 10-16 所示为其溶剂法处理涂蜡废纸工艺流程。

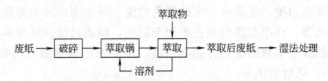

图 10-16　溶剂法处理涂蜡废纸工艺流程

废纸被撕碎机破碎后装进一台萃取蒸煮器进行萃取，美国公司用的溶剂是三氯乙烯，日本公司用的是己烷，在压力 900kPa、温度 105℃ 条件下萃取 10min，溶剂回收再用。Riverside 公司的溶剂回收率是 99％，Tagonoura 公司 90％。

1995 年加拿大安大略省 Mauvin 公司发明了一种新的溶剂脱墨法，并以该公司的名字命名为 Mauvin 溶剂脱墨法，其工艺流程如图 10-17 所示。

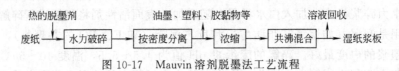

图 10-17　Mauvin 溶剂脱墨法工艺流程

所用脱墨剂为丁氧基乙醇（Butoxyethanol）的水溶液。丁氧基乙醇的水溶液在 pH 为 11 时是良好的脱脂剂，能将废纸中的静电印刷油墨、激光印刷油墨、涂塑油墨和胶黏剂等从废纸中分离除去。当丁氧基乙醇水溶液加热到＞49℃ 时，溶液分为相对密度为 0.94 的上层和 0.99 的下层两层。相对密度小于 0.94 的塑料和胶黏剂等物质浮在水溶液的表面，相对密度在 0.94 和 0.99 间的油墨、塑料和炭黑则留存于两层界面处，相对密度大于 0.99 的纤维则沉降到溶液的底端。Mauvin 溶剂脱墨法可用于旧报纸、旧杂志纸、混合办公废纸、饮料盒、牛奶盒、照相纸等的脱墨。据 Mauvin 公司称，这一溶剂脱墨法具有如下优点：①使 100％ 回收纤维成为可能；②只需很少投资即可建成一座脱墨车间，因此，脱墨浆车间可放到废纸收集点处；③脱墨生产费用比常规方法要节省一半；④生产流程比通常得脱墨方法简单得多。

（4）**热熔物处理流程** 废纸中的热熔物一般由热熔型、溶剂型和乳液型 3 类物质组成。热熔型物质主要有石蜡、聚乙烯、乙烯-醋酸乙烯酯共聚物（EVA）等。溶剂型物质主要有经增塑处理的乙基纤维素和硝酸纤维素等纤维素衍生物。乳液型物质主要有聚醋酸乙烯酯乳液等。另外，天然橡胶、环化橡胶、聚异丁烯、聚偏氯乙烯及其共聚物、丙烯酸酯和聚酰胺树脂等均有良好的热融性。但并不是所有的废纸都包含热熔物，一般热熔物比较集中于书刊、杂志的封面、废箱纸板的黏胶带等。典型的热熔物处理流程如图 10-18 所示。

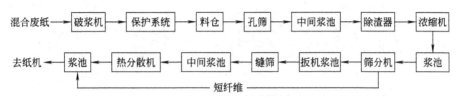

图 10-18 典型的热熔物处理流程

热熔物处理的关键设备是热分散机。如果废纸原料中夹带的热熔物过多，在碎浆、粗筛、精筛工序不能有效地清除热熔物，则会给热分散机带来高的负荷，处理效果会受到影响。

（5）**废纸浮选脱墨工艺** 江西纸业集团公司 1998 年从美国 Thermo Black Clawson 公司引进日产 150t 废纸脱墨浆生产线。该系统以进口旧报纸（ONP）和旧杂志纸（OMG）为原料，采用浮选脱墨工艺生产废纸脱墨浆。1998 年底正式建成并投产成功，生产出合格脱墨浆以一定比例抄造胶印新闻纸，图 10-19 所示为其生产工艺流程图。

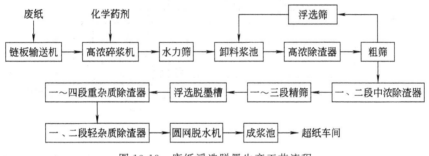

图 10-19 废纸浮选脱墨生产工艺流程

## 10.2.3 废纸处理新技术

废纸处理新技术包括供料、高浓连续碎浆、组合、应用酶、浮选新装置、污泥利用等。

（1）**供料技术向自动化发展** 高浓连续碎浆系统，需要碎浆机的供料连续化。图 10-20 所示为奥地利 FMW 公司推出的废纸捆铁丝自动割断并脱除的连续供料系统。

废纸均匀送入钢板运输机，包扎铁丝由割断机自动割断，并由铁丝自动脱除机脱除。剩余物料直接运送至破碎机破碎，再由废纸给料带输送到计量输送带，经基准轮压平后进入皮带秤计量。而后加入化学药剂在转鼓碎浆机中制浆得到浆料。整个过程自动连续运行，大大节约了劳动力并保证了安全运行，提高了供料质量。

（2）**碎浆技术向高浓连续化发展** 废纸碎浆是为了使废纸中杂质（油墨、塑料等）尽可能不被破碎的情况下废纸分散为纸浆，以使大颗粒杂质在碎浆系统得到初步分离除去。低浓碎浆机由于对杂质的破碎比大，已逐渐被淘汰，取而代之的是高浓碎浆机。高浓碎浆机有间歇式和连续式两种，目前常用的间歇式碎浆机为 Helical 高浓碎浆机。图 10-21 所示为连续高浓（CHD）碎浆系统示意。

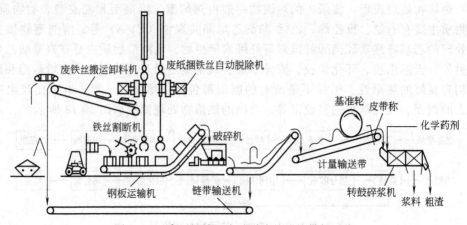

图 10-20 废纸捆铁丝自动脱除的连续供料系统

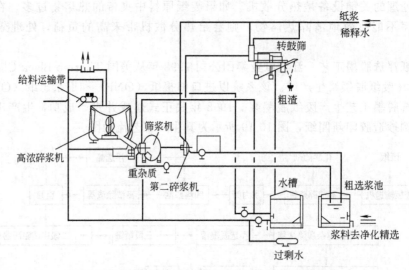

图 10-21 转鼓式高浓碎浆机连续（CHD）碎浆系统

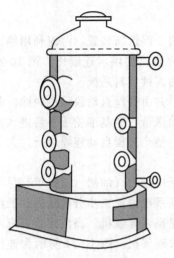

图 10-22 多级浮选装置的外形

连续碎浆系统将高浓间歇式碎浆机与碎浆筛浆机联用。碎解浆料通过筛板后直接入粗选料池，未通过筛板的浆料再通过第二碎浆机进行处理。杂质通过转鼓筛冲洗回收纤维后，冲洗水作高浓碎浆机的稀释水，杂质则排掉，已碎解的纸浆送到粗选料池供下一步使用。该系统能连续高浓碎浆，能耗和占地面积小，得率高，投资费用低。

（3）浮选设备向多级整体型浮选装置发展 Valmet 开发的多级浮选装置，其空气的分散和与浆料的混合是由转子系统完成，可使纸浆进行内部循环，防止已净化的浆与未净化的浆混合。图 10-22 所示为多级浮选装置的外形。

Must-cell 浮选装置在浆浓 1.5％时的浮选效率（以白度提高为准）可与通常的浮选装置在浆浓 1.1％时媲美。该装置具有如下优点：①浮渣浓度较高（4％～6％）；②操作和自动控制简单；③能耗低；④不堵塞空气系统；⑤浮选装置内增加了通气，浆料进行内循环；⑥可调节平均气泡大小；⑦可调节空气与浆料比例；⑧可调节浮渣浓度，通过洗涤除去灰分和细小油墨颗粒。浮选的主要作用是除去油墨，同时显著除去一些黏结物和灰分。喷射器通气的浮选设备是目前常用的浮选设备。但喷射器易堵塞、能耗高，而且控制系统可调节性差，还有时间滞后现象。Valmet 开发的多级浮选装置（Must-cell），在装置结构和浆料流动方面有所创新，其空气的分散和与浆料的混合是由转子系统完成，可使纸浆进行内部循环，防止已净化的浆与未净化的浆混合。

## 10.3　废塑料的资源化

塑料具有质量轻、强度高、耐磨性好、化学稳定性好、抗化学药剂能力强、绝缘性能好、经济实惠等优点，因而在生产、生活中得到广泛利用。塑料用后废弃，在环境中长期不被降解，造成严重的"白色污染"。因此，废塑料的资源化具有明显的环境效益。

### 10.3.1　废塑料的来源

塑料制品的种类繁多、用途广泛，但主要流通使用渠道为农业领域、商业部门、家庭日用三个方面。

（1）农业领域中的废旧塑料制品　我国是一个农业大国，农用塑料占塑料制品的比重较大，据不完全统计，现阶段每年的塑料制品中仅农用膜就占 15％左右，这个应用比例还在逐年上升。

在农业领域中塑料制品的应用主要在四个方面：①农用地膜和棚膜；②编织袋，如化肥、种子、粮食的包装编织袋等；③农用水利管件，包括硬质和软质排水、输水管道；④塑料绳索和网具。上述塑料制品的树脂品种多为聚乙烯树脂（如地膜和水管、绳索与网具），其次为聚丙烯树脂（如编织袋），还有聚氯乙烯树脂（如排水软管、棚膜）。在诸多农业用塑料制品中，回收难度较大的是农用地膜。

（2）商业部门的废弃塑料制品　商业部门的塑料制品废弃物至少表现在两大方面。一个是经销部门，如百货商店、杂货店、个体经销店、批发站等。这类部门可回收的塑料制品大都为一次性包装材料，如包装袋、打捆绳、防震泡沫塑料、包装箱、隔层板等。此类塑料制品种类较多，但基本无污染，回收后通过分类即可再生处理。另一个部门是消费中废弃的塑料制品，如旅店、旅游区、饭店、咖啡厅、舞厅、火车、汽车、飞机、轮船等客运中出现的食品盒、饮料瓶、包装袋、盘、碟；容器等塑料杂品。

（3）家庭日用中的废旧塑料制品　日常生活中所用塑料制品占整个塑料制品的较大比重，而且日用塑料的比率越来越大。这些日用塑料制品可分成三种：①包装材料，如包装袋、包装盒、家用电器的 PS 泡沫塑料减震材料、包装绳等；②一次性塑料制品，如饮料瓶、牛奶袋、罐、杯、盆、容器等；③非一次性用品，如各类器皿、塑料鞋、灯具、文具、炊具、厕具、化妆用具等杂品。日常用塑料制品所用树脂品种多，除四大通用树脂外，还有聚酯（PET）、ABS、Nylon（尼龙）等树脂。

此外，工业过程也会产生一些废塑料，包括各种齿轮、油箱、油管、电解槽、管道、阀门、塑料门窗、下水管、地下水管、地板、电线电缆、开关、插座、插头、电冰箱、电视机、洗衣机、计算机等电器外壳和元件。另外，渔业中的废旧渔网、鱼袋、鱼竿，环卫部门所用的垃圾箱、桶以及文教使用的文具盒、文件夹等。

### 10.3.2　废塑料的分选

废塑料分选是为了清除废塑料中夹杂的金属、橡胶、织物、玻璃、纸和泥沙，并把混杂在一起的不同品种的塑料制品分开、归类。废塑料分选常用手工分选、磁选、风选、静电分选、浮选、密度分选、低温分选等。手工分选是最古老的方法，现已逐渐被淘汰使用。

（1）塑料和纸的分离　塑料薄膜和纸具有许多相似的性质，常规分选方法难以将其分离。因此，塑料和纸的分离通常采用加热法、湿浆法等。

图 10-23 所示为加热法分离原理。利用加热方法减少塑料薄膜的表面积，再利用空气分离器将塑料和纸分离。

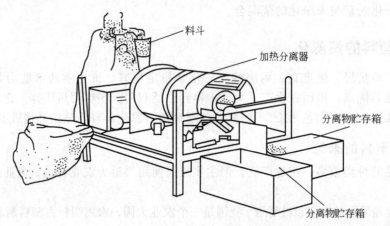

图 10-23　加热法分离原理

分离设备主要由进行电加热的镀铬料筒组成。料筒内装有一个带叶片的空心圆筒，料筒和圆筒的转动方向相反。混合物加入料筒熔融后出料，输送到分离机中，分离机中的空气流将纸带走，热塑性塑料留在分离机底部。

图 10-24 所示为湿浆法分离工艺流程　由运输机将废料送入干燥式撕碎机中，撕碎后进入空气分选机，将轻质部分（主要为纸，约占 60％）送入搅碎机中加入适量的水进行搅碎，搅碎过程中产生的纸浆通过泄放口排出，剩下的塑料混合物通过分离出口输送到脱水分选装置，最后进入空气分选机对各种塑料进行分选。

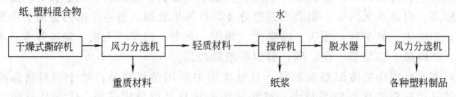

图 10-24　湿浆法分离纸和塑料工艺流程

（2）混合废塑料的分离　通常采用破碎-分选方法进行分离。常用的破碎设备有压碎机、磨碎机、剪切机、切碎机、粉碎机、搅拌机和锤磨机等。常用的分选方法有浮-沉分离、密度分选、低温分选、静电分选、溶剂分选等。

图 10-25 所示为浮-沉分离混合废塑料工艺流程。通常，聚烯烃（PO）的密度为 $0.90\sim0.96g/cm^3$，聚氯乙烯（PVC）的密度为 $1.22\sim1.38g/cm^3$，聚苯乙烯（ESP）的密度为 $1.05\sim1.06g/cm^3$。因此，将混合废塑料放入水中，密度大于水的 PVC、ESP 等塑料将下沉，密度小于水的 PO 塑料将上浮，从而实现了按水密度分离不同塑料。

德国 Thyssen Hensechel 公司采用浮沉法和水力旋风器法有效地从混合废塑料中分离出聚烯烃（PO），将 PO、PS、PVC 组成比为 65∶20∶15 的废塑料进行沉浮分离，处理量为 400kg/h，浮上的 PO 纯度为 99％，回收率为 99.5％，沉下的 PS 和 PVC 纯度为 98.5％，回收率为 97.5％。

图 10-26 所示为混合废塑料的密度分离流程。密度十分接近的混合废塑料，可利用不同

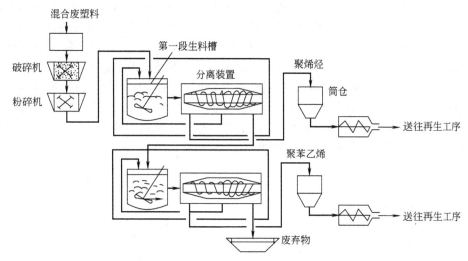

图 10-25　浮-沉法分离混合废塑料工艺流程

密度的介质实现密度相近废塑料的分离。因塑料具有疏水性，破碎后形状又多种多样，当用水作为分选介质时，有时会带着气泡浮在水面上，影响分离效果。因此，分选前应加入表面活性剂预先对废塑料进行处理，以使废塑料充分润湿。

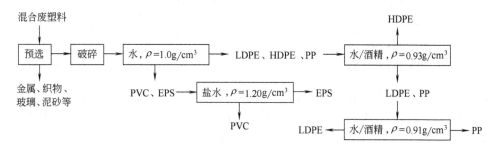

图 10-26　密度法分选混合废塑料工艺流程

图 10-27 所示为废塑料低温破碎-分选工艺流程。利用在低温下各种塑料的脆化温度不同的特点，分阶段地改变破碎温度，达到选择性地粉碎、同时达到分选的目的。

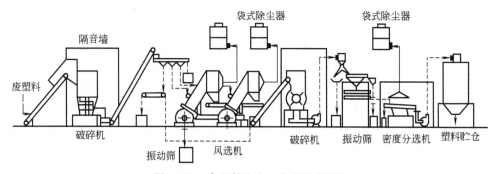

图 10-27　废塑料破碎、分选系统流程

将塑料混合物分几个阶段逐级冷却（如第一级冷到 $-40℃$，第二级冷到 $-80℃$，第三级冷到 $-120℃$），利用液化天然气气化时吸热来冷却物料。冷到一个阶段就将混合物料送入粉碎机进行一次粉碎。该系统粗破碎用立式旋转冲击破碎机（75kW），可处理最大直径 500mm、厚 150mm 的废塑料，处理量靠破碎机负荷电流值控制。经粗碎机破碎到 50mm 以

下块度的塑料经装有三种不同规格金属丝筛网的振动筛分，分成四个级别。筛下最小的一级取出系统之外，筛上最大一级返回系统重新粗碎。中间两级分别经风选去除杂质后，送至卧式旋转剪切破碎机破碎到 10mm 大小，再次用振动筛筛分。而后将筛上物、筛下物各自用比重分选机按密度不同分成重的杂质和轻质的塑料，后者经气力输送到贮仓作为分选成品。

图 10-28 所示废塑料的静电分离工艺流程。废塑料属非导体，但干燥的塑料颗粒在摩擦过程中带电存在着差异，带电不同的塑料颗粒在高压静电场（12 万伏）中落下时运动轨迹不同，荷负电的塑料被吸到正极侧落下，荷正电的塑料被吸到负极侧落下，因此，可将不同种类的塑料分离，其分选原理如图 10-29 所示。

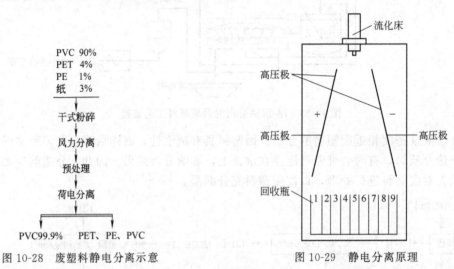

PVC 90%　PET 4%　PE 1%　纸 3%

干式粉碎

风力分离

预处理

荷电分离

PVC99.9%　PET、PE、PVC

图 10-28　废塑料静电分离示意　　　　图 10-29　静电分离原理

用表面活性剂对废塑料进行预处理，使废塑料附着 $10^{-6}$ 级表面活性剂，激烈搅拌，摩擦产生静电。当带电荷的塑料颗粒在 12 万伏的电荷中落下时，带负电荷的被吸到"正极"侧，带正电荷的被吸到"负极"侧，中间部分则重复操作，提高塑料因摩擦产生电荷的顺序。如 PVC 瓶的回收，首先将瓶粉碎到 6mm 以下，用风力分离除去纸，残留的塑料与调整剂一起预热，经摩擦产生电荷，在分离装置中自由下落进行分离，在正极可得到高度浓缩的 PVC，纯度可达 99.9%，收率约 85%，在负极收集最少的 PET、PE 及残余的 PVC，中间部分再循环操作，对含污物较多的混合废塑料，先进行湿式粉碎后，在洗涤机内除去 PE 和纸，剩下的 PET/PVC 混合物干燥后再经电荷分离，在利用电荷分离的第一阶段可达到 99.5% 的 PET 和 70% 的 PVC 浓缩物，PVC 的混合物再一次进行电荷分离，就可将 PVC 的纯度提高到 99.5 以上，将二次电荷分离的残留部分再重复分离。

图 10-30 所示为光电分选法分离塑料工艺流程。意大利采用 X 光探测器可将 PVC 从混合塑料中分离出来。日本在铁山工厂建成一套光电分选装置，采用了红外光谱解析器，该装置可分离 5 种废塑料（PVC、PET、PP、PE、PS），这种分离不受废塑料污斑、颜色以及所含添加剂的影响。

### 10.3.3　废塑料生产建筑材料

废塑料生产建筑材料是废塑料资源化的重要途径。目前已开发了许多新型建筑材料产品，如塑料油膏、防水涂料、防腐涂料、胶黏剂、色漆、塑料砖等。

（1）废塑料生产涂料　废塑料生产涂料必须预先进行除杂、改性处理。因不同来源、不同品种的废塑料，其理化性质各异，必须进行改性才能适应各种性能的要求。

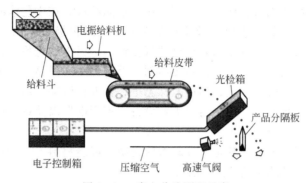

图 10-30　光电分选原理示意

表 10-1 所示为废塑料生产涂料的一种配方，图 10-31 所示为相应的生产工艺流程。

表 10-1　废塑料生产涂料的配方　　　　　　　　　　　　　　　　　单位：%

| 组成 | 废塑料 | 混合溶剂 | 汽油 | 颜料、填料、助剂 | 增塑剂、增韧剂 |
|---|---|---|---|---|---|
| 含量 | 15～30 | 50～60 | 适量 | 0～45 | 0.5～5 |

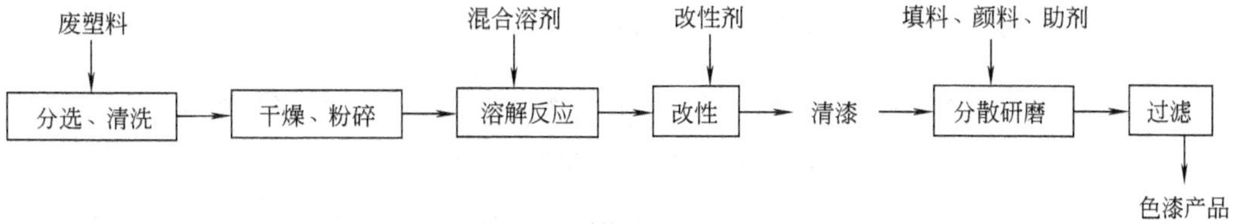

分选、清洗 → 干燥、粉碎 → 溶解反应 → 改性 → 清漆 → 分散研磨 → 过滤 → 色漆产品

图 10-31　废塑料生产涂料工艺流程

废塑料先进行分选、清水洗净，再晾干、晒干或烘干后用粉碎机粉碎成合格的粒度。加入装有混合溶剂（二甲苯 70%、乙酸乙酯 20%、丁醇 10%）的容器中，在一定温度下使 PS、PE、PP 塑料全部催化溶解，制成塑料胶浆。在另一容器中加入配制好的改性树脂，与塑料胶浆按比例混合［废塑料：改性用树脂＝(1～5)：1］制成清漆。在清漆中添加颜料、填料、助剂，高速搅拌分散均匀，研磨到所需细度，用 200$^\sharp$ 溶剂汽油调节色漆黏度，过滤即得合格色漆产品。

图 10-32 所示为废塑料生产色漆工艺流程。收集的废塑料需预先除杂、清洗、除污、去油，然后晾干、晒干或烘干。将干燥的废塑料适当破碎，投入带搅拌的反应釜中，并加入适当比例的酚醛树脂、甲基纤维素、松香和混合溶剂（氯仿、香蕉水、二甲苯）浸泡 24h，高速搅拌浸泡物 3h 以上使其完全溶解，制得均匀的胶浆状溶液。用 80 目筛过滤该溶液，得到合格的改性塑料浆，可用于制备各种油漆。

选好颜料，加入适当的溶剂，用球磨机研磨到一定细度，过 100～120 目筛即得色浆。生产色漆的配比（份）为：废塑料：混合溶剂：废环氧树脂：废酚醛树脂：颜料＝1：10：(0.5～1)：1：(1～2)。

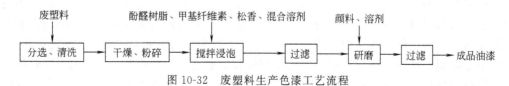

图 10-32　废塑料生产色漆工艺流程

还可用于生产各色荧光漆、珠光漆、夜光漆、示温漆等。在无色清漆中加入各种荧光颜料，在光照下，能发出波长比吸收波长略长的荧光，使颜色极为艳丽，可用其代替广告标牌；在五色清漆中加入用金属氧化物处理过的氧化钛——云母珠光粉，则成为晶莹似珍珠光泽的珠光漆；在五色清漆中加入荧光粉和激活剂，可制出能在黑暗中发光的夜光漆，用于书店、影、剧院的座椅号、电源开关、隧道的标志等；在五色清漆中加入各种能随温度变化而变色的化合物，可制出示温漆，用于指示工业设备、家用电器以及难于用普通温度计进行观测等场所的工作温度。

（2）生产塑料油膏　塑料油膏是一种新型建筑防水嵌缝材料，可利用废 PVC 代替 PVC 树脂生产得到。表 10-2 为塑料油膏的配方。

表 10-2　塑料油膏的配方　　　　　　　　　　　　　　　　　　单位：%

| 组成 | 煤焦油 | 废聚氯乙烯塑料 | 滑石粉 | 碳（C₆） | 邻苯二甲酸二丁酯 | 稳定剂 |
|---|---|---|---|---|---|---|
| 含量 | 58 | 7.0 | 17.5 | 10.0 | 7.0 | 0.5 |

以煤焦油为基料，加入废 PVC 对煤焦油进行改性塑化。加热时，PVC 分子键作为骨架，煤焦油分子进入骨架中，既可改善煤焦油的流动性，又可提高 PVC 分子链的柔韧性。加入增塑剂，以提高产品的低温柔韧性和塑性，加入稳定剂以阻止 PVC 高温分解放出氯化氢气体。图 10-33 所示为塑料油膏制备工艺流程。

配料 —→ 搅拌塑化 —→ 冷却 —→ 切块包装 —→ PVC油膏成品

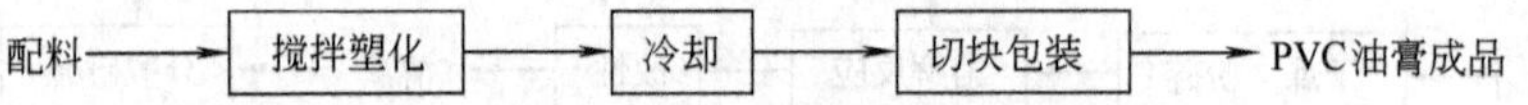

图 10-33　塑料油膏制备工艺流程

向反应釜中加入适量已脱水的煤焦油，再加入定量清洗过的废 PVC 塑料、增塑剂、稳定剂、稀释剂和填充剂等。边加料边搅拌，加温至 140℃，恒温，待塑化合格后出料、冷却、切块扮装，即为 PVC 油膏成品。

（3）生产胶黏剂　一般，用废塑料制备胶黏剂的过程如图 10-34 所示。将净化处理的废 PSF 粉碎，装入圆底烧瓶，加一定量的混合溶剂，搅拌使之溶解，同时伴有大量气泡放出，待 PSF 全部溶解后，将烧瓶放入带有搅拌机的水浴锅内。固定烧瓶。在一定温度下，启动搅拌机，加入适量改性剂，控制转速，充分反应 1～3h 后再加入增塑剂、填料，继续搅拌 2～3min，沉淀数小时后即可出料。

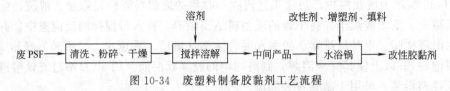

图 10-34　废塑料制备胶黏剂工艺流程

（4）生产板材　利用废塑料可生产内软质拼装地板、木质塑料板材、人造板材、混塑包装板材等。软质拼装型地板是以废旧聚氯乙烯塑料为主要原料，经过粉碎、清洗、辊炼等工艺生成塑料粒，然后加入适量的增塑剂、稳定剂、润滑剂、颜料及其他外加剂，经切料、混合、注塑成型、冲裁工艺而制成。产品配方为：废聚氯乙烯再生塑料 100 份、邻苯二甲酸二辛酯 5 份、邻苯二甲酸左二辛酯 5 份、石油酯 5 份、三碱式硫酸铅 3 份、二碱式亚硫酸铅 2 份、硬脂酸钡 1 份、硬脂酸 1 份、碳酸钙 15 份、阻燃剂、抗静电剂、颜料、香料适量。

聚氯乙烯塑料地板块是以废旧聚氯乙烯农膜和碳酸钙为主要原料，经过配比原材料、密炼、两辊炼塑拉片、切粒、挤出片、两辊压延冷却、剪片、冲块而成。原料配比为：废旧聚氯乙烯农膜 100 份；碳酸钙 120～150 份，润滑剂 1.5 份，稳定剂 4 份，色浆剂适量。聚氯乙烯塑料地板块是一种新型室内地面铺设材料。它具有耐磨、耐腐蚀、隔凉、防潮、不易燃等特点，又具有色泽美观、铺设方法简单、可拼成各种图案和装饰效果好等特点，已被广泛应用。

木质塑料板材是以用木粉和废旧聚氯乙烯塑料热塑成型的复合材料，其保留了热塑性塑料的特征，而价格仅为一般塑料的 1/3 左右。这种板材用途广泛，既适用于建筑材料、交通运输、包装容器，也适用于制作家具。它具有不霉、不腐、不折裂、能隔声、隔热、减振、不易老化等特点，在常温下使用至少可达 15 年。

人造板材是利用生产麻黄素后剩下的麻黄草渣、榨油后的葵花子皮和废旧聚氯乙烯塑料为主要原料，加上几种辅助化工原料，经混合热压而成。检测表明，它的各种物理性能指标接近甚至超过木材。它具有耐酸、碱、油及耐高温、不变形、成本低、亮度好的特点，是制作各种高档家具、室内装饰品和建筑方面的理想材料。

（5）生产塑料砖　用破碎的废塑料掺和在普通黏土中烧制而成的一种建筑用砖。在烧制过程中，热塑性塑料化为灰烬，砖里呈现出孔状空隙，使其质量变轻，保温性能提高。

### 10.3.4　废塑料热解油化技术

生活废塑料通常采用热解油化技术加以回收，即通过加热或加入一定的催化剂使废塑料分解，获得聚合单体、菜油、汽油和燃料气、地蜡等利用。废塑料的热解油化不仅对环境无污染，又能将原先用石油制成的塑料还原成石油制品，能最有效地回收能源。可以说，废塑料热解油化就是以石油为原料的石油化学工业制造塑料制品的逆过程。

（1）废塑料热解图　废塑料由于组成不同，其裂解行为也各不相同，图 10-35 所示为各种塑料的热分解图。

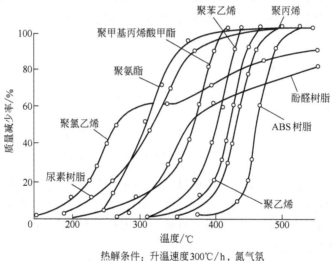

热解条件：升温速度300℃/h，氮气氛

图 10-35　各种塑料的热分解图

聚乙烯（PE）、聚丙烯（PP）和聚苯乙烯（PS）在 300～400℃之间几乎全部分解。而聚氯乙烯（PVC）在 200～300℃和 300～400℃分两段分解，先在较低温度下释放出 HCl、并产生多烃，然后再在较高温度下进一步分解。由于 HCl 气体对反应设备具有严重的腐蚀性，而且影响裂解催化剂的使用寿命和柴油、汽油的质量。因此，裂解原料中一般要求不含聚氯乙烯废塑料。

（2）**热分解产物** 不同塑料由于分子结构差别很大，因而热解产物的组成和收率也不相同。一般，热分解反应能生成四类反应产物：烃类气体（碳原子数为 $C_1 \sim C_5$）、油品（汽油碳原子数为 $C_5 \sim C_{11}$，柴油碳原子数为 $C_{12} \sim C_{20}$，重油碳原子数大于 $C_{20}$）、石蜡和焦炭。

聚苯乙烯（PS）、聚乙烯（PE）、聚丙烯（PP）、无规聚丙烯（APP）、聚丁烯（PB）等，很容易热分解，产生轻质油。特别是 PS、PE、PP 和 APP，热分解性能很好，油产率可达 80%～90%，而且生成油的质量很高。表 10-3 所示为几种典型塑料的热分解回收率和热分解产物的组成及含量。

表 10-3　几种典型塑料的热分解回收率　　　　　单位：%

| 原料 | PE | | PP | | PS | | 混合 | |
|---|---|---|---|---|---|---|---|---|
| | 油 | 气体 | 油 | 气体 | 油 | 气体 | 油 | 气体 |
| 回收率 | 93.2 | 6.3 | 83.4 | 14.6 | 91.9 | 6.1 | 90.0 | 6.0 |

目前，已经应用的废塑料热分解温度往往高于 600℃，主要产生烯烃以及少量芳香族烃类物质。当升温速度较快或停留时间较短时，可大量生成乙烯和丙烯。在水蒸气存在的条件下，烯烃产量也可大幅提高。近来也有少量在 500℃ 进行热分解反应的实例，反应产物包括直链烷烃、烯烃和少量芳香族烃类，而当反应产物中氯的含量小于 $10 \times 10^{-6}$ 时，可以通过氢化反应进一步提纯产物。

（3）**热解油化工艺** 按热解原理，可分为热裂解和催化裂解两种。催化裂解常用 $Al_2(SiO_3)_3$ 为催化剂。一般，热裂解在较高温度下进行，温度为 600～900℃。而催化裂解则在较低温度下进行，温度为 300～450℃。

废塑料热解油化是目前废塑料资源化广泛应用的工艺，图 10-36 所示为废塑料热解油化的一般工艺流程。废塑料经分选除去杂质后破碎至 10mm 左右，再在 230～280℃ 熔融除去低温易挥发物质。剩余产物在 400～500℃ 下热解，得到的热解气经冷凝回收油品，未冷凝气燃烧后排放。

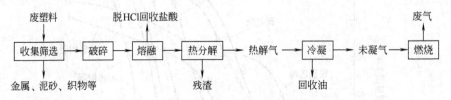

图 10-36　废塑料热解油化的一般工艺流程

图 10-37 所示为三菱重工开发的分解槽法热解废塑料工艺流程。破碎、干燥的废塑料（10mm）经螺旋加料机送到温度为 230～280℃ 的熔融槽中。聚氯乙烯（PVC）产生的 HCl 在氯化氢吸收塔回收。熔融的塑料再送入分解炉，用热风加热到 400～500℃ 分解，生成的气体经冷却液化回收燃料油。

图 10-38 所示为美国一家公司流化床热解废塑料工艺流程。流化床热解废塑料的温度较低，在 400～500℃ 时即可获得较高收率的轻质油。但流化床热解废塑料时往往需要添加热导载体，以改善高熔体黏度物料的输送效果。

图 10-39 和图 10-40 所示分别为日棉公司和东洋工程公司所采用的催化热解工艺流程。废塑料在催化剂作用下进行热分解反应，主要用于聚烯烃类塑料的热解。由于废塑料中可能存在氯、氮以及无机填充剂和杂质的毒化作用，催化裂解前废塑料需进行预处理。催化裂解在较低温度下即可使废塑料分解，如聚烯烃塑料在催化剂存在下，200℃ 可明显分解，而它

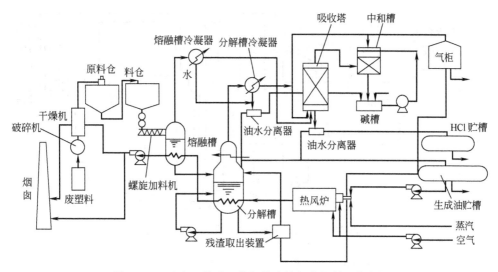

图 10-37　日本三菱重工分解槽法热解废塑料工艺流程

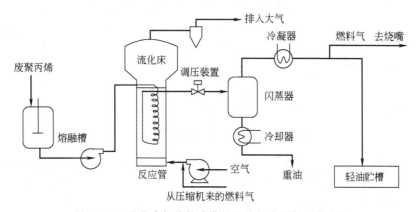

图 10-38　流化床加热管式蒸馏法热解废塑料工艺流程

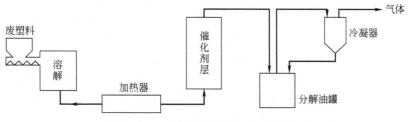

图 10-39　日棉公司催化热解工艺流程

们的热解在 400℃ 才开始。

目前，废塑料热解油化应用较多的工艺是将热分解与催化裂解相结合的二步热解工艺，热分解可降低塑料黏度，分离杂质，然后再对热解气体进行催化裂解与重整，提高产品质量。图 10-41 所示为上海市环境工程设计科学研究院开发的二步法热解工艺。

废塑料收集后，不需清洗，简单去除砂石、金属等大块杂质后，由进料口倒入熔融釜，在常压及 220～250℃ 的温度下熔融。在熔融釜内周期性的搅拌和静置塑料熔融液。静置时由釜底螺旋输出机排出底层杂质，以保证后续设备正常运行。带有熔融物的杂质加入加热炉

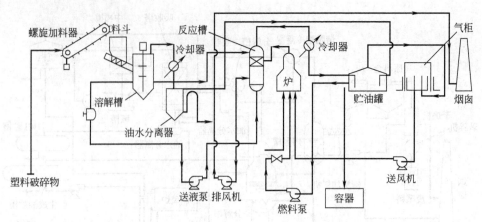

图 10-40　东洋工程公司催化热解工艺流程

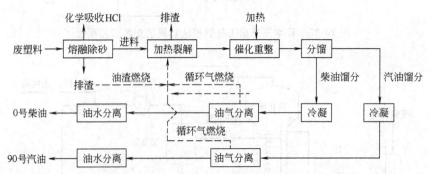

图 10-41　上海市环境工程设计科学研究院开发的二步法热解工艺

中作为助燃料烧掉。关闭熔融釜加料口，开启电动球阀和螺旋进料机，熔融釜中的塑料熔融物自流进入裂解反应釜。裂解反应釜温度控制在 400℃以上，在搅拌状态下进行塑料的热裂解反应，搅拌速度 50～500r/min。裂解油气的出口处设有滤清筒拦截沸点较低的杂质。热解反应一个生产周期后，停止进料，开启釜侧壁刮渣器，利用釜体下部螺旋输出机排渣。这样可有效防止反应釜结焦板结。热裂解产生的油气进入固定床催化塔二次催化裂解，催化裂解温度在 300℃以上，设置两个催化塔一用一备，轮流再生，交替使用。催化重整后的油气进入分馏塔，在分馏塔顶收集沸点较低的汽油馏分，在塔的中下部回收沸点较高的柴油馏分。反应一定时间后，分馏塔底部会积存少量重油，开启底阀，将重油泵入裂解反应釜重新分解。柴油和汽油经过管壳式冷凝器冷凝、油气分离器和油水分离器分离后，得到纯净的90 号汽油和 0 号柴油。分离出的气体进入加热炉作为燃料使用。利用液封保证整套系统常压、还原环境。系统的加热可采用煤、煤气、油或电等方式。

## 10.4　废橡胶的资源化

废橡胶是仅次于废塑料的一种高分子污染物。废橡胶制品主要来源于废轮胎、胶管、胶带、胶鞋、垫板等工业杂品，其次来自橡胶工厂生产过程中产生的边角料及废品。废橡胶制品长期露天堆放，不仅造成资源的极大浪费，而且其自然降解过程非常缓慢，已成为在各国迅速蔓延的"黑色污染"。因此，废橡胶的资源化已得到广泛重视。

### 10.4.1　废橡胶的高温热解

进行热解的废橡胶主要是指天然橡胶生产的废轮胎、工业部门的废皮带和废胶管等。人工合成的氯丁橡胶、丁腈橡胶由于热解时会产生 HCl 和 HCN，不宜热解。

（1）废橡胶热解产物　废轮胎靠外部加热打开化学链，产生燃料气、燃料油和固体燃料。一般，废轮胎热解温度为 250～500℃，有些报道为 900℃。当热解温度高于 250℃时，破碎的轮胎分解出的液态油和气体随温度升高而增加。当热解温度 400℃以上时，依采用的方法不同，液态油和固态炭黑的产量随气体产量的增加而减少。图 10-42 所示为废橡胶热解产物与热解温度的关系。

废轮胎热解的产物非常复杂。根据原联邦德国汉堡大学研究，轮胎热解所得产品的组成中气体占 22%、液体占 27%、炭灰占 39%、钢丝占 12%。气体组成主要为甲烷 15.13%、

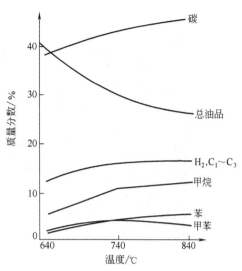

图 10-42　废橡胶热解产物与热解温度关系

乙烷 2.95%、乙烯 3.99%、丙烯 2.5%、一氧化碳 3.8%，水、$CO_2$、氢气和丁二烯也占有一定比例。液体组成主要是苯 4.75%、甲苯 3.62%和其他芳香族化合物 8.50%。在气体和液体中还有微量的硫化氢及噻吩，但硫含量低于标准。温度增加，气体含量增加；而油品减少，碳含量增加。

（2）废橡胶热解工艺　废轮胎的热解一般采用流化床和回转窑等热解炉，其典型热解过程为：处理的轮胎经称量后，整个或肢碎后送入热解系统。破碎后的胶粉常采用磁分离技术除铁。进料通常用裂解产生的气体来干燥和预热。裂解气和惰性气体（如氮气）的混合产物常用来去除氧气。热解的两个关键因素是温度和原料在反应器内的停留时间。在反应器内保持正压能防止空气中的氧气渗入反应系统。裂解产生的油被冷凝和浓缩，轻油和重油被分离，水分被去除，最后产品被过滤。裂解旧轮胎产生的固态碳被冷却后，用磁分离器除去炭中剩余的磁性物质。对该炭作进一步的净化和浓缩将生成炭黑。裂解产生的气体使整个系统保持一定压力并为系统提供热量。图 10-43、图 10-44 所示为流化床热解废轮胎工艺流程。

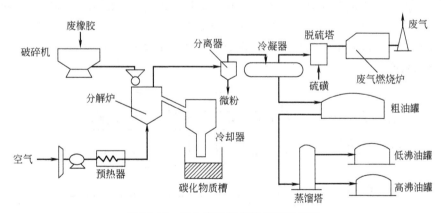

图 10-43　流化床热解废橡胶工艺流程

废轮胎经剪切破碎机破碎至小于 5mm，轮缘及钢丝帘子布等绝大部分被分离出来，用磁选去除金属丝。轮胎颗粒经螺旋加料器等进入直径为 5cm、流化区为 8cm、底铺石英砂的电加热反应器中。流化床的气流速率为 500L/h，流化气体由氮及循环热解气组成。热解气

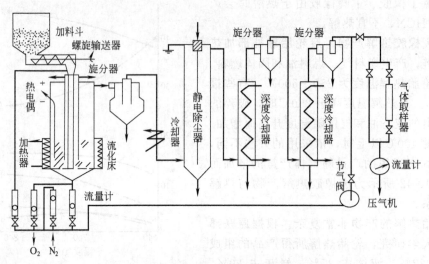

图 10-44　流化床热解废轮胎工艺流程

流经除尘器与固体分离，再经静电沉积器除去炭灰，在深度冷却器和气液分离器中将热解所得油品冷凝下来，未冷凝的气体作为燃料气提供热解所需热能或作为流化气体使用。

上述工艺要求进料切成小块，预加工费用较大，因此，国外在此基础上作了改进。如汉堡研究院的废轮胎实验性流化床反应器，其流化床内部尺寸为 900mm×900mm，整轮胎不经破碎即能进行加工，可节省大量破碎费用。流化介质用砂或炭黑，由分置为二层的 7 根辐射火管间接加热，部分生成气体用于流化，另一部分用于燃烧。整轮胎通过气锁进入反应器，轮胎到达流化床后，慢慢地沉入砂内，热的砂粒覆盖在它的表面，使轮胎热透而软化，流化床内的砂粒与软化的轮胎不断交换能量、发生摩擦，使轮胎渐渐分解，2～3min 后轮胎全部分解完，在砂床内残留的是一堆弯曲的钢丝。钢丝由伸入流化床内的移动式格栅移走。热解产物连同流化气体经过旋风分离器及静电除尘器，将橡胶、填料、炭黑和氧化锌分离除去。

气体通过油洗涤器冷却，分离出含芳香族高的油品。最后得到含甲烷和乙烯较高的热解气体。整个过程所需能量不仅可以自给，还有剩余热量供给其他应用。产品中芳香烃馏分含硫量<0.4%，气体含硫量<0.1%。含氧化锌和硫化物的炭黑，通过气流分选器可以得到符合质量标准的炭黑，再应用于橡胶工业。残余部分可以回收氧化锌。图 10-45 所示为废轮胎转炉法热解工艺流程。

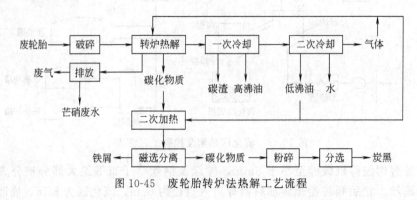

图 10-45　废轮胎转炉法热解工艺流程

轮胎在加热升温后即被粉化。粉化的颗粒在炉内经过回转搅拌，同时被热分解。由于传热好并可控制停留时间，因此可得到优质的碳化物质。从转炉中将一次分解的碳化物质取出，再进行高温熔烧，即可再生为优质的炭黑。还可回收 405 的重质油、气体和轻质油，作为工序内加热燃料之用。但此法工序多，电、蒸汽、水等公用工程费用大，运行成本高。1979 年普林斯顿轮胎公司与日本水泥公司共同研究了废轮胎作水泥燃料的技术。废轮胎含有的铁和硫是水泥所需要的组分，橡胶及炭黑是可提供水泥烧制所需要能量的燃料。其工艺流程为先将废轮胎剪切破碎至一定粒度，投入水泥窑（回转窑）在 1500℃ 左右高温燃烧，废轮胎和炭黑产生 37260kJ/kg 的热量。废轮胎中的硫氧化成 $SO_2$，在有金属氧化物存在时进一步氧化成 $SO_3$，与水泥原料石灰结合生成 $CaSO_4$，变成水泥成分之一，防止了 $SO_2$ 的污染。金属丝在 1200℃ 熔化与氧生成 $Fe_2O_3$，进一步与水泥原料 CaO、$Al_2O_3$ 反应也变成为水泥的组分之一。由于水泥窑身比较长，窑内温度高达 1500℃，轮胎在水泥窑中停留时间长，燃烧完全，不会产生黑烟及臭气。投入废轮胎后每吨水泥可节省 C 号重油 3%。据 1979 年统计资料，采用此法的水泥厂达 21 家，可处理 $1.58 \times 10^5$ t/a 废轮胎。

## 10.4.2 废橡胶生产胶粉

胶粉是通过机械粉碎废橡胶而得到的一种粉末状物质。根据所用废橡胶种类不同，可分为轮胎胶粉、胶鞋胶粉、制品胶粉等。

（1）胶粉的生产工艺　胶粉生产常用冷冻粉碎工艺和常温粉碎工艺。冷冻粉碎工艺包括低温冷冻粉碎工艺、低温和常温并用粉碎工艺。粉碎工艺过程包括预加工、初步粉碎、分级处理和改性 4 个阶段。

废橡胶种类繁多，并且含有多种杂质，因此，在生产废橡胶胶粉之前要进行预处理。常用的预处理工序包括分拣、切割、清洗等。

预处理后的废橡胶进行初步粉碎。将割去侧面的钢丝圈后的废轮胎投入开放式的破胶机破碎成胶粒后，用电磁铁将钢丝分离出来。剩下的钢丝圈投入破胶机碾压。胶块与钢丝分离后，再用振动筛分离出所需粒径的胶粉。剩余粉料经旋风分离器除去帘子线。初步粉碎过程耗能少、效率高，可分别回收钢丝、帘子线和粗粉料，但得到的粉料粒径粗、附加值小。

为了减少粉料粒径，提高胶粉的利用价值，可采用臭氧粉碎、高压爆破粉碎和精细粉碎作为初步粉碎新工艺。臭氧粉碎是将废轮胎整体置于一密封装置内，在超高浓度臭氧（浓度约为空气中臭氧浓度的一万倍）作用 60min 后，启动密封装置内配置的 10kW 动力机械，使轮胎骨架材料与硫化橡胶分离，并进行橡胶粉碎，可得到粒径分布较宽的粉末橡胶。该装置每吨耗电仅 60kW·h，较滚筒法粉碎节能约 85%，已在中型胶粉生产厂中得到应用。

高压爆破粉碎是将轮胎整体叠放于高压容器中，容器内压力为 50662.5kPa，在此条件下使橡胶和骨架材料分离后分别回收利用。该法单位能耗为每吨胶粉 60~70kW·h，所得胶粉主要部分的粒度为 10~16 目，最细粒径为 0.4mm，适合大型胶粉生产厂使用。

精细粉碎是将初步粉碎工段制造的胶粒送至细胶粉粉碎机进行连续粉碎操作。至今，橡胶细粉料只能用冷磨工艺制得。一般，利用液氮使废橡胶冷却至 −150℃，然后研磨成很小的粒径。这种超低温粉碎最适用于常温下不易破碎的物质，产品不会受到氧化与热作用而变质，可得到比常温粉碎粒度分布更窄、流动性更佳的微粒，并可避免粉尘爆炸、臭氧污染与高强噪声，还可提高粉碎机的产量。破碎所需动力低，可降低粉碎能耗。但超低温粉碎所得产品胶粒的能量没有充分回收，造成很大浪费。低温细碎设备——低温碾碎机的运转轴功变为热量被物料吸收，造成冷量损失。使用大量冷氮为冷源，制取每吨胶粉要消耗 0.8~1.2t 液氮（单价为 3000 元/t）经济上难以承受，而且所得的粒料的比表面积较小。

目前，以液氮为冷冻介质的工艺流程有两种：一种为废轮胎的超低温粉碎与常温粉碎流程，另一种为废轮胎的常温粉碎与超低温粉碎流程。相对而言，第一种流程粗碎生热影响较大，因此粗碎后必须再用液氮冷冻。而第二种流程可节省液氮的用量，但有多次粗碎与磁选分离，设备投资增大。大比表面积的粉料需用"热（室温）磨"工艺制得，因为室温和非冷冻条件下研磨时，高的机械应力会导致很不光滑的表面，且产生的小粒径粉料的比例较小。通常，生产精细胶粉时需要结合使用上述两种方式，以得到最佳效果。德国的 Messer 公司将冷冻和研磨工艺分开，取得了很好的效果。该工艺先在螺旋冷冻装置中将橡胶颗粒脆化得到很高产率的细粉料，再将此产物通过一个经特殊改造过的 Jackering-Uhra-Rotor Ⅵ 型磨机，此磨机出料温度为 15℃，细粉占很大的比例，而且具有很大的比表面积。它可调节冷冻和研磨的工艺参数来改善粉料的表面性质。消耗液氮量为 0.75t 液氮/t 物料。

我国目前胶粉生产主要采用常温工业化生产精细橡胶粉技术。该技术以物理手段为主，辅之以化学手段，在常温条件下，以简化的工艺流程生产万吨规模的 60～120 目精细橡胶粉。大连理工大学研制发明的涡旋式气流粉碎机，采用低温辊压-锤式破碎机粉碎轮胎，气波制冷机提供冷源，气流机粉碎胶粒，从废胎中得到 20～80 目的精细胶粉。

将精细粉碎产生的不同粒径分布的混合物料进行分级处理，提取符合规定粒径的物料，将这些物料经分离装置除去纤维杂质装袋即成成品。

胶粉的改性主要是利用化学、物理等方法将胶粉表面改性，改性后的胶粉能与生胶或其他高分子材料等很好地混合。复合材料的性能与纯物质近似，但可大大降低制品的成本，同时可回收资源，解决污染问题。

（2）胶粉的应用　胶粉的使用价值与胶粉粒径、比表面积大小有关。按粒度大小，胶粉分为 4 类，如表 10-4 所示。

表 10-4　胶粉的分类

| 类别 | 粒度/μm（目） | 制粉设备 |
| --- | --- | --- |
| 粗胶粉 | 1400～500（12～39） | 粗碎机、回转破碎机 |
| 细胶粉 | 500～300（40～79） | 细碎机、回转破碎机 |
| 微细胶粉 | 300～75（80～200） | 冷冻破碎装置 |
| 超微细胶粉 | 55 以下（200 以上） | 胶体研磨机 |

其中，粒径小于 60 目的称为精细胶粉。精细胶粉与普通胶粉比，不仅粒度小，而且相同重量的精细胶粉因其直径小，表面积比普通胶粉大很多倍。在显微镜下观察，普通胶粉表面呈立方体的颗粒状态，而精细胶粉表面呈不规则毛刺状，表面布满微观裂纹，这种表面性质使精细胶粉具有 3 个主要性质：能悬浮于较高浓度的浆状液体中、能较快速地溶入加热的沥青中、受热后易脱硫。

橡胶粗粉制造工艺相对简单，回用价值不大，而粒度小、比表面积大的精细胶粉则可以满足制造高质量产品的严格要求，市场需求量大，应用前景看好。但粒径较大的胶粉经改性后，可取得和精细胶粉相似的性质。

胶粉的应用范围很广，既可直接用于橡胶工业，也可应用于非橡胶工业。如用于地板、跑道及铺路材料、压轮板、橡胶板、胶管、胶带、胶鞋、盖房顶材料等，如表 10-5 所示。

胶粉不仅可以直接利用，还可经过表面改性得到活性胶粉后使用。胶粉改性是为了提高胶粉配合物的性能而对其表面进行化学处理，通常通过机械拌和 2h 或通过胶体磨进行改性。活性胶粉的应用范围比再生胶粉大为扩展，活性胶粉可等量代替或部分代替生胶料使用。实验证明，生产轮胎的天然胶配方与加入 60 目改性活性胶粉的配方相比较，其拉伸强度基本没什么变化，而活性胶粉的价格只有天然胶的 1/3，大大降低了橡胶制品的生产成本。在橡胶制品中加入这种活性胶粉,不仅扩大了橡胶原料来源,增强产品的市场竞争力,还可以大大提高橡胶制品的耐疲劳性和改善胶料的工艺加工性能。

**表 10-5　废橡胶生产所得胶粉的应用**　　　　单位:mm

| 应用 | 产品 | 粒径 |
| --- | --- | --- |
| 运动场地垫层 | 体育场馆地面、跑道、模制的橡胶砖(儿童游乐场)、板秋和足球场地(人造草坪的地层) | 2~5/3~7 |
| 地毯工业 | 垫层 | 0.8~1.6/0.8~2.5 |
|  | 地毯背衬 | 0.2~1.6 |
|  | 汽车地毯 | 小于0.8 |
| 土木建筑 | 屋面材料 | 小于0.8 |
|  | 街头设施和铁路岔道栏杆 | 0.8~2.5/1.6~4/2.5~4 |
|  | 外表涂覆层 | 小于0.4 |
|  | 砖石保护层 | 0.8~25 |
| 橡胶工业 | 用于固态橡胶混合物、轮胎、鞋底、橡胶垫等的橡胶掺和料 | 粒径取决于特定的要求:小于0.2/小于0.4/小于0.8/0.4~0.8 |
| 建筑业中应用的化学品 | 改性沥青 | 小于0.8 |
|  | 防护涂层体系(和聚氨酯一起使用) | 0.4以下 |
| 其他应用 | 地下排水软管 | 0.2~0.8 |
|  | 聚合混合物(橡胶与梗料的混合物) | 小于0.2和0.2~0.8 |
|  | 用于表面处理的橡胶粉末 | 小于0.8 |
|  | 吸油剂 | 0.8~3 |

(3) 胶粉的改性　目前,胶粉改性技术主要包括:在胶粉粒子表面吸附配合剂与生胶交联、在胶粉表面吸附特定的有机单体和引发剂后在氮气中加热反应形成互穿聚合物网络与生胶配合、胶粉表面进行化学处理后付出官能团与生胶结合、在粗胶粉表面喷淋聚合物单体后经机械粉碎产生自由基与单体接枝反应。如饱和硫化促进剂处理法,这种方法用2~3份硫化促进剂对40目胶粉进行机械处理制得,通过处理的胶粉表面均匀的附着一层硫化促进剂,从而使胶粉与基质胶料界面处的交联键增加,使整个胶料配合物硫化后成为一个均匀的交联物,这种胶粉应用于轮胎,虽然其静态性能略有下降,但其动态性能有所提高。

目前,改性胶粉的一个重要应用是与沥青混合铺设路面。因改性胶粉具有易与热沥青拌和均匀,不易发生离析沉淀,有利于管道输送、泵送的要求。用这种铺路材料铺设的公路,可提高路面的韧性、防滑性和坚固性从而提高汽车行驶的安全性,可适当减小路面的厚度从而节省铺路材料,可降低车辆行驶的噪声,碎冰效果较好,且可提高雨天时路面的可见度。因此,有些国家专门制定了有关的法律法规以及优惠措施来规范和激励胶粉的生产和应用。如美国国会通过的陆上综合运输经济法案的1038条规定:热拌沥青混合料必须以5%的经费用于废轮胎橡胶粉沥青混合料,且每年增加5%的费用开发废轮胎橡胶沥青路面。很多国家将胶粉用于改性沥青路面,如美国目前全国胶粉总产量的25%均用于改性沥青的生产,英国每年有5500t胶粉用于道路建设,联邦德国年耗7200t胶粉用于修路。而我国的高速公路建设每年都要进口400万吨以上高性能道路沥青,如国内能自行生产,将可以节约大量外汇,并能产生巨大的经济效益。

## 10.5　废电池的资源化

我国是世界上干电池生产和消费最大的国家,据报道,我国目前年产大小电池170亿只,国内使用70亿只,约7000t。电池中含有大量的重金属、废碱、废酸等,为避免其对环境的污染和危害以及资源的浪费，应该采取综合利用的方法回收其中有利用价值的元素，对不能利用的物质进行无害化处理，达到回收资源、保护环境的目的。

### 10.5.1 废电池的种类与组成

电池的种类很多，主要有锌-二氧化锰电池、镍镉电池、氧化银电池、锌-空气纽扣电池、氧化汞电池、锂电池、新碳电池等。每种电池都有不同的型号，其组成也各不相同。

(1) 锌-二氧化锰电池 分酸性电池和碱性电池两种，主要区别为所用电解液不同。酸性电池以固体锌筒为阳极，二氧化锰为阴极，电解液为氯化铵或氯化锌的水溶液，因此，被称为酸性电池。碱性电池以锌粉末为阳极，二氧化锰为阴极，电解液是氢氧化钾，因此，被称为碱性电池。酸性电池、碱性电池中各种元素的含量因生产厂家不同及电池种类不同而有很大差别。表 10-6 所示为两种锌-二氧化锰电池中各种元素的含量范围。

表 10-6 锌-二氧化锰电池中各种元素的含量范围　　　　　　　单位：mg/kg

| 酸性电池 | | 碱性电池 | |
| --- | --- | --- | --- |
| 元素 | 含量 | 元素 | 含量 |
| As | 3～236 | As | 2～239 |
| Cr | 69～677 | Cr | 25～1335 |
| Cu | 5～4539 | Cu | 5～6739 |
| In | 3～101 | In | 9～100 |
| Fe | 34～307000 | Fe | 50～327300 |
| Pb | 14～802 | Pb | 16～58 |
| Mn | 120000～414000 | Mn | 28800～460000 |
| Hg | 3～4790 | Hg | 118～8201 |
| Ni | 13～595 | Ni | 13～4323 |
| Sn | 26～665 | Sn | 26～665 |
| Zn | 18000～387000 | Zn | 18000～387000 |
| Cl | 9900～130000 | K | 25600～56700 |

酸性、碱性电池所含元素大体相同，都含有 As、Cr、Cu、In、Fe、Pb、Mn、Hg、Ni、Sn、Zn 等元素，不同的是酸性电池含元素 Cl，碱性电池含元素 K。

目前国内逐步对各类电池中的汞含量范围作出了规定，推广无汞电池的生产，努力从源头上对于电池的环境污染加以控制。但短时间内很难完全做到无汞化。

(2) 镍镉电池 镍镉电池的阳极为海绵状金属镉，阴极为氧化镍，电解液为 KOH 或 NaOH 的水溶液，其中阳极物质一般要加入一些活性物质，阳极和阴极物质分别填充在冲孔镀镍钢带上。镍镉电池的最大特点是可以充电，能够重复使用多次。表 10-7 所示为镍镉电池中各种元素的含量范围。

表 10-7 镍镉电池中的元素含量　　　　　　　单位：mg/kg

| 元素 | Ni | Cd | K | pH 值 |
| --- | --- | --- | --- | --- |
| 含量 | 116000～556000 | 11000～173147 | 13684～34824 | 12.9～13.5 |

镉及其化合物均为有毒物质，对人体的心、肝、肾等器官的功能具有显著的危害，因此包括我国在内的许多国家在有关废水的排放标准中，对 $Cd^{2+}$ 的排放浓度制定了严格的标准。镍镉电池具有长寿命、工艺相对简单、成本相对较低等特点，其消耗量在我国仍在迅速增加。因此在各类废电池的回收处理中，镍镉电池的存在必须加以重视。

(3) 锌-空气纽扣电池 直接利用空气中的氧气产生电能。空气中的氧气通过扩散进入电池，然后用作为阴极的反应物。阳极由疏松的锌粉末同电解液（有时需加胶结剂）混合而成。电解液浓度大约为 30％的氢氧化钾溶液。表 10-8 所示为锌-空气纽扣电池中各种元素的含量范围。

**表 10-8　锌-空气纽扣电池中的元素含量**　　　单位：mg/kg

| 元素 | 含量 | 元素 | 含量 | 元素 | 含量 |
|---|---|---|---|---|---|
| Zn | 189200～825000 | K | 13980～37000 | Na | 48～165 |
| Ni | 47300～53670 | Mn | 127～5634 | Hg | 8225～42600 |

（4）氧化银电池　一般为纽扣电池，用于手表、计算器等便携电器。这种电池由氧化银粉末作阴极，含有饱和锌酸盐的氢氧化钠或氢氧化钾水溶液作为电解液，与汞混合的粉末状锌作阳极，有时还在阴极加入二氧化锰。阳极中包括锌汞齐和溶解在电解液中的凝胶剂。锌汞齐中锌粉末的含量为 2％～15％。电池的壳一般由分层的铜、锡、不锈钢、镀镍钢或镍组成。表 10-9 所示为氧化银电池中各种元素含量范围。

**表 10-9　氧化银电池中的元素含量**　　　单位：mg/kg

| 元素 | 含量 | 元素 | 含量 | 元素 | 含量 |
|---|---|---|---|---|---|
| Ag | 37590～353600 | Ni | 186～37000 | Hg | 629～20800 |
| Cu | 40720～47110 | Na | 294～2250 | pH 值 | 10.7～13.3 |
| Mn | 13830～226000 | K | 19270～99350 | | |

（5）氧化汞电池　以锌粉或锌箔同 5％～15％的汞混合作为阳极，氧化汞与石墨作为阴极，电解液是氢氧化钾或氢氧化钠溶液。有些品种用镉代替锌作为阳极用于一些特定的用途，如天然气和油井的数据记录、发动机和其他热源的遥测、报警系统。表 10-10 所示为氧化汞电池中各类元素的含量范围。

**表 10-10　氧化汞电池中的元素含量**　　　单位：mg/kg

| 元素 | 含量 | 元素 | 含量 | 元素 | 含量 |
|---|---|---|---|---|---|
| Zn | 8140～141000 | Hg | 229300～908000 | K | 11960～50350 |
| Na | 154～2020 | Cd | 1.4～30 | pH 值 | 10.7～13.3 |

（6）铅酸蓄电池　以金属铅为阳极，氧化铅为阴极，以硫酸作为电解液，是目前世界上各类电池中产量最大、用途最广的一种电池。所消耗的铅占全球总耗铅量的 82％。铅酸蓄电池广泛用于汽车、摩托车及电力、通讯等领域，其中，汽车用铅蓄电池数量最大。铅酸蓄电池的使用寿命一般为 1.21～2 年，我国每年大约有 30 万吨的废铅酸蓄电池产生。按全国废铅酸蓄电池的年产量 2500 万只左右计，每年排放的废铅量大约为 30 万吨。表 10-11、表 10-12 所示分别为废铅酸蓄电池中铅膏、电解液的元素含量范围。

**表 10-11　废铅酸蓄电池中铅膏组成**　　　单位：％

| 组成 | Pb总 | Pb | S | PbSO4 | PbO | Sb | FeO | CaO |
|---|---|---|---|---|---|---|---|---|
| 含量 | 72 | 5 | 5 | 42.1 | 38 | 2.2 | 0.75 | 0.88 |

**表 10-12　废铅酸蓄电池电解液的金属含量**　　　单位：ml/L

| 金属 | 铅粒 | 溶解铅 | 砷 | 锑 | 锌 | 锡 | 钙 | 铁 |
|---|---|---|---|---|---|---|---|---|
| 含量 | 60～240 | 1～6 | 1～6 | 20～175 | 1～13.5 | 1～6 | 5～20 | 20～150 |

(7) 金属氢化物镍蓄电池（MH-Ni） 与镍镉电池（Cd-Ni）有相似的结构和相同的工作电压（1.2V），但由于采用稀土合金或钛镍合金等贮氢材料作为阳极活性物质，取代了致癌物质镉，不仅使这种电池成为一种绿色环保电池，且使电池的比能量提高了近40%，达到 $60\sim80W\cdot h/kg$ 和 $210\sim240W\cdot h/L$。随着移动通信、笔记本电脑飞速增长对高性能、无污染、小型化电池的需求越来越旺盛，MH-Ni 电池产业在发达国家发展迅猛。其逐步替代 Cd-Ni 电池是必然的趋势。目前 MH-Ni 电池性能不仅在普通功率方面优势明显，而且在高功率方面的优势也逐步显露，由于其在电动工具、电动汽车和军事方面良好的使用前景，各国对此技术的发展极为重视。首先是美国一家公司发展出容量 $2.2\sim2.4A\cdot h$ 的 SC 型电池，进入电动工具市场，逐步取代 Cd-Ni 电池（SC 型 Cd-Ni 电池容量仅为 $2.0A\cdot h$ 以下）。日本一家公司开发出 $6.5A\cdot h$ 的高功率 MH-Ni 电池及电池组（388V）已用于丰田公司的实用型混合动力汽车。

相对于发达国家，我国的 MH-Ni 电池产业是较为落后的，电池的技术水平和档次都相当低，其核心原料大都依靠进口。

(8) 锂电池 目前较新的一种电池，可分为锂离子蓄电池和聚合物锂蓄电池两类。锂离子蓄电池由可使锂离子嵌入及脱嵌的碳阳极、可逆嵌锂的金属氧化物阴极（$LiCoO_2$、$LiNiO_2$ 或 $LiMnO_4$）和有机电解质构成，其工作电压为 3.6V，因此 1 个锂离子电池相当于 3 个 Cd-Ni 电池或 MH-Ni 电池。这种电池的比能量可以超过 $100W\cdot h/kg$ 和 $280W\cdot h/L$，又大大超过了 MH-Ni 电池的比能量。

聚合物锂蓄电池（也称为塑料锂蓄电池）是金属锂为阳极，导电聚合物为电解质的新型电池，其比能量达到 $170W\cdot h/kg$ 和 $350W\cdot h/L$。

## 10.5.2  废电池中提取有价金属技术

废电池中含有大量的有用物质，如 Zn、Mn、Ag、Cd、Hg、Ni、Fe 等金属物质以及塑料等，同时含有大量的废碱、废酸等，为避免其对环境的危害及资源的浪费，应该采取综合利用措施回收其中的有价金属，达到回收资源、保护环境的目的。

(1) 混合废电池的综合处理技术 混合废电池就是没有经过分拣的废电池，其中的五种主要金属具有不同的熔点和沸点，如表 10-13 所示。可利用它们熔点和沸点的差异，将废电池加热到一定温度，使所需分离的金属蒸发气化，并通过收集气体回收。沸点较高的金属在较高的温度下蒸发回收。

**表 10-13  电池中主要金属的熔点和沸点**　　　　　　　　　　　　　单位：℃

| 金属 | Hg | Cd | Zn | Ni | Fe |
| --- | --- | --- | --- | --- | --- |
| 熔点 | -38 | 321 | 420 | 1453 | 1535 |
| 沸点 | 357 | 765 | 907 | 2732 | 2750 |

Hg、Cd 的沸点较低，因此，可通过火法冶炼技术分离回收。其他金属的沸点较高，因此，可在回收了 Hg、Cd 后，通过湿法冶炼技术回收。其中，Ni、Fe 通常以镍铁合金的形式回收。图 10-46 所示为瑞士 Recytec 公司利用火法和湿法相结合回收混合电池中各种有价金属的工艺程。

将混合废电池在 $600\sim650℃$ 的负压条件下进行热处理。热处理产生的废气经过冷凝将其中的大部分组分转化成冷凝液。冷凝液经过离心分离分为三部分：含有氯化铵的废水、液态有机废物和废油、汞和镉。废水用铝粉进行置换沉淀去除其中含有的微量汞后，通过蒸发回收。从冷凝装置出来的废气通过水洗后进行二次燃烧以去除其中的有机成分，然后通过活

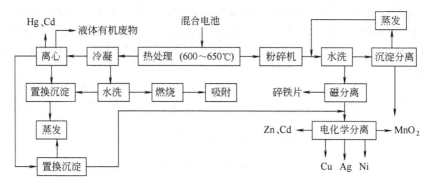

图 10-46　Recytec 公司混合干电池综合处理流程

性炭吸附，最后排入大气。洗涤废水同样进行置换沉淀去除所含微量汞后排放。

热处理剩下的固体物质首先经过破碎，然后在室温至 50℃ 的温度下水洗，使氧化锰在水中形成悬浮物，同时溶解锂盐、钠盐和钾盐。清洗水经过沉淀去除氧化锰（其中含有微量的锌、石墨和铁），然后经过蒸发、部分回收碱金属盐。废水进入其他过程处理，剩余固体通过磁选回收铁。最终剩余的固体进入被称为 "Recytec™电化学系统和溶液" 的工艺系统，它们是混合废电池的富含金属部分，主要有锌、铜、镉、镍以及银等金属，还有微量的铁。利用氟硼酸进行电解沉积，不同的金属用不同的电解沉积方法回收，每种方法都有它自己的运行参数。酸在整个系统中循环使用，沉渣用电化学处理以去除其中的氧化锰。

（2）废锌-二氧化锰电池综合处理技术　目前，废锌-二氧化锰电池主要有湿法、火法两种冶金处理方法。湿法处理所得产品纯度较高，但流程较长。

湿法冶金是基于锌、二氧化锰等可溶于酸的原理，使锌-锰干电池中的锌、二氧化锰与酸作用生成可溶性盐而进入溶液，溶液经过净化后电解生产金属锌和电解二氧化锰或生产化工产品（如立德粉、氧化锌等）、化肥等。湿法冶金主要包括焙烧-浸出法和直接浸出法两种。图 10-47 所示为废锌-二氧化锰电池焙烧-浸出工艺流程。

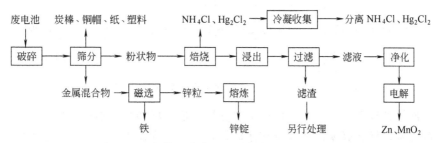

图 10-47　废锌-二氧化锰电池焙烧-浸出工艺流程

将废旧干电池机械切割、筛分成三部分：炭棒、铜帽、纸、塑料，粉状物，金属混合物。粉状物在 600℃、真空焙烧炉中焙烧 6～10h，使金属汞、$NH_4Cl$ 等挥发为气相，通过冷凝设备加以回收，尾气必须经过严格处理，使汞含量减至最低排放。焙烧产物酸浸（电池中的高价氧化锰在焙烧过程中被还原成低价氧化锰，易溶于酸）、过滤，从浸出液中通过电解回收金属锌和电解二氧化锰。筛分得到的金属混合物经磁选，得到铁皮和纯度较高的锌粒。锌粒经熔炼得到锌锭。

直接浸出是将废电池破碎、筛分、洗涤后，直接用酸浸出干电池中的锌、锰等有价金属成分。滤液过滤、净化后，从中提取金属或生产化工产品。直接浸出工艺类型较多，不同的工艺类型，获得的产品不同，如图 10-48～图 10-50 所示。

火法冶金是在高温下使废电池中的金属及其化合物氧化、还原、分解、挥发和冷凝的过程，分为传统常压冶金和真空冶金两类。常压冶金法是所有作业都在大气中进行，而真空冶金则是在密闭的负压环境中进行。多数专家认为，火法冶金是处理废电池的较佳方法，对汞的回收最有效。

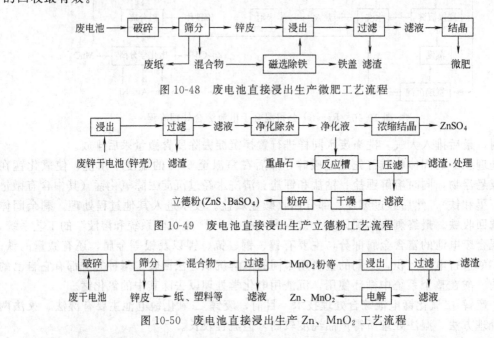

图 10-48　废电池直接浸出生产微肥工艺流程

图 10-49　废电池直接浸出生产立德粉工艺流程

图 10-50　废电池直接浸出生产 Zn、MnO$_2$ 工艺流程

常压冶金包括两种方法，一种是在较低温度下加热废电池，先使汞挥发，然后在较高温度下回收锌和其他重金属。另一种是将废电池在高温下焙烧，使其中易挥发的金属及其氧化物挥发，残留物作为冶金中间产物或另行处理。图 10-51 所示为废电池常压冶金原则工艺。

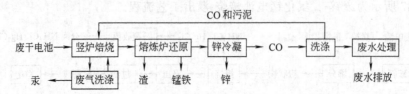

图 10-51　废电池的常压冶金原则工艺流程

用竖炉冶炼处理干电池时，炉内分为氧化层、还原层和熔融层三部分，用焦炭加热。汞在氧化层被挥发，锌在高温的还原层被还原挥发，挥发物在不同的冷凝装置内回收。大部分的铁、锰在熔融层还原成锰铁合金。图 10-52 所示为日本二次原料研究所从废干电池中回收有价金属的工艺流程。

电池经过破碎、筛选，分成筛上、筛下两级产品。筛上产品进行磁选分成废铁和非磁性产品两部分，废铁经过水洗除汞后用作冶金原料。筛下产品用 NH$_4$Cl、盐酸和 CaCl$_2$ 处理，加热至 110℃除湿，干燥后的物料再筛选。所得筛上产品加热至 370℃，使汞、氯化汞、氯化铵变成气态物质。收集气体，并进行冷凝除汞，冷凝后产品可以重新用来生产干电池。

含汞物质馏出后的残留物与非磁性物质混合，加热至 450℃蒸馏出锌，然后再加热至 800℃，使氯化锌升华。残渣在还原气氛中加热到 10000℃，然后筛分、磁选，得到可用于熔炼锰铁的氧化锰、碎铁和非磁性产品。

（3）废旧镍镉电池处理技术　主要采用火法或火法-湿法联合技术。图 10-53 所示为镍

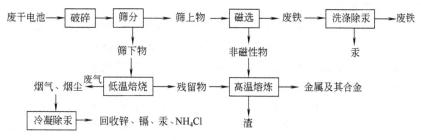

图 10-52 干电池常压冶金回收有价金属的工艺流程

图 10-53 火法处理镍镉电池工艺流程

镉电池火法处理镍镉电池工艺流程。

　　火法处理量大，工艺简单，但处理过程产生的汞蒸气对环境的污染控制难度较大。火法-湿法联合工艺流程长，但汞蒸气对环境的污染问题可得到根本解决。图 10-54 所示为镍镉电池火法-湿法联合处理工艺流程。

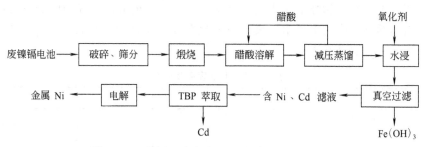

图 10-54 镍镉电池火法-湿法联合处理工艺流程

　　（4）废铅酸蓄电池的回收利用　以回收利用废铅为主，也包括废酸和塑料壳体的回收利用。由于废铅酸蓄电池体积大，易回收，目前国内对废铅酸蓄电池的金属回收率大约达到80%～85%，远高于其他种类废电池的回收利用水平。图 10-55 所示为意大利 Ginatta 回收

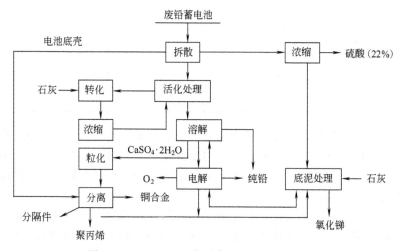

图 10-55　Ginatta 回收厂废电池处理工艺流程

厂回收废铅酸电池中铅的工艺流程。

处理工艺主要包括 4 个部分：拆散、活化处理、溶解、电解。对废电池进行拆解，使电池底壳同主体部分分离，主要采用机械破碎分选。对电池主体进行活化处理，使废电池中的硫酸铅转化为氧化铅和金属铅的形式。电池溶解，使氧化铅转化生成纯铅。最后利用电解池将电解液转化得到纯铅金属。

回收利用工艺过程中的底泥处理工序中，硫酸铅转化为碳酸铅。转化结束后，底泥通过酸性电解液从电解池中浸出。电解液中含铅离子和底泥中的锑得到富集。在底泥富集过程中，氧化铅和金属铅发生作用。

## 10.6 电子废物的资源化

电子废弃物按回收利用价值大体分为三类：第一类是计算机、冰箱、电视机、汽车等有相当高价值的废物。第二类是小型电器如无线电通信设备、电话机、燃烧灶、脱排油烟机等价值稍低的废物。第三类是其他价值很低的废物。

目前最紧迫的任务是对报废家电、废弃计算机以及通讯设备的处理，而手机、寻呼机等通信设备的问题也十分突出。因此，电子废弃物的资源化已成为亟需解决的课题。

### 10.6.1 电子废物的来源与组成

（1）来源　电子废弃物涵盖了生活各个领域损坏或者被淘汰的坏旧电子电气设备，同时也包括工业制造领域产生的电子电气废品或者报废品。按回收材料的类别，可分为电路板、金属部件、塑料、玻璃等几大类，如表 10-14 所示。

表 10-14　电子废弃物的分类

| 分类方法 | 类属 | 主要来源 | 备注 |
| --- | --- | --- | --- |
| 按产生领域 | 家庭 | 电视机、洗衣机、冰箱、空调、有线电视设备、家用音频视频设备、电话、微波炉等 | 前三种的普及程度最高，所占比例也相当高 |
| | 办公室 | 电脑、打印机、传真机、复印机、电话等 | 废弃电脑所占比例最高 |
| | 工业制造 | 集成电路生产过程中的废品、报废的电子仪表等自动控制设备、废电缆等 | |
| | 其他 | 手机、网络硬件、笔记本电脑、汽车音响、电子玩具等 | 废弃手机数量增长最快 |
| 按回收物质 | 电路板 | 电子设备中的集成电路板 | 主要是电视机和电脑硬件电路板 |
| | 金属部件 | 金属壳座、紧固件、支架等 | 以 Fe 类为主 |
| | 塑料 | 显示器壳座、音响设备外壳等 | 包括小型塑料部件，如按钮等 |
| | 玻璃 | CRT 管、荧光屏、荧光灯管 | 含有 Pb、Hg 等有毒有害物质 |
| | 其他 | 冰箱中的制冷剂、液晶显示器中的有机物 | 需要进行特殊处理 |

电子废弃物对环境的影响因设备种类而有一定的差异，如在家用电器中，壳座一般占设备总重量较大的比例，分拆开来主要是大件的废金属和废塑料。个人电脑主机中则是电路板上各种物质的污染占主要地位。电视机和电脑的阴极射线管（CRT）因为含有铅，属于严格控制的危险废弃物范畴。

（2）组成　电子废弃物的组成十分复杂。如各种印刷电路板（PCB），由于单体的解离粒度小，不容易实现分离。非金属成分主要为含特殊添加剂的热固性塑料，处理相当困难。表 10-15 所示为个人电脑使用的印刷电路板典型组成。

**表 10-15　PC 中 PCB 的组成元素分析**

| 成分 | Ag | Al | As | Au | S | Ba | Be | Hi |
|------|-----|-----|-----|-----|-----|-----|-----|-----|
| 含量 | 3300g/t | 4.7% | <0.01% | 80g/t | 0.10% | 200g/t | 1.1g/t | 0.17% |
| 成分 | Br | C | Cd | Cl | Cr | Cu | F | Fe |
| 含量 | 0.54% | 9.6% | 0.015% | 1.74% | 0.05% | 26.8% | 0.094% | 5.3% |
| 成分 | Ga | Mn | Mo | Ni | Zn | Sb | Se | Sr |
| 含量 | 35g/t | 0.47% | 0.003% | 0.47% | 1.3% | 0.06% | 41g/t | 10g/t |
| 成分 | Sn | Te | Ti | Sc | I | Hg | Zr | $SiO_2$ |
| 含量 | 1.0% | 1g/t | 3.4% | 55g/t | 200g/t | 1g/t | 30g/t | 15% |

可见，电子废弃物含有数量较大的贵金属，很有回收利用价值。表 10-16 所示为一台电脑所使用的材料及其回收利用情况。

**表 10-16　一台桌面电脑所使用的材料及其回收处理情况**

| 材料名称 | 含量/% | 重量/kg | 回收率/% | 主要的应用部件 |
|------|-----|-----|-----|-----|
| 硅石 | 24.88 | 6.80 | 0 | 屏幕、CRT 和电路板(PWB) |
| 塑料 | 22.99 | 6.26 | 20 | 外壳、底座、按钮、线缆皮 |
| 铁 | 20.47 | 5.58 | 80 | 结构、支架、磁体、CRT 和 PWB |
| 铝 | 14.17 | 3.86 | 80 | 结构、导线和支架部件、连接器、PWB |
| 铜 | 6.93 | 1.91 | 90 | 导线、连接器、CRT 和 PWB |
| 铅 | 6.31 | 1.72 | 5 | 金属焊缝、防辐射屏、CRT 和 PWB |
| 锌 | 2.20 | 0.60 | 60 | 电池、荧光粉 |
| 锡 | 1.01 | 0.27 | 70 | 金属焊点 |
| 镍 | 0.85 | 0.23 | 80 | 结构、支架、磁体、CRT 和 PWB |
| 钡 | 0.03 | 0.05 | 0 | CRT 中的真空管 |
| 锰 | 0.03 | 0.05 | 0 | 结构、支架、磁体、CRT 和 PWB |
| 银 | 0.02 | 0.05 | 98 | PWB 上的导体、连接器 |

目前，对废弃电脑的回收主要集中在金属，尤其是贵金属上，回收率一般在 70% 以上。对塑料的回收率还停留在一个很低的水平，但塑料所占的重量比例位居前列。

## 10.6.2　电子废物的回收技术

电子废弃物一般拆分成电路板、电缆电线、显像管等几类，并根据各自的组成特点分别进行处理，处理流程类似。电子废弃物最常用的回收技术主要有机械处理、湿法冶金、火法冶金或几种技术联合的方法。机械处理技术包括拆卸、破碎、分选等，不需要考虑产品干燥和污泥处置等问题，符合当前的市场要求，而且还可以在设计阶段将可回收再利用的性能融入产品当中，因此，具有一定的优越性。

（1）废电路板的回收流程　电路板（PCB）是电子产品的重要组成部分。目前，废电路板的回收利用基本上分为电子元器件的再利用和金属、塑料等组分的分选回收。后者一般是采用将电子线路板粉碎后，从中分选出塑料、铜、铅，分选方法一般采用磁选、重选和涡电流分选等。这种方法可完全分离塑料、黑色金属和大部分有色金属，但铅、锌易混在一起，还需采用化学方法分离。

图 10-56 所示为德国 Daimler Benz Ulm Research Centre 开发的废电路板预破碎、磁选、液氮冷冻粉碎、筛分、静电分选四段式处理工艺。

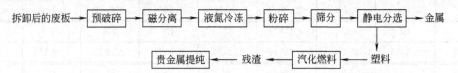

图 10-56  德国 Daimler Benz Ulm Research Centre 废电路板处理工艺

废电路板用旋转切刀切成 2cm×2cm 的碎块，磁选分离其中的黑色金属。再用液氮（-196℃）冷却后送入锤磨机碾压成细小颗粒，以使废物充分解离。筛分除去不易低温破碎的物质，再经静电分选得到金属物质。静电分选设备可以分离尺寸小于 0.1mm 的颗粒，甚至可以从粉尘中回收贵重金属。

图 10-57 所示为日本 NEC 公司开发的废电路板回收处理工艺。采用两段破碎工艺，分别使用剪切破碎机和特制的具有剪断和冲击作用磨碎机，将废板粉碎成 0.1~0.3mm 的碎块。特制的磨碎机中使用复合研磨转子，并选用特种陶瓷作为研磨材料。两段破碎使铜得到充分解离，且铜的粒度远大于玻璃纤维和树脂，再经过两级分选可以得到铜含量约 82%（质量）的铜粉，其中超过 94% 的铜得到了回收。树脂和玻璃纤维混合粉末尺寸主要在 100~300μm，可以用作油漆、涂料和建筑材料的添加剂。

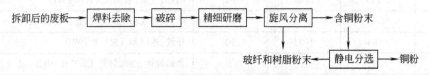

图 10-57  NEC 公司开发的废电路板处理工艺

（2）常用设备  包括破碎和筛分设备和常用的分选设备。各种材料充分单体解离是高效分选电子废弃物中各种成分的前提。破碎程度的选择不仅影响到破碎设备的能源消耗，还将影响到后续的分选效率，所以破碎是关键的一步。常用的破碎设备主要有锤碎机、锤磨机、切碎机和旋转破碎机等。由于拆除元器件后的废电路板主要由强化树脂板和附着其上的铜线等金属组成，硬度较高、韧性较强，采用具有剪切作用的破碎设备可以达到较好的解离效果，如旋转式破碎机和切碎机。

一般，破碎产物粒度达到 0.6~1mm 时，废电路板上的金属基本上可达到完全解离，但破碎方式和破碎段数的选择还要视后续工艺而定。不同的分选方法对进料有不同的要求，破碎后颗粒的形状和大小也会影响分选的效率和效果。

废电路板的破碎过程中会产生大量含玻纤和树脂的粉尘，阻燃剂中含有的溴主要集中在 0.6mm 以下的颗粒中，而且连续破碎时还会发热，散发有毒气体。因此，破碎时必须注意除尘和排风。

分选阶段主要利用废电路板中材料的磁性、电性和密度的差异进行分选。废电路板破碎后，可以用传统的磁选机将铁磁性物质分离出来。非铁金属的回收常用涡流分选机分选，它特别适用于轻金属材料与密度相近的塑料材料（如铝和塑料）之间的分离，但要求进料颗粒的形状规则、平整，而且粒度不能太小。静电分选机也是常用的分离非铁金属和塑料的方法，进料颗粒均匀时分选效果较好。

金属充分解离后，利用材料间密度的差异进行分离的技术称为密度分离技术。风力分选机和旋风分离器可以分选塑料和金属。风选机还可以分选铜和铝，但设备性能不太稳定，受进料影响较大。风力摇床成功地用于电子废弃物的商业化回收。颗粒在气流作用下分层,重颗粒受板的摩擦和振动作用向上移动,轻颗粒则由于板的倾斜度而向下漂移,从而将金属和塑料分离。风力摇床要求进料的尺寸和形状不能相差太大,否则不能进行有效分层。因此破碎后必须严格分级,采用窄级别物料进行重选。具体选用分选设备时,应根据回收工艺、设备的最佳操作条件和分选要达到的纯度和回收率来确定。

### 10.6.3 日光灯的资源化

日光灯管是依靠电场中汞原子外围电子跃迁产生 253.7nm 波长的紫外线,激活管壁涂敷的荧光粉而发光的。这种光源具有发光效率高、价格便宜、使用安全等优点,因此在现代照明领域中被广泛应用。

制造日光灯中使用的汞、铜、铝、钨、铁等金属材料,都是人类开发利用的不可更新资源,熔制灯管玻璃使用的纯碱、硼砂、红丹等材料,也都是工业生产中的紧缺物资,熔制玻璃、制造灯管还要耗用大量能源、材料、劳力和设备等。

废弃的日光灯管,在被丢弃的过程中破碎,立即会向周围散发汞蒸气。经检测,常温下打碎一支 40W 的日光灯,瞬时会使空气中的汞蒸气浓度增加到 $10\sim20mg/m^3$,超过国家大气质量标准规定最高允许浓度的 3 万~6 万倍。同时,从灯管中流散出的金属汞或其化合物,也会不断向空气中蒸发或地下沉积。

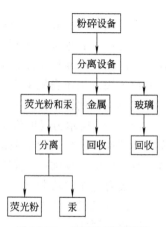

图 10-58 汞回收利用流程

目前,含汞灯管和灯泡中 90%以上的材料均能再循环利用。国外废旧灯管回收利用的处理技术主要有直接破碎分离和切端吹扫分离。图 10-58 所示为世界上最大的废灯管处理设备供应商——瑞典的 MRT 公司,以及美国明尼苏达汞技术公司的汞回收利用处理流程。

我国日光灯管中金属和玻璃的回收利用,已经列入国家《资源综合利用目录》。北京灯泡厂 1981 年自行设计投产了废弃灯管处理工艺。其主要工艺设计是使用割头机将废弃日光灯整管割去两端灯头,再经洗管烘干,用于小功率灯管的再生产。已经破碎的灯管经破碎筛选和逆流漂洗,去掉荧光粉和汞,作为熔制玻璃的"熟料"。金属物料经分选集中回收。

灯管在割头和破碎过程中,会散发汞蒸气,并有微量汞流失。为此,作业场地需要设置换风和集汞设施,排风口接入净化装置。在净化洗涤系统中,水是吸收和输送汞的主要媒介,故必须严格控制水质,防止油污和强腐蚀、强氧化性物质干扰。水流系统的所有设施,均需采用塑料或有机玻璃材质。

### 10.6.4 报废汽车的回收利用

报废汽车中金属材料可分为黑色金属材料和有色金属材料,黑色金属材料包括钢和铸铁,有色金属材料包括铝、铜、镁合金和少量的锌、铅及轴承合金。黑色金属材料按是否含有合金元素,又可分为碳素钢和优质碳素钢。合金钢有合金结构钢和特殊钢之分。根据钢材在汽车的应用部位和加工成型方法,可把汽车用钢分为特殊钢和钢板两大类。特殊钢是指具有特殊用途的钢,汽车发动机和传动系统的许多零件均使用特殊钢制造,如弹簧钢、齿轮钢、调质钢、非调质钢、不锈钢、易切削钢、渗碳钢、氮化钢等。钢板在汽车制造中占有很重要的地位,载重汽车钢板用量占钢材消耗量的 50%左右,轿车则占 70%左右。按加工工艺分，钢板可分为热轧钢板、冷冲压钢板、涂镀层钢板、复合减震钢板等，图 10-59 所示为从废旧汽车中回收金属材料的莱茵哈特法工艺流程。

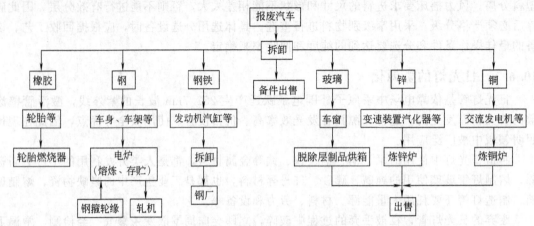

图 10-59  莱茵哈特法工艺流程

废旧汽车经拆卸、分类后作为材料回收的必须经机械处理，然后将钢材送钢厂冶炼，铸铁送铸造厂，有色金属送相应的冶炼炉。当前机械处理的方法有剪切、打包、压扁和粉碎等。如用废钢剪断机将废钢剪断，以便运输和冶炼。用金属打包机将驾驶室在常温下挤压成长方形包块。用压扁机将废旧汽车压扁，使之便于运输剪切或粉碎。用粉碎机将被挤压在一起的汽车残骸用锤击方式撕成适合冶炼厂冶炼的小块。

图 10-60 所示为废旧汽车处理工艺流程。从特约经销店、修理店、用户等送来的废车首先拆卸部件。将拆出的半旧部件送到旧货市场。然后进行前处理，将轮胎、燃料除去后，解体车身、底盘、发动机及散热器等有色金属部件。车身用切碎机破碎，利用磁力分选机将废铁块与废有色金属块分开，进而分选出铜、锌等金属。把底盘用切割机切成废铁块。将发动机分解成电动机、发电机、废铝（发动机本体）。将散热器等有色金属部件分门别类地分解为废有色金属块。

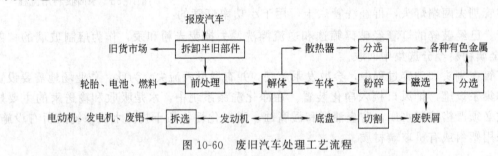

图 10-60  废旧汽车处理工艺流程

按上述方法分选的废铁料采用电炉熔炼的方法处理，而有色金属废料主要按各自的冶炼工艺进行处理。

## ● 参考文献

[1]  金丹阳 . 再生资源产业的时间与探索 . 北京：中国环境科学出版社，2001.
[2]  刘均科 . 塑料废弃物的回收与利用技术 . 北京：中国石化出版社，2000.
[3]  刘廷栋，刘京，张林 . 回收高分子材料的工艺与配方 . 北京：化学工业出版社，2002.

［4］ 马永刚．电源技术．中国废铅蓄电池回收和再生铅生产，2000，24（3）：165-169.

［5］ 高正阳，王天龙．废弃印刷电路板气化特性研究．应用能源技术，2012（8）：11-14.

［6］ 何亚群，段晨龙．电子废弃物资源化处理．北京：化学工业出版社，2006.

［7］ 牛冬杰，马俊伟．电子废弃物的处理处置与资源化．北京：冶金工业出版社，2007.

［8］ 张一敏．二次资源利用．长沙：中南大学出版社，2010.

［9］ 王涛．废旧荧光灯的回收利用及处理处置．中国环保产业，2005（3）：26-28.

## ● 习题

（1）调查你所在的城市废金属的产量及其回收利用方法。

（2）简述废有色金属的回收及再利用方法。

（3）简述废纸资源化利用方法与原理。

（4）简述废塑料的利用方法、利用原理及存在问题。

（5）简述废橡胶热解技术的主要类别及其特点。

（6）分析采用焙烧-浸出法回收锌锰废电池的原理、特点及工程应用的可能性。

（7）分析废电路板的来源、回收利用方法及目前存在的问题。

（8）简述含汞废灯管和废灯泡来源、回收利用方法及注意事项。

（9）简述废旧汽车回收时需注意的环保问题。